材料科学与工程导论

Materials Science and Engineering

（原书第 9 版）

〔美〕William D. Callister Jr.　David G. Rethwisch　著

陈大钦　孔　哲　译

科学出版社

北　京

图字:01-2016-0185号

内 容 简 介

本书兼顾材料科学与工程学科中“材料科学”与“材料工程”两个分支学科,全面介绍了金属材料、陶瓷材料、聚合物材料以及复合材料的结构与性能,在此基础上介绍材料的设计和制造。同时也对材料的功能特性进行了详细的描述。本书共23章,包括原子结构与键合、晶体学基础、固体结构、高分子结构、晶体缺陷、扩散、金属的力学性质、位错和强化机制、失效、相图、相变、金属的性质及应用、陶瓷的性质及应用、高分子的性质及应用、复合材料、工程材料的加工工艺、材料的腐蚀与降解、电性能、热性能、磁性能、光性能等。

本书可作为材料科学与工程专业或相关专业的基础课教材,也可作为材料专业科研人员和工程技术人员的参考书。

图书在版编目(CIP)数据

材料科学与工程导论:原书第9版/(美)小威廉·卡利斯特,(美)大卫·莱斯威什著;陈大钦,孔哲译.—北京:科学出版社,2017.6

书名原文:Materials Science and Engineering(9th Edition)

ISBN 978-7-03-053049-3

Ⅰ.①材… Ⅱ.①小… ②大… ③陈… ④孔… Ⅲ.①材料科学 Ⅳ.①TB3

中国版本图书馆CIP数据核字(2017)第120786号

责任编辑:姚庆爽 / 责任校对:桂伟利
责任印制:赵 博 / 封面设计:陈 敬

科学出版社出版
北京东黄城根北街16号
邮政编码:100717
http://www.sciencep.com
涿州市般润文化传播有限公司印刷
科学出版社发行 各地新华书店经销
*
2017年6月第 一 版 开本:720×1000 1/16
2024年5月第五次印刷 印张:36 3/4
字数:720 000

定价:218.00元

(如有印装质量问题,我社负责调换)

译 者 序

材料对人类文明有着根深蒂固的影响，我们日常生活中的吃、穿、住、行都受到材料的影响。早期的人类只能使用天然材料，随着科技的进步才慢慢发现材料的结构与性能之间的关联，由此生产出了满足现代需求的各种具有特殊性能的材料。材料的结构、性质、使用性能和加工工艺是材料科学与工程的四个要素，基于这些要素，科学家和工程师们才可以更加有效地选择和设计材料。William D. Callister Jr. 和 David G. Rethwisch 撰写的《材料科学与工程导论》全面细致地描述了材料学的基础理论知识以及各类材料的结构、性质、加工及应用，内容深入浅出，清晰易懂，目前已经出到第 9 版，被十几个国家翻译使用。

本书共 23 章，第 1～11 章由陈大钦负责翻译，第 12～23 章由孔哲负责翻译。王洪波、李阳阳、徐敏、钟家松、丁明烨、元勇军、白王峰、李心悦等参加了翻译和编辑工作。陈大钦对全文进行了校对和润色。本书涵盖材料科学与工程的各个方面，包含各种类型的材料。由于版面限制，本书中没有包含原著中的例题、习题等内容，希望以后可以将其单独编译成册，作为本书的辅导书。

由于翻译小组水平有限，翻译过程中难免存在不足之处，敬请各位读者批评指正！

前　言

在第9版中,我们保留了以前版本中提出的材料科学与工程教学目标和方法。

第一个目标,也是首要的一点,向已经完成了大一微积分、化学、物理等课程的高等学校学生介绍基本原理。

第二个目标,按从简单到复杂的逻辑顺序介绍主题。每一章的内容建立在前一章的基础之上。

第三个目标,我们努力保持本书处理方法一致,如果一个主题或概念非常重要,那么将详细地描述,并在某种程度上,使学生在无须参考其他资料的情况下能够充分了解它;此外,在大多数情况下还会提供一些实际的关联。

第四个目标,书中包括了加快学习过程的功能。这些学习助手包括以下内容:众多插图,帮助想象要表达的内容;总结了四种材料(钢、玻璃陶瓷、聚合物纤维和硅半导体)的加工/结构/性质/性能的相关性,使章与章之间的重要概念具有一致性。

第五个目标,通过使用大多数教师和工程专业学生可以获得的新技术,来强化教学和学习过程。

新/修订内容

在第9版中有几个重要的变化。其中最显著的是加入几个新的章节,对其他章节也进行了修订/扩展。这些内容包括:

- 调整了许多章节的顺序和内容。这些改变参考了以前版本的读者建议。
- 修订、扩充和更新了表格。
- 碳中键的杂化(第2章)。
- 修订了晶体学晶面和晶向的讨论中利用方程确定晶面和晶向指数的部分(第3章)。
- 修订了晶粒尺寸的确定(第6章)。
- 新增碳纤维结构的章节(第14章)。
- 修订/扩展了纳米碳(富勒烯、碳纳米管、石墨烯)的结构、性能和应用方面的讨论(第14章)。
- 修订/扩展了结构复合材料(层复合材料和夹芯板)(第16章)。
- 新增纳米复合材料的结构、性能和应用等方面的章节(第16章)。

在线学习资源,学生指南网址:www. wiley. com/college/callister

也可以在本书网站的学生指南网页找到该学习资源,网站上发布了一些重要的教学资源,它们是对教材的补充。这些内容包括:

· **案例研究库**。在工程类课程中一种展示设计原理的方法是通过案例研究,将解决问题的策略应用于工程师遇到的有关应用/器件/失效的真实的例子。提供了五个案例:①剪切应力圆柱形坐标轴的教材选定;②汽车气门弹簧;③汽车后部轴承的失效;④人工全髋关节置换;⑤化学防护服。

· **机械工程(ME)模块**。该模块针对在印刷文本未涉及而又与机械工程有关的材料科学/工程专题。

· 扩展学习目标。这是一个比在每章开始时提供的目的列表更广泛的学习目标。这些目标指导学生更深入地去学习主题材料。

· **学生演讲的 PowerPoint® 演示文稿**。这些幻灯片(两种格式 Adobe Acrobat® PDF 和 PowerPoint®格式)可作为教师在课堂上使用的讲义。学生设置可以允许在打印出来的文稿中做笔记。

· **学习风格指数**。在回答 44 项调查问卷的基础上,对用户的学习风格偏好(如吸收和处理信息的方式)进行评估。

教师在线资源–教师指南网址:www. wiley. com/college/callister

选用这本教材的教师可以在教师指南网页获得教学资源。请登录网站注册访问。可以利用的资源包括:

· **学生指南网站的所有资源**。(除学生演讲的 PowerPoint 幻灯片。)

· **教师解决方案手册**。所有章末习题的详细答案(有 Word® 和 Adobe Acrobat® PDF 两种格式)。

· **虚拟材料科学与工程(VMSE)**。这种基于网络的软件包括交互式模拟和动画,可提升对材料科学与工程关键概念的学习。列入 VMSE 的有八个模块和一个材料的性能/成本数据库。这些模块的标题如下:①金属的晶体结构和晶体学;②陶瓷的晶体结构;③重复单元和聚合物结构;④位错;⑤相图;⑥扩散;⑦拉伸试验;⑧固溶强化。

· **影像图库**。书中插图,教师可以用来为学生布置作业、测试或其他的练习。

· **艺术 PowerPoint 演示文稿**。将书本中的图片加载到 PPT,这样教师可以更方便地使用它们来创建自己的 PowerPoint 演示文稿。

· **课堂笔记 PowerPoint**。这些演示文稿由作者和 Peter M. Anderson (俄亥俄州立大学)开发,遵循文本的主题,包括了从书本以及其他来源获取的材料。演示文稿有 Adobe Acrobat® PDF 和 PowerPoint® 两种格式。注意:如果没有开发者使用的所有字体，特殊字符可能无法正确显示（即不能在 PPT 中插入字体）；不过，在 PDF 版本中，这些字符会正确显示。

· **机械工程 Web 模块问题的解决方案**。

· **为各种工程类学科建议的教学大纲**。教师在课程/讲座的组织和设计中可以参考这些教学大纲。

· **实验和课堂演示**。为实验和课堂演示提供的说明和目录，这些实验和课堂演示描述现象或说明这本书中讨论的原理，还为这些演示提供了参考文献以便于获得更详细的信息。

WileyPLUS 简介

WileyPLUS 是一个以研究为基础的、有效的网络教学和学习环境。

WileyPLUS 通过为学生提供清晰的脉络，帮助学生克服学习中的疑难问题，树立学习的信心。这些脉络包括：任务是什么，每项任务需要做什么，任务完成得怎么样。专项研究表明，使用 WileyPLUS 的学生有更大的主动性，因此指导书就可以在课堂内外对他们的学习产生更大的影响。WileyPLUS 也有助于学生以相同的速度学习和进步，这对他们来说也是好的。我们整合的资源 24h 可用，在功能上就像一个家庭教师，通过提供具体的解决问题技巧直接解决每个学生的需求。

学生可以从 WileyPLUS 获得什么？

· 完整的数字教科书。

· 导航辅助，可以链接到在线图书的相关章节。

· 学习成果的即时反馈。

· 众多的多媒体资源，包括 VMSE（虚拟材料科学与工程）、视频教程、常用数学问题回顾、存储卡等；这些资源提供了多种多样的学习方法，鼓励学生主动学习。

教师可以从 WileyPLUS 获得什么？

· 可以切实有效地定制和管理他们的课程。

· 可以跟踪学生的表现和学习情况，轻松地识别哪些同学落后了。

· 丰富的课程材料和评估资源，包括一个完整的问题指南、PowerPoint® 演示文稿、扩展学习目标等，更多信息请浏览：www. WileyPLUS. com。

反馈

我们希望能够尽量满足材料科学与工程领域的教育工作者和学生的需求，征求大家对这个版本的反馈意见。任何意见、建议和批评都可以通过下面的电子邮箱地址提供给作者：billcallister@comcast. net。

致谢

自从我们进行撰写工作以来，无数的教师和学生为使其成为更加有效的教学和学习工具做出了重要贡献。对所有为本书提供帮助的人，我们表示衷心的感谢。

感谢爱荷华大学的奥黛丽·巴特勒、亚利桑那州立大学的伯大尼·史密斯和斯蒂芬·克劳斯在 WileyPLUS 课程的教材开发中提供的帮助。

感谢格兰特海德，以其专业的编程技术在虚拟材料科学与工程软件的开发中做出的贡献。

感谢佛罗里达州立大学的埃里克·赫尔斯特罗姆和西奥西格里斯特对这个版本的反馈和建议。

此外，我们感谢那些参加了 2011 年秋季市场调查的教育工作者，他们的宝贵贡献是第 9 版多次修改和补充的动力。

我们也感谢执行主编丹塞尔，高级产品设计师珍妮弗·韦尔特以及编辑项目助理杰西卡克内希特对本次修订的指导和帮助。

最后，我们深切并衷心感谢继续鼓励和支持我们的家人与朋友。

William D. Callister Jr.

David G. Rethwisch

October 2013

目　录

第1章 引 言

1.1 材料的历史回顾

超乎一般人的认识,材料可能是对人类文明影响最根深蒂固的一类物质。交通运输、住房、服装、通信、娱乐以及食品生产——事实上我们日常生活中每一部分都或多或少地受到材料的影响。历史上,社会的进步和发展与人们生产、使用材料来满足自身需求的能力紧密相关。事实上,早期的人类文明就是按照材料的发展水平来划分的(如石器时代、青铜时代、铁器时代等)。

早期的人类只能使用一些为数不多的天然材料,如石头、木材、黏土、兽皮等。随着时代的发展,人类发明了制造新材料的技术,且人造材料的性能优于天然材料,这些新材料包括陶瓷和各种金属。后来,人类还发现通过热处理和加入其他物质会改变材料的性能。此时,材料的使用完全就是一个选择的过程,这个过程涉及从一系列给定的、有限的材料中根据它们的性质来选择出最适合应用的材料。直到近代,科学家们才慢慢发现材料的结构特征与性质之间的关系。这方面的知识经过近 100 年的积累,能够在很大程度上帮助人们改善材料的性质。因此,成千上万种不同的材料随着特殊性质的要求而不断地改进,进而满足了现代复杂社会的需求。这些材料包括金属、塑料、玻璃和纤维等。

科学技术的发展能使我们的生活变得更加舒适,而科学技术的发展与合适材料的获得密切相关。人类对某一材料认识程度的进步往往是这个时代技术进步的前奏。例如,没有廉价高性能的钢或其他同类的替代品,就不会有当今的汽车工业;当代,精细电子设备强烈地依赖于由半导体材料(semiconducting materials)组成的元件。

1.2 材料科学与工程

将“材料科学与工程”学科细分为“材料科学(materials science)”与“材料工程(materials engineering)”两个分支学科是非常有用的。严格来说,材料科学主要是研究材料结构与性能之间的关系。相比之下,材料工程主要是在对这些结构与性能之间关系了解的基础上,设计或制造材料,并使其达到一系列预定的性质。从功能角度来看,材料科学家主要是发展和合成新材料,而材料工程师主要是利用现有的材料来创造新产品、新系统或者改进材料加工技术。大多数材料专业的毕业生都会被同时培养成材料科学家和材料工程师。

此时,“结构”(structure)还是一个比较含糊的术语,我们需要对它进一步解释。简而言之,材料的结构通常与其内部组分的排列相关。亚原子结构(subatomic structure)与单个原子的电子与原子核间的相互作用有关。在原子层次上,结构涉及原子或分子的相互作用与排列。更大一些的结构范畴就包含了大量堆积在一起的原子,被称为“微观结构”(microscopic)。通过使用不同类型的显微镜,人们可以观察到这样的微观结构。最后,通过肉眼能够观察到的结构我们称之为“宏观结构”(macroscopic)。

“性质”(property)的概念也需要进一步说明。在使用过程中,所有材料在受到外部刺激作用后,都会引起材料的某种反应。例如,一个样品受力后会发生变形,抛光的金属表面会反射光。材料的性质就是材料对所施加特定刺激后所产生的不同种类和幅度的反应。通常,性质的定义与材料的形状和大小无关。

实际上,固体材料所有重要的性质基本上都可以分为六种不同的大类:力学、电学、热学、磁学、光学和老化性质。每一种性质都对应一种典型的刺激使其产生不同的反应。力学性质对应的材料变形与施加在材料上的负载或力相关联,这些力学性质包括弹性模量(刚度)、强度和韧性。对于电学性质,如电导率和介电常数,所施加的刺激为电场。固体的热行为可通过热容和热导来表现。磁学性质是指材料在磁场作用下的反应。对于光学性质,所施加的刺激是电磁场或光辐射,折射率和反射率是材料的典型光学性质。最后,老化性质与材料的化学活性相关。接下来章节所讨论的材料性质就属于这六种类型。

除了“结构”和“性质”外,在材料科学与工程中还有两个重要的要素,即“加工(processing)”和“使用性能(performance)”。关于这四个要素之间的关系,可以描述为:材料的结构取决于它的加工方式,材料的使用性能是它的性质的函数。因此,加工、结构、性质和使用性能之间的关系可以用图 1.1 中的示意图来描述。依据材料的设计、生产和使用,我们将贯穿全文阐述材料四要素间的关联。

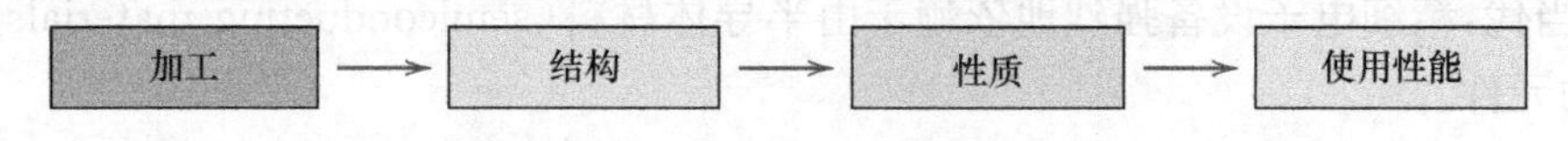

图 1.1 材料科学与工程学科的四要素及其相互关系

如图 1.2 所示,我们通过举例反映材料的加工-结构-性质-使用性能间关系。图中,三个薄圆片样品放置在一张印有文字的纸片上。很明显,三种材料的光学性质(即透光率)是不同的;左边的样品是透明的(即几乎所有的反射光都通过它),而中间和右边的样品分别为半透明和不透明。这三种样品都是由同一种材料(三氧化二铝)制备而成,但最左边样品是单晶(single crystal),是没有缺陷的固体材料,这使得它比较透明;中间的样品是由无数细小的单晶组成,这些小晶体间的晶界会散射一些来自纸面上的反射光,使得材料成为半透明;最右边的样品不仅是由许多细小的、相互连接在一起的晶体所组成,而且当中还有大量小孔或空隙,这些空隙也会有效地散射反射光,导致材料不透明。

图 1.2 三个氧化铝的薄圆盘样品放置在印有文字的页面上来展示它们透光率的差异。左边的圆盘是透明的(transparent)(即几乎所有纸面上的反射光都能通过它),而中间的一个是半透明的(translucent)(这意味着部分反射光通过圆盘散射掉了)。右边圆盘是不透明的(opaque),没有光穿过它。这些光学性能的差异是由于材料的加工方式不同,从而导致材料结构的不同而产生的

因此,晶界和空隙会影响材料的透光率。依据材料晶界和空隙度不同,可知这三种样品的结构是不同的。此外,这些材料是通过不同的加工技术制备出来的。显然,如果光透过率是决定材料使用的一个重要参数,那么每种材料的使用性能将会有所不同。

1.3 为什么要学习材料科学与工程?

我们为什么要学习材料?许多应用科学家和工程师,不论他们从事的是机械、土木、化学或电子领域,都曾经涉及材料的设计问题。例如,传动齿轮、建筑物的承重结构、石油炼油组件或集成电路芯片等。当然材料科学家和工程师都是研究与设计这些材料的专家。

很多时候,材料问题就是从成千上万种可用的材料中正确选出满足需要的材料。决定选择材料的标准有许多:首先,要弄清楚材料在什么条件下使用,因为使用环境将限定我们所使用材料的性质。只有在极少数情况下一种材料才会拥有最好的或者理想的性质。因此,一种性质与其他性质的协调是非常重要的。经典的例子如强度与延展性,通常强度高的材料延展性差。这种情况下,合理的折中取舍两种或者多种性质通常是必要的。

其次，在选择材料时需要考虑在使用过程中可能出现的材料各种老化因素。例如将材料置于高温或腐蚀的环境中，材料的力学强度会显著地降低。

最后，或许最需要的考虑因素是经济问题：产品的成本是多少？可能会发现一类材料具有多种理想的性质，但其价格非常昂贵。在这里，一些妥协是不可避免的。产品的成本还包括将产品加工成所需要的形状所产生的任何费用。

工程师或科学家对材料的各种特性-结构-性质之间的关系及加工技术方面越熟悉，他们基于这些标准来选择合适的材料时就会越熟练、自信。

1.4　材料的分类

传统上，固体材料可以简单地分为三大类：金属、陶瓷和高分子。这种分类主要是基于材料的化学组成和原子结构。现实中大多数材料属于某一类材料。此外，还有复合材料，它是由两种或两种以上不同的材料组成。这些材料分类的简介和各自的特征将在下文进行说明。另一类材料则是先进材料——这些材料主要应用于高科技领域，如半导体、生物材料、智能材料和纳米工程材料。这些先进材料将在1.5节中进行讨论。

金属

金属由一种或多种金属元素（如铁、铝、铜、钛、金、镍）组成。金属中也经常含有少量的非金属元素（如碳、氮和氧）。金属和它们合金中的原子有序地排列在一起（如第3章中讨论的），与陶瓷和高分子材料相比，这些原子排列相对紧密（图1.3）。关于力学性质，这些金属材料硬度、强度相对较高（图1.4、图1.5），具

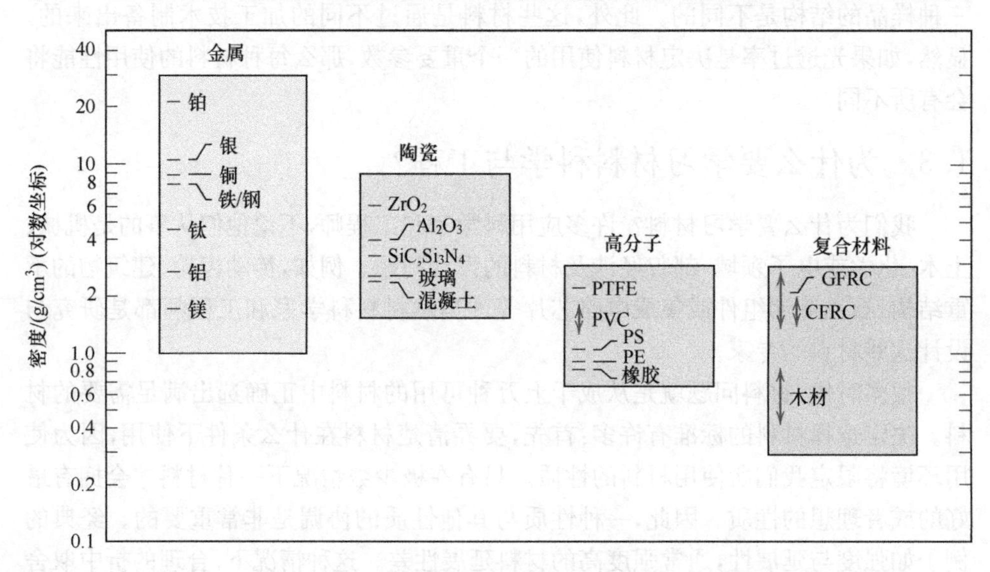

图1.3　金属、陶瓷、高分子和复合材料在室温下的密度

有可塑性(即能够承受大量的变形而不断裂)和抗断裂能力(图 1.6),这种良好的抗断裂性质使金属材料被广泛地运用在结构材料领域。金属材料具有大量的自由电子,即这些电子不束缚于特定的原子。金属的许多性质可直接归功于这些自由电子。例如,金属具有非常好的导电(图 1.7)、导热能力和不透明性;抛光的金属表面有光泽。此外,一些金属(如铁、钴、镍)具有非常好的磁性。

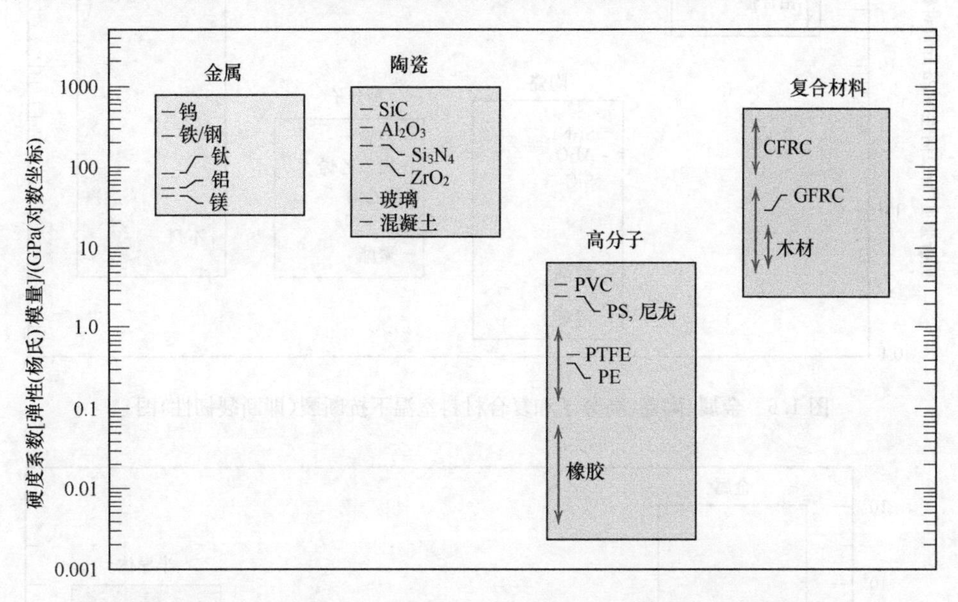

图 1.4　金属、陶瓷、高分子和复合材料室温下的硬度(即弹性系数)值

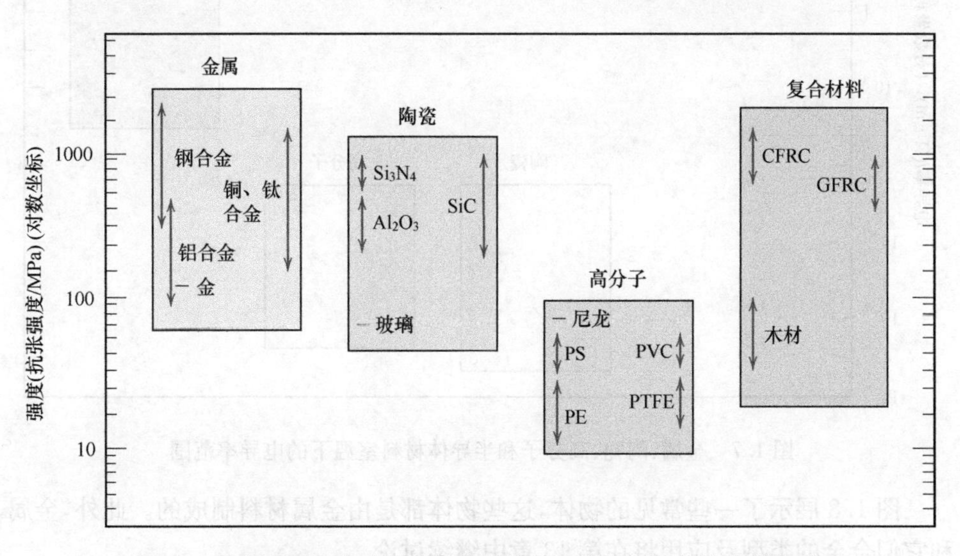

图 1.5　金属、陶瓷、高分子和复合材料室温下的强度(即抗张强度)值

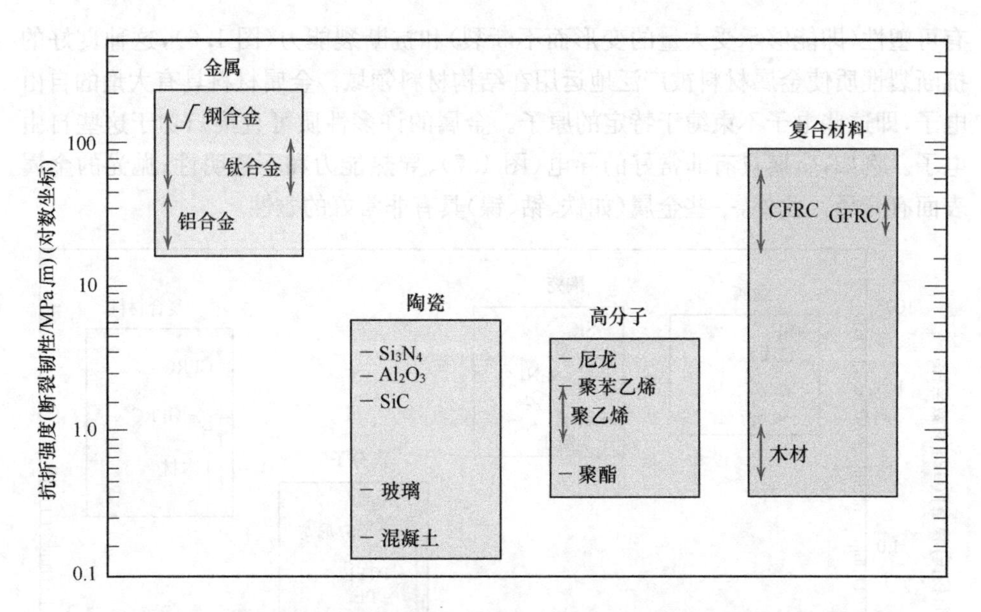

图 1.6　金属、陶瓷、高分子和复合材料室温下抗断裂(即断裂韧性)图

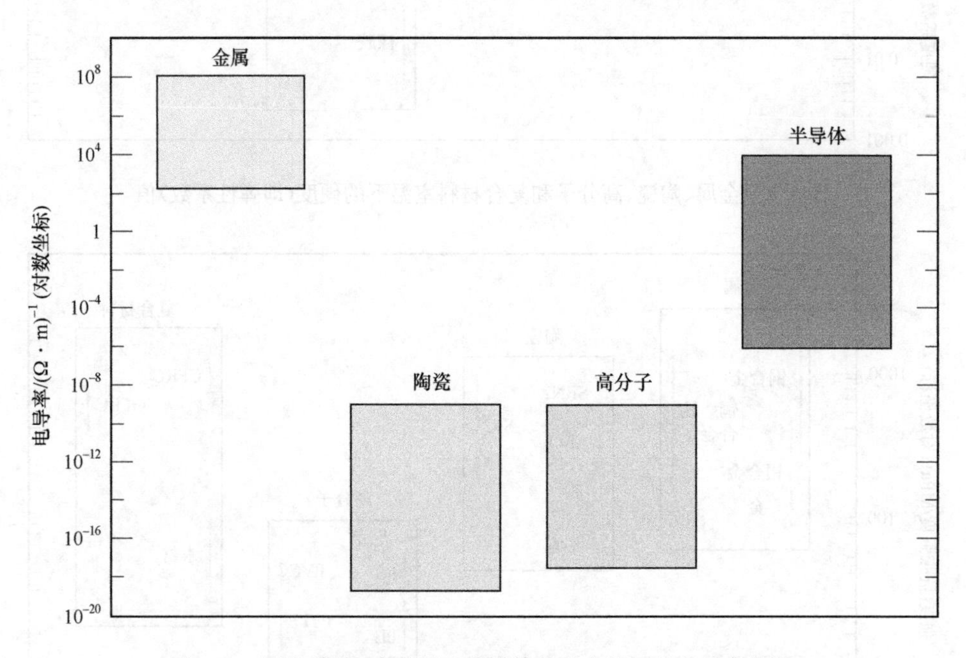

图 1.7　金属、陶瓷、高分子和半导体材料室温下的电导率范围

图 1.8 展示了一些常见的物体，这些物体都是由金属材料制成的。此外，金属和它们合金的类型及应用将在第 13 章中继续讨论。

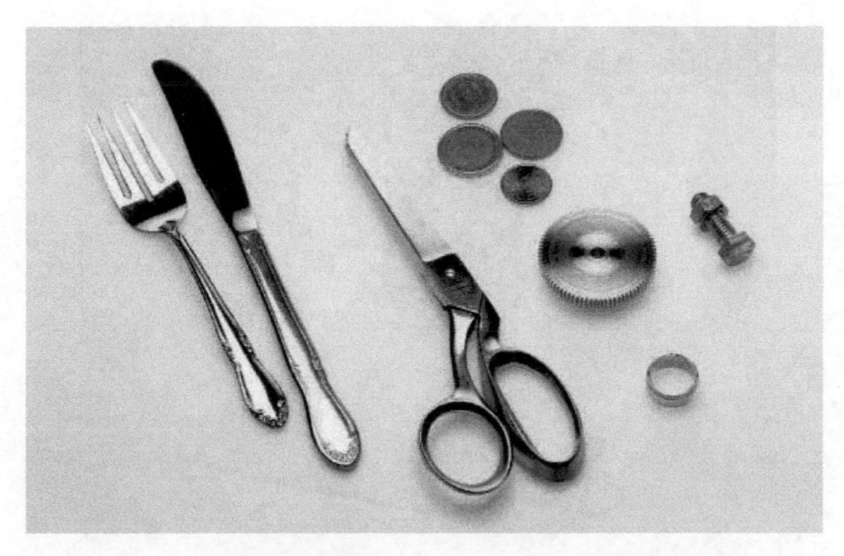

图 1.8 常见的金属和金属合金制品(从左到右):镀银餐具(叉和刀)、剪刀、硬币、齿轮、婚戒、螺母和螺栓

陶瓷

陶瓷(ceramics)是由金属元素和非金属元素组成的化合物;它们多为氧化物、氮化物和碳化物。例如,常见的陶瓷材料包括氧化铝(Al_2O_3)、二氧化硅(SiO_2)、碳化硅(SiC)、氮化硅(Si_3N_4)。此外,我们经常把一些由黏土矿物组成的东西(如瓷),以及水泥和玻璃统称为传统陶瓷。关于力学性质,陶瓷材料的硬度和强度相对较高,它们的刚度和强度与一些金属的差不多(图 1.4、图 1.5)。长久以来,陶瓷一直表现为具有很大的脆性(缺乏可塑性)和非常容易断裂(图 1.6)。近年来,科学家已经能设计出新的陶瓷材料以提高它的耐断裂性能,这些材料被用于炊具、餐具甚至汽车的发动机部件。此外,陶瓷材料是典型的电绝缘体和热绝缘体(即具有低的电导率,如图 1.7 所示),且与金属和高分子材料相比,陶瓷材料更耐高温和恶劣的环境。关于光学性质,陶瓷材料可能透明、半透明或不透明(图 1.2)。一些氧化物陶瓷(如 Fe_3O_4)具有磁性。

图 1.9 展示了一些常见的陶瓷物品。这类材料的特征、种类和应用将在第 14 章中讨论。

高分子

高分子包括常见的塑料和橡胶材料。很多高分子材料是由碳、氢和其他非金属元素(如 O、N、Si 等)组成的有机化合物。此外,它们的分子结构非常大,在自然界中通常以碳原子为中心骨架形成链状结构。常见的高分子材料有聚乙烯(PE)、尼龙、聚氯乙烯(PVC)、聚碳酸酯(PC)、聚苯乙烯(PS)和硅胶。这些材料通常密度

图 1.9 常见的陶瓷材料制品:剪刀、瓷杯、建筑砖、地砖、玻璃花瓶

很低(图 1.4),它们的力学性质也不同于金属和陶瓷材料,它们不像其他的材料那样具有高的硬度和强度(图 1.4、图 1.5)。由于它们的密度低,许多时候它们在单位质量上的硬度和强度与金属和陶瓷的差不多。此外,许多聚合物都有非常好的可延展和可塑性,这意味着它们很容易制成形状复杂的物体。通常,它们的化学性质不活泼,在大多数环境下不发生反应。高分子材料最主要的缺点就是在一定的温度下易软化或分解,在某些情况下,这种缺点限制了它们的使用。此外,它们电导率很低(图 1.7)并且没有磁性。

图 1.10 展示了一些我们比较熟悉的物品,这些物品都是由高分子材料制成。我们将在第 5 章和第 15 章专门讨论高分子材料的结构、性质、应用和加工。

复合材料

复合材料(composite)是由两种或两种以上的单类材料组成。这些单类材料来自于我们之前所讨论的材料种类——金属、陶瓷或高分子。复合材料的设计目的是实现任何单类材料所不具有的结合特性,或者将每一种组成材料的优良特性进行合并。金属、陶瓷、高分子之间的不同组合形成了大量的复合材料。此外,还存在一些天然的复合材料,如木材和骨头。然而,在我们的讨论中所涉及的多数复合材料都是指合成(或人工制造)的复合材料。

最常见的复合材料之一是玻璃纤维增强高分子复合材料(俗称玻璃钢)。玻璃钢就是将细小的玻璃纤维嵌入高分子材料中(通常是环氧树脂或聚酯)。玻璃纤维通常比较坚硬且脆,而高分子材料韧性好。因此合成后的玻璃钢既坚硬又有韧性(图 1.4、图 1.5)。此外,玻璃钢密度很低(图 1.3)。

图1.10 常见的聚合物材料制品:塑料餐具(勺子、叉和刀)、台球、自行车头盔、两个骰子、割草机车轮(塑料轮毂和橡胶轮胎)和塑料奶瓶

另一种重要的材料是碳纤维增强高分子复合材料。这种材料是往高分子中嵌入了碳纤维。这种材料的硬度和强度比玻璃纤维增强复合材料的还要高(图1.4、图1.5),但价格也非常昂贵。碳纤维增强复合材料主要应用在航天和航空领域,以及高科技体育用品(如自行车、高尔夫球杆、网球拍、雪橇和滑雪板)和汽车的保险杠。新的波音787机身主要是由这种碳纤维增强复合材料制成的。

我们将在第16章中专门讨论这些有趣的复合材料。

1.5 先进材料

应用在高科技领域的材料有时被称为先进材料(advanced materials)。高科技(high technology)产品或设备拥有复杂精细的操作和功能。这些产品或设备包括电子设备(摄像机、CD/DVD播放器)、电脑、光纤系统、航天器、飞机和军事火箭。这些先进材料通常是性质得到增强的传统材料和新开发的、高性能的材料。此外,它们的类型多样(如金属、陶瓷、高分子),价格通常昂贵。我们讨论的先进材料将包括半导体材料、生物材料和所谓的“未来材料(materials of the future)”(如智能材料和纳米工程材料等)。我们将在接下来的章节中讨论这些先进材料的性质和应用(如激光、集成电路、磁信息存储、液晶显示和光纤)。

半导体

半导体(semiconductors)的电学性质介于导体(即金属和金属合金)和绝缘体(即陶瓷和高分子)之间,如图1.7所示。此外,半导体的电学特性对存在的微量杂质元素非常敏感,并且这些杂质原子(或离子)可以被定位在很小的区域内。过去的三十年里,半导体材料导致了集成电路时代的出现,它为电子设备和计算机工业带来革命,对当今社会生活产生划时代的影响。

生物材料

生物材料(biomaterials)主要是用于植入人体内部以替换病变或受损组织的一类材料。因此,这类材料必须对人体无毒,且与人体组织相容(即不会产生不利的生物反应)。前述的所有材料包括金属、陶瓷、高分子、复合材料和半导体都可能被用作生物材料。

智能材料

智能材料(smart materials)是现在一些最先进的材料,它的发展对我们许多技术产生了重要的影响。智能这个形容词表明这些材料能够感受到它们所处环境的变化,然后按照预先设定做出改变。在生物体中也能显示这种特性。此外,这种智能概念也被延伸到由智能和传统材料所组成的复杂系统。

智能材料(或系统)的组成包括一些不同类型的传感器(检测输入信号)和一个驱动元件(做出反应和自适应)。当温度、电场和(或)磁场发生改变的时候,执行元件会通过改变形状、位置、固有频率、力学性能来做出反应。

驱动元件常用的四种材料分别是:形状记忆合金、压电陶瓷、磁致伸缩材料和电流体/磁流体。形状记忆合金(shape-memory alloys)是金属在发生变形后,当温度改变时能够恢复到原来的形状。当对压电陶瓷(piezoelectric ceramics)施加一个电场或电压时,它的体积会发生膨胀或收缩;相反,当压电陶瓷的尺寸改变时,它会产生一个电场(见19.25节)。磁致伸缩材料(magnetostrictive materials)是指材料对磁场做出的反应,它的行为与压电材料类似。同样,电流体(electrorheological)和磁流体(magnetorheological fluids)都是一种特殊的液体,当对这种液体分别施加电场和磁场时,液体黏度会产生巨大变化。

用于传感器的材料或设备包括光纤(见22.14节)、压电材料(包括一些高分子材料)、微机电系统(MEMS,见14.17节)。

例如,直升机上用来减小座舱内噪声的智能系统。该智能系统将压电传感器嵌入螺旋桨叶片上来监测叶片的压力和变形,来自这些传感器的反馈信号被由计算机控制的自适应设备接收,然后由这些设备产生消除噪声的抗噪声信号。

纳米材料

纳米材料(nanomaterials)是一种新的材料类别,具有优异且新颖的性质和巨大的科技前景,它可以是四种基本材料类型(金属、陶瓷、高分子和复合材料)中的任何一种。然而,与其他材料不同的是,纳米材料并不是根据化学性质而是根据尺寸来区分的。"纳米"表明材料的尺寸为纳米(10^{-9} m)级别,通常小于100nm(大约相当于500个原子直径)。

在纳米材料出现之前,科学家们经常使用的用来理解材料化学和物理性质的一般方法是:先从大而复杂的结构开始研究,然后再研究更小的、简单的结构组成单元。这种方法有时候被称为"自上而下"的科学(top-down science)。然而,扫描探针显微镜(可以直接观察单个原子和分子)技术的发展(见6.12节),使得从原子层次(一次一个原子或分子)来设计和构建新结构成为可能,这就是所谓的"材料设计"。这种精细排列原子的能力为发展材料的力学、电学、磁学和其他不可能的性质提供了机会。我们称之为"自下而上"的方法(bottom-up approach),而对这些材料性质的研究被称为"纳米技术(nanotechnology)"。

当粒子的大小接近原子尺寸时,物质的一些物理和化学性质将会发生巨大变化。例如,宏观下不透明的材料在纳米尺度下变成透明,固体变成液体;化学性质稳定的材料成为易燃物质,绝缘体变成导体。此外,在纳米尺度范围内,材料的性质依赖于尺寸。其中部分原因源自量子力学效应,其他的则与表面现象(surface phenomena)有关,即当原子尺寸减小时,原子占据粒子表面的比例将显著增加。

由于这些独特的、不寻常的性质,纳米材料将在电子、生物医学、体育、能源生产和其他工业领域等得到应用。本课程将讨论纳米材料的部分应用,如

(1) 纳米碳——富勒烯、碳纳米管和石墨烯(见14.17节);

(2) 炭黑颗粒作为汽车轮胎的增强剂(见16.2节);

(3) 纳米复合材料(见16.16节);

(4) 用于硬盘驱动器的磁性纳米尺寸晶粒(见21.11节);

(5) 磁带中储存数据的磁性颗粒(见21.11节)。

开发一种新材料时,我们必须要考虑它对人类和动物是否产生危害。小的纳米颗粒具有非常大的比表面积,从而导致它的化学活性很高。虽然纳米材料的安全性还未得到研究证实,但它已经引起了人们的担忧。人们担心纳米材料会通过皮肤、肺、消化道并以很高的速率进入人体;当纳米材料在人体内浓度过高时,将可能会对人的身体产生危害(如破坏DNA或造成肺癌)。

1.6 现代材料的需求

虽然材料科学与工程学科在过去几年中已经取得了巨大进步,但技术挑战依然存在,例如,开发更为精细和特殊的材料以及考虑材料生产对环境影响。为了完成这个目标,一些关于这些问题的评论是必要的。

核能在未来是非常有前景的,但许多重要问题的解决必然会涉及材料,如燃料、反应堆的外壳结构和处理放射性废物的设施。

相当多的能源被用于交通运输。减少运输车辆(汽车、飞机、火车等)的质量以及增加发动机的运行温度将会提高燃油效率。新的高强度、低密度结构材料以及用于发动机组件的耐高温材料都还有待开发。

此外,一个公认的需要是寻找新的环保能源和更加有效地利用现有的能源。毫无疑问,材料将在这些发展中扮演着重要的角色。例如,将太阳能直接转换为电能已经得到证实。太阳能电池使用一些比较复杂和昂贵的材料,为了确保这个技术的可行性,必须开发一种具有高光电转换效率且廉价的材料。

氢燃料电池是另一个非常有吸引力的和可行的能源转换技术,其优点是无污染。它现在开始被用作电子设备的电池,且具有作为汽车动力装置的前景。高效的燃料电池材料和生产氢气所需的更好的催化剂都还需要进一步发展。

此外,环境质量取决于我们控制空气和水污染的能力,污染控制技术需要使用不同的材料。此外,材料加工和提纯方法需要提高,以便减少对环境的恶化,使得在原材料采集时对环境产生的污染和破坏较少。在一些材料的制造过程中,会产生有毒物质,在处理这些有毒物质时必须考虑其对生态环境的影响。

我们使用的许多材料来自于不可再生资源,包括大多数高分子材料,它们主要的原料是石油和一些金属。这些不可再生资源逐渐枯竭,因此以下几点显得十分必要:①寻找额外储量;②开发具有相似性质但对环境无污染的新材料;③加大资源回收利用和开发新的资源回收利用技术。经济发展的结果不仅仅是产品的生产还应该注意对环境和生态的影响,因此在整个制造过程中,考虑材料“一生的”循环将变得越来越重要。

材料科学家和工程师在关于这些需求以及其他环境和社会问题中所起的作用,将在第 23 章中进行详细的讨论。

第 2 章　原子结构与键合

理解固体中的原子结构与键合是非常重要的：在某些情况下，原子间键合的类型可以帮助我们解释材料的性质。例如，碳原子可以以石墨和金刚石的形式存在。石墨相对较软而且摸起来有种“油腻”的感觉，而金刚石却是我们所知道的自然界中最坚硬的物质之一。此外，金刚石和石墨的电学性质不同。金刚石导电性差，而石墨却是良好的导体。这些性质上的差异可归结于石墨和金刚石中碳原子间键合方式的不同(见 4.12 节)。

2.1　引言

固体材料一些重要的性质取决于原子的几何排列，以及组成原子或分子间的相互作用。本章将为后续讨论做准备，涉及几个基本而重要的概念，即原子结构、原子中的电子排布和周期表，以及原子间结合的主价键和次价键，这些键合使原子聚集在一起形成固体材料。有部分内容对读者来说是可能比较熟悉的，我们将对这些内容做简要的回顾。

原子结构

2.2　基本概念

每一个原子(atom)都由一个非常小的原子核(nucleus)以及围绕原子核运动的电子(electron)所组成。其中，原子核又由质子(proton)和中子(neutron)构成。电子和质子都是带电的，一个电荷的量为 1.602×10^{-19} C，其中电子带负电，质子带正电，中子呈电中性。这些亚原子粒子的质量都非常小。质子和中子的质量近似相等，约为 1.67×10^{-27} kg，它们比电子的质量(约为 9.11×10^{-31} kg)重很多。

任何一种化学元素都可以用原子核中的质子数或原子序数(atomic number, Z)来表征。对于一个电中性或完整的原子，原子序数等于电子数。从原子序数为 1 的氢到自然界中存在的原子序数最高的 92 的铀都遵循这样的规律。

一个特定原子的原子质量(atomic mass, A)可以用原子核内质子和中子的质量总和来表示。同一种元素的所有原子的质子数是相同的，但是中子数(N)有可能不同。因此，一些元素的原子有两个或两个以上不同的原子质量，我们称之为同位素(isotopes)。一种元素的原子量(atomic weight)等于该原子自然存在的同位素原子质量的加权平均。可以用原子质量单位(atomic mass unit, amu)来计算原子量，1amu 已经被定义为自然界中最常见的^{12}C同位素（$A=12.00000$）的 1/12 原子质量。

$$A \simeq Z+N \tag{2.1}$$

一种元素的原子量或化合物的分子量可以在每个原子（分子）的原子质量或材料的摩尔质量的基础上进行定量计算。1 摩尔（mole）物质有 6.022×10^{-23}（阿伏伽德罗常量）个原子或者分子。这两种原子量计算方法满足下式关系：

$$1\text{amu/atom(or molecule)}=1\text{g/mol}$$

例如，铁的原子量是 55.85amu/atom，或 55.85g/mol。有时使用每个原子或分子含有原子质量方法比较方便；但在其他情况下，克（或者千克）每摩尔方法更好。本书将采用后者。

2.3 原子中的电子

原子模型

在 19 世纪后期，人们遇到了许多不能用经典力学来解释的固体中的电子现象。于是一系列用于解释原子和亚原子实体的原理和法则被建立，这些理论我们称之为“量子力学”（quantum mechanics）。要理解电子在原子或者结晶固体中的行为必然涉及量子力学概念的讨论。然而，这些原理的详细解释超出了本书的范围，所以仅仅给出了一些简易的理解。

轨道电子

原子核

图 2.1 玻尔原子示意图

量子力学的早期产物之一就是简化的玻尔原子模型（Bohr atomic model），该模型假定电子围绕着原子核在分立的轨道上运动，所有电子都有其对应的轨道。该原子模型如图 2.1 所示。

另一个重要的量子力学原理认为，电子的能量是量子化（quantized）的，也就是说，电子有特定的能量值。电子可能会改变能量，但它必须定量的跃迁到一个允许存在的更高能量（伴随着能量吸收）或更低能量（伴随着能量的释放）。通常认为这些允许的电子能量为能级或能态（energy levels/states）。这些能级不会随着能量不断变化，也就是说相邻的能级被有限的能量分开。例如，玻尔氢原子所允许存在的能态如图 2.2(a)所示。这些能态被电子占据而带负电，电子处在未束缚或自由态时所对应的能量为基准态零。当然，与氢原子有关的单电子只填满其中一个状态。

因此，玻尔模型是科学家在早期试图通过位置（电子轨道）和能量（量子化的能级）来描述原子中电子行为的一个典型代表。

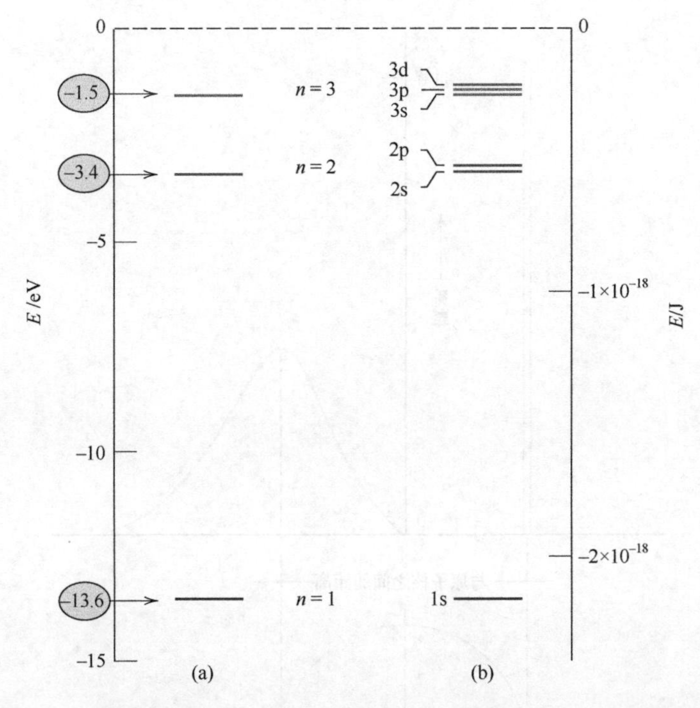

图 2.2　(a) 玻尔氢原子的前 3 个电子能态；(b) 波动氢原子前 3 个壳层的电子能态

当然，玻尔模型最终被证明具有很大的局限性，因为它无法解释一些涉及电子的现象。最终，波动力学模型(wave-mechanical model)的建立很好地解决了这个问题。在该模型中，电子被认为具有波动性和粒子性，电子不再被看做是一个在离散轨道中运动的粒子，相反，电子的位置被描述成电子在原子核周围出现的概率。换句话说，电子位置是由概率分布或者电子云来描述。图 2.3 比较了氢原子的玻尔模型和波动力学模型。这两种模型的使用贯穿全文，模型的选择取决于哪个模型可以更简单地解释某些现象。

量子数

在波动力学中，原子中的每个电子可以用四个参数来表征，这四个参数称为量子数(quantum numbers)。电子概率密度(或者轨道)的大小、形状和空间位向可以用这四个参数中的三个来表示。此外，玻尔能级分裂成电子亚壳层，量子数表示每一个亚壳层的状态数目。通常用主量子数 n(principal quantum number)来表示电子壳层，n 取整数且从 1 开始。如表 2.1 所示，这些电子壳层有时候会用字母 K,L,M,N,O 等表示，它们分别对应着 $n=1,2,3,4,5,\cdots$。需要注意的是，只有主量子数是与玻尔模型有关，它决定了电子轨道的大小(或者说电子与原子核的平均距离)。

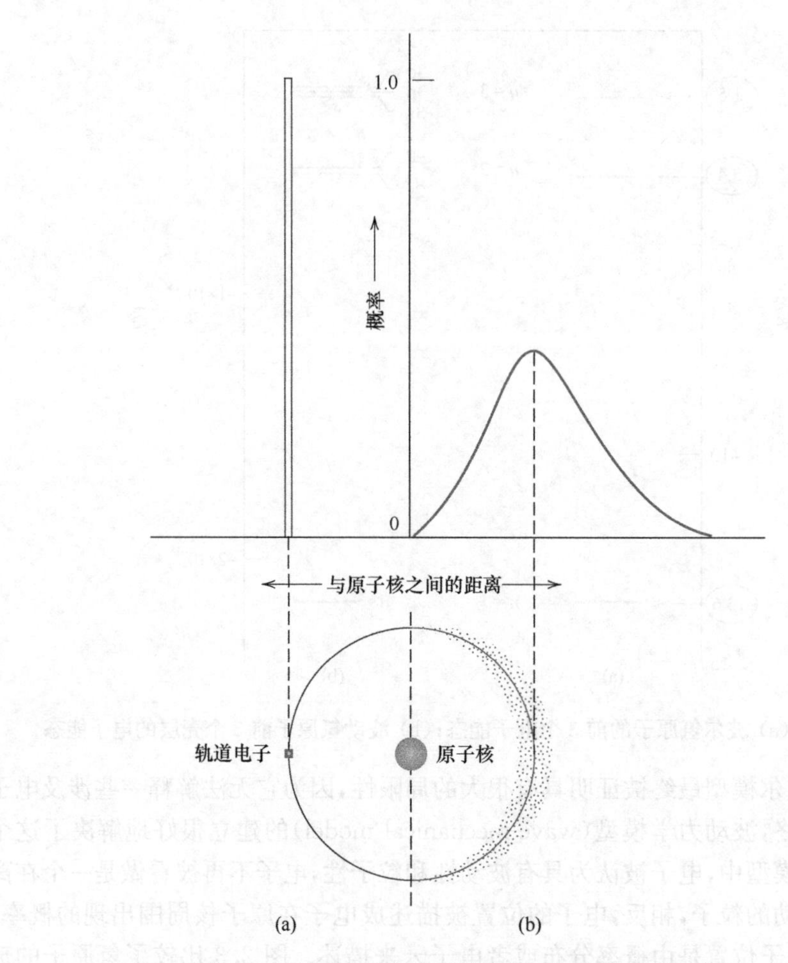

图 2.3　玻尔(a)和波动原子模型(b)电子分布的比较

表 2.1　量子数 n,l,m_l,轨道数和电荷数的关系

n 值	l 值	m_l 值	亚层	轨道数	电子数
1	0	0	1s	1	2
2	0	0	2s	1	2
	1	−1,0,+1	2p	3	6
3	0	0	3s	1	2
	1	−1,0,+1	3p	3	6
	2	−2,−1,0,+1,+2	3d	5	10

续表

n 值	l 值	m_l 值	亚层	轨道数	电子数
4	0	0	4s	1	2
	1	−1,0,+1	4p	3	6
	2	−2,−1,0,+1,+2	4d	5	10
	3	−3,−2,−1,0,+1,+2,+3	4f	7	14

第二个量子数(角量子数,azimuthal quantum number),l,它可以表示电子亚壳层。l 的取值受到 n 值的限制,l 可以取从 0 到 $n-1$ 范围内的整数值。每个电子亚壳层可以用小写字母 s,p,d,f 来表示,这些字母对应的 l 值如下:

l 值	指定字母
0	s
1	p
2	d
3	f

此外,l 决定电子轨道形状。例如,s 轨道是球状的且以原子核为中心(图 2.4)。p 亚电子层有 3 个轨道(下面将会解释),每个轨道呈现哑铃状(图 2.5)。这三个轨道的坐标轴相互垂直就像空间坐标 x-y-z 轴一样。因此可以很方便将这些轨道标记为 p_x,p_y,p_z(图 2.5)。d 亚电子层的轨道形状比较复杂,在此不做讨论。

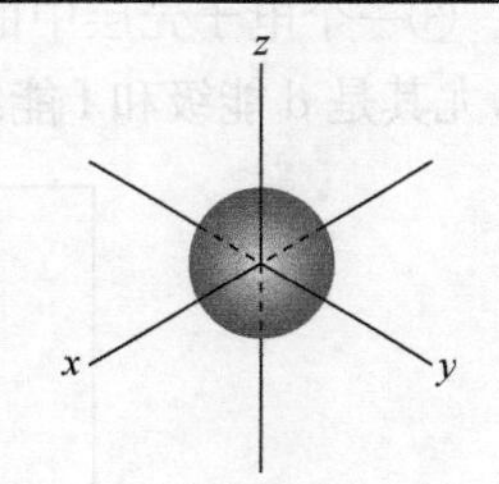

图 2.4　s 的球形电子轨道

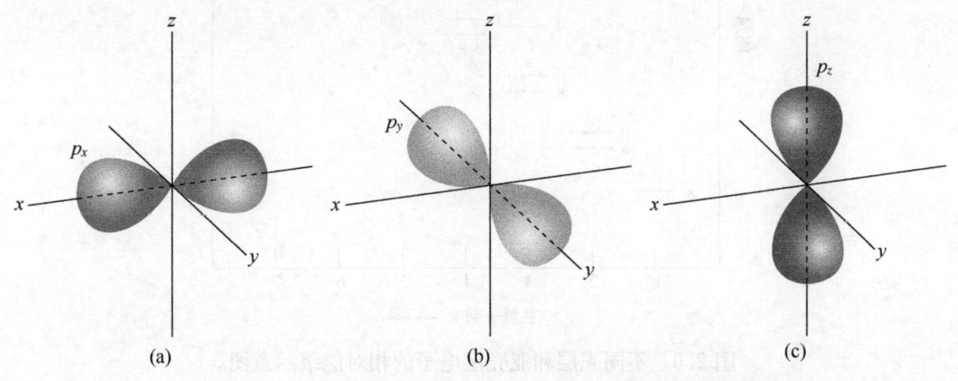

图 2.5　(a) p_x、(b) p_y 和(c) p_z 电子轨道的取向和形状

每个电子轨道亚壳层的数目由第三个量子数 m_l(磁量子数)决定。m_l 可以取 $-l$ 到 $+l$ 之间的整数,包括 0。当 $l=0$ 时,m_l 只能取 0,因为 +0 和 −0 是一样的。

此时对应一个 s 亚壳层，仅仅只有一个轨道。当 $l=1$ 时，m_l 可以取 $-1,0,+1$，此时对应 3 个 p 轨道。同样的，d 亚壳层有 5 个轨道，f 亚壳层有 7 个轨道。当没有外部磁场时，每一个亚壳层中的所有的轨道在能量上是相同的；但当加入外磁场后，这些亚壳层能级分开，每个轨道的能量略有不同。表 2.1 列出了 n,l,m_l 这三个量子数之间取值的关系。

此外，电子自身还会有自旋运动(spin moment)，自旋方向一定是向上或者向下。第四个量子数 m_s 与电子自旋运动相关，m_s 可取值为 $+1/2$(自旋向上)和 $-1/2$(自旋向下)。

因此，波动力学模型使得玻尔模型得到进一步完善，三个新量子数(l,m_l,m_s)的引入使每个电子壳层内部产生了亚壳层。图 2.2(a)和 2.2(b)将氢原子的这两种模型进行了比较。

利用波动力学模型，图 2.6 给出了不同电子壳层和亚壳层的完整能级。图中一些特征值得注意。①主量子数越小，对应的能级能量就越低；如 1s 能级的能量比 2s 能级的能量低。②在每个电子壳层中，亚壳层的能量随着角量子数 l 值的增加而增加；如 3d 能级的能量比 3p 能级的能量大，3p 能级的能量比 3s 能级的能量大。③一个电子壳层中的能级与相邻的电子壳层中的能级在能量上可能存在交叉，尤其是 d 能级和 f 能级；如 3d 能级的能量通常要比 4s 能级的能量大。

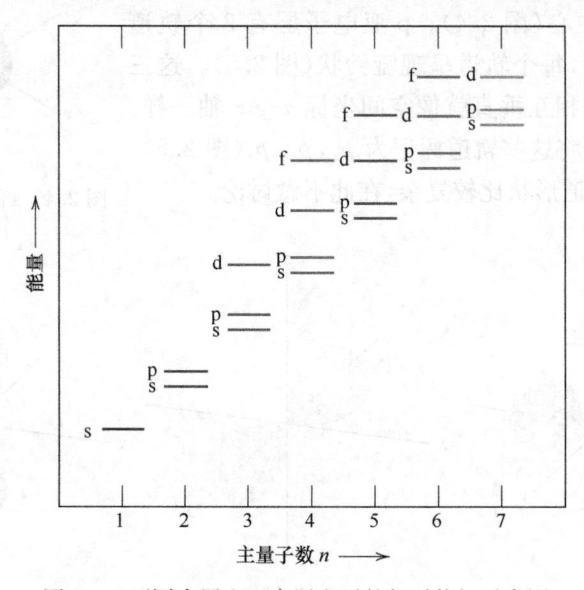

图 2.6 不同壳层和亚壳层电子的相对能级示意图

电子排布

前面的讨论主要是解决电子能级(electron states)问题，即电子所允许有的能量值。为了确定电子填充这些能级的方式，我们可以利用另一个量子力学概念——泡利不相容原理(Pauli exclusion principle)。该原理规定,每个电子轨道最多可容纳两个自旋相反的电子。因此,s,p,d 和 f 电子亚壳层最多可分别容纳 2,6,10 和 14 个电子,表 2.1 给出了前四个电子壳层中每个轨道所能容纳的最大电子数。

当然,并非原子中的所有轨道都完全充满电子。对于大多数原子,在电子壳层和亚壳层中,电子先填满能量最低的轨道,同时每个轨道能容纳两个自旋方向相反的电子。图 2.7 为一个钠原子的能级结构图。当所有的电子按照上文所述的限制占据最低能量轨道后,这个原子可以认为是处于基态(ground state)。然而,正如在第 19 章和第 22 章所讨论的那样,电子有可能向能量更高的状态跃迁。一个原子的电子排布(electron configuration)或结构代表电子占据轨道的方式。我们习惯上在写完电子壳层和亚壳层后,在亚电子层的右上角标上每个电子亚壳层的数目。如氢、氦和钠的电子排布分别是 $1s^1$,$1s^2$ 和 $1s^2 2s^2 2p^6 3s^1$。表 2.2 列出一些常见元素的电子排布。

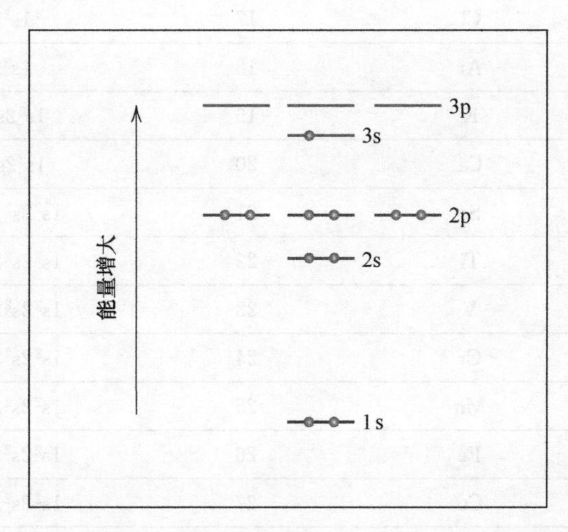

图 2.7　钠原子的全充满和最低未填充能级结构示意图

表 2.2　常见元素的电荷排布[a]

元素	符号	原子序数	电子排布
氢	H	1	$1s^1$
氦	He	2	$1s^2$
锂	Li	3	$1s^2 2s^1$
铍	Be	4	$1s^2 2s^2$
硼	B	5	$1s^2 2s^2 2p^1$
碳	C	6	$1s^2 2s^2 2p^2$

续表

元素	符号	原子序数	电子排布
氮	N	7	$1s^2 2s^2 2p^3$
氧	O	8	$1s^2 2s^2 2p^4$
氟	F	9	$1s^2 2s^2 2p^5$
氖	Ne	10	$1s^2 2s^2 2p^6$
钠	Na	11	$1s^2 2s^2 2p^6 3s^1$
镁	Mg	12	$1s^2 2s^2 2p^6 3s^2$
铝	Al	13	$1s^2 2s^2 2p^6 3s^2 3p^1$
硅	Si	14	$1s^2 2s^2 2p^6 3s^2 3p^2$
磷	P	15	$1s^2 2s^2 2p^6 3s^2 3p^3$
硫	S	16	$1s^2 2s^2 2p^6 3s^2 3p^4$
氯	Cl	17	$1s^2 2s^2 2p^6 3s^2 3p^5$
氩	Ar	18	$1s^2 2s^2 2p^6 3s^2 3p^6$
钾	K	19	$1s^2 2s^2 2p^6 3s^2 3p^6 4s^1$
钙	Ca	20	$1s^2 2s^2 2p^6 3s^2 3p^6 4s^2$
钪	Sc	21	$1s^2 2s^2 2p^6 3s^2 3p^6 3d^1 4s^2$
钛	Ti	22	$1s^2 2s^2 2p^6 3s^2 3p^6 3d^2 4s^2$
钒	V	23	$1s^2 2s^2 2p^6 3s^2 3p^6 3d^3 4s^2$
铬	Cr	24	$1s^2 2s^2 2p^6 3s^2 3p^6 3d^5 4s^1$
锰	Mn	25	$1s^2 2s^2 2p^6 3s^2 3p^6 3d^5 4s^2$
铁	Fe	26	$1s^2 2s^2 2p^6 3s^2 3p^6 3d^6 4s^2$
钴	Co	27	$1s^2 2s^2 2p^6 3s^2 3p^6 3d^7 4s^2$
镍	Ni	28	$1s^2 2s^2 2p^6 3s^2 3p^6 3d^8 4s^2$
铜	Cu	29	$1s^2 2s^2 2p^6 3s^2 3p^6 3d^{10} 4s^1$
锌	Zn	30	$1s^2 2s^2 2p^6 3s^2 3p^6 3d^{10} 4s^2$
镓	Ga	31	$1s^2 2s^2 2p^6 3s^2 3p^6 3d^{10} 4s^2 4p^1$
锗	Ge	32	$1s^2 2s^2 2p^6 3s^2 3p^6 3d^{10} 4s^2 4p^2$
砷	As	33	$1s^2 2s^2 2p^6 3s^2 3p^6 3d^{10} 4s^2 4p^3$
硒	Se	34	$1s^2 2s^2 2p^6 3s^2 3p^6 3d^{10} 4s^2 4p^4$
溴	Br	35	$1s^2 2s^2 2p^6 3s^2 3p^6 3d^{10} 4s^2 4p^5$
氪	Kr	36	$1s^2 2s^2 2p^6 3s^2 3p^6 3d^{10} 4s^2 4p^6$

a 当一些元素形成共价键时，他们形成 sp 杂化轨道。这对 C、Si、Ce 是格外准确的。

此时，关于这些电子排布的讨论是必要的。首先，价电子（valence electrons）是那些占据最外壳层的电子。这些电子非常重要，它们参与原子成键，形成原子和分子聚集体。此外，固体材料的许多物理和化学性质都跟这些价电子有关。

其次，一些原子具有稳定的电子构型（stable electron configurations），即最外层轨道或者价电子层被电子完全填充。这种情况一般对应于最外层的 s 和 p 轨道八个电子，如氖、氩、氪。氦是一个例外，因为它只含两个 1s 电子。这些元素（氖、氩、氪和氦）都是惰性的稀有气体，并且几乎不会发生任何化学反应。一些价电子层未填充满的原子可以通过得到或失去电子形成带电离子，或通过与其他原子共享电子的方式来形成稳定的电子排布。这是一些化学反应和固体中原子键合的基础，我们将在 2.6 节中进行解释。

2.4　元素周期表

基于电子排布，所有元素都可以在周期表（periodic table）中进行分类（图 2.8）。周期表中，元素按照原子序数的增加进行排列，共有七个横行，它们叫做周期（periods）。在一个给定的列或族中排列的所有元素都具有相似的价电子结构以及化学和物理性质。这些性质随着每个周期的横向移动和每个族的纵向移动逐渐变化。

位于最右边的零族元素是惰性气体（inert gases），它们具有填满的电子壳层和稳定的电子排布。VIIA 族和 VIA 族的元素距离稳定结构分别差一个和两个电子。VIIA 族元素（氟、氯、溴、碘和砹）有时也被称为卤族元素（halogens）。碱金属和碱土金属（锂、钠、钾、铍、镁、钙等）为 IA 和 IIA 族的元素，与稳定结构相比，它们分别多一个和两个电子。在三个长周期中，从 IIIB 到 IIB 族的元素，被称为过渡金属（transition metals）。它们 d 电子壳层上未填满，且在某些情况下，有一个或两个电子在更高的电子壳层。IIIA 族、IVA 族、VA 族（硼、硅、锗、砷等）元素依据它们的价电子结构显示出介于金属和非金属的特征。

从周期表中可以看出，大多数元素可以归为金属。它们有时被称为正电性元素（electropositive elements），这表明它们容易失去一些价电子成为带正电的离子。此外，位于元素周期表右边的元素显示出负电性（electronegative），即它们容易得到电子而形成带负电的离子，有时它们会与其他原子共享电子。图 2.9 显示排列在周期表中不同元素的电负性值。通常，电负性值从左到右、从下到上是逐渐增加的。如果原子外层电子快要填满或者它们受原子核的“屏蔽作用”小（或者更接近原子核）时，则原子更容易接受电子。

注：29 → 原子序数；Cu → 元素符号；63.55 → 原子量

金属　非金属　过渡元素

IA	IIA	IIIB	IVB	VB	VIB	VIIB	VIII			IB	IIB	IIIA	IVA	VA	VIA	VIIA	0
1 H 1.0080																	2 He 4.0026
3 Li 6.941	4 Be 9.0122											5 B 10.811	6 C 12.011	7 N 14.007	8 O 15.999	9 F 18.998	10 Ne 20.180
11 Na 22.990	12 Mg 24.305											13 Al 26.982	14 Si 28.086	15 P 30.974	16 S 32.064	17 Cl 35.453	18 Ar 39.948
19 K 39.098	20 Ca 40.08	21 Sc 44.956	22 Ti 47.87	23 V 50.942	24 Cr 51.996	25 Mn 54.938	26 Fe 55.845	27 Co 58.933	28 Ni 58.69	29 Cu 63.55	30 Zn 65.41	31 Ga 69.72	32 Ge 72.64	33 As 74.922	34 Se 78.96	35 Br 79.904	36 Kr 83.80
37 Rb 85.47	38 Sr 87.62	39 Y 88.91	40 Zr 91.22	41 Nb 92.91	42 Mo 95.94	43 Tc (98)	44 Ru 101.07	45 Rh 102.91	46 Pd 106.4	47 Ag 107.87	48 Cd 112.41	49 In 114.82	50 Sn 118.71	51 Sb 121.76	52 Te 127.60	53 I 126.90	54 Xe 131.30
55 Cs 132.91	56 Ba 137.33	镧系	72 Hf 178.49	73 Ta 180.95	74 W 183.84	75 Re 186.2	76 Os 190.23	77 Ir 192.2	78 Pt 195.08	79 Au 196.97	80 Hg 200.59	81 Tl 204.38	82 Pb 207.19	83 Bi 208.98	84 Po (209)	85 At (210)	86 Rn (222)
87 Fr (223)	88 Ra (226)	锕系	104 Rf (261)	105 Db (262)	106 Sg (266)	107 Bh (264)	108 Hs (277)	109 Mt (268)	110 Ds (281)								

镧系	57 La 138.91	58 Ce 140.12	59 Pr 140.91	60 Nd 144.24	61 Pm (145)	62 Sm 150.35	63 Eu 151.96	64 Gd 157.25	65 Tb 158.92	66 Dy 162.50	67 Ho 164.93	68 Er 167.26	69 Tm 168.93	70 Yb 173.04	71 Lu 174.97
锕系	89 Ac (227)	90 Th 232.04	91 Pa 231.04	92 U 238.03	93 Np (237)	94 Pu (244)	95 Am (243)	96 Cm (247)	97 Bk (247)	98 Cf (251)	99 Es (252)	100 Fm (257)	101 Md (258)	102 No (259)	103 Lr (262)

图 2.8　元素周期表。括号中的数据为最稳定单质或常见同位素的原子质量

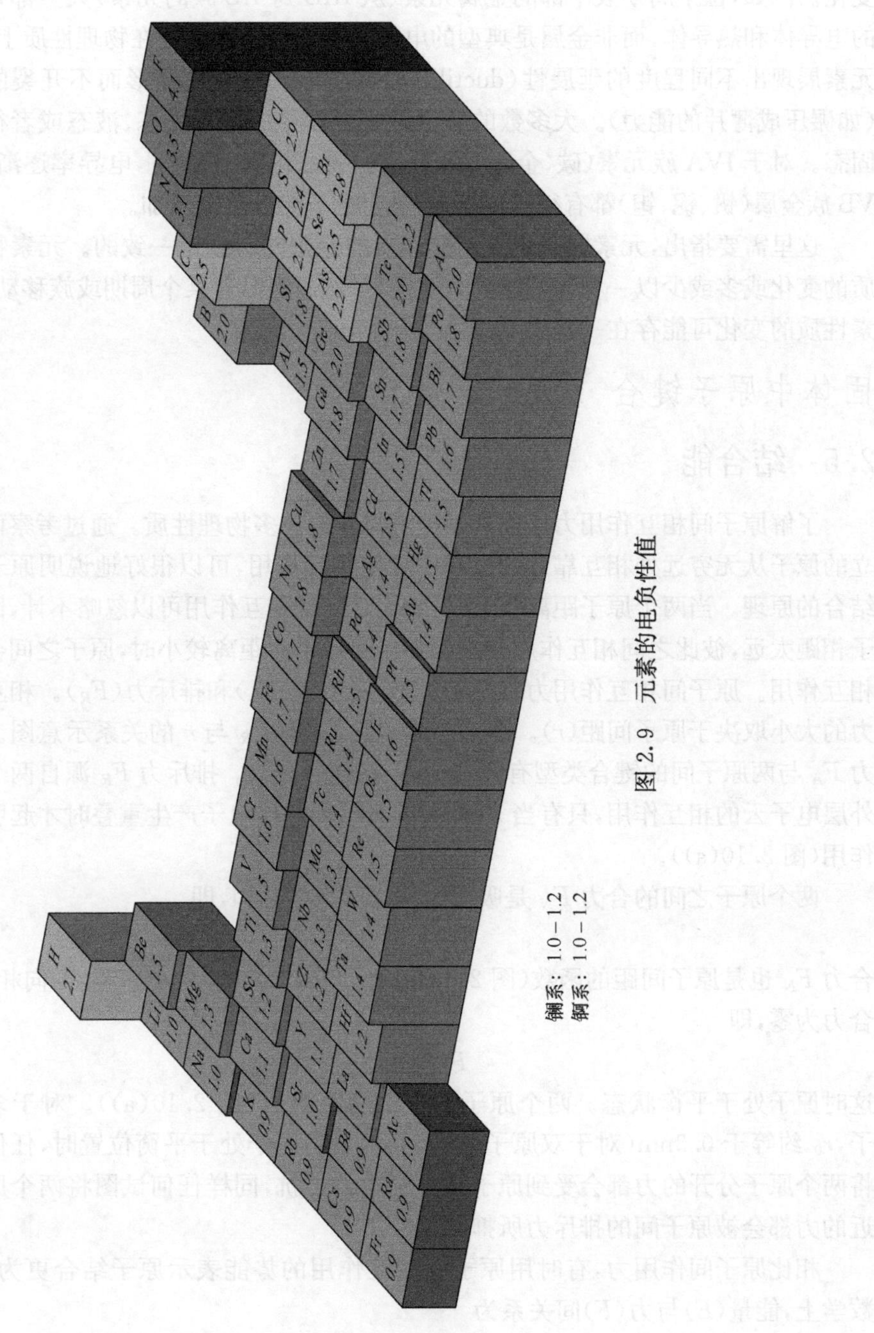

镧系：1.0－1.2
锕系：1.0－1.2

图2.9　元素的电负性值

在周期表中，除了化学性质，元素的物理性质也往往随着位置的不同而规则的变化。例如，位于周期表中部的金属元素（从 IIIB 到 IIB 族的元素）大多都是优良的电导体和热导体，而非金属是典型的电绝缘体和热绝缘体。在物理性质上，金属元素展现出不同程度的延展性（ductility），即能够产生塑性变形而不开裂的性质（如碾压成薄片的能力）。大多数的非金属在自然界中呈现气态、液态或者很脆的固态。对于 IVA 族元素（碳（金刚石）、硅、锗、锡、铅），从上到下，电导率逐渐增加。VB 族金属（钒、铌、钽）都有很高的熔点，从上到下熔点逐渐增加。

这里需要指出，元素周期表中元素性质的变化并不总是一致的。元素物理性质的变化或多或少以一种有规律的方式进行，然而当沿着某个周期或族移动时，元素性质的变化可能存在一些突变。

固体中原子键合

2.5 结合能

了解原子间相互作用力可以帮助理解材料的许多物理性质。通过考察两个独立的原子从无穷远处相互靠近的过程中如何相互作用，可以很好地说明原子之间结合的原理。当两个原子距离很远时，它们之间的相互作用可以忽略不计，因为原子相距太远，彼此之间相互作用几乎为零。当原子间距离较小时，原子之间会产生相互作用。原子间相互作用力有两种类型：吸引力（F_A）和排斥力（F_R）。相互作用力的大小取决于原子间距（r）。图 2.10(a)是 F_A 和 F_R 与 r 的关系示意图。吸引力 F_A 与两原子间的键合类型有关，这一点将随后介绍。排斥力 F_R 源自两个原子外层电子云的相互作用，只有当 r 很小的时候，即外层电子产生重叠时才起明显的作用（图 2.10(a)）。

两个原子之间的合力 F_N 是吸引力和排斥力的总和，即

$$F_N = F_A + F_R \tag{2.2}$$

合力 F_N 也是原子间距的函数（图 2.10(a)）。当 F_A 和 F_R 大小相等、方向相反时，合力为零，即

$$F_A + F_R = 0 \tag{2.3}$$

这时原子处于平衡状态。两个原子的平衡间距为 r_0（图 2.10(a)）。对于多数原子，r_0 约等于 0.3nm（对于双原子系统而言）。当原子处于平衡位置时，任何试图将两个原子分开的力都会受到原子间吸引力的抵抗，同样任何试图将两个原子靠近的力都会被原子间的排斥力所抑制。

相比原子间作用力，有时用原子间相互作用的势能表示原子结合更为方便。数学上，能量（E）与力（F）间关系为

$$E = \int F \mathrm{d}r \tag{2.4}$$

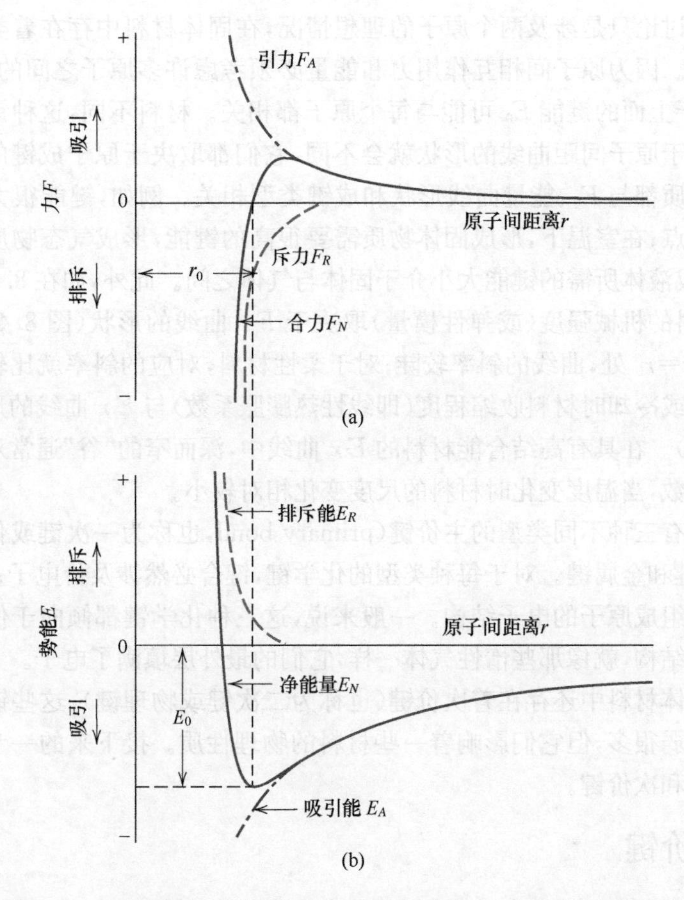

图 2.10　(a)两个独立原子的斥力、引力和合力与原子间距离的关系。
(b) 两个独立原子的排斥能、吸引能和净能量与原子间距离的关系

在原子体系中，

$$E_N = \int_r^{\infty} F_N \mathrm{d}r \tag{2.5}$$

$$= \int_r^{\infty} F_A \mathrm{d}r + \int_r^{\infty} F_R \mathrm{d}r \tag{2.6}$$

$$= E_A + E_R \tag{2.7}$$

其中，E_N、E_A 和 E_R 分别代表两个独立的相邻原子间的净能量、吸引能和排斥能。

图 2.10(b)是两原子的吸引能、排斥能和净能量关于原子间距的函数关系图。从方程(2.7)可以得出，净能量曲线是吸引能和排斥能曲线之和。净能量曲线中最小值的位置对应着平衡间距 r_0。两原子间的键能(bonding energy)E_0 就对应于净能量曲线的最小值(图 2.10(b))，它表示将两个原子分开到无穷远处所需要的能量。

前面的讨论只是涉及两个原子的理想情况，在固体材料中存在着类似但更为复杂的情况。因为原子间相互作用力和能量必须考虑许多原子之间的相互作用。不过，类似于上面的键能 E_0 可能与每个原子都相关。材料不同，这种键能的大小以及能量关于原子间距曲线的形状就会不同，它们都取决于原子成键的类型。材料的许多性质都与 E_0、能量曲线形状和成键类型相关。例如，键能很大的材料通常具有高熔点；在室温下，形成固体物质需要很高的键能，形成气态物质需要较小的键能，形成液体所需的键能大小介于固体与气体之间。此外，如在 8.3 节中将要讨论的，材料的机械强度（或弹性模量）取决于 F-r 曲线的形状（图 8.4）。对于刚性材料，在 $r=r_0$ 处，曲线的斜率较陡；对于柔性材料，对应的斜率就比较缓。加热时材料膨胀或冷却时材料收缩程度（即线性热膨胀系数）与 E-r 曲线的形状也有关（见 20.3 节）。在具有高结合能材料的 E-r 曲线中，深而窄的"谷"通常对应着较低的热膨胀系数，当温度变化时材料的尺度变化相对较小。

固体中有三种不同类型的主价键（primary bond，也称为一次键或化学键）：离子键、共价键和金属键。对于每种类型的化学键，键合必然涉及价电子；此外，键的本质取决于组成原子的电子结构。一般来说，这三种化学键都倾向于使原子达到稳定的电子结构，就像那些惰性气体一样，它们的最外层填满了电子。

许多固体材料中还存在着次价键（也称为二次键或物理键），这些键或作用力比主价键要弱很多，但它们影响着一些材料的物理性质。接下来的一节将解释这几种主价键和次价键。

2.6 主价键

离子键

离子键（ionic bonding）是最形象也最容易描述的。它通常存在于由金属和非金属元素组成的化合物中，这些金属和非金属元素一般位于周期表的两端。金属原子容易失去自己的价电子给非金属原子。在这个过程中，所有原子获得稳定的或类惰性气体的电子排布（电子壳层被完全填满）。此时，这些原子转变成离子。氯化钠（NaCl）是典型的离子晶体。一个钠原子通过转移 3s 轨道上的价电子给氯原子而变成钠离子，它的电子结构与氖原子相同，半径比钠原子的小（图 2.11(a)）。相对应，氯原子得到一个净电荷形成氯离子，与氩原子的电子结构相同且氯离子半径比氯原子的大。图 2.11(b)给出了这种结合的示意图。

正、负离子间的吸引力为库仑力（coulombic force），它们通过净电荷而相互吸引。对于两个独立的离子，吸引能 E_A 是原子间距的函数，满足

$$E_A=-\frac{A}{r} \tag{2.8}$$

理论上，常数 A 为

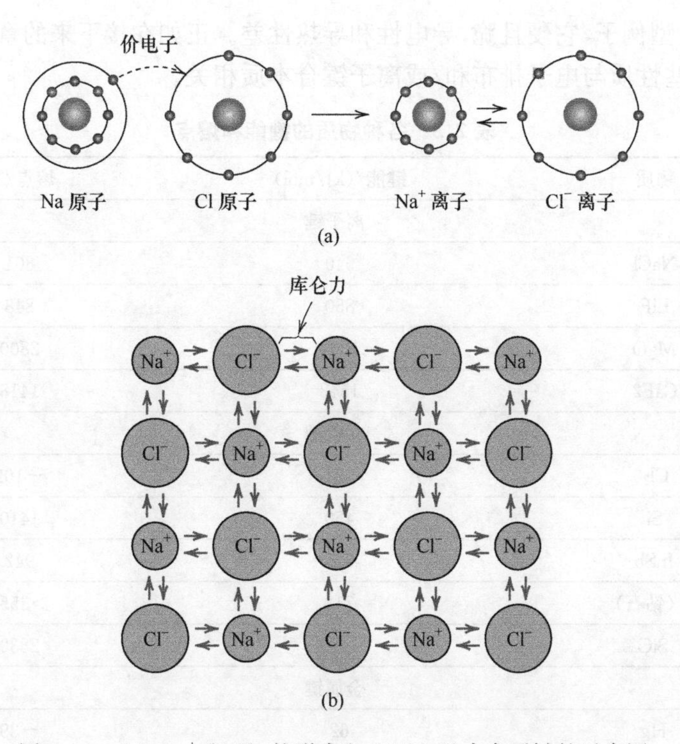

图 2.11　(a) Na^+ 和 Cl^- 的形成和(b) NaCl 中离子键的示意图

$$A=\frac{1}{4\pi\varepsilon_0}(|Z_1|e)(|Z_2|e) \tag{2.9}$$

其中,ε_0 是真空介电常数(8.85×10^{-12}F/m),$|Z_1|$和$|Z_2|$是两种离子化合价的绝对值,e 是电荷量(1.602×10^{-19}C)。常数 A 是在假定离子 1 和离子 2 间的结合方式是完全离子性质情况下推导出来的。由于大多数材料的键合并不是 100%离子性的,所以 A 的值通常不是通过式(2.9)计算而是由实验数据拟合得到。

与吸引能类似,排斥能公式为

$$E_R=\frac{B}{r^n} \tag{2.10}$$

在这个表达式中,B 和 n 都是常数,它们的值取决于特定的离子体系。n 的值约为 8。

离子键是没有方向性的(nondirectional),即在离子的各个方向上键的大小是相等的。由此可见,离子材料比较稳定,在三维方向所有正离子与负离子相邻,反之亦然。一些材料的离子排列将在第 4 章进行讨论。

离子键能大小通常介于 600~1500kJ/mol,由于离子键能相对较大,材料通常表现出高熔点。表 2.3 列出了一些离子材料的键能和熔点。陶瓷材料就是离子键合的一个典型例子,它硬且脆,导电性和导热性差。正如在接下来的章节中所讨论的那样,这些性质与电子排布和/或离子键合本质相关。

表 2.3　各种物质的键能和熔点

物质	键能/(kJ/mol)	熔点/℃
	离子键	
NaCl	640	801
LiF	850	848
MgO	1000	2800
CaF2	1548	1418
	共价键	
Cl_2	121	−102
Si	450	1410
InSb	523	942
C (钻石)	713	>3550
SiC	1230	2830
	金属键	
Hg	62	−39
Al	330	660
Ag	285	962
W	W	3414
	范德瓦耳斯键[a]	
Ar	7.7	−189(@ 69 kPa)
Kr	11.7	−158(@ 73.2 kPa)
CH4	18	−182
Cl_2	31	−101
	氢键[a]	
HF	29	−83
NH3	35	−78
H_2O	51	0

a 范德瓦耳斯键和氢键的值是分子或原子(分子间)之间的能量,不是分子内部(分子内)的原子之间的能量。

共价键

由电负性相差很小的原子组成的材料中存在第二种键合类型——共价键(covalent bonding)。形成共价键的原子在周期表中的位置非常接近。对于共价化合物材料，相邻的两个原子通过共用电子来达到稳定的电子结构。共价结合的原子，每一个原子至少贡献出一个电子来共用，而共用的电子可以认为是同时属于这两个原子。图 2.12 展示了 H_2分子中的共价键。氢原子只有一个 1s 电子。通过共用这个单电子(图 2.12 右边)，每个氢原子都可以获得与 He 原子一样的电子结构(两个 1s 价电子)。此外，在两个原子结合的区域存在电子轨道的重叠。共价键是有方向性的(directional)，即共价键存在于特定的原子之间且可能存在于两个原子共用电子的方向上。

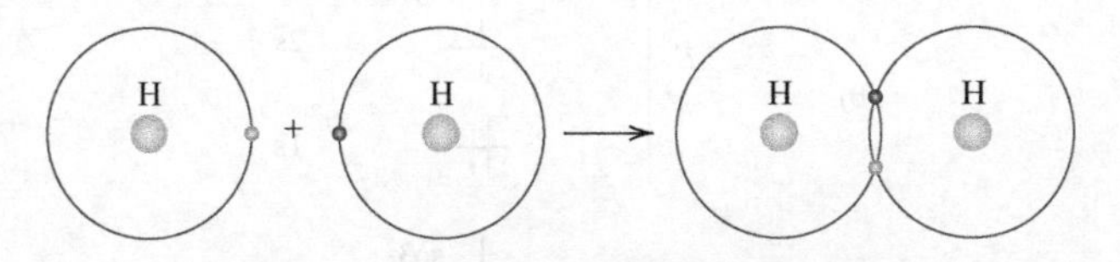

图 2.12　氢分子(H_2)的共价键示意图

许多非金属元素分子(如 Cl_2、F_2)以及包含不同原子的分子(如 CH_4、H_2O、HNO_3 和 HF)都是共价结合的。此外，固体单质如金刚石(碳)、硅、锗和其他位于周期表右侧的元素组成的固态化合物，如砷化镓(GaAs)、锑化铟(InSb)和碳化硅(SiC)等也是通过共价键结合。

有些共价键非常强，如金刚石，它非常硬，具有很高的熔点，熔点一般大于 3550℃；共价键也可能很弱，如铋，它的熔点仅约为 270℃。表 2.3 列出了一些共价化合物材料的键能和熔点。由于参与成键的共用电子被原子紧紧束缚着，所以多数共价化合物材料为电绝缘体，有时也可能为半导体。这些材料的力学性能相差很大：一些材料相对较硬，另一些材料相对较软；一些材料会发生脆性断裂，而另一些材料则可实现一定量的塑性变形。因此，基于共价键的特性来预测共价化合物的力学性能是很困难的。

碳材料的杂化键

经常与碳(或其他非金属物质)的共价键相关的是杂化现象(hybridization phenomenon)，两种或者更多的原子轨道混合(或者合并)产生的结果是在结合过程中有更多的轨道重叠。例如，碳的电子结构为：$1s^2 2s^2 2p^2$。在一些情况下，2s 轨道中的一个轨道被提升到空的 2p 轨道(图 2.13(a))产生 $1s^2 2s^1 2p^3$ 的电子排布(图 2.13(b))。此外，2s 和 2p 轨道可以混合产生 4 个完全等价的 sp^3轨道，这些轨道上电子自旋平行且能够与其他原子共价结合。这种混合轨道称为杂化(hybridization)轨道。杂化产生的电子排布如图 2.13(c)所示，其中每个 sp^3轨道已经容纳一个电子，为半充满状态。

杂化轨道键合在本质上是有方向性的，即每个杂化轨道延伸和重叠相邻键合原子的轨道。对于碳原子，它的 4 个 sp^3杂化轨道分别位于四面体的四个顶点，每

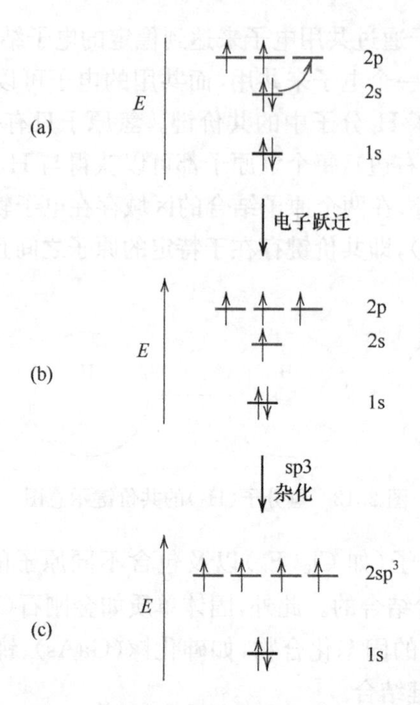

图 2.13　C 的 sp^3 杂化轨道形成示意图。(a) 2s 电子跃迁到 2p 能态;(b) 2p 能态的跃迁电子;(c) 4 个 $2sp^3$ 轨道通过单个 2s 轨道和 3 个 2p 轨道的杂化形成

组相邻键之间的夹角为 109.5°(图 2.14)。以图 2.15 所示的甲烷(CH_4)分子为例,碳原子的 sp^3 杂化轨道和 4 个氢原子的 1s 轨道通过共价键结合。

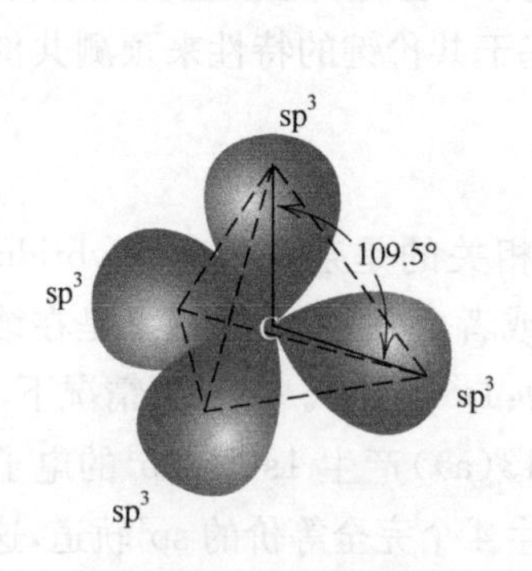

图 2.14　4 个 sp^3 杂化轨道指向四面体中心示意图;轨道夹角为 109.5°

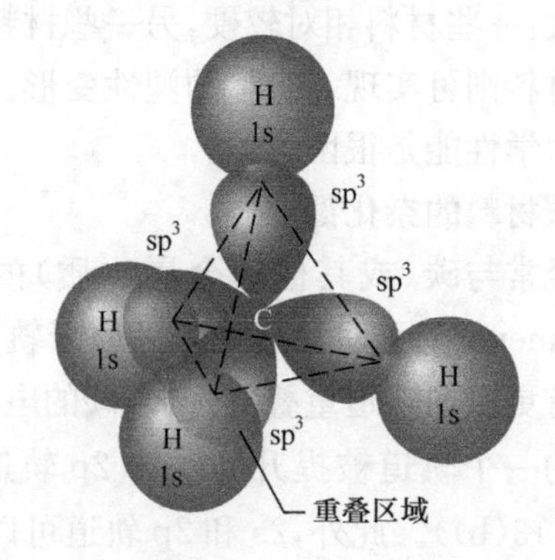

图 2.15　甲烷(CH_4)分子中,C 原子的 sp^3 杂化轨道和 4 个 H 原子的 1s 轨道成键示意图

对于金刚石,每一个碳原子都与其他 4 个碳原子通过 sp^3 共价杂化来结合。金刚石的晶体结构如图 4.17 所示。金刚石中碳-碳结合非常的牢固,这使得金刚

石具有高熔点和高硬度(它是所有材料中最硬的)。许多高分子材料由碳原子的长链组成,这些碳原子长链通过 sp^3 四面体结合在一起,由于碳原子具有 109.5°键合角度,这些长链形成锯齿形的结构。

碳及其他物质中也可能存在其他类型的杂化键。sp^2 杂化就是其中之一,它是一个 s 轨道和两个 p 轨道杂化的结果。如图 2.16 所示,为了实现这种电子排布,一个 2s 轨道与 3 个 2p 轨道中的 2 个混合,第 3 个 p 轨道不参与杂化。图中,$2p_z$ 表示未参与杂化的轨道。3 个 sp^2 杂化轨道属于每一个碳原子,它们处于相同的平面且相邻轨道之间的夹角为 120°(图 2.17);用直线从一个轨道连接到另一个轨道会形成一个三角形。此外,未参与杂化的 $2p_z$ 轨道在方向上垂直于由 sp^2 杂化轨道形成的平面。

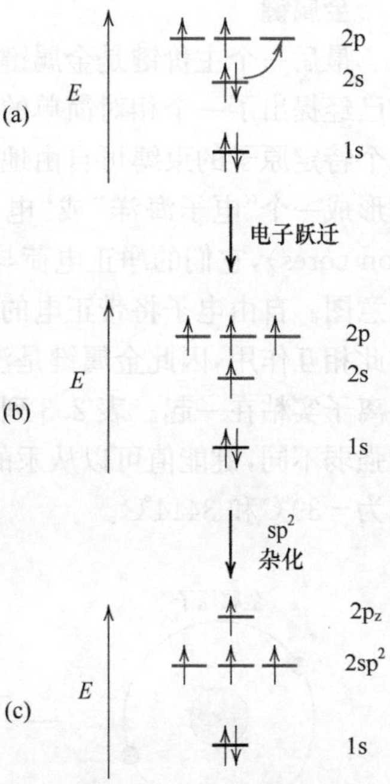

(a) E 2p 2s 1s

电子跃迁

(b) E 2p 2s 1s

sp^2 杂化

(c) E $2p_z$ $2sp^2$ 1s

图 2.16　C 的 sp^2 杂化轨道形成示意图。(a) 2s 电子跃迁到 2p 轨道;(b) 2p 能态跃迁的电子;(c) 通过单个 2s 轨道和两个 2p 轨道的杂化形成 3 个 $2sp^2$ 轨道,$2p_z$ 轨道未杂化

在碳的另一种形式——石墨中可以发现这些 sp^2 杂化。石墨的结构和性质与金刚石完全不同(4.12 节中将详细讨论)。石墨由许多相互作用的六边形层状结构组成。平面的 sp^2 三角形按照图 2.18 所示那样相互结合形成六边形,其中碳原子位于六边形的每个顶点。在平面内,sp^2 结合非常强,相比之下,面与面之间通过范德瓦耳斯力作用键合(源自未参与杂化的 $2p_z$ 轨道上电子),因此它们之间的结合较弱。石墨的结构如第 4 章图 4.18 所示。

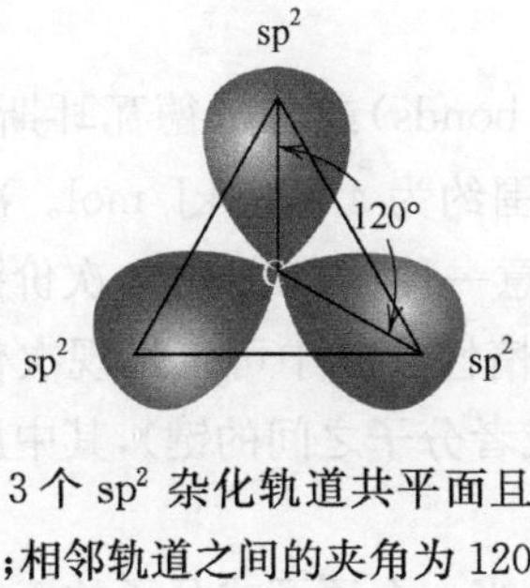

sp^2 120° sp^2 sp^2

图 2.17　3 个 sp^2 杂化轨道共平面且指向三角形的中心;相邻轨道之间的夹角为 120°

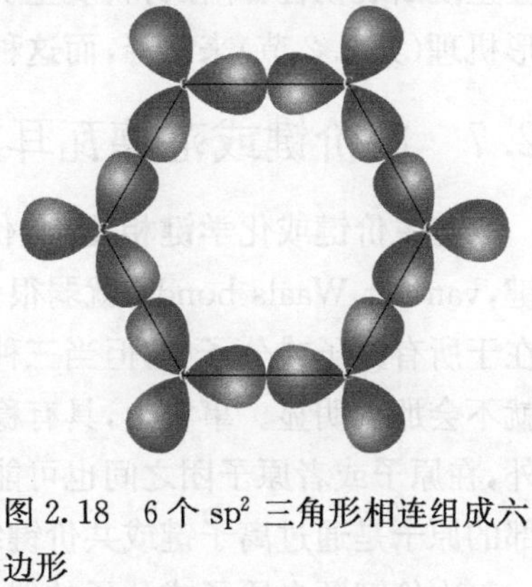

图 2.18　6 个 sp^2 三角形相连组成六边形

金属键

最后一个主价键是金属键(metallic bonding),它存在于金属及其合金中。目前已经提出了一个相对简单的成键方式模型。该模型认为,固体中的价电子不受某个特定原子的束缚可自由地在整个金属中漂移。这些价电子属于所有金属,它们形成一个"电子海洋"或"电子云",其余非价电子和原子核形成所谓的离子实(ion cores),它们的净正电荷与每个原子的价电子总数相等。图 2.19 是金属键的示意图。自由电子将带正电的离子实从相互排斥静电力中屏蔽起来,否则它们会彼此相互作用,因此金属键是没有方向性的。此外,这些自由电子就像"胶水"一样将离子实粘在一起。表 2.3 列出了一些金属的键能和熔点。金属原子之间的结合能强弱不同,键能值可以从汞的 62 kJ/mol 变化到钨的 850kJ/mol,对应的熔点分别为−39℃和 3414℃。

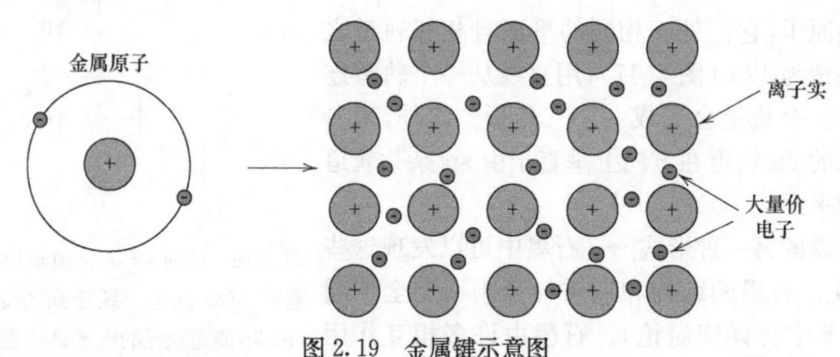

图 2.19　金属键示意图

在周期表的 IA 族和 IIA 族元素中可以发现金属键。事实上,在所有的元素金属单质中都存在金属键。

正是由于自由电子的存在,金属才具有优良的导电性和导热性(见 19.5 节、19.6 节和 20.4 节)。此外,在 9.4 节中我们将注意到,在室温下,大多数金属和合金呈现断裂韧性,即在材料发生明显的永久变形后才断裂。这种行为可以利用变形机理(见 9.2 节)来解释,而这种变形机理实际上与金属键的特征有一定的关系。

2.7　次价键或范德瓦耳斯力

与主价键或化学键相比,次价键(secondary bonds)或者范德瓦耳斯力(物理键,van der Waals bonds)就弱很多,它的键能范围约为 4～30 kJ/mol。次价键存在于所有原子或分子中,但当三种主价键中的任意一种存在的时候,次价键的作用就不会那么明显。事实上,具有稳定电子结构的惰性气体中可以发现次价键。此外,在原子或者原子团之间也可能存在次价键(或者分子之间的键),其中原子团内部的原子是通过离子键或共价键结合在一起的。

次价键源自原子或分子的偶极子(dipoles)。当一个原子或分子的正电中心和负电中心之间存在一定距离(或不重合)时就会产生电偶极子。如图 2.20 所示,一个偶极子正极与相邻偶极子负极间通过库仑吸引形成键合。偶极子相互作用发生在诱导偶极子之间、诱导偶极子与极性分子(具有永久偶极子)之间以及极性分子之间。氢键(hydrogen bonding)就是一种特殊类型的次价键,存在于一些含有氢的分子之间。接下来将会对这种成键机理进行讨论。

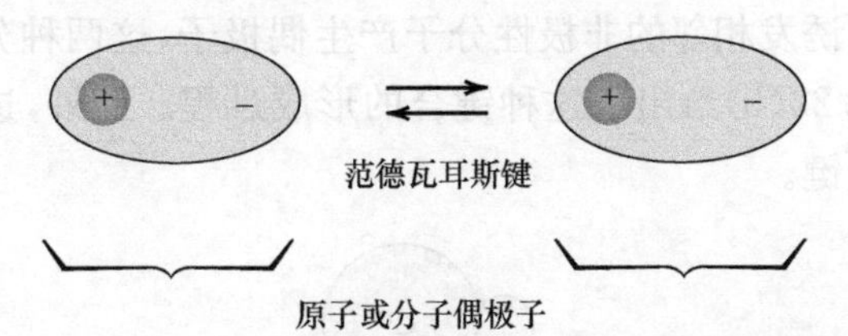

图 2.20　两个偶极子之间的范德瓦耳斯键示意图

振动诱导偶极键

通常,在电对称的原子或分子中也可能产生或者诱导出偶极子。如图 2.21(a)所示,电对称的原子或者分子是指电子相对于正原子核在整个空间中对称分布。所有原子都是在不断的振动,可能会导致一些原子或者分子的电对称性发生瞬时而短暂的扭曲,产生微小的电偶极子。这些产生的偶极子会依次使邻近的分子或者原子的电子分布发生位移,产生第二个诱导偶极子,它与第一个偶极子间产生微弱的吸引或结合(图 2.21(b))。这正是范德瓦耳斯力的一种类型。这些吸引力可能存在于大量的原子或者分子中,它们是暂时的且随着时间的变化不断波动。

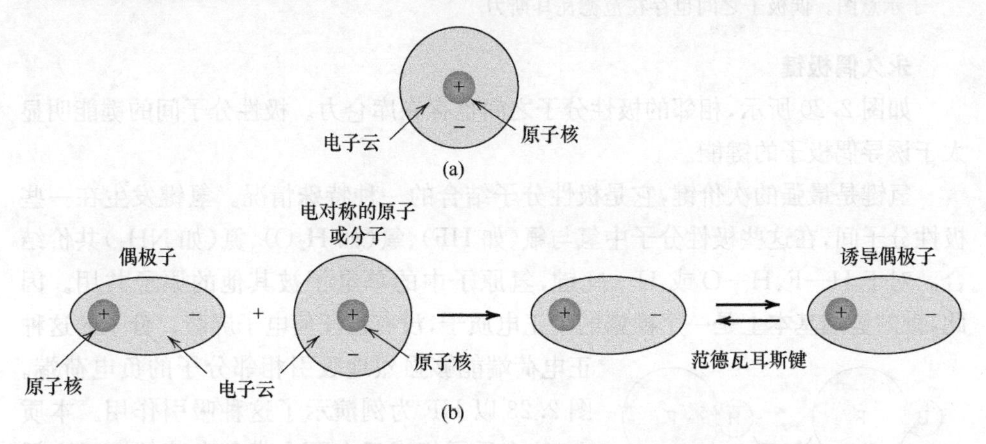

图 2.21　(a) 电荷对称原子和(b) 电偶极子如何诱导电荷对称原子或分子形成偶极子示意图,偶极子之间也存在范德瓦耳斯力

由于这种类型键的存在,惰性气体以及其他电中性和电对称性的分子如 H_2 和 Cl_2 的液化和在一些情况下的固化得以实现。对于诱导偶极子结合占主导地位的材料,它们的熔点和沸点都非常的低;在所有的分子键合中,诱导偶极子结合是

最弱的。表 2.3 列出了氩、氪、甲烷和氯气的结合能及熔点。

极性分子——诱导偶极键

由于正负电荷区域分布的不对称，在一些分子中就存在永久偶极矩，这样的分子被称为极性分子(polar molecules)。图 2.22(a)为 HCl 分子示意图，在 HCl 分子两端氢的净正电荷与氯的净负电荷相互作用形成永久偶极矩。

极性分子也可诱发相邻的非极性分子产生偶极子，这两种分子通过吸收力作用形成键合。图 2.22(b)给出了这种键合的形成过程。此外，这种键的大小将大于振动诱导的偶极键。

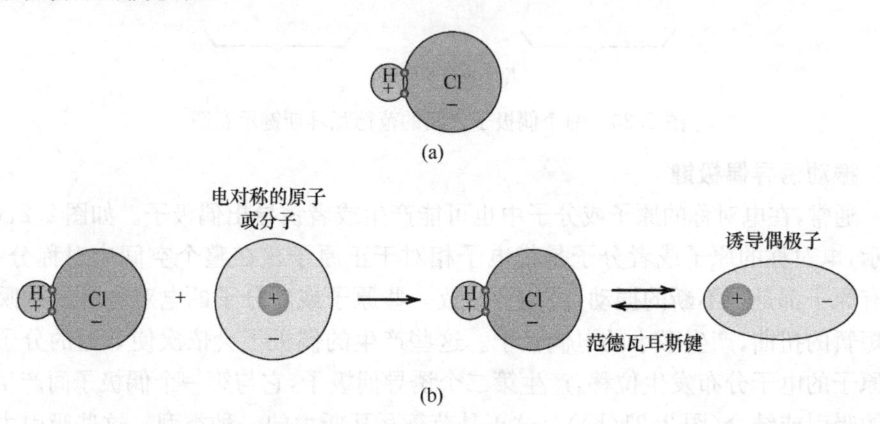

图 2.22 (a)HCl 分子(偶极子)和(b)HCl 分子如何诱导电荷对称原子或分子形成偶极子示意图。偶极子之间也存在范德瓦耳斯力

永久偶极键

如图 2.20 所示，相邻的极性分子之间也存在库仑力。极性分子间的键能明显大于诱导偶极子的键能。

氢键是最强的次价键，它是极性分子结合的一种特殊情况。氢键发生在一些极性分子间，在这些极性分子中氢与氟(如 HF)、氧(如 H_2O)、氮(如 NH_3)共价结合。对于 H—F、H—O 或 H—N 键，氢原子中的单电子被其他的原子共用。因此，键的氢端基本上是一个裸露的带正电质子，没有被任何电子屏蔽。分子的这种正电荷端能够强烈地吸引相邻分子的负电荷端。图 2.23 以 HF 为例演示了这种吸引作用。本质上，这个质子相当于在两个带负电荷的原子之间形成一座桥梁。氢键的能量通常比其他类型的次价键的能量大，最高可达 51kJ/mol(表 2.3)。由于氢键的作用，HF、NH_3 和 H_2O 的分子量很轻却拥有非常高的熔点和沸点。

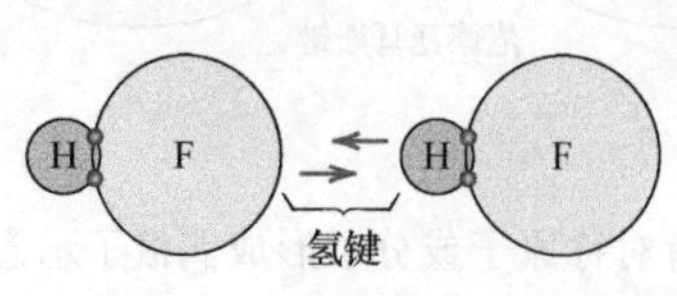

图 2.23 HF 中的氢键示意图

二次键的能量比较小，但它们与一些自然现象以及我们在日常生活使用的许

多产品有关。物理现象如一种物质溶解在另一种物质中、表面张力、毛细管作用、蒸气压、挥发性和黏度等。利用这些现象做成的一些常见应用如：胶粘剂(adhesives)：两个表面间的范德瓦耳斯力使得它们相互粘贴在一起；表面活性剂(surfactants)：一种可以降低液体表面张力的化合物，常用于肥皂、清洁剂和泡沫剂；乳化剂(emulsifiers)：将这种物质加入到两个不互溶的材料中(通常是液体)，它可以使一种材料的颗粒悬浮在另一种材料中(常见的乳化剂包括防晒霜、沙拉酱、牛奶和蛋黄酱等)；干燥剂(desiccants)：这种材料与水分子形成氢键(可以除去密闭容器中的水分，如在包装物品的箱子内经常放的一小包东西)；最后，高分子的强度、硬度和软化温度在一定程度上取决于链状分子间的次价键作用。

2.8 混合键

有时用键型四面体(bonding tetrahedron)可以直观的表示四种键的类型(离子键、共价键、金属键、范德瓦耳斯力)，键型四面体的每个顶点对应着一种“纯”键(图 2.24(a))。需要指出的是，对于许多实际材料，它们原子之间形成的键通常是两种或者更多的“纯”键的混合(即混合键，mixed bonds)。三种混合键类型(共价-离子键、共价-金属键、金属-离子键)也都包含在这个键型四面体的棱边上，下面我们将分别讨论这些混合键。

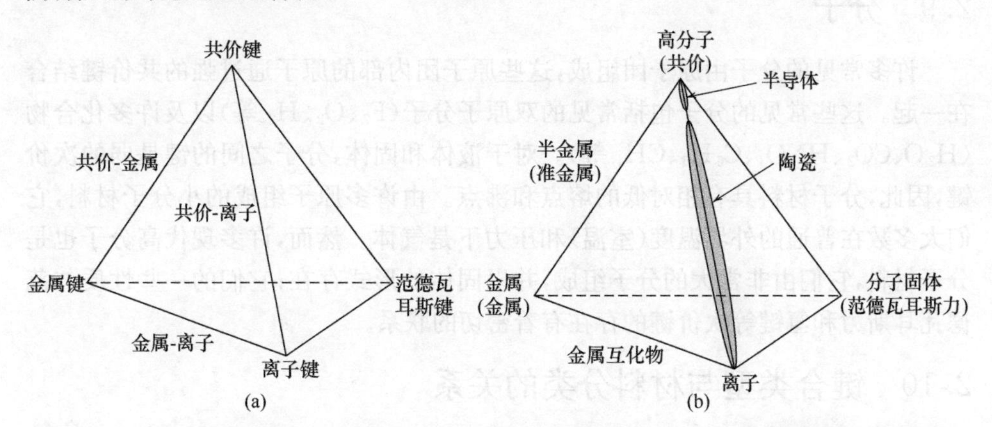

图 2.24 (a) 键型四面体：四个极端(或纯)键型位于四面体的角；三个混合键型位于四面体的边。(b) 材料型四面体：各种材料分类(金属、陶瓷、高分子等)和键的类型相联系

对于混合的共价-离子键，它们通常为共价键中含有一些离子性或者离子键中含有一些共价性。因此，这两个“纯”键之间是可连续变化的。在图 2.24(a)中，这种类型的混合键位于离子键顶点和共价键顶点之间。混合键中两种类型的键所占比例取决于组成原子在周期表中的相对位置(图 2.8)或者它们电负性之间的差别(图 2.9)。在元素周期表中，从左边下方元素到右边上方元素(即元素之间电负性差别大)之间的距离(相对于 IVA 族的水平和垂直距离)越大，键的离子性就越强。

相反，原子之间距离越近（即元素之间电负性差别小），键的共价性就越强。元素 A 与元素 B 之间形成的键的离子性的百分比（%IC）可以近似的表示为

$$\%IC=\{1-\exp[-(0.25)(X_A-X_B)^2]\}\times 100 \quad (2.11)$$

其中，X_A 和 X_B 分别代表元素 A 和元素 B 的电负性。

在周期表 IIIA 族、IVA 族和 VA 族的一些元素（如 B，Si，Ge，As，Sb，Te，Po，At）中可以发现另一种类型的混合键。这些元素的原子结合是金属键和共价键的混合键（图 2.25(a)）。这些材料被称为准金属（metalloids）或者半金属（semi-metals），它们的性质介于金属和非金属性质之间。此外，对于 IVA 族的元素，沿着 IVA 族那一栏垂直向下移动，原子之间成键的类型会从共价键向金属键逐渐转变，例如碳（金刚石）原子之间是“纯”的共价键，而锡和铅原子之间以金属键为主。

在电负性有明显差别的两种金属组成的化合物中可以观察到金属-离子混合键。由于这种混合键中含有离子成分，所以会有一些电子发生转移参与成键。此外，两种原子之间的电负性相差越大，混合键的离子性就越强。例如，由于 Al 和 Ti 原子之间的电负性相近（图 2.9），金属间化合物 $TiAl_3$ 中的 Ti-Al 键的离子性就比较弱，而 $AuCu_3$ 中 Au-Cu 键的离子性就非常强，因为 Cu 和 Au 原子之间的电负性相差达到 0.5。

2.9　分子

许多常见的分子由原子团组成，这些原子团内部的原子通过强的共价键结合在一起。这些常见的分子包括常见的双原子分子（F_2、O_2、H_2 等）以及许多化合物（H_2O、CO_2、HNO_3、C_6H_6、CH_4 等）。对于液体和固体，分子之间的键是弱的次价键，因此，分子材料具有相对低的熔点和沸点。由许多原子组成的小分子材料，它们大多数在普通的外界温度（室温）和压力下是气体。然而，许多现代高分子也是分子材料，它们由非常大的分子组成，并以固体的形式存在；它们的一些性质与范德瓦耳斯力和氢键等次价键的存在有着密切的联系。

2.10　键合类型与材料分类的关系

在这章前面的讨论中，已经提及关于键合类型和材料分类之间的一些关系，即离子键（陶瓷）、共价键（高分子）、金属键（金属）、范德瓦耳斯力（分子固体）。如图 2.24(b)所示，我们将这些关系总结在材料类型四面体中。四面体中顶点的位置或者区域分别代表四种材料分类中的每一种，且与图 2.24(a)中的键型四面体是重叠的。这种材料类型四面体当然也包括那些拥有混合键的材料，如准金属和金属间化合物。陶瓷中的混合离子-共价键也标在其中。此外，半导体材料中的键主要以共价键为主，其中也可能有离子键的贡献。

第 3 章　晶体学基础

一些材料的性质与它们晶体结构有着直接的联系。例如，与纯的、未变形的金和银相比，纯的、未变形的镁和铍更容易脆裂(即在很小的形变下就发生断裂)，这主要是由于两者具有不同晶体结构而引起的(见 9.4 节)。

此外，具有相同组分的晶态材料和非晶态材料，它们的性质存在明显的差异。例如，非晶陶瓷和高分子通常是光学透明的；但是相同的材料以晶体(或半晶体，即结晶聚合物)的形式存在时，往往是不透明的或者最好也只是半透明。

3.1　引言

第 2 章主要介绍了不同类型的原子键合，它们主要由单个原子的电子结构所决定。本章将致力于材料结构另一层次的讨论，主要涉及固体中原子的排列。在这个框架下，我们引入了晶态和非晶态的概念。对于晶态固体，可使用单位晶胞来标记。我们将详细讨论描述晶体的点、晶向、晶面等概念。单晶、多晶和非晶材料也将会做一些介绍。

晶体结构

3.2　基本概念

固体材料可以根据原子或离子间排列的规律性进行分类。晶体材料中的原子在很大的原子范围内重复或周期性的排列，即存在长程有序。比如凝固后，原子在三维空间重复排列，每个原子与它最近邻的原子键合。在正常凝固条件下，所有的金属、许多陶瓷材料和某些高分子会形成晶态结构。对于非结晶材料，它们并没有长程有序的原子排列。这些非晶(noncrystalline)或无定形(amorphous)材料将会在本章结尾部分进行简单讨论。

晶态材料的一些性质取决于材料的晶体结构，即原子、离子或分子的空间排列方式。有许多不同的晶体结构，它们都具有长程有序的原子排列。这些晶体结构从相对简单的金属结构到极其复杂的结构，如一些陶瓷和高分子材料的晶体结构。本章将介绍一下常见的金属晶体结构。第 4 章将分别对陶瓷和高分子晶体结构进行讨论。

在描述晶体结构时，原子(或离子)被看做是有确定直径的实心球，称之为原子硬球模型。在这种模型中，代表最近邻原子的两硬球相互接触。图 3.1(c)给出一个常见金属材料中原子排列的硬球模型的例子。在这个特殊的例子中所有的原子都是相同的。有时在晶体结构中会用到“点阵”(lattice)这个术语，点阵即表示与原子位置(或硬球中心)相一致的点的三维阵列。

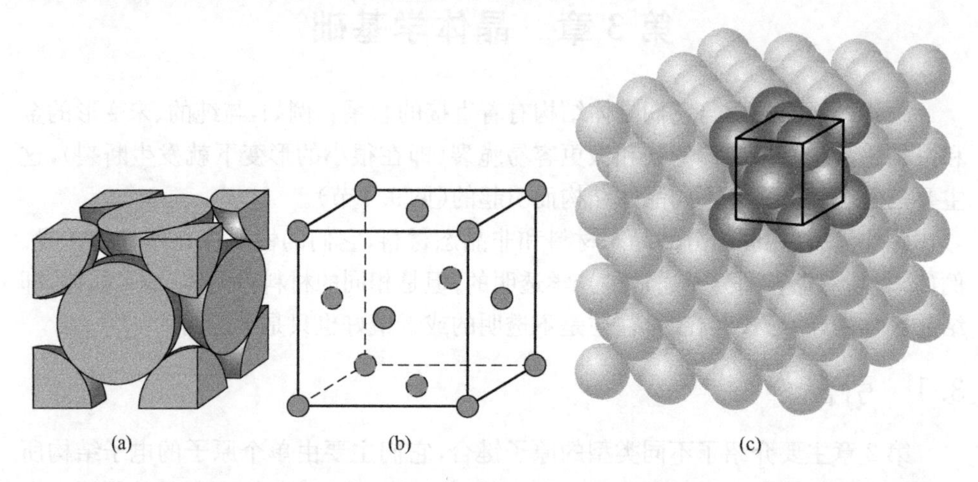

图 3.1 面心立方晶体结构。(a) 硬球晶胞模型；(b) 简球晶胞模型；(c) 大量原子的堆积

3.3 晶胞

晶态固体中的原子有序排列表明一组原子形成了一个重复的单元。因此，在描述晶体结构时，将结构细分成小的重复单元是很方便的，这些小的重复单元被称为“晶胞”(unit cells)。对于大多数晶体结构来说，晶胞是拥有 3 组平行面的平行六面体或棱柱。图 3.1(c)所示的硬球集合体中所画的晶胞是立方体。晶胞被用来代表晶体结构的对称性，其中晶体中所有的原子位置都可通过晶胞沿着每一个方向平移产生。因此，晶胞是晶体结构的基本结构单元或组成单元，可以用晶胞的几何形状和晶胞内原子的位置来定义晶体结构。为了方便，我们通常规定平行六面体的顶点与硬球原子的中心一致。此外，对于一个特定的晶体结构，有多种不同的晶胞选择方式，通常我们选用具有最高几何对称性的晶胞来表示。

3.4 晶系

由于有许多不同种类的晶体结构，有时根据它们的晶胞结构或原子排列方式把它们进行分类是比较方便的。有一种分类方法就是基于晶胞的几何形状进行的，即选择合适的平行六面体晶胞形状，而不考虑晶胞内原子的位置。在这种分类框架下，选取晶胞的一个顶点作为原点然后建立 xyz 坐标系；x，y 和 z 轴分别与平行六面体的 3 条棱重合，这 3 条棱都是从晶胞的一个顶点扩展而来的，如图 3.2 所示。晶胞的几何形状完全由六个参数来定义：三个边长 a，b 和 c，三个轴间角 α，β，

γ。这些参数在图 3.2 中都已标出，有时也称这些参数为晶体结构的点阵常数(lattice parameters)。

在此基础上，存在七种不同的 a,b,c 和 α,β,γ 的组合，每一种组合都代表了一个不同的晶系(crystal system)。七大晶系包括：立方晶系、四方晶系、六方晶系、正交晶系、菱方晶系、单斜晶系和三斜晶系。表 3.1 列出了每种晶系的点阵参数关系和晶胞示意图。立方晶系由于 $a=b=c$ 且 $\alpha=\beta=\gamma=90°$ 而具有最高对称性。三斜晶系由于 $a\neq b\neq c$ 且 $\alpha\neq\beta\neq\gamma$，对称性最低。

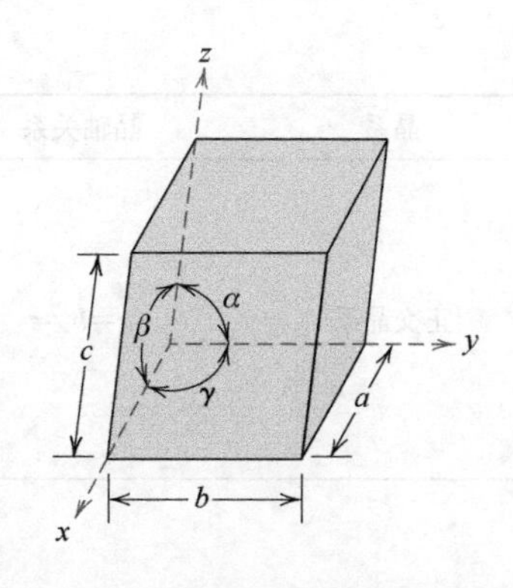

图 3.2　x,y,z 坐标系晶胞示意图。a,b,c 为轴向长度，α,β,γ 为轴向夹角

表 3.1　七大晶系晶胞的几何构型示意图以及晶格常数之间的关系

晶系	晶轴关系	轴间角	单胞几何形状
立方晶系	$a=b=c$	$\alpha=\beta=\gamma$	
六方晶系	$a=b\neq c$	$a=b=90°,\gamma=120°$	
四方晶系	$a=b\neq c$	$\alpha=\beta=\gamma=90°$	
斜方晶系(三方晶系)	$a=b=c$	$\alpha=\beta=\gamma\neq 90°$	

续表

晶系	晶轴关系	轴间角	单胞几何形状
正交晶系	$a \neq b \neq c$	$\alpha=\beta=\gamma=90°$	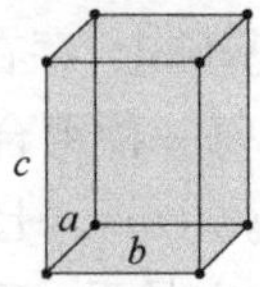
单斜晶系	$a \neq b \neq c$	$\alpha=\gamma=90° \neq \beta$	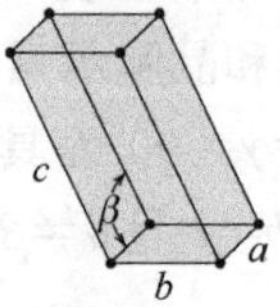
三斜晶系	$a \neq b \neq c$	$\alpha \neq \beta \neq \gamma \neq 90°$	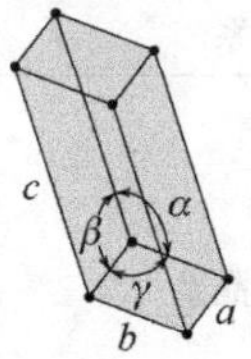

晶点、晶向和晶面

在处理晶体材料时，通常我们需要标定晶胞内一个特定的点、一个特定的晶向或一些由原子组成的特定晶面。科学家已经确立了用三个数字或指数来标定点位置、晶向和晶面的方法。如图 3.2 所示，晶胞是确定这些指数的基础，在晶胞中建立一个右手坐标系，该坐标系由 3 个坐标轴（x，y 和 z）在晶胞的一个顶点处形成，这 3 个坐标轴与晶胞的棱重叠。需要注意的是，对于一些晶系如六方、菱方、单斜和三斜晶系，它们的 3 个坐标轴并不是互相垂直的。

3.5　点坐标

有时需要详细标定晶胞内一个阵点的位置。我们可以通过使用 3 个点坐标指数（q，r 和 s）来确定阵点的位置。这些指数都是晶胞边长 a，b，c 的分数倍数，即 q，r，s 分别沿着 x，y，z 轴，是 a，b，c 长度的一部分，即

$$qa = \text{相对 } x \text{ 轴的阵点位置} \tag{3.1a}$$

$$rb = \text{相对 } y \text{ 轴的阵点位置} \tag{3.1b}$$

$$sc = \text{相对 } z \text{ 轴的阵点位置} \tag{3.1c}$$

例如，在图 3.3 中，在位于晶胞顶点处建立 x-y-z 坐标系，P 点为阵点位置。图中

注明了 P 点位置的 q,r,s 坐标指数与晶胞边长的关系。

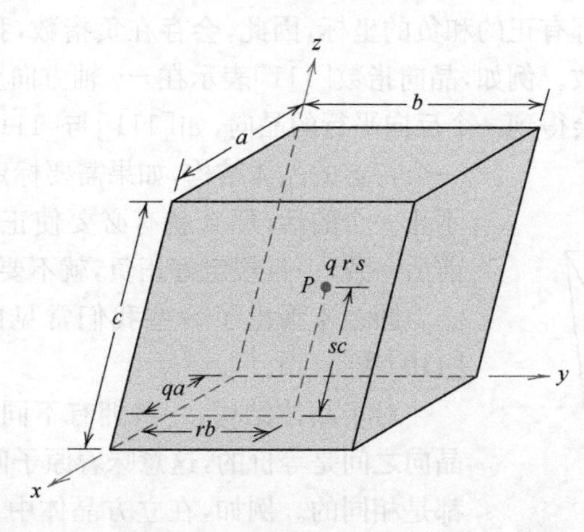

图 3.3　单胞中 P 点的 q,r,s 坐标的确定方式。q 坐标(分数)对应沿 x 轴方向 qa 之间的距离，a 是单胞边长。r 和 s 坐标分别沿着 y 轴和 z 轴确定

3.6　晶向

晶向(crystallographic direction)是两阵点之间的一条直线，它是一个矢量。通过下面的步骤来确定晶向的三个方向指数：

(1) 首先建立一个右手 x-y-z 坐标系，坐标系的原点选在晶胞的一个顶点处。

(2) 确定位于方向矢量(相对于坐标系)上的两个阵点坐标。例如，矢量末端的阵点 1：坐标为 x_1,y_1,z_1；矢量前端的阵点 2：坐标为 x_2,y_2,z_2。

(3) 用矢量前端的点坐标减去矢量末端的点坐标，即 x_2-x_1,y_2-y_1,z_2-z_1。

(4) 分别将这些坐标差除以相对应的晶格常数 a,b,c 后得到 3 个数，即

$$\frac{x_2-x_1}{a}\frac{y_2-y_1}{b}\frac{z_2-z_1}{c}$$

(5) 如果必要的话，将这 3 个数乘以或除以一个公因数使它们化简成最小的整数值。

(6) 将简化后的 3 个指数加上方括号，不用逗号隔开，即为晶向指数[uvw]。

总之，u,v,w 指数可以通过下述公式来确定：

$$u=n\left(\frac{x_2-x_1}{a}\right) \tag{3.2a}$$

$$v=n\left(\frac{y_2-y_1}{b}\right) \tag{3.2b}$$

$$w=n\left(\frac{z_2-z_1}{c}\right) \tag{3.2c}$$

在这些表达式中,n 是一个将 u,v,w 简化为整数的系数。

每一个坐标轴都有正的和负的坐标,因此,会存在负指数,我们通常在指数上加一横来表示负指数。例如,晶向指数$[1\bar{1}1]$表示在$-y$轴方向上有一个指数。改变所有指数的符号会得到一个反向平行的晶向,如$[\bar{1}1\bar{1}]$与$[1\bar{1}1]$方向相反。对于一个特定的晶体结构,如果需要标定的方向(或平面)不止一个的话,那么就有必要使正-负标定方法保持前后一致,一旦规定好正负,就不要再改变它。

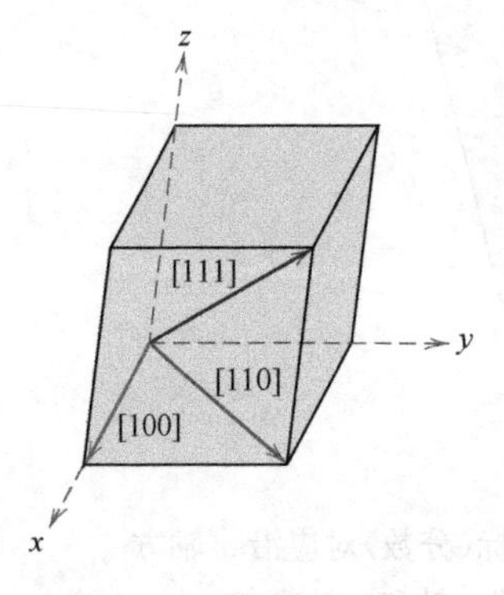

图 3.4 晶胞中的[100],[110]和[111]晶向

图 3.4 画出了一些我们常见的晶向,如[100],[110]和[111]。

对于晶体结构,一些拥有不同指数的、不平行的晶向之间是等价的,这意味着原子间距在每个方向上都是相同的。例如,在立方晶体中,由[100],$[\bar{1}00]$,[010],$[0\bar{1}0]$,[001],$[00\bar{1}]$指数组成的所有晶向都是等价的。为了方便起见,可将这些等价的晶向归于一个晶向族,晶向族用角括号表示,如〈100〉。此外,在立方晶体中,即使改变三指数顺序或符号,只要晶向指数三个数值不变,则这些晶向也是等价的。如[123]和$[\bar{2}1\bar{3}]$晶向是等价的。但是,对于其他晶系来说,这些规律通常是不成立的。例如,对于四方晶系的晶体,它的[100]和[010]晶向是等价的,而[100]和[001]晶向不等价。

六方晶系中的晶向

对于拥有六方对称的晶体,会存在这样一个问题:一些等价晶向的指数并不相同。例如,[111]晶向等价于$[\bar{1}01]$晶向,却不等价于由指数 1 和 -1 组合而成的晶向。这种情况可以通过使用 4 坐标轴或米勒-布拉维坐标系(图 3.5)来解决。其中,a_1,a_2 和 a_3 三个轴在同一个平面(称为底面)上,且相互之间的夹角为 120°,z 轴垂直于这个底面。晶向指数用 4 个指数来表示,如$[uvtw]$。通常,矢量坐标差 u,v,t 分别相对于底面上的 a_1,a_2,a_3 轴。第 4 个指数对应着 z 轴。

晶向的 3 指数表示法到 4 指数表示法的转换

$$[UVW]\rightarrow[uvtw]$$

可以通过下述公式来完成:

$$u=\frac{1}{3}(2U-V) \tag{3.3a}$$

$$v=\frac{1}{3}(2V-U) \tag{3.3b}$$

$$t=-(u+v) \tag{3.3c}$$

$$w=W \tag{3.3d}$$

其中,大写字母 U,V,W 为3指数表示的数值(不同于之前的 u,v,w),而小写字母 u,v,t,w 为米勒-布拉维4指数表示的数值。例如,利用这些转换公式,[010]晶向可以变为[$\bar{1}2\bar{1}0$]。图3.6画出了六方晶胞中的一些晶向。

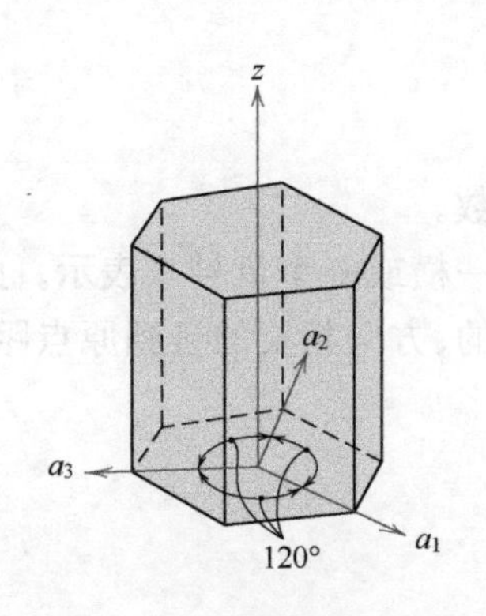

图3.5 六方晶胞的坐标轴体系(米勒-布拉维点阵)

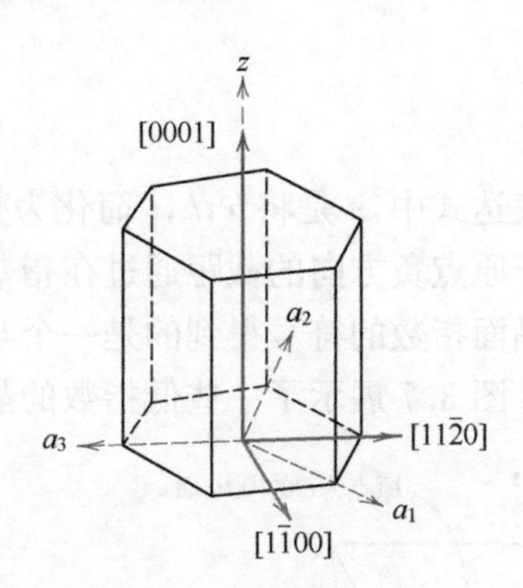

图3.6 六方晶系的[0001],[$1\bar{1}00$]和[$11\bar{2}0$]晶向

3.7 晶面

晶体结构中晶面的取向也是通过类似的方法确定。如图3.2所示,带有三轴坐标系的晶胞是基础。除了六方晶系外的所有晶系,晶面都是用3个米勒指数(hkl)来表示的。任何两个相互平行的平面是等价的,且它们的晶面指数是相同的。确定指数 h,k,l 的步骤如下:

(1) 如果平面经过所选的原点,我们可以通过合适的平移在晶胞内建立一个与该面平行的平面,或者在相邻晶胞的顶点处建立一个新的坐标原点。

(2) 此时,晶面与3个坐标轴中的任何一个相交或者平行。确定晶面与每个轴的交点坐标(相对于坐标系的原点)。这些与 x,y,z 轴的截距分别被定义为 A,B,C。

(3) 求这些截距的倒数。对于平行于坐标轴的平面,可以把该平面与其平行的坐标轴的截距看做无穷大,因此倒数之后指数为0。

(4) 对截距求完倒数后,分别乘上相对应的晶格常数 a,b,c 后得到3个数,即

$$\frac{a}{A}\frac{b}{B}\frac{c}{C}$$

(5) 如果需要的话,将这3个指数通过乘以或者除以公因数使其简化成最小整数。

(6) 最后,给这些整数指数加上圆括号,不加逗号,便得到晶面指数(hkl)。

总之,晶面指数 h,k,l 可以通过下述公式来确定:

$$h=\frac{na}{A} \tag{3.4a}$$

$$k=\frac{nb}{B} \tag{3.4b}$$

$$l=\frac{nc}{C} \tag{3.4c}$$

在这些表达式中，n 是将 h,k,l 简化为整数的常数。

位于原点负方向的截距通过在指数上方加一横或一个负号来表示。此外，改变所有晶面指数的符号得到的是一个与之平行的、方向相反的且到原点距离相等的平面。图 3.7 展示了一些低指数的晶面。

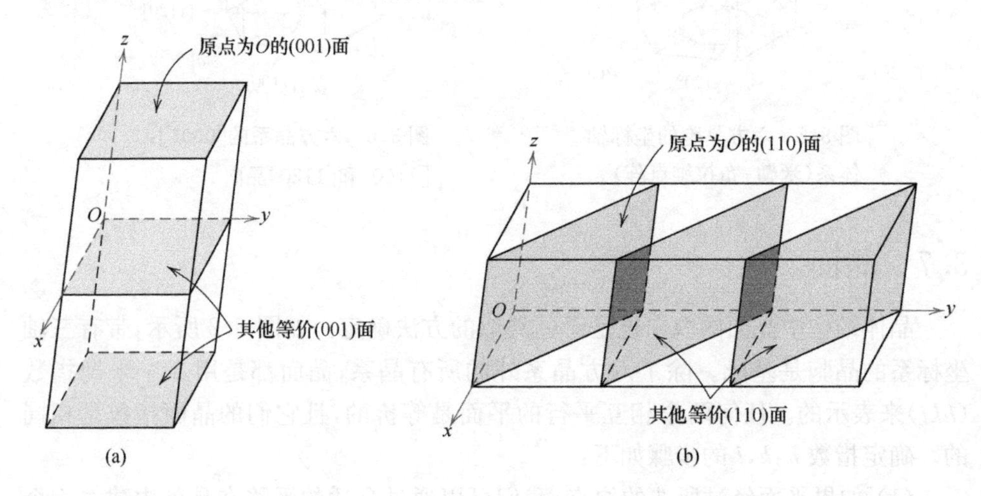

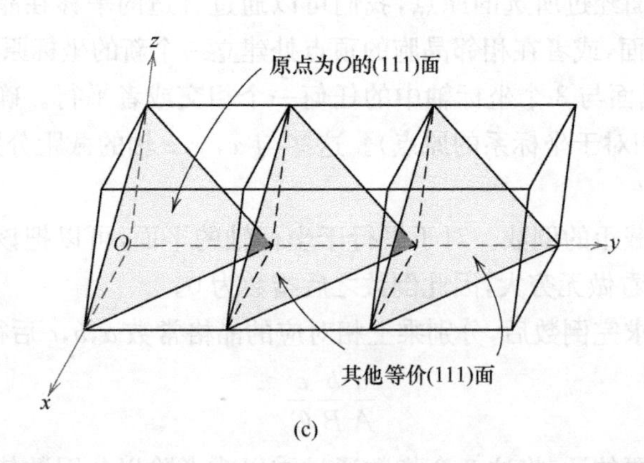

图 3.7　一系列(a) (001)、(b) (110)、(c) (111)晶面示意图

立方晶体中一个独特的特征就是拥有相同指数的晶面和晶向是互相垂直的。在其他晶系中，拥有相同指数的晶面和晶向就不存在这样简单的几何关系。

六方晶体

对于拥有六方对称的晶体，我们非常希望其等价晶面具有相同的指数。与六方晶系中晶向一样，我们可以通过图 3.8 中的米勒-布拉维坐标系来实现。在多数情况下，我们更倾向于使用 4 指数方法，用$(hkil)$表示，因为它可以很清楚地标明六方晶体中一个平面的方向。其中 i 由 h 与 k 的和来确定，即

$$i=-(h+k) \tag{3.5}$$

另外，其余的 3 个指数 h,k,l 与之前 3 指数体系下的相同。

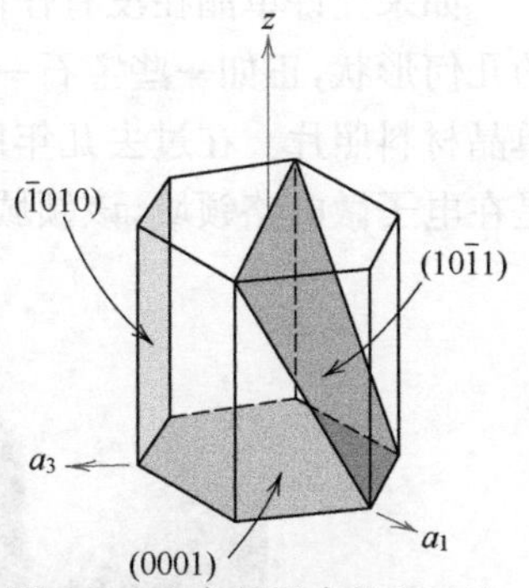

图 3.8　六方晶系中的(0001)、$(10\bar{1}1)$和$(\bar{1}010)$晶面

我们确定这些指数所用的方法类似于之前所描述的其他晶系所用的方法，即取坐标轴截距的倒数。

图 3.8 给出了六方晶体中一些常见的晶面。

在本节中我们讨论了晶体中的点、晶向、晶面。表 3.2 中总结了相关的内容。

表 3.2　确定点坐标、晶向指数、晶面指数的公式总结

坐标类型	指数符号	代表公式	公式中的符号
点	$q\ r\ s$	qa=相对于 x 轴的阵点位置	—
晶向			
非六方晶系	$[uvw]$，$[UVW]$	$u=n\left(\frac{x_2-x_1}{a}\right)$	x_1=尾坐标—x 轴　x_2=头坐标—x 轴
六方晶系	$[uvtw]$	$u=3n\left(\frac{a_1'-a_1''}{a}\right)$	a_1'=头坐标—a_1 轴　a_1''=尾坐标—a_1 轴
		$u=\frac{1}{3}(2U-V)$	—
晶面			
非六方晶系	(hkl)	$h=\frac{na}{A}$	A=平面截距—x 轴
六方晶系	$(hkil)$	$i=-(h+k)$	—

晶态与非晶态材料

3.8　单晶

对于晶态材料，当原子的周期性和重复性排列非常完美，延伸到整个样品而没有中断，那么就可以获得“单晶”(single crystal)。所有的晶胞以相同的方式连接并且具有相同取向。自然界中存在单晶，也可以通过人工生长得到单晶。当然，单晶一般很难生长，因为其生长环境必须精细地控制。

如果允许单晶在没有任何外部约束的条件下生长，那么该晶体将呈现出规则的几何形状，正如一些宝石一样；所生长的形状与晶体结构相关。图 3.9 为石榴石单晶材料照片。在过去几年里，单晶在许多现代技术中的作用变得非常重要，尤其是在电子微电路领域，该领域经常使用硅单晶和其他半导体单晶。

图 3.9　中国福建通北发现的石榴石单晶

3.9　多晶材料

大多数晶态材料都是由很多小的晶体或晶粒（grains）组成，这样的材料被称为多晶。图 3.10 给出一个多晶样品在凝固时所处的不同阶段。最初，小晶体或晶核在不同位置形成，它们的结晶取向是随机的，如图中方格所示。液体中原子聚集在小晶粒上使其慢慢变大。当凝固过程快要结束的时候，相邻晶粒的表面会彼此紧密接触。如图 3.10 所示，晶粒之间的结晶方向不同。在两个晶粒接触的地方会存在一些原子错配，该区域称为“晶界”（grain boundary）。关于晶界，我们将在 6.8 节中进行详细的讨论。

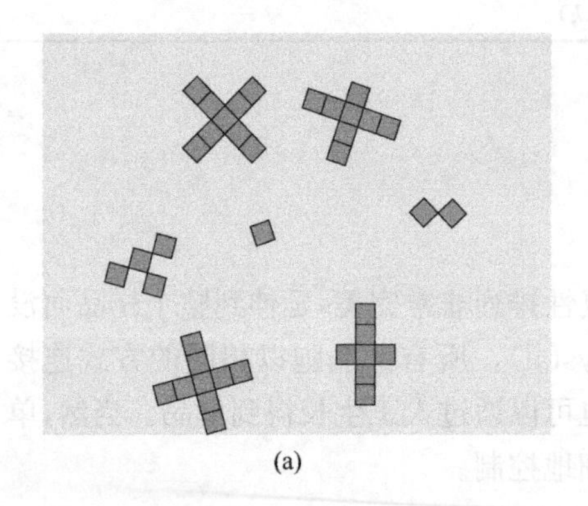

(a)

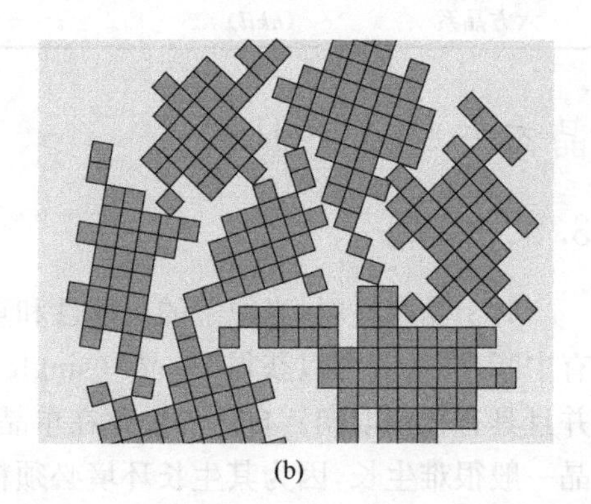

(b)

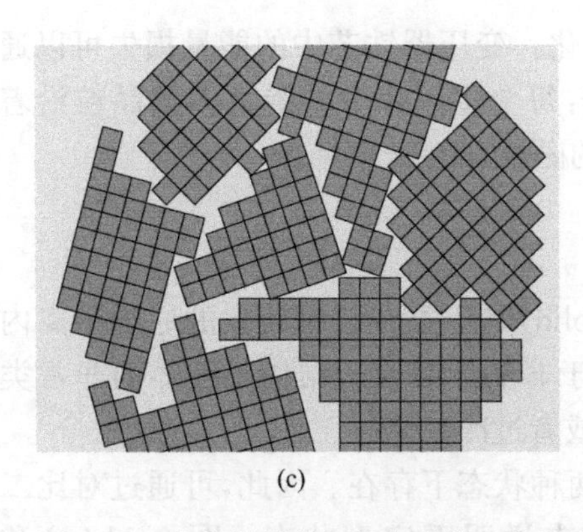
(c)

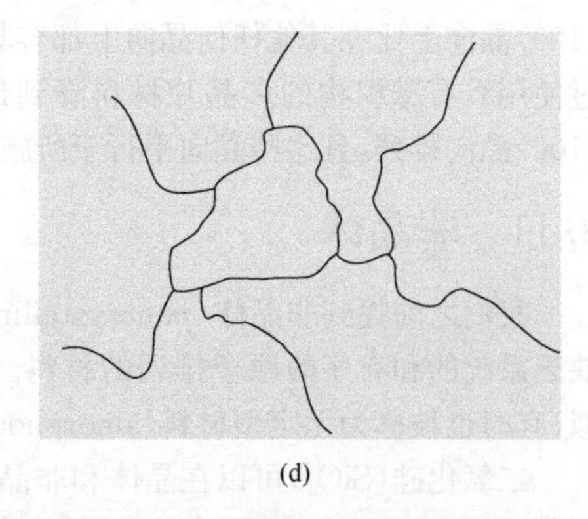
(d)

图 3.10　多晶材料凝固的各阶段示意图，方块表示单晶。(a) 小晶核。(b) 微晶的生长；一些晶粒会阻碍相邻其他晶粒的生长。(c) 凝固结束时，晶粒形成不规则形状。(d) 显微镜下晶粒的结构；黑线表示晶界

3.10　各向异性

一些单晶的物理性质与该晶体测量时所选取的晶向有关。例如，材料的弹性模量、电导率和折射率在[100]和[111]晶向上可能有不同的值。这种与方向相关的特性称为“各向异性”(anisotropy)，它与原子或离子间的间隔随晶向的变化有关。物质的性质与测量方向无关的现象称为“各向同性”(isotropic)。在晶体材料中，各向异性效应的程度和大小是晶体结构对称性的函数；随着晶体结构对称性的降低，材料各向异性的程度就增加，如三斜晶系通常具有非常高的各向异性。表 3.3列出了几种金属在[100]、[110]、[111]晶向上的弹性模量值。

表 3.3　几种金属在不同晶向上的弹性模量值

金属	弹性模量/GPa		
	[100]	[110]	[111]
铝	63.7	72.6	76.1
铜	66.7	130.3	191.1
铁	125.0	210.5	272.7
钨	384.6	384.6	384.6

对于许多多晶材料而言，单个晶粒的结晶方向是完全随机的。在这种情况下，即使每个晶粒是各向异性的，由晶粒聚集而成的多晶样品则表现出各向同性。同时，测量得到的性质，其大小通常表现为不同方向上数值的平均值。有时在多晶材料中晶粒有一个优先的结晶取向，在这种情况下，材料会产生“纹理”。

一些用于变压器铁芯的铁合金，它们的磁性是各向异性的，即晶粒(或单晶)在

〈100〉晶向上比在其他任何晶向上都容易磁化。变压器铁芯中的能量损失可以通过使用具有磁织构的多晶片材料降到最低：每个多晶片上的绝大多数晶粒沿着〈100〉晶向排列，且这些晶向平行于所施加的磁场方向。

3.11　非晶体

我们之前提到非晶体(noncrystalline solid)是一类在相对较大的原子距离内缺乏系统的和有序的原子排列的材料。由于非晶体的原子结构跟液体的非常类似，有时也被称为无定型材料(amorphous)或者过冷液体。

二氧化硅(SiO_2)可以在晶体和非晶体两种状态下存在。因此，可通过对比二氧化硅(SiO_2)陶瓷的晶态和非晶态结构来说明无定型状态。图 3.11(a)和图 3.11(b)分别为二氧化硅(SiO_2)在两种状态下的二维结构示意图。在这两种状态下，每个硅离子都与 3 个氧离子相结合，但对于非晶态，它的结构更加无序和不规则。

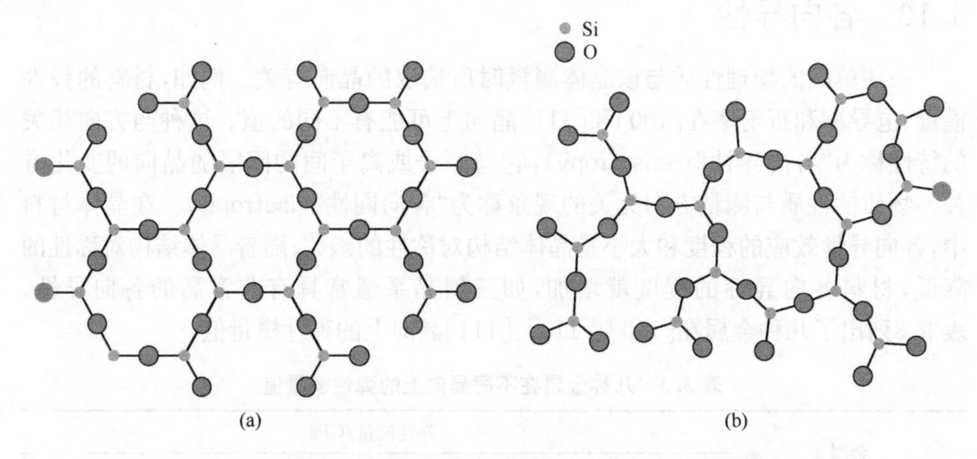

图 3.11　(a) 晶体二氧化硅和(b) 非晶二氧化硅的二维结构示意图

无论是晶体还是非晶体，它们的形成与凝固过程中原子结构从随机状态向有序状态转化时的难易程度相关。因此，非晶态材料的特征是原子或分子结构相对复杂且有序性差。此外，淬冷将导致原子没有充分的时间进行有序排列，因此有利于形成非晶态固体。

金属通常是晶体，一些陶瓷材料也是晶体，而无机玻璃是非晶体。高分子可能是完全的非晶，也可能形成具有一定程度结晶度的半晶体。更多关于非晶陶瓷和高分子材料的结构与性质将在第 4 章和第 5 章进行讨论。

第4章　固体结构

一些材料的性质可以通过它们的晶体结构来解释。例如：①只有一种晶体结构的无变形纯镁和纯铍与有多种晶体结构的无变形纯金和纯银（见9.4节）相比，非常易碎（在很小的变形程度下就会破坏）；②一些陶瓷材料的永久磁性和铁电行为也可以通过他们的晶体结构来解释（见21.5节和19.24节）；③半结晶聚合物的结晶度会影响他们的密度、硬度、强度和延展性（见4.14节和15.8节）。

4.1　引言

我们在上一章中介绍了晶体结构、晶胞、点阵、晶向和晶面等基本概念。在这一章中，我们将讨论金属、陶瓷和聚合物的晶体结构。陶瓷材料的晶体结构将会在第14章详细介绍。高分子链结构特点将会在第15章中详细介绍。

金属晶体结构

这类材料中的原子键合属于金属键，本质上没有方向。因此，对于最近邻原子的数目和位置的限制比较小，导致大多数金属晶体结构具有相对较大的最近邻原子数目和密集的原子排列。对于金属，我们用硬球模型来表示它的晶体结构，每一个实心球代表一个离子核。表4.1列出了一些金属的原子半径。在许多常见的金属材料中可以发现3种相对简单的晶体结构，它们分别是：面心立方、体心立方和密排六方。

4.2　面心立方晶体结构

在许多金属中可以发现这样一种晶体结构，它具有立方几何形状，其中原子位于立方体的每个顶点和所有面的中心，称之为面心立方（face-centered cubic，FCC）晶体结构。一些我们熟悉的金属如铜、铝、银和金等就属于FCC晶体结构（表4.1）。图3.1(a)给出了面心立方晶胞的硬球模型，为了更好地观察原子的位置，我们用小圆代表原子中心（图3.1(b)）。图3.1(c)表示由许多面心立方晶胞组成的原子堆积。这些实心球或离子核在面对角线方向相互接触，立方体的边长a和原子半径R之间的关系为

$$a=2R\sqrt{2} \tag{4.1}$$

表 4.1　16 种金属的原子半径和晶体结构

金属	晶体结构[a]	原子半径[b]/nm	金属	晶体结构	原子半径/nm
铝	FCC	0.1431	钼	BCC	0.1363
镉	HCP	0.1490	镍	FCC	0.1246
铬	BCC	0.1249	铂	FCC	0.1387
钴	HCP	0.1253	银	FCC	0.1445
铜	FCC	0.1278	钽	BCC	0.1430
金	FCC	0.1442	钛(α)	HCP	0.1445
铁(α)	BCC	0.1241	钨	BCC	0.1371
铅	FCC	0.1750	锌	HCP	0.1332

a FCC:面心立方;HCP:六方密排;BCC:体心立方。

b 1nm=10^{-9}m;将单位从纳米(nm)转化为埃(Å),需将纳米值乘以 10。

有时,我们需要确定每个晶胞内的原子数目。根据原子的位置,它可以认为与相邻的晶胞所共有,即一个原子仅有一部分是属于某个特定的晶胞。例如,对于立方晶胞,当原子在立方体内部时,这个原子完全地属于那个晶胞;位于晶胞面上的原子被看做是与其他晶胞一起共用的;位于顶点处的原子被 8 个晶胞共用。所以,每个晶胞内的原子数 N 可以用以下公式进行计算:

$$N=N_i+\frac{N_f}{2}+\frac{N_c}{8} \tag{4.2}$$

其中,N_i 表示晶胞内部原子数目;N_f 表示晶胞面上的原子数;N_c 表示晶胞顶点的原子数。

对 FCC 晶体结构,有 8 个顶点原子($N_c=8$),6 个表面原子($N_f=6$),晶胞内部没有原子($N_i=0$)。因此,从式(4.2)可得

$$N=0+\frac{6}{2}+\frac{8}{8}=4$$

即共有 4 个完整的原子属于一个给定的 FCC 晶胞(图 4.1(a))。

需要指出的是,顶点和面心位置实际上是等价的,即将立方体的顶点从一个顶点原子位置移动到面心原子位置不会改变晶胞结构。

晶体结构其他两个重要的参数是配位数(coordination number)和致密度(atomic packing factor,APF)。对于金属,每个原子都有相同的最近邻或接触原子数,这就是配位数。对于 FCC 晶体结构,配位数是 12。如图 3.1(a)所示,对于前面的面心原子,有 4 个最近邻的顶点原子围绕着它,后面有 4 个面心原子与它接触,此外前面还有 4 个等价的面心原子位于相邻的晶胞上(图上未显示)。

致密度(APF)可通过晶胞内所有原子的体积之和除以晶胞的体积来求得,即

$$\text{APF}=\frac{\text{晶胞内原子的体积}}{\text{总的晶胞体积}} \tag{4.3}$$

对于 FCC 晶体结构，致密度为 0.74。当所有实心球都拥有相同直径时，0.74 是它们最大的堆积系数。金属具有相对较大的致密度是为了使自由电子云重叠最大化。

4.3　体心立方晶体结构

另一种常见的金属晶体结构也是一个立方晶胞，但原子占位不一样，其中 8 个顶点和 1 个体心位置由原子占据，该结构称为体心立方(body-centered cubic，BCC)晶体结构。图 4.1(c)给出了实心球来描述这种晶体结构的示意图，而图 4.1(a)和图 4.1(b)分别是 BCC 晶胞的硬球模型图和简化模型。立方体的中心原子和顶点原子沿着体对角线相互接触。晶胞的边长 a 和原子半径 R 之间的关系为

$$a=\frac{4R}{\sqrt{3}} \tag{4.4}$$

表 4.1 所列的铬、铁、钨以及其他许多金属均为 BCC 结构。

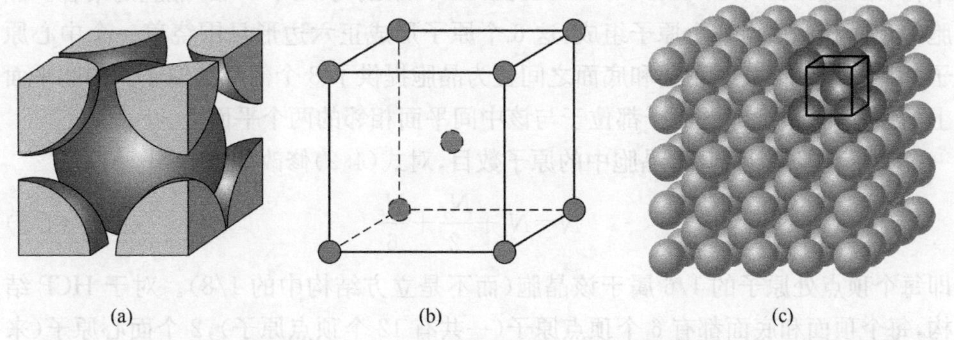

图 4.1　体心立方晶体结构。(a) 硬球晶胞模型；(b) 简球晶胞模型；(c) 大量原子堆积

每个 BCC 晶胞都有 8 个顶点原子和一个中心原子，且中心原子完全属于这个晶胞。因此，从式(4.2)可知，每个 BCC 晶胞中原子的数目为

$$N=N_i+\frac{N_f}{2}+\frac{N_c}{8}=1+0+\frac{8}{8}=2$$

BCC 晶体结构的配位数是 8，与每个中心原子最近邻的原子是它的 8 个顶点原子。因为 BCC 的配位数比 FCC 的小，所以 BCC 的致密度(0.68)也比 FCC 的(0.74)小。

晶胞仅由立方体顶点处的原子组成的情况也是存在的，这种结构被称为简单立方(simple cubic，SC)晶体结构。图 4.2(a)和图 4.2(b)分别为简单立方晶体结构的硬球模型和简化模型。没有金属元素拥有这样的晶体结构，因为它的致密度相对较低。唯一拥有简单立方晶体结构的是钋，它被认为是一种准金属(或半金属)元素。

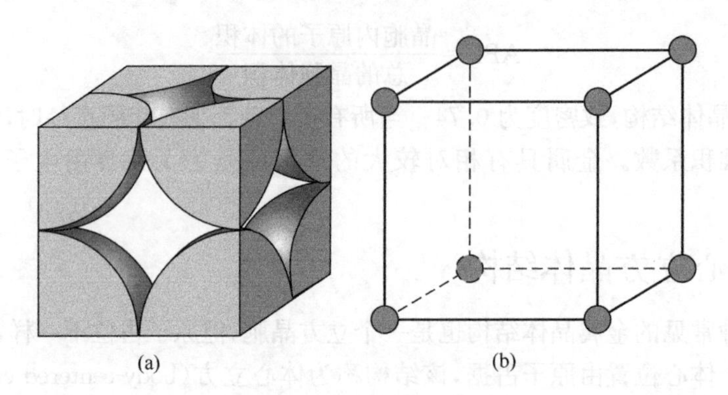

图 4.2　简单立方晶体结构。(a) 硬球晶胞模型；(b) 简球晶胞模型

4.4　六方密排晶体结构

并非所有的金属都具有立方对称的晶胞，最后一种常见的金属晶体结构是具有六方对称性的晶胞。图 4.3(a)为这种结构的简化模型，该结构被称为六方密排结构(hexagonal close-packed，HCP)；图 4.3(b)展示了几个 HCP 晶胞的集合。晶胞的顶面和底面由 6 个原子组成，这 6 个原子形成正六边形且围绕着一个中心原子。另一个平面位于顶面和底面之间且为晶胞提供了 3 个额外的原子。中间平面上的原子，其最近邻的原子都位于与该中间平面相邻的两个平面上。

为了计算每个 HCP 晶胞中的原子数目，对式(4.2)修改如下：

$$N=N_i+\frac{N_f}{2}+\frac{N_c}{6} \tag{4.5}$$

即每个顶点处原子的 1/6 属于该晶胞(而不是立方结构中的 1/8)。对于 HCP 结构，每个顶面和底面都有 6 个顶点原子(一共有 12 个顶点原子)，2 个面心原子(来自每个顶面和底面)和 3 个内部原子。所以，利用式(4.5)可得到 HCP 的 N 值，即

$$N=3+\frac{2}{2}+\frac{12}{6}=6$$

因此，每个晶胞中有 6 个原子。

4.5　密度计算——金属

利用金属晶体结构的知识，我们可以通过以下公式来计算其理论密度 ρ：

$$\rho=\frac{nA}{V_C N_A} \tag{4.6}$$

其中，n 为每个晶胞内的原子数；A 为原子量；V_C 为晶胞体积；N_A 为阿伏伽德罗常量(6.022×10^{23} 个/mol)。

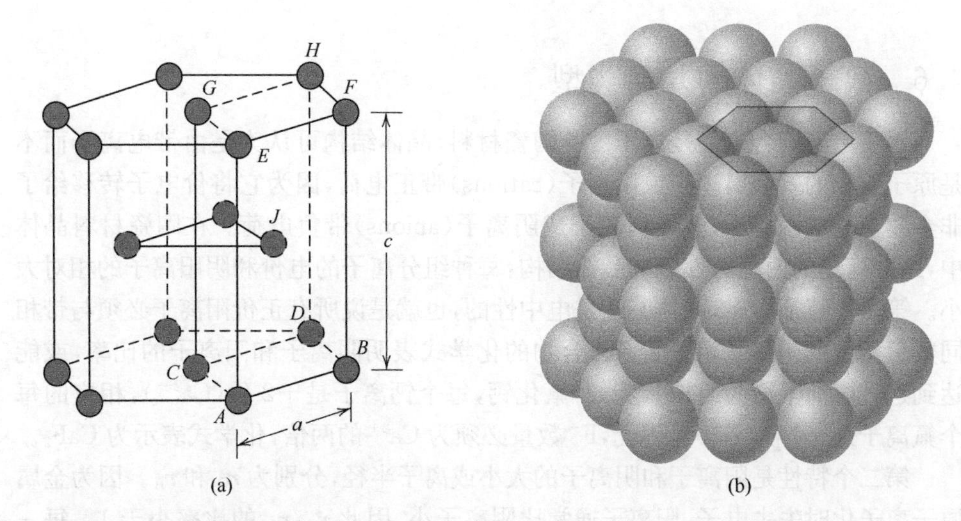

图 4.3　六方密堆晶体结构。(a) 简球晶胞模型(a 和 c 分别表示短边和长边长度)；(b) 大量原子堆积模型

陶瓷的晶体结构

陶瓷材料已在第 1 章简要介绍过，它们是无机材料和非金属材料。大多数陶瓷是由金属元素和非金属元素通过离子键或含有少量共价键成分的离子键形成的化合物。陶瓷(ceramic)这个名称源于希腊单词 keramikos，意思是“烧过的东西”，说明这些材料的理想性能通常是通过高温热处理，或叫烧结来获得的。

因为陶瓷至少由两种元素组成，它们的晶体结构通常比金属复杂。这些材料的原子键从纯离子键到纯共价键；很多陶瓷材料是两种键的结合体，离子键成分取决于原子的电负性。表 4.2 介绍了几种常见陶瓷材料的离子性百分数；这些数值可以由式(2.11)和图 2.9 中的电负性值获得。

表 4.2　一些陶瓷材料结合键的离子百分数

材料	离子性百分数
CaF_2	89
MgO	70
NaCl	59
Al_2O_3	63
SiO_2	51
Si_3N_4	34
ZnS	12
SiC	12

4.6 离子晶体的几何构型

对于原子键合主要是离子键的陶瓷材料，晶体结构可认为是由带电离子而不是原子组成的。金属离子或阳离子(cations)带正电荷，因为它将价电子转移给了非金属离子或阴离子，非金属离子或阴离子(anions)带负电荷。在陶瓷材料晶体中，组分离子的两种特性影响晶体结构：每种组分离子的电价和阴阳离子的相对大小。第一个特征指出，晶体一定是电中性的，也就是说所有正价阳离子必须与带相同数量负价的阴离子相平衡。化合物的化学式表明阴离子和阳离子的比率，或能达到这种电荷平衡的组成。例如，氟化钙，每个钙离子是+2价(Ca^{2+})，相应的每个氟离子是-1价(F^-)。因此，F^-数量必须为Ca^{2+}的两倍，化学式表示为CaF_2。

第二个特性是阳离子和阴离子的大小或离子半径，分别为r_C和r_A。因为金属原子离子化时失去电子，阳离子通常比阴离子小，因此r_C/r_A的比率小于1。每一个阳离子都尽可能靠近更多的阴离子，阴离子也尽可能聚集更多的阳离子。

当一个阳离子周围的阴离子均与该阳离子键合时，就能形成稳定的陶瓷晶体结构，如图4.4所示。配位数(最靠近阳离子的阴离子数目)取决于阳离子-阴离子的半径比。对一个特定的配位数，阴阳离子键合后有一个临界或最小的r_C/r_A比(图4.4)；这一比例仅仅是由几何因素决定的。

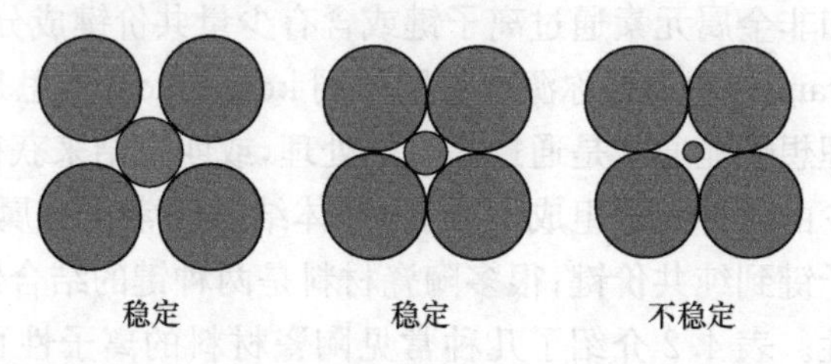

图4.4　稳定和不稳定阳离子-阴离子配位模型。大球代表阴离子，小球代表阳离子

不同r_C/r_A比的配位数和最邻近原子几何构型见表4.3。r_C/r_A小于0.155时，非常小的阴离子和两个阳离子连成一条直线。如果r_C/r_A的数值在0.155和0.225之间，对这个阳离子来说配位数是3。这意味着每一个阳离子以平面等边三角形的形式被三个阴离子包围，阳离子位于正中心。如果r_C/r_A比在0.225和0.414之间，其配位数为4，阳离子位于一个四面体的中心，阴离子位于四个顶角。对于r_C/r_A在0.414和0.732之间的，阳离子可以认为位于由六个顶角阴离子围成的八面体的中心，如图所示。r_C/r_A在0.732和1.0之间时，配位数为8，阴离子位于立方体的各个顶点，阳离子位于正中心。当半径比大于1时，配位数是12。对于陶瓷材最常见的配位数是4,6,8。表4.4列出一些常见陶瓷材料的阳离子和阴离子的离子半径。

表 4.3　阳阴离子半径比(r_C/r_A)不同的配位数和几何构型

配位数	正负离子半径比	几何构型
2	<0.155	
3	0.155～0.225	
4	0.225～0.414	
6	0.414～0.732	
8	0.732～1.0	

配位数和正负离子半径比的关系是在考虑几何因素和假设其为硬球离子的基础上的;因此,只是近似的关系,也有例外。例如,一些 r_C/r_A 比高于 0.414 的非金属化合物,它们的键有高度共价键(定向)成分,配位数为 4(而不是 6)。

离子的尺寸取决于几个因素。其中之一便是配位数:离子半径会随着临近带相反电荷离子数目增加而增大。表 4.4 给出配位数为 6 的离子半径,配位数为 8 时离子半径变大,而配位数为 4 时离子半径变小。

除此之外,离子的电价也会影响它的半径。例如,Fe^{2+} 和 Fe^{3+} 的半径分别为 0.077nm 和 0.069nm(表 4.4),而一个铁原子半径为 0.124nm。当一个原子或离子失去一个电子时,剩下的价电子将更加紧密地与原子核结合,这就引起离子半径的减少。相反的,当一个原子或离子接受电子时,离子半径增加。

表 4.4 配位数为 6 的一些阳离子和阴离子的离子半径

阳离子	离子半径/nm	阴离子	离子半径/nm
Al^{3+}	0.053	Br^{-}	0.196
Ba^{2+}	0.136	Cl^{-}	0.181
Ca^{2+}	0.100	F^{-}	0.133
Cs^{+}	0.170	I^{-}	0.220
Fe^{2+}	0.077	O^{2-}	0.140
Fe^{3+}	0.069	S^{2-}	0.184
K^{+}	0.138		
Mg^{2+}	0.072		
Mn^{2+}	0.067		
Na^{+}	0.102		
Ni^{2+}	0.069		
Si^{4+}	0.040		
Ti^{4+}	0.061		

4.7 AX 类型晶体结构

一些常见的陶瓷材料具有相同的正负离子数目。通常用化合物 AX 表示,A 代表阳离子,X 代表阴离子。有几种不同的 AX 化合物的晶体结构,每一种都是以常见材料的特定结构命名的。

氯化钠构型

最常见的 AX 晶体结构是氯化钠(sodium chloride,NaCl),或称为食盐(rock salt)。这种结构中,正负离子配位数均为 6,正负离子的半径比大约在 0.414 和 0.732 之间。晶体结构的晶胞(图 4.5)由阴离子排列形成 FCC 结构,阳离子一个位于立方体中心,一个位于 12 条棱边中心。由面心立方排列的阳离子也会形成相同的结构。因此,氯化钠构型也认为是两个面心立方晶胞相互穿插的结果,一个面心立方晶胞完全由阳离子组成,另一个完全由阴离子组成。常见的拥有该晶体结构的材料有 NaCl、MgO、MnS、LiF 和 FeO。

氯化铯构型

图 4.6 为氯化铯（cesium chloride,CsCl）晶体结构的晶胞，正负离子配位数均为 8。阴离子位于立方体的顶角，中心是一个阳离子。阴阳离子交换位置，反之亦然，产生同样的晶体结构。这不是一个 BCC 晶体结构，因为两种离子包含在内。

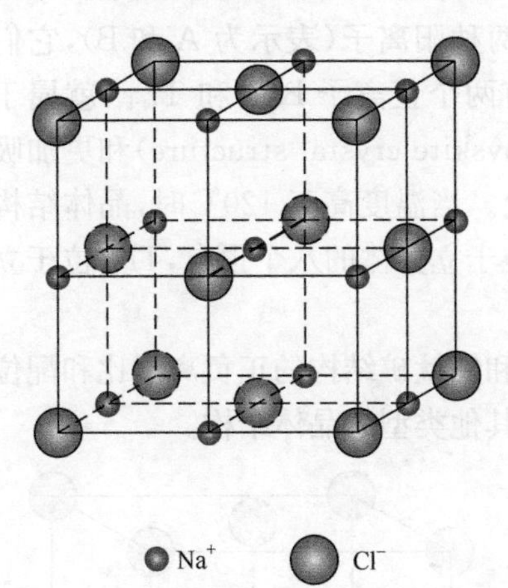

图 4.5 氯化钠(NaCl)晶体结构的晶胞

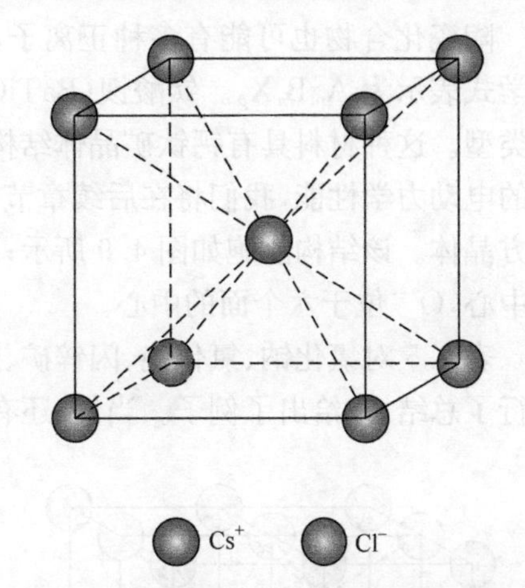

图 4.6 氯化铯(CsCl)晶体结构的晶胞

闪锌矿结构

第 3 个 AX 结构是一个配位数为 4 的构型，所有的离子均呈四面体结构。这一结构叫做闪锌矿（zinc blende 或 sphalerite）结构，矿物学术语为硫化锌（ZnS）。该结构的晶胞如图 4.7 所示，立方晶胞的中心和面心位置均被 S 原子占据，Zn 占据内部四面体空隙位置。若 Zn 和 S 原子调换位置，结构相同。因此每一个 Zn 原子连接 4 个 S 原子，反之亦然。通常具有高度共价性的键合呈现该晶体结构（表 4.2），包括 ZnS、ZnTe 和 SiC。

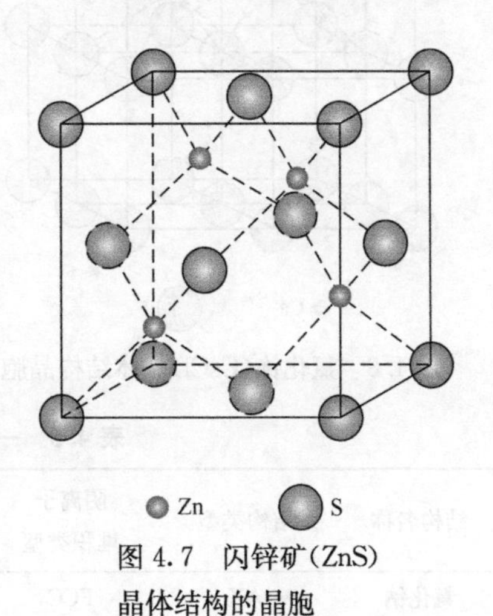

图 4.7 闪锌矿(ZnS)晶体结构的晶胞

4.8 A_mX_p 型晶体结构

如果阴离子和阳离子的电价不一样，那么化合物以化学式 A_mX_p 的形式存在，m 和 p 至少一个不为 1。例如 AX_2，常见的晶体结构为萤石（CaF_2）。CaF_2 的离子半径比 r_C/r_A 约为 0.8，如表 4.3 所示，配位数为 8。Ca^{2+} 位于立方体的中心，F^- 位于立方体的顶点。化学式表示 Ca^{2+} 数目仅为 F^- 数目的一半。同样，该晶体结构也与 CsCl 类似（图 4.6），除此之外，只有一半立方体位置被 Ca^{2+} 占据，一个晶胞由 8 个立方体组成，如图 4.8 所示。该晶体结构组成的其他材料有：立方 ZrO_2、UO_2、PuO_2 和 ThO_2。

4.9　$A_mB_nX_p$ 型晶体结构

陶瓷化合物也可能有多种正离子，如有两种阳离子（表示为 A 和 B），它们的化学式表示为 $A_mB_nX_p$。钛酸钡（$BaTiO_3$），有两个正离子 Ba_{2+} 和 Ti_{4+}，就属于这种类型。这种材料具有钙钛矿晶体结构（perovskite crystal structure）和更加吸引人的电动力学性能，我们将在后续章节中讨论。当温度高于 120℃时，晶体结构为立方晶体。该结构晶胞如图 4.9 所示；Ba^{2+} 位于立方体的八个顶点，Ti^{4+} 位于立方体中心，O^{2-} 位于六个面的中心。

表 4.5 对氯化钠、氯化铯、闪锌矿、萤石、和钙钛矿结构的正负离子比和配位数进行了总结，并给出了例子。当然，还有许多其他类型的晶体结构。

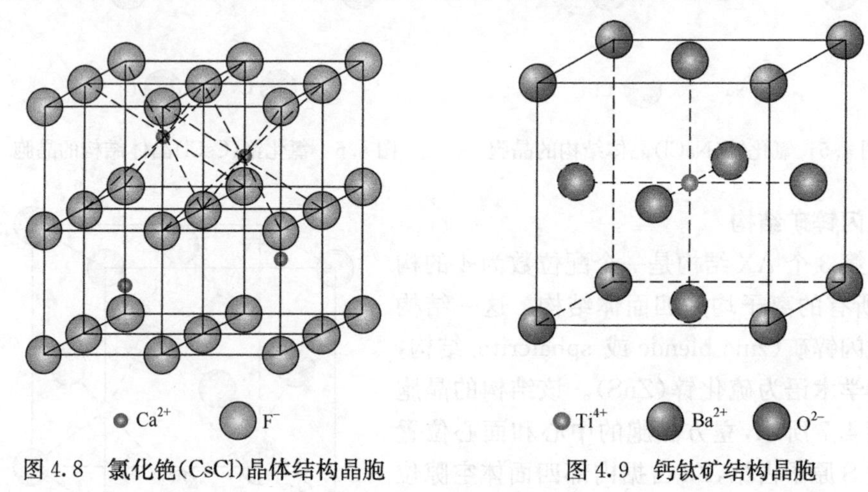

图 4.8　氯化铯（CsCl）晶体结构晶胞　　图 4.9　钙钛矿结构晶胞

表 4.5　一些常见陶瓷晶体结构

结构名称	结构类型	阴离子堆积类型	配位数		举例
			阳离子	阴离子	
氯化钠	AX	FCC	6	6	NaCl、MgO、FeO
氯化铯	AX	简单立方	8	8	CsCl
闪锌矿	AX	FCC	4	4	ZnS、SiC
萤石	AX_2	简单立方	8	4	CaF_2、UO_2、ThO_2
钙钛矿	ABX_3	FCC	12(A) 6(B)	6	$BaTiO_3$、$SrZrO_3$、$SrSnO_3$
尖晶石	AB_2X_4	FCC	4(A) 6(B)	4	$MgAl_2O_4$、$FeAl_2O_4$

4.10 密度计算——陶瓷

与 4.5 节金属密度的计算方法类似，我们可以从晶胞的数据中计算出陶瓷晶体材料的理论密度。这种情况下，密度 ρ 可由式(4.6)的修正式获得

$$\rho = \frac{n'(\sum A_C + \sum A_A)}{V_C N_A} \tag{4.7}$$

n' = 晶胞内化学式单元数目；$\sum A_C$ = 化学式单元中所有阳离子质量之和；$\sum A_A$ = 化学式单元中所有阴离子质量之和；V_C = 单个晶胞体积；N_A = 阿伏伽德罗常量，6.022×10^{23}/mol。

4.11 硅酸盐陶瓷

硅酸盐(silicates)主要由地壳中含量最丰富的两种元素，硅和氧组成；因此，大部分土壤、岩石、黏土和沙土均属于硅酸盐。相较于描述这些材料的晶胞结构特点，利用不同的 SiO_4 四面体结构(图 4.10)来讲述更加方便。每一个硅原子都和四个氧原子相连。氧原子位于四面体的四个顶角，硅原子位于四面体的中心。这是硅酸盐的基本结构单元，所以通常将其看做带负电的整体来处理。

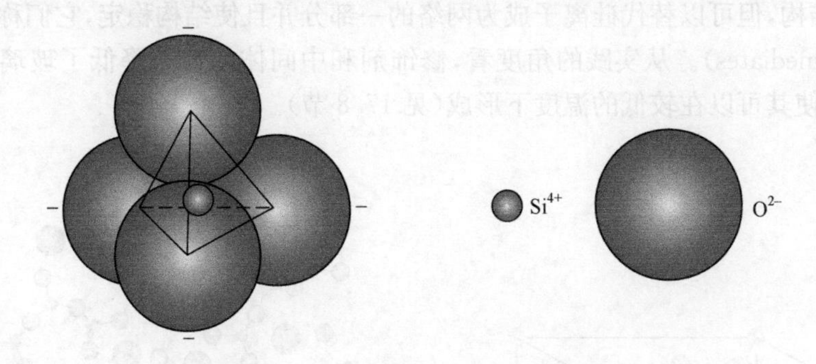

图 4.10 一个氧化硅(SiO_4^{4-})四面体

由于 Si—O 键间有极强的共价特性(表 4.2)，有方向性且键比较强，通常认为硅酸盐不是离子晶体。抛开 Si—O 键的特点，每个 SiO_4^{4-} 四面体都为 −4 价，因为四个氧原子中，每个氧原子都需要一个额外的电子来达到稳定的电子结构。SiO_4^{4-} 四面体在一维、二维、三维方向上的不同排列方式产生了不同的硅酸盐结构。

二氧化硅

从化学角度讲，最简单的硅酸盐材料是二氧化硅(SiO_2)。结构上，它是一个三维网络，每一个四面体顶角的氧原子都与相邻的四面体共享。因此，该材料是电中性的，所有的原子均有稳定的电子结构。在这些条件下，Si 原子同 O 原子的比例

是 1:2,正如化学式所示。

如果这些四面体按照一定的规则和顺序排列,就会形成晶体结构。二氧化硅有三种基本的结晶形态:石英、方石英(图 4.11)、磷石英。它们的结构相对复杂并且相当开放,即原子不是紧密的堆积在一起。因此,这些晶型的二氧化硅密度相对较低,例如,室温下,石英的密度仅为 2.65g/cm³。由于硅氧原子之间的结合键非常强,二氧化硅的熔点相对较高,达到 1710℃。

二氧化硅玻璃

二氧化硅也可以以非晶态和玻璃态存在,这些形态中原子具有高度的随机性,通常呈液态,这样的材料也叫做熔融石英(fused silica)或者石英玻璃(vitreous silica)。与结晶态二氧化硅一样,SiO_4^{4-} 四面体是它的基本单元,除此之外它还具有相当大的混乱度。在图 3.11 展示了晶体和非晶体二氧化硅结构的鲜明对比。其他的氧化物(如 B_2O_3、GeO_2)也能形成玻璃态结构(这些多面体氧化物结构与图 4.10相似);这些材料和 SiO_2一样,称作网状结构(network formers)。

用于容器、窗户等常见的无机玻璃都是二氧化硅玻璃,里面掺杂有 CaO 和 Na_2O。这些氧化物不形成多面体网状结构。但它们的正离子的引入可以修饰 SiO_4^{4+} 骨架,这些氧化物添加剂称为网状结构修饰剂(network modifiers)。例如,图 4.12 是硅酸盐玻璃的结构示意图。还有其他氧化物,如 TiO_2 和 Al_2O_3,尽管不是网状结构,但可以替代硅离子成为网络的一部分并且使结构稳定,它们称为中间体(intermediates)。从实践的角度看,修饰剂和中间体的加入降低了玻璃的熔点和黏度,使其可以在较低的温度下形成(见 17.8 节)。

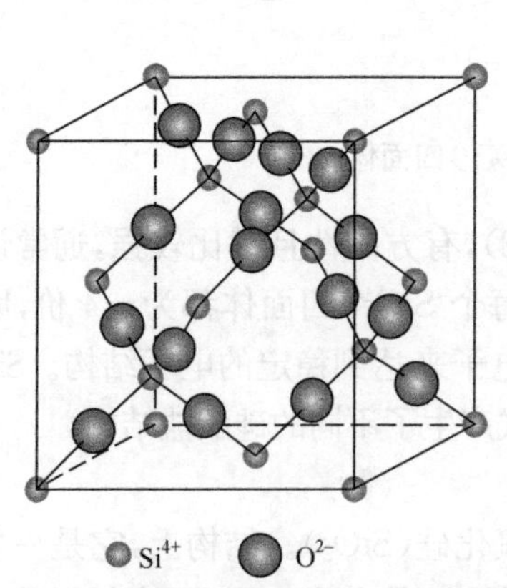

图 4.11 方石英晶胞中硅原子和氧原子的排列,是 SiO_2的变形

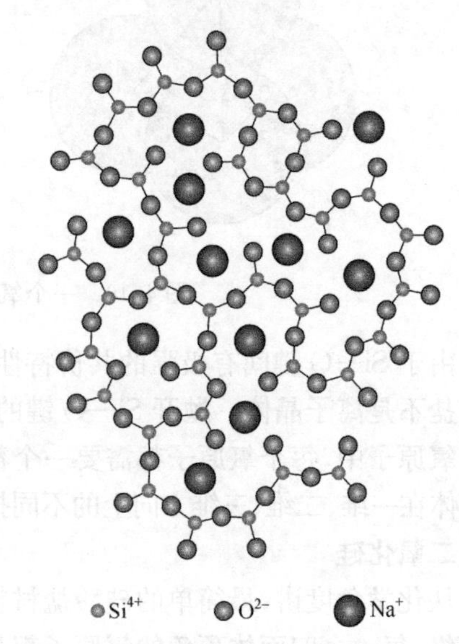

图 4.12 硅酸钠玻璃中离子排列示意图

硅酸盐

对于各种硅酸盐矿物，可以由一个、两个或三个 SiO_4^{4-} 四面体的顶点和其他四面体共用从而形成更加复杂的结构。如图 4.13 所示，硅酸盐有各种形式的化学式，如 SiO_4^{4-}、$Si_2O_6^{7-}$、$Si_3O_6^{9-}$ 等，单链结构也可能存在，如图 4.13(e)所示。正离子如 Ca^{2+}、Mg^{2+}、Al^{3+} 等有两个作用：第一，补偿来自 SiO_4^{4-} 的负电荷以达到电中性；第二，这些正离子以离子键同 SiO_4^{4-} 四面体相连。

1) 简单硅酸盐(simple silicates)

这些硅酸盐中最简单的结构是孤立四面体结构(图 4.13(a))。例如，镁橄榄石(Mg_2SiO_4)相当于两个 Mg^{2+} 分别与四面体相连，每个 Mg^{2+} 有 6 个最邻近的氧原子。

当两个四面体共享一个氧原子时(图 4.13(b)) $Si_2O_6^{7-}$ 形成。例如镁黄长石($Ca_2MgSi_2O_7$)，在每个 $Si_2O_6^{7-}$ 单元连接有有两个 Ca^{2+} 和一个 Mg^{2+}。

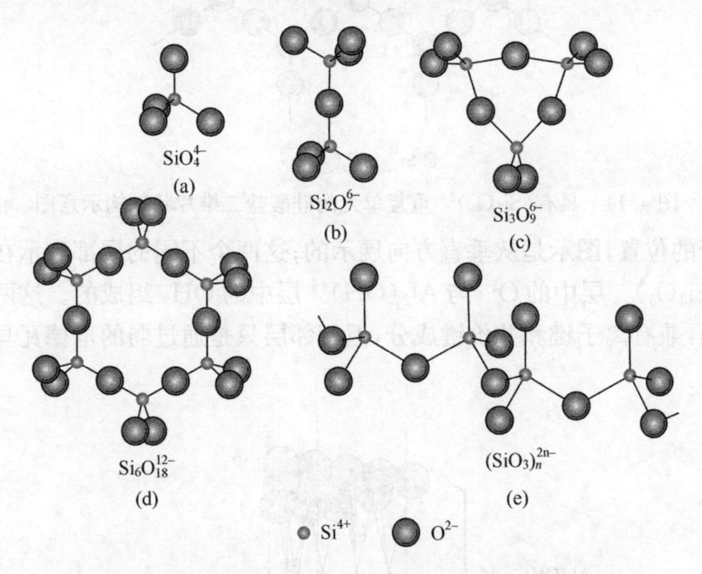

图 4.13 五种基于 SiO_4^{4-} 四面体的硅酸盐离子结构

2) 层状硅酸盐(layered silicates)

每个四面体结构共用三个氧原子可以形成片状或层状二维结构(图 4.14)，对于这种结构，重复单元可以描述为$(Si_2O_5)^{2-}$。净负电荷与游离的氧原子伸向平面外。电中性通常是由有过多阳离子的第二片状结构来确定，这些多余的阳离子会与$(Si_2O_5)^{2-}$层中游离的氧原子相结合。这类材料称为片状或层状硅酸盐，它是黏土和其他矿物质的基本结构特征。

最常见的一种黏土矿物高岭石，具有相对简单的两层硅酸盐片状结构。高岭土具有 $Al_2(Si_2O_5)(OH)_4$ 四面体结构，其中存在$(Si_2O_5)^{2-}$硅氧四面体层，通过穿插 $Al_2(OH)^{2+}$层达到电中性。这种结构的单层示意图如图 4.15 所示，为了更好

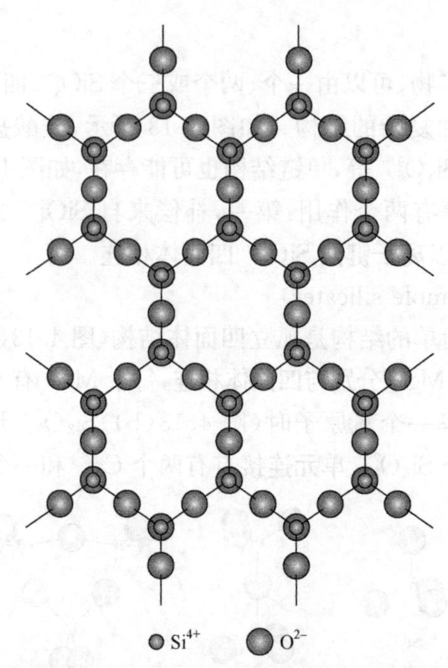

图 4.14　具有$(Si_2O_5)^{2-}$重复单元的硅酸盐二维片状结构示意图

的观察离子的位置，图示是从垂直方向展示的；这两个不同的层都表示在图中。中性层是由$(Si_2O_5)^{2-}$层中的O^{2-}与$Al_2(OH)^{4+}$层中的OH^-组成的。这两层之间的结合力很强，兼有离子键和共价键成分，但相邻层只是通过弱的范德瓦耳斯力连接到另一层上。

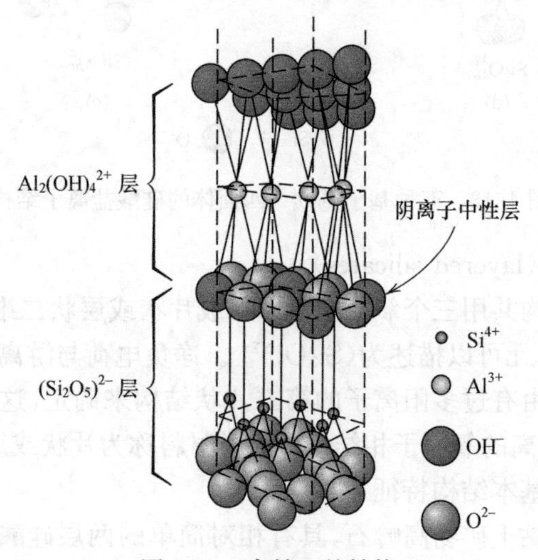

图 4.15　高岭土的结构

高岭石晶体是由一系列这样的双层或片层相互平行堆积而形成的小平板，这些平板直径通常小于 1μm，几乎都是六方晶系。图 4.16 即为高岭石晶体的高分辨电镜显微照片，可以看到六方晶体的晶面，其中一些是叠在另一些上面的。

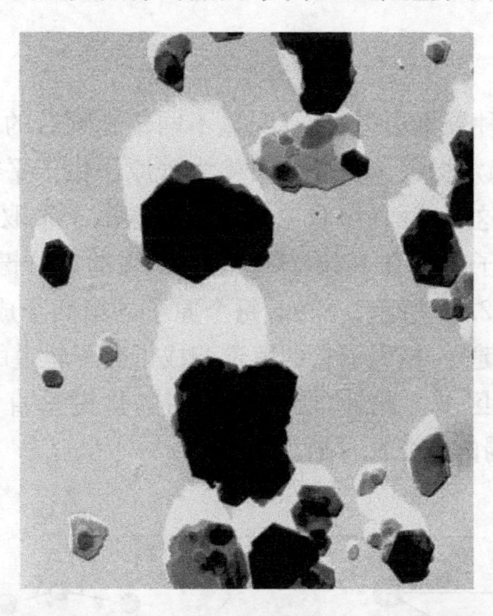

图 4.16　高岭石晶体的电镜照片。他们是六边形晶面，其中一些堆叠在另一些的上面。7500×

这些硅酸盐片状结构并不局限于黏土；其他存在这种结构的矿物质有滑石粉（$Mg_3(Si_2O_5)(OH)_2$）和云母（例如，白云母 $KAl_3Si_3O_{10}(OH)_2$），这些都是重要的陶瓷原材料。就像化学式显示的那样，硅酸盐材料是结构最复杂的无机材料之一。

4.12　碳

虽然不是地球上所发现的出现最频繁的元素，碳以多种多样和有趣的方式影响着我们的生活。碳在自然界中以单质状态存在，从古至今我们利用的都是固态碳。在当今世界，碳的几种形式的独特性能（以及负荷性能）使它在许多商业领域也包括一些尖端技术领域具有极其重要的作用。

碳存在金刚石和石墨两种同素异形体，非晶态的碳也是如此。碳族材料不属于任何传统的金属、陶瓷或高分子等分类范畴。我们选择在本章讨论它们是因为石墨有时可认为是无机非金属材料。对这种碳主要关注的是金刚石和石墨的结构。金刚石、石墨以及纳米碳（如富勒烯、碳纳米管和石墨烯）的性能和应用（电流与电势）将在 14.16 节和 14.14 节中进行讨论。

金刚石

在室温和大气压力下，金刚石是一种亚稳态碳聚合物。其晶体结构是闪锌矿结构（图 4.7）的变体，其中碳原子占据所有位置（锌和硫）；金刚石晶胞如图 4.17 所示。每个碳原子经过 sp^3 杂化与（四面体的）其他四个碳连接；这些键都是极强的共价键(图 2.14)。金刚石的晶体结构也被称为金刚石立方晶体结构(diamond cubic),这种结构也存在于元素周期表中的其他 IVA 元素(如锗、硅、低于 13℃的灰锡)。

石墨

石墨是碳的另一种聚集形态,具有明显不同于金刚石的晶体结构;此外,在常温常压下,它是碳的稳定构象。石墨的结构为碳原子位于平行的相互连接的规则六边形的转角处。在这些平面(层状或片状)上,碳原子采取 sp^2 杂化轨道与其他的三个相邻共面碳原子连接在一起;这些键都是强的共价键。sp^2 杂化碳原子形成的六边形构型如图 2.18 所示。此外,每个原子的第四个成键电子是离域的(即不属于特定原子或价键)。相当于它的轨道变成了分子轨道的一部分,延伸到层与层之间和近邻原子的区域。此外,层与层之间的价键垂直于平面(如图 4.18中 c 轴方向所示),属于弱的范德瓦耳斯力。

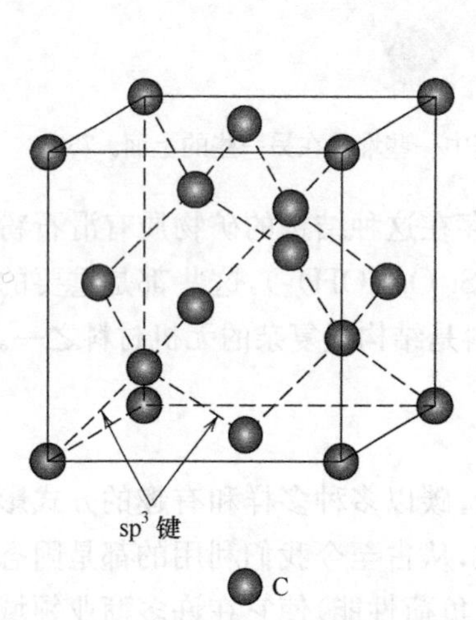

图 4.17　金刚石立方晶体结构的晶胞

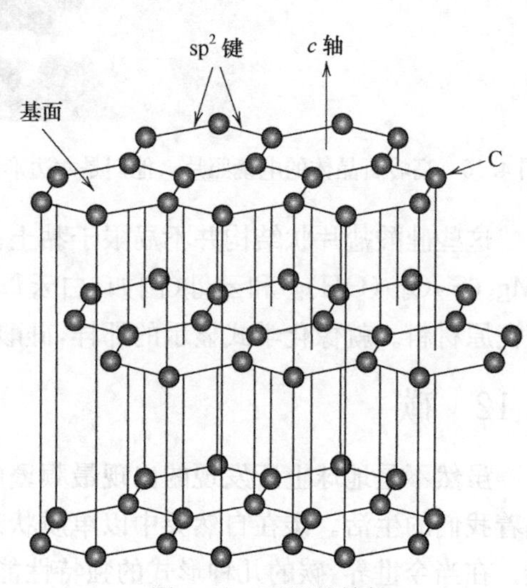

图 4.18　石墨的结构

4.13　聚合物结晶度

高分子材料也存在结晶态。但是,它包含的是分子,而不是像金属或陶瓷那样,仅仅是原子或离子,原子排列对聚合物来说更加复杂。我们将聚合物结晶度(polymer crystallinity)认为是分子链堆积而产生的规则原子序列。晶体结构通常非常复杂,可根据单胞定义。例如,图 4.19 所展示的为聚乙烯的单胞和分子链结构的关系,这个单胞为斜方晶系(表 3.1)。当然,链上的分子也可以穿过图中所示的单胞继续延伸。

含有小分子(如水和甲烷)的分子晶体通常是完全结晶(如固体)或者完全不结

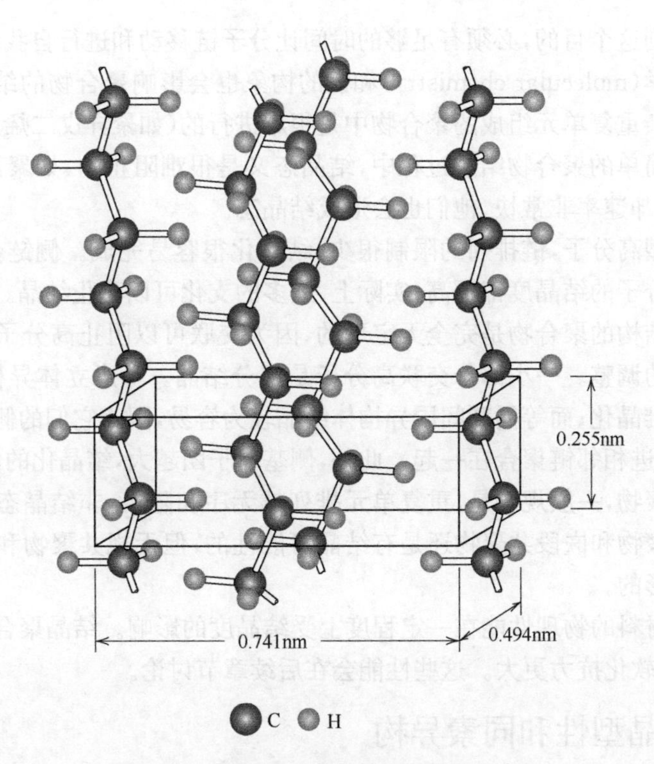

图4.19　聚乙烯分子链单胞的排列示意图

晶(如液体)。考虑到它们的尺寸和复杂性,聚合物分子通常是部分结晶或半结晶体,结晶态区域分散在非晶态材料中。任何链的无规则或错排都会产生无定型区域,由于链的扭曲、弯折和旋转而破坏每条链在任何部分的紧密排列是非常常见的。其他结构因素对结晶度的确定也有影响,稍后讨论。

结晶度可以从完全非晶态到几乎全部结晶态(高达95%);相反,金属样品几乎全部是结晶态,而许多陶瓷材料或者全部为结晶态或者全部为非结晶态。半结晶聚合物在某种意义上,相当于前面讨论的两相金属合金。

结晶聚合物的密度比相同材料和相同分子量的无定形材料的密度大,因为晶体结构中链的排列更加紧密。通过精确的密度测量可以确定以质量来表示的结晶度,计算公式如下:

$$\%\text{结晶度}=\frac{\rho_c(\rho_s-\rho_a)}{\rho_s(\rho_c-\rho_a)}\times 100 \qquad (4.8)$$

ρ_s 表示结晶百分数待确定样品的密度,ρ_a 表示完全无定形状态聚合物的密度,ρ_c 表示完全结晶态聚合物的密度。ρ_a 和 ρ_c 的测量必须通过其他实验方法。

聚合物的结晶度取决于固化过程中的冷却速率和链的构象。从熔点开始冷却结晶时,在黏性液体中分子链是高度无序和缠绕在一起的,这时必须采取有序构象。为了达到这个目的，必须有足够的时间让分子链移动和进行自我调整。

分子化学(molecular chemistry)和链的构象也会影响聚合物的结晶能力。结晶化在由复杂重复单元组成的聚合物中是很难进行的(如聚异戊二烯)。而在化学表达式非常简单的聚合物结晶过程中，结晶态又是很难阻止的，如聚乙烯、聚四氟乙烯，即使冷却速率非常快，他们也会形成结晶态。

对于线型高分子，链排列的限制很少，结晶化很容易完成。侧链会影响结晶，因此支化高分子的结晶度都不高；实际上，过多的支化可以防止结晶。大多数网状结构和交联结构的聚合物是完全无定形的，因为交联可以阻止高分子链的重排和向晶相结构的调整。一小部分交联高分子是部分结晶。考虑立体异构时，无规异构高分子很难晶化；而等同和间同异构体结晶较为容易，因为它们的侧基几何排列规则，可以促进相邻链聚合在一起。此外，侧基原子团越大，结晶化的倾向就越小。

对于共聚物，一般规则是，重复单元排列越无序和随机，非结晶态的倾向就越大。交替共聚物和嵌段共聚物还是有结晶可能性的，但无规共聚物和接枝共聚物通常是无定形的。

聚合物材料的物理性能在一定程度上受结晶度的影响。结晶聚合物通常强度大，热分解和软化抗力更大。这些性能会在后续章节讨论。

4.14　多晶型性和同素异构

一些金属以及非金属，可能有不止一种晶体结构，即具有多晶型性(polymorphism)。在元素单质中发现这种多晶型性时，我们通常把它称为同素异构(allotropy)。一些材料在不同的温度和外部压力下具有不同的晶体结构。如我们熟悉的一个例子——碳材料：在普通条件下石墨是碳的稳定产物，而金刚石则需要在非常高的压力下才能形成。此外，纯铁在室温下是BCC晶体结构，在912℃时转变为FCC晶体结构。在多晶型性转变过程中，通常都伴随着密度和其他物理性质的变化。

4.15　原子排列

晶面上原子的排列取决于晶体结构。图4.20和图4.21分别展示了FCC(面心立方)、BCC(体心立方)晶体结构的(110)原子面和简化晶胞。需要注意的是FCC和BCC晶体结构的原子堆积是不同的。圆圈代表位于晶面上的原子，该晶面即为穿过大尺寸硬球中心的截面。

一个晶面族包括所有的等价晶面(crystallographically equivalent)，即拥有相同的原子堆积；给晶面指数加上花括号后就可以用来表示晶面族，如{100}晶面族。在立方晶体中，(111)、$(\bar{1}\bar{1}\bar{1})$、$(\bar{1}11)$、$(1\bar{1}\bar{1})$、$(11\bar{1})$、$(\bar{1}\bar{1}1)$、$(\bar{1}1\bar{1})$、$(1\bar{1}1)$晶面都属于{111}晶面族。然而，对于四方晶系，因为(001)与(100)晶面并不等价，所以

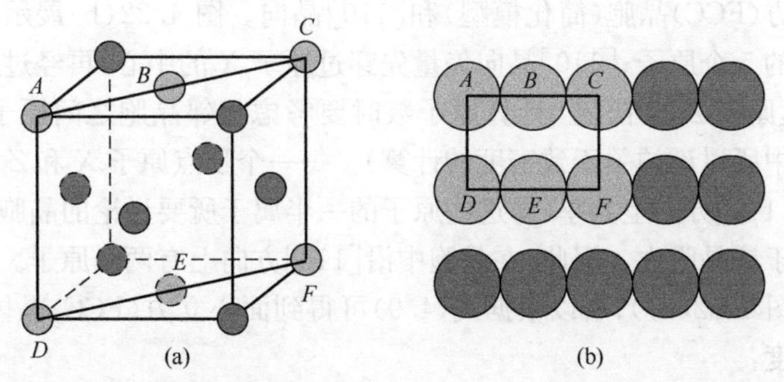

图 4.20　(a) FCC 简球晶胞模型(110)面。(b) FCC 原子密堆(110)面，(a) 中对应原子位置已标出

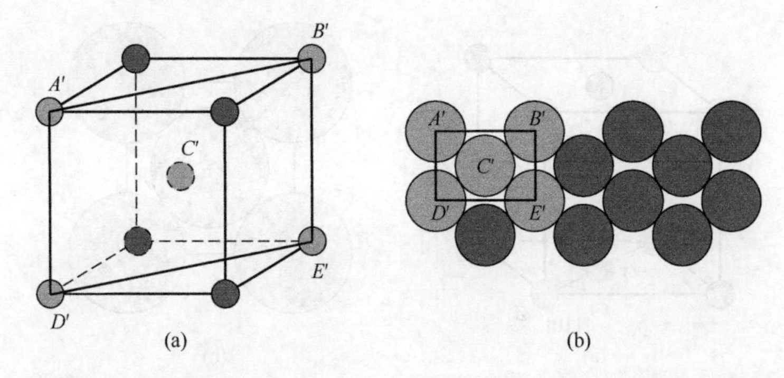

图 4.21　(a) BCC 简球晶胞模型(110)面。(b) BCC 原子密堆(110)面。(a) 中对应原子位置已标出

{100}晶面族仅包含(100)、($\bar{1}$00)、(010)、(0$\bar{1}$0)晶面。同时，只有在立方晶系中，具有相同指数(不论指数的顺序和符号)的晶面是等价。例如，晶面(1$\bar{2}$3)和(3$\bar{1}$2)都属于{123}晶面族。

4.16　线密度与面密度

之前我们论述了非平行晶向和晶面的等价性。晶向等价与线密度相关，对于一个特定的材料，等价的晶向拥有相同的线密度。对晶面而言，相应的参数是面密度(planar density)，面密度相同的晶面也是等价的。

线密度(linear density，LD)定义为单位长度上的原子数，这些原子的中心位于特定晶向的方向矢量上，即

$$\mathrm{LD}=\frac{\text{晶向矢量上的原子数}}{\text{晶向矢量的长度}} \tag{4.9}$$

线密度的单位是长度单位的倒数(如 nm^{-1}，m^{-1})

例如，我们确定面心立方(FCC)晶体结构[110]方向的线密度。图 4.22(a)展

示了面心立方(FCC)晶胞(简化模型)和[110]晶向。图 4.22(b)展示的是位于该晶胞底面上的 5 个原子;[110]晶向矢量先穿过原子 X 的中心,再经过原子 Y 的中心,最后到达原子 Z 的中心。计算原子数时要考虑相邻晶胞之间原子的共享(正如在 4.2 节中所讨论的关于致密度的计算)。每一个顶点原子 X 和 Z 都与一个相邻的晶胞在[110]方向上共享(即这些原子的一半属于所要讨论的晶胞),而原子 Y 则完全地位于该晶胞内。因此,在晶胞中沿[110]方向上有两个原子。晶向矢量的长度是 $4R$(图 4.22(b));所以根据式(4.9)可得到面心立方(FCC)晶体结构[110]方向的线密度:

$$\mathrm{LD}_{110}=\frac{2\text{ 个原子}}{4R}=\frac{1}{2R} \tag{4.10}$$

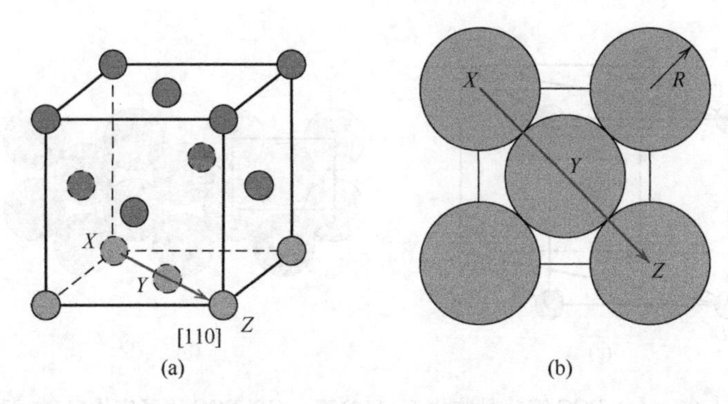

图 4.22　(a)FCC 简球晶胞[110]晶向。(b) 通过标记原子 X,Y,Z 展示了(a)中 FCC 晶胞的底面沿[110]方向的原子间距

类似地,面密度(planar density,PD)是单位面积上的原子数,这些原子位于特定的晶面上,即

$$\mathrm{PD}=\frac{\text{晶面上的原子数}}{\text{晶面面积}} \tag{4.11}$$

面密度的单位是面积单位的倒数(如 nm^{-2},m^{-2})。

例如,图 4.20(a)和 4.20(b)展示了面心立方(FCC)晶胞中的(110)晶面。虽然该平面上(图 3.12(b))有六个原子,但原子 A、C、D、F 只有 1/4,原子 B、E 只有 1/2 真正地属于该平面,总共为 2 个原子。此外,该矩形截面的面积等于其长乘以宽。从图 4.20(b)可得,其长度(水平尺寸)等于 $4R$,而宽度(垂直尺寸)等于 $2R\sqrt{2}$,因为其宽度对应着面心立方(FCC)晶胞的边长(式(4.1))。所以该平面的面积为$(4R)(2R\sqrt{2})=8R^2\sqrt{2}$,面密度计算如下:

$$\mathrm{PD}_{110}=\frac{2\text{ 个原子}}{8R^2\sqrt{2}}=\frac{1}{4R^2\sqrt{2}} \tag{4.12}$$

金属塑性变形机制是滑移,在滑移过程中,线密度和面密度是重要的影响因素

(见9.4节)。滑移通常发生在原子排列最密集的晶面,或者沿着原子堆积最紧密的晶向。

4.17 密排晶体结构

金属

从金属晶体结构(见4.2节～4.4节)的讨论中我们知道,面心立方和密排六方晶体结构的致密度都是0.74,这是等尺寸的球或原子最有效的排列方式。除了用晶胞表示,这两种晶体结构也可以用原子的密排面来描述(即具有最大的原子或球堆积密度的平面);图4.23(a)展示了该平面的一部分。这两种晶体结构可以通过这些密排面依次堆垛而成;它们之间差异就在于堆垛顺序的不同。

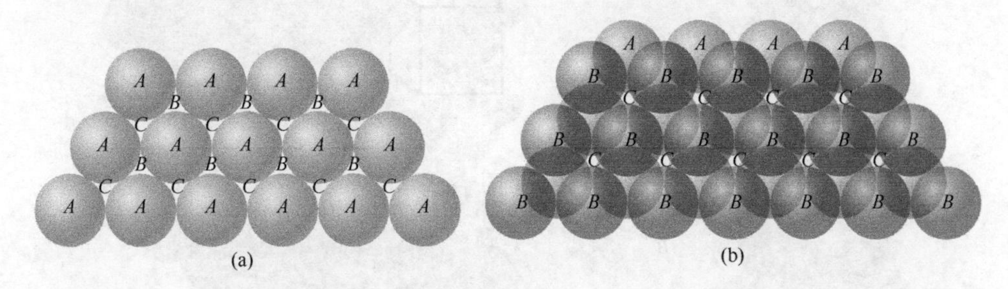

图4.23 (a) 部分原子密排面;A,B,C位置已标出。(b) 原子密排面的AB堆积顺序

我们把一个密排面上所有原子的中心标都记为A,在此密排面上存在2组等价的三角形空隙,这些空隙由3个相邻原子形成且下一层密排面上的原子可能停留在此空隙上。那些三角形顶点向上的空隙被标记为位置B,而三角形顶点向下的空隙被标记为位置C,如图4.23(a)所示。

第2个密排面上的原子可以放置在位置B或C上,此时这两种排列是等价的。如图4.23(b)所示,假设第2个密排面上的原子选择的是位置B,那么堆垛顺序被称为AB。面心立方(FCC)和密排六方(HCP)结构之间真正的区别在于第3个密排面是如何放置的。对于六方密排(HCP)结构,第3个密排面上原子的中心与原始位置A是对齐的,它的堆垛顺序是$ABABAB$…的重复排列。当然,$ACACAC$…的排列方式也是等价的。在密排六方(HCP)结构中这些密排面是(0001)晶面,这些晶面与晶胞之间的对应关系如图4.24所示。

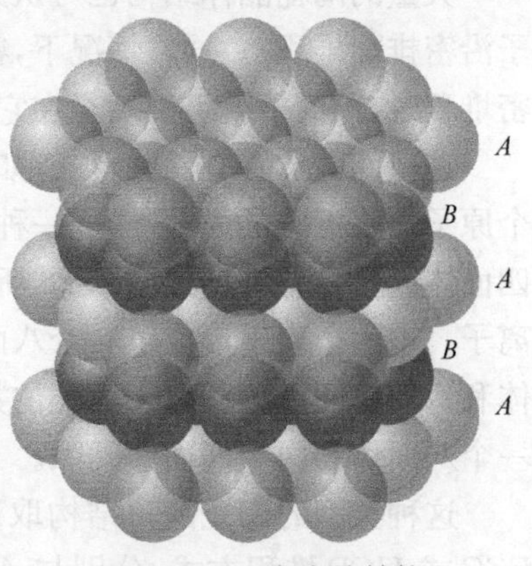

图4.24 六方密堆结构的密排面堆积顺序

对于面心立方(FCC)晶体结构,第3个密排面上原子的中心位于位置C(图4.25(a))。因

此产生一个 *ABCABCABC*…的堆垛顺序，即原子队列每 3 个平面重复一次。将这些密排面的堆垛方式与面心立方（FCC）晶胞联系在一起通常是比较困难的，图 4.25(b)给出了它们之间的关联。这些密排面都是(111)晶面，为了方便观察，在图 4.25(b)前面的左上方给出了一个面心立方（FCC）晶胞的轮廓图。这些面心立方（FCC）和密排六方（HCP）密排面的重要性将在第 9 章中进行讨论。

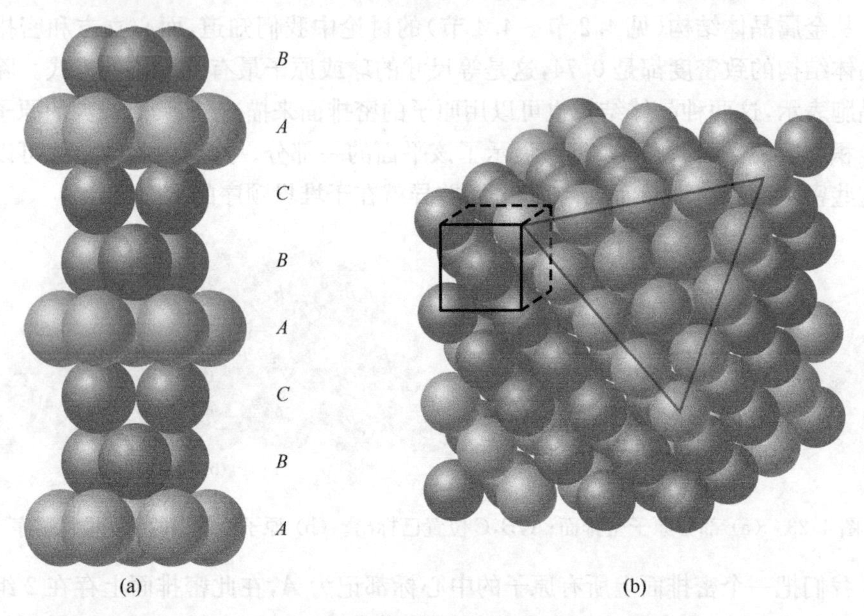

图 4.25 (a) 面心立方结构的密排面堆积顺序。(b) 原子密排面堆积于 FCC 晶体结构的关系，为方便显示，其中一个角已被移除

陶瓷

大量的陶瓷晶体结构也可认为是离子沿密排面堆积而成的（相对于金属由原子沿密排面堆积）。通常情况下，密排面由大的负离子组成。当这些晶面一层层紧密堆积时，阳离子就可以填充在它们形成的间隙位置上。

这些间隙位置有两种形式，如图 4.26 所示。四个原子（三个在同一晶面上，一个原子在临近的晶面上）围成一种类型，叫做四面体间隙，因为圆球中心连线构成四面体。另一种类型如图 4.26 所示，这种构型有六个离子，两个晶面上各有三个离子。这六个离子形成了一个八面体，这种结构称为八面体间隙。这样，填充四面体和八面体间隙的阳离子的配位数分别为 4 和 6。此外，对每一个阴离子，都存在一个八面体和两个四面体间隙。

这种类型的陶瓷晶体结构取决于两个因素：①密排阴离子层堆积（可以形成 FCC 或 HCP 堆积方式，分别与 *ABCABC*…和 *ABABAB*…排列顺序）；②阳离子填充间隙位置的方式。例如，考虑先前讨论过的氯化钠结构。晶胞是立方对称的，

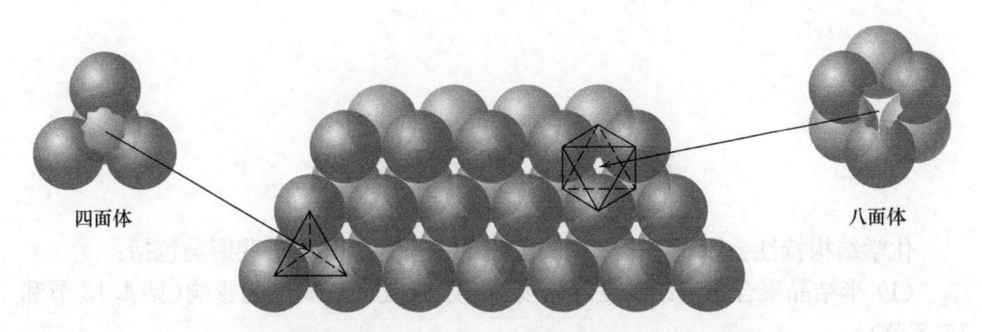

图 4.26 密排面堆积示意图。深色球体在上，浅色球在下，两个晶面间四面体和八面体间隙位置已指出

每个阳离子(Na^+)周围有六个最邻近的 Cl^- 阴离子，如图 4.5 所示。即 Na^+ 立方体位于中心，6 个最邻近的 Cl^- 占据立方体的面心位置。这种晶体结构包含立方晶系对称元素，属于阴离子占据{111}密排面的面心立方点阵。阳离子位于八面体间隙，因为它有最邻近的六个阴离子。此外，每个阴离子都产生一个八面体空位，且所有的八面体间隙都被填满，因此，阴离子和阳离子个数比为 1∶1。图 4.27 展示了这种晶体结构的晶胞和阴离子密排面堆积方式的关系。

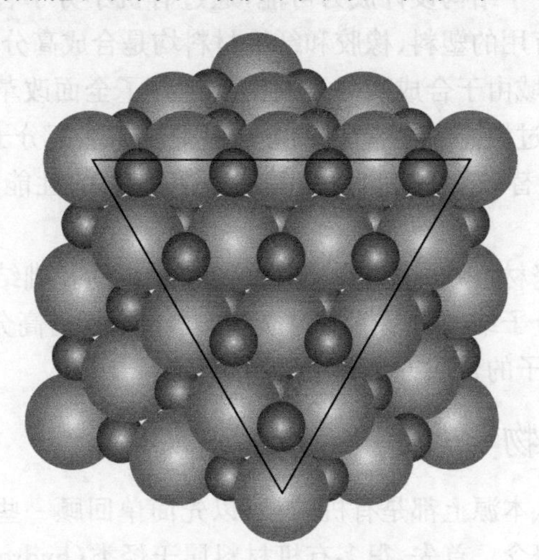

图 4.27 氯化钠晶体结构的一部分，其中一角已移除。阴离子(三角形中的大球)的暴露晶面为(111)面，阳离子(小球)占据八面体间隙位置

除此之外，其他一些陶瓷晶体结构也可以用相似的方式来处理，例如闪锌矿和钙钛矿结构。尖晶石结构属于 $A_mB_nX_p$ 类型，是在铝酸镁($MgAl_2O_4$)中发现的。这一结构中，O^{2-} 形成 FCC 点阵，Mg^{2+} 占据四面体间隙，Al^{3+} 占据八面体间隙。磁性陶瓷或铁氧体的晶体结构为尖晶石结构的变体，其磁化率受四面体和八面体间隙填充率的影响(见 21.5 节)。

第5章 高分子结构

化学结构特性会影响高分子材料的性能和行为。其中一些影响包括：

(1) 半结晶聚合物的结晶度对密度、硬度、强度和延展性的影响(见4.13节和15.8节)。

(2) 交联度对橡胶类物质的刚度的影响(见15.9节)。

(3) 高分子化学组成对熔化温度和玻璃化转变温度的影响(见15.14节)。

5.1 引言

来自植物和动物的天然高分子已经被人类运用了几个世纪，其中包括木材、橡胶、棉花、羊毛、皮革和丝绸。另外一些天然聚合物，比如蛋白质、酶、淀粉和纤维素，在动植物的生物过程和生理过程中都扮演了非常重要的角色。现有科学研究手段使这类材料的分子结构设计成为可能，通过有机小分子合成衍生出了大量的高分子。很多非常有用的塑料、橡胶和纤维材料均是合成高分子。事实上，自从二次大战结束，材料领域由于合成高分子的出现进行了全面改革。高分子的合成过程较为廉价，而且经过调控后，生产的高分子性能比天然高分子更优异。在一些领域，塑料已经部分代替了金属和木材，具有令人满意的性能之外还降低了生产成本。

就如金属和陶瓷材料一样，高分子的性能和材料的基础结构密切相关。本章主要探讨高分子的分子结构和晶体结构；第15章重点探讨高分子结构和性能的相互关系，并介绍高分子的合成方法和主要用途。

5.2 碳氢化合物

大多数高分子从本源上都是有机的，所以先简单回顾一些与高分子结构相关的有机化合物基本概念。首先，很多有机材料属于烃类(hydrocarbons)，也就是只有碳、氢元素组成。另外，它们的分子内结构通过共价键连接。每个碳原子有4个电子可以用于共价键连接，而每个氢原子只有1个电子可以用于共价键连接。每个单独的共价键包含分别来自两个原子的两个电子，如图2.12所示的一个甲烷分子中的共价键。双键和三键是指两个碳原子之间共用了2对或者3对电子。例如，在乙烯分子(分子式 C_2H_4)中，2个碳原子由双键连接，另外每个碳原子分别和2个氢原子连接，分子结构式如下：

$$\begin{array}{cc} H & H \\ | & | \\ C & = C \\ | & | \\ H & H \end{array}$$

其中,—,═分别代表单键和双键。在乙炔分子(C_2H_2)中存在三键:

$$H-C\equiv C-H$$

含有双键或者三键的分子称为不饱和分子(unsaturated)。也就是说,碳原子没有达到最大数目的键合(4 个),其他原子或者原子团还有机会通过不饱和键与碳原子结合。对于一个饱和(saturated)烃类,所有的原子连接都是单键形式,新的原子只能通过取代现有原子进入分子中。

一些简单烃类属于烷烃家族;链式烷烃分子包括甲烷(CH_4)、乙烷(C_2H_6)、丙烷(C_3H_8)和丁烷(C_4H_{10})。表 5.1 中显示了链烷烃分子的构成和分子结构。每个分子中的共价键结合都非常稳固,分子间的作用力是较弱的氢键和范德瓦耳斯力作用,因此这些烃类的熔点和沸点都相对较低。然而,随着分子量的增加,沸点不断升高(表 5.1)。

相同化学组成的烃类化合物具有不同的分子结构,称为同分异构体(isomerism)。例如,丁烷就有两种同分异构体。

表 5.1　一些烷烃的组成和分子结构 C_nH_{2n+2}

名称	组成	结构	沸点/℃
甲烷	CH_4	$\begin{array}{c} H \\ \vert \\ H-C-H \\ \vert \\ H \end{array}$	−164
乙烷	C_2H_6	$\begin{array}{cccc} & H & H & \\ & \vert & \vert & \\ H- & C- & C- & H \\ & \vert & \vert & \\ & H & H & \end{array}$	−88.6
丙烷	C_3H_8	$\begin{array}{ccccc} & H & H & H & \\ & \vert & \vert & \vert & \\ H- & C- & C- & C- & H \\ & \vert & \vert & \vert & \\ & H & H & H & \end{array}$	−42.1
丁烷	C_4H_{10}		−0.5
戊烷	C_5H_{12}		36.1
己烷	C_6H_{14}		69.0

正丁烷结构为

$$\begin{array}{ccccccc} & H & & H & & H & & H & \\ & | & & | & & | & & | & \\ H- & C & - & C & - & C & - & C & -H \\ & | & & | & & | & & | & \\ & H & & H & & H & & H & \end{array}$$

而异丁烷结构为

$$\begin{array}{ccccc} & & H & & \\ & & | & & \\ & H- & C & -H & \\ & H & | & H & \\ & | & | & | & \\ H- & C & -C- & C & -H \\ & | & | & | & \\ & H & H & H & \end{array}$$

一些烃类的物理特性会由于构象的不同而不同；例如正丁烷和异丁烷的沸点分别为－0.5℃和－12.3℃。

还有大量的其他有机官能团，很多都与聚合物的结构相关。表5.2中列出了一些常用官能团，其中R和R′表示的是有机官能团，如CH_3、C_2H_5和C_6H_5（甲基、乙基和苯基）。

表5.2　一些常见的碳氢化合物组分

种类	结构特征		代表化合物
醇类	$R-OH$	$\begin{array}{c} H \\ \vert \\ H-C-OH \\ \vert \\ H \end{array}$	甲醇
醚类	$R-O-R'$	$\begin{array}{ccc} H & & H \\ \vert & & \vert \\ H-C & -O- & C-H \\ \vert & & \vert \\ H & & H \end{array}$	甲醚
酸类	$R-C(=O)-OH$	$\begin{array}{c} H \\ \vert \\ H-C-C(=O)OH \\ \vert \\ H \end{array}$	乙酸
醛类	$\begin{array}{l} R \\ \quad C=O \\ H \end{array}$	$\begin{array}{l} H \\ \quad C=O \\ H \end{array}$	甲醛
芳香烃类[a]	C_6H_5-R	C_6H_5-OH	苯酚

a 表中（苯环）是苯基结构式的简写，苯基结构式为

$$\begin{array}{ccccc} & & | & & \\ H & & C & & H \\ & C & & C & \\ & \| & & | & \\ & C & & C & \\ H & & C & & H \\ & & | & & \\ & & H & & \end{array}$$

。

5.3　聚合物分子

相对于碳氢化合物，聚合物分子是巨大的；正是由于聚合物的分子尺寸，它们经常被称为大分子(macromolecules)。在每个分子中的原子均通过共价键连接。对于碳链聚合物，每个链的支撑是一根碳原子链。常见情况下，每个碳原子通过共价键与两边相邻的碳原子连接，用二维示意图表示如下：

$$-\overset{|}{\underset{|}{C}}-\overset{|}{\underset{|}{C}}-\overset{|}{\underset{|}{C}}-\overset{|}{\underset{|}{C}}-\overset{|}{\underset{|}{C}}-\overset{|}{\underset{|}{C}}-\overset{|}{\underset{|}{C}}-$$

每个碳原子都剩下两个价电子，因此原子或者自由基可以通过与这两个价电子结合加入碳链中。当然，原子或者自由基可以通过碳链两端或者中间碳的两个键与碳链连接。

构成这些长链分子的基本结构被称为重复单元(repeat units)，顾名思义就是这些结构在链中重复出现。单体(monomer)，是指在聚合物合成过程中的最小分子。因此，单体和重复单元是指不同的物质。然而，有时候会将重复单元表述为单体或者单体链节(monomer unit)。

5.4　聚合物分子的化学性质

再一次以乙烯(C_2H_4)为例，乙烯在常温常压下为气体，其分子结构如下图：

$$\overset{\displaystyle H\quad H}{\underset{\displaystyle H\quad H}{C=C}}$$

如果将乙烯气体置于适当条件下反应，便可聚合为聚乙烯(PE)(一种坚固的高分子材料)。当引发剂或者催化剂(R·)与乙烯单体之间形成活性中心，聚合反应过程由此开始，如下所示：

$$R\cdot + \overset{H\ \ H}{\underset{H\ \ H}{C=C}} \longrightarrow R-\overset{H}{\underset{H}{C}}-\overset{H}{\underset{H}{C}}\cdot \tag{5.1}$$

单体在链的活性位点处不断聚合，形成高分子链。活性位点(未配对电子)随着单体的聚合过程，不断转移至下一个聚合单体上。机理如下所示：

$$R-\overset{H}{\underset{H}{C}}-\overset{H}{\underset{H}{C}}\cdot + \overset{H\ \ H}{\underset{H\ \ H}{C=C}} \longrightarrow R-\overset{H}{\underset{H}{C}}-\overset{H}{\underset{H}{C}}-\overset{H}{\underset{H}{C}}-\overset{H}{\underset{H}{C}}\cdot \tag{5.2}$$

聚合了很多乙烯单体后，最终形成聚乙烯分子；部分分子结构和聚乙烯重复单元如图 5.1(a)所示。聚乙烯链的结构式可以如下表示：

$$\left(\begin{array}{cc} H & H \\ | & | \\ C & \!\!-\!\!\; C \\ | & | \\ H & H \end{array}\right)_n$$

或者是

$$\left(CH_2 - CH_2 \right)_n$$

括号中为重复单元结构式，n 表示重复单元个数。

真实聚乙烯分子中的相邻碳链夹角接近 109°，因此在图 5.1(a)表达式中的碳链夹角为 180°严格意义上是不正确的。在更为精确的三维模型中，碳原子是以锯齿形排列的(图 5.1(b))，其中 C—C 键的键长为 0.154nm。在本部分讨论中，聚合物分子的表达式均采用简单的直链模型(图 5.1(a))。

$$\begin{array}{cccccccc} H & H & H & H & H & H & H & H \\ | & | & | & | & | & | & | & | \\ -C- & -C- & -C- & -C- & -C- & -C- & -C- & -C- \\ | & | & | & | & | & | & | & | \\ H & H & H & H & H & H & H & H \end{array}$$

重复单元

(a)

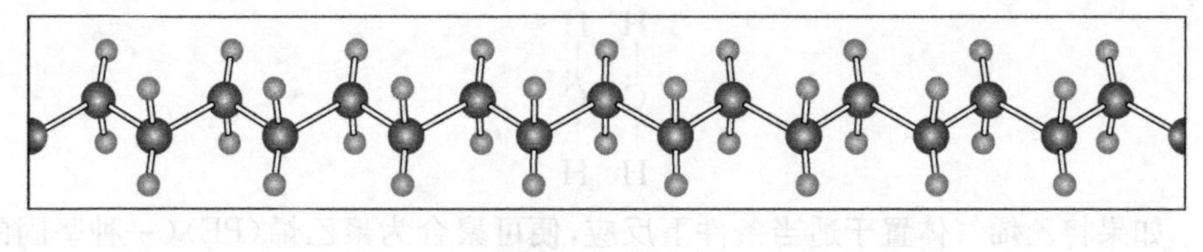

C H

(b)

图 5.1 以乙烯为例，(a) 图是重复单元和链结构的示意图，(b) 是分子结构立体图，凸显了碳链的锯齿状结构

当然，高分子的结构还可由其他化学方法合成。例如，四氟乙烯单体($CF_2=CF_2$)可以聚合称为聚四氟乙烯(polytetrafluoroethylene，PTFE)，合成过程如下：

$$n\left[\begin{array}{cc} F & F \\ | & | \\ C & \!\!=\!\! C \\ | & | \\ F & F \end{array}\right] \longrightarrow \left(\begin{array}{cc} F & F \\ | & | \\ C & \!\!-\!\! C \\ | & | \\ F & F \end{array}\right)_n \tag{5.3}$$

聚四氟乙烯(普遍称其为特氟龙)属于聚合碳氟化合物(fluorocarbons)族群。

氯乙烯单体($CH_2=CHCl$)，只要用Cl原子代替乙烯中的4个H原子之一就是其结构，如下所示：

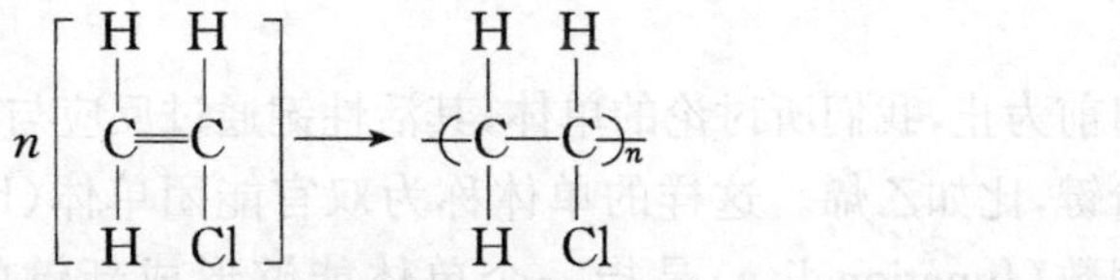

$$n\begin{bmatrix} H & & H \\ | & & | \\ C & = & C \\ | & & | \\ H & & Cl \end{bmatrix} \longrightarrow \left(\begin{matrix} H & & H \\ | & & | \\ C & - & C \\ | & & | \\ H & & Cl \end{matrix} \right)_n \tag{5.4}$$

用它可以合成另一种常用聚合物——聚氯乙烯[poly(vinyl chloride),PVC]。

高分子结构可以用如下的一般表达式表示：

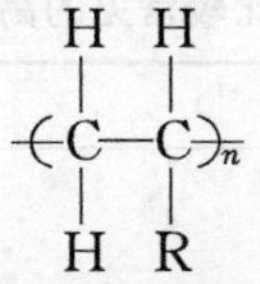

$$\left(\begin{matrix} H & & H \\ | & & | \\ C & - & C \\ | & & | \\ H & & R \end{matrix} \right)_n$$

其中，R可以表示一个原子(比如H或者Cl，就分别代表聚乙烯或者聚氯乙烯)或者一个有机基团(如甲基CH_3、乙基C_2H_5和苯基C_6H_5)。例如，当R为一个CH_3基团时，该高分子即为聚丙烯(polypropylene,PP)。图5.2为聚氯乙烯和聚丙烯链的结构图。表5.3列举了一些常用高分子的重复单元；其中一些高分子，如尼龙、聚酯、聚碳酸酯，相对结构复杂一些。

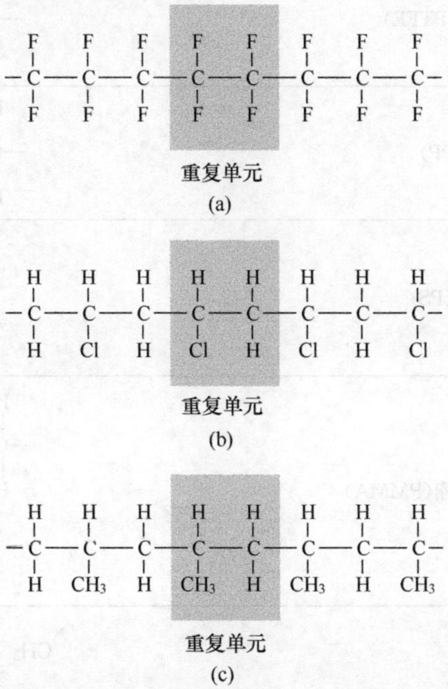

$$-\begin{matrix} F \\ | \\ C \\ | \\ F \end{matrix}-\begin{matrix} F \\ | \\ C \\ | \\ F \end{matrix}-\begin{matrix} F \\ | \\ C \\ | \\ F \end{matrix}-\begin{matrix} F \\ | \\ C \\ | \\ F \end{matrix}-\begin{matrix} F \\ | \\ C \\ | \\ F \end{matrix}-\begin{matrix} F \\ | \\ C \\ | \\ F \end{matrix}-\begin{matrix} F \\ | \\ C \\ | \\ F \end{matrix}-\begin{matrix} F \\ | \\ C \\ | \\ F \end{matrix}-$$

重复单元

(a)

$$-\begin{matrix} H \\ | \\ C \\ | \\ H \end{matrix}-\begin{matrix} H \\ | \\ C \\ | \\ Cl \end{matrix}-\begin{matrix} H \\ | \\ C \\ | \\ H \end{matrix}-\begin{matrix} H \\ | \\ C \\ | \\ Cl \end{matrix}-\begin{matrix} H \\ | \\ C \\ | \\ H \end{matrix}-\begin{matrix} H \\ | \\ C \\ | \\ Cl \end{matrix}-\begin{matrix} H \\ | \\ C \\ | \\ H \end{matrix}-\begin{matrix} H \\ | \\ C \\ | \\ Cl \end{matrix}-$$

重复单元

(b)

$$-\begin{matrix} H \\ | \\ C \\ | \\ H \end{matrix}-\begin{matrix} H \\ | \\ C \\ | \\ CH_3 \end{matrix}-\begin{matrix} H \\ | \\ C \\ | \\ H \end{matrix}-\begin{matrix} H \\ | \\ C \\ | \\ CH_3 \end{matrix}-\begin{matrix} H \\ | \\ C \\ | \\ H \end{matrix}-\begin{matrix} H \\ | \\ C \\ | \\ CH_3 \end{matrix}-\begin{matrix} H \\ | \\ C \\ | \\ H \end{matrix}-\begin{matrix} H \\ | \\ C \\ | \\ CH_3 \end{matrix}-$$

重复单元

(c)

图5.2　(a) 聚四氟乙烯、(b) 聚氯乙烯、(c) 聚丙烯的重复单元和链结构

当高分子链中所有重复单元为一种类型时,称其为均聚物(homopolymer)。高分子链中含有两种或两种以上重复单元,称其为共聚物(copolymers)(见 5.10 节)。

目前为止,我们所讨论的单体,其活性键通过反应与其他单体形成两个二维链式共价键,比如乙烯。这样的单体称为双官能团单体(bifunctional)。一般来说,官能团数(functionality)是指一个单体能够形成新键的数量。例如,酚醛单体(表 5.3)是三官能团单体(trifunctional);具有源自三维分子结构的 3 个活性键。

表 5.3　十种比较常见的高分子重复单元

高分子	重复单元
聚乙烯(PE)	H H —C—C— H H
聚氯乙烯(PVC)	H H —C—C H Cl
聚四氟乙烯(PTFE)	F F —C—C— F F
聚丙烯(PP)	H H —C—C— H CH_3
聚苯乙烯(PS)	H H —C—C H (苯环)
聚甲基丙烯酸甲酯(PMMA)	H CH_3 —C—C— H C=O O CH_3
酚醛树脂	OH CH_2 (苯环) CH_2 CH_2

续表

高分子	重复单元
聚己二酰己二胺(尼龙 6,6)	$-NH-[CH_2]_6-NH-C(=O)-[CH_2]_4-C(=O)-$
聚对苯二甲酸乙二酯(PET,聚酯)	$-C(=O)-C_6H_4^{a}-C(=O)-O-CH_2-CH_2-O-$
聚碳酸酯(PE)	$-O-C_6H_4^{a}-C(CH_3)_2-C_6H_4-O-C(=O)-$

a 骨架中 $-C_6H_4-$ 表示苯环,其结构为 $-C_6H_4-$(—C、C— 之间为 HC=CH 与 HC=CH 交替双键构成的六元环)。

5.5 分子量

具有长链结构的高分子,它们的分子量会非常大。在聚合过程中,高分子的分子链不会长得一样长,这就导致了链长度和分子量的分布不均匀。通常,我们用平均分子质量来表示,可以通过许多物理性质的测量来获得,如黏度和渗透压。

定义平均分子质量有许多种。数均分子质量$\overline{M}_n$是这样来确定的:首先按照链的尺寸范围将分子链分成不同的组,然后确定每组内链的数目所占的比例(图 5.3(a))。数均分子质量可以表示为

$$\overline{M}_n = \sum x_i M_i \tag{5.5a}$$

其中,M_i 表示的是链尺寸范围为 i 的组内的平均分子质量;x_i 是对应尺寸范围内链的数量占链的总数的分数。

质均分子质量 $\overline{M}_w$ 是按照不同尺寸范围内分子的质量分数来定义的(图 5.3(b))。可通过如下公式计算:

$$\overline{M}_n = \sum w_i M_i \tag{5.5b}$$

其中,M_i 表示某个尺寸范围内的分子的平均质量,而 w_i 表示相应尺寸范围内分子的质量分数。图 5.4 为典型的高分子质量分布图及两种平均分子质量的差异。

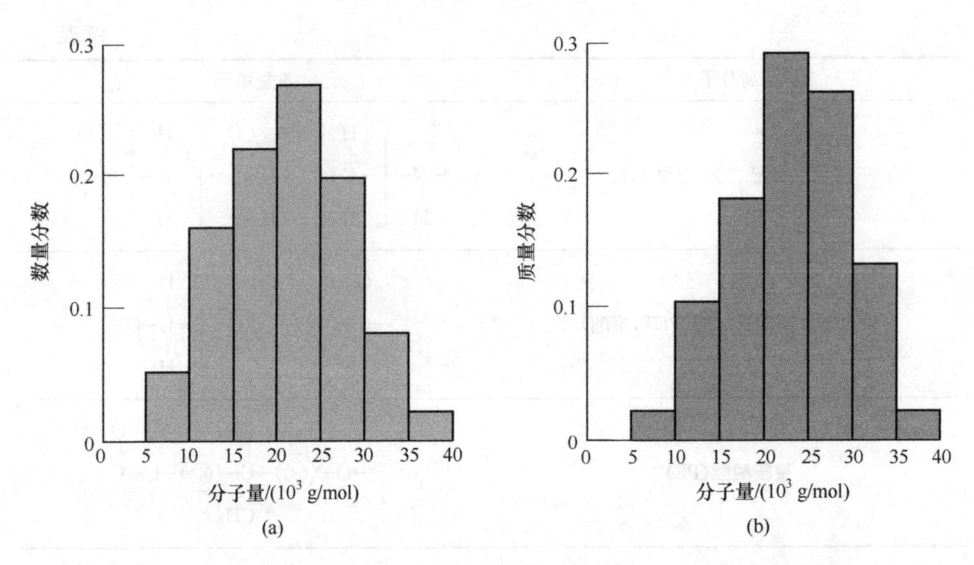

图 5.3　聚合物分子尺寸分布示意图(a) 按照数量分;(b) 按照质量分数分

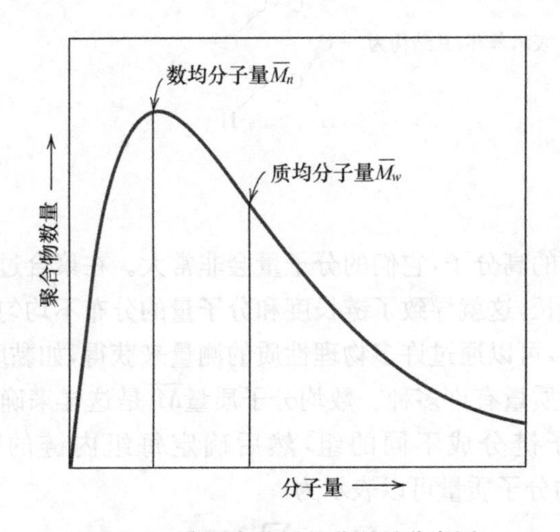

图 5.4　典型高分子的分子量分布图

还有一个表征高分子平均链尺寸参数是聚合度(degree of polymerization, DP),它表示链中重复单元的平均数目。DP 与数均分子质量$\overline{M}_n$有关,可以根据以下公式计算:

$$DP=\frac{\overline{M}_n}{m} \tag{5.6}$$

m 表示的是重复单元的分子质量。

许多聚合物的性能与聚合物链的长度有关。例如,熔化或软化温度随着分子质量的增加而升高($\overline{M}$ 高于 100000g/mol 时)。在室温下,超短链高分子(分子质量低于 100g/mol)通常以液态存在。分子量在 100g/mol 左右的高分子为蜡状固体(如石蜡)和软树脂状。在这些高分子当中,固态高分子(有时叫高聚物)是最受关注的,它们的分子量范围通常在 10000 和几百万 g/mol 之间。因此,即使是相同的高分子材料,如果分子量不同也会有完全不同的性能。其他与分子量密切相关的性质有弹性模量和强度(见第 15 章)。

5.6　分子链构型

以前,聚合物分子链都被认为是直链结构,而忽视了其骨架原子的锯齿状排列(图 5.1(b))。单键可以旋转并且可以在三维空间内发生弯曲。例如图 5.5(a)中的原子,第三个碳原子可以在与其他两个原子保持 109°键角的情况下,位于回转锥面的任意位置。当像图 5.5(b)那样继续添加原子时,会产生直链段。然而,当像图 5.5(c)那样,骨架原子旋转到其他位置时,链会弯曲或扭转。因此,当链上含有许多骨架原子时,会产生像图 5.6 中那样的构象,有大量的弯曲、扭曲和缠结。这幅图还说明高分子链两端的距离 r 远小于链的总长度。

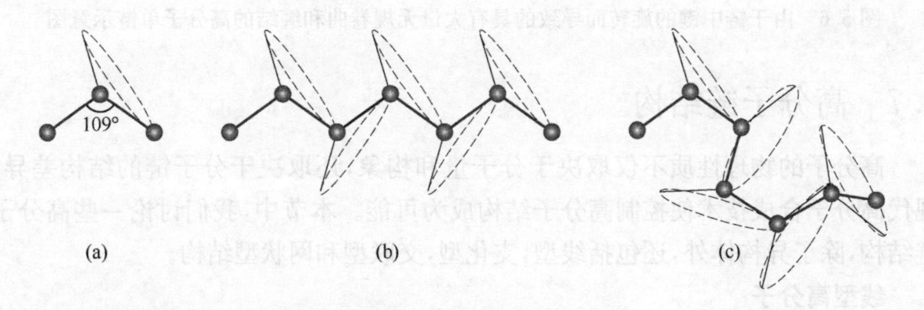

图 5.5　骨架碳原子(灰色圆球)如何影响高分子链形状示意图。(a)最右边的原子放置在虚线圆的任意位置,与其他两个原子形成的键角始终保持 109°。当骨架原子按照(b)和(c)中的位置放置原子时会产生直链段和折叠链段

高分子由大量分子链组成,每个分子链都可能如图 5.6 那样弯曲、卷曲和扭转。这就导致大量的链内的缠绕和链与链之间的缠结,就像一根严重打结的钓鱼线。这些无规卷曲和分子缠绕对高分子的很多重要特性都有影响,比如橡胶材料有很大的延展性。

高分子的一些力学性能和热性能表现为其链段在外力和热震动作用下发生旋转的能力。能否灵活的旋转取决于重复单元的结构和化学性质。例如,链段有双键时不能旋转。同样,引入庞大的侧基也会阻碍旋转运动。例如,聚苯乙烯分子,它有一个侧基为苯基(表 5.3),它比聚乙烯更难发生旋转。

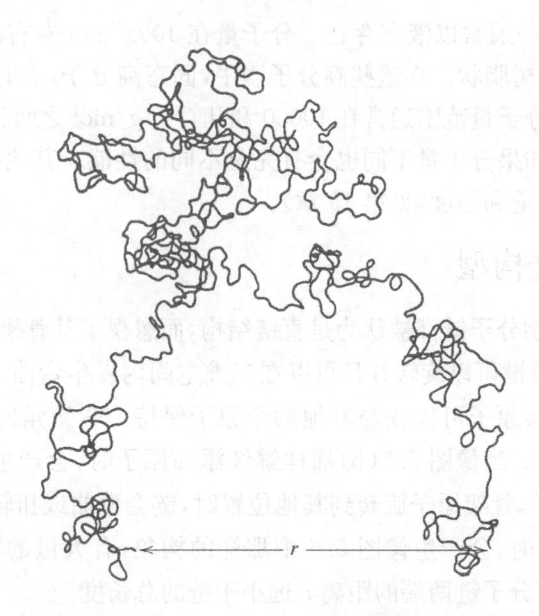

图 5.6　由于链中键的旋转而导致的具有大量无规卷曲和缠结的高分子单链示意图

5.7　高分子链结构

高分子的物理性质不仅取决于分子量和构象,还取决于分子链的结构差异。现代高分子合成技术使控制高分子结构成为可能。本节中,我们讨论一些高分子链结构,除了异构体外,还包括线型,支化型,交联型和网状型结构。

线型高分子

线型高分子(linear polymers)是指重复单元从头到尾连接在在一个链上的高分子。这些长链是柔性的,可以把它想象成一团“意大利面”,如图 5.7(a)所示,每一个圆圈代表一个重复单元。对于线型高分子,链与链之间存在大量的范德瓦耳斯键和氢键。常见的具有线型结构的高分子有聚乙烯、聚氯乙烯、聚苯乙烯、聚甲基丙烯酸甲酯、尼龙和碳氟化合物。

支化高分子

有时,高分子可以通过主链和侧链的连接形成,如图 5.7(b)所示;这些叫做支化高分子(branched polymers)。这些分支是主链的一部分,可以通过高分子合成中的一些副反应产生,链的堆积效率随着侧链的形成降低,最终导致高分子密度的降低。形成线型结构的高分子也可以发生支化。例如,高密度聚乙烯(HDPE)主要是线型高分子,而低密度聚乙烯包含短链分支。

交联高分子

在交联型高分子(crosslinked polymers)中,相邻的直链在不同的位置与另外

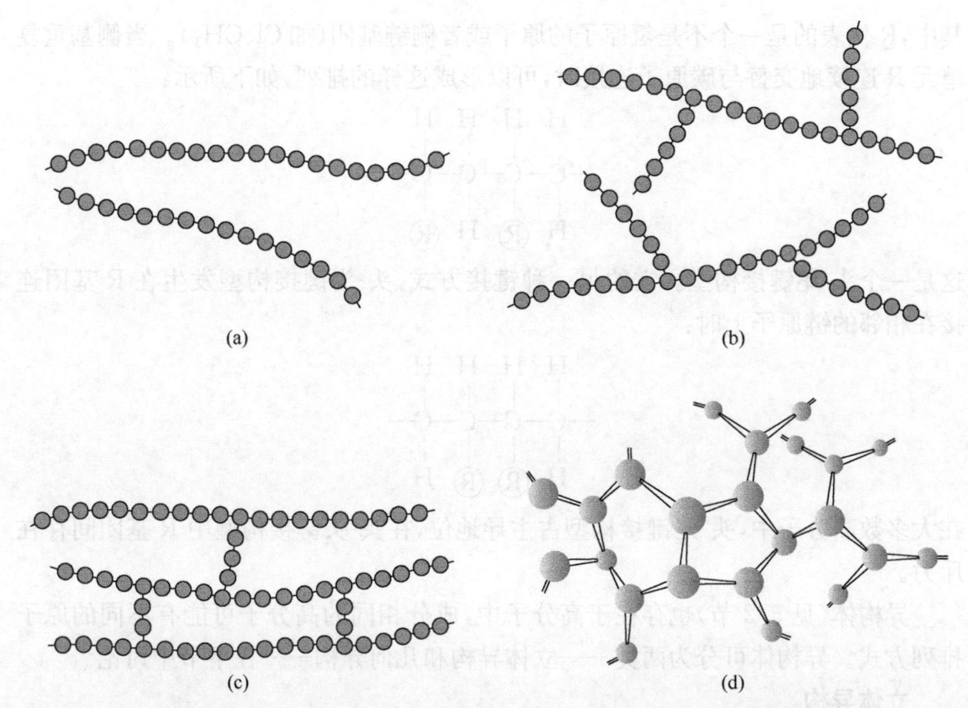

图 5.7 (a) 线型、(b) 支化、(c) 交联、(d) 网网状(三维)分子结构的示意图。圆圈表示重复单元

的链以共价键相连接,如图 5.7(c)所示。交联是在合成反应或者不可逆化学反应过程中形成的。通常,通过添加与链形成共价键原子或分子来完成。许多弹性橡胶材料是交联型的;在橡胶中,这叫做硫化,这部分内容将在 15.9 节讲述。

网状高分子

多功能单体可以形成三个或更多活性共价键,从而形成三维网状结构,称为网状高分子(network polymers)。实际上,具有较高交联度的高分子也可以认为是网状高分子。这些材料具有独特的力学性能和热性能;环氧树脂、氨纶和苯酚-甲醛都属于此类。

高分子通常不止有一种特定的结构类型。例如,一个线型为主的高分子也可以少量的分支和交联。

5.8 高分子构型

对于在主链上连有多于一个侧链原子或者原子基团的高分子,侧基的规律性和对称性对于性能有显著性的影响。例如重复单元:

```
  H  H
  |  |
—C——C—
  |  |
  H  Ⓡ
```

其中，R 代表的是一个不是氢原子的原子或者侧链基团（如 Cl、CH_3）。当侧基重复单元 R 连续地交替与碳原子连接时，可以形成这样的排列，如下所示：

```
  H   H   H   H
  |   |   |   |
—C—C—C—C—
  |   |   |   |
  H  Ⓡ  H  Ⓡ
```

这是一个头-尾键接构型。它的另一种键接方式，头-头键接构型发生在 R 基团连接在相邻的链原子上时：

```
  H   H   H   H
  |   |   |   |
—C—C—C—C—
  |   |   |   |
  H  Ⓡ  Ⓡ  H
```

在大多数高分子中，头-尾键接构型占主导地位，在头-头键接构型中 R 基团间存在斥力。

异构体（见 5.2 节）也存在于高分子中，成分相同的高分子可能有不同的原子排列方式。异构体可分为两类——立体异构和几何异构——在下节中讨论。

立体异构

立体异构（stereoisomerism）指的是原子按照同样的顺序相连（头-尾）但空间结构不同的情况，对于立体异构体，所有的 R 基团都位于链的同侧，如下所示：

```
Ⓡ H Ⓡ H Ⓡ H Ⓡ H Ⓡ H
 C     C     C     C     C
    C     C     C     C
   H H   H H   H H   H H
```

这叫做全同立构（isotactic configuration）。这个图表示的是碳链原子的锯齿状排列，而且，三维几何结构的表示是很重要的，如用楔形键表示；实楔形键表示指向面外的键，虚楔形键表示指向面内的键。

在间同立构（syndiotactic configuration）中，R 取代链不同侧：

```
Ⓡ H H ⓇⓇ H H ⓇⓇ H
 C     C     C     C     C
    C     C     C     C
   H H   H H   H H   H H
```

或者无规排布。

这称为无规立构（atactic configuration）。

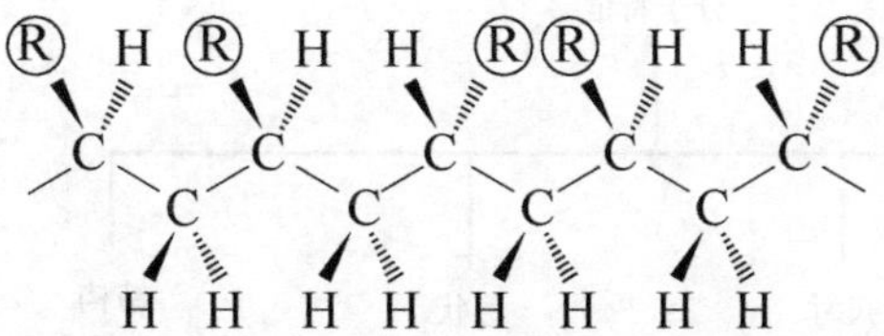

Ⓡ H Ⓡ H H ⓇⓇ H H Ⓡ
C C C C C
C C C C
H H H H H H H H

一种立体异构向另一种立体异构的转变(如全同立构到间同立构)通过单键的简单旋转是不可能的。这些键必须先断开,然后经过适当的旋转,再进行重组。

事实上,一个特定的高分子不只有一种立体异构,主要为哪种形式取决于合成方法。

几何异构

其他重要的链构型,或者几何异构体,其重复单元中可能存在碳碳双键。在双键中,与每个碳原子相连的基团都是侧基,它们可能位于链的同侧,也可能位于异侧。以异戊二烯重复单元的结构为例:

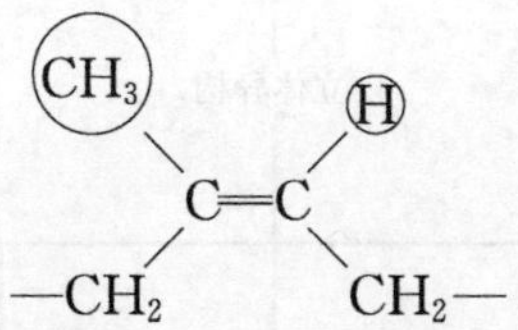

CH_3　Ⓗ
C=C
$—CH_2$　$CH_2—$

CH_3基团和 H 原子位于双键的同侧,称为顺式结构(cis structure),产生的高分子为顺式聚异戊二烯,为天然橡胶。其异构体为

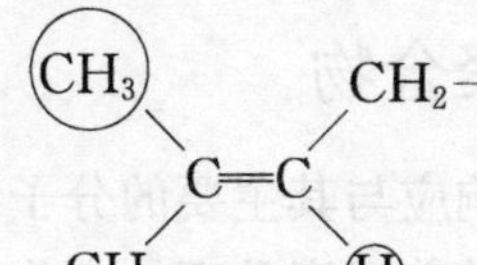

CH_3　$CH_2—$
C=C
$—CH_2$　Ⓗ

是反式结构(trans structure),CH_3 和 H 在双键两侧。反式聚甲基丁二烯,有时被称为杜仲橡胶。由于构型改变,它有着与天然橡胶完全不同的性能。反式向顺式的转变,不可能通过简单的化学键旋转实现,反之亦然,因为双键非常牢固。

总结前面的内容:高分子可以根据它们的尺寸、形状和结构这些特征分类。分子尺寸由分子质量来表征(或者是聚合度)。分子形状和链的扭转、缠绕和弯曲有关。分子结构取决于结构单元连接方式。除了形成几种异构构型(全同立构、间同立构、无规立构、顺式和反式异构)外,还可能形成线型、支化型、交联型和网状型结构。这些分子特性都在图 5.8 中的分类图中。请注意,这些结构元素不是互相排斥的,可能需要从多个方面来判断分子结构。例如,一个线型高分子也可能是全同立构。

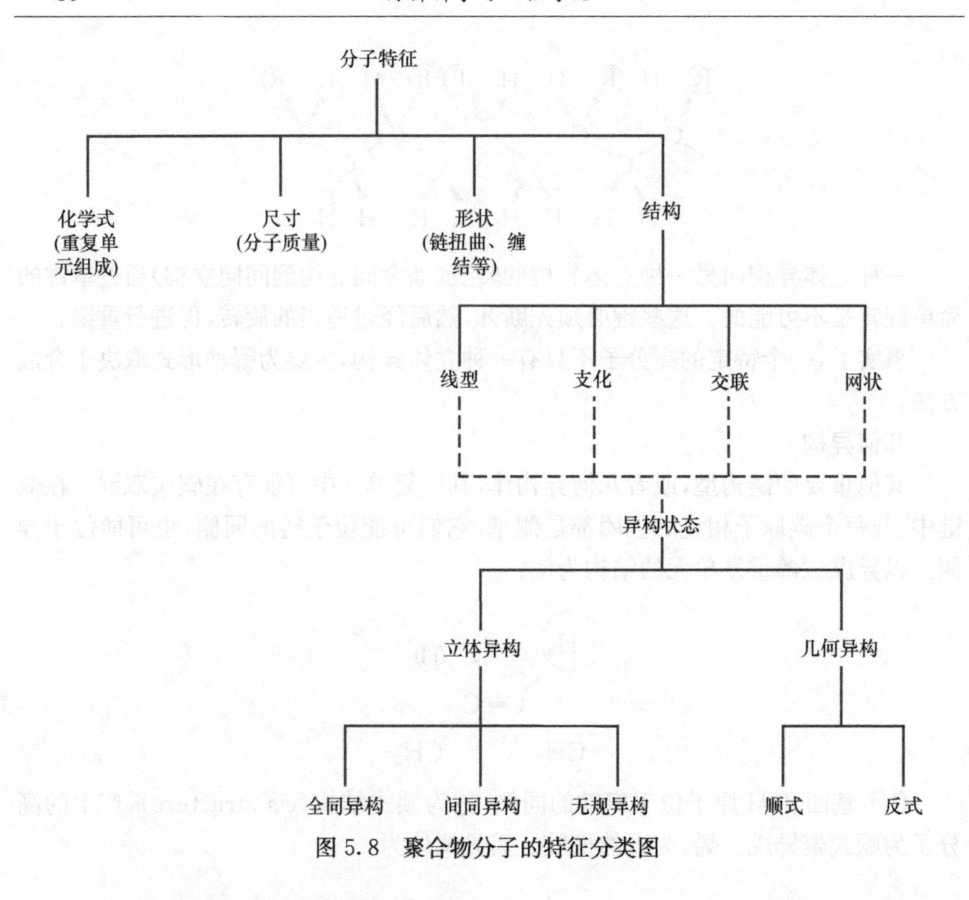

图 5.8 聚合物分子的特征分类图

5.9 热塑性和热固性聚合物

高温下高分子对机械力的响应与其主要的分子结构有关。实际上，这些材料的分类方式之一就是根据性能随着温度升高的变化决定的。热塑体(thermoplastics，或热塑性高分子)和热固体(thermosets，或热固性高分子)就是这样两个分类。热塑性材料加热时软化(最终熔化)，冷却时变硬，是完全的可逆过程并且可以重复。在分子水平上，温度升高，次价键力会消失(因为分子运动加剧)，外力施加时，相邻链会发生相对运动。当熔融的热塑性高分子升到过高的温度，就会发生不可逆转的变化。热塑性材料相对柔软，大多数线型高分子和有支化结构的柔性分子链材料是热塑性材料。加工这些材料时通常采用同时施加热和力的方法(见 17.14 节)。常见的热塑性高分子包括聚乙烯、聚苯乙烯、聚对苯二甲酸乙二酯和聚氯乙烯。

热固性高分子是网状高分子。它们在成型过程中永久变硬，加热不会软化。网状高分子相邻的分子链间以共价键连接。热处理过程中，链上的键连在一起，在高温下阻碍链的振动和旋转。因此，加热时材料不会软化。这种高分子通常存在交联，有 10%～50%的重复单元是交联的。只有加热到超高温度才会发生交联键断裂和高分子降解。热固性高分子通常比热塑性材料有更高的硬度和强度。大多数交联型网状高分子，包括硫化橡胶、环氧树脂、酚醛树脂和一些聚酯树脂都是热固性材料。

5.10　共聚物

高分子化学家和科学家正在不断寻找既容易合成和加工且经济廉价，又有比之前讲述的均聚物更加突出的性能或组合性能的新型材料。共聚物便是这样一类材料。

以由两个重复单元(分别以●和▲表示)组成的共聚物为例，如图 5.9 所示。有可能产生不同的排列顺序，这取决于聚合反应过程。第一，如图 5.9(a)所示，两个不同单元沿链随机分布，称为无规共聚物(random copolymer)。对于交替共聚物(alternating copolymer)，正如其名，两个重复单元在链上交替排列，如图 5.9(b)所示。嵌段共聚物(block copolymer)是指相同的重复单元沿链集中堆积

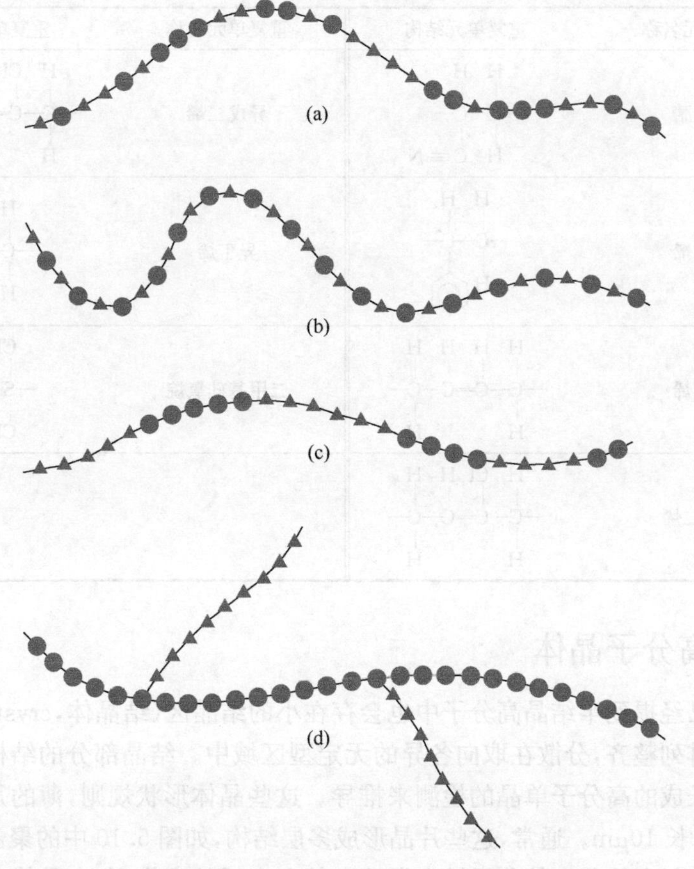

图 5.9　(a) 无规、(b) 交替、(c) 嵌段、(d) 接枝共聚物示意图。两种不同的重复单元分别用●和▲表示

(图 5.9(c))。最后一种均聚物的侧枝嫁接到重复单元不同的其他均聚物的主链上,这样的一种材料叫做接枝共聚物(graft copolymer)(图 5.9(d))。

计算共聚物的聚合度时,式(5.6)中的 m 值被平均值 $\overline{m}$ 取代,由下式计算:

$$\overline{m}=\sum f_j m_j \tag{5.7}$$

其中,f_j 和 m_j 分别表示聚合物链中重复单元的百分数和分子量。

合成橡胶将在 15.16 节讨论,通常是共聚物。表 5.4 中列出了一些橡胶中常用的重复单元化学式。丁苯橡胶(SBR)是一种常见的无规共聚物,汽车轮胎通常使用这种材料。丁腈橡胶(NBR)是另外一种无规共聚物,由丙烯腈和丁二烯组成。它除了弹性大之外,在有机溶剂中不会溶胀;汽油软管就是由 NBR 制造的。冲击性改进聚苯乙烯是嵌段共聚物,嵌段由交替的苯乙烯和乙二烯组成。异戊二烯橡胶可以起到减缓材料中裂纹扩展的作用。

表 5.4　用于橡胶共聚物的重复单元

重复单元名称	重复单元结构	重复单元名称	重复单元结构
丙烯腈	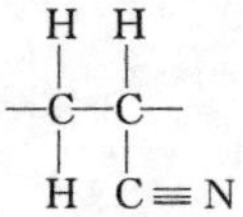 H　H —C—C— H　C≡N	异戊二烯	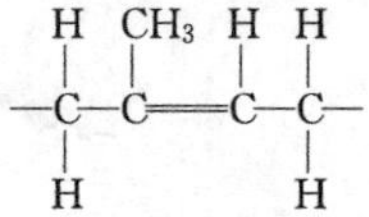 H　CH_3　H　H —C—C═C—C— H　　　　　H
苯乙烯	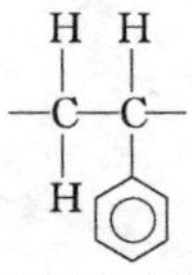 H　H —C—C— H　(苯环)	异丁烯	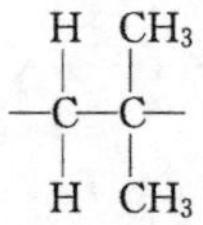 H　CH_3 —C—C— H　CH_3
丁二烯	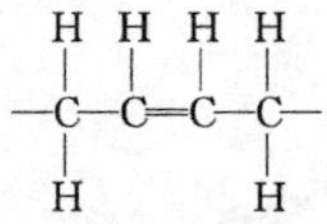 H　H　H　H —C—C═C—C— H　　　　　H	二甲基硅氧烷	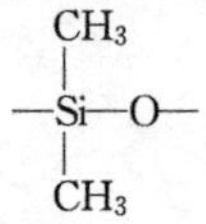 CH_3 —Si—O— CH_3
氯丁二烯	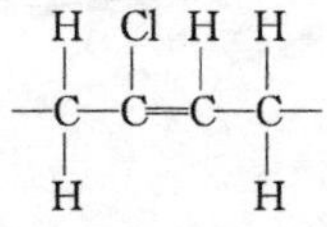 H　Cl　H　H —C—C═C—C— H　　　　　H		

5.11　高分子晶体

前面已经提到半结晶高分子中也会存在小的结晶区(结晶体,crystallites),每个区域都排列整齐,分散在取向各异的无定型区域中。结晶部分的结构可通过在稀溶液中长成的高分子单晶的检测来推导。这些晶体形状规则,薄的片晶大约厚 10～20nm,长 10μm。通常,这些片晶形成多层结构,如图 5.10 中的聚乙烯单晶的电镜照片。每个片晶上的分子链自发地向前和向后整齐排列,在晶体表面形成褶皱;这种结构,称为链折叠模型(chain-folded model),如图 5.11 所示。每一个片晶包含大量的分子，但平均链长度远远大于片晶的厚度。

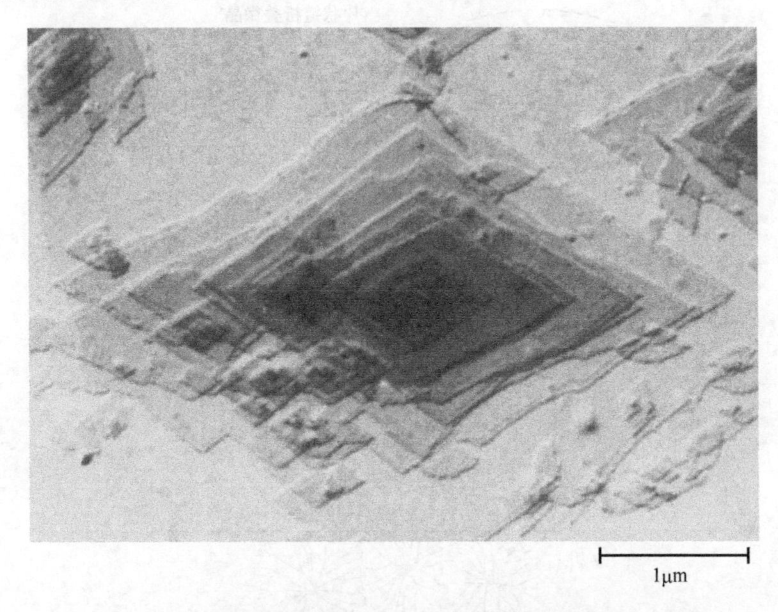

图 5.10　聚乙烯单晶的电子显微镜图。20000×

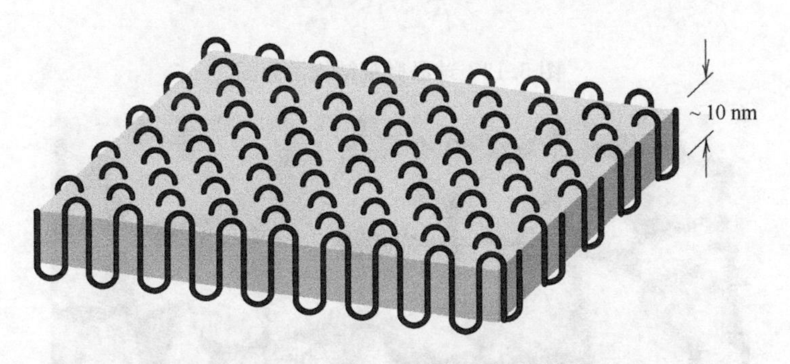

图 5.11　高分子片晶的链折叠结构

许多从熔融状态结晶出的大块高分子是半结晶体，并形成球晶结构(spherulite structure)。正如它的名称一样，每个球晶都会长成球形从中心位置向外辐射的带状链折叠微晶(片晶)集合而成。球晶的详细结构如图 5.12 所示。这里展示的是由无定形材料分离出来的单个链折叠片状晶体。系带分子(tie-chain molecules)贯穿无定形区域，可以起到连接邻近片晶的作用。

随着球晶结晶化的完成，相邻球晶的末端开始相互接触，形成或多或少的界面；在此之前，它们保持球晶的形状。图 5.13 可以明显地看到这些边界，这是聚乙烯使用正交偏振光得到的显微图像。每个球晶上出现特有的马耳他十字图案。球晶图像中的带或环是由片晶的扭转产生的，它们像缎带一样从中心延伸。

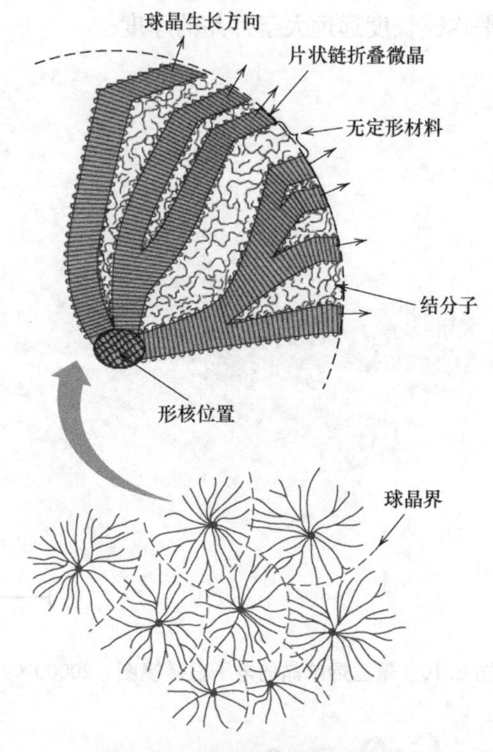

图 5.12 球晶微观结构示意图

图 5.13 聚乙烯球晶的透射电镜图像(使用正交偏振光)。相邻的球晶间形成线型边界，每一个球晶都有马耳他十字。525×

与多晶中的晶粒被认为是金属和陶瓷一样，球晶被认为是聚合物。但正如前面讨论的，每个球晶实际是由许多不同的片晶和无定形材料组成的。当从熔融状态结晶时，聚乙烯、聚丙烯、聚氯乙烯、聚四氟乙烯和尼龙可以形成球晶结构。

第6章　晶体缺陷

缺陷将显著影响一些材料的性质。了解缺陷的类型及其对材料性质影响所起的作用是很重要的。例如，将纯金属合金化(即加入杂质原子)后，其力学性质将发生明显的改变，如黄铜(70%的铜和30%的锌)的硬度和强度比纯铜好很多(见9.9节)。

此外，在半导体材料中极小的局部区域实现特定杂质浓度控制，是集成电路微电子设备能够在电脑、计算器和家用电器中广泛应用的关键因素。(见19.11节和19.15节)。

6.1　引言

目前为止，我们一直都假设在原子尺度上晶体材料的排列是非常完美的。然而，这样理想的固体是不存在的；实际的固体中都含有大量不同的缺陷(imperfections)。事实上，材料的许多性质对缺陷极其敏感；缺陷的作用并不总是不利的，有时有意地引入可控数量的特定缺陷有助于实现材料性质的提升，这些内容将在接下来的章节中进行详细的讨论。

晶体缺陷(crystalline defect)是指在晶格中存在一维或多维原子尺度大小的不规则排列。晶体缺陷通常是根据缺陷的几何形状和维度进行分类。本章将讨论几种不同类型的晶体缺陷，包括点缺陷(与一个或两个原子位置相关)、线缺陷(或一维缺陷)、面缺陷或界面(它们都是二维缺陷)。我们也将讨论固体中的杂质，因为杂质原子也可能以点缺陷存在。

点缺陷

6.2　空位和自间隙原子

空位(vacancy)或空点阵位置是最简单的点缺陷(point defects)，它是指本该占据晶格位置上的原子缺失(图6.1)。事实上，所有的晶体都包含空位，并且我们不可能创造出没有空位的材料。用热力学原理可以解释空位存在的必然性；本质上，空位的存在增加了晶体的熵值(即混乱度)。

对于给定数量的材料(通常是每立方米)，平衡空位数 N_v 取决于温度且随着温度的增加而增加，具体公式如下：

$$N_v = N\exp\left(-\frac{Q_v}{kT}\right) \tag{6.1}$$

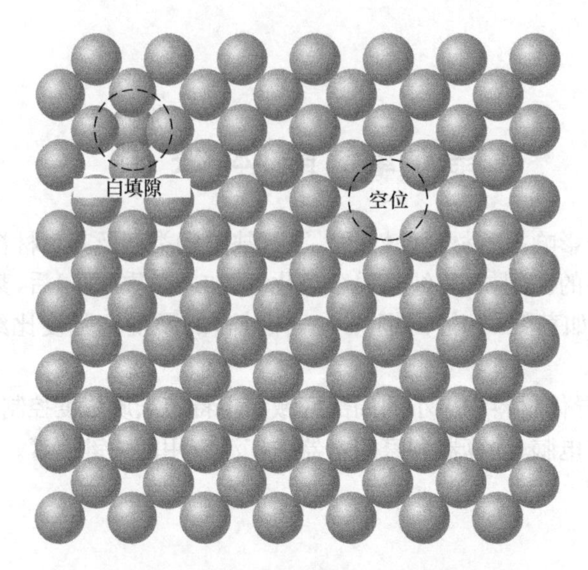

图 6.1 空位和自填隙的平面示意图

在这个表达式中，N 是原子占位总数(最常用的是每立方米)；Q_v 是形成空位所需的能量(单位为 J/mol 或 eV/atom)；T 是绝对温度(单位：K)；k 是气体常量或玻耳兹曼常量(Boltzmann's constant)。根据 Q_v 单位的不同，k 值为 1.38×10^{-23} J/atom·K 或 8.62×10^{-5} eV/atom·K。因此，空位的数量随温度的增加呈指数增长，即在式(6.1)中，当 T 增加时，$\exp(-Q_v/kT)$ 也增加。对于大多数金属，空位所占的百分比 N_v/N 在低于熔化温度下约为 10^{-4}，即在 10000 个点阵位置中有一个是空的。随后的讨论表明，材料的许多其他参数随温度的变化也呈类似式(6.1)的指数增长。

自间隙原子(self-interstitial atom)是来自晶体内部的原子挤入到间隙位置(interstitial site)形成的，这些间隙位置是小的空隙，在通常情况下是不被占据的。图 6.1 展示了这种缺陷。在金属中，由于间隙原子尺寸远远大于它所要占据的间隙位置，自间隙原子会引起周围晶格产生相对较大的扭曲。因此，自间隙缺陷形成概率不是很高，它的浓度非常低，且明显低于空位浓度。

6.3 陶瓷中的点缺陷

原子点缺陷

包括基体原子的原子缺陷也可能存在于陶瓷化合物中。与金属一样，空位和间隙原子都是可能存在的；然而，由于陶瓷材料包含至少两类离子，就会出现针对于每种类型离子的缺陷。例如，在 NaCl 中，可能存在 Na 的间隙离子和空位以及 Cl 的间隙离子和空位。需要指出的是，阴离子空位的浓度不会很大。阴离子体积相对较大，当填充小的间隙时，会对周围离子产生非常大的力。图6.2为阴离子和阳离子空位以及阳离子间隙示意图。

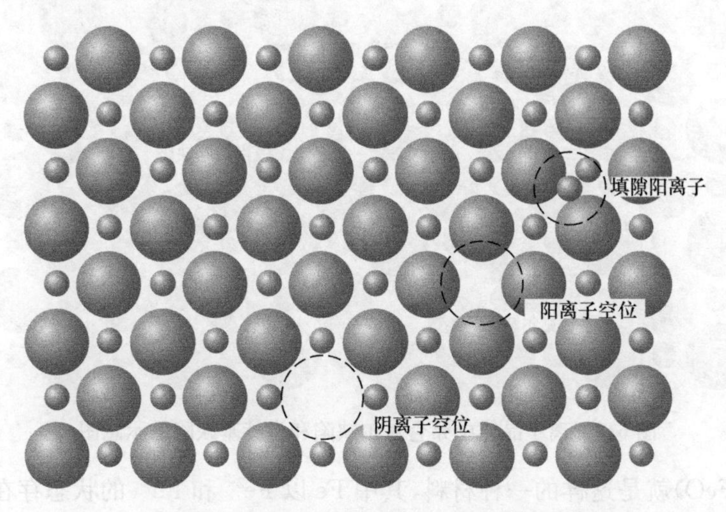

图6.2 阳离子和阴离子空位以及阳离子间隙的示意图

缺陷组织(defect structure)一词常用来指陶瓷材料中原子缺陷的类型和浓度。由于原子是以带电离子形式存在的，当考虑缺陷组织时，必须维持材料的电中性。电中性(electroneutrality)是离子所带的正电荷与负电荷相等的状态。因此，陶瓷中的缺陷不会单独出现。例如它会以阳离子空位和阳离子间隙对的形式存在。这种缺陷类型称为弗仑克尔缺陷(Frenkel defect)(图6.3)。它可以认为是阳离子离开其平衡位置，进入间隙位置形成的。阳离子成为间隙离子时仍然保持其正电荷，所以电荷没有发生变化。

在AX型材料中发现的另一种缺陷是一个阳离子空位和一个阴离子空位形成空位对，这种缺陷称为肖特基缺陷(Schottky defect)，如图6.3所示。这种缺陷是通过在晶体内部同时移动一个阳离子和一个阴离子，然后，将它们迁移到晶体表面而产生的。阳离子上负电荷大小等于在阴离子上正电荷大小，且每个阴离子空位都会对应一个阳离子空位，所以晶体仍然保持电中性。

阳离子和阴离子的比例并没有因为形成弗仑克尔或肖特基缺陷而改变。在没有其他缺陷出现的情况下，材料是按照化学计量关系配比的。这种化学计量关系(stoichiometry)是指离子化合物中，阳离子和阴离子的比例严格按照化学式配比的一种状态。例如，如果 Na^+ 和 Cl^- 是严格按照1∶1的比例，那么NaCl就是按照化学计量的。如果阳离子和阴离子的比例存在偏差，那么陶瓷化合物就是非化学计量的(nonstoichiometric)。

非化学计量可能出现在一种离子含有两种不同价态的陶瓷材料中。氧化铁

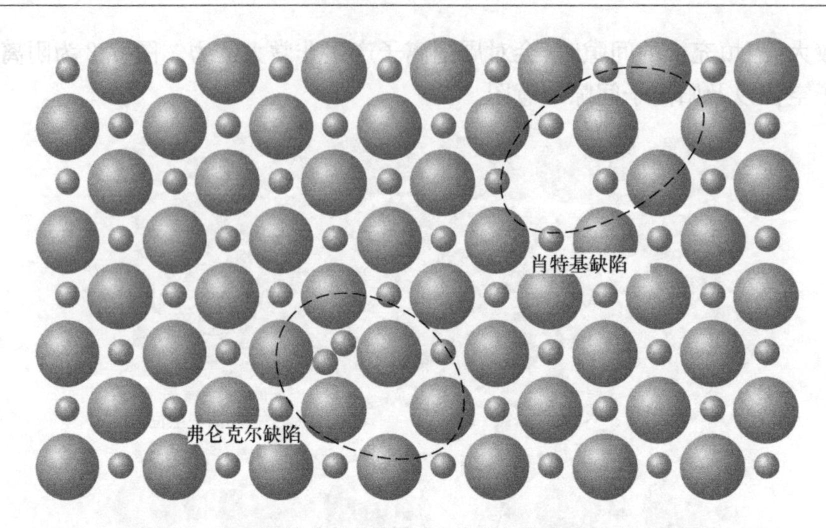

图 6.3　离子晶体中弗仑克尔缺陷和肖特基缺陷的示意图

(方铁矿,FeO)就是这样的一种材料,其中 Fe 以 Fe^{2+} 和 Fe^{3+} 的状态存在;每种类型离子的数量取决于温度和周围环境中氧的分压。Fe^{3+} 的形成引入了额外的 +1 正电荷,破坏了晶体的电中性,这必须通过某种类型的缺陷来抵消。例如,可以通过形成两个 Fe^{3+} 则产生一个 Fe^{2+} 空位(移除两个正电荷)的形成来实现(图 6.4)。这样一来晶体就不再是化学计量的,因为 O 离子比 Fe 离子多了一个;但是,晶体仍然是电中性的。在氧化铁中这一现象是很常见的,事实上,它的化学式经常被写为 $Fe_{1-x}O$(x 是略小于 1 的可变分数)以表示由于铁的缺失,它是非化学计量的。

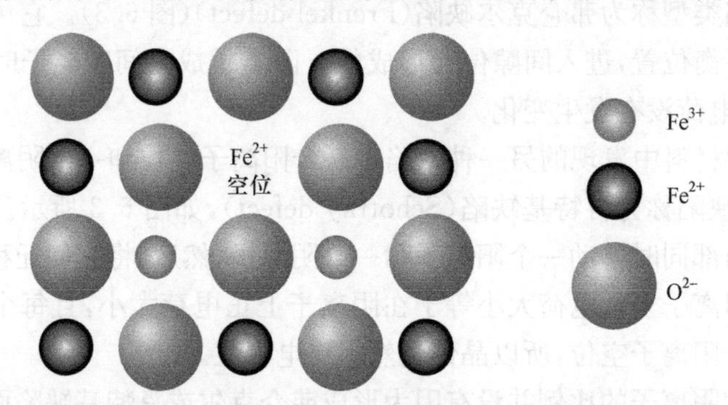

图 6.4　FeO 中形成两个 Fe^{3+} 导致一个 Fe^{2+} 空位的示意图

平衡状态下,陶瓷中的弗仑克尔缺陷和肖特基缺陷的数目也会随温度的升高而增加,类似于金属中的空位数(式(6.1))。对于弗仑克尔缺陷,阳离子空位/阳离子间隙缺陷对的数目(N_{fr})也取决于温度,可以根据下面的表达式计算:

$$N_{fr} = N\exp(-Q_{fr}/2kT) \tag{6.2}$$

这里,Q_{fr} 为形成一个弗仑克尔缺陷所需要的能量,N 为总的晶格格点数。(正如之前所讨论的，K 和 T 分别表示玻尔兹曼常量和绝对温度。）系数 2 是指数项的分母，因为每个弗仑克尔缺陷会产生两个缺陷（阳离子空位和阳离子间隙）。

对于肖特基缺陷做类似的处理，在 AX 型化合物中，平衡数目（N_s）是温度的函数：

$$N_s = N \exp(-Q_s/2KT) \tag{6.3}$$

Q_s 表示形成一个肖特基缺陷需要的能量。

6.4 固体中的杂质

金属中的杂质

只由一种原子组成的纯金属实际上是不存在的，里面或多或少有一些杂质或外来原子。有些杂质有时会以点缺陷的形式存在。事实上，即使使用相对精细的方法，金属的纯度也很难提炼超过 99.9999%。在这个纯度水平上，每立方米的材料中存在约 10^{22} 到 10^{23} 个杂质原子。大部分我们熟悉的金属都不是高纯的，而是以合金（alloys）的形式存在。在合金中人们往往有意地加入杂质原子以赋予材料一些特殊性质。通常，金属的合金化能提高其力学强度和耐腐蚀性能。例如，标准纯银是由 92.5%的银与 7.5%的铜形成的合金。在正常的外界环境下，纯银的耐腐蚀性很高，但也很软，通过与铜形成合金之后，在没有大幅度降低耐腐蚀性的情况下能显著提高其力学强度。

根据杂质的种类、浓度和合金化温度的不同，往金属中添加杂质原子会形成固溶体（solid solution）或新的第二相。本章的讨论只涉及固溶体的概念；新相的形成将在第 11 章中进行讨论。

一些与杂质和固溶体有关的术语需要在此先提及下。关于合金，溶质和溶剂是常用的术语。溶剂是存在量大的元素或化合物；有时，溶剂原子也被称为基体原子（host atoms）。相对应地，溶质是用来表示存在浓度较小的元素或化合物。

固溶体

当溶质原子加入到基体材料中后，如果晶体结构保持不变且没有出现新的结构，那么就会形成固溶体。或许通过类比液体溶液可以帮助理解固溶体。如果将两个互溶的液体（如水和酒精）倒在一起，那么分子之间混合形成溶液，溶液的组成是均匀的。固溶体的组分也是均匀的，其中杂质原子随机均匀地分布在固体中。

固溶体中的杂质点缺陷主要有两种类型：置换型（substitutional）和间隙型（interstitial）。对于置换固溶体，溶质或杂质原子取代基体原子（图 6.5）。溶质和溶剂原子的一些特性决定了前者在后者中的溶解度。这些可以概括为休姆-罗瑟里定则（Hume-Rothery rules），具体如下：

(1) 原子尺寸因素。当溶质和溶剂原子之间半径差小于±15%时，就会有大量的溶质原子溶于该溶剂中形成固溶体。否则，溶质原子将造成大量的点阵畸变导致新相形成。

(2) 晶体结构。对于固溶度较大的固溶体，溶质和溶剂原子的晶体结构必须相同。

(3) 电负性。两种元素的电负性差越大，则它们越易于形成金属间化合物而不是置换固溶体。

(4) 化合价。在其他因素相同的条件下，与化合价低的溶质金属相比，溶剂金属更倾向于溶解化合价高的溶质金属。

铜和镍就是形成置换固溶体的一个典型例子。这两种元素能以任意比例完全互溶。关于上述提及的控制溶解度的规律，铜和镍的原子半径分别是 0.128 和 0.125nm；且两者都是面心立方晶体结构；它们的电负性分别是 1.9 和 1.8（图 2.9）。最后，铜最常见的化合价是+1 价（虽然有时是+2 价），而镍是+2 价。

对于间隙固溶体，杂质原子填充在基体原子间的空隙或间隙位置（图 6.5）。对于面心立方（FCC）和体心立方（BCC）晶体结构，有两种间隙位置，分别为四面体间隙（tetrahedral）和八面体间隙（octahedral），这两种间隙位置可通过最近邻的原子数目（即配位数）来区分。四面体间隙位置的配位数是 4；将周围基体原子的中心连线形成一个四面体。八面体间隙位置，其配位数为 6；通过连接这 6 个原子的中心形成一个八面体。对于面心立方（FCC）晶体结构，有两种类型的八面体间隙位置，点坐标为 $\left(0\frac{1}{2}1\right)$ 和 $\left(\frac{1}{2}\frac{1}{2}\frac{1}{2}\right)$。四面体间隙位置只有一种，点坐标为 $\left(\frac{1}{4}\frac{3}{4}\frac{1}{4}\right)$。图 6.6(a)标出了面心立方（FCC）晶胞内这些点的位置。在体心立方（BCC）晶体结构中，八面体间隙位置和四面体间隙位置都只有一种类型。点坐标

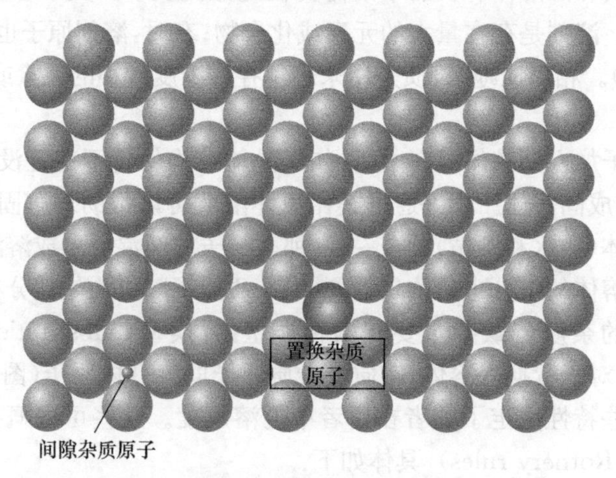

图 6.5　置换和间隙杂质原子平面示意图

如下：八面体间隙位置$\left(\frac{1}{2}10\right)$，四面体间隙位置$\left(1\ \frac{1}{2}\frac{1}{4}\right)$。图 6.6(b)给出了体心立方(BCC)晶胞中这些点的位置。

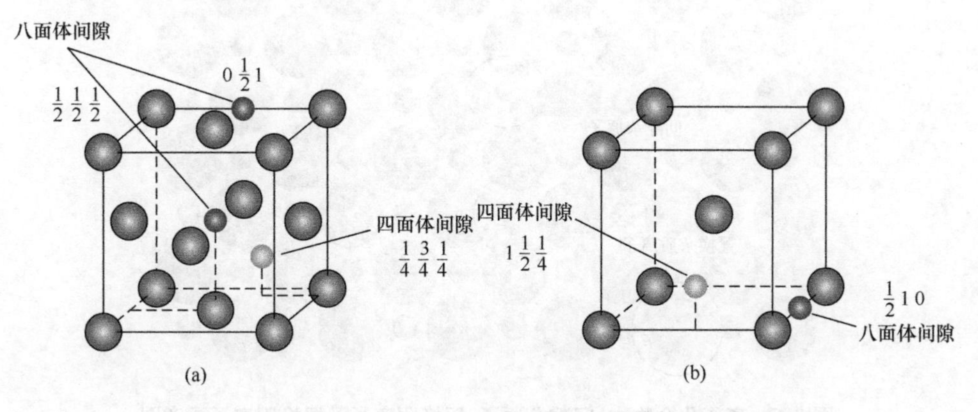

图 6.6 (a) FCC 和(b) BCC 晶胞中四面体和八面体间隙位置

金属材料具有相对较高的致密度，这意味着这些间隙位置相对较小。因此，间隙杂质原子的直径必须远小于基体原子的直径。通常，间隙杂质原子的最大允许浓度较低(小于 10%)。即使是非常小的杂质原子通常也比间隙位置大，因此，它们使相邻的基体原子之间产生晶格畸变。可以根据基体原子的半径 R 来计算杂质的原子半径 r；该半径为 r 的杂质原子进入体心立方(BCC)和面心立方(FCC)的四面体间隙位置和八面体间隙位置而不造成任何晶格畸变。

碳添加到铁中时会形成间隙固溶体，其中碳的最大浓度约为 2%。碳的原子半径(0.071nm)远小于铁的原子半径(0.124nm)。

陶瓷中的杂质

杂质原子能够像在金属中一样在陶瓷材料中形成固溶体。置换固溶体和间隙固溶体都有可能形成。对于间隙固溶体，杂质的离子半径必须远小于阴离子半径。由于材料中既有阳离子又有阴离子，杂质离子会置换与它的电性质最接近的基体离子：也就是说，如果杂质离子在陶瓷材料中形成阳离子，那么此杂质离子将置换溶剂阳离子。例如在氯化钠中，杂质 Ca^{2+} 离子和 O^{2-} 离子将分别替代 Na^{+} 离子和 Cl^{-} 离子。图 6.7 是间隙和置换杂质阳离子和阴离子的示意图。要达到最大固溶度，置换杂质离子的离子半径和所带电荷必须与其中一种溶质离子非常相近或相同。如果杂质离子所带电荷与所置换的基体离子不同，为了保持整体的电中性，晶体必须对这种电荷差别进行补偿。一种补偿方法就是前面讨论过的形成点阵缺陷——空位或两个离子间隙。

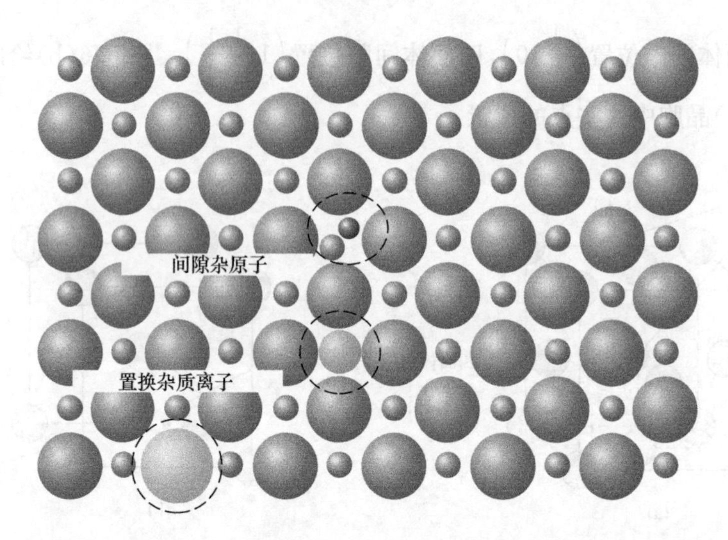

图 6.7　离子化合物中，间隙杂原子、置换阴离子及置换阳离子示意图

6.5　高分子的点缺陷

高分子中的链状大分子和结晶状态导致高分子中点缺陷的概念不同于金属和陶瓷。在高分子材料的结晶区我们也发现了类似于金属中的点缺陷；这些点缺陷包括空位、间隙原子和离子。链端也被认为是缺陷，因为它和正常的链单元在化学上是不同的。空位也和链端有关系（图 6.8）。而且，一些从晶体中裸露出来的高

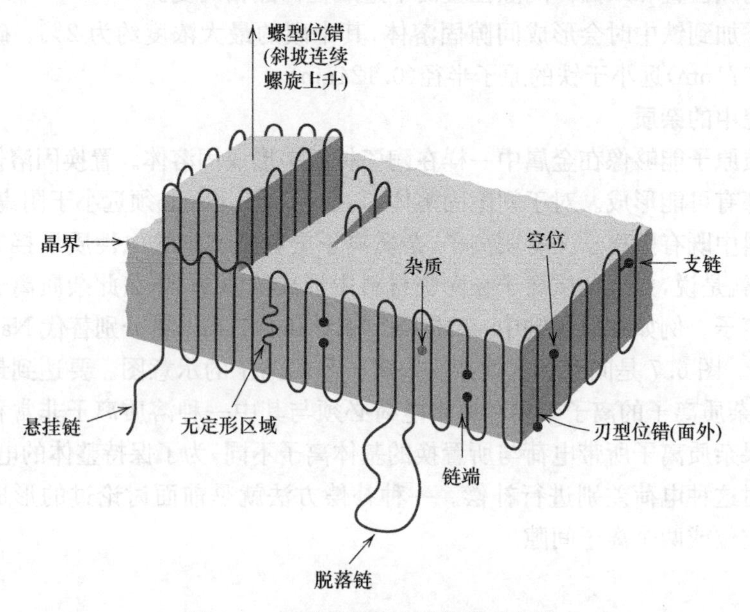

图 6.8　高分子晶体中的缺陷示意图

分子支链或链段也会产生额外的缺陷。一个链节会从聚合物晶体中脱落，重新接到另外的点上，制造一个环或者作为系带分子进入另外的晶体中(图 5.12)。高分子晶体中还存在螺型位错(图 6.8)。杂质原子/离子或者原子/离子基团可以作为间隙原子进入分子结构中，它们也可能作为短的侧链与主链相连。

除此之外，链折叠层的表面(图 5.12)被认为是面缺陷，因为它是两个相邻晶体区域的边界。

6.6　组分的说明

根据合金的组成元素来表示其组分(或浓度)是非常必要的。最常用的两种确定物质构成的是质量百分比和原子百分比。质量百分比(weight percent，wt%)是一种特定元素的重量占合金总重量的百分比。对于一种合金，假设它包含两种原子，这两种原子分别标为 1 和 2，元素 1 的浓度用质量百分比表示为 C_1，并定义为

$$C_1=\frac{m_1}{m_1+m_2}\times 100 \tag{6.4}$$

其中，m_1 和 m_2 分别表示元素 1 和 2 的重量(或质量)。元素 2 的浓度也用类似的方式进行计算。

原子百分比(atom percent，at%)的计算是一种元素的物质的量占合金中元素总物质的量的百分比。在给定元素质量的前提下，假设元素 1 的物质的量为 n_{m1}，则计算如下：

$$n_{m1}=\frac{m_1'}{A_1} \tag{6.5}$$

其中，m_1'和 A_1 分别表示元素 1 的质量(单位是 g)和原子量。

在含元素 1 和元素 2 的合金中，元素 1 的浓度 C_1'用原子百分比的表示方法可以定义为

$$C_1'=\frac{n_{m1}}{n_{m1}+n_{m2}}\times 100 \tag{6.6}$$

同样的，元素 2 的原子百分比也通过相同的方法来确定。

原子百分比也可以利用原子数而不是物质的量进行计算，因为 1mol 任何物质所包含的原子数相同。

组分转换

有时将一种组分表示方法转换成另一种表示方法是非常必要的。例如，将质量百分比转化为原子百分比。接下来我们将根据假设的元素 1 和 2 来列出这种转化的表达式。利用之前讨论中的规定(即 C_1 和 C_2 表示质量百分比，C_1'和 C_2'表示原子百分比，A_1 和 A_2 表示原子量)，这些转换的表达式如下：

$$C_1'=\frac{C_1A_2}{C_1A_2+C_2A_1}\times 100 \tag{6.7a}$$

$$C_2'=\frac{C_2A_1}{C_1A_2+C_2A_1}\times 100 \tag{6.7b}$$

$$C_1=\frac{C_1'A_1}{C_1'A_1+C_2'A_2}\times 100 \tag{6.8a}$$

$$C_2=\frac{C_2'A_2}{C_1'A_1+C_2'A_2}\times 100 \tag{6.8b}$$

因为我们只考虑两个元素的情况，所以当它满足

$$C_1+C_2=100 \tag{6.9a}$$

$$C_1'+C_2'=100 \tag{6.9b}$$

上述公式中的计算可以简化。

此外，有时需要将材料中一个组分的浓度从质量百分比转换为密度（即将单位从 wt%转化 kg/m^3）；后者通常用于扩散计算（见 7.3 节）。这里的浓度通常用两撇来表示（即 C_1''和 C_2''），相关的公式如下：

$$C_1''=\left(\frac{C_1}{\frac{C_1}{\rho_1}+\frac{C_2}{\rho_2}}\right)\times 10^3 \tag{6.10a}$$

$$C_2''=\left(\frac{C_2}{\frac{C_1}{\rho_1}+\frac{C_2}{\rho_2}}\right)\times 10^3 \tag{6.10b}$$

密度 ρ 的单位是 g/cm^3，这些公式得到的 C_1''和 C_2''单位是 kg/m^3。

此外，有时我们希望根据给定物质的质量百分比或原子百分比来确定二元合金的密度和原子量。如果我们用 ρ_{ave}和 A_{ave}分别表示合金的密度和原子量，则有

$$\rho_{ave}=\frac{100}{\frac{C_1}{\rho_1}+\frac{C_2}{\rho_2}} \tag{6.11a}$$

$$\rho_{ave}=\frac{C_1'A_1+C_2'A_2}{\frac{C_1'A_1}{\rho_1}+\frac{C_2'A_2}{\rho_2}} \tag{6.11b}$$

$$A_{ave}=\frac{100}{\frac{C_1}{A_1}+\frac{C_2}{A_2}} \tag{6.12a}$$

$$A_{ave}=\frac{C_1'A_1+C_2'A_2}{100} \tag{6.12b}$$

需要注意的是，式(6.10)和式(6.12)有时候不是很精确。在它们的推导过程中，我们假设合金的总体积正好等于单个元素的体积之和。但大多数合金在通常

情况不符合该假设；然而，这却是一个合理有效的假设，因为它在计算稀溶液和组成范围内的固溶体时不会产生明显的误差。

其他缺陷

6.7 位错——线缺陷

位错(dislocation)是一种线缺陷或一维缺陷，其周围的原子产生错排。图 6.9 展示了一种位错类型：其中有一个额外的原子面(或半平面)，其边缘在晶体内部终止。这种位错称为“刃型位错”(edge dislocation)。该线缺陷集中在半原子面的边缘线上，这条线称为位错线(dislocation line)。在图 6.9 的刃型位错中，位错线垂直于纸面。在位错线周围的区域内会产生局部的晶格畸变。在图 6.9 中，位错线以上的原子被挤压在一起，位错线以下的原子被拉开；这反映在为绕开这个额外的半原子面，垂直原子面产生了轻微的弯曲。畸变程度随着与位错线的距离增大而减小；在距离位错线很远的位置，晶格几乎是完美的。有时，会用符号“⊥”表示图 6.9 中的刃型位错，该符号同时也表明了位错线的位置。刃型位错也可以通过位于晶体底部的额外半原子面来形成，它用“⊤”来标记。

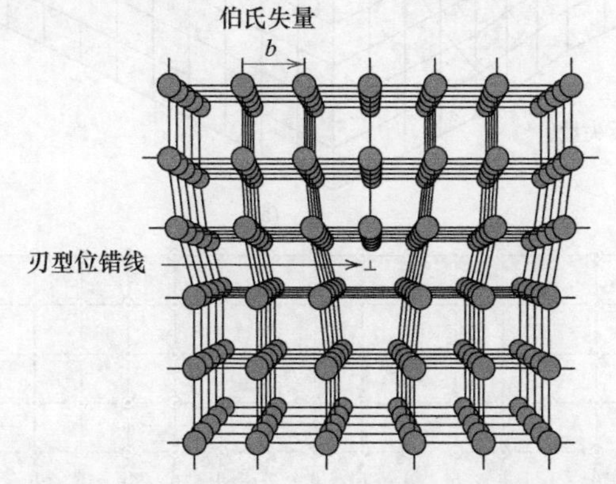

图 6.9 刃型位错周围的原子位置；从透视图可看到额外半原子面

另一种位错类型称为“螺型位错”(screw dislocation)，可以认为是通过施加切应力产生了如图 6.10(a)中的晶格畸变：晶体的前上方区域相对底部向右旋转了一个原子距离。与螺型位错相关的原子畸变也是线性的且沿着位错线，如图 6.10(b)中的 AB 线。螺型位错的名字来源于其螺旋路径或沿着原子面在位错线周围的螺旋前进。有时，用符号“↻”来表示螺型位错。

在晶体材料中发现的大多数位错既不是纯的刃型位错也不是纯的螺旋位错，而是包含这两种位错，称为混合型位错(mixed dislocations)。图 6.11 展示了这三种类型的位错；这种远离两个表面处产生的晶格畸变是混合的，具有不同程度的刃型位错和螺旋位错的特征。

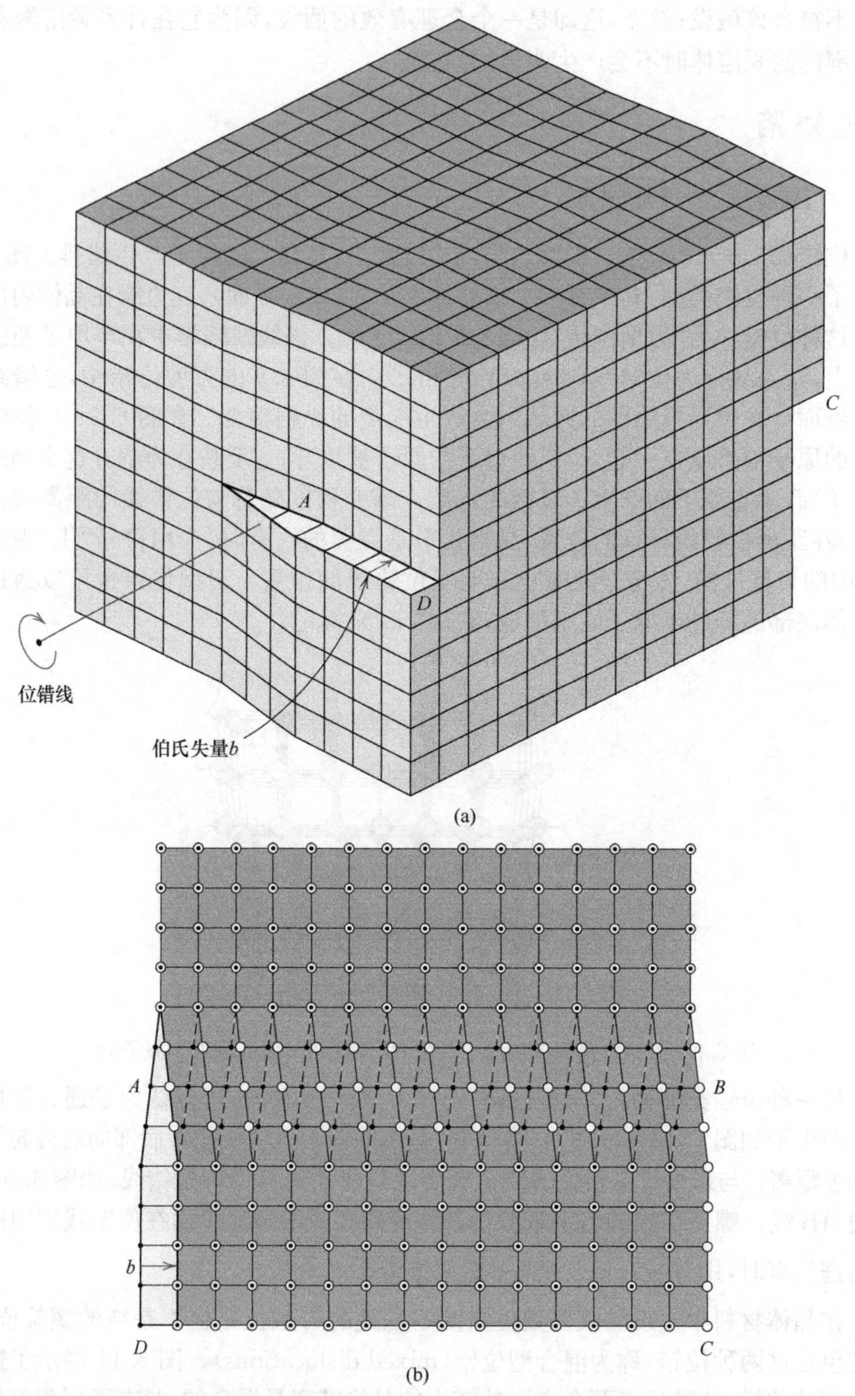

图 6.10　(a)是晶体中的螺型位错。(b)是(a)中螺型位错的俯视图。位错线沿 AB 延伸。滑移面上方的原子位置由空心圆标出，下方的原子位置由实心圆标出

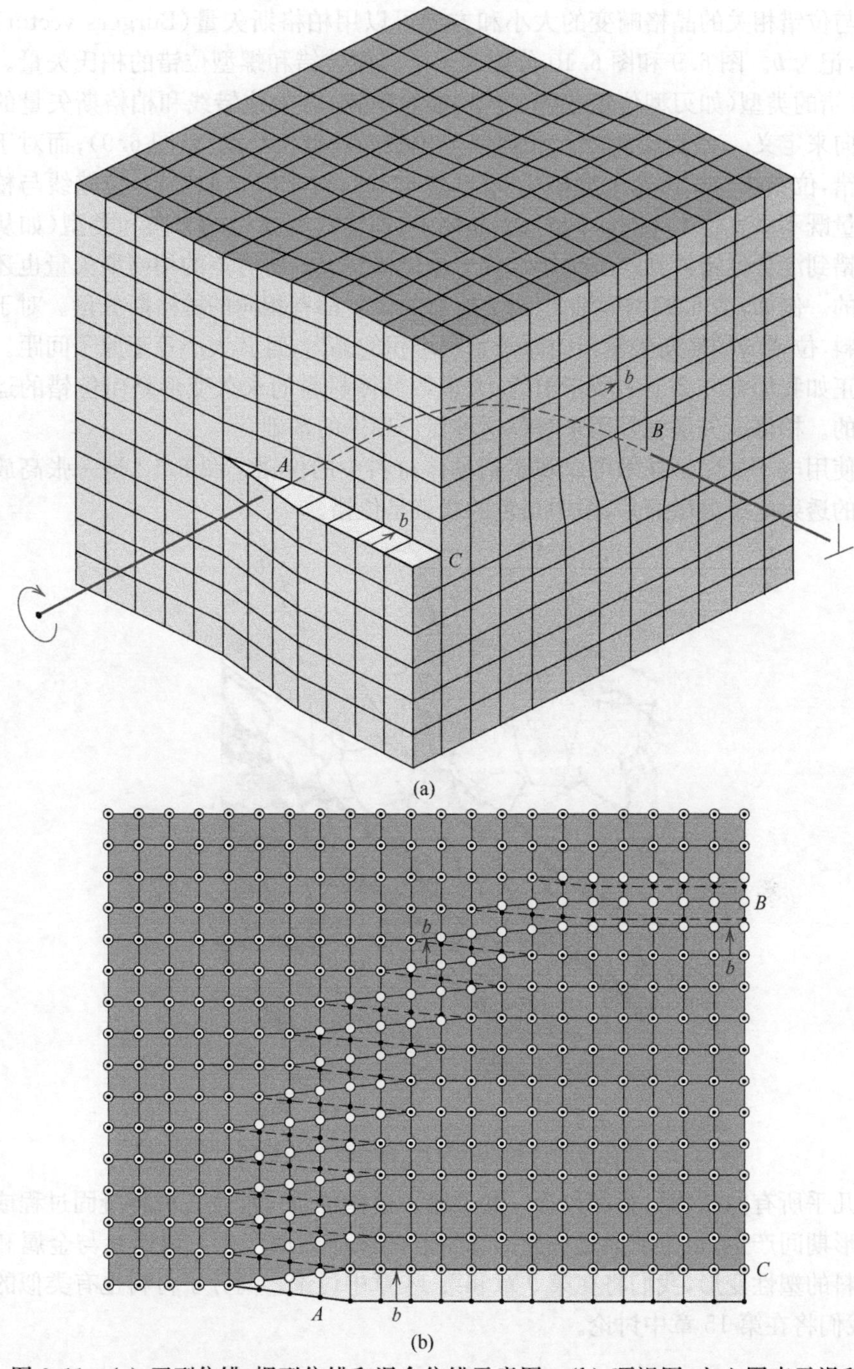

图 6.11 (a) 刃型位错，螺型位错和混合位错示意图。(b) 顶视图，空心圆表示滑移面上方原子位置，实心圆表示滑移面下方原子位置。A 点是纯的螺型位错，B 点是纯的刃型位错。中间的区域位错线发生弯曲，是刃型位错和螺型位错的混合区域

与位错相关的晶格畸变的大小和方向可以用柏格斯矢量(Burgers vector)来表示,记为 ***b***。图 6.9 和图 6.10 分别表示了刃型位错和螺型位错的柏氏矢量。此外,位错的类型(如刃型位错、螺型位错、混合位错)可由位错线和柏格斯矢量的相对位向来定义。对于刃型位错,位错线与柏格斯矢量相互垂直(图 6.9);而对于螺型位错,位错线与柏格斯矢量相互平行(图 6.10);对于混合型位错,位错线与柏格斯矢量既不垂直也不平行。同时,在晶体中,即使改变位错的方向和类型(如从刃型位错到混合位错再到螺型位错),位于该位错线上的所有点的柏格斯矢量也还是相同的。例如,图 6.11 中弯曲位错上所有的位置都有相同的柏格斯矢量。对于金属材料,位错的柏格斯矢量指向原子紧密堆积的晶向,且其大小等于原子间距。

正如我们在 9.2 节中所指出的,大多数晶体材料的永久变形是由位错的运动形成的。柏格斯矢量就是用来解释这种变形理论的基础。

使用电子显微镜技术可以观察到晶体材料中的位错。图 6.12 是一张高放大倍率的透射电子显微照片,图中黑色的线就是位错。

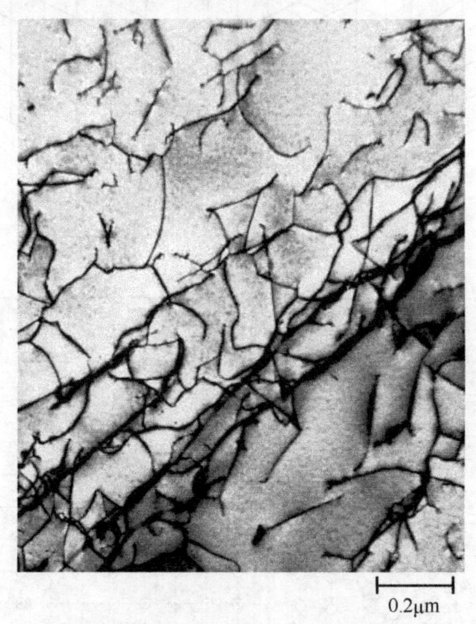

图 6.12　钛合金的透射电镜照片,黑线即为位错线。50000×

几乎所有的晶体材料都包含一些位错。这些位错可能是在材料凝固过程或塑性变形期间产生,也可能通过快速冷却引起的热应力而产生。位错参与金属和陶瓷材料的塑性变形,我们将在第 9 章和第 14 章中讨论。高分子材料也有类似的现象,我们将在第 15 章中讨论。

6.8　界面缺陷

界面缺陷是一种二维缺陷,是将具有不同晶体结构或结晶取向的材料区分开的边界。这些缺陷包括外表面、晶界、相界、孪晶界和堆垛层错。

外表面

一个最明显的界面缺陷就是外表面，晶体结构就在外表面终止。表面原子与最近邻原子的结合数并没有达到最大值，因此表面原子的能量要比内部原子的高。这些表面原子的不满价化学键产生了表面能，表面能用单位面积的能量来表示(J/m^2或 erg/cm^2)。为了减少表面能，材料倾向于减少整个表面积。例如，液体易于形成球状液滴以减少表面积。当然，由于固体是刚性材料，所以这种现象在固体中不可能发生。

晶界

我们在 3.9 节中就提及另一种界面缺陷——晶界。在多晶材料中，晶界将具有不同结晶取向的两颗小晶粒或晶体分开。图 6.13 从原子的角度展示了晶界。在晶界区域内，会存在从一个晶粒的取向往相邻晶粒取向过渡的原子错配，通常这种错配只有几个原子的宽度。

相邻晶粒之间可能有不同程度的位相差(图 6.13)。当该位相差比较小的时候，我们就称之为小(或低)角度晶界(small-(or low-) angle grain boundary)。这些小角度晶界可以利用位错阵列来描述。当刃型位错按照图 6.14 的方式进行排列时，会形成一个简单的小角度晶界。这种类型的晶界被称为倾斜晶界(tilt boundary)；图中也标出了两晶粒的位相差(θ)。当位相差平行于晶界时，便产生了

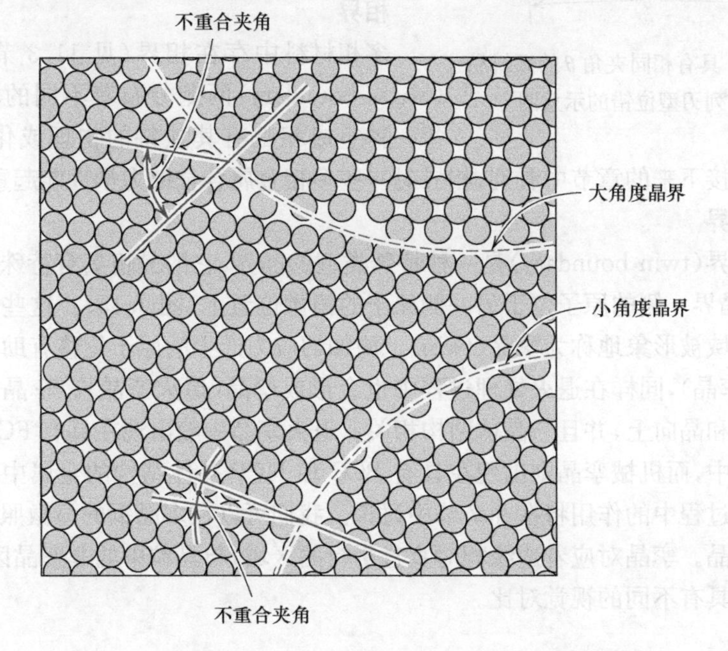

图 6.13　小角度晶界、大角度晶界和相邻原子位置示意图

孪晶界(twist boundary),它可以通过螺旋位错的阵列来描述。

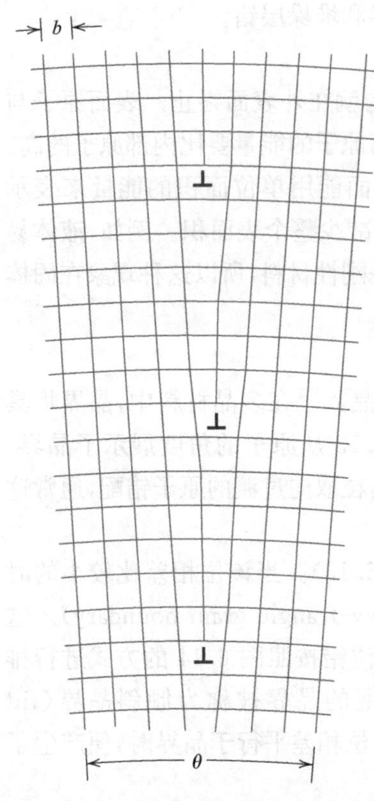

图 6.14　具有相同夹角 θ 的倾斜晶界形成一列刃型位错的示意图

与常规原子相比,沿着晶界的原子形成的结合键数目少(即键角更长),因此,存在一个界面(或晶界)能,该能量类似于之前所讨论的表面能。晶界能的大小是晶粒间位相差的函数,位相差越大,对应的晶界能就越大。由于晶界能的存在,晶界的化学性质比晶粒本体更加活泼。此外,由于晶界的能量高,杂质原子往往优先偏聚在晶界处。与细晶粒材料相比,大或粗晶粒材料的总晶界能更低,这主要是由于他们的总晶界面积比较小。为了降低总的晶界能,在高温下晶粒会不断长大。9.13 节将解释这一现象。

虽然原子在晶界处排列无序且键合数降低,但多晶材料的强度依然很高;因为在晶界内和晶界间存在粘合力。此外,对于同一种材料,其多晶样品的密度与单晶样品的几乎相同。

相界

多相材料中存在相界(见 11.3 节)。相界(phase boundary)两侧分布着不同的相;此外,每一种组成相都有其独特的物理或化学性质。我们将在接下来的章节中看到,相界对一些多相金属合金的力学性能起重要作用。

孪晶界

孪晶界(twin boundary)是一种特殊类型的晶界,它的晶格具有特殊的镜像对称性;即晶界一侧的原子位于另一侧原子的镜像位置上(图 6.15)。这些材料晶界之间的区域被形象地称为孪晶(twin)。施加切应力产生的原子位移有助于形成孪晶(机械孪晶),同样在退火处理过程中也会形成孪晶(退火孪晶)。孪晶发生在特定的晶面和晶向上,并且与晶体结构相关。退火孪晶一般出现在具有 FCC 晶体结构的金属中,而机械孪晶则出现在具有 BCC 和 HCP 晶体结构的金属中。机械孪晶在变形过程中的作用将在 9.7 节中讨论。我们可以在多晶铜的显微照片中观察到退火孪晶。孪晶对应着边缘相对直且平行的区域,与晶粒中的非孪晶区域相比,孪晶区域具有不同的视觉对比。

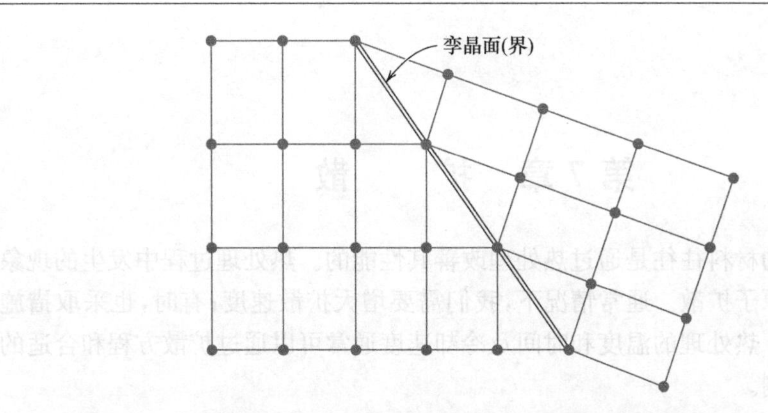

图 6.15　孪晶面、孪晶界和邻近原子位置示意图

其他界面缺陷

其他可能的界面缺陷包括堆垛层错和铁磁畴壁。在 FCC 晶体中，当密排面的堆垛顺序 *ABCABCABC*…出现中断时就会出现堆垛层错(stacking fault)(见 4.17 节)。对于铁磁性和亚铁磁性材料，将不同磁化方向区域分开的边界被称为畴壁(domain wall)，我们将在 21.7 节中对它进行讨论。

与本节所讨论的每种缺陷相关的便是界面能，界面能大小取决于晶界类型，且每种材料的界面能都不一样。通常外表面的界面能最大，畴壁的最小。

6.9　体缺陷

在所有的固体材料中，还存在着比之前讨论的那些缺陷大得多的其他类型缺陷。这些缺陷包括气孔、裂纹、杂质和其他物相。它们通常是在加工和制造过程中被引进来的。在接下来的章节中将这些缺陷及其对材料性质的影响进行讨论。

6.10　原子振动

固体材料中的每一个原子都在它的晶格位置上振动。在某种程度上，这些原子振动(atomic vibrations)可以看做是缺陷。在任何时刻，并不是所有的原子都以相同的频率和振幅或相同的能量在振动。在给定的温度下，每个组成原子的振动形成以平均能量为中心的一个能量分布。同时，任何特定原子的振动能也会随着时间的变化产生随机的变化。当温度升高时，这种平均能量也在增加。事实上，固体的温度就是分子和原子平均振动的一种度量。在室温下，原子典型的振动频率近似为每秒 10^{13} 次，而振幅为几千分之一纳米。

固体的许多性质都是这种原子振动的外在表现。例如，当原子的振动达到可以破坏大量原子键的时候，材料就会熔化。更多关于原子的振动和它对材料性质的影响将在第 20 章中介绍。

第7章　扩　　散

所有类型的材料往往是通过热处理改善其性能的。热处理过程中发生的现象几乎总是涉及原子扩散。通常情况下，我们需要增大扩散速度；有时，也采取措施减缓扩散速度。热处理的温度和时间及冷却速度通常可以通过扩散方程和合适的扩散常数来预测。

7.1　引言

在材料的处理过程中，不管是在材料的内部（通常在微观层面）还是从液相、气相或其他固相，物质的转移对许多反应和过程都很重要。物质的转移是通过扩散（diffusion）来完成的，扩散就是通过原子运动而形成的物质输运现象。本章主要讨论扩散的原子理论、扩散的数学表达和温度与扩散介质对扩散系数的影响。

扩散现象可以通过扩散偶来说明。将两种不同的金属条连接在一起，使这两个面紧密接触就可以形成扩散偶（diffusion couple）。图7.1为铜镍扩散偶以及原子位置和界面处的组成示意图。将这对扩散偶在高温（低于两种金属的熔点）下加热较长时间，然后冷却至室温。化学分析如图7.2所示，即纯的铜和镍在扩散偶的两端，由合金化区域分开。这两种金属的浓度随位置的变化如图7.2(c)所示。这一结果表明，铜原子迁移或扩散到镍，而镍也已扩散到铜。这种一种金属的原子扩散到另一种金属中的过程称为互扩散（interdiffusion），或杂质扩散（impurity diffusion）。

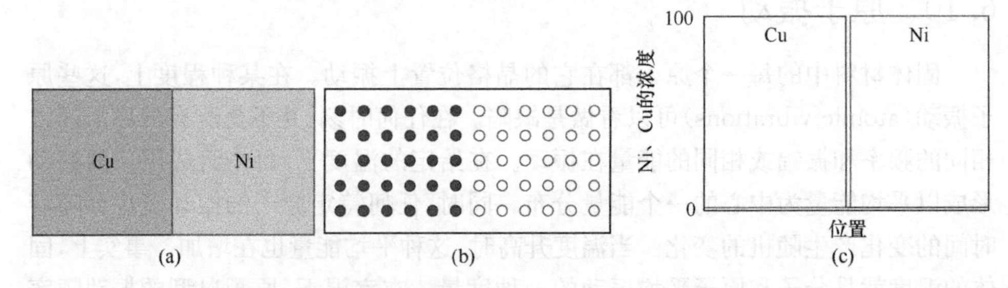

图7.1　(a) 高温热处理之前的铜-镍扩散偶；(b) 扩散偶中铜原子(●)和镍原子(○)位置示意图；(c) 铜、镍的浓度与扩散偶中位置的关系

从宏观角度，浓度随时间的变化可以看出扩散现象，如铜-镍扩散偶的例子。扩散过程中原子从高浓度向低浓度区迁移或传输。在纯金属中也会发生扩散，但

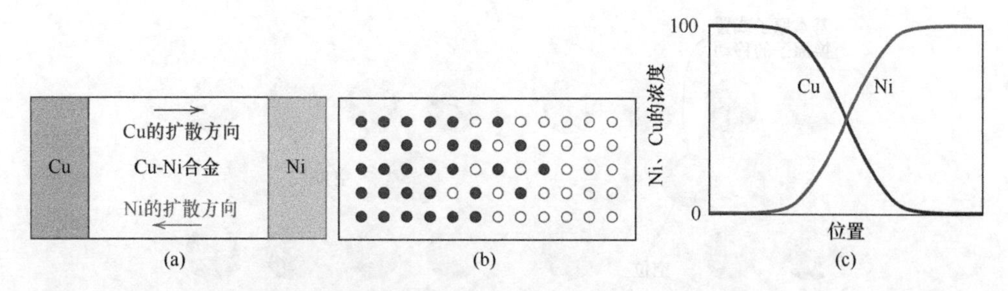

图 7.2 (a) 高温热处理后的铜-镍扩散偶,及合金化扩散区;(b) 扩散偶中铜原子(●)和镍原子(○)位置示意图;(c) 铜、镍的浓度随扩散偶中位置的变化关系

所有原子交换位置的方式是相同的,这称为自扩散(self-diffusion)。当然,自扩散现象通常是不能够通过成分变化来观察的。

7.2 扩散机制

从原子角度,扩散是原子在晶格位置间的逐步迁移。事实上,在固体材料中的原子处于不停的运动和瞬时的位置变化中。原子要发生这样的运动,必须满足两个条件:①必须有一个空的相邻位点;②原子必须有足够的能量来打破与其近邻原子的束缚,继而引起迁移过程中的点阵畸变。这种能量的本质是热振动(见 6.10 节)。在特定温度下,原子中的一小部分可以借助振动能的波动,进行扩散。发生扩散的原子数随温度的上升而增加。

目前已经提出了几种不同的原子扩散模式;在这些模式中,金属的扩散主要有两种机制。

空位扩散

第一种机制为正常晶格位置的原子与相邻空的阵点(或空位)的交换,如图 7.3(a)所示,这种机制称为空位扩散(vacancy diffusion)。当然,这一过程中必须有空位的存在,空位扩散发生的几率是这些现存缺陷数目的函数;在高温下,金属中的空位浓度增大(见 6.2 节)。因为扩散原子和空位交换位置,原子向一个方向扩散相当于空位向相反的方向运动。自扩散和互扩散都发生这种机制;对于后者,杂质原子必须代替基体原子。

间隙扩散

第二种类型的扩散是原子从一个间隙位置迁移到相邻的空间隙位置。这一机制通常见于氢、碳、氮、氧原子的杂质扩散,这些原子小到足以进入间隙位置。基体原子或置换杂原子很少形成间隙,且一般不通过这种机制扩散。这种现象称为间隙扩散(interstitial diffusion)(图 7.3(b))。

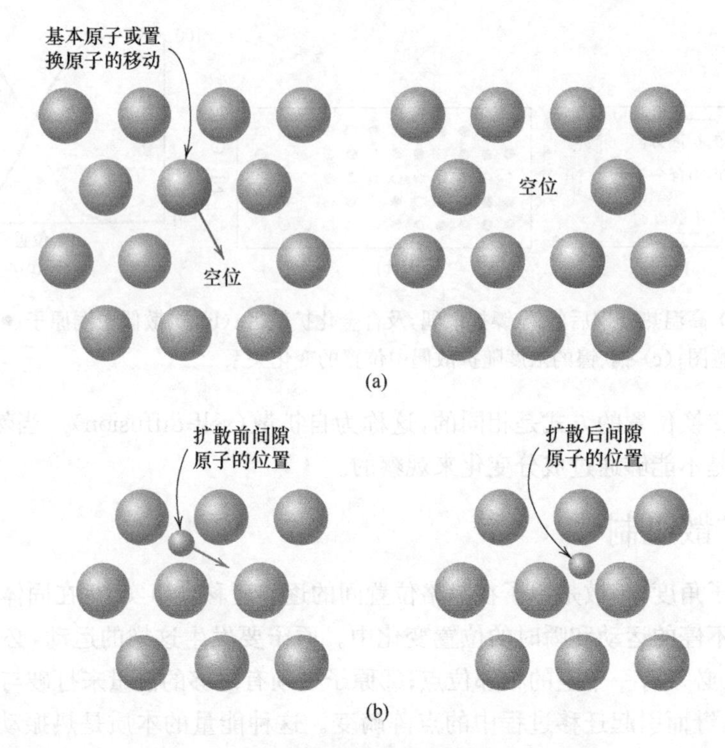

图 7.3 (a) 空位扩散；(b) 间隙扩散示意图

在大多数的金属合金中，间隙扩散比空位扩散要快得多，因为间隙原子很小，容易移动。此外，晶格中间隙位置比空位多，间隙原子运动的概率大于空位扩散。

7.3 稳态扩散

扩散是一个随时间变化的过程，也就是说，在宏观意义上，一种物质在另一种物质中传输的量是时间的函数。因此我们有必要知道扩散发生的有多快，即传质速率(rate of mass transfer)。这个速率通常用扩散通量(diffusion flux，J)表示，定义为单位时间内垂直通过单位截面积上的扩散物质质量 M(或原子数)。其数学表达式可以表示为

$$J=\frac{M}{At} \tag{7.1}$$

其中，A 表示扩散发生的截面积；t 为扩散时间；J 的单位是 $kg/(m^2 \cdot s)$或原子数/$(m^2 \cdot s)$。

稳态扩散在一维方向 x 的数学表达式比较简单，即在 x 方向上扩散通量与浓度梯度(dC/dx)成正比例，表达式：

$$J = -D\frac{dC}{dx} \tag{7.2}$$

这个方程有时被称为菲克第一定律(Fick's first law)。比例常数D称为扩散系数(diffusion coefficient),它的单位是m^2/s。这个表达式说明,扩散方向是沿着浓度梯度方向从高到低的。

菲克第一定律可以应用于气体原子通过薄金属板的扩散,扩散物质的浓度(或压力)在金属板的两个表面保持不变,如图 7.4(a)所示。这种扩散过程最终达到扩散通量不随时间而变化的状态,即扩散物质从高浓度进入板一侧的质量等于低浓度一侧积累的扩散物质的质量。这是一个稳态扩散(steady-state diffusion)的例子。

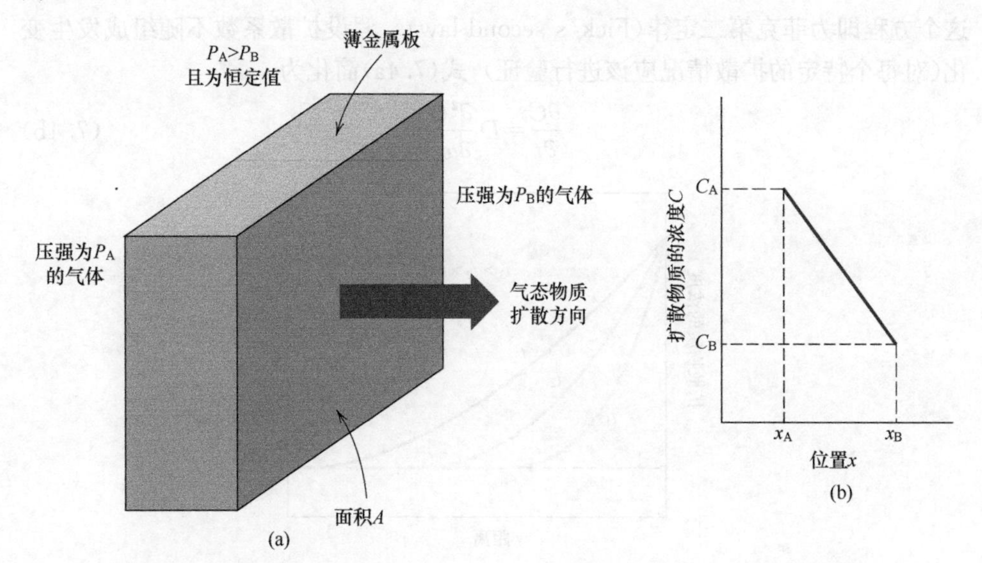

图 7.4 (a) 通过薄板的稳态扩散;(b) (a)中扩散情况下的浓度分布曲线

当以浓度C对固体内的位置(距离)x作图时,产生的曲线称为浓度分布剖面图(concentration profile);浓度梯度(concentration gradient)是这条曲线在特定点的斜率。另外,在本例中,浓度分布假设是线性的,如图 7.4(b)所示,且

$$浓度梯度 = \frac{dC}{dx} = \frac{\Delta C}{\Delta x} = \frac{C_A - C_B}{x_A - x_B} \tag{7.3}$$

对于扩散问题,有时将浓度表示为单位体积中扩散物质的质量(kg/m^3 或 g/cm^3)。

有时用驱动力(driving force)解释反应发生的原因。对于扩散反应来说,可能有几种驱动力;但是,当扩散符合式(7.2)时,浓度梯度就是驱动力。

稳态扩散的一个实例是在氢气纯化时发现的。将一个薄金属钯的一面暴露于由氢和其他气体如氮、氧和水蒸气组成的混合气体中。氢选择性地通过薄片扩散到氢气压力恒定且较低的另一面。

7.4　非稳定态扩散

最常见的扩散是非稳态的，即在固体中，某一时刻的扩散通量和浓度梯度随时间而变化，最终导致扩散物质的净积累或消耗。图 7.5 为扩散过程中三个不同时刻的浓度分布。非稳态条件下，利用式(7.2)是可以的但不方便；取而代之，我们使用偏微分方程

$$\frac{\partial C}{\partial t}=\frac{\partial}{x}\left(D\frac{\partial C}{\partial x}\right) \tag{7.4a}$$

这个方程即为菲克第二定律(Fick's second law)。假设扩散系数不随组成发生变化(对每个特定的扩散情况应该进行验证)，式(7.4a)简化为

$$\frac{\partial C}{\partial t}=D\frac{\partial^2 C}{\partial x^2} \tag{7.4b}$$

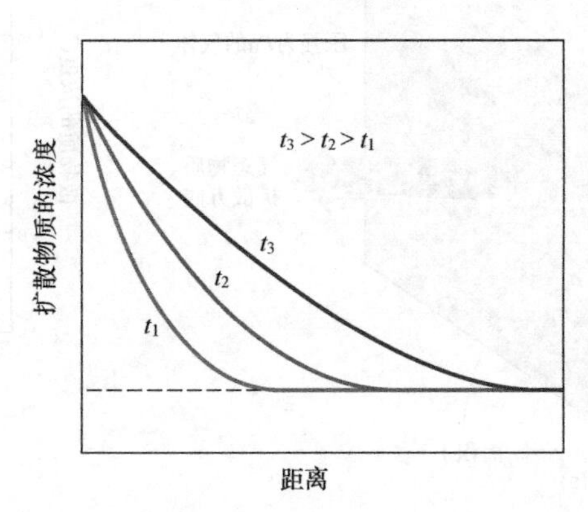

图 7.5　三个不同时刻 t_1，t_2，t_3 的非稳态扩散浓度分布曲线

人为的给定边界条件，可以来解这个方程(浓度与位置和时间的关系)。这些全面的整理由 Crank、Carslaw 和 Jaeger 提供。

一个表面浓度保持恒定的半无限长固体的扩散方程的解是非常重要的。通常，扩散源是气相，且其分压力保持恒定的值。此外，做以下假设：

(1) 扩散前，任何溶质原子在固体中是均匀分布的，浓度为 C_0。

(2) x 在表面时为零，随着在固体中距离的增大而增大。

(3) 在扩散过程开始之前的瞬间，时间为零。

这些条件可以简单的表示为：

初始条件

$$t=0,\quad C=C_0\quad (0\leqslant x\leqslant\infty)$$

边界条件

$$t>0,\quad C=C_s\quad (表面浓度恒定, x=0)$$
$$t>0,\quad C=C_0\quad (x=\infty)$$

应用以上条件获得的方程式(7.4b)的解为

$$\frac{C_x-C_0}{C_s-C_0}=1-\mathrm{erf}\left(\frac{x}{2\sqrt{Dt}}\right) \tag{7.5}$$

其中，C_x表示时间为t、深度为x时的浓度；指数$\frac{x}{2\sqrt{Dt}}$为高斯误差函数，不同$\frac{x}{2\sqrt{Dt}}$所对应的高斯误差函数值列于数学用表中，部分数据见表7.1。方程式(7.5)中的浓度参数见图7.6，某一时刻截取的浓度分布图，方程(7.5)说明了浓度与位置、时间的关系，即C_x为无量纲参数$\frac{x}{2\sqrt{Dt}}$的函数，如果C_0、C_s和D是已知的，就可以确定在任一时间和位置的C_x值。

表7.1 误差函数值表

z	erf(z)	z	erf(z)	z	erf(z)
0	0	0.55	0.5633	1.3	0.9340
0.025	0.0282	0.60	0.6039	1.4	0.9523
0.05	0.0564	0.65	0.6420	1.5	0.9661
0.10	0.1125	0.70	0.6778	1.6	0.9763
0.15	0.1680	0.75	0.7112	1.7	0.9838
0.20	0.2227	0.80	0.7421	1.8	0.9891
0.25	0.2763	0.85	0.7707	1.9	0.9928
0.30	0.3286	0.90	0.7970	2.0	0.9953
0.35	0.3794	0.95	0.8209	2.2	0.9981
0.40	0.4284	1.0	0.8427	2.4	0.9993
0.45	0.4755	1.1	0.8802	2.6	0.9998
0.50	0.5205	1.2	0.9103	2.8	0.9999

假设在合金中溶质需要达到特定的浓度值为C_1，式(7.5)左边变为

$$\frac{C_1-C_0}{C_s-C_0}=常数$$

在这种情况下，方程(7.5)右侧也是一个常数，即

$$\frac{x}{2\sqrt{Dt}}=常数 \tag{7.6}$$

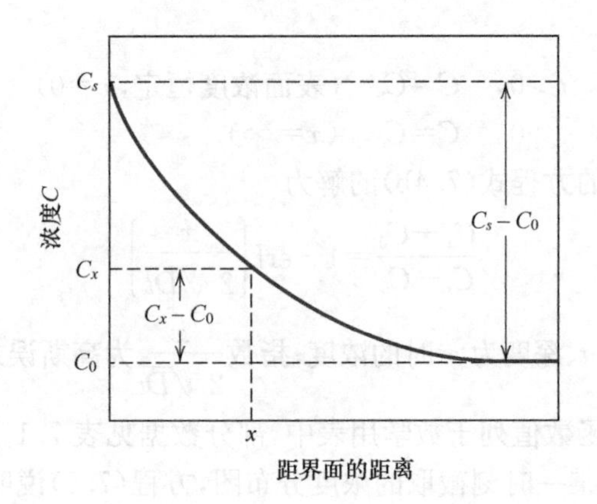

图 7.6　非稳态扩散的浓度分布，浓度参数如式(7.5)

或

$$\frac{x^2}{Dt}=\text{常数} \tag{7.7}$$

在这种关系的基础上，许多扩散问题就会容易解决。

7.5　影响扩散的因素

扩散物质

扩散系数 D 的大小可以表示原子扩散的速度，扩散系数受扩散物质和基体材料的影响。例如，500℃下自扩散系数与碳在 α-Fe 中的互扩散系数 D 值有很大差异，碳的互扩散系数 D 值较大(3.0×10^{-21} 与 $1.4\times10^{-12}\,m^2/s$)。这个差异与之前所讨论的通过空位和间隙机制扩散的扩散速率的比较形成反差。自扩散是空位机制，而铁碳互扩散是间隙扩散。

温度

温度对于扩散系数和扩散速率有很大影响，例如，Fe 在 α-Fe 中的自扩散，温度从 500℃升高到 900℃，扩散系数增大约 6 个数量级(从 3.0×10^{-21} 到 $1.8\times10^{-15}\,m^2/s$)，扩散系数与温度的关系：

$$D=D_0\exp\left(-\frac{Q_d}{RT}\right) \tag{7.8}$$

其中，D_0 为与温度无关的常数(m^2/s)；Q_d 为扩散激活能(J/mol 或 eV/原子)；R 为气体常数，8.31J/(mol·K)或 8.62×10^{-5}eV/(原子·K)；T 为绝对温度(K)。

激活能被认为是产生一摩尔原子的扩散运动需要的能量。激活能越大扩散系数越小。表 7.2 列出了一些扩散体系中 D_0 和 Q_d 的值。

表 7.2　扩散数据表

扩散原子	基体金属	$D_0/(m^2/s)$	$Q_d/(J/mol)$
间隙扩散			
C	Fe(α 或 BCC)[a]	1.1×10^{-6}	87400
C	Fe(γ 或 FCC)[a]	2.3×10^{-5}	148000
N	Fe(α 或 BCC)[a]	5.0×10^{-7}	77000
N	Fe(γ 或 FCC)[a]	9.1×10^{-5}	168000
自扩散			
Fe	Fe(α 或 BCC)[a]	2.8×10^{-4}	251000
Fe	Fe(γ 或 FCC)[a]	5.0×10^{-5}	284000
Cu	Cu(FCC)	2.5×10^{-5}	200000
Al	Al(FCC)	2.3×10^{-4}	144000
Mg	Mg(HCP)	1.5×10^{-4}	136000
Zn	Zn(HCP)	1.5×10^{-5}	94000
Mo	Mo(BCC)	1.8×10^{-4}	461000
Ni	Ni(FCC)	1.9×10^{-4}	285000
互扩散(空位)			
Zn	Cu(FCC)	2.4×10^{-5}	189000
Cu	Zn(HCP)	2.1×10^{-4}	124000
Cu	Al(FCC)	6.5×10^{-5}	136000
Mg	Al(FCC)	1.2×10^{-4}	130000
Cu	Ni(FCC)	2.7×10^{-5}	256000
Ni	Cu(FCC)	1.9×10^{-4}	230000

a 因为铁在 912℃时发生相变，所以铁有两种扩散系数；当温度低于 912℃时，BCC 结构的 α-Fe 是稳定相；当温度高于 912℃时，FCC 结构的 γ-Fe 是稳定相。

方程(7.8)的对数形式为

$$\ln D=\ln D_0-\frac{Q_d}{R}\left(\frac{1}{T}\right) \tag{7.9}$$

或者以 10 位底的对数表达式为

$$\log D=\log D_0-\frac{Q_d}{2.3R}\left(\frac{1}{T}\right) \tag{7.10}$$

因为 D_0，Q_d，R 是常数，方程(7.10)的线性方程形式为

$$y=b+mx$$

y 和 x 分别对应于 $\log D$ 和 $1/T$，如果以 $\log D$ 和绝对温度的倒数作图，可以得到一

条直线，直线斜率和截距分别是$-Q_d/2.3R$和$\log D_0$。实际上，Q_d和D_0可以通过实验确定。从几个合金体系得到的图(图 7.7)可知，所示的体系都存在线性关系。

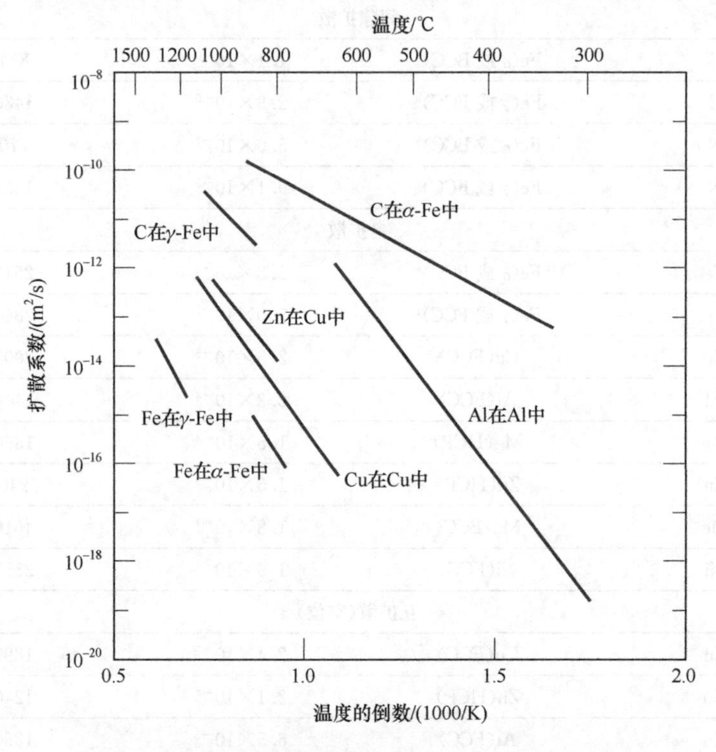

图 7.7　几种金属的扩散系数与绝对温度的倒数的对数图

7.6　半导体材料中的扩散

半导体集成电路(IC)的制造是一种应用固态扩散的技术(见 19.15 节)。每个集成电路芯片是一个 6mm×6mm×0.4mm 薄的方形晶圆；数以百万计相互连接的电子器件和电路嵌入芯片的一面。单晶硅是大多数集成电路的基体。为了使这些 IC 器件的功能更令人满意，杂质必须精确融入在硅晶片上形成复杂和精细的图案的微小空间区域内；一种方法是通过原子扩散来实现。

通常情况下，这一过程用到两种热处理方法。第一步，称为预沉积(predeposition)，杂质原子通常从分压保持恒定的气相扩散进入硅中。这样，随着时间的推移，表面的杂质成分保持不变，在硅中杂质的浓度是位置和时间的函数，根据方程(7.5)，即

$$\frac{C_x-C_0}{C_s-C_0}=1-\operatorname{erf}\left(\frac{x}{2\sqrt{Dt}}\right)$$

预沉积通常在900～1000℃的温度范围进行，时间一般不少于1h。

第二步处理，有时也称为注入扩散(drive-in diffusion)，用来将杂质原子进一步转移到硅中，以便在不增加杂质总含量的情况下产生一个更合适的浓度分布。这一步的处理温度(1200℃)比前一步更高，并且在氧化气氛中进行以在表面形成氧化层。二氧化硅层的扩散速率相对缓慢，这样，只有很少的杂质原子扩散并逃出硅。这种扩散的三个不同时刻的浓度分布如图7.8所示；这些图可以与图7.5扩散表面浓度保持恒定的情况形成对比。此外，图7.9比较了预沉积和注入扩散的浓度分布(示意图)。

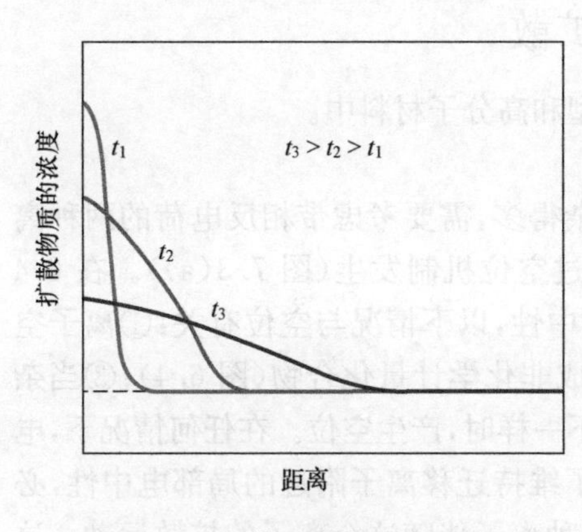

图7.8　半导体中扩散中三个不同时刻t_1,t_2,t_3的浓度分布图

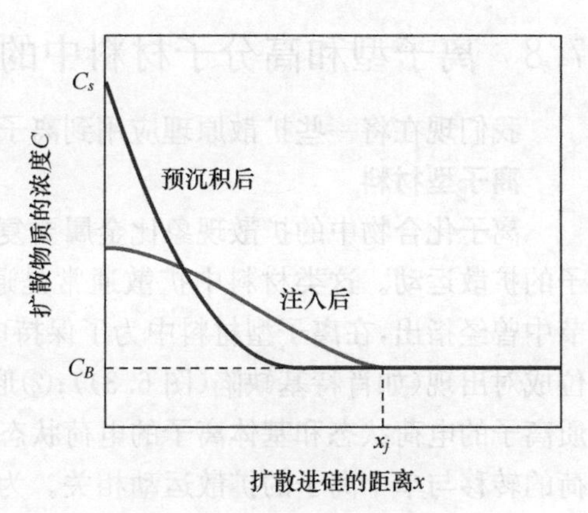

图7.9　预沉积和注入扩散的浓度分布图及扩散结深x_j

如果我们假设预沉积过程中引入的杂质原子被局限在非常薄的硅表面层(当然，只是一个近似值)，那么对注入扩散，菲克第二定律(方程(7.4b))的解可以表示为

$$C(x,t)=\frac{Q_0}{\sqrt{\pi Dt}}\exp\left(-\frac{x^2}{4Dt}\right) \tag{7.11}$$

这里Q_0代表预沉积过程中引入到固体中的杂质原子总数(单位面积内的杂质原子数)。这个方程中各参数代表的意义与之前相同。此外，还可以证明

$$Q_0=2C_s\sqrt{\frac{D_pt_p}{\pi}} \tag{7.12}$$

C_s是预沉积步骤的表面浓度(图7.9)，为常数；D_p是扩散系数；t_p是预沉积时间。

另一个重要参数是扩散结深(junction depth)x_j，它代表的是扩散杂质浓度刚好等于杂质在硅中的背景浓度(C_B)时的深度(x)(图7.9)。本扩散中x_j可以用以下表达式求算：

$$x_j = \left[(4D_d t_d)\ln\left(\frac{Q_0}{C_B\sqrt{\pi D_d t_d}}\right)\right]^{1/2} \tag{7.13}$$

这里的 D_d、t_d 分别代表注入扩散的扩散系数和时间。

7.7 其他扩散方式

原子可能沿着位错、晶界和外表面发生迁移。由于这几种扩散的速率远远大于体扩散，有时也被叫做短路扩散(short-circuit diffusion)。然而短路扩散对整个扩散通量的影响微乎其微，因为这几种扩散方式的横截面积非常小。

7.8 离子型和高分子材料中的扩散

我们现在将一些扩散原理应用到离子型和高分子材料中。

离子型材料

离子化合物中的扩散现象比金属要复杂得多，需要考虑带相反电荷的两种离子的扩散运动。这类材料中扩散通常是通过空位机制发生(图 7.3(a))。在 6.4 节中曾经指出，在离子型材料中为了保持电中性，以下情况与空位有关：①离子空位成对出现(如肖特基缺陷(图 6.3))；②形成非化学计量化合物(图 6.4)；③当杂质离子的电荷状态和基体离子的电荷状态不一样时，产生空位。在任何情况下，电荷的转移与单个离子的扩散运动相关。为了维持迁移离子附近的局部电中性，必须有与迁移离子电量相同，电性相反的另一种离子伴随这个离子的扩散运动。这些离子种类包括：另一种空位，杂质原子或者载流子(自由电子或者空穴(见 19.6 节))。带电对的扩散速率由其中运动最慢的那种带电离子的扩散速率决定。

当离子型固体上施加一个电场时，带电离子响应外电场施加的力发生漂移(也就是扩散)。我们将在 19.16 节中讨论，离子的运动会产生电流，而且，电导率是扩散系数的函数(式(19.23))。因此，离子型固体的许多扩散数据来源于电导率测量。

高分子材料

对高分子材料来说，我们感兴趣的往往是外来小分子(例如，O_2、H_2O、CO_2、CH_4)在分子链之间的扩散运动，而不是高分子结构中链原子的扩散运动。高分子的渗透率和吸收性能与物质在材料间的分散程度有关。这些外来物质的渗透能导致膨胀，与聚合物分子发生化学反应，降低材料的机械和物理性能(见 18.11 节)。

无定形区的扩散速率要大于结晶区的扩散速率；无定形材料的结构更为“开放”。这种扩散机制可以认为类似于金属中的间隙扩散，即在高分子中，扩散运动的发生是从一个开放的无定形区通过高分子链间的小空隙扩散到一个相邻的无定形区。

外来分子的大小也影响扩散速率：小分子的扩散比大分子快。此外，那些化学惰性的外来分子要比与高分子有相互作用的分子扩散快。

高分子膜扩散的第一步是分子在薄膜上的溶解。这种溶解是一个随时间变化的过程，并且，如果溶解速度比扩散速度慢，可能会限制扩散速率。因此，高分子扩散速率表达式包含渗透系数（简称 P_M），聚合物膜在稳态扩散的情况下的菲克第一定律（式(7.2)），修改为

$$J = -P_M \frac{\Delta P}{\Delta x} \tag{7.14}$$

在这个表达式中，J 是通过膜的气体的扩散通量，单位为$(\mathrm{cm^3\ STP})/(\mathrm{cm^2 \cdot S})$，$P_M$ 是渗透系数，Δx 是膜的厚度，ΔP 是膜两侧气体的压力差。小分子在锆英石聚合物中的渗透系数可近似表示为扩散系数(D)和扩散物质在高分子中的溶解度(S)的乘积，

$$P_M = DS \tag{7.15}$$

表 7.3 给出了氧气、氮气、二氧化碳、水蒸气在几种常见聚合物中的渗透系数。

表 7.3 在 25℃，氧气、氮气、二氧化碳和水蒸气在不同聚合物中的渗透系数 P_M

		$P_M/(\times 10^{-13}(\mathrm{cm^3\ STP})(\mathrm{cm})/(\mathrm{cm^2 \cdot s \cdot Pa}))$			
聚合物	缩写	O_2	N_2	CO_2	H_2O
聚乙烯(低密度)	LDPE	2.2	0.73	9.5	68
聚乙烯(高密度)	HDPE	0.30	0.11	0.27	9.0
聚丙烯	PP	1.2	0.22	5.4	38
聚氯乙烯	PVC	0.034	0.0089	0.012	206
聚苯乙烯	PS	2.0	0.59	7.9	840
聚偏二氯乙烯	PVDC	0.0025	0.00044	0.015	7.0
聚(对苯二甲酸乙二醇酯)	PET	0.044	0.011	0.23	—
聚(甲基丙烯酸乙酯)	PEMA	0.89	0.17	3.8	2380

在某些应用中，需要扩散物质在聚合物材料中保持低渗透速率，如食品和饮料包装以及汽车轮胎和内胎。高分子膜经常被用作过滤器，利用选择性分离从一种化学物质中萃取另外一种(或其他)(如海水淡化)物质。在这种情况下，被过滤物质的渗透速率一般要明显大于其他物质(s)。

第8章 金属的力学性质

工程师有义务了解各种力学性质是如何测量的，以及这些性质表示什么意义；他们需要使用特定材料来设计结构/组件，这样就不会发生使一些变形或失效。

8.1 引言

许多材料在使用过程中都会受力或负载；比如机翼中铝合金和汽车轴承中的钢。在这种情况下，了解材料的特性和设计其组分非常的必要，这样能够确保不会产生过度变形和断裂。材料的力学行为反映了其对于施加的负载或应力的响应和变形。主要的力学性质有刚度、强度、硬度、延展性和韧性。

材料的力学性质是通过精心设计的实验来确定的，所设计的实验尽可能接近其使用条件。要考虑的因素包括所施加负载的性质和它的持续时间，以及外部环境条件。所施加的负载可以是拉力、压力或剪切力，并且它的大小可能不随时间变化，也可能持续变化。作用的时间可能只有不到一秒钟，也可能会延续很多年。工作温度也是一个重要的因素。

不同的机构(如材料的生产者和消费者、研究机构、政府机构)所关注的力学性质不同。因此，一些测试方法和测试结果需要保持一致。这种一致性可通过使用标准化的测试技术完成。这些标准通常是由专业学会来制定和发布的。在美国最活跃的组织是美国材料与试验协会(the American Society for Testing and Materials，ASTM)。ASTM标准年鉴(http://www.astm.org)包括很多卷，每年更新发布一次；这些大量的标准与力学测试技术相关。

结构工程师的主要工作是确定施加在负载构件的应力及应力分布。这些可以通过实验测试技术或应力分析理论来完成。这些内容会在应力分析和材料的强度章节中讨论。

然而，材料与冶金工程师的工作更多的是生产和制造满足使用要求的材料，这些使用要求是通过应力分析预测得到的。这必然涉及对材料微观结构(即内部特征)与它们力学性能之间关系的认识。

那些拥有最理想力学性质组合的材料通常被用于结构方面。目前的讨论主要局限于金属的力学行为；高分子和陶瓷将单独讨论，这是因为它们的力学性质与金属有很大的不同。本章讨论金属的应力-应变行为及其相关的力学性质，以及其他重要的力学性质。变形机制的微观理论以及增强和调节金属力学行为的方法将在以后的章节中讨论。

8.2　应力和应变的概念

如果负载是静态的或随时间变化相对缓慢，那么在部件的横截面或表面均匀地施加这种负载时，它的力学行为可以通过简单的应力-应变测试来确定；这些是金属在室温下进行的最常见的测试。可施加的负载主要有三种，分别为：拉力、压力、剪切力(图 8.1(a)、(b)、(c))。在工程实践中，许多负载是扭转的，不是纯的剪切力；这种负载如图 8.1(d)所示。

拉伸测试

最常见的应力-应变测试是施加拉力(tension)。拉伸测试可以确定材料的一些力学性质，这些性质在设计材料时非常重要。随着拉力的逐渐增加，试样变形之后通常会断裂。标准地拉伸试样如图 8.2 所示。通常，横截面为圆形，也适用于矩形试样。在测试过程中，会使用“骨头”状的试样，这样变形被限制在狭窄的中心区域(沿着其长度具有等截面)，同时也减小了试样在端部断裂的可能性。标准直径

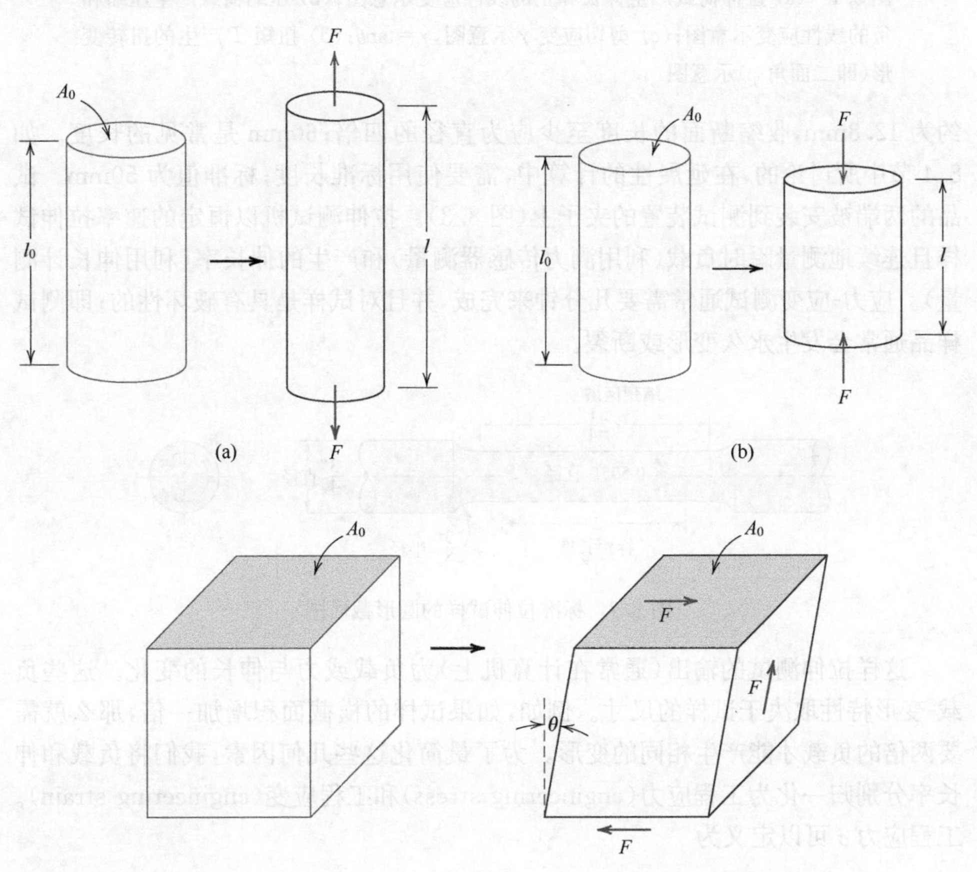

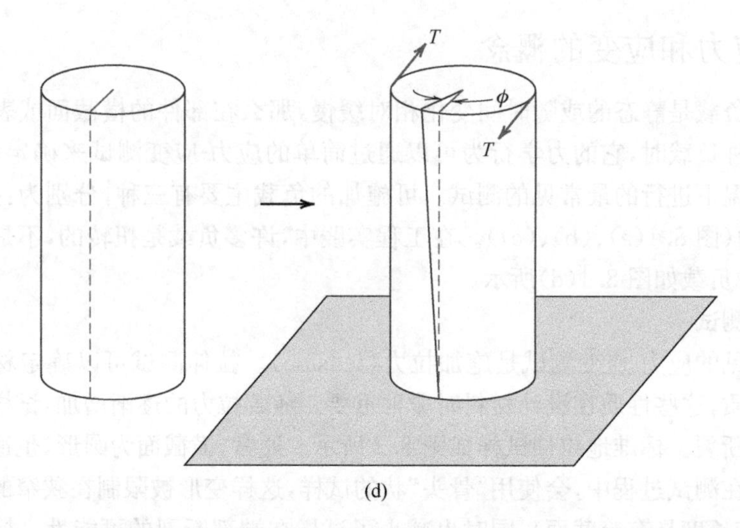

图 8.1 (a) 拉伸荷载产生伸长和正的线性应变示意图；(b) 压缩荷载产生压缩和负的线性应变示意图；(c) 剪切应变 γ 示意图，$\gamma=\tan\theta$；(d) 扭矩 T 产生的扭转变形(即二面角 φ)示意图

约为 12.8mm，收缩断面的长度至少应为直径的四倍；60mm 是常见的长度。如 8.4 节中所讨论的，在延展性的计算中，需要使用标准长度；标准值为 50mm。试品的两端被安装到测试装置的夹子上(图 8.3)。拉伸测试机以恒定的速率拉伸试样且连续地测量瞬时负载(利用测力传感器测量)和产生的伸长率(利用伸长计测量)。应力-应变测试通常需要几分钟来完成，并且对试样是具有破坏性的；即测试样品通常会发生永久变形或断裂。

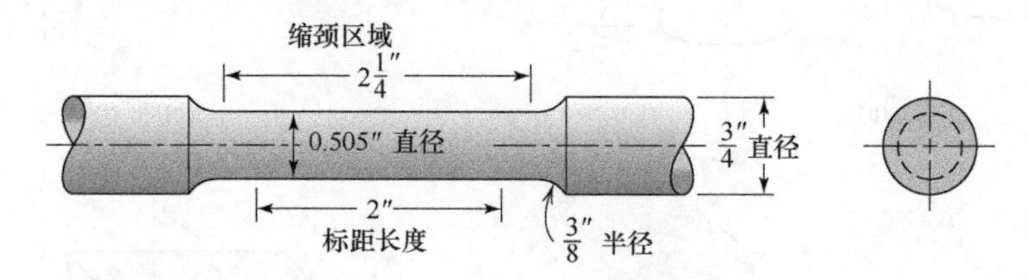

图 8.2 标准拉伸试样的圆形截面图

这样拉伸测试的输出(通常在计算机上)为负载或力与伸长的变化。这些负载-变形特性取决于试样的尺寸。例如，如果试样的横截面积增加一倍，那么就需要两倍的负载才能产生相同的变形。为了最简化这些几何因素，我们将负载和伸长率分别归一化为工程应力(engineering stress)和工程应变(engineering strain)。工程应力 σ 可以定义为

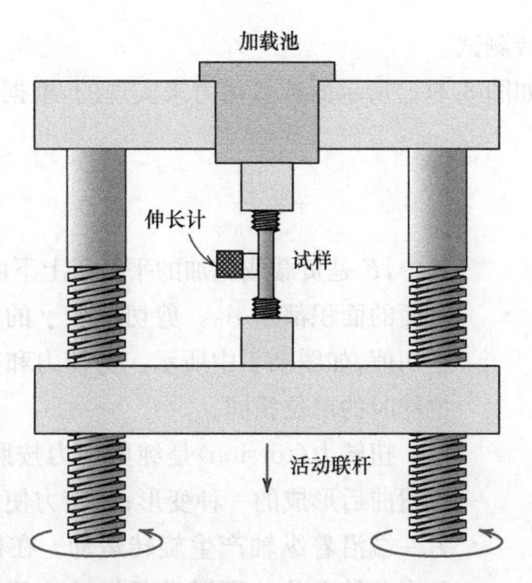

图 8.3　拉伸测试装置示意图。移动联杆拉伸试样，测力传感器和伸长仪测试分别用来测量施加的负载和伸长率

$$\sigma=\frac{F}{A_0} \tag{8.1}$$

其中，F 是垂直于试样横截面的瞬时负载，单位是牛顿(N)；A_0 是在施加负载之前的原始横截面积，单位为 m^2。工程应力（随后称之为应力）的单位是兆帕，MPa(SI)($1MPa=10^6N/m^2$)。

工程应变 ε 定义为

$$\varepsilon=\frac{l_i-l_0}{l_0}=\frac{\Delta l}{l_0} \tag{8.2}$$

其中，l_0 是在施加负载之前的原始长度，l_i 是瞬时长度。有时将 l_i-l_0 的量表示为 Δl，Δl 是与原始长度相比，在某一瞬间其形变的伸长或变化量。工程应变（随后称之为应变）是没有单位的，但通常会使用米/米表示；应变值显然不受单位制的影响。有时应变也表示为百分比，就是将应变值乘以 100。

压缩测试

如果施加的力是压力，那么就可以进行压缩应力-应变测试。除作用力为压力和试样沿着力的方向减小外，压缩测试所采用的方法与拉伸测试类似。式(8.1)和式(8.2)可分别用来计算压应力和应变。按照惯例，压力为负，将产生一个负的压力。此外，由于 l_0 比 l_i 大，利用式(8.2)计算的压应变必然是负的。相比于压缩测试，拉伸测试更为常见，因为它们更容易进行；同时，对大多数结构材料，压缩测试所获得的额外信息是很少的。当想要获得材料在非常大且持久的压力下的行为或材料在拉力下易碎时，就需要进行压缩测试。

剪切测试和扭转测试

该测试是采用如图 8.1(c)所示的纯剪切力来实现的,根据下列公式可计算出剪切应力 τ,

$$\tau=\frac{F}{A_0} \tag{8.3}$$

其中,F 是负载或施加的平行于上下两个面的力,上下两个面的面积都是 A_0。剪切应变 γ 的定义是应变角 θ 的正切值,如图 8.1 中所示。剪切力和剪切应变的单位与拉伸时的单位相同。

扭转力(torsion)是纯剪切力按照图 8.1(d)中的方式扭曲后形成的一种变形;扭转力使试样的一端相对于另一端沿着纵轴产生旋转运动。在机械轴和传动轴以及麻花钻上往往可以发现扭转的例子。扭转测试通常是在圆柱形实心轴或导管上进行。剪切应力 τ 是所施加的力矩 T 的函数,而剪切应变 γ 与扭转角度 φ 相关。

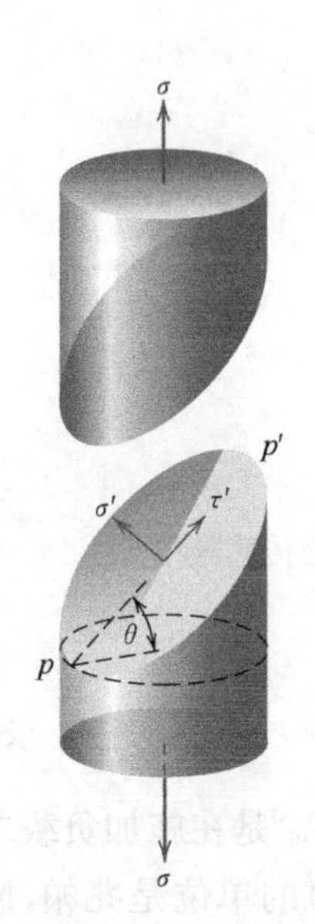

图 8.4　沿轴线方向施加纯拉伸应力 σ 后,与轴线呈 θ 角的平面上所受到的正应力 σ' 和切应力 τ' 示意图

应力状态的几何因素

从图 8.1 中展示的拉力、压力、剪切力和扭转力中计算得到的应力垂直或平行于这些图中试样的表面。需要注意的是应力状态是平面取向的函数。例如,图 8.4 中的圆柱形拉伸试样,它所受的拉力 σ 平行于轴线。此外,还要考虑的是 P-P' 平面的取向相对于试样的底面成任意角 θ。在 P-P' 面上,所施加的应力不再是纯的拉力。相反,它是一个更复杂的应力状态,由沿着该平面法线方向的拉力 σ' 和平行于该平面的剪切力 τ' 组成;这些应力都呈现在图中。利用材料力学原理,我们可以根据 σ 和 θ 得到关于 σ' 和 τ' 的公式,如下:

$$\sigma'=\sigma\cos\theta^2=\sigma\left(\frac{1+\cos2\theta}{2}\right) \tag{8.4a}$$

$$\tau'=\sigma\sin\theta\cos\theta=\sigma\left(\frac{\sin2\theta}{2}\right) \tag{8.4b}$$

这些相同的力学原理可以使应力分量从一个坐标系转换到另一个有不同取向的坐标系。这种处理方法超出了目前讨论的范围。

8.3　弹性变形

应力-应变行为

结构变形或应变的程度取决于所施加应力的大小。对于大多数金属，当拉伸力相对较低时，应力和应变之间的关系如下：

$$\sigma = E\varepsilon \tag{8.5}$$

这就是众所周知的胡克定律(Hooke's law)，比例常数 E(GPa)是弹性模量(modulus of elasticity)或杨氏模量(Young's modulus)。对于多数典型的金属，其弹性模量值介于 45 GPa(镁的弹性模量)和 407 GPa(钨的弹性模量)之间。表 8.1 列出了几种金属在室温下的弹性模量值。

表 8.1　不同金属合金在室温下的弹性模量、剪切模量和泊松比

金属合金	弹性模量/GPa	剪切模量/GPa	泊松比
铝	69	25	0.33
黄铜	97	37	0.34
铜	110	46	0.34
镁	45	17	0.29
镍	207	76	0.31
钢	207	83	0.30
钛	107	45	0.34
钨	407	160	0.28

应力和应变成比例的变形称为弹性变形(elastic deformation)；应力(纵坐标)与应变(横坐标)之间呈线性关系，如图 8.5 所示。该线段的斜率对应着弹性模量 E。该弹性模量可以认为是硬度或材料的抗弹性变形。弹性模量越大，材料就越硬，施加一个应力时其弹性应变就越小。在计算弹性变形时，弹性模量是一个重要的设计参数。

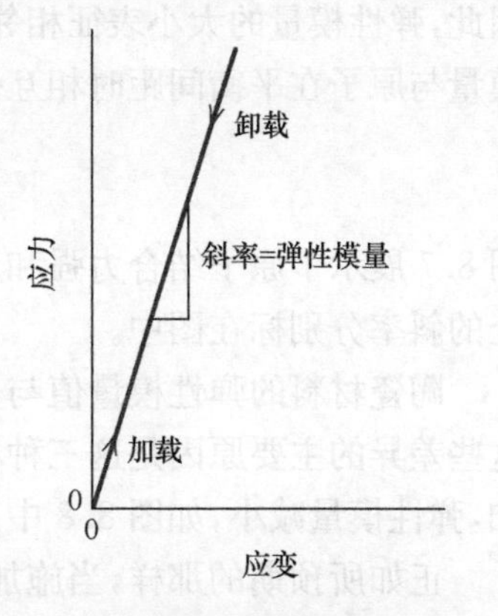

图 8.5　加载和卸载循环过程中产生的线性弹性变形应力-应变曲线

弹性变形是非永久变形，这意味着当所施加的负载释放时，物体就会返回到原来的形状。如图 8.5 所示的应力-应变曲线，当施加负载时，应变对应着从原点出发沿着直线上升。当负载释放时，应变沿着线路相反的方向回到原点。

有些材料(如灰铸铁、混凝土和许多高分子)

应力-应变曲线的弹性部分不是线性的(图 8.6);因此,不能按照之前所描述的那样来求弹性模量。对于这种非线性行为,我们通常使用切线(tangent)模量或割线模量(secant modulus)。切线模量是在某一规定应力下应力-应变曲线的斜率,而割线模量表示的是从原点到 σ-ε 曲线上给定的某点所绘制的割线斜率。这些弹性模量的确定如图 8.6 所示。

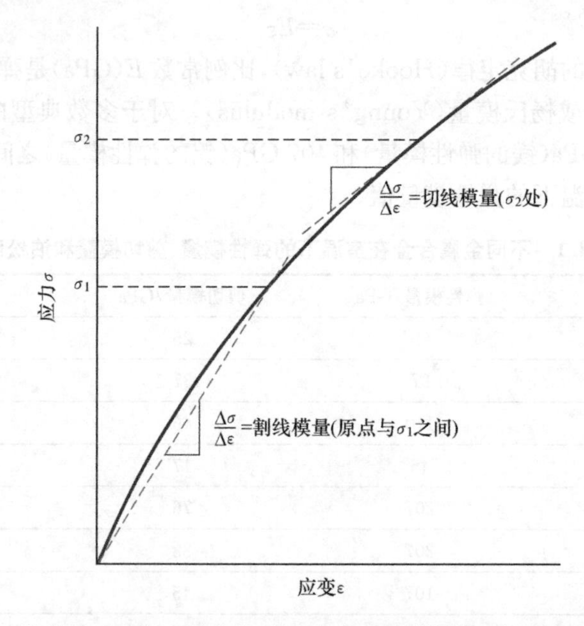

图 8.6　非线性弹性行为的应力-应变曲线及割线模量和切线模量的确定

在原子尺度上,宏观弹性应变表现为原子间距上小的变化和原子间键的拉伸。因此,弹性模量的大小表征相邻原子的分离抗力,即原子间的结合力。此外,弹性模量与原子在平衡间距时相互作用力-位移曲线的斜率成正比(图 2.10(a))。

$$E \propto \left(\frac{\mathrm{d}F}{\mathrm{d}r}\right)_{r_0} \tag{8.6}$$

图 8.7 展示了原子结合力强和原子结合力弱的材料的相互作用力-位移曲线;在 r_0 处的斜率分别标在图中。

陶瓷材料的弹性模量值与金属材料的相同;高分子的弹性模量较低(图 1.4)。这些差异的主要原因是这三种材料中原子键合的类型不同。此外,随着温度的增加,弹性模量减小,如图 8.8 中所展示的几种金属材料。

正如所预期的那样,当施加压力、剪切力或扭转力时,也会引起弹性形变。应力-应变特性以及弹性模量的大小在低应力水平上与拉伸和压缩的情况几乎相同。剪切应力和应变之间的关系如下:

$$\tau = G\gamma \tag{8.7}$$

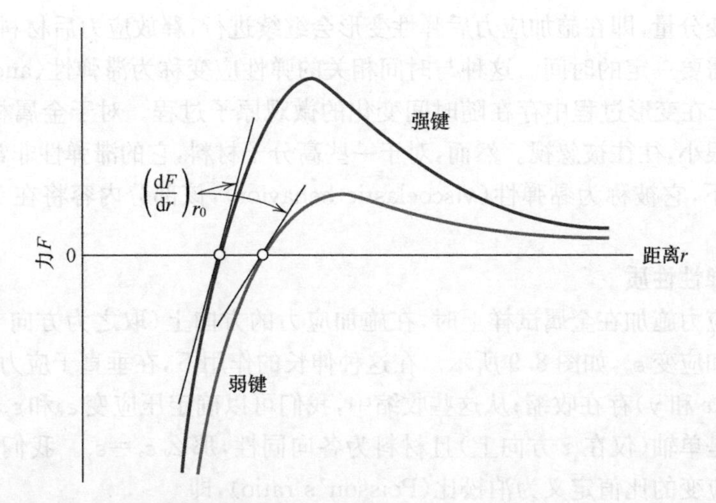

图 8.7　力与弱键和强键原子间距离的关系图。弹性模量的大小正比于原子间平衡距离 r_0 处的曲线斜率

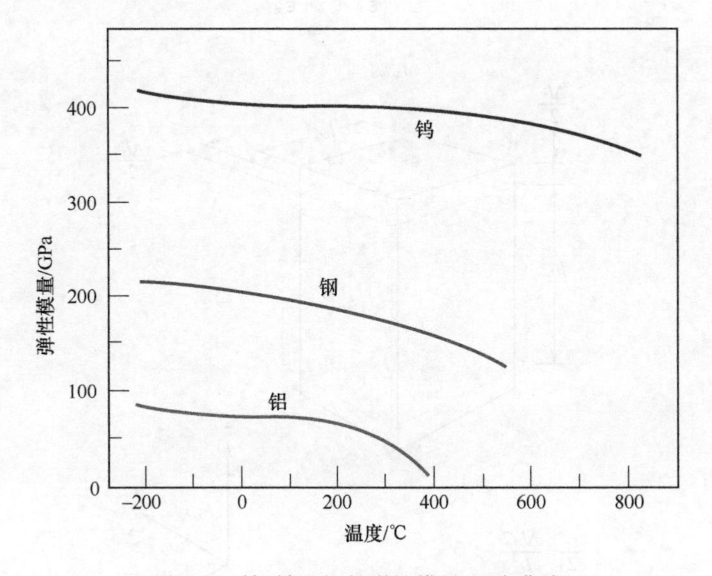

图 8.8　钨、铁和铝的弹性模量-温度曲线

其中,G 是切变模量(shear modulus),即剪切应力-应变曲线的线性弹性区域的斜率。表 8.1 给出了一些常见金属的切变模量。

滞弹性

我们之前已经假设弹性变形与时间无关,即当施加应力时,会立即产生一个弹性应变,且保持压力不变时,该瞬时弹性应变恒定。当负载释放时,应变可以完全地恢复原状,即应变立刻变为零。然而,在大多数工程材料中会存在一个随时间变化的弹性应变分量，即在施加应力后弹性变形会继续进行，释放应力后材料完全恢复到原状也需要一定的时间。这种与时间相关的弹性应变称为滞弹性(anelasticity)，这是由于在变形过程中存在随时间变化的微观原子过程。对于金属材料，其滞弹性通常很小，往往被忽视。然而，对于一些高分子材料，它的滞弹性非常的大；在这种情况下，它被称为黏弹性(viscoelastic behavior)，该部分内容将在 15.4 节中进行讨论。

材料的弹性性质

当拉伸应力施加在金属试样上时，在施加应力的方向上(取之为方向 z)会产生弹性伸长和应变 ε_z，如图 8.9 所示。在这种伸长的作用下，在垂直于应力方向的横向方向上(x 和 y)存在收缩；从这些收缩中，我们可以确定压应变 ε_x 和 ε_y。如果施加的应力是单轴(仅在 z 方向上)且材料为各向同性，那么 $\varepsilon_x=\varepsilon_y$。我们将横向应变和轴向应变的比值定义为泊松比(Poisson's ratio)，即

$$v=-\frac{\varepsilon_x}{\varepsilon_z}=-\frac{\varepsilon_y}{\varepsilon_z} \tag{8.8}$$

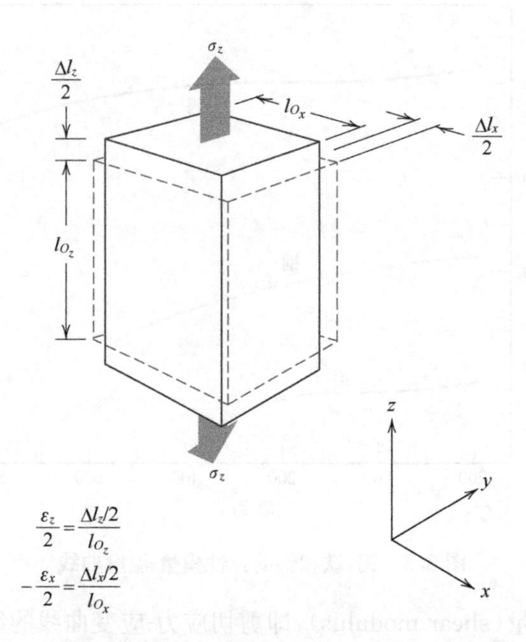

图 8.9　施加拉应力后的轴向(z)拉伸(正应变)和横向(x 和 y)压缩(负应变)。实线为施加应力后的尺寸，虚线为施加应力前的尺寸

对于几乎所有的结构材料，ε_x 和 ε_z 的符号都是相反的；因此，在前面的表达式中存在一个负号以确保 v 是正的。从理论上讲，各向同性材料的泊松比应该为 1/4；此外，v 的最大值(没有净体积变化时对应的值)为 0.50。对于许多金属和其他合金，

泊松比的变化范围为0.25～0.35。表8.1列出了几种常见金属材料的泊松比。

对于各向同性材料，剪切模量、弹性模量和泊松比之间存在如下关系：

$$E=2G(1+v) \tag{8.9}$$

对于多数金属，G 约为 E 的0.4倍；因此，只要知道其中的一个模量值，就可以估计出另一个模量值。

许多材料是弹性各向异性的；即弹性行为（如 E 的大小）随着结晶方向的变化而变化（表3.3）。对于这些材料，弹性性质需要不同的弹性常数来表示，它们的数量取决于晶体结构的特征。即使对于各向同性材料，要完整描述其弹性特征，至少需要给定两个常数。在大多数多晶材料中晶粒的取向是随机的，所以它们可以看做是各向同性的；无机陶瓷玻璃也是各向同性的。力学性质的其他讨论都假定材料是各向同性和多晶结构，因为这是大多数工程材料的特征。

8.4 塑性变形

对于大多数金属材料，弹性变形的应变只有约0.005。当材料的变形超过这一值时，应力不再与应变成正比（胡克定律即式(8.5)不再有效），而是发生永久性的、不可恢复的塑性变形(plastic deformation)。图8.10(a)为典型金属塑性变形区域的拉伸应力-应变图。对大多数金属来说，从弹性变形到塑性变形的过程是逐渐过渡的；在塑性变形的开始会产生一些曲率，之后随着应力的增加而迅速地变大。

从原子角度看，塑性变形对应着原始的相邻原子之间键的断裂，新的邻近原子重新成键；应力消除后它们不再返回到原来的位置。对于晶体材料和无定型材料，这种变形机制是不同的。对于晶体，变形是通过“滑移(slip)”过程来完成的，其中涉及位错的运动，这些将在9.2节中讨论。在非晶体（以及液体）中的塑性变形是通过黏性流动机制来实现，这些将在14.8节中进行概述。

拉伸性能

1) 屈服和屈服强度

大部分结构的设计是确保受到应力时只发生弹性变形。已经发生塑性变形或形状发生了永久性变化的结构或构件，可能达不到想要的功能。因此，就需要知道应力达到多少时开始发生塑性变形或出现屈服现象。对于金属，它的弹性到塑性的转变是一个逐渐的过程，所以当应力-应变曲线偏离线性变化时，我们可以确定其屈服点；屈服点有时称为比例极限(proportional limit)，如图8.10(a)中 P 点，它代表塑性变形在微观水平上的开始。P 点的位置很难精确测量。因此，人们习惯在某一应变截距处建立一条与应力-应变曲线弹性部分平行的直线，通常是0.002处。这条线与应力-应变曲线的交点对应的应力定义为屈服强度(yield strength，σ_y)。如图8.10(a)所示。屈服强度的单位为兆帕(MPa)。

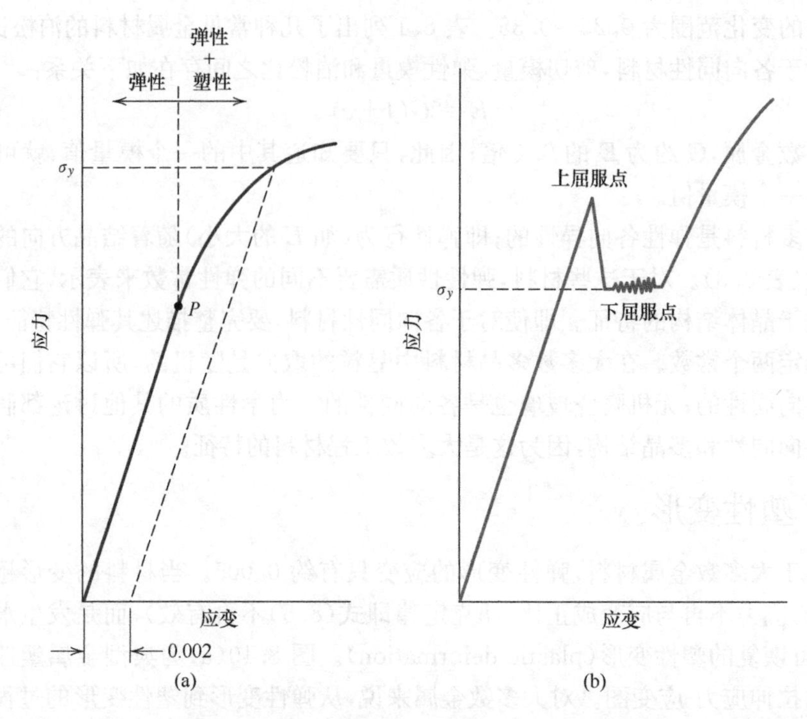

图 8.10　(a) 金属弹性变形和塑性变形中典型的应力-应变行为，P 为比例极限，σ_y 为 0.002 应变截距方法所得的屈服强度。(b) 一些钢中表现屈服点现象的典型应力-应变行为

对于具有非线性弹性区域的材料(图 8.6)，使用应变截距法是行不通的，通常的做法是将屈服强度定义为产生一定应变的应力(如 $\varepsilon=0.005$)。

图 8.10(b)展示了钢和其他材料的拉伸应力-应变曲线。弹性-塑性转变是非常明显的，并发生屈服点现象(yield point phenomenon)的地方。在上屈服点，塑性变形开始发生，此时工程应力有明显减小。持续的变形在某一应力常数值附近轻微波动，称为下屈服点；随后应力随着应变增加而上升。对于有这种现象的金属，屈服强度是与下屈服点相关的平均应力，因为它非常的明显且对测试过程相对不敏感。因此，对于这些材料，没有必要采用应变截距方法。

金属屈服强度的大小是它抵抗塑性变形的一种度量。屈服强度的变化范围一般为 35MPa(低强度的铝)到 1400MPa(高强度的钢)。

2) 抗张强度

金属在屈服后，继续发生塑性变形，应力会达到最大值，如图 8.11 中的 M 点，然后应力值会减小直到最终断裂，即 F 点。抗张强度(tensile strength，TS，MPa)是工程应力-应变曲线上最大的应力值(图 8.11)。该值相当于在拉伸试验中试样结构可以维持的最大应力；如果施加该应力并保持一段时间，将会产生断裂。在整个拉伸试样的狭窄区域中,所有在该点之前的变形都是均匀的。然而,在最大应力下,试样会在某处开始形成一个小的收缩(或称颈),之后所有后续的变形将发生在这个颈部,如图 8.11 所示。这种现象称为缩颈(necking),最终的断裂就发生在颈部。断裂强度对应着断裂时的应力。

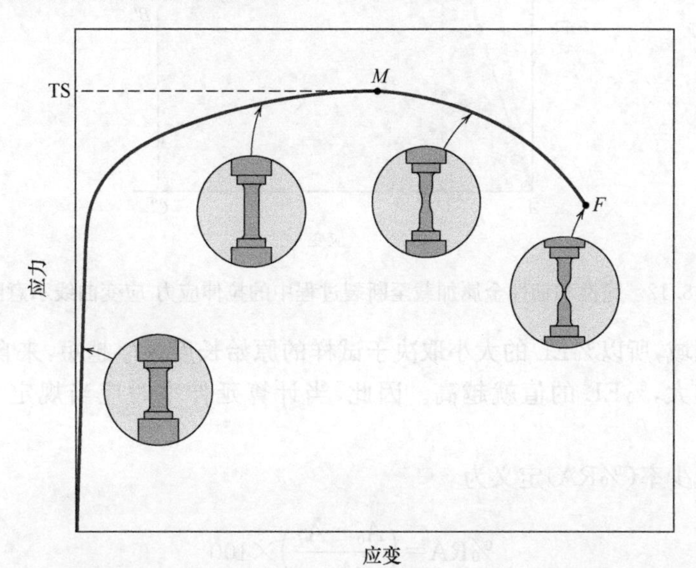

图 8.11　断裂(*F* 点)的典型工程应力-应变行为。*M* 点为抗张强度 TS。圆圈内表示变形试样沿着曲线不同点处的几何形状

抗张强度的变化范围从 50 MPa(对应铝的抗张强度)开始最高可达 3000 MPa(对应高强度钢的抗张强度)。通常,在设计过程中要考虑金属强度时,我们会使用屈服强度。这是因为当应力在达到抗张强度之前,结构就已经经历了很大的塑性变形,因此抗张强度就没有什么意义。此外,断裂强度一般不会是工程设计的目的。

延展性

延展性(ductility)是另一个重要的力学性质。它是材料在断裂时塑性变形程度的一种度量。在断裂前经历很小或没有塑性变形的金属被称之为很脆(brittle)。图 8.12 展示了韧性和脆性金属的拉伸应力-应变行为。

延展性可以定量地表示为伸长率或面积的减少率。伸长率(%EL)是材料在断裂时的塑性应变百分比,或

$$\%\mathrm{EL}=\left(\frac{l_f-l_0}{l_0}\right)\times 100 \tag{8.10}$$

其中,l_f是断裂长度;l_0 是之前给出的原始长度。因为在断裂时主要的塑性变形发

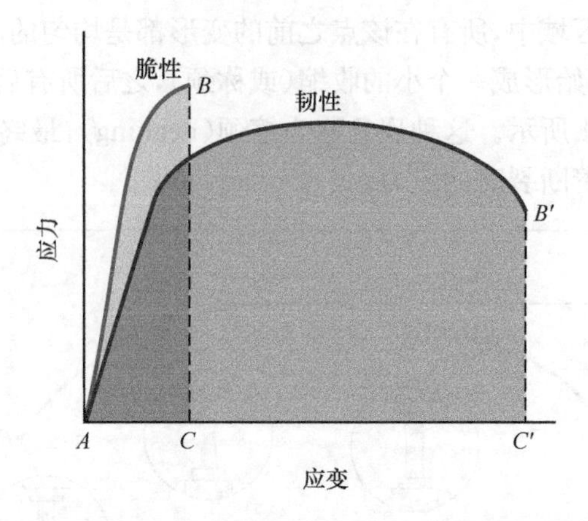

图 8.12　脆性和韧性金属加载至断裂过程中的拉伸应力-应变曲线示意图

生在颈部区域，所以%EL 的大小取决于试样的原始长度。l_0 越短，来自颈部的总延伸量就越大，%EL 的值就越高。因此，当计算延伸率时应当规定 l_0；通常定为 50mm。

面积减少率(%RA)定义为

$$\%RA=\left(\frac{A_0-A_f}{A_0}\right)\times 100 \tag{8.11}$$

其中，A_0 为原始横截面积；A_f 是在断裂时的横截面积。面积减少率的值与 l_0 和 A_0 无关。此外，对于给定的材料，%EL 的大小与%RA 的大小一般是不同的。大多数金属在室温下具有适中的延展性；然而，随着温度的降低，一些材料会变脆(见 10.6 节)。

材料延展性的知识非常的重要，其中至少有两个原因。首先，它向设计师表明了该结构在断裂之前产生塑性变形的程度。第二，它规定了在制造过程中所允许的变形程度。我们有时认为相对韧性的材料是“宽容”的，就是因为它们会发生局域变形而不断裂，因此在应力计算时允许出现一定的误差。

脆性材料可以近似看做是断裂应变小于 5%的材料。

因此，金属的一些重要力学性质可从拉伸应力-应变测试中测得。表 8.2 列出了一些常见金属在室温下的屈服强度、抗张强度和延展性。这些性质对预变形、杂质的存在以及金属热处理都非常的敏感。弹性模量是一个对这些处理不敏感的力学参数。与弹性模量一样，屈服强度和抗张强度的大小随温度的升高而下降；延展性刚好相反，它通常随温度的升高而增加。图 8.13 展示了铁的应力-应变行为是如何随温度变化的。

表 8.2　几种金属和合金在退火状态的典型力学性能

金属合金	屈服强度/MPa	抗张强度/MPa	延展性,EL%[50mm]
铝	35	90	40
铜	69	200	45
黄铜(70Cu-30Zn)	75	300	68
铁	130	262	45
镍	138	480	40
钢(1020)	180	380	25
钛	450	520	25
钼	565	655	35

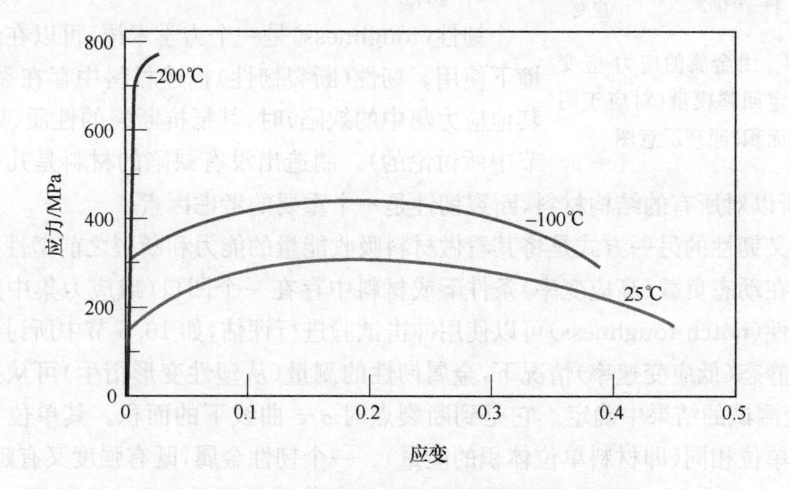

图 8.13　铁在三个温度下的工程应力-应变行为

1）回弹性

回弹性(resilience)是材料发生弹性变形时吸收能量的能力,去掉应力后能够凭借该能量恢复到原状。与此相关的是回弹模量(resilience modulus,U_r),它是单位体积的应变能,是材料从原始状态达到屈服点时的所需应力。

计算时,对于进行单向拉伸试验的试样,其回弹模量等于工程应力-应变曲线到屈服点下的面积(图 8.14),或

$$U_r = \int_0^{\varepsilon_y} \sigma \mathrm{d}\varepsilon \tag{8.12a}$$

假设弹性形变区域是线性的,那么我们可得

$$U_r = \frac{1}{2}\sigma_y \varepsilon_y \tag{8.12b}$$

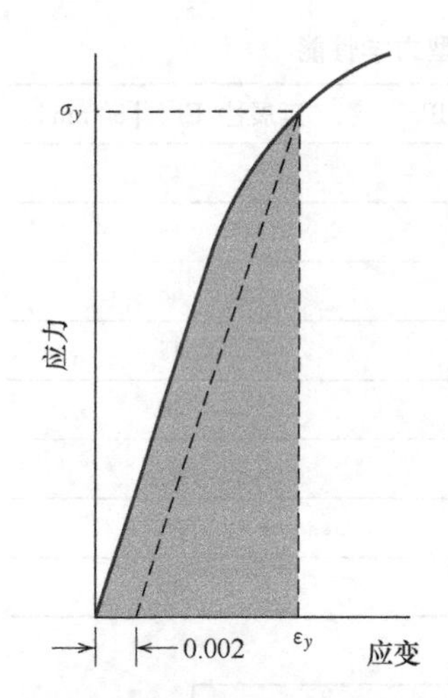

图 8.14　由金属的应力-应变曲线确定回弹模量(对应于阴影部分面积)原理示意图

其中,ε_y 是在屈服点处的应变。

回弹模量的单位等于应力-应变曲线两个坐标轴单位的乘积。其 SI 单位是焦耳每立方米(J/m^3,等价于 Pa)。应力-应变曲线下的面积表示的是单位体积(立方米)材料吸收的能量。

将式(8.5)代入式(8.12b)得

$$U_r=\frac{1}{2}\sigma_y\varepsilon_y=\frac{1}{2}\sigma_y\left(\frac{\sigma_y}{E}\right)=\frac{\sigma_y{}^2}{2E} \tag{8.13}$$

因此,回弹性材料具有高屈服强度和低弹性模量;这样的合金可以应用在弹簧中。

2) 韧性

韧性(toughness)是一个力学术语,可以在多种环境下使用。韧性(断裂韧性)描述材料中存在裂纹(或其他应力集中的缺陷)时,其抵抗断裂的性质(如 10.5 节中所讨论的)。制造出没有缺陷的材料是几乎不可能的,所以对所有的结构材料,断裂韧性是一个重要的考虑因素。

定义韧性的另一方式是将其看做材料吸收能量的能力和断裂之前塑性变形的能力。在动态负载(高应变率)条件下或材料中存在一个凹口(或应力集中点)时,缺口韧性(notch toughness)可以使用冲击试验进行评估,如 10.6 节中所讨论的。

在静态(低应变速率)情况下,金属韧性的测量(从塑性变形衍生)可从拉伸应力-应变测试的结果中确定。它是到断裂点时 σ-ε 曲线下的面积。其单位与回弹模量的单位相同(即材料单位体积的能量)。一个韧性金属,既有强度又有延展性。图 8.12 中绘制了两种类型金属的应力-应变曲线。因此,通过比较图 8.12 中 ABC 面积和 $AB'C'$ 面积可以看出,虽然脆性金属具有很高的屈服强度和抗张强度,但它的韧性要低于延展性好的金属。

真应力和真应变

从图 8.11 可知,过了最大值点 M 后,继续变形所需的应力会下降,这似乎表明该金属变弱了。这种现象并不是所有的情况下都会发生;事实上,它的强度会增加。然而,颈部区域发生变形,其横截面积快速地减小。这导致试样的承载能力降低。式(8.1)计算出的应力基于原始横截面积。该原始横截面积指没有变形之前,且不考虑颈部处面积的减小。

有时使用真应力-真应变描述更有意义。真应力(true stress,σ_T)定义为负载 F 除以发生变形时(即颈部,拉伸点之后)的瞬时横截面积 A_i,或

$$\sigma_T=\frac{F}{A_i} \tag{8.14}$$

此外，有时将应变按照下列公式定义为真应变(true strain，ε_T)更为方便。即

$$\varepsilon_T = \ln \frac{l_i}{l_0} \tag{8.15}$$

如果在变形过程中不发生体积变化，即如果

$$A_i l_i = A_0 l_0 \tag{8.16}$$

那么实际工程应力与应变的关系是如下：

$$\sigma_T = \sigma(1+\varepsilon) \tag{8.17a}$$

$$\varepsilon_T = \ln(1+\varepsilon) \tag{8.17b}$$

式(8.17a)和式(8.17b)仅在发生缩颈时有效；超过该点，真应力和真应变应根据实际负载、横截面积以及测量的长度来计算。

图 8.15 将工程应力-应变行为和真应力-应变行为进行了比较。值得注意的是，维持应变所需要增加的真应力超过了拉伸点 M'。

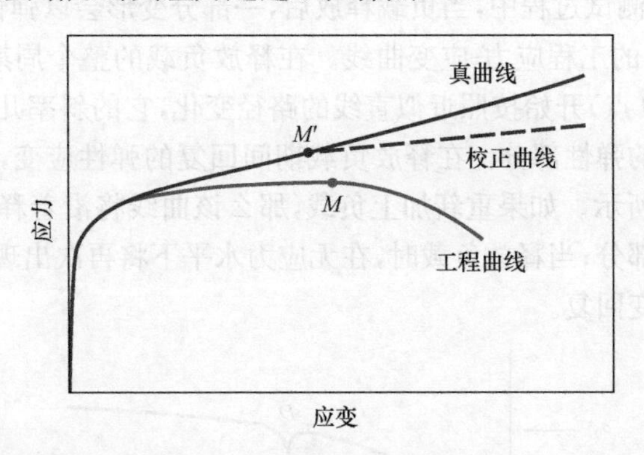

图 8.15　典型拉伸过程工程应力-应变行为和真应力-应变行为对比图。工程应力-应变曲线中颈部从 M 点开始，真应力-应变曲线中颈部从 M' 点开始。“校正”真应力-应变曲线考虑了颈部区域的复合应力状态

与颈部的形成同时发生的是在颈部区域引入了复杂的应力状态(即除了轴向应力外还存在其他的应力分量)。因此，颈部的轴向应力要低于利用负载和颈部横截面积计算的应力。如图 8.15 中“校正”曲线所示。

对于一些金属和合金，从开始发生塑性变形到缩颈开始形成处的真应力-应变曲线可以近似表示为

$$\sigma_T = K\varepsilon_T^n \tag{8.18}$$

在该式中，K 和 n 为常数；不同合金的这些常数值会有所不同，且这些常数取决于材料的状况(如是否发生塑性变形、热处理等)。参数 n 通常被称为应变硬化指数(strain-hardening exponent)，其值小于 1。表 8.3 列出了几种合金的 n 和 K 值。

表 8.3 几种合金的 n 和 K 值(式(8.18))

金属	n	K/MPa
低碳钢(退火)	0.21	600
4340 合金钢(回火@315℃)	0.12	2650
304 不锈钢(退火)	0.44	1400
铜(退火)	0.44	530
海军黄铜(退火)	0.21	585
2024 铝合金(经热处理-T3)	0.17	780
AZ-31B 镁合金(退火)	0.16	450

塑性变形后的弹性回复

在应力-应变测试过程中，当负载释放后，一部分变形会以弹性变形方式恢复。如图 8.16 中所示的工程应力-应变曲线。在释放负载的整个周期过程中，曲线从释放负载点(即 D 点)开始按照近似直线的路径变化，它的斜率几乎与弹性模量相同或平行于曲线的弹性部分。在释放负载期间回复的弹性应变，其大小等于应变回复，如图 8.16 所示。如果重新加上负载，那么该曲线将沿着释放负载的反方向穿过相同的线性部分；当释放负载时，在无应力水平下将再次出现屈服。也有与断裂相关的弹性应变回复。

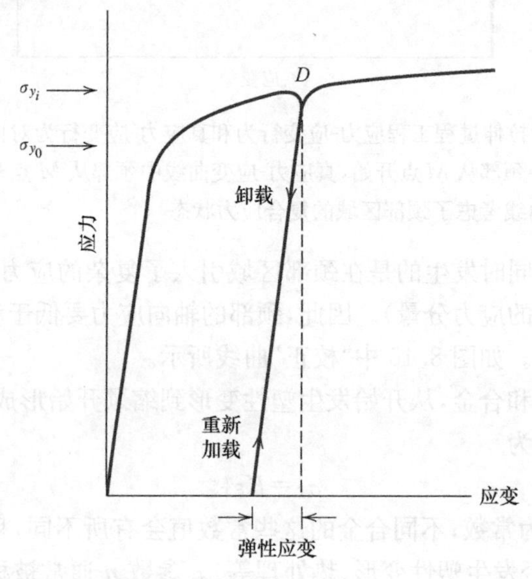

图 8.16 弹性应变回复和应变强化现象的拉伸应力-应变曲线示意图。σ_{y_0} 为初始屈服强度；σ_{y_i} 为在 D 点释放加载然后重新加载后的屈服强度

压缩、剪切和扭转变形

金属在施加压力、剪切力和扭转力后会发生塑性变形。在塑性区域所得的应力-应变行为与拉伸时类似(如图 8.10(a)中的屈服强度及其曲率)。然而，对于压缩，不会存在最大值，因为颈缩不会发生；此外，断裂方式也与拉伸不同。

8.5　硬度

另一种重要的力学性质是硬度(hardness)，它可以测量材料抵抗局域塑性变形的能力(如一个小凹痕或划痕)。早期的硬度测试是利用一种组成单一的天然矿物质去划另一种相对软的材料。得到定性的硬度指数，被称为莫氏硬度，莫氏硬度从 1 变化到 10，其中 1 对应比较软的滑石粉，10 对应金刚石。定量硬度测试技术已形成多年，基本原理是在控制负载量和应用速率的条件下，将一个小的硬度压头压入到待测材料的表面上进行测试。测量压痕的深度或大小，然后将这些数据与硬度值对应；材料越软，其压痕就越大、越深，对应的硬度指数也就越低。测量的硬度只是个相对值(而不是绝对值)，因此在比较利用不同方法确定的硬度值时，需要加以注意。

硬度测试比其他任何力学性质测试都频繁，其原因如下：①它们非常简单且便宜，尤其是不需要制备特殊的试样且测试设备相对便宜。②测试是无损检测，即试样不会断裂也不会过度变形；仅仅会产生一个小的压痕。③其他力学性质往往可以通过硬度数据进行估算，如抗张强度(图 8.18)。

洛氏硬度测试

洛氏硬度测试是最常用的硬度测试方法，因为它容易执行且不需要特殊技巧。通过不同压头和负载的组合，它可以测试几乎所有金属合金(以及一些高分子)的硬度。压头包括直径为 1.588、3.175、6.350、12.70mm 的硬化钢球以及一个锥形金刚石(Brale)压头，其中金刚石压头主要用于测量非常坚硬的材料。

在该测试系统下，硬度值可根据压痕深度的不同来确定，这些压痕是由负载从小变大之后造成的；使用小的负载可以提高测试精度。基于负载的大小，存在洛氏硬度测试和表面洛氏硬度测试两种测试方法。对于洛氏硬度测试，最小负载为 10kg，而最大负载为 60、100、150kg。每个标度都是由字母表中的字母表示；表 8.4 和表 8.5 列出了这些标度及其对应的硬度计压头和负载。对于表面洛氏硬度测试，最小负载为 3kg；可能的最大负载为 15、30、45kg。这些标度根据 15、30、45(即负载的大小)与 N、T、W、X、Y 或硬度计压头的组合来区别。表面硬度测试通常应用于薄的试样。表 8.6 展示了一些表面标度。

表 8.4　硬度测试技术

测试	硬度计压头	侧视图	顶视图	负载	硬度计算公式
布氏硬度	10nm 钢球或碳化钨	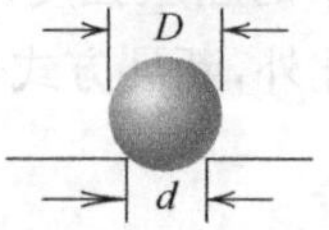 D, d	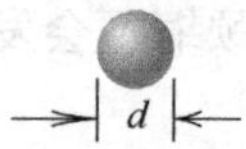 d	P	$HB=\frac{2P}{\pi D[D-\sqrt{D^2-d^2}]}$
韦氏显微硬度	金刚石棱锥	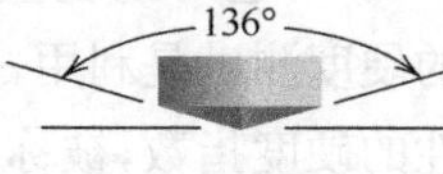 136°	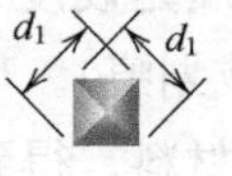 d_1, d_1	P	$HV=1.854P/d_1^2$
努普显微硬度	金刚石棱锥	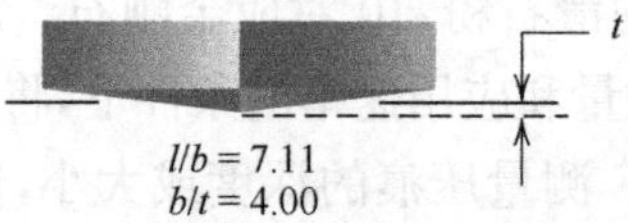 t; $l/b=7.11$, $b/t=4.00$	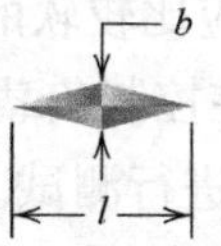 b, l	P	$HK=14.2P/l^2$
洛氏硬度	金刚石圆锥：$\frac{1}{16}$—，$\frac{1}{8}$—，$\frac{1}{4}$，$\frac{1}{2}$ 英寸直径的钢珠	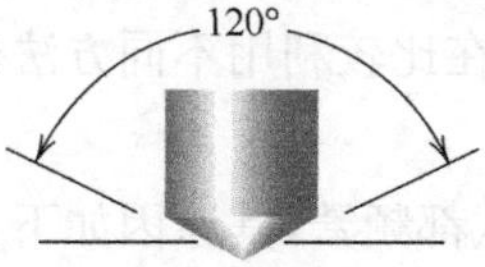 120°		60kg 100kg 150kg	洛氏硬度
				15kg 30kg 45kg	表面洛氏硬度

表 8.5　洛氏硬度尺度

标度符号	硬度计压头	最大负载
A	金刚石	60
B	1.588mm 球	100
C	金刚石	150
D	金刚石	100
E	3.175mm 球	100
F	1.588mm 球	60
G	1.588mm 球	150
H	3.175mm 球	60
K	3.175mm 球	150

表 8.6　表面洛氏硬度尺度

标度符号	硬度计压头	最大负载
15N	金刚石	15
30N	金刚石	30
45T	金刚石	45
15T	1.588mm 球	15
30T	1.588mm 球	30
45T	1.588mm 球	45
15W	3.175mm 球	15
30W	3.175mm 球	30
45W	3.175mm 球	45

在表示洛氏硬度和表面洛氏硬度时，必须标明硬度值和标度符号。标度可用合适的标度加上符号 HR 来表示。例如，80HRB 表示在标度 B 下的洛氏硬度为 80，60HR30W 表示在标度 30W 下的表面洛氏硬度为 60。

对于每个标度，硬度最高可达 130；然而，当任何尺度的硬度值超过 100 或低于 20 时，所测量的硬度值就会变得不准确；又因为标度存在一些重叠，所以在这种情况下，最好是利用下一个更“硬”的标度或更“软”的标度。

当测试样品太薄、压痕靠近试样边缘或两个压痕彼此之间靠得非常近时，都可能导致测试结果的不精确。试样的厚度至少应为压痕深度的 10 倍，而一个压痕的中心到试样的边缘或第二压痕的中心之间距离至少为三个压痕的直径。此外，我们不推荐将一个试样堆叠在另一个试样上进行测试。同时，准确度依赖于光滑平坦表面上的压痕。

现代的洛氏硬度测试仪器都是自动的，使用起来非常简单；硬度值可直接读出，且每一次测量只需要几秒钟。该仪器还可以调整负载时间。在解释硬度数据时须考虑这个变量。

布氏硬度试验

布氏硬度测试与洛氏硬度测量相似，都是将一个坚硬、球形压头压入到被测金属的表面。硬化钢（或碳化钨）压头的直径为 10mm。标准载荷范围为 500～3000kg，并且载荷以 500kg 为增量进行增加；测试过程中，在规定的时间内（10～30s）负载保持不变。较硬的材料需要施加更大的负载。布氏硬度值 HB 是负载和压痕直径的函数（表 8.4）。该压痕直径通过特殊的低功率显微镜并利用在目镜上刻蚀的标度进行测量。然后将所测量的直径转换为对应的 HB 值；该方法仅使用一个标度。

布氏硬度测试可实现半自动化。它们采用光学扫描系统，即将数字相机安装在可移动的探头上，允许相机对压痕定位。相机得到的压痕数据被转移到计算机上进行分析、确定其大小，然后计算出布氏硬度值。对于该方法，其对表面处理的要求通常比那些手动测量更加严格。

试样的最大厚度、压痕的位置（相对于试样的边缘）以及最小压痕间距的要求与洛氏硬度测试是相同。另外，我们希望得到明确的压痕；这就需要压痕在一个光滑平坦的表面上产生。

努氏显微压痕硬度测试和维氏显微压痕硬度测试

其余两个硬度测试方法是努氏硬度测试和维氏硬度测试（有时也被称为金刚石棱锥）。对于每种测试方法，将非常小且具有角锥状的金刚石压头压入到待测试样的表面。与洛氏和布氏测试方法相比，它们所需的负载非常小，通常介于 1 到 1000g。得到的压痕在显微镜下观察和测量；然后将这些测量结果转换成硬度值（表 8.4）。为了确保能够测得到明确的压痕，我们必须进行精细的表面处理（打磨和抛光）。努氏和维氏硬度值分别由 HK 和 HV 表示，两种方法所使用的硬度标度大致相等。基于压头的大小，努氏和维氏测试方法被称为显微压痕测试方法（microindentation-testing methods）。两者都非常适合测量试样小区域的硬度；此外，努氏硬度测试方法可用于测试脆性材料，如陶瓷（见 14.9 节）。

现代显微压痕硬度测试设备通过将压头装置与图像分析器连接来实现自动化，其中图像分析器包括计算机和相应软件包。软件控制着重要的系统功能，包括压痕位置、压痕间距、硬度值的计算以及数据的绘图。

其他常用的硬度测试技术不在这里讨论；这些技术包括超声波显微硬度测试、动态硬度计、橡胶硬度计（针对塑性和弹性材料）和划痕硬度测试。

硬度转换

有时我们需要将在一种标度上测量的硬度值转换为另一种标度上硬度值。然而，因为硬度不是一种明确的材料性质且不同方法之间存在实验性的差异，所以至今尚未制定全面的转换方案。我们通过实验可以得到硬度转换数据，从中会发现硬度依赖于材料的类型和特性。目前钢中的转换数据最为可靠，图 8.17 展示了钢的努氏尺度、布氏尺度、两种洛氏尺度以及莫氏尺度。ASTM 标准的 E140 即“金属标准硬度换算表”包含了其他不同金属和合金的详细转换。按照之前的讨论，在转换数据过程中，需要注意从一种合金体系到另一种合金体系的外推法。

硬度和抗张强度之间的相关性

抗张强度和硬度都是金属抵抗塑性变形的指标。因此，它们大致成比例，如

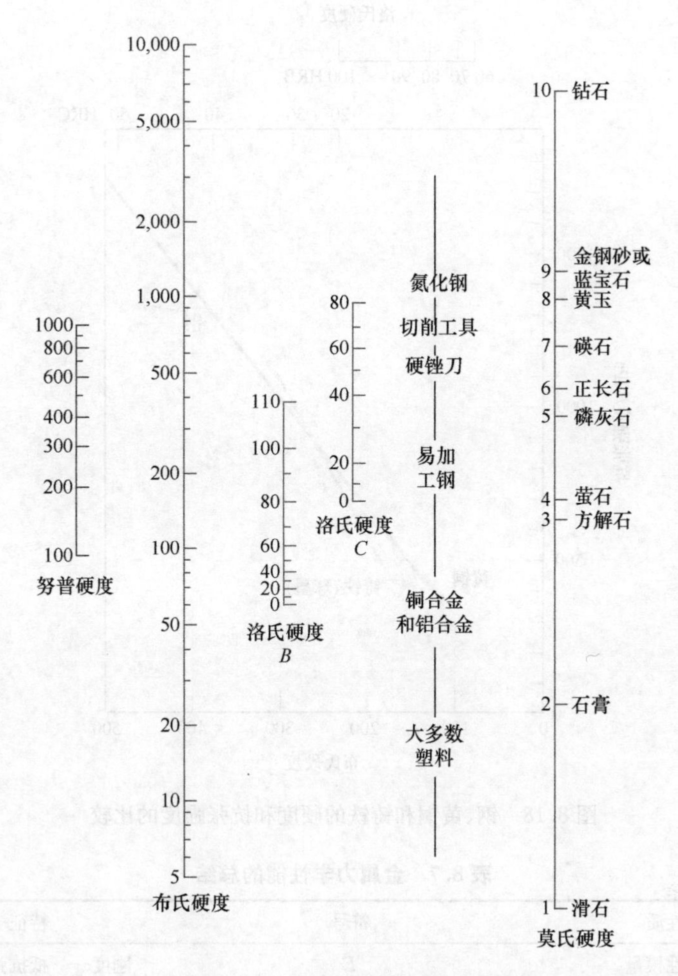

图 8.17　几种硬度标度的比较

图 8.18 所示的铸铁、钢、黄铜，它们的抗张强度都是硬度(HB)的函数。同样的比例关系不一定适用于所有的金属，如图 8.18 所示。一般来说，对于大部分钢，硬度(HB)与抗张强度的关系如下：

$$\mathrm{TS(MPa)} = 3.45 \times \mathrm{HB} \tag{8.19}$$

我们进行了关于金属拉伸性能的讨论，通过总结，表 8.7 列出了这些性质、符号以及它们的特征(定性地)。

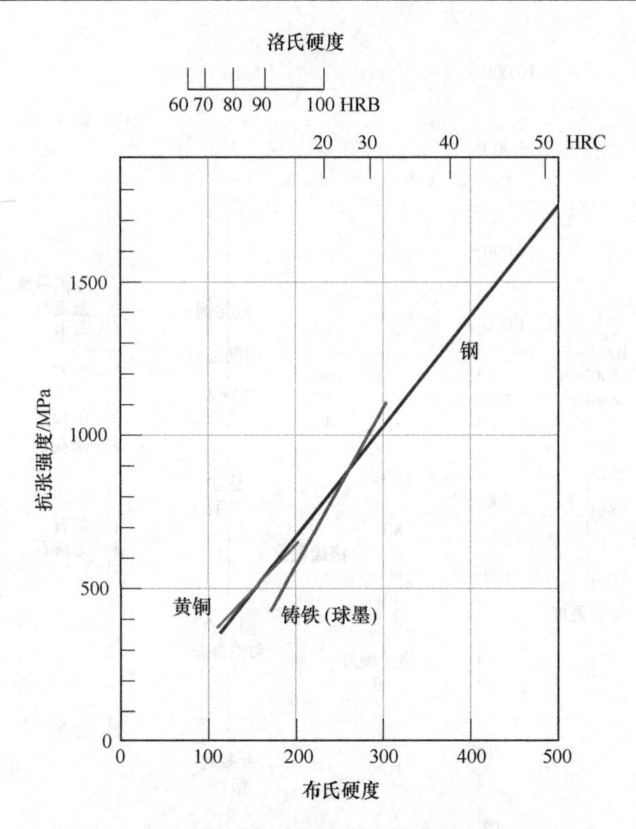

图 8.18 钢、黄铜和铸铁的硬度和抗张强度的比较

表 8.7 金属力学性能的总结

性质	符号	特征
弹性模量	E	刚度——抵抗弹性变形
屈服强度	σ_y	抵抗塑性形变
抗张强度	TS	所能承受的最大负载量
延展性	%EL,%RA	断裂时塑性变形的程度
回弹模量	U_r	弹性变形时的能量吸收
韧性(静态)	—	塑性变形时的能量吸收
硬度	HB,HRC	抵抗局域表面变形

性质变化和设计/安全因素

8.6 材料性质的可变性

此时,值得讨论一个让很多工科学生都烦恼的问题,它就是测量的材料性质不

是确定值。也就是说即使我们拥有最精确的测量仪器和高度控制的测试程序，从同一材料试样中收集到的数据总会有一些变化。例如，由一些金属合金棒制成的许多相同的拉伸试样，将这些试样在同一仪器上进行应力-应变测试。我们很可能观察到每个试样产生的应力-应变曲线都会稍有不同。这将会产生不同的弹性模量、屈服强度和抗张强度。许多因素导致测量数据的不确定性，包括测试方法、试样制造程序的变化、操作误差和仪器的校准。此外，在很多相同的材料或组成差异较小的材料中可能存在不均匀性。当然，我们可以通过采取适当的措施以减少测量误差，并减小这些因素所导致的数据变化。

还应当指出的是，对于材料其他测量的性质，如密度、电导率和热膨胀系数也都存在一些离散。

对于设计工程师而言，最重要的是能够意识到材料性质的离散和变化是不可避免的，并且能够合理地处理这些离散和变化。有时，数据必须进行统计处理和概率确定。例如，工程师们习惯问"在这些给定的条件下该合金的失效概率是多少?"而不是问"该合金的断裂强度是多少?"

对于一些测量的性质，我们经常希望能够用一个典型的值和离散程度（或分散）来表示；我们一般分别用平均值和标准偏差来表示。

平均值和标准偏差的计算

用所有测量值的和除以测量次数便可得到平均值。以数学术语表示，参数 x 的平均值 $\overline{x}$ 等于

$$\overline{x}=\frac{\sum_{i=1}^{n}x_i}{n} \tag{8.20}$$

其中，n 为观察或测量次数；x_i 是离散的测量值。

此外，标准偏差 s 是通过下列表达式来确定：

$$s=\left[\frac{\sum_{i=1}^{n}(x_i-\overline{x})^2}{n-1}\right]^{1/2} \tag{8.21}$$

其中，x_i，$\overline{x}$ 和 n 之前已定义。标准偏差的值越大对应着数据就越离散。

8.7　设计/安全因素

在表征所施加负载的大小和使用过程的压力水平时总会存在不确定性；通常只是近似地计算负载。此外，如 8.11 节中所指出的，几乎所有工程材料测量的性质都存在可变性，在制造过程中会引入缺陷，且在某些情况下，在使用过程中会受到损坏。因此，设计方法必须能够防止材料发生意外故障。在 20 世纪，就有协议指出通过设计安全系数减少施加的应力。虽然这对于某些结构材料的应用来说，

是可以接受的，但对于某些关键应用，它不能提供足够的安全，如一些在飞机上和桥梁结构部件上的应用。对于这些关键结构应用，目前的方法是使用韧性高且在结构设计中能够提供冗余的(即超额或重复的结构)材料，并定期检查缺陷的存在，必要时安全地删除或修复组件。(这些话题将在“第10章失效”中进行讨论，详见10.5节)。

对于不太重要的静态情况和使用韧性材料时，设计应力(design stress，σ_d)为计算应力σ_c(基于估计的最大负载)乘以设计因子(design factor，N')，即

$$\sigma_d = N'\sigma_c \tag{8.22}$$

其中，N'大于1。因此，在选择用于特殊应用的材料时，所选材料拥有的屈服强度至少要和σ_d一样高。

安全应力(safe stress)或工作应力(working stress)，σ_w，是用来代替设计应力的。该安全应力基于材料的屈服强度，定义为屈服强度除以安全因子(safety factor，N)，即

$$\sigma_w = \frac{\sigma_y}{N} \tag{8.23}$$

人们通常优先使用设计应力(式(8.22))，因为它是基于预期的最大施加应力而不是材料的屈服强度；通常估计此应力水平比确定屈服强度有更大的不确定性。然而，在本文的讨论中，我们所关心的是影响金属合金屈服强度的因素，而不是确定所施加的应力；因此，接下来的讨论主要是处理工作应力和安全因素。

选择一个合适的N值是非常必要的。如果N值太大，则会导致构件产生超安全设计；即要使用很多的具有更高强度的材料或合金。N值一般介于1.2和4之间。N值的选择取决于许多因素，包括经济因素、先前经验、机械力和材料性质确定的精度和故障之后造成的生命和财产损失(最重要)。因为N值过大会导致材料的成本和重量增加，所以结构设计师们正朝着使用具有冗余(和可检查的)设计且更加坚韧的材料的方向努力，这在经济上是可行的。

第 9 章　位错和强化机制

通过学习位错性质和它们在塑性变形过程中的作用，我们能够理解用于强化和硬化金属及它们合金的潜在方法和机制。因此，设计材料的力学性质成为可能，例如，金属基复合材料的强度或韧性。

9.1　引言

第 8 章解释了材料可能经历的两种变形：塑性变形和弹性变形。塑性变形是永久性的，材料的强度和硬度就是测量其抵抗这种塑性变形的能力。在微观尺寸上，塑性变形对应着大量原子在施加应力后的净运动。在塑性变形过程中，原子键会断裂然后再重新结合。在晶体中，塑性变形通常会涉及位错的运动。本章将讨论位错的特征和它们如何参与塑性变形。一些金属塑性变形的另一种过程——孪晶也将给予讨论。此外，还将列出几种重要的单相金属强化方法，这些强化方法的机制可根据位错来描述。最后，本章的后几节将涉及回复和再结晶以及晶粒生长，其中再结晶发生在金属塑性变形的过程中，通常是在高温下。

位错和塑性变形

人们在早期的材料研究中计算得到了理想晶体的理论强度，这个计算值比实际测量的晶体强度大好多倍。在 20 世纪 30 年代，人们开始用线性晶体缺陷即位错(dislocation)在理论上解释这种力学强度的差异。直到 20 世纪 50 年代，这种位错缺陷才被电子显微镜直接观察到。从那时起，位错理论不断发展，并解释了金属(以及晶体陶瓷(见 14.8 节))中的许多物理和力学现象。

9.2　基本概念

刃型位错和螺型位错是两种基本的位错类型。在刃型位错中，局域晶格扭曲出现在多余半原子面的末端，该末端也被定义为位错线(图 6.9)。螺型位错产生于剪切变形，它的位错线经过一个螺旋原子平面斜坡的中心(图 6.10)。在晶体材料中的许多位错具有刃型位错和螺型位错两种组分，这些称为混合位错(图 6.11)。

塑性变形与大量的位错运动有关。当在垂直于位错线的方向上施加切应力时，刃型位错就会移动；位错运动机理如图 9.1 所示。我们将最初的多余半原子面视为平面 A。当施加切应力时(图 9.1(a))，平面 A 被迫右移；同时也使平面 B,C,

$D\cdots$的上半部分向右移动。如果施加的切应力足够大，平面 B 的原子键沿着剪切面被割断，使得平面 B 的上半部分变成了多余的半原子面，而平面 A 与平面 B 的下半部分相连接(图 9.1(b))。接下来的其他平面不断重复该过程，于是多余的半原子面通过分立阶段(键的重复断裂以及沿着上半原子面的平面间距位移)不断地从左向右运动。在位错的运动通过晶体一些特殊区域的前后，原子排列都是有序和完美的；只有在多余的半原子面通过时，晶格结构是被破坏的。最后，这个多余的半原子面会出现在晶体的右表面，形成了只有一个原子间距宽的边缘，如图 9.1(c)所示。

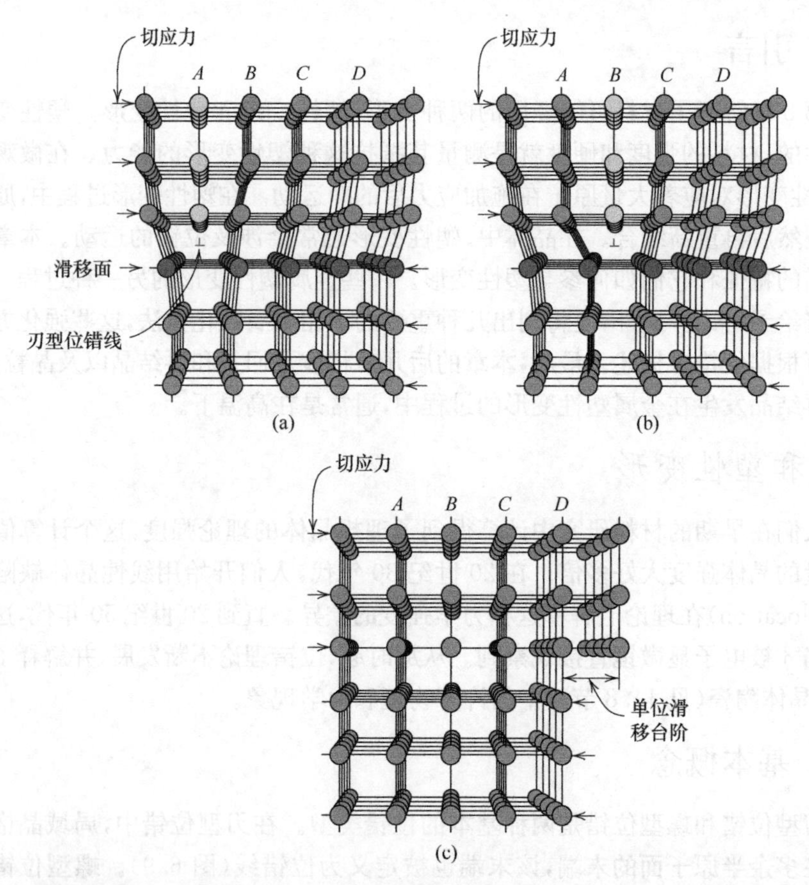

图 9.1　施加切应力时，随刃位错移动的原子排列示意图。(a) 多余半原子面位于 A 处。(b) 位错向右移动一个原子间距，A 与 B 原子面下方的原子连接；在这个过程中，上部分 B 原子成为多余的半原子面。(c) 随着多余半原子面移出晶体，在晶体表面形成台阶

通过位错运动产生塑性变形的过程称为滑移(slip)；位错线横穿过的那个晶体平面被称为滑移面(slip plane)，如图 9.1 所示。宏观塑性变形对应着在施加切应力下位错运动产生的永久性变形或滑移，如图 9.2(a)所示。

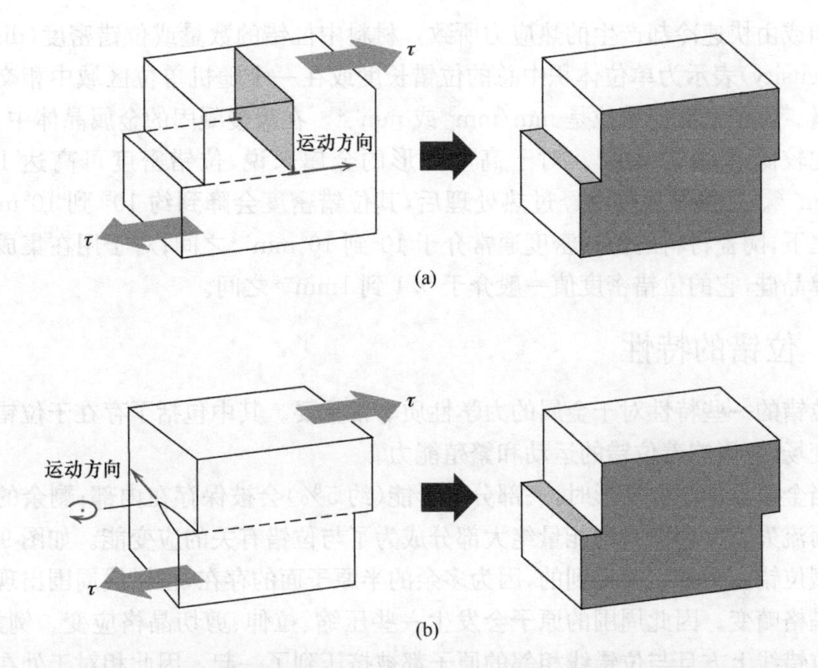

图 9.2　(a) 刃型位错和(b) 螺型位错运动在晶体表面形成台阶示意图。对于刃型位错，位错线沿施加的切应力方向 τ 运动；对螺型位错，位错线的运动方向垂直于切应力方向

位错运动就类似于毛毛虫爬行移动(图 9.3)。毛毛虫通过将自己最后一对脚向前移动一个单位腿间距从而在尾部形成一个拱起的峰。这个峰会随着脚的不断移动而向前移动。当峰到达头部位置时，整个毛毛虫就前进了一个腿间距。毛毛虫的峰及其运动就对应着塑性变形位错模型中的那个多余的半原子面。

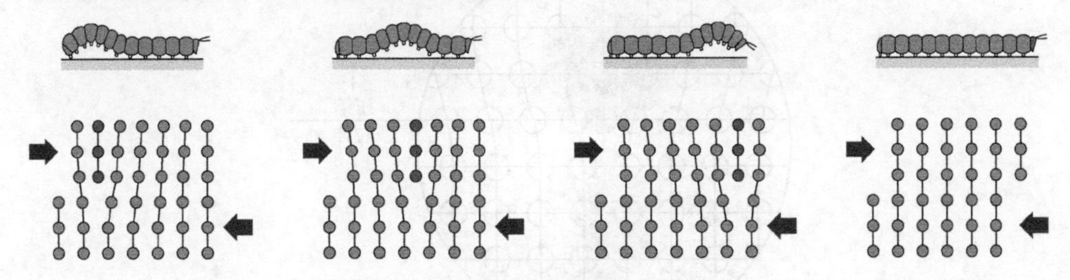

图 9.3　毛毛虫和位错线运动的类比

螺型位错的运动是由于施加的切应力造成的，如图 9.2(b)所示；其运动方向垂直于应力方向。对于刃型位错，其运动方向平行于应力方向。然而，净塑性变形的两种位错类型的运动是相同的(图 9.2)。混合型位错线的运动方向与所施加应力的方向既不垂直也不平行，而是介于平行与垂直之间。

所有的金属和合金都包含有一些位错，这些位错产生于材料凝固时和塑性变形期间或由快速冷却产生的热应力所致。材料中位错的数量或位错密度(dislocation density)表示为单位体积中总的位错长度或在一个随机单位区域中相交的位错数量。位错密度的单位是 mm/mm^3 或 mm^{-2}。在缓慢凝固的金属晶体中,位错密度比较低,为 $10^3 mm^{-2}$。对于高度变形的金属来说,位错密度可高达 10^9 到 $10^{10} mm^{-2}$。变形金属样品经过热处理后,其位错密度会降到约 10^5 到 $10^6 mm^{-2}$。相比之下,陶瓷材料的位错密度通常介于 10^2 到 $10^4 mm^{-2}$ 之间;对于用在集成电路中的单晶硅,它的位错密度值一般介于 0.1 到 $1mm^{-2}$ 之间。

9.3 位错的特性

位错的一些特性对于金属的力学性质非常重要。其中包括了存在于位错周围的应变场,它影响着位错的运动和繁殖能力。

当金属发生塑性变形时,一部分变形能(约 5%)会被保存在内部;剩余的作为热量而流失。保存下来的能量绝大部分成为了与位错有关的应变能。如图 9.4 中的刃型位错。正如之前提到的,因为多余的半原子面的存在,位错线周围出现一些原子晶格畸变。因此周围的原子会发生一些压缩、拉伸、剪切晶格应变。例如,那些在位错线上方且与位错线相邻的原子都被挤压到了一起。因此相对于处在完美晶体位置上或远离位错的那些原子,这些原子经历着压缩应变;如图 9.4 所示。而多余半原子面的下方,作用正好相反;晶格原子受到拉伸应变,如图 9.4 所示。在刃型位错周围还存在剪切应变。对于螺型位错,晶格应变只有剪切应变。这些晶格畸变是由位错线产生的应变场。应变延伸到周围原子,随着与位错线距离的增大,应变减小。

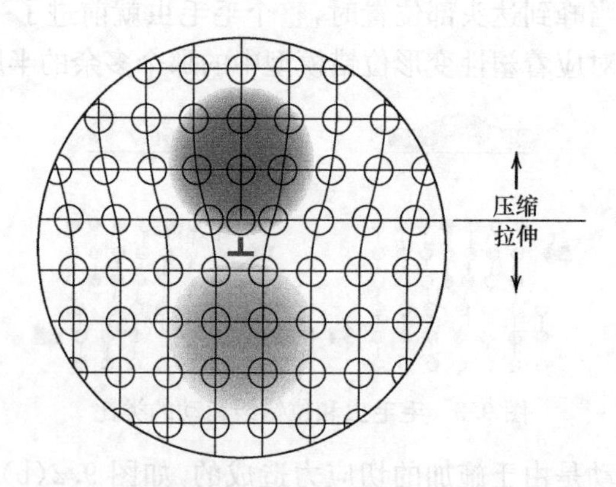

图 9.4 刃型位错附近的压缩区域(深色)和拉伸区域(浅色)

当一个位错周围的应变场与另一个非常接近时,它们的应变场会相互作用。因此,每一个位错都会受到其他所有相邻位错的相互作用力。例如,具有相同符号和滑移面的两个刃型位错键的相互作用,如图 9.5(a)所示。两者的压缩和拉伸应变场都处在滑移面的同一边；存在于这两个独立位错应变场之间的相互作用是排斥力，这使得它们趋于分离。然而，相反符号但滑移面相同的两个位错之间会互相吸引，如图 9.5(b)所示，并且当它们相遇时位错便会消失。即两个多余的半原子面会组合并形成一个完整的原子面。在不同的方向下，刃型位错、螺型位错和混合型位错之间都可能发生相互作用。这些应变场和相关的作用力在金属强化机制方面有着重要作用。

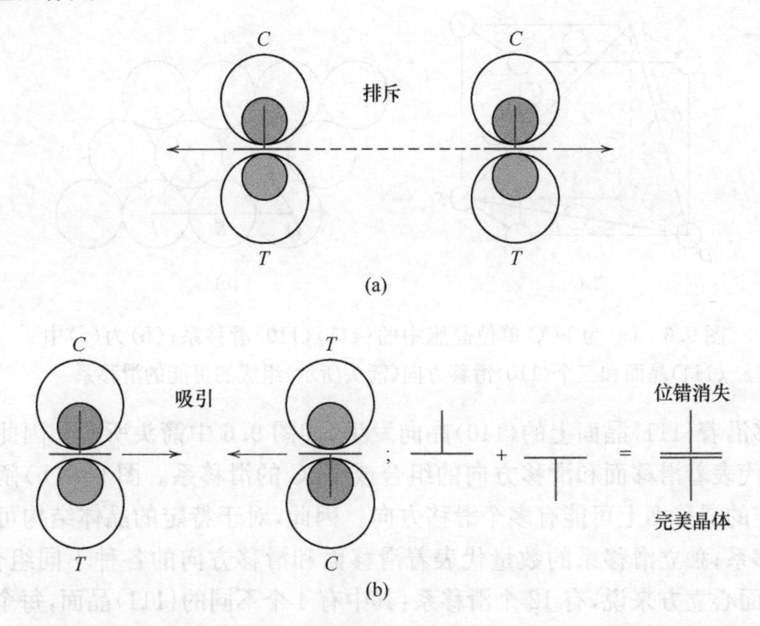

图 9.5　(a) 同一滑移面上两个同号刃型位错相互排斥；C 和 T 分别表示压缩和拉伸区域。(b) 同一滑移面上，两个异号刃型位错相互吸引。相遇时，他们互毁，形成一块完美晶体区域

在塑性变形期间，位错的数量会剧烈增加。一个高度变形的金属中位错密度可以高达 $10^{10}\,mm^{-2}$。这些新位错的一个重要来源就是已存在的位错的繁殖；此外，晶界以及内部缺陷和表面的不规整，如刮痕和裂纹，都会导致应力集中，在变形过程中这些都有可能成为位错形成的地方。

9.4　滑移系

在不同的原子晶面和晶向上，位错运动的难易程度不同。通常会有一个优势结构面，位错会沿着该平面上某个具体方向发生移动。这个平面称为滑移面；位错移动的方向为滑移方向。滑移面和滑移方向的组合为滑移系(slip system)。滑移系取决于金属的晶体结构，滑移系上位错移动所产生的原子变形是最小的。对于特定的晶体结构，滑移面是原子的密排面，即面密度最大的平面。滑移方向对应着

在该平面上原子堆积最密的方向,即线密度最高的方向。原子的面密度和线密度在 4.16 节中讨论过。

例如,FCC 晶体结构,其单位晶胞如图 9.6(a)所示。{111}晶面族是该晶体结构中排列最紧密的平面。如晶胞中所示的(111)晶面;在图 9.6(b)中,该平面被放置在页面的平面中,其中最近邻原子之间相互接触。

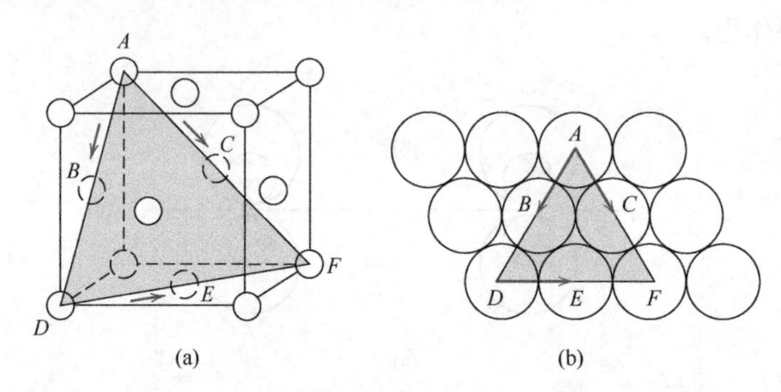

图 9.6　(a)为 FCC 单位晶胞中的{111}⟨110⟩滑移系;(b)为(a)中(111)晶面和三个⟨110⟩滑移方向(箭头所示)组成的可能的滑移系

滑移沿着{111}晶面上的⟨110⟩晶向发生,如图 9.6 中箭头所示。因此,{111}和⟨110⟩代表着滑移面和滑移方向的组合或 FCC 的滑移系。图 9.6(b)阐明了在一个给定的滑移面上可能有多个滑移方向。因此,对于特定的晶体结构可能存在几个滑移系;独立滑移系的数量代表着滑移面和滑移方向的各种不同组合方式。例如,对面心立方来说,有 12 个滑移系:其中有 4 个不同的{111}晶面,每个晶面上有 3 个独立的⟨110⟩晶向。

表 9.1 中列出了 BCC 和 HCP 晶体结构中可能存在的滑移系。对于每种晶体结构,滑移可以在多种晶面族上进行(如对于 BCC 晶体结构,晶体可沿着{110}、{211}、{321}晶面进行滑移)。对于具有两种晶体结构的金属来说,一些滑移系通常只有在高温下才可开动。

表 9.1　面心立方、体心立方和密排六方金属的滑移系

金属	滑移面	滑移方向	滑移系数量
	面心立方		
Cu、Al、Ni、Ag、Au	{111}	⟨110⟩	12
	体心立方		
α-Fe、W、Mo	{110}	⟨111⟩	12
α-Fe、W	{211}	⟨111⟩	12
α-Fe、K	{321}	⟨111⟩	24

续表

金属	滑移面	滑移方向	滑移系数量
		六方密排	
Cd、Zn、Mg、Ti、Be	{0001}	$\langle 11\bar{2}0\rangle$	3
Ti、Mg、Zr	$\{10\bar{1}0\}$	$\langle 11\bar{2}0\rangle$	3
Ti、Mg	$\{10\bar{1}1\}$	$\langle 11\bar{2}0\rangle$	6

具有 FCC 或 BCC 晶体结构的金属，其滑移系的数量相对较多的(至少有 12 个)。这些金属具有较好的延展性，因为沿着不同滑移系，通常存在着广泛塑性变形。相反地，具有 HCP 晶体结构的金属，其滑移系比较少，通常比较脆。

柏格斯矢量 $\boldsymbol{b}$ 的概念在 6.7 节中已介绍。图 6.9、图 6.10、图 6.11 分别展示了刃型位错、螺型位错和混合型位错的柏格斯矢量。关于滑移的过程，柏格斯矢量的方向与位错滑移的方向一致，而它的值等于单位滑移距离(或该方向上的原子间距)。当然，柏格斯矢量 $\boldsymbol{b}$ 的大小和方向都取决于晶体结构，通常用单位晶胞边长(a)和晶向指数来规定柏格斯矢量是很方便的。面心立方、体心立方、密排六方晶体结构的柏格斯矢量如下：

$$\boldsymbol{b}(\mathrm{FCC})=\frac{a}{2}\langle 110\rangle \tag{9.1a}$$

$$\boldsymbol{b}(\mathrm{BCC})=\frac{a}{2}\langle 111\rangle \tag{9.1b}$$

$$\boldsymbol{b}(\mathrm{HCP})=\frac{a}{3}\langle 11\bar{2}0\rangle \tag{9.1c}$$

9.5　单晶中的滑移

通过学习单晶中的滑移过程，可以简化滑移的深层次理解，然后适当延伸到多晶体材料。刃型位错、螺型位错、混合型位错在施加剪切应力后都会沿着一个滑移面和滑移方向进行移动。正如 8.2 节中所指出的，即使所施加的应力是纯的拉伸力(或压缩力)，除了与应力方向平行或垂直的方向，剪切分量存在于一切方向。这些剪切分量称为分切应力(resolved shear stresses)，它们的大小不仅取决于施加的应力，还取决于滑移面和滑移方向。我们用 φ 表示滑移面的法线与施加的应力之间的夹角，用 λ 表示滑移方向和应力方向之间的夹角，如图 9.7 所示；分切应力 τ_R 可以被表示为

$$\tau_R=\sigma\cos\varphi\cos\lambda \tag{9.2}$$

其中，σ 是施加的应力。通常 $\varphi+\lambda\neq 90°$，因为拉伸轴、滑移面的法线和滑移方向不一定都位于同一平面。

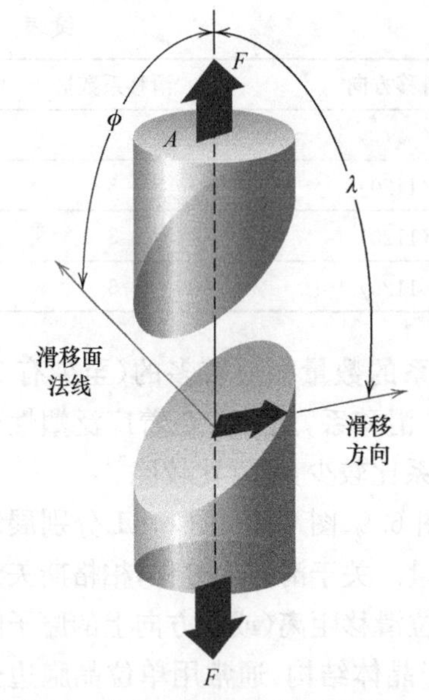

图 9.7 力轴、滑移面和滑移方向的几何关系,用于计算单晶中的分切应力

金属单晶有许多不同的滑移系。每一种滑移系的分切应力一般都不同,因为每一种滑移系相对于应力轴(φ 和 λ 之间的夹角)的方向是不同的。然而,通常会有一个滑移系是最优先进行的,即所拥有最大分切应力,$\tau_R(\max)$:

$$\tau_R(\max)=\sigma(\cos\varphi\cos\lambda)_{\max} \tag{9.3}$$

在施加拉伸应力或压缩应力后,当分切应力达到某个临界值时,单晶中的滑移开始沿着最优滑移系进行,该临界值称为临界分切应力(critical resolved shear stress, τ_{crss});它代表着开始滑移时所需的最小分切应力,它是材料的一种性质,能够决定材料什么时候产生屈服。当 $\tau_R(\max)=\tau_{crss}$ 时,单晶发生塑性变形或屈服,且开始产生屈服时(即屈服强度 σ_y)所需的应力大小等于

$$\sigma_y=\frac{\tau_{crss}}{(\cos\varphi\cos\lambda)_{\max}} \tag{9.4}$$

当单晶取向为 $\varphi=\lambda=45°$ 时,产生屈服所需要的最小应力为

$$\sigma_y=2\tau_{crss} \tag{9.5}$$

对于施加拉伸应力的单晶样品,产生的变形如图 9.8 所示,其中滑移沿着许多等价且最优的晶面和晶向进行。这种滑移变形在单晶的表面形成许多小的台阶,这些台阶相互平行且绕着样品圆周循环,如图 9.8 所示。每一个台阶都是由大量的位错沿着相同的滑移面运动产生。在抛光的单晶样品表面,这些台阶以线的形式出现,这些线称为滑移线。如图 9.9 所示的锌单晶,其塑性变形大到这些滑移标记可以辨别的程度。

随着单晶的继续延伸,滑移线的数量和滑移台阶的宽度会不断增加。对于 FCC 和 BCC 金属,滑移可能沿着第二个滑移系进行,该滑移系是下一个与拉伸应力轴形成最优取向的。此外,对于拥有较少滑移系的 HCP 晶体,如果在最优先进行的滑移系中,其应力轴与滑移方向垂直($\lambda=90°$)或与滑移面平行($\varphi=90°$),那么临界分切应力为 0。对于这些极端方向,晶体通常会发生断裂而不是塑性变形。

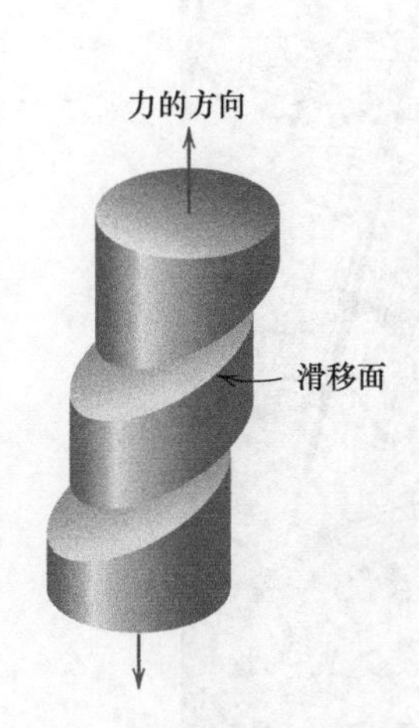

图 9.8　单晶中的宏观滑移

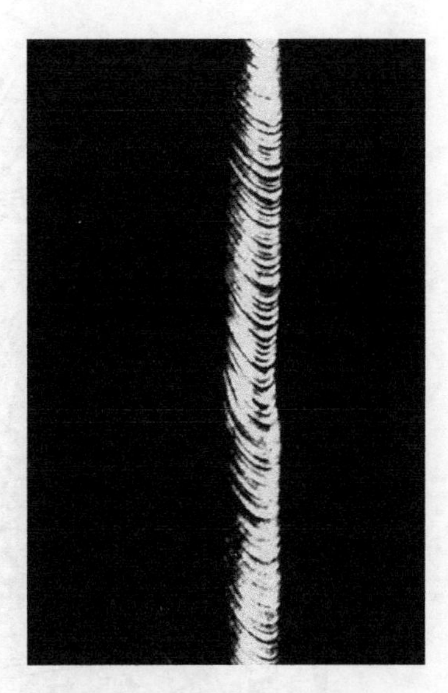

图 9.9　锌单晶中的滑移

9.6　多晶材料的塑性变形

多晶材料中的变形和滑移比较复杂。因为有大量取向随机的晶粒，晶粒之间的滑移方向都各不相同。对于每一个晶粒，正如之前所说的，位错运动都会沿着最有利的滑移系方向进行。这一点也反映在一张发生塑性变形的多晶铜样品显微照片上(图 9.10)；在变形之前，样品表面进行过抛光。滑移线是可见的，对于大多数晶粒来说，看起来有两个滑移系，这可由两组平行且相交的线证明。此外，一些晶粒滑移线排列的不同也表明了晶粒取向的变化。

多晶样品的总塑性变形对应着单个晶粒通过滑移产生相当的变形。在变形期间，样品的机械完整性和一致性都沿着晶界保留了下来；即晶界通常不会开裂或分离。所以单个晶粒所呈现的形状都被周围的晶粒所限制。图 9.11 给出了总塑性变形导致晶粒变形的方式。在变形发生前，晶粒是各向等大的，在各个方向上尺寸都几乎一样。对于特定的变形，晶粒会沿着样品延伸的方向被拉长。

多晶金属的强度比它们单晶的大，这意味着需要施加更大的应力才会使其产生滑移以及随之而来的屈服。这在很大程度上是几何约束的结果。即使单个晶粒与施加的应力之间有最优滑移，它也不会产生变形，直到相邻的晶粒也能够滑移；这需要施加一个更高的应力。

图 9.10　铜多晶试样抛光和变形后，表面的滑移线。173×

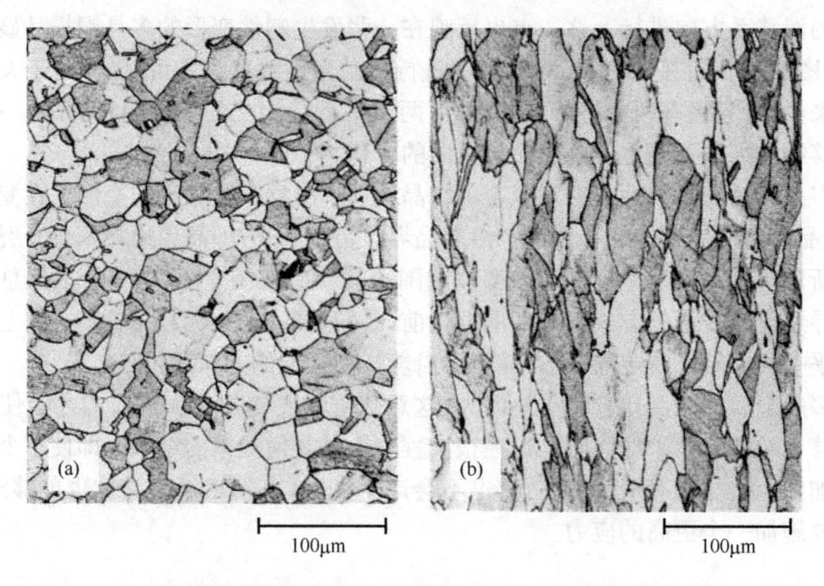

图 9.11　多晶金属塑性变形后晶粒结构的变化。(a) 晶粒变形前是各向等同的。(b) 变形产生了伸长的晶粒。173×

9.7　孪生变形

除了滑移，一些金属材料中的塑性变形以机械孪晶或孪晶的形式发生。在 6.8 节中介绍了孪晶的概念。即剪切应力可以产生原子位移，晶界一侧的原子位于另一侧原子的镜像位置。实现该过程的方法如图 9.12 所示。这里，空心圆圈代表没有移动的原子，虚线圆圈和实心圆圈分别代表在孪晶区域内原子的初始位置和最终位置。正如图中所指的，孪晶区域内位移的大小与到孪晶平面的距离成正比。此外，孪晶发生在确定的晶面和特定的晶向上，这些晶面和晶向取决于晶体结构。例如，对于 BCC 结构的金属，孪晶面和孪晶方向分别是(112)和[111]。

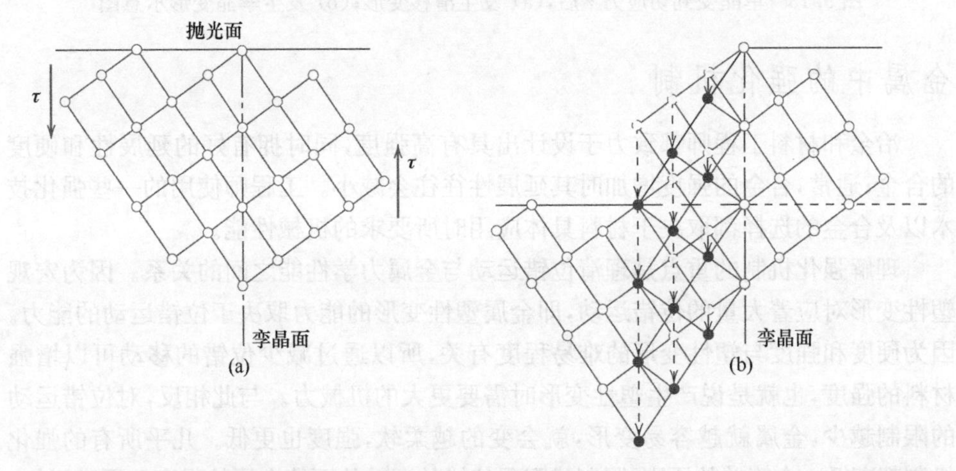

图 9.12　(a) 受到剪切应力 τ 后发生孪晶变形的示意图。(b) 空心圆代表的原子位置没有发生变化；虚线和实心球分别表示原子初始和最后的位置

图 9.13 对单晶在受到剪切应力 τ 后而发生的滑移和孪晶变形进行了比较。图 9.13(a)展示了滑移边缘；它们的形成在 9.5 节中介绍过。对于孪晶，剪切变形是均匀的(图 9.13(b))。这两个过程在一些方面上是不同的。首先，对于滑移，在变形前后，滑移面上下的结晶取向都是相同的；对于孪晶，会形成一个穿过孪晶面的再结晶方向。此外，滑移产生的位移通常是原子间距的倍数，而孪晶的原子位移小于原子间距。

机械孪晶发生在具有 BCC 和 HCP 晶体结构的金属中，在低温和高负载率(冲击负载)下，滑移过程会被限制，即几乎没有可开动的滑移系。孪晶产生的塑性变形量一般要小于滑移产生的。然而，孪晶的重要意义在于它形成的再结晶方向；孪晶会确定一个新的滑移系方向，该方向相对于应力轴更有利，从而使滑移可以发生。

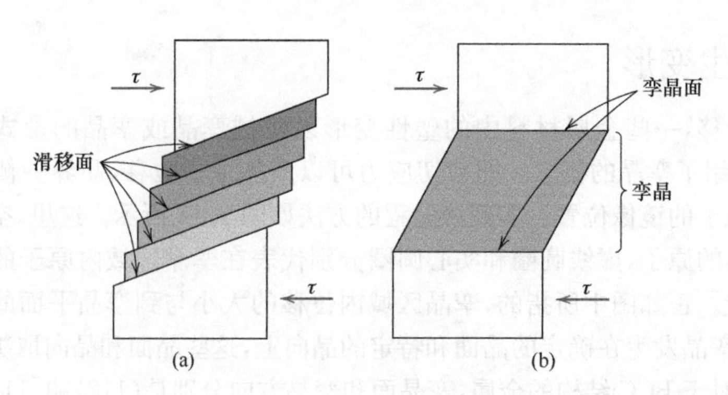

图 9.13　单晶受到切应力 τ 后,(a) 发生滑移变形;(b) 发生孪晶变形示意图

金属中的强化机制

冶金和材料工程师都致力于设计出具有高强度,同时拥有好的延展性和硬度的合金;通常,合金的强度增加时其延展性往往会减小。工程师使用的一些强化技术以及合金的选择都取决于材料具体应用时所要求的机械性能。

理解强化机制的重点是理清位错运动与金属力学性能之间的关系。因为宏观塑性变形对应着大量的位错运动,即金属塑性变形的能力取决于位错运动的能力。因为硬度和强度与塑性变形的难易程度有关,所以通过减少位错的移动可以增强材料的强度,也就是说产生塑性变形时需要更大的机械力。与此相反,对位错运动的限制越少,金属就越容易变形,就会变的越柔软,强度也更低。几乎所有的强化机制都遵循一个简单的原则:限制或阻碍位错的运动从而使金属的强度和硬度增加。

我们现在主要讨论的是单相金属的强化机制,包括晶粒尺寸减小、固溶体合金、机械硬化等方法。多相合金的变形和强化比较复杂,所涉及的概念超出了我们现在讨论的范围;这些将会在第 12 章和 17.7 节中进行讨论。

9.8　细晶强化

在多晶金属中,晶粒的尺寸或平均晶粒直径影响着材料的力学性质。相邻的晶粒通常具有不同的结晶取向和共同的晶界,如图 9.14 所示。在塑性变形过程中,滑移或位错运动一定是发生在共同的晶界上,如图 9.14 中的晶粒 A 到晶粒 B。晶界作为位错运动的阻碍有两个原因:

(1) 因为两个晶粒具有不同的取向,所以一个位错要通过晶粒 B 就必须改变它的运动方向;当晶界错位增加时,这种运动方向的改变就会变得更困难。

(2) 晶界区域内的原子无序会导致滑移面从一个晶粒到另一个晶粒的不连续。

值得一提的是,对于大角度晶界,在变形期间位错不会横穿过晶界;相反,位错倾向于在晶界处“堆积”。这些堆积将在滑移面的前端产生应力集中,使相邻的晶粒产生新的位错。

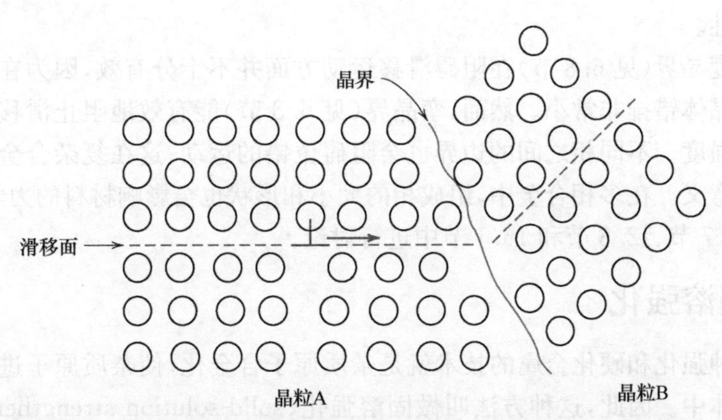

图 9.14　遇到晶界时位错的运动，说明晶界对滑移运动的阻碍作用。穿过晶界，滑移面变得不连续且改变方向

细晶材料的强度和硬度比粗晶材料的大，因为前者有更大的晶界面积来阻碍位错的运动。对于许多材料，屈服强度 σ_y 随着晶粒尺寸的变化而变化，即

$$\sigma_y=\sigma_0+k_y d^{-1/2} \tag{9.6}$$

该式为霍尔-佩奇公式，其中 d 是平均晶粒直径，σ_0 和 k_y 是特定材料的常数。需要注意的是，式(9.6)不适用于晶粒非常大和极其小的多晶体材料。图 9.15 展示了黄铜合金的屈服强度取决于晶粒尺寸。晶粒尺寸可通过控制液相固化的速率来实现，也与塑性变形后适当的热处理有关，这将在 9.13 节中进行讨论。

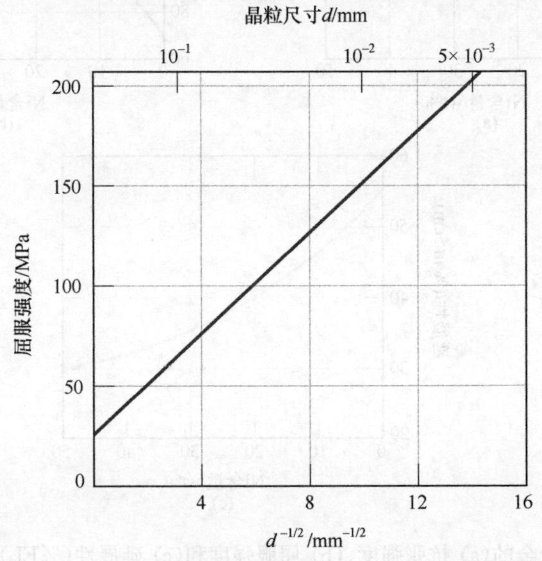

图 9.15　70 Cu-30 Zn 黄铜合金晶粒尺寸大小对屈服强度的影响。晶粒直径从右到左非线性增加

还需要注意的是晶粒尺寸的减小不仅提高了许多合金的强度，而且还提高了它们的韧性。

小角度晶界(见 6.8 节)在阻碍滑移运动方面并不十分有效，因为在穿过晶界时产生的晶体错排非常小。然而，孪晶界(见 6.8 节)能有效地阻止滑移运动并增加材料的强度。不同相之间的边界也会阻碍位错的运动；这在复杂合金的强化中具有重要意义。在多相合金中，组成相的大小和形状也会影响材料的力学性质；这些将在 12.7 节、12.8 节和 16.1 节中进行讨论。

9.9 固溶强化

另一种强化和硬化金属的技术就是杂质原子合金化，使杂质原子进入置换或填隙固溶体中。因此，这种方法叫做固溶强化(solid-solution strengthening)。高纯度的金属总是比由该金属元素组成的合金更软更弱。对于镍铜合金，杂质原子浓度的增加会导致屈服强度和抗张强度的增加，如图 9.16(a)和图 9.16(b)所示。延展性随镍浓度的变化如图 9.16(c)所示。

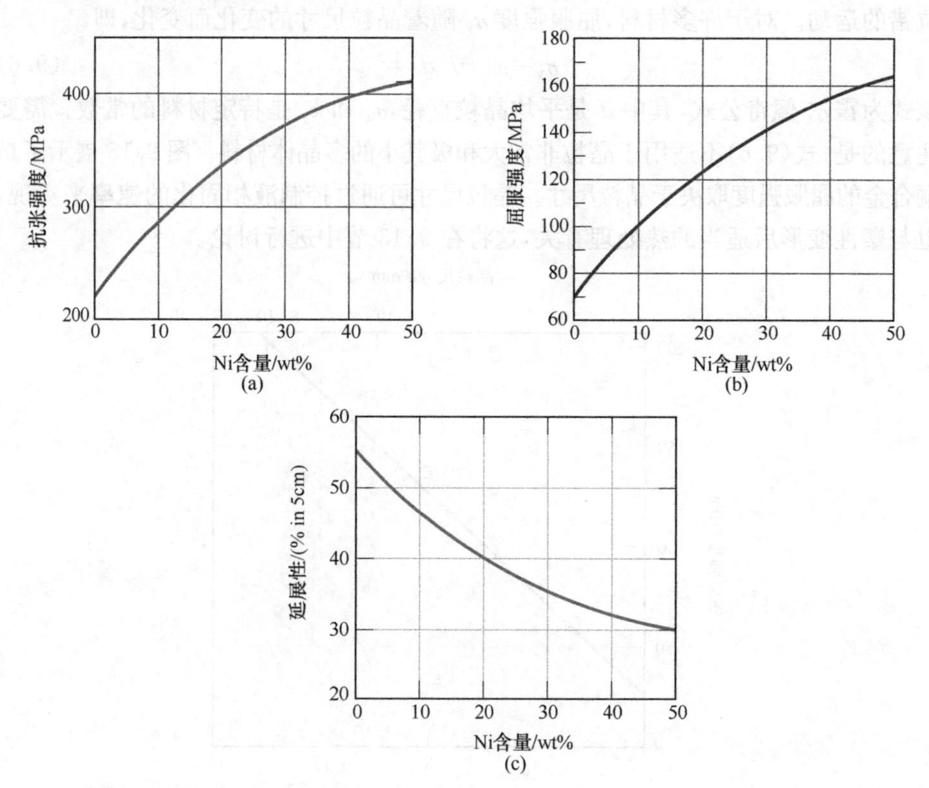

图 9.16 铜-镍合金的(a) 抗张强度、(b) 屈服强度和(c) 延展性(%EL)随镍含量的变化

合金的强度比纯金属的大是因为进入固溶体中的杂质原子会使周围基体主原子产生晶格畸变。位错和这些杂质原子产生的晶格应变场之间相互作用,结果导致位错运动受限。例如,杂质原子在替代比其大的基体原子后会使周围的晶格产生拉伸应变场,如图 9.17(a)所示。相反地,杂质原子在替代比其小的主原子后则会使其周围产生压缩应变场(图 9.18(a))。这些溶质原子倾向于扩散并分散在位错周围,它们通过这样方式来减小总的应变能,即减少位错周围的一些晶格畸变。为了实现该过程,小的杂质原子应位于其拉伸应变可以部分抵消位错压缩应变的位置。对于图 9.17(b)中的刃型位错,该位置与位错线相邻且位于滑移面的上方。大的杂质原子应按照图 9.18(b)那样放置。

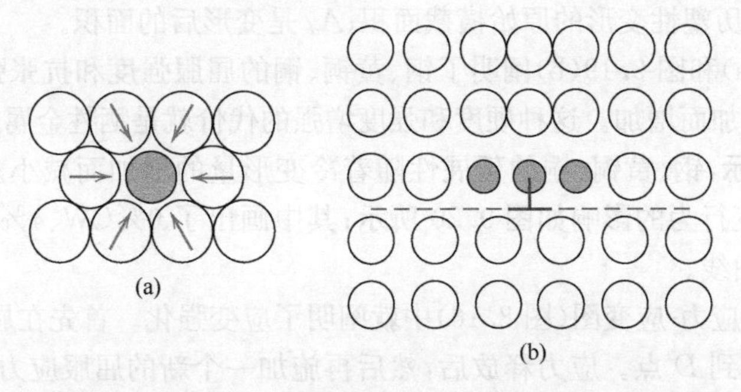

图 9.17　(a) 小的置换杂质原子施加在基体原子上的拉伸晶格应变示意图。(b) 小的杂质原子可能的位置与刃型位错有关,这样会部分抵消杂质-位错晶格应变

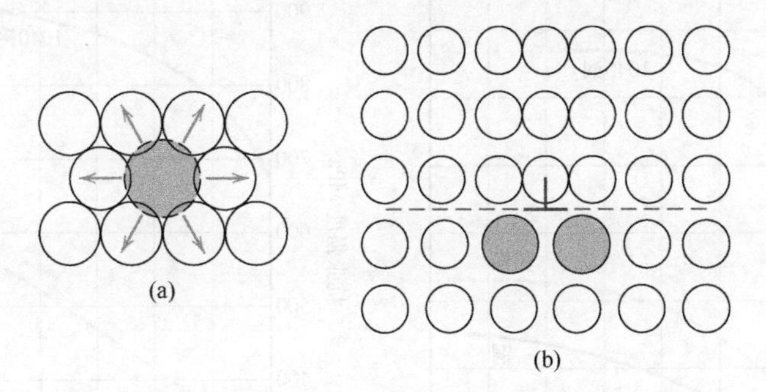

图 9.18　(a) 大的置换杂质原子施加在基体原子上的压缩晶格应变示意图。(b) 大的杂质原子可能的位置与刃型位错有关,这样会部分抵消杂质-位错晶格应变

杂质原子存在时,对滑移的阻碍作用就会越大,因为如果位错被隔开,总的晶格应变就会增加。此外,在塑性变形期间,杂质原子和位错之间的晶格应变存在相互作用(图 9.17(b)和图 9.18(b))。因此,对于固溶合金而言,要使其产生持续的塑性变形,就需要施加更大的应力,纯金属与此截然相反;这一点可由合金强度和硬度的增加来证明。

9.10　应变强化

应变强化(strain hardening)是指韧性金属在塑性变形时强度和硬度得到增加。有时这也称为加工硬化(work hardening)或冷加工(cold working),因为其发生变形时的温度比绝对融化温度低。大多数金属应变强化发生在室温下。

有时将塑性变形的程度表示为冷变形量会比应变百分数更方便。冷变形量(%CW)定义为

$$\%CW=\left(\frac{A_0-A_d}{A_0}\right)\times 100 \tag{9.7}$$

其中,A_0 是经历塑性变形的原始横截面积;A_d 是变形后的面积。

图 9.19(a)和图 9.19(b)阐明了钢、黄铜、铜的屈服强度和抗张强度是如何随着冷加工的增加而增加。这种硬度和强度增强的代价就是牺牲金属的延展性。如图 9.19(c)所示,钢、黄铜、铜的延展性随着冷变形量的增加而减小。冷加工对低碳钢应力-应变行为的影响如图 9.20 所示;其中画出了 0%CW、4%CW、24%CW 的应力-应变曲线。

在之前的应力-应变图(图 8.16)中就阐明了应变强化。首先在屈服应 σ_{y_0} 下金属会塑性变形到 D 点。应力释放后,然后再施加一个新的屈服应力 σ_{y_i}。因为 σ_{y_i} 比 σ_{y_0} 大,所以在这个过程中金属的强度会增加。

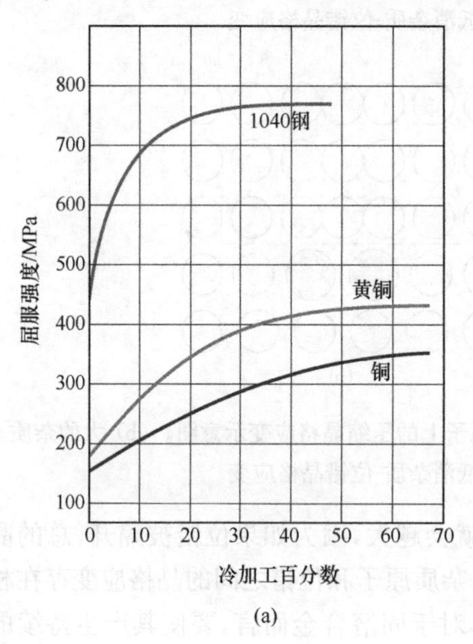

(a)

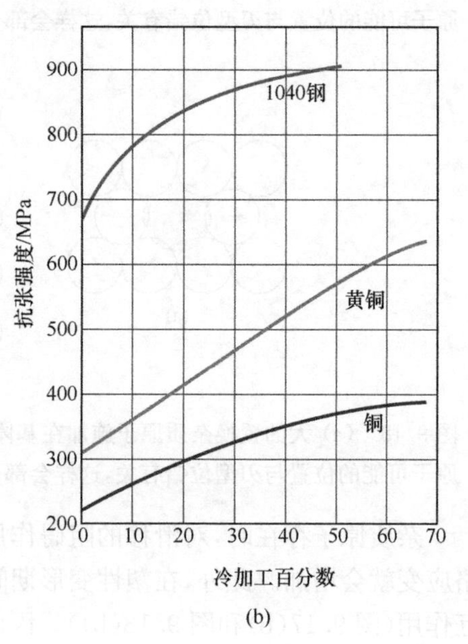

(b)

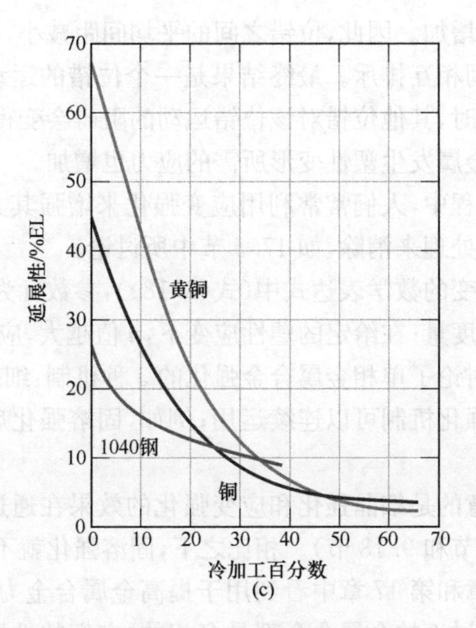

图 9.19　随着冷加工程度增强，1040 钢、黄铜和铜的(a) 屈服强度增大、(b) 抗张强度增大、(c) 延展性(%EL)降低

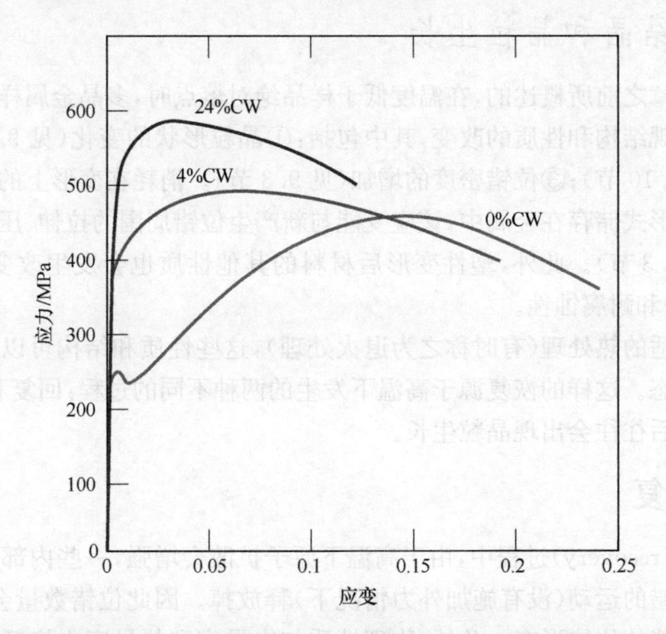

图 9.20　冷加工对低碳钢应力-应变行为的影响；曲线分别表示 0%CW、4%CW 和 24%CW

应变强化现象可通过位错应变场之间的相互作用来解释，类似于 9.3 节中所讨论的。随着变形或冷加工的进行，金属中会出现位错增殖或新位错的形成，所以

金属中的位错密度会增加。因此,位错之间的平均间距减小,即位错相互靠近。一般来说,位错应变之间相互排斥。最终结果是一个位错的运动会受到其他位错阻碍。当位错密度增加时,其他位错对该位错运动的阻碍会变得更加明显。因此,随着冷加工的进行,使金属发生塑性变形所需的应力也增加。

在金属的制造过程中,人们常常利用应变强化来增强其力学性质。应变强化的效果可通过退火热处理来消除,如 17.5 节中所讨论。

在实际应力和应变的数学表达式中(式(8.18)),参数 n 为应变强化指数,它是金属应变强化能力的度量;在给定的塑性应变下,n 值越大,应变强化就越厉害。

综上所述,我们讨论了单相金属合金强化的 3 种机制:细晶强化、固溶强化、应变强化。当然,这些强化机制可以连续运用;例如,固溶强化后的合金还可以进行应变强化。

此外,还需要注意的是细晶强化和应变强化的效果在通过高温退火处理后会消除或减小(见 9.12 节和 9.13 节)。相比之下,固溶强化就不受热处理影响。

我们将在第 12 章和第 17 章中看到用于提高金属合金力学性质的其他方法。第 12 章和第 17 章所讨论的金属合金都是多相的,它们的性质会随着相转变而发生改变,这些相转变都是通过特定的热处理来实现的。

回复、再结晶和晶粒生长

如在本章之前所概述的,在温度低于样品绝对熔点时,多晶金属样品的塑性变形会造成微观结构和性质的改变,其中包括:①晶粒形状的变化(见 9.6 节);②应变强化(见 9.10 节);③位错密度的增加(见 9.3 节)。消耗在变形上的一部分能量会以应变能形式储存在金属中,该应变能与新产生位错周围的拉伸、压缩和剪切区域有关(见 9.3 节)。此外,塑性变形后材料的其他性质也会发生改变,如电导率(见 19.8 节)和耐腐蚀性。

通过合适的热处理(有时称之为退火处理),这些性质和结构可以恢复到冷加工之前的状态。这样的恢复源于高温下发生的两种不同的过程:回复和再结晶,其中再结晶之后往往会出现晶粒生长。

9.11 回复

在回复(recovery)过程中,由于高温下原子扩散会增强,一些内部储存的应变能会通过位错的运动(没有施加外力情况下)释放掉。因此位错数量会减少,产生具有低应变能的位错形态。此外,物理性质如电导率和热导率也恢复到冷加工之前的状态。

9.12　再结晶

即使回复完成之后，晶粒依然处在一个应变能相对较高的状态。再结晶(recrystallization)是一组新的无应变等轴晶粒(即所有方向上的尺寸都几乎相等)的形成，这些晶粒位错密度比较低且具有冷加工之前的特性。产生这种新晶粒结构的驱动力是变形材料与未变形材料之间内部能量的差异。新晶粒刚开始形成非常小的核，然后不断生长直到它们消耗完现有的材料，该过程为短程扩散。图 9.21(a)到图 9.21(d)展示了再结晶过程的不同阶段；在这些照片中，那些有小斑点的晶粒就是再结晶的晶粒。因此，冷加工金属的再结晶可以用于细化晶粒结构。

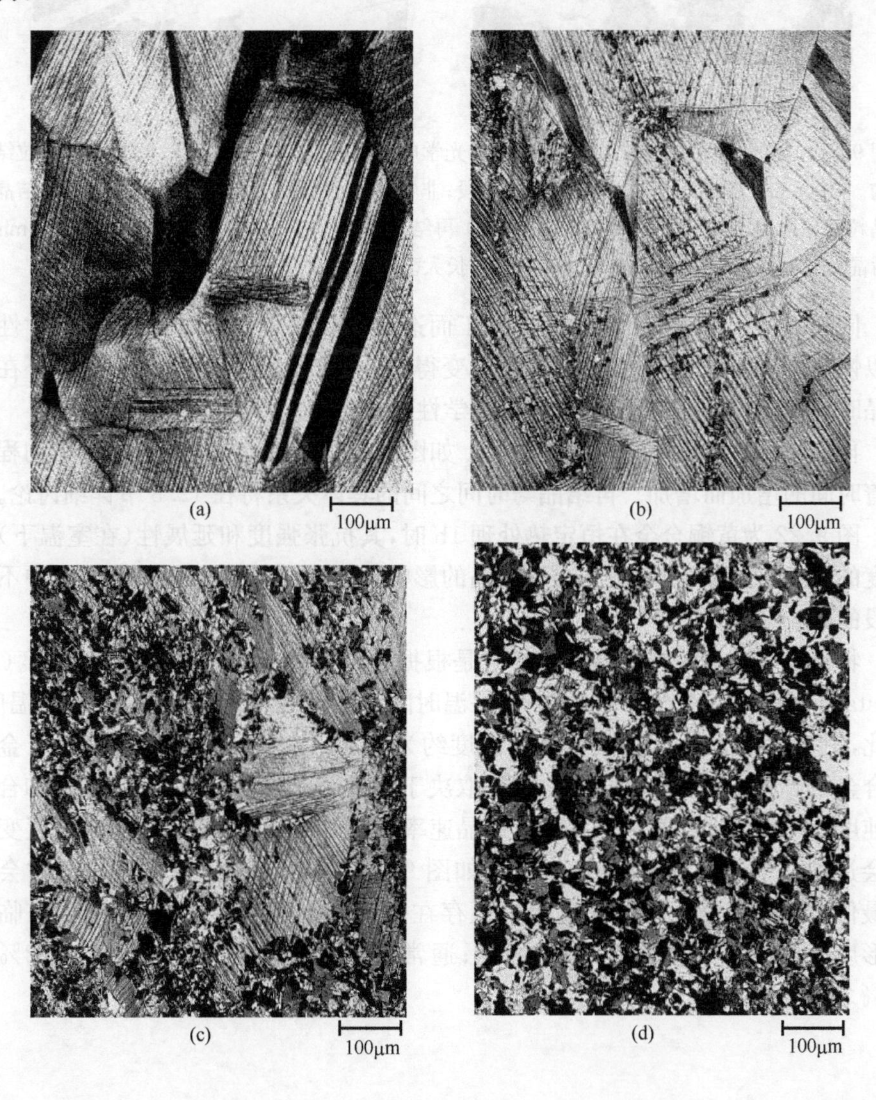

图 9.21　黄铜再结晶和晶粒生长各阶段的光学电镜照片。(a) 冷加工(33%CW)的晶粒结构。(b) 580℃加热 3s 后的再结晶初始阶段；非常小的晶粒即为再结晶晶粒。(c) 再结晶晶粒部分取代冷加工晶粒(4s,580℃)。(d) 再结晶完成(8s,580℃)。(e) 580℃加热 15min 后晶粒长大。(f) 700℃加热 10min 后晶粒长大。所有照片放大倍数均为 70×

同时，在再结晶过程中，由于冷加工而造成力学性质变化的材料，其力学性质可以恢复到冷加工之前的数值，即金属变得更加柔软也更具有延展性。此外在再结晶时，设计一些热处理可使材料的力学性质发生变化(见 17.5 节)。

再结晶的程度取决于时间和温度。如图 9.21(a)～(d)中所示，再结晶的程度随着时间的增加而增加。再结晶与时间之间的具体关系将在 12.3 节详细讨论。

图 9.22 为黄铜合金在恒定热处理 1h 时，其抗张强度和延展性(在室温下)随温度的变化，该图阐明了温度对再结晶的影响。图中还展示了再结晶过程中不同阶段的晶粒结构。

特定金属合金的再结晶行为有时是根据再结晶温度确定的，再结晶温度(recrystallization temperature)是在 1h 保温时间内完成再结晶过程所需的最低温度。因此，图 9.22 中黄铜合金的再结晶温度约为 450℃。通常，再结晶温度介于金属或合金绝对熔点的 1/3 和 1/2 之间且取决于多种因素，包括冷加工的数量和合金的纯度。增加冷变形量可以提高再结晶速率，因此再结晶温度降低且在高度变形下会达到一个常数或极限值；该效应如图 9.23 所示。此外，在文献中通常会指明最低再结晶温度。再结晶过程中还存在一些冷加工临界变形度，低于该临界变形度时再结晶不会发生，如图所示；通常该临界变形度介于冷加工的 2%到 20%之间。

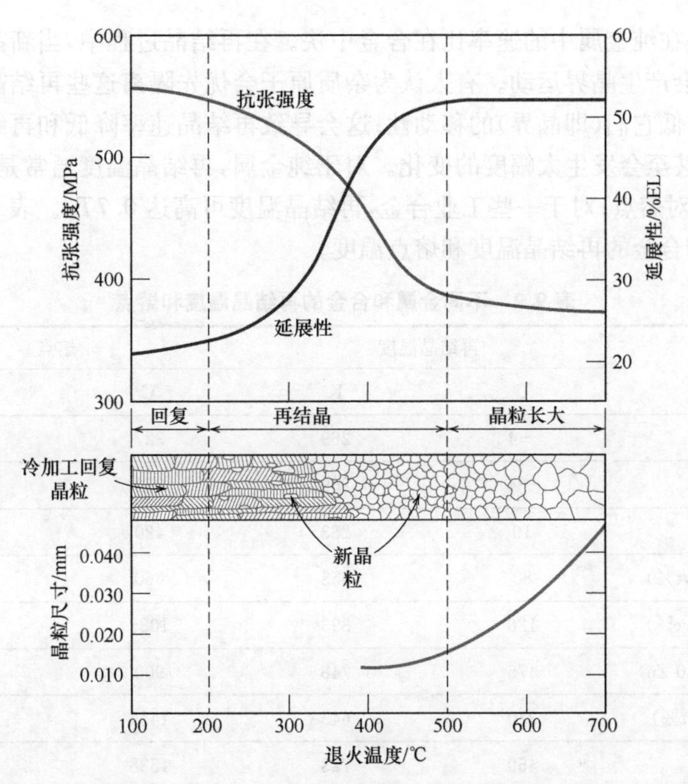

图 9.22 黄铜合金退火温度(退火 1h)对抗张强度和延展性的影响。晶粒尺寸随退火温度的变化如图所示。回复,再结晶和晶粒长大阶段的晶粒结构示意图如图所示

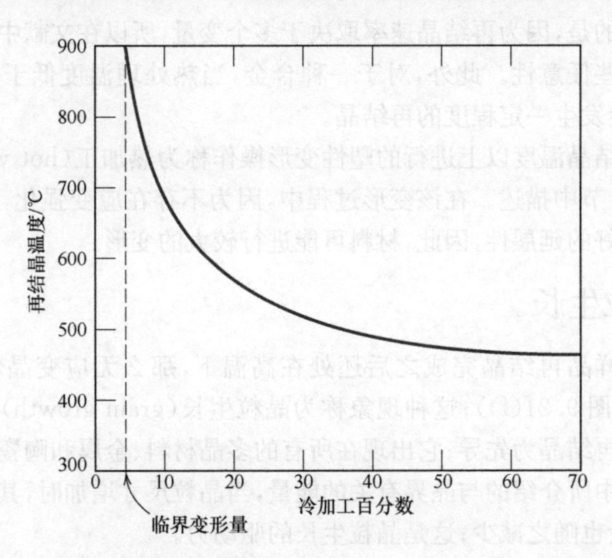

图 9.23 铁的再结晶温度随冷加工程度的变化。变形程度小于临界变形度(大约 5%CW),不出现再结晶现象

再结晶在纯金属中的速率比在合金中快。在再结晶过程中,当新晶核形成且生长时,就会产生晶界运动。有人认为杂质原子会优先隔离这些再结晶晶界并与之反应以降低它们(即晶界)的移动性;这会导致再结晶速率降低和再结晶温度的升高,有时甚至会发生大幅度的变化。对于纯金属,再结晶温度通常是 $0.4T_m$,其中 T_m 是绝对熔点;对于一些工业合金,再结晶温度可高达 $0.7T_m$。表 9.2 列出了许多金属和合金的再结晶温度和熔点温度。

表 9.2 不同金属和合金的再结晶温度和熔点

金属	再结晶温度		熔点	
	℃	K	℃	K
铅	−4	269	327	600
锡	−4	269	232	505
锌	10	283	420	693
铝(99.999wt%)	80	353	660	933
铜(99.999wt%)	120	393	1085	1358
黄铜(60Cu-40 Zn)	475	748	900	1173
镍(99.99wt%)	370	643	1455	1728
铁	450	723	1538	1811
钨	1200	1473	3410	3683

需要注意的是,因为再结晶速率取决于多个变量,所以在文献中引用的再结晶温度会存在一些任意性。此外,对于一种合金,当热处理温度低于其再结晶温度时,该合金也会发生一定程度的再结晶。

通常在再结晶温度以上进行的塑性变形操作称为热加工(hot working),这些内容将在 17.2 节中描述。在该变形过程中,因为不存在应变强化,所以材料会保持相对柔软和好的延展性,因此,材料可能进行较大的变形。

9.13 晶粒生长

如果金属样品再结晶完成之后还处在高温下,那么无应变晶粒将继续生长(图 9.21(d)～图 9.21(f));这种现象称为晶粒生长(grain growth)。晶粒生长不需要以回复和再结晶为先导;它出现在所有的多晶材料、金属和陶瓷中。

在 6.8 节中所介绍的与晶界有关的能量,当晶粒尺寸增加时,其总的晶界面积都减小,总能量也随之减少;这是晶粒生长的驱动力。

晶粒生长通过晶界迁移实现。显然,并不是所有的晶粒都能变大,大晶粒的生长是以小晶粒的收缩为代价。因此,平均晶粒尺寸随着时间的增加而增加,且在某一瞬间晶粒尺寸存在一个范围。晶界运动就是晶界一侧的原子短程扩散到另一侧。晶界运动和原子运动的方向相反，如图 9.24 所示。

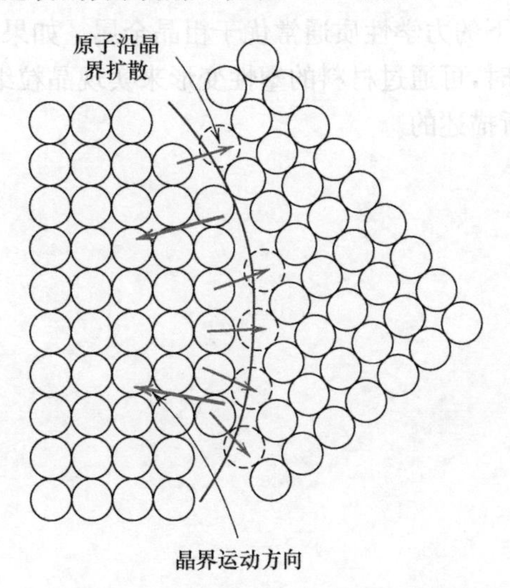

图 9.24　晶粒通过原子扩散生长示意图

对于许多多晶材料，晶粒直径 d 随时间 t 变化关系如下：

$$d^n - d_0^n = Kt \tag{9.8}$$

其中，d_0 是 $t=0$ 时的原始晶粒直径；K 和 n 是与时间与的常数，n 的值通常等于或大于 2。

图 9.25 为黄铜合金在不同的温度下晶粒尺寸对数关于时间对数的函数曲线，它阐明了晶粒尺寸随时间和温度的变化。在低温阶段，曲线是线性的。此外，晶粒

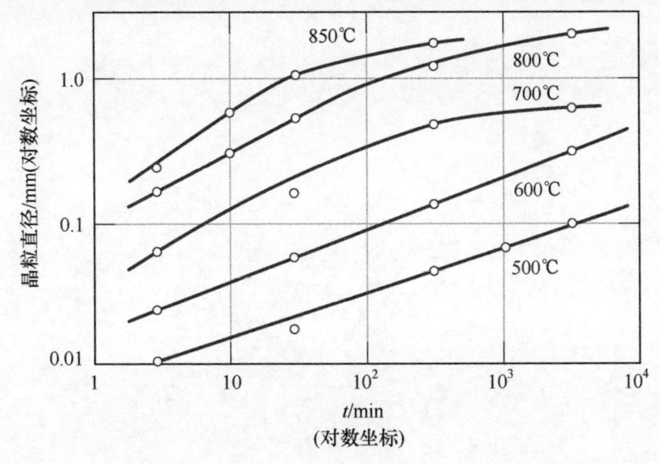

图 9.25　不同温度下，黄铜晶粒直径的对数-晶粒生长时间的对数曲线

生长速率随着温度的升高而增加，即曲线向上移动到大晶粒尺寸处。这可通过扩散速率随温度升高而增加的现象来解释。

细晶金属在室温下的力学性质通常优于粗晶金属。如果单相合金的晶粒结构比期望的晶粒结构大时，可通过材料的塑性变形来实现晶粒细化，然后对其进行再结晶热处理，如之前所描述的。

第10章 失 效

工程师在设计一个组件或者结构的时候常常需要将失效的可能性降到最低。因此了解各种失效模式的机制是十分重要的，如断裂、疲劳和蠕变。此外，熟悉一些正确的设计原则也可以避免一些可能出现的失效。

10.1 引言

工程材料的失效通常是不希望发生的事，主要原因如下：把人类的生命置于危险之中、造成经济损失以及影响产品和服务的使用。尽管我们已经知道了有些失效的原因以及材料的行为，也很难避免失效的发生。通常原因是材料的选择以及加工方式不正确、部件设计不完善或者部件使用不当。同时，在使用过程中结构部件也会发生损坏，因此安全设计关键是进行定期检测、维修以及替换。工程师的责任是对可能产生的失效进行预测和制定计划，以及当失效发生时，能够评估其产生的原因并采取合适的措施，预防同类事故再发生。

本章主要讨论以下几个主题：简单断裂（包含韧性和脆性断裂模式）、断裂机制、断裂韧性测试、韧性脆性之间的转变、疲劳和蠕变。这些讨论包括失效机制、测试技术以及预防和控制失效的方法。

断裂

10.2 断裂的基本原理

简单断裂是指一个实体在低于熔化温度下由于静态应力（随时间不改变或者改变得十分缓慢）的作用分裂成两部分或者是更多部分的行为。疲劳（当施加循环应力时）和蠕变（与时间相关的变形，通常处在高温下）也会发生断裂；疲劳和蠕变的内容将在本章的后几节进行讨论（10.7节～10.15节）。所施加的应力可以是拉伸力、压缩力、剪切力或扭转力（或这些力的组合），本章主要讨论由轴向拉伸所产生的断裂。对于金属而言，有两种可能的断裂模式：韧性断裂和脆性断裂。这两种断裂模式的分类是基于材料发生塑性变形的能力。韧性金属通常在断裂前能够产生很大的塑性变形并且吸收大量的能量。然而，对于脆性断裂，在断裂前通常产生很少甚至没有塑性变形，能量吸收也很低。这两种断裂类型的拉伸应力-应变行为如图8.13所示。

韧性和脆性是个相对的术语；判断一种断裂是属于韧性断裂还是脆性断裂要

视情况而定。韧性可通过伸长率(式(8.10))和面积收缩率(式(8.11))进行量化。此外,韧性还是材料温度、应变率以及应力状态的函数。通常韧性材料以脆性方式断裂的内容将在10.6节中讨论。

应力作用下的任何断裂都包含两个过程:裂纹形成与扩展。断裂模式高度依赖于裂纹扩展机制。韧性断裂的特点是在扩展中的裂纹周围会产生大量的塑性变形。此外,当裂纹的长度变长时,该扩展过程就会相对缓慢地进行。这样的裂纹通常是稳定的,即它会抵抗进一步的延伸,除非施加额外的应力。在断裂表面上会存在大量的总变形(如扭曲和撕裂)。然而,对于脆性断裂,裂纹蔓延的速度非常快,同时伴随着很少的塑性变形。这样的裂纹是不稳定的,裂纹扩展一旦开始,在不需要施加额外的应力时也能自发地进行。

与脆性断裂相比,我们更希望选择韧性断裂,其原因有两个:首先,脆性断裂总是突然地发生,无任何警告,危害性特别大,这是裂纹自发快速扩展的结果。然而对于韧性断裂,塑性变形的存在可以提醒我们材料即将发生断裂,因此我们可以采取适当的保护性措施。其次,韧性材料的硬度通常比较大,因此需要更大的应变能才能使其发生韧性断裂。在施加拉伸应力时,许多金属合金是有韧性的,而陶瓷通常是脆性的,高分子则表现出一系列的行为。

10.3　韧性断裂

韧性断裂表面在微观和宏观两个层面上都具有明显的特点。图10.1显示了宏观断裂剖面的两个特征。图10.1(a)中的结构发现于非常软的金属,如室温下的纯金和铅以及高温下的其他金属、高分子和无机玻璃。这些高韧性材料会变细直到断裂点,此时面积收缩率几乎是100%。

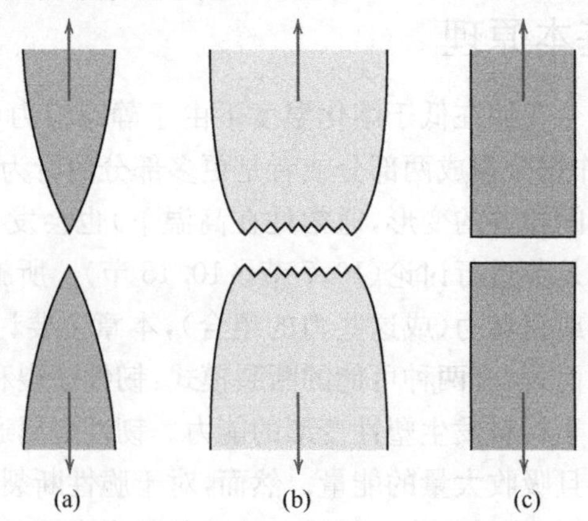

图10.1　(a) 高韧性断裂,试样缩颈至一个点;(b) 中韧性断裂,试样适当缩颈后断裂;(c) 脆性断裂没有任何塑性变形

图 10.1(b)显示了韧性金属最常见的拉伸断裂剖面,其中断裂前会形成适当的缩颈。断裂过程通常分为以下几个阶段(图 10.2)。首先,在颈缩开始形成后,细孔或微孔等在横截面的内部的形成,如图 10.2(b)所示。其次,随着变形的继续,这些微孔增大,并且聚集在一起形成一个椭圆形的裂缝,裂缝的长轴垂直于应力的方向。裂纹通过这种微孔合并的过程继续沿着平行与其主轴的方向生长(图 10.2(c))。最后,裂纹沿着其颈部四周快速地扩散(图 10.2(d)),在与拉伸轴夹角约 45°(在该角度上剪切力最大)方向上产生剪切形变并造成断裂。有时将具有这种特征表面轮廓的断裂称为杯锥断裂(cup-and-cone fracture),因为其两个配合面与杯子和圆锥体类似。这种断裂样品(图 10.3(a))表面的内部中心区域具有不规则和纤维的形状,这表明发生了塑性变形。

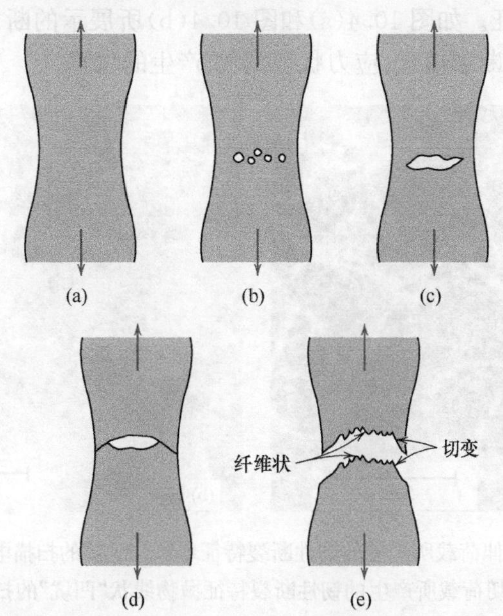

图 10.2 杯锥断裂步骤:(a) 缩颈开始;(b) 微孔形成;(c) 微孔合并成裂纹;(d) 裂纹扩散;(e) 最后与拉伸轴呈 45°切变断裂

图 10.3 (a) 金属铝中的杯锥断裂;(b) 低碳钢中的脆性断裂

断口研究

通过显微结构的检测，我们可以得到更多关于断裂机制的信息，通常使用的测试仪器为扫描电镜。这种断裂类型的研究称为断口(fractographic)研究。与光学显微镜相比，扫描电子显微镜更适合断口的检测，因为扫描电镜有更好的分辨率和景深；这些特点是显示断裂表面的形貌特征所必需的。

当用高放大倍率的电子显微镜观察杯锥断裂表面的纤维中心区域时，发现其包括许多球形的“凹坑”(图 10.4(a))；这种结构是单轴拉伸撕裂所产生的断口的特性。每个“凹坑”都是半个微孔，这些微孔是在断裂过程中形成并扩散的。在杯锥断裂的 45°切边裂痕处也会形成“凹坑”。然而，这些“凹坑”会被拉长或形成 C 形，如图 10.4(b)所示。这种抛物线形状可以表明剪切断裂。此外，还可能存在其他微观断裂表面特征。如图 10.4(a)和图 10.4(b)所展示的断口在分析断裂时提供了重要的信息，如断裂模式、应力状态、裂纹产生的位置。

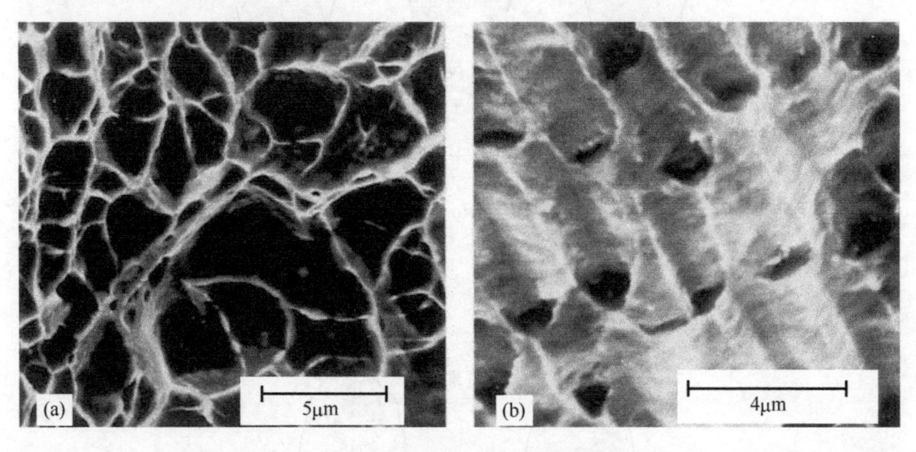

图 10.4 (a) 单向拉伸荷载所产生的韧性断裂特征球状“凹坑”的扫描电子断口纤维组织照片。3300×。(b) 剪切荷载所产生的韧性断裂特征抛物线状“凹坑”的扫描电子断口纤维组织照片。5000×

10.4 脆性断裂

脆性断裂发生时没有任何明显的变形，其裂纹扩展速度非常快。裂纹运动方向几乎垂直于所施加拉伸应力的方向，并产生一个相对平坦的断裂面，如图 10.1(c)所示。

对于脆性断裂的材料，其断裂面具有鲜明的图案；并没有总塑性变形的迹象。例如，在一些钢件中，在靠近断裂横截面中心的地方会形成一系列“V”形的标记，它指向裂纹产生的位置(图 10.5(a))。其他脆性断裂面展示着扇形图案，它包含着由裂缝源辐射出的线或脊(图 10.5(b))。通常，这两种标记图案都比较粗糙，用肉眼可分辨。硬度非常高的细晶金属,并不存在明显的断口图案。非晶态材料如陶瓷玻璃的脆性断裂,则会产生相对光泽和平滑的表面。

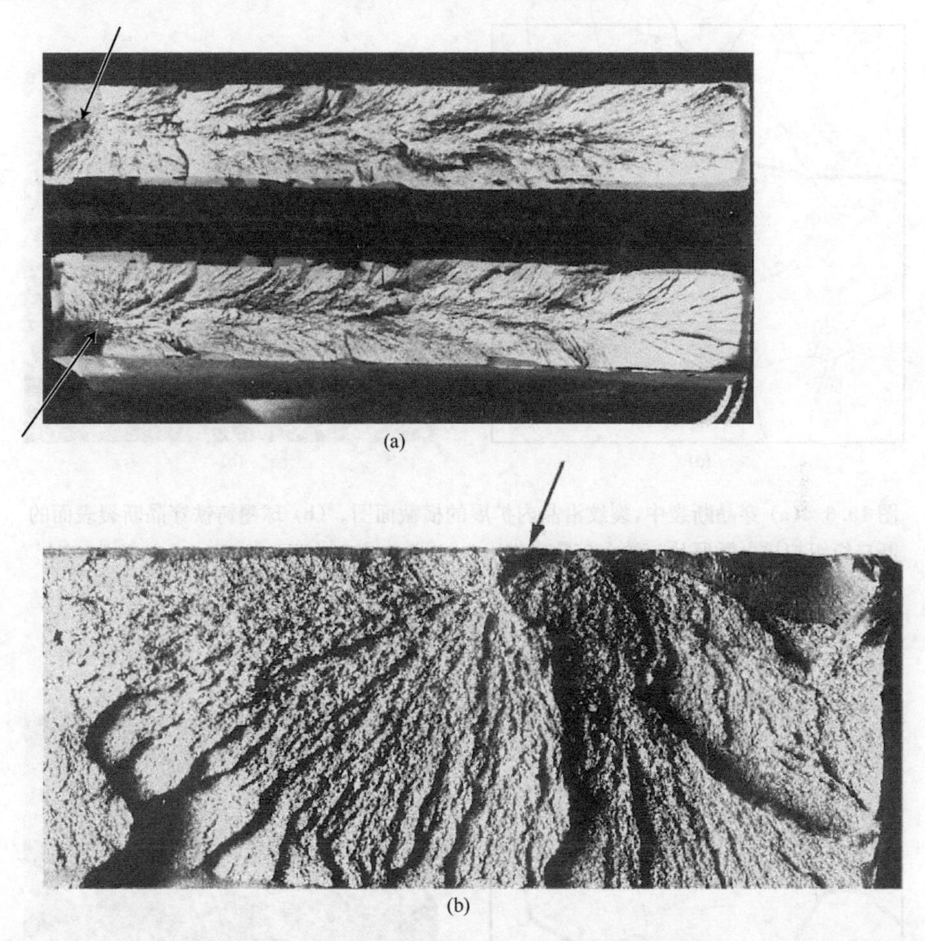

图 10.5 (a) 脆性断裂特征的"V"形标记照片。箭头指向裂纹的源头。约为实际尺寸。(b) 脆性断裂面展示着扇形图案照片。箭头指向裂纹的源头。约 2×

对于大多数脆性晶体材料,裂纹扩展对应着(图 10.6(a))原子键沿着特定的晶面发生连续重复的断裂;这种过程被称为解理。这种类型的断裂为穿晶(transgranular 或 transcrystalline),因为裂纹穿过了晶粒。宏观上,断裂表面具有颗粒状或面状的纹理(图 10.3(b)),这是晶粒之间解理面方向变化的结果。这种解理特点的高倍率扫描电镜的照片如图 10.6(b)所示。

在一些合金中,裂纹扩展是沿晶界(图 10.7(a))进行;这种断裂被称为晶间断裂(intergranular fracture)。图 10.7(b)是一张典型的晶间断裂扫描电镜图,图中可以观察到晶粒的三维性质。这种类型的断裂通常导致晶界区域的削弱或脆化。

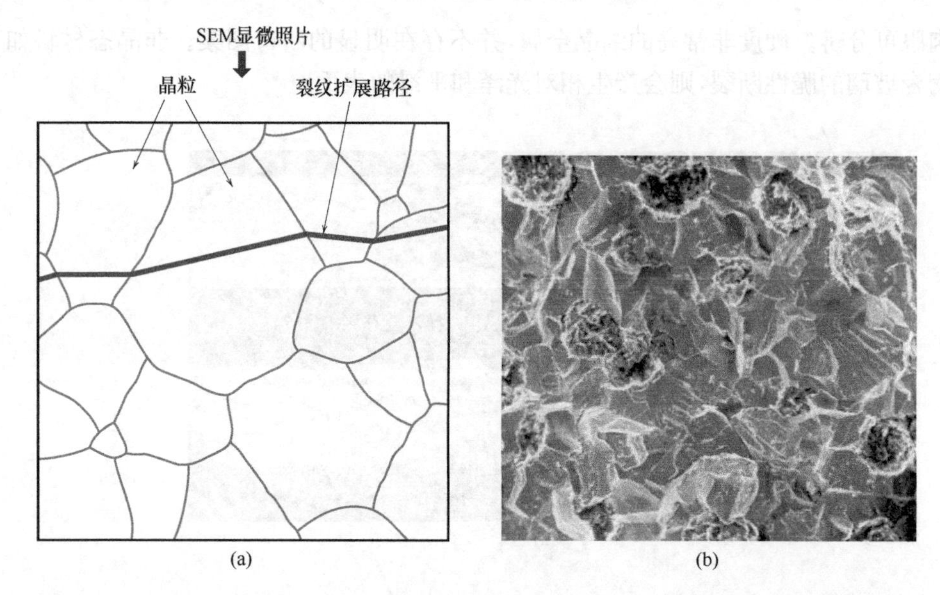

图 10.6　(a) 穿晶断裂中，裂纹沿晶内扩展的横截面图。(b) 球墨铸铁穿晶断裂表面的断口组织扫描电微照片。放大倍数未知

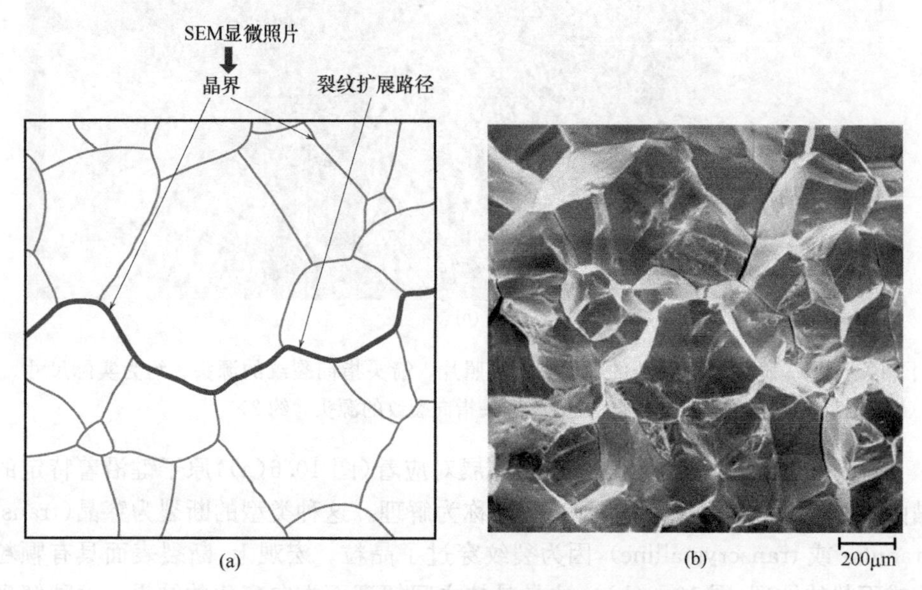

图 10.7　(a) 晶间断裂中裂纹沿晶界扩展的横截面图。
(b) 晶间断裂表面的断口组织扫描电镜照片。50×

10.5　断裂力学原理

韧性材料的脆性断裂需要我们对断裂力学了解。在过去的一个世纪里，人们

通过大量的研究使断裂力学领域得到发展。该课题使材料的性质、应力水平、裂缝产生的缺陷以及裂缝扩展机理之间的关系得到量化。因此,设计工程师可以更好地预防结构失效。接下来我们将主要讨论断裂力学的基本原理。

应力集中

大多数材料所测量的断裂强度明显低于基于原子间结合能而得到的理论计算值。产生这种差异的原因是在材料的内部和表面有微观缺陷或裂缝的存在。这些缺陷会对断裂强度产生损害,因为所施加的应力在缺陷处会放大或集中,且这种放大的数量取决于裂缝的方向和几何形状。图 10.8 是一张穿过含有裂缝的横截面的应力分布图,它很好地阐明了这种现象。如剖面图所示,局部应力的大小随着与裂缝距离的增加而减小。在远离裂缝的位置,应力为 σ_0,所施加的负载被样品的横截面(垂直于负载)平分。因为缺陷能够将所施加的应力放大,所以这些缺陷有时被称为应力集中(stress raisers)。

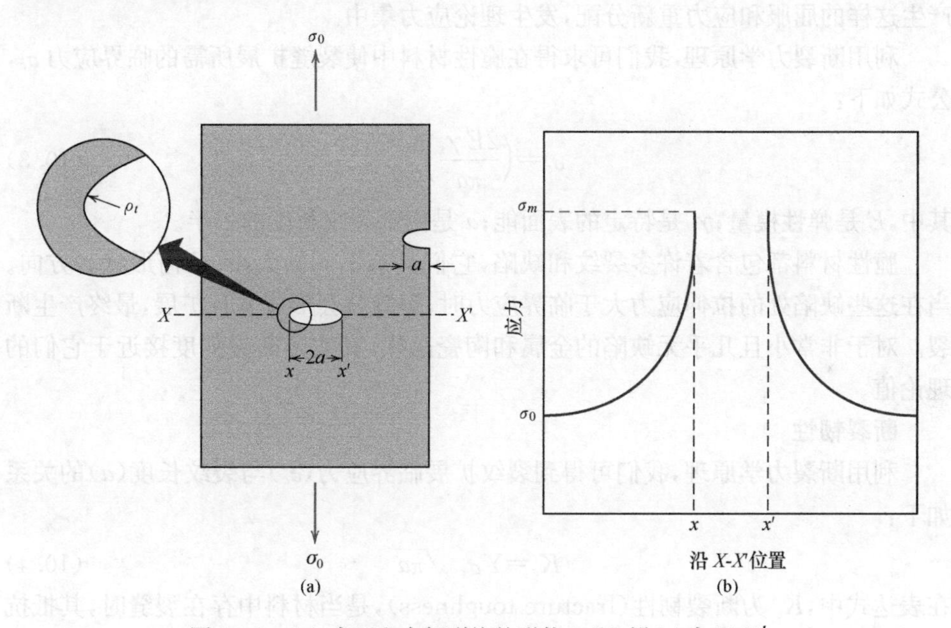

图 10.8 (a) 表面和内部裂纹的形状。(b) 沿(a)中 X-X' 的应力剖面图,裂纹尖端位置,应力放大

假设裂缝形状与椭圆形孔相似,方向与所施加的应力垂直,那么在裂缝处产生的最大应力 σ_m 约为

$$\sigma_m = 2\sigma_0 \left(\frac{a}{\rho_t}\right)^{1/2} \tag{10.1}$$

其中,σ_0 为名义上所施加的拉伸应力;ρ_t 为裂纹的曲率半径(图 10.8(a));a 为表面

裂纹的长度或内部裂纹长度的一半。对于长度比较长且曲率半径较小的裂纹，$\left(\dfrac{a}{\rho_t}\right)^{1/2}$ 就很大。因此得到的 σ_m 是 σ_0 的好几倍。

有时将 σ_m/σ_0 的比值表示为应力集中系数(stress concentration factor, K_t)：

$$K_t=\frac{\sigma_m}{\sigma_0}=2\left(\frac{a}{\rho_t}\right)^{1/2} \tag{10.2}$$

应力集中系数是外部施加的应力在裂纹处放大程度的一种简单测量。

需要注意的是应力放大并不仅限于这些微观缺陷；在宏观的内部间断处(如空位或杂质)、锐化边角处、划痕处以及缺口处都有可能发生应力放大。

此外，应力集中在脆性材料中的作用比在韧性材料中大。对于韧性金属，当最大应力超过屈服强度时，金属就会塑性变形。这导致应力集中处的应力分布更加均匀，最大应力集中系数的变化得于理论值。在脆性材料的缺陷和间断处则不会产生这样的屈服和应力重新分配，发生理论应力集中。

利用断裂力学原理，我们可求得在脆性材料中使裂缝扩展所需的临界应力 σ_c，公式如下：

$$\sigma_c=\left(\frac{2E\gamma_s}{\pi a}\right)^{1/2} \tag{10.3}$$

其中，E 是弹性模量；γ_s 是特定的表面能；a 是内部裂纹长度的一半。

脆性材料都包含着许多裂纹和缺陷，它们具有不同的大小、几何形状和方向。当在这些缺陷处的拉伸应力大于临界应力时，裂缝就会形成并且扩展，最终产生断裂。对于非常小且几乎无缺陷的金属和陶瓷晶须，其实际断裂强度接近于它们的理论值。

断裂韧性

利用断裂力学原理，我们可得到裂纹扩展临界应力(σ_c)与裂纹长度(a)的关系如下：

$$K_c=Y\sigma_c\sqrt{\pi a} \tag{10.4}$$

在表达式中，K_c 为断裂韧性(fracture toughness)，是当材料中存在裂缝时，其抵抗脆性断裂的一种度量。K_c 的单位为 $\mathrm{MPa}\sqrt{\mathrm{m}}$。$Y$ 是无量纲参数，是取决于裂纹和样品的大小、几何形状以及应力施加方式的函数。

关于参数 Y，当样品中含有的裂纹远小于样品宽度时，Y 的值接近1。例如，对于宽度无限大且含有穿透裂纹的样品(图10.9(a))，$Y=1.0$，而对于宽度半无限大且含有长度为 a 的边缘裂纹的样品(图10.9(b))，$Y\cong1.1$。根据裂纹和样品几何形状的不同关系，我们确定了 Y 的各种数学表达式；这些表达式通常比较复杂。

对于相对薄的样品，K_c 的值取决于样品的厚度。然而，当样品的厚度比裂纹的尺寸大的多时，K_c 则与厚度无关；在这些情况下，存在一个平面应变(plane

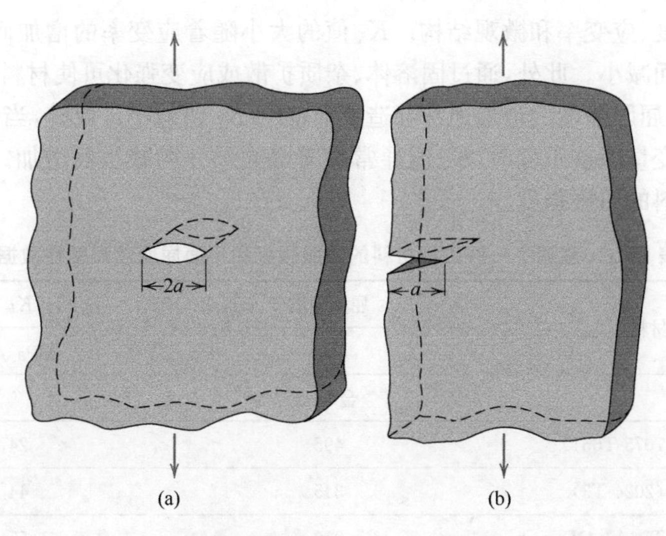

图 10.9 (a) 无限宽内部裂纹;(b) 半无限宽边缘裂纹示意图

strain)。通过平面应变,当负载按照图 10.9(a)所示的方式作用在裂纹上时,没有应变分量垂直于前面和背面。这种厚样品的 K_c 值称为平面应变断裂韧性 K_{Ic};它也被定义为

$$K_{Ic}=Y\sigma\sqrt{\pi a} \tag{10.5}$$

K_{Ic} 是多数情况下的断裂韧性。K_{Ic} 的角标 I 表示的是模式Ⅰ的裂纹位移对应的平面应变断裂韧性,如图 10.10(a)所示。

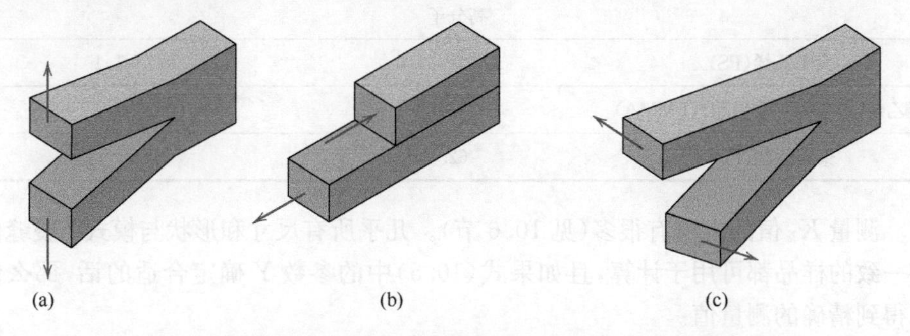

图 10.10 裂纹表面位移的三种模式:(a) 模式Ⅰ,开口或拉伸模式;
(b) 模式Ⅱ,滑动模式;(c) 模式Ⅲ,撕裂模式

脆性材料在断裂之前不会产生可感知的塑性变形,其 K_{Ic} 值比较小,容易受到突变失效。然而,韧性材料的 K_{Ic} 值相对较大。断裂力学在预测延展性适中的材料的突变失效方面非常有用。表 10.1(以及图 1.6)列出了许多不同材料的平面应变断裂韧性值。

平面应变断裂韧性 K_{Ic} 是材料的一个基本性质,它取决于许多因素,其中影响

最大的是温度、应变率和微观结构。K_{Ic} 值的大小随着应变率的增加而减小，随着温度的降低而减小。此外，通过固溶体、杂质扩散或应变强化可使材料的屈服强度得到增加，而屈服强度的增加通常会造成对应的 K_{Ic} 值减小。此外，当化合物和其他微观结构变量保持不变时，K_{Ic} 值通常随着晶粒尺寸的减小而增加。表 10.1 列出了一些材料的屈服强度。

表 10.1　室温下一些工程材料的屈服强度和平面屈服断裂韧性数据

材料	屈服强度	K_{Ic}
	MPa	MPa $\sqrt{m}$
	金属	
铝合金(7075-T651)	495	24
铝合金(2024-T3)	345	44
钛合金(Ti-6A1-4V)	910	55
合金钢(4340 热处理@260℃)	1640	50.0
合金钢(4340 热处理@425℃)	1420	87.4
	陶瓷	
混凝土	—	0.2～1.4
钠钙玻璃	—	0.7～0.8
氧化铝	—	2.7～5.0
	高分子	
聚苯乙烯(PS)	25.0～69.0	0.7～1.1
聚乙烯(甲基丙烯酸甲酯)(PMMA)	53.8～73.1	0.7～1.6
聚碳酸酯(PC)	62.1	2.2

测量 K_{Ic} 值的方法有很多(见 10.6 节)。几乎所有尺寸和形状与模式Ⅰ裂缝位移一致的样品都可用于计算，且如果式(10.5)中的参数 Y 确定合适的话，那么便可得到精确的测量值。

利用断裂力学进行设计

根据式(10.4)和式(10.5)，假设参数 Y 已经确定，那么一些结构组件断裂的可能性与 3 个变量相关，分别为断裂韧性(K_c)或平面应变断裂韧性(K_{Ic})、施加的应力(σ)、缺陷尺寸(a)。因此在设计组件时，最重要的是确定哪种变量由应用规定以及哪种变量可以通过设计控制。例如，材料的选择(由此得到 K_c 或 K_{Ic})通常需要考虑一些因素如密度或环境的腐蚀特性。或者利用缺陷检测技术来测定缺陷的尺寸。然而，最重要的是当之前所述的 3 个参数中有任何两个参数确定时，第三个参数也就确定了(式(10.4)和式(10.5))。例如，假设给定 K_{Ic} 和 a 的值，那么设计应力(或临界应力)σ_c 为

$$\sigma_c=\frac{K_{Ic}}{Y\sqrt{\pi a}} \tag{10.6}$$

然而，如果应力水平和平面应变断裂韧性确定，那么所允许的最大缺陷尺寸 a_c 为

$$a_c=\frac{1}{\pi}\left(\frac{K_{Ic}}{\sigma Y}\right)^2 \tag{10.7}$$

现在许多无损测试(NDT)技术可以测量材料内部和表面的缺陷。这样的技术可被用于检测正在使用当中的结构组件，检测可能导致其过早失效的缺陷；此外，NDT 技术也被作为在制造过程中的一种质量控制手段。正如它们名字一样，这些技术不会对进行测试的材料或结构产生破坏。此外，有一些测试方法必须在实验室环境下进行；而另一些测试方法则适合在实际使用当中进行。表 10.2 列出了一些常用的 NDT 技术以及它们的特性。

表 10.2　一些常见的无损测试技术

测试技术	缺陷位置	缺陷尺寸灵敏度/mm	测试地方
扫描电镜(SEM)	表面	>0.001	实验室
染色渗透液	表面	0.025～0.25	实验室/实际使用地方
超声波法	表面下方	>0.050	实验室/实际使用地方
光学显微镜	表面	0.1～0.5	实验室
目测	表面	>0.1	实验室/实际使用地方
声发射检验	表面/表面下方	>0.1	实验室/实际使用地方
射线照相术(X射线/γ射线)	表面下方	>样品的2%	实验室/实际使用地方

NDT 应用的一个重要例子是远程检测输油管道是否存在裂纹和泄露。利用超声波分析与“机器分析仪”，它可以在管道内传输相对长的距离。

10.6　断裂韧性测试

人们已经设计出许多不同的标准测试来测量结构材料的断裂韧性。在美国，这些标准测试方法由 ASTM 规定。大多数测试所要求的程序和样品结构比较复杂，我们在此不详细解释这些。简而言之，对于每一种测试方法，样品(具有规定的几何形状和尺寸)都包含着先存的缺陷，通常是尖锐的裂纹。测试装置按照规定的速率在样品上施加负载，同时测量负载值和裂纹位移值。在断裂韧性值被认为是

合理之前，需要对数据进行分析以确保它们满足装置设立的标准。大多数测试方法用来测量金属材料，也存在一些用于测量陶瓷、高分子和复合材料的方法。

冲击测试

在断裂力学作为科学学科之前，人们就设计出冲击测试方法，即在高的加载速率下来确定材料的断裂特性。应该了解到实验室拉伸测试(加载速率较低)不能预测材料的断裂行为。例如，在一些情况下，当加载速率较高时，韧性金属会突然断裂，几乎不产生任何塑性变形。冲击测试所选择的环境是最严苛的，即①在相对低的温度下进行变形；②高的应变速率(如变形速率)；③三轴应力状态。

有两种用于测量冲击能(impact energy)的标准测试方法：夏比(Charpy)冲击测试和悬臂(Izod)冲击测试。在美国，V形缺口方法(CVN)是最常用的测试方法。对于夏比冲击测试和悬臂冲击测试，样品的形状要求为棒状且具有立方横截面，其中V形缺口是通过机械加工形成的(图10.11(a))。图10.11(b)为V形缺口冲击测试装置示意图。加重的钟摆锤从固定高度h处释放产生的冲击即为所施加的负载。样品位于底部，如图10.11所示。钟摆释放后，安装在钟摆上的刃型物会撞击样品，并使样品在缺口处断裂，样品的V形缺口就是高速撞击的应力集中点。钟摆继续摇摆，然后升到比h低的h'处。根据h'和h之间的差距计算出能量吸收是测量冲击能的一种方法。夏比冲击测试与悬臂冲击测试之间最主要的区别是样品支撑的方式，如图10.11(b)所示。这些测试之所以被称为冲击测试是因为它们施加应力的方式。许多变量包括样品的尺寸和形状以及缺口的结构和深度都会影响测试结果。

平面应变断裂韧性和这些冲击测试都被用于确定材料的断裂性质。事实上，前者在确定材料的特殊性质上是定量的(如K_{Ic})。然而，冲击测试的结果则是定性的且对材料设计没有什么帮助。我们主要利用的是冲击能的相对值，其绝对值并没有什么意义。人们曾经尝试将平面应变断裂韧性和CVN能联系在一起，但取得的成果非常有限。平面应变断裂韧性测试不只是简单的表现为冲击测试；此外，它所需的设备和样品更加昂贵。

韧性-脆性转变

夏比冲击测试和悬臂冲击测试的主要功能之一就是确定材料在温度降低时是否发生韧性-脆性转变以及如果发生，对应的温度范围是多少？这种韧性-脆性转变与冲击能吸收随温度的变化有关。图10.12中曲线A代表着钢的这种转变。当温度较高时，CVN能相对较大，此时对应着韧性断裂。随着温度的降低，冲击能在相对较窄的温度范围内突然减小，直到能量值为较小的常数，即脆性断裂。

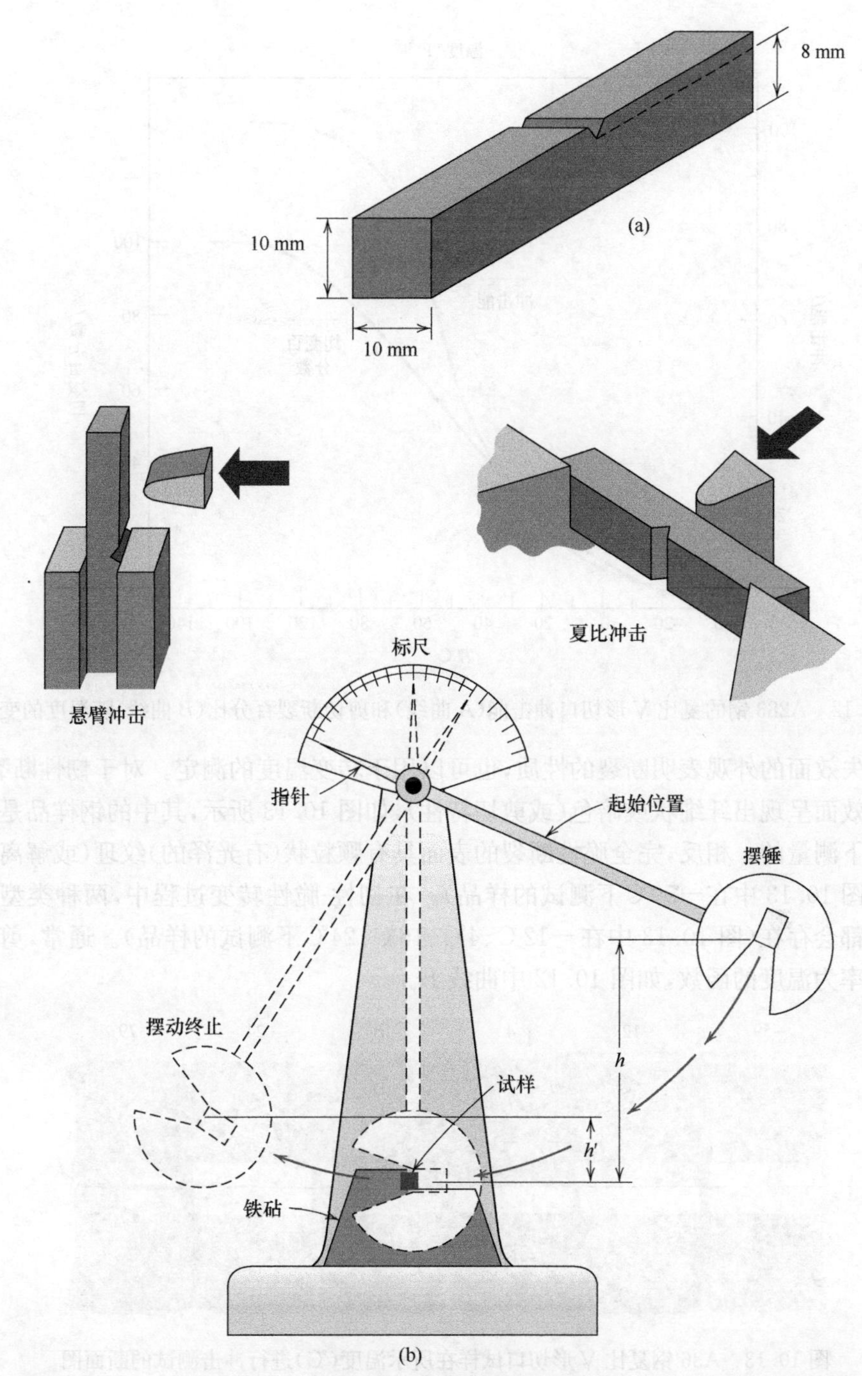

图 10.11 (a) 用于夏比冲击测试和悬臂冲击测试的试样。(b) 冲击测试装置示意图。钟摆锤从固定高度 h 处释放,冲击试样;断裂所消耗的能量由 h' 和 h 之间的差距计算。夏比冲击测试和悬臂冲击测试的试样位置如图所示

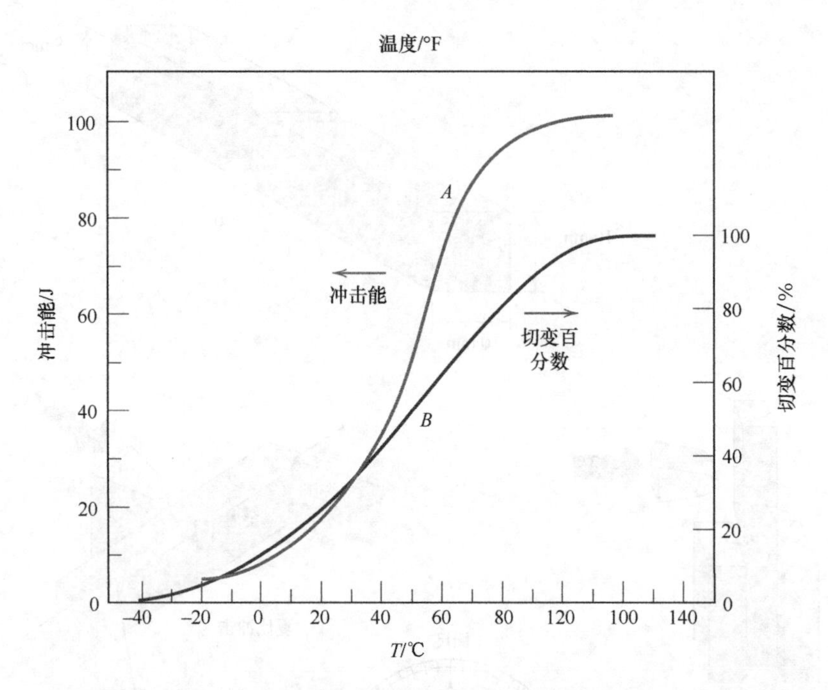

图 10.12　A283 钢的夏比 V 形切口冲击能(*A* 曲线)和剪切断裂百分比(*B* 曲线)随温度的变化

失效面的外观表明断裂的性质,也可以用于转变温度的测定。对于韧性断裂,该失效面呈现出纤维状或暗色(或剪切特性),如图 10.13 所示,其中的钢样品是在 79℃下测量的。相反,完全脆性断裂的表面具有颗粒状(有光泽的)纹理(或解离特性)(图 10.13 中在−59℃下测试的样品)。在韧性-脆性转变过程中,两种类型的特点都会存在(图 10.13 中在−12℃、4℃、16℃、24℃下测试的样品)。通常,剪切断裂率为温度的函数,如图 10.12 中曲线 *B*。

图 10.13　A36 钢夏比 V 形切口试样在所示温度(℃)进行冲击测试的断面图

对于许多合金,其韧性-脆性转变发生在一个温度范围内(图 10.12),因此确定单一转变温度就变得困难。因为没有明确的标准,所以人们通常以假设 CVN

能为某一值(如 20 J 或 15 ft-lb_f)时对应的温度或某个给定的断口外观所对应的温度(如 50%纤维断裂)为转变温度。这些标准可能产生不同转变温度的事实使得事情变得更加复杂。或许最保守的转变温度是断裂表面呈现 100%纤维状时对应的温度;基于此,图 10.12 中钢合金的转变温度约为 110℃。

为了避免脆性断裂和突发失效,具有韧性-脆性转变的合金所构成的结构应该在温度高于转变温度下使用。在第二次世界大战期间,许多远离战争的焊接运输船突然分裂成两半。这些船舶都是由钢合金组成,根据室温下的拉伸测试可知这些钢合金具有很好的韧性。脆性断裂发生在低温环境下,约为 4℃,该温度位于合金转变温度的附近。每一个断裂裂纹都产生于某一点的应力集中,这些点可能是锐角或制造缺陷,然后扩展到整个船的周围。

除了图 10.12 所示的韧性-脆性转变外,我们还可以观察到其他两种冲击能随温度变化的行为;如图 10.14 中上方和下方的曲线。在此,需要注意的是低强度 FCC 金属(一些铝和铜的合金)和大多数 HCP 金属不会产生韧性-脆性转变(对应图 10.14 中上方的曲线),同时随着温度的降低它们依然保持着高的冲击能(即保持韧性)。对于高强度材料(如高强度的钢和钛合金),其冲击能对温度不是很敏感(对应图 10.14 中下方曲线);然而,这些材料也非常脆,这是它们冲击能低的反映。图 10.14 中的中间曲线展示了韧性-脆性转变的特性。正如图中所标的,这种转变行为通常是在具有 BCC 晶体结构的低强度钢中发现的。

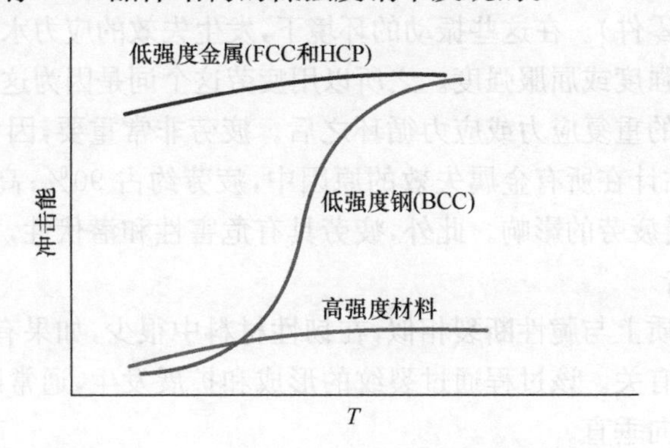

图 10.14 三种常见类型的冲击能-温度特性曲线

对于这些低强度钢,转变温度对合金的组成以及微观结构都非常的敏感。例如,平均晶粒尺寸的减小会导致转变温度的降低。因此,细化晶粒对提高钢的强度(见 9.8 节)和韧性都有帮助。相比之下,增加碳含量会使钢的强度得到提高,但也会使 CVN 转变温度升高,如图 10.15 所示。

大多数陶瓷和高分子材料也会经历韧性-脆性转变。对于陶瓷材料,这种转变仅发生在高温下,通常超过 1000℃。高分子的韧性-脆性转变将在 15.6 节中讨论。

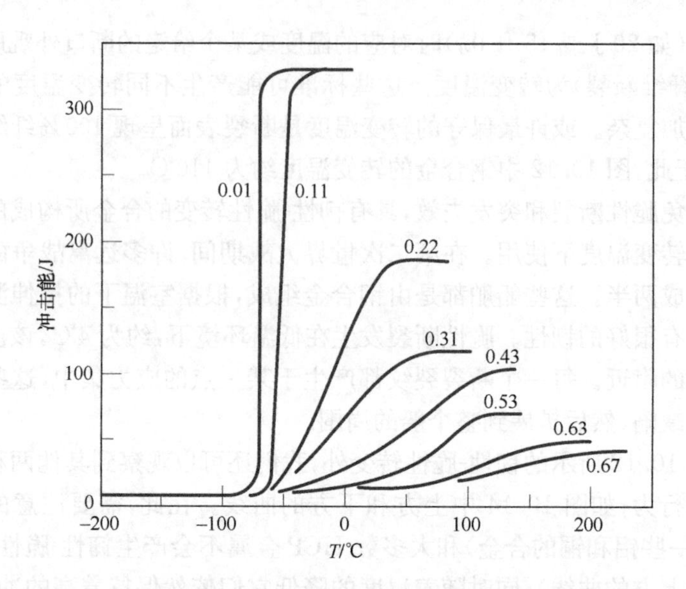

图 10.15 钢中碳含量对夏比 V 形切口能量-温度特性的影响

疲劳

疲劳也是失效的一种形式，它是指结构在受到振动的应力下所产生的失效(如桥梁、飞机、机器零件)。在这些振动的环境下，发生失效的应力水平可能远低于静态负载时的抗张强度或屈服强度。之所以用疲劳这个词是因为这种类型的失效通常发生在长时间的重复应力或应力循环之后。疲劳非常重要，因为它是金属失效的最大原因，据估计在所有金属失效的原因中，疲劳约占 90%；高分子和陶瓷(除了玻璃)也容易受疲劳的影响。此外，疲劳具有危害性和潜伏性，它总是突然的发生，没有任何警告。

疲劳失效本质上与脆性断裂相似，在韧性材料中很少，如果有的话，那么总的塑性变形与失效有关。该过程通过裂纹的形成和扩展发生，通常断裂表面与所施加的拉伸应力方向垂直。

10.7 循环应力

所施加的应力本质上可以是轴向的(拉伸-压缩应力)、弯曲的(弯曲应力)或扭转的(扭转力)。通常，存在 3 种不同的应力随时间变化的模式。其中一种模式如图 10.16(a)所示，应力随时间的变化是有规律的且成正弦变化，图中振幅关于平均零应力水平对称，例如，从最大的拉应力变化(σ_{max})到最小的压应力(σ_{min})时具有相等的振幅；这种模式称为反向应力循环。另一种模式被称为重复应力循环(reversed stress cycle)，如图 10.16(b)所示；其最大值和最小值关于零应力水平不对称。在最后一种模式中，应力的大小和频率随机的变化，如图 10.16(c)所示。

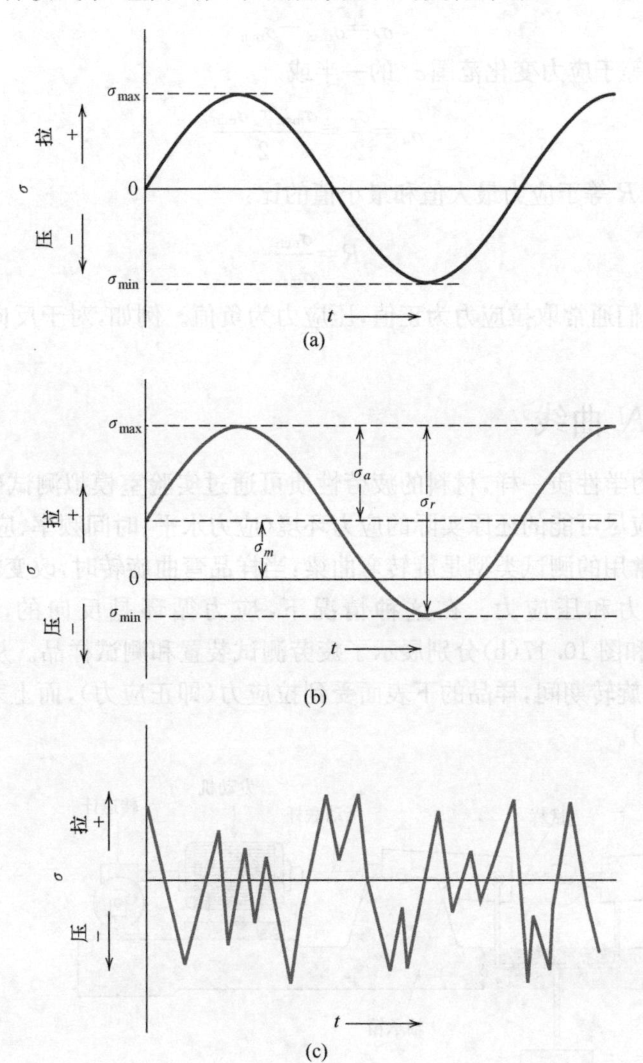

图 10.16 疲劳断裂过程中应力随时间的变化。(a) 反向应力循环。应力由最大拉应力(+)等振幅变化到最大压应力(−)。(b) 重复应力循环。应力最大值和最小值关于零应力水平不对称；σ_m 为平均应力，σ_r 为应力变化的范围，σ_a 为应力幅值。(c) 任意应力循环

同时图 10.16(b)中所标的一些参数可用于描述变应力循环的特征。应力幅值围绕着平均应力 σ_m 变化，平均应力 σ_m 被定义为在一个周期中应力最大值和最小值的平均值或

$$\sigma_m=\frac{\sigma_{\max}+\sigma_{\min}}{2} \tag{10.8}$$

应力变化的范围 σ_r 为 σ_{max} 与 σ_m 之间的差值即

$$\sigma_r = \sigma_{max} - \sigma_{min} \tag{10.9}$$

应力幅值 σ_a 等于应力变化范围 σ_r 的一半或

$$\sigma_a = \frac{\sigma_r}{2} = \frac{\sigma_{max} - \sigma_{min}}{2} \tag{10.10}$$

最后，应力比 R 等于应力最大值和最小值的比：

$$R = \frac{\sigma_{min}}{\sigma_{max}} \tag{10.11}$$

为了方便，我们通常取拉应力为正值，压应力为负值。例如，对于反向应力循环，R 的值为 -1。

10.8 S-N 曲线

与其他力学性质一样，材料的疲劳性质可通过实验室模拟测试确定。所设计的测试装置应尽可能的还原实际的应力环境（应力水平、时间频率、应力图等）。在实验室中最常用的测试类型是旋转弯曲梁：当样品弯曲旋转时，改变施加在样品上等大的拉应力和压应力。在这种情况下，应力循环是反向的，即 $R=-1$。图 10.17(a)和图 10.17(b)分别展示了疲劳测试装置和测试样品。从图 10.17(a)可以看出，在旋转期间，样品的下表面受到拉应力（即正应力），而上表面受到压应力（即负应力）。

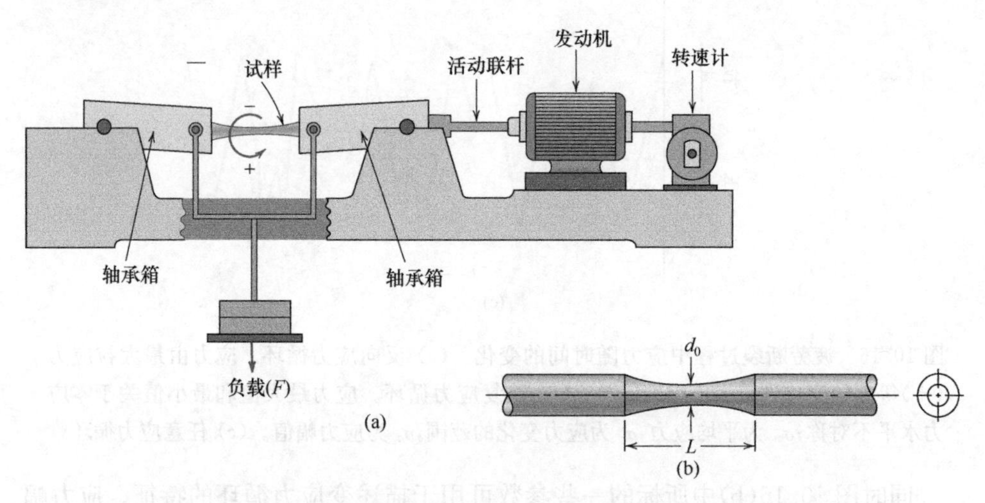

图 10.17 旋转弯曲疲劳测试示意图。(a) 疲劳测试装置；(b) 测试样品

此外，需要用实验室疲劳测试来模拟预期的工作状态，即使用轴向拉伸-压缩应力或扭转应力而不是旋转弯曲应力。

一系列疲劳测试通过使样品在相对大的应力值(σ_{max})下进行应力循环开始，

σ_{max}通常约为静态抗张强度的 2/3;失效的循环次数会被记录下来。在其他样品上也重复进行该过程并逐渐地减小最大应力水平。将每个样品的数据绘制成应力 S 随失效循环次数 N 的对数值的变化图。参数 S 通常取最大应力值(σ_{max})或应力幅值(σ_a)(图 10.16(a)和图 10.17(b))。

图 10.18 展示了两种不同类型的 S-N 图。从图中我们可以看出,应力值越大,材料在失效之前进行的循环次数就越少。对于一些铁钛合金(铁是基体),S-N 曲线(图 10.18(a))在 N 值很高时为水平状;即存在一个极限应力水平,该极限应力水平称为疲劳极限(fatigue limit,有时也称为忍耐极限),低于该值时,疲劳断裂不会发生。疲劳极限代表着在无限循环次数下不会造成失效的应力的最大值。对于许多钢,疲劳极限介于抗张强度的 35%到 60%之间。

大多数非铁合金(如铝合金、铜合金)没有疲劳极限,即 S-N 曲线在 N 值增加时不断下降(图 10.18(b))。因此,最终发生的疲劳与应力大小无关。对于这些材

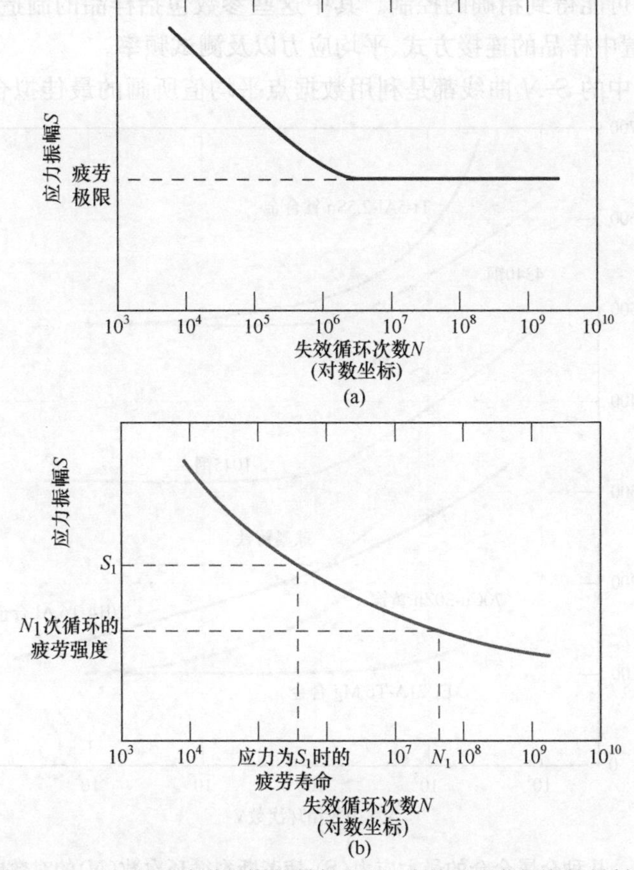

图 10.18　(a) 处于疲劳极限的材料和(b) 未处于疲劳极限的材料的应力幅值(S)-疲劳断裂循环次数的对数(N)曲线图

料，疲劳响应规定为疲劳强度（fatigue strength），而疲劳强度又被定义为失效即将发生时某一规定的循环次数（如 10^7 次循环）所对应的应力水平。如图 10.18(b)中疲劳强度的确定。

另一个描述材料疲劳行为的重要参数是疲劳寿命（fatigue life, N_f）。在特定的应力水平下，导致失效发生的原因是循环的次数，如图 10.18(b)中的 *S*-*N* 曲线所示。

一些金属合金的 *S*-*N* 曲线如图 10.10 所示；这些数据都是通过反向应力循环（$R=-1$）的旋转弯曲测试产生的。从图中可以看出，钛合金、镁合金、钢合金以及铸铁的 *S*-*N* 曲线都含有疲劳极限；而黄铜和铝合金的 *S*-*N* 曲线则不包含这样的疲劳极限。

然而，疲劳数据总存在一些比较大离散，即在相同的应力水平下，许多样品所测量的 *N* 值会有变化。当需要考虑疲劳寿命或疲劳极限时，这种变化会导致材料设计的不确定性。疲劳数据产生离散的原因为疲劳对许多测试的灵敏性不同以及材料的参数不可能得到精确的控制。其中这些参数包括样品的制造和表面处理、冶金变量、装置中样品的连接方式、平均应力以及测试频率。

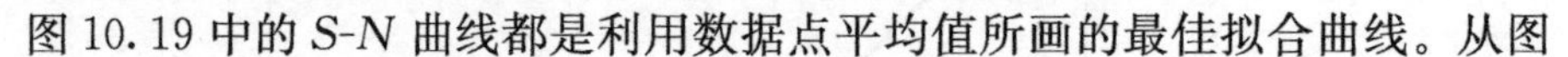

图 10.19 中的 *S*-*N* 曲线都是利用数据点平均值所画的最佳拟合曲线。从图

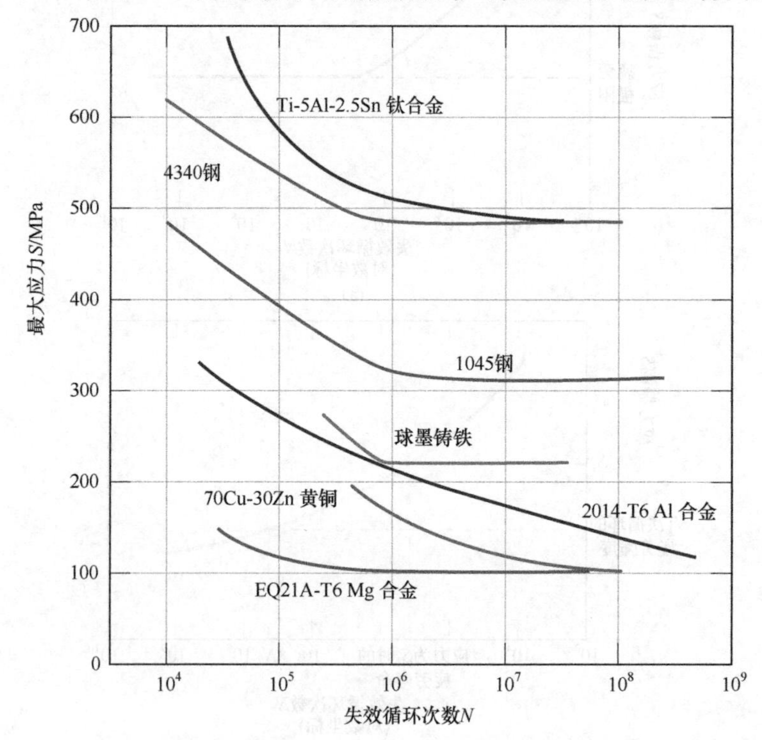

图 10.19　几种金属合金的最大应力(*S*)-疲劳断裂循环次数(*N*)的对数曲线图。曲线由旋转弯曲测试和反向循环测试获得

中我们可以看到约一半的测试样品实际上在应力水平位于曲线方下方 25%处就已发生失效(基于统计处理所确定的)。

我们利用概率等一些统计方法来处理疲劳寿命和疲劳极限。展示这些数据处理的一个简便的方法是用一系列恒定概率的曲线来表示,如图 10.20 所示。与每条曲线相关的 P 值就代表着失效发生的概率。例如,当应力为 200 MPa 时,我们可以得到样品在约 10^6 次循环后发生失效的概率为 1%,在约 2×10^7 次循环后发生失效的概率为 50%等。需要注意的是,在文献中的 S-N 曲线通常是平均值,除非有特殊说明。

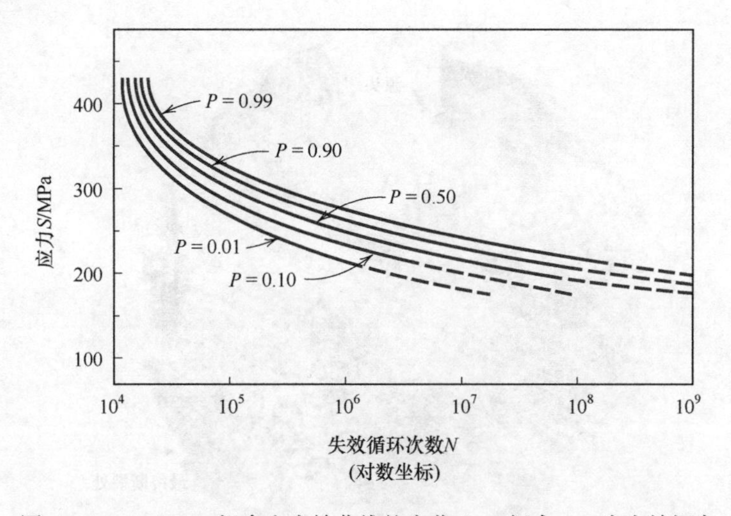

图 10.20 7075-T6 铝合金失效曲线的疲劳 S-N 概率。P 为失效概率

图 10.18(a)和图 10.19(b)中的疲劳行为可以被分为两大类。其中一类疲劳行为与高负载相关,它在每个应力循环过程中,不仅产生弹性变形,还会产生一些塑性变形。因此,疲劳寿命相对较短;这一类疲劳行为称为低循环疲劳(low-cycle fatigue),发生的循环次数小于 10^4 到 10^5 次。在变形完全为弹性变形的范围内,应力水平越低,产生的疲劳寿命就越长。这种疲劳行为被称为高循环疲劳(high-cycle fatigue),因为产生疲劳失效时所需要的循环次数相对较大。与高循环疲劳相关的疲劳寿命大于 10^4 到 10^5 次循环。

10.9 裂纹的形成与扩展

疲劳失效的过程分为 3 步:①裂纹的形成,小的裂纹在某个应力集中处形成;②裂纹的扩展,在裂纹扩展期间,裂纹随着应力周期的进行不断增加;③最终的失效,一旦裂纹达到临界尺寸,失效就快速的发生。与失效相关的裂纹几乎总是发生在组件表面的某个应力集中处。形成裂纹的地方包括表面划痕、凹槽、螺纹、压痕等。此外,循环负载能够使微观表面产生不连续,这些不连续是由位错滑移台阶造成的,这些位错滑移台阶也作为应力集中处,成为裂纹形成的地方。

在裂纹扩展期间形成的断裂表面区域具有两种标志类型,分别为贝壳状纹理和辉纹。两种标志类型都表明了裂纹尖端在某一时刻的位置并显示出裂纹从形成处扩散到其他地方的轴线。贝壳纹理是宏观尺寸的(图 10.21),它可通过肉眼直接观察到。在裂纹扩展期间发生中断的组件上,我们可以发现这些标志,例如,在正常的轮换时间内运行的机器。每一个贝壳纹理带都代表着裂纹生长发生的时间段。

图 10.21　疲劳失效后的旋转钢轴断裂面。图中可见贝壳状纹理

然而,疲劳辉纹是微观尺寸上的,它可通过电子显微镜(TEM 或 SEM)观察。图 10.22 是一张断口组织的电子显微照片,它展示了疲劳辉纹的特点。每一个辉纹代表着在单个负载周期内裂纹前端前进的距离。辉纹的宽度取决于应力的变化范围,且随着应力变化范围的增大而增加。

在疲劳裂纹扩展期间,即使所施加的应力为最大值,物体所受到的每个应力循环都低于金属的屈服强度,我们在微观尺度上也可观察到裂纹尖端处存在局域的塑性变形。所施加的应力在裂纹尖端被放大,使得局部应力水平超过屈服强度。疲劳辉纹的几何形状是材料塑性变形的表现。

需要强调的是虽然贝壳纹理和辉纹都是疲劳断裂表面且具有相似的外观,但它们在起源和大小上是不同的。在一个贝壳纹理上可能有成千上万的辉纹。

通常失效的原因在失效表面测试后可推断出来。断裂表面上贝壳纹理和辉纹

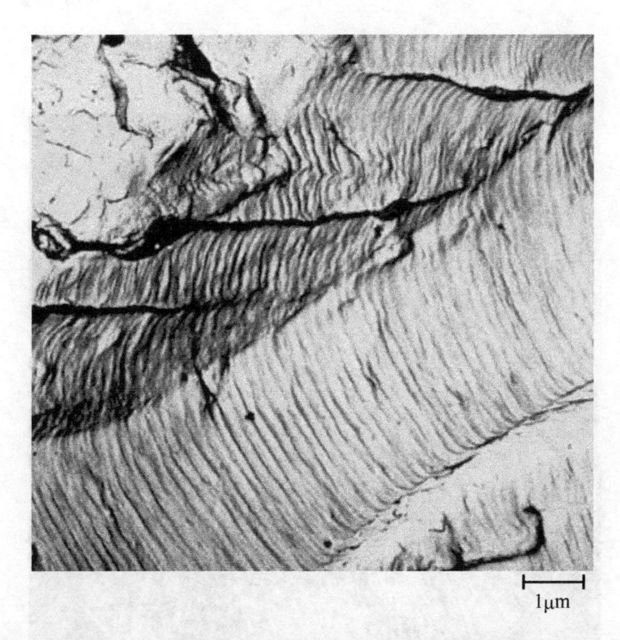

图 10.22　铝中疲劳辉纹的断口组织的透射电镜照片。9000×

的存在证明了失效的原因是疲劳。然而，如果断裂表面不存在贝壳纹理或辉纹，我们依然不能排除疲劳失效。并不是所有发生疲劳的金属都可以观察到辉纹，出现辉纹的概率取决于应力状态。因为表面腐蚀产物和氧化物膜的形成，辉纹的可检测能力随着时间的推移而减小。同时，在应力循环期间，当裂纹的啮合面之间相互摩擦时，辉纹可能被磨损作用破坏。

关于疲劳失效表面，最后还需要注意：在失效快速发生的表面区域不会出现贝壳纹理和辉纹。而快速失效可能是韧性的或脆性的；对于韧性失效，会存在塑性变形，而对于脆性失效，不存在塑性变形。该失效区域如图 10.23 所示。

10.10　影响疲劳寿命的因素

正如 10.8 节中所提到的，工程材料的疲劳行为与许多变量相关，其中包括平均应力水平、几何设计、表面效应和冶金因素以及环境。本节将主要讨论这些影响因素以及提高结构组件抵抗疲劳的措施。

平均应力

材料的疲劳寿命随应力幅值的变化如 *S-N* 曲线所示。通常对于反向循环情况（$\sigma_m=0$），这样的数据被认为是恒定的平均应力 σ_m。然而，平均应力也影响着疲劳寿命；这种影响可通过一系列的 *S-N* 曲线表示，每一个曲线都是在不同的 σ_m 下测量得到的，如图 10.24 所示。正如图中所展示的，平均应力水平的增加会导致疲劳寿命的减小。

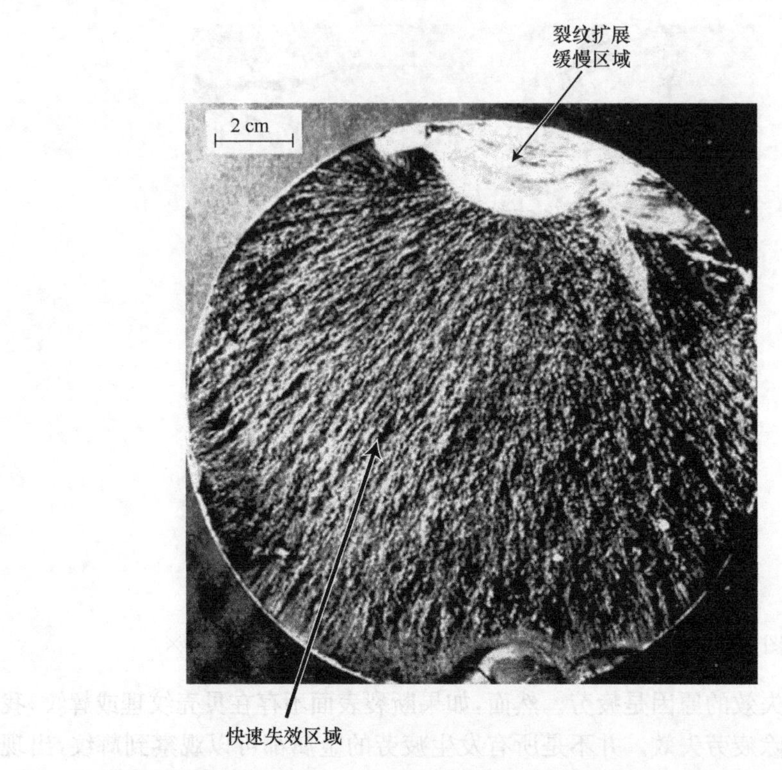

图 10.23　疲劳断裂面。裂纹在顶部边缘形成。顶部附近的光滑区域为裂纹传播缓慢的地方。快速的失效发生在暗的纤维状纹理区域(大部分区域)。约为 0.5×

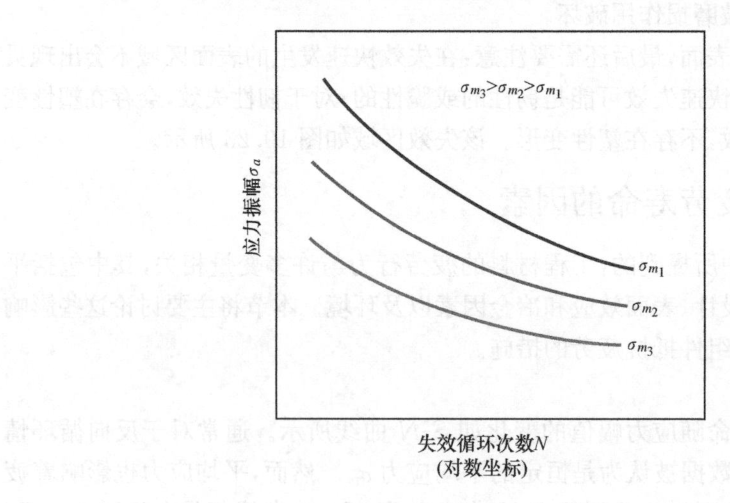

图 10.24　平均应力 σ_m 对 S-N 失效行为的影响

表面效应

对于许多常见的负载情况，一个组件或结构的最大应力值常常发生在它的表面。所以，导致疲劳失效的大多数裂纹都产生于表面位置，尤其是应力放大处。因此，可以观察到疲劳寿命对组件表面的环境和结构非常的敏感。许多因素影响着材料的抗疲劳强度，适当的控制这些因素可以提高材料的疲劳寿命。这些因素包括设计标准以及不同的表面处理。

1) 设计因素

组件的设计能够显著的影响它的疲劳特性。任何凹槽或者几何不连续都可以成为应力集中处和疲劳裂纹形成处；这些设计特征包括凹槽、空穴、螺纹等。几何不连续性越厉害(即曲率半径越小)，应力集中就越严重。疲劳失效的概率可通过避免这些结构的不规则性来降低或者通过转变设计方法使轮廓突然变化导致的锐化边角被消除来降低，例如，在转轴直径发生变化的地方，将其圆化并使其具有较大的曲率半径，这样便可提高其疲劳寿命(图 10.25)。

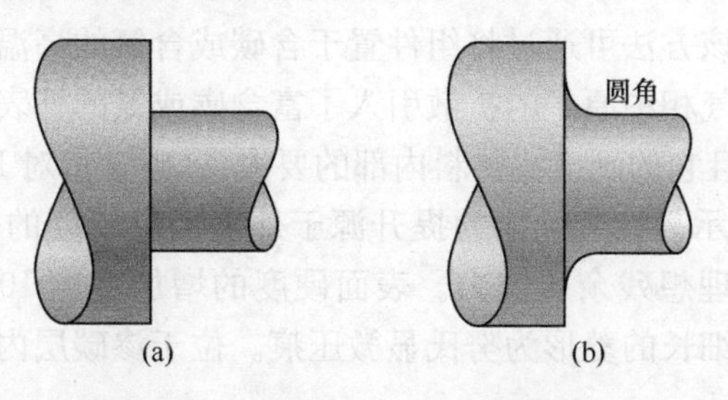

图 10.25 设计可以减少应力放大示意图。(a) 差的设计：锐角。(b) 好的设计：在转轴直径发生变化的地方，将其圆化可以提高其疲劳寿命

2) 表面处理

在机械加工过程中，总会在工件的表面引入小的刻痕和凹槽。这些表面印痕会影响工件的疲劳寿命。我们可以观察到通过抛光提高表面光洁度后，材料的疲劳寿命会显著增强。

增强疲劳性能最有效的方法之一就是在外表面的薄层内加入残余压应力。因此，外部的表面拉伸应力会被残余压应力部分抵消掉或减小。最终的效果是裂纹形成的概率以及由此产生的疲劳失效会减小。

在韧性金属中，人们常常通过使外表面区域发生局域塑性变形来引入残余压应力。工业上，常常通过颗粒撞击来实现该过程。半径在 0.1～1.0mm 的硬粒子以很高的速度射击到待处理样品的表面。产生的变形在深度只有硬颗粒直径的 1/4～1/2 处引入了压应力。颗粒撞击对钢的疲劳行为的影响如图 10.26 所示。

对于钢合金，表面硬化(case hardening)是一种使样品表面硬度和疲劳时间都

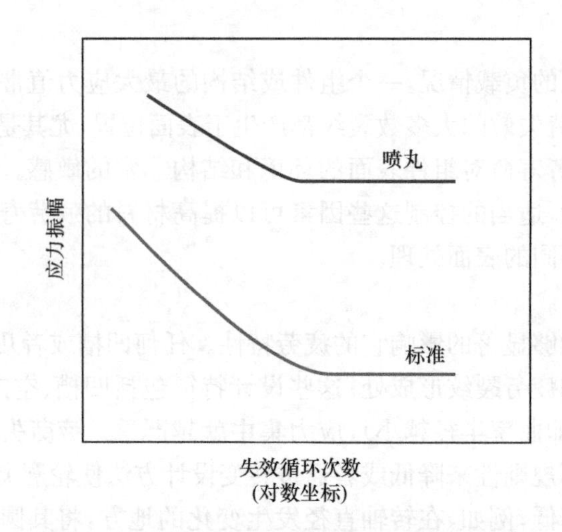

图 10.26　标准钢和撞击钢的 S-N 疲劳曲线

得到增强的方法。该方法可通过将组件置于含碳或含氮的高温气氛中进行渗碳和渗氮处理来实现。气相中原子的扩散引入了富含碳或氮的外表面层。该外表面层的厚度约为 1mm，且它的硬度比材料内部的要大。（碳含量对 Fe-C 合金硬度的影响如图 10.28(a)所示。）疲劳性能的提升源于外表面层硬度的增加以及在渗碳和渗氮处理时形成的理想残余压应力。表面硬度的增加在图 10.27 的显微照片中已证实。其中黑色细长的菱形为努氏显微压痕。位于渗碳层内的压痕比内部压痕要小。

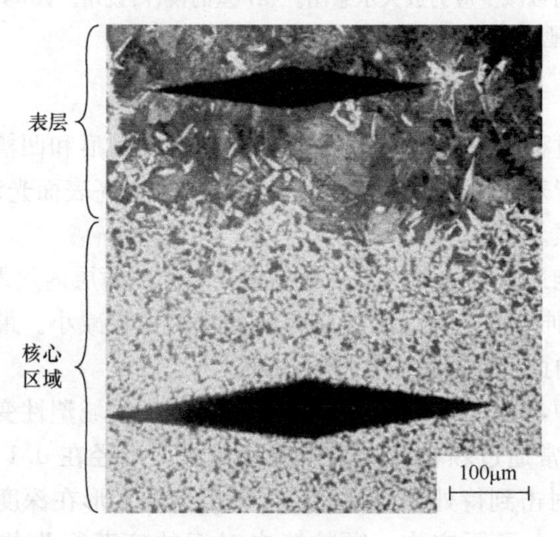

图 10.27　表面硬化钢的内部(下层)和渗碳表层(上层)的光学显微照片。经精细的显微硬度压痕测试，表面硬度更大

10.11 环境的影响

环境因素也影响着材料的疲劳行为。本节将简单介绍两种与环境相关的疲劳失效:热疲劳和腐蚀疲劳。

热疲劳(thermal fatigue)通常是在高温下由振动的热应力产生;热应力是来自外部的一种机械应力。这些热应力的来源是对在结构元件中随着温度的变化而产生的尺寸膨胀或收缩的限制。由温度差 ΔT 产生的热应力还取决于热膨胀系数 α_1 和弹性模量 E,具体关系如下:

$$\sigma=\alpha_1 E\Delta T \tag{10.12}$$

(热膨胀和热应力的内容将在 20.3 节和 20.5 节中进行讨论)如果缺乏这种机械限制,那么将不会产生热应力。因此,防止这种疲劳的一种明显的方法就是消除或减小限制源,所以当温度变化时允许存在不受任何妨碍的尺寸变化或选择具有合适物理性能的材料。

由循环应力和化学侵蚀共同作用而产生的失效称为腐蚀疲劳(corrosion fatigue)。腐蚀环境会对材料产生有害的影响并缩短材料的疲劳寿命。甚至正常的环境氛围也影响着一些材料的疲劳行为。环境与材料之间的化学反应可能会形成一些小的凹点,这些凹点会成为应力集中点和裂纹形成位置。此外,腐蚀的环境会促进裂纹的扩展。应力循环的本质是影响材料的疲劳行为;例如,降低施加负载的频率会导致裂纹与环境接触的时间变长,从而使疲劳时间减小。

防止产生腐蚀疲劳的方法有很多。一方面,我们可以采取一些措施来减慢腐蚀速率,其中一些方法措施将在第 18 章中讨论。例如,涂一层保护层、选择抗腐蚀性更好的材料以及减小环境的腐蚀性。另一方面,比较明智的做法是采取一些行动以减小正常疲劳失效的概率。例如,减小所施加的应力水平以及在材料的表面添加残余压应力。

蠕变

材料通常在高温下使用并受到静态机械应力作用(如喷气式飞机引擎的涡轮机转子、受到离心力的蒸汽机、高压蒸汽管道)。在这样环境下产生的变形被称为蠕变。当受到恒定负载或应力时,材料会产生随时间变化的永久性变形即蠕变(creep),通常蠕变不是我们希望发生的现象,因为它常常会缩短材料的寿命。蠕变在所有的材料类型中都可以观察到;对于金属,只有当温度大于 $0.4T_m$ 时,蠕变才变得比较重要,其中 T_m 是金属的绝度熔点。非晶态高分子,包括塑料和橡胶,对蠕变变形非常的敏感,这些内容将在 15.4 节中详细讨论。

10.12　广义蠕变行为

典型的蠕变测试是保持温度不变，给样品施加恒定的负载或应力；将所测量的变形或应变绘制成随时间变化的函数。大多数测试都是恒定负载类型，它可以获得工程性质的信息；使用恒定应力测试可以帮助我们更好地理解蠕变机制。

图 10.28 展示了金属典型的恒定负载蠕变行为。当施加负载时，金属发生了瞬时变形，这些变形是完全弹性的，如图所示。产生的蠕变曲线由三部分组成，在每一部分中应变随时间变化的特点都不同。首先发生的是初级或瞬时蠕变，其特点是蠕变速率不断减小，即曲线的斜率随着时间而减小。这表明材料抵抗蠕变的能力在不断增加或产生了应变强化(见 9.10 节)，此时，随着材料的拉伸，变形更加困难。对于第二阶段的蠕变，有时也称为稳态蠕变，蠕变速率是恒定的，即曲线是线性的。在该蠕变阶段通常持续的时间最长。恒定的蠕变速率可基于应变强化和恢复两个过程之间的平衡来解释，恢复(见 9.11 节)过程使材料变得更柔软并使其保持原有变形的能力。最后，对于第三阶段的蠕变，其速率会增加并导致最终的失效。这种失效通常称为断裂，它是由显微结构或金相组织变化引起的。例如，晶界的分离和内部裂纹、空穴的形成。同时，对于拉伸负载，在塑性变形区域的某一点会形成缩颈。这些都会导致有效横截面积的减小和应变率的增加。

对于金属材料，大多数蠕变测试与拉伸测试相似(图 8.2)，都是将具有相同几何形状的样品在单轴拉伸下进行。然而，单轴压缩测试更加适合脆性材料；这些测试都很好的测量了材料的蠕变性质，因为当施加负载时该过程没有应力放大和裂纹扩展。压缩实验的样品通常是正圆柱形或长度直径比约为 2～4 的平行六面体。对于大多数材料，蠕变性质与负载方向无关。

从蠕变测试中得到的一个最重要参数是蠕变曲线第二阶段的斜率(图 10.28 中的 $\Delta\varepsilon/\Delta t$)；该斜率通常称为最小或稳态蠕变速率 $\dot{\varepsilon}_s$。对于长时间使用的材料来说，它是一个需要考虑的工程设计参数，如核电站的一些组件，这些组件在设计时就计划使用几十年，所以容易产生失效或有太多应变的材料就不会选择。然而，对于许多寿命相对较短的蠕变情况(如军用飞机上的涡轮叶片和火箭发动机喷管)，断裂时间或断裂寿命 t_r 是主要的设计依据；如图 10.28 所示。当然，为了确定它的断裂，需要在失效点处进行蠕变测试；这些测试称为蠕变断裂测试。因此，材料的这些蠕变特性知识可以帮助设计工程师们确定某种材料在特定领域的适用性。

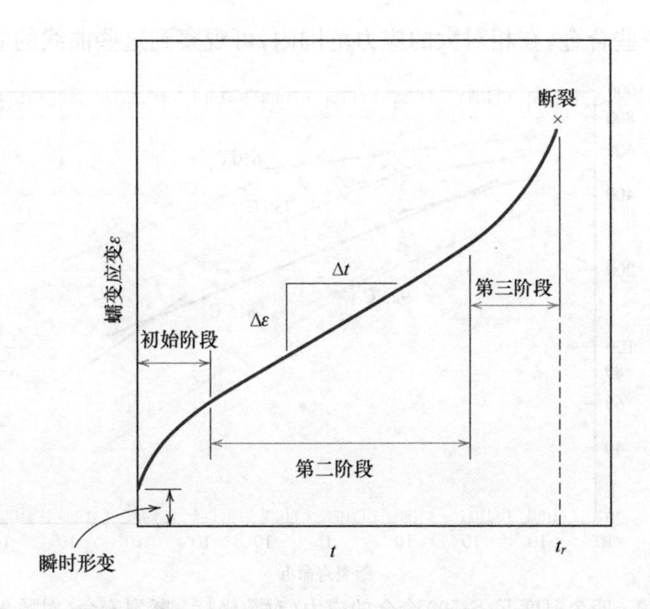

图 10.28　在恒定荷载和恒定高温下典型的应变-时间蠕变曲线。最小蠕变速率 $\Delta\varepsilon/\Delta t$ 为第二阶段直线段的斜率。断裂寿命 t_r 是总的断裂时间

10.13　应力和温度的影响

温度和所施加的应力水平都影响着蠕变特性(图 10.29)。当温度低于 $0.4T_m$,且初始变形完成之后,应变与时间无关。随着应力或温度的增加,需要注意以下几点:①在应力增加时的瞬时应变;②稳态蠕变速率的增加;③断裂寿命的减少。

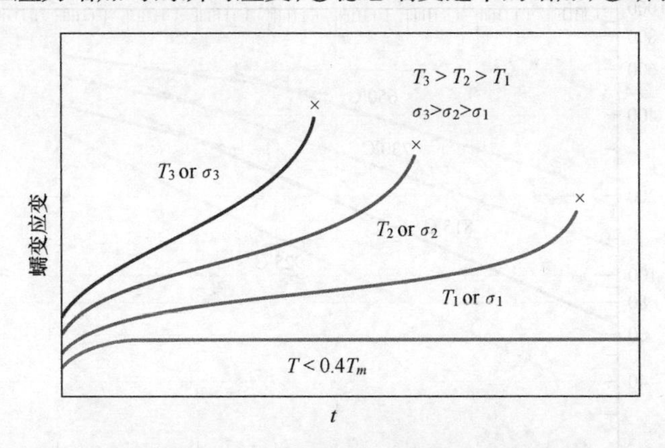

图 10.29　应力 σ 和温度 T 对蠕变行为的影响

蠕变断裂测试的结果通常表示为应力对数随断裂寿命对数的变化。图 10.30 是 S-590 合金蠕变断裂测试图,图中我们可以看到在每个温度处都存在一组线性

关系。对于一些合金,在相对大的应力范围内,可观察到这些曲线的非线性特征。

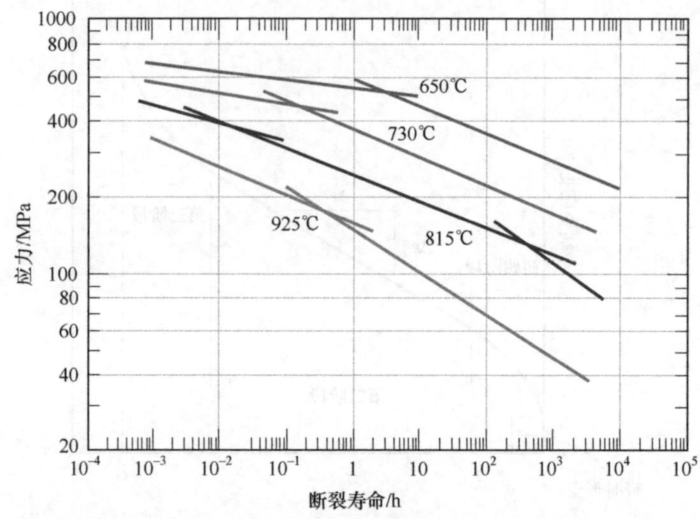

图 10.30 四个温度下,S-590 合金的应力(对数坐标)-断裂寿命(对数坐标)曲线[S-590 合金的组成(wt%)为 20.0 Cr,19.4 Ni,19.3 Co,4.0 W,4.0 Nb,3.8 Mo,1.35 Mn,0.43 C,平衡成分为 Fe]

我们得到了稳态蠕变速率与温度和应力的经验关系,即

$$\dot{\varepsilon}_s = K_1\sigma^n \tag{10.13}$$

其中,K_1 和 n 是材料常数。从 $\dot{\varepsilon}$ 的对数关于 σ 的对数的变化图中可得到一条斜率为 n 的直线;如图 10.31 展示了 S-590 合金在四个不同的温度下这种变化关系。显然,在每个温度下,都有一条或两条线段。

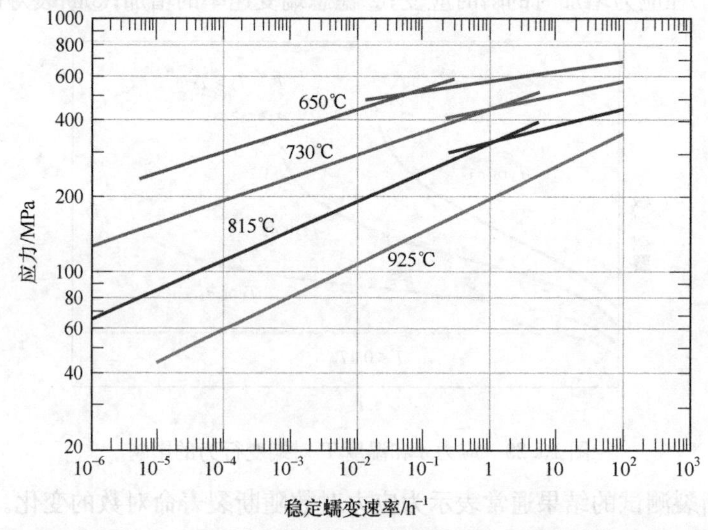

图 10.31 四个温度下,S-590 合金的应力(对数坐标)-稳态蠕变速率(对数坐标)曲线

当考虑温度的影响时，我们可得到

$$\dot{\varepsilon}_s = K_2 \sigma^n \exp\left(-\frac{Q_c}{RT}\right) \tag{10.14}$$

其中，K_2 和 Q_c 是常数；Q_c 被称为蠕变活化能。

人们提出了许多理论机制来解释不同材料的蠕变行为；这些机制包括应力诱导空位扩散、晶界扩散、位错运动以及晶界滑移。每一种机制得到的应力指数 n（式(10.13)和式(10.14)中的 n）不同。对于特定的材料，通过将 n 的实验值与不同机制下的预测值比较，可以阐明其蠕变机制。此外，蠕变活化能 Q_c 与扩散活化能 Q_d（式(7.8)）之间的关系已确立。

一些研究体系的应力-温度图显示了蠕变数据，这些应力-温度图被称为变形机制图(deformation mechanism maps)。这些图表明了不同机制下的应力随温度变化的模式。通常也包括恒定应变速率等高线。因此，对于一些蠕变情况，给定合适的变形机制图以及 3 个参数(温度、应力水平、蠕变速率)中的任意 2 个参数，第 3 个参数就可以确定。

10.14 数据外推法

人们对于工程蠕变数据的需求比较大，如果仅仅依靠实验室测试来获取这些数据会有点不切实际。这个问题一直以来就困扰着人们。现在人们想出了一个解决该问题的好办法：在室温下模拟更为复杂的环境进行蠕变测试或蠕变断裂测试，比如在更短的时间内、在更大的应力水平下，然后将所得到数据适当的外推到实际的使用环境中。最常用的外推法是拉森-米勒参数 m，它定义为

$$m = T(C + \log t_r) \tag{10.15}$$

其中，C 是在温度 T(K)、断裂寿命 t_r(h)下常数(通常 C 约为 20)。在某一应力水平下测量的给定材料的断裂寿命会随着温度的变化而变化，这样该参数就保持恒定。或者将这些数据绘制成应力随拉森-米勒参数变化的对数图，如图 10.32 所示。

10.15 耐高温合金

影响金属蠕变性质的因素有很多。这其中就包括熔化温度、弹性模量、晶粒尺寸。通常，熔化温度越高，弹性模量就越大；晶粒尺寸越大，材料抵抗蠕变的性能就越好。对于晶粒尺寸，晶粒越小，就会出现更多的晶界滑移，因此产生了高的蠕变速率。这种影响与晶粒尺寸在低温下对力学性质的影响(即强度(见 9.8 节)和韧性(见 10.6 节)的增加)形成了对比。

不锈钢(见 13.2 节)和超合金(见 13.9 节)的抗蠕变能力比较强，常用于高温环境中。超合金的抗蠕变能力是通过固溶合金化以及析出相的形成得到增强。此

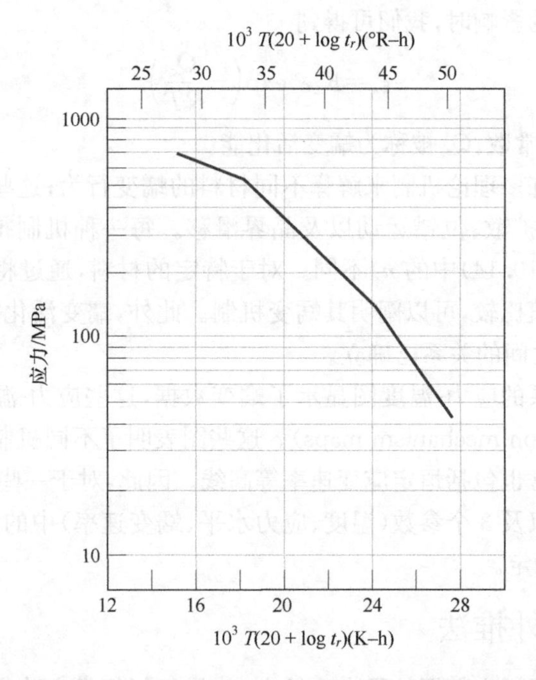

图 10.32　S-590 合金的应力的对数-拉森-米勒参数曲线

外，还需要利用先进的加工工艺；其中一种加工工艺就是定向凝固，即产生细长的晶粒或单晶组分(图 10.33)。

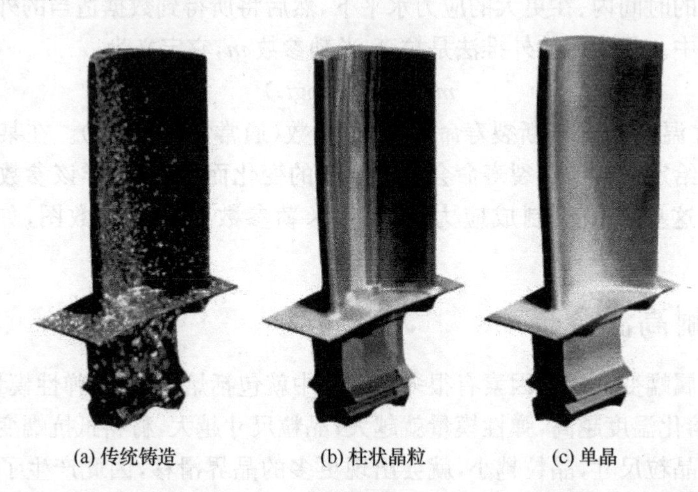

图 10.33　(a) 传统铸造工艺制造的多晶涡轮叶片。定向的柱状晶粒结构使其高温蠕变抗力增强。(b) 通过精细的定向凝固技术制造的。叶片为单晶时蠕变抗力进一步增强。(c) 在用的

第11章　相　　图

相图知识对工程师来说非常重要，因为它与热处理的设计和控制有关；材料的一些性质由微观结构和热处理所决定。尽管大多数相图呈现出稳定的(或平衡的)状态和微观结构，但它们对非平衡状态时的结构、性质的理解以及发展都是有帮助的；通常这些性质比平衡状态时的性质更有价值。沉淀硬化现象可以很好地解释这些性质(见17.7节)。

11.1　引言

对合金体系相图的理解是非常重要的，因为显微结构和力学性质之间存在密切联系，而合金显微结构的变化又与相图的性质有关。此外，相图还提供了合金熔化、铸造、结晶以及其他现象等方面的非常有价值的信息。

本章提出并讨论了以下主题：①与相图、相变有关的术语；②纯物质的压力-温度相图；③相图的理解；④一些常见的、相对简单的二元相图，如铁碳相图；⑤几种常见情况下，平衡显微结构随温度降低时的变化。

基本概念和定义

在深入理解和利用相图之前，确定一些关于合金、相、平衡的定义及基本概念是非常必要的。在这些讨论中，"组分(component)"这个术语经常被使用；组分指纯金属或由合金组成的化合物。例如，黄铜是由铜和锌组成。"溶质和溶剂"也是两个常见的术语，我们在之前的6.4节中已对它们作出定义。本章使用的另一个术语是"体系(system)"，它有两层含义。体系可以指材料本身的一个部分(一勺熔化的钢)，也可以指由相同组分组成的但含量不同的合金(如铁碳体系)。

我们在6.4节中已引入了固溶体的概念。在此简要复习一下，固溶体由至少两种不同类型的原子组成；溶质原子占据溶剂晶格的间隙位置或置换溶剂原子，溶剂的晶体结构保持不变。

11.2　溶解度

对于许多合金体系，在某个特定的温度下，溶质原子溶解到溶剂中形成固溶体时，溶质原子存在一个最大的浓度值；这就是所谓的溶解度。当达到溶解度极限后再继续加入溶质会导致另一个组分明显不同的固溶体或化合物的产生。为了阐明这个概念，我们以糖水($C_{12}H_{22}O_{11}-H_2O$)体系为例。最初，当糖添加到水中时，形成了糖-水固溶体或糖浆。之后随着更多糖的加入，水中溶解的糖变得更多，直到达到溶解度极限或形成饱和的糖溶液。此时，糖水溶液不能够溶解任何一点糖，如果再进一步增加就会在容器的底部生成沉淀。此时该体系中存在两个独立的物质：糖水溶液和不溶于水的糖晶体。

糖在水中的溶解度极限取决于水的温度，如图 11.1 所示，其中纵坐标是温度，横坐标表示含量(糖的质量百分比)。沿着横坐标，糖的浓度是从左到右逐渐增加，而水的含量是从右到左增加。因为只涉及两种成分(糖和水)，所以在任何情况下，糖和水的浓度和都为 100wt%。图中的溶解度曲线几乎是一条垂线。在溶解度曲线的左边区域，只有糖浆溶液存在；在线的右边区域，糖浆溶液和糖块同时存在。某一定温度下的溶解度曲线对应于该温度坐标轴与溶解度曲线的交点。例如，20℃时水中糖的最大溶解度为 65wt%。如图 11.1 所示，溶解度随温度升高而增加。

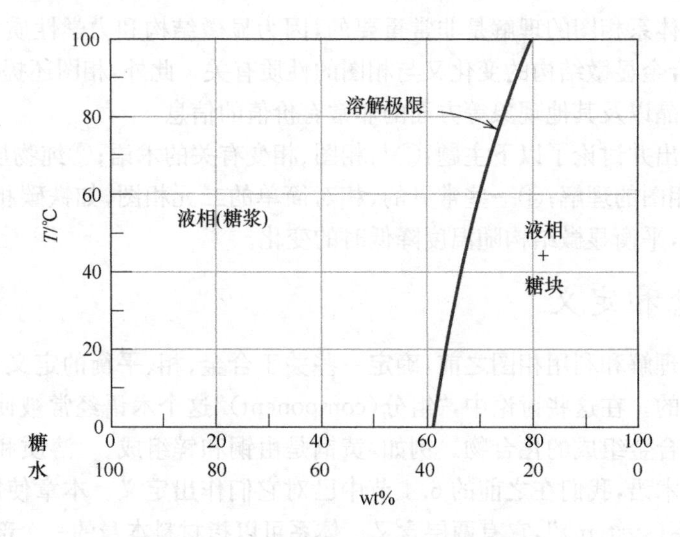

图 11.1 糖水中糖($C_{12}H_{22}O_{11}$)的溶解度

11.3 相

在理解相图时，相的概念至关重要。相(phase)是指一个具有均匀物理和化学性质系统的部分。每一种纯的物质都可以认为是一种相；同样每一种固溶体、溶液以及气溶体也都可以认为是一种相。例如，之前讨论的糖水溶液就是一种相，糖块为另一种相。每种相都具有不同的物理性质(一个是液体，另一个是固体)；此外，化学性质也不同(如具有不同的化学组成)；一个几乎是纯糖，另一个是 H_2O 和 $C_{12}H_{22}O_{11}$ 溶液。如果在一个给定的体系中存在一个以上的相，由于每个相都有不同的性质，那么就会存在一个将不同相分开的分界线，穿过该分界线，相的物理和化学性质会发生不连续的突变。当体系中存在两相时,不同相之间物理和化学性质不一定都要存在差异;只要一组或另一组性质之间的差距是明显的就可以。当容器中含有冰和水时,该体系就存在两个独立的相;它们的物理性质完全不同(一个是固态,另一种是液态)但它们的化学组成相同。另外,当一种物质存在两个或两个以上的多晶型性(例如,同时拥有 FCC 和 BCC 结构)时,每一种结构就是一个独立的相,因为它们的物理性质不同。

有时,一个单相体系称为均相体系。存在两个或更多相的体系被称为混合或多相体系。因此,大多数金属合金、陶瓷、高分子以及复合材料体系都是多相体系。通常,多相体系由于存在不同性质的组合,它比单相体系更能满足人们的需要。

11.4 微观结构

材料的物理性质尤其是力学性质通常取决于微观结构。微观结构可直接通过光学或电子显微镜进行观察。在金属合金中,微观结构由相的个数、相的比例,以及它们的分布或排列方式表示。合金的微观结构取决于组成合金的元素、元素的含量以及合金的热处理(如热处理温度、热处理的时间、冷却到室温的速度)等因素。

在经过适当的抛光和蚀刻后,我们可以通过显微镜观察它们的外观,区分不同的相。例如,对于两相合金,其中一个相可能很亮而另一个相则比较暗。当只有一个单相或固溶体存在时,除了晶界可能显露出来之外,其纹理比较均匀。

11.5 相平衡

平衡(equilibrium)是另一个重要的概念,用热力学量"自由能(free energy)"可以很好地描述平衡。简而言之,自由能是体系内部能量以及原子或分子随机性或无序性(或熵)的函数。在确定的温度、压力、组成下,如果体系的自由能最小,那么该体系就处于平衡状态。宏观上,这就意味着该体系的性质不会随时间的变化而变化,而是保持不变,即体系是稳定的。处于平衡状态的体系,当其温度、压力、组成发生变化时,会导致体系自由能的增加,也可能自发地通过降低自由能变化到另一种状态。

相平衡(phase equilibrium)的概念在本章的讨论中经常用到,泛指平衡,适用于多相体系中。相平衡反映的是体系内相的特性不随时间变化的现象。我们可以通过例子来说明这个概念。假设在 20℃时,密闭的容器中糖水和糖块共存。如果体系处于平衡状态,糖水的组成为 65wt% $C_{12}H_{22}O_{11}$-35wt% H_2O(图 11.1),那么糖水和糖块的含量以及其组成将保持不变。如果体系的温度突然升高,如升到 100℃,那么该平衡状态就会变化,溶解度会增加至含 $C_{12}H_{22}O_{11}$ 80wt%(图 11.1)。因此,一部分糖块将会融入糖水中,直到在较高的温度下,新的平衡形成。

糖水例子阐明了固液体系的相平衡原理。在许多冶金与感兴趣的材料体系中,只涉及固相相平衡。就此而言,体系的状态是微观结构特点的反映,其中不仅包括存在的相以及相组成,还包括相对相含量和空间排列或分布。

自由能图与图 11.1 一样,可以提供关于特定体系平衡特性的信息,这非常重要,但它没有表明达到新平衡状态需要的时间。这是常有的事,特别是在固相体系中,固相系统不会完全达到平衡状态,因为趋向平衡状态的速率非常的慢;这样的体系被称为非平衡态或亚稳态(metastable state)。亚稳态或微观结构可能会持续下去,随着时间的推移,出现极其细微的变化。通常,亚稳态结构比平衡时的结构更具有实际意义。例如,一些钢和铝合金所需的强度就是依赖精心设计的热处理过程中产生的亚稳态结构实现的(见 12.5 节和 17.7 节)。

因此,不仅平衡态及其结构的认识非常重要,了解建立平衡的速率以及影响这些速率的因素也是非常重要的。本章主要讲平衡态的结构;反应速率的处理和非平衡态时的结构将在第 12 章和 17.7 节中介绍。

11.6 单组分(或一元)相图

很多特定体系相结构的控制信息可以方便、简明地展示在相图(也常被称为平衡相图)中。影响相结构的外界可控因素有三个,分别为温度、压力和组成,当这些不同的参数之间互相影响时就构成了相图。

其中最简单易懂的相图类型是单组分体系,该体系中组成保持不变(即相图是纯物质的相图);这就意味着温度和压强是变量。单组分相图(或一元相图,有时也被称为压力-温度(或 P-T)图)是压强(纵坐标或垂直轴)随温度(横坐标或水平轴)变化的二维曲线。通常压强轴取对数值。

我们以 H_2O 为例来阐明这种类型的相图,如图 11.2 所示。图中描绘出了三个不同相的区域——固相、液相和气相。每一个相在其对应的温度-压强范围内都处于平衡状态。图中的三条曲线(aO、bO 和 cO)为相界;曲线上的任何一点都处于两相共存。固相和气相之间的平衡沿着曲线 aO,同样的,固-液相之间的分界线是曲线 bO,液-气相之间的分界线是曲线 cO。穿过相界线时(如当温度或压强发生改变时),一种相就会转变为另一种相。例如,当压强为 1atm 时,升高温度,固相会在图 11.2 上标记为 2(即水平虚线与固-液相界的交点)的地方转变为液相(即发生熔化);该点所对应的温度为 0℃。当降低温度时,在同一点处会发生相反的转变(液相转变为固相或称凝固)。同样的,在水平虚线与液-气相界的交点处(图 11.2 中 100 ℃对应点 3),如果升高温度,液相会转变为气相(或蒸发);降低温度时会发生冷凝。最后,固态冰在穿过曲线 aO 时会发生升华或蒸发。

从图 11.2 中还可以注意到,三个相界线相交于同一点 O(对于 H_2O,O 点位于 273.16 K 和 6.04×10^{-3} atm 处)。这意味着只有在该点,固相、液相和气相同时处

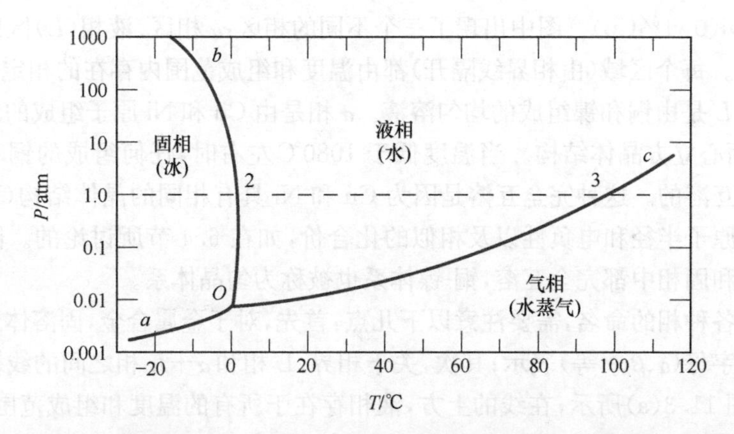

图 11.2　水的压力-温度相图。1atm 时水平虚线与固液相界线的交点(点 2)为此压力下的熔点(T=0℃)。同理,与液气相界线的交点(点 3)表示沸点(T=100℃)

于平衡状态。在 P-T 相图上任何三相处于平衡状态的点都被称为三相平衡点;有时也被称为不动点,因为它的位置比较明显且可通过压强和温度的值来确定。任何偏离这一点的变化(如改变温度或压强),将会导致至少一个相的消失。

许多物质的压强-温度相图已通过实验确定,其中都包括固相区、液相区和气相区。当多个固相(如 4.4 节中的同素异形体)存在时,图中会出现每个固相区以及其他的三相平衡点。

二元相图

另一种常见的相图是温度和组成为可变参数,而压强保持不变(通常为 1atm)。这样的相图有许多不同的类型;在目前的讨论中,我们将主要关注二元合金(有两种组分组成的合金)相图。当组成超过两种时,相图会变得极其复杂且很难表示。许多组成超过两种的合金相图也可以用类似于分析二元相图的方法来解释。

二元相图展示了温度、组成以及平衡时相的数量之间的联系,这些因素影响着合金的微观结构。许多微观结构产生于由温度改变而发生的相变(尤其是在冷却时)。这其中可能涉及一个相转变为另一个相以及相的出现或消失。二元相图在预测相变以及所产生的微观结构(可能具有平衡或非平衡特性)方面是非常有用的。

11.7　二元匀晶体系

理解和诠释二元相图最简单的体系就是铜-镍体系(图 11.3(a))。纵坐标为温度,横坐标为合金的组成,其中下面的横坐标为镍的质量百分比,上面的横坐标为镍的原子百分比。组成的变化范围从左边的 0wt%Ni(100wt%Cu)变化到右边的

100wt%Ni(0wt%Cu)。图中出现了三个不同的相区：α 相区、液相(L)区以及两相($\alpha+L$)区。每个区域(由相界线隔开)都由温度和组成范围内存在的相定义。

液相 L 是由铜和镍组成的均匀溶液。α 相是由 Cu 和 Ni 原子组成的置换固溶体，具有面心立方晶体结构。当温度低于 1080℃左右时，任何组成的铜和镍在固相中都是互溶的。这种完全互溶是因为 Cu 和 Ni 具有相同的晶体结构(FCC)、几乎相同的原子半径和电负性以及相似的化合价，如在 6.4 节所讨论的。因为铜和镍在液相和固相中都完全互溶，铜-镍体系也被称为匀晶体系。

关于各种相的命名，需要注意以下几点：首先，对于金属合金，固溶体通常用小写的希腊字母(α、β、γ 等)表示；其次，关于相界，L 相和 $\alpha+L$ 相之间的线被称为液相线，如图 11.3(a)所示；在线的上方，液相存在于所有的温度和组成范围内；固相线位于 α 相和 $\alpha+L$ 相之间，在固相线以下，仅存在固相 α。

在图 11.3(a)中，固相线和液相线在两个组成的顶点处相交；它们分别对应着纯组分的熔化温度。例如，纯铜和纯镍的熔化温度分别是 1085℃和 1453℃。加热纯铜就对应着沿左手边的温度轴垂直移动。铜依然是固态直到温度达到其熔点。固液转变发生在熔化温度处，在这种转变没有完成之前，继续加热，温度是不可能上升的。

对于除纯组分以外的其他任何组成，这种熔化现象发生在固、液相线之间的温度范围内；在这个温度范围内，固相 α 和液相均处于平衡状态。例如，在加热组成为 50wt%Ni-50wt%Cu 的合金(图 11.3(a))时，在 1280℃左右该合金就开始熔化；随着温度的增加，液相量不断增加，直到约 1320℃时，该合金就完全为液相。

11.8 相图的解释

对于一个二元相图，如果已知其平衡时的组成和温度，那么我们至少可获得三种比较重要的信息：①存在的相；②这些相的组成；③这些相所占的百分比或分数。接下来我们将以铜-镍体系为例来说明这些信息。

存在的相

确定存在哪些相是相对比较简单的。只要在相图中找到温度-组成点并记录下这个点所处的相区就可以了。例如，组成为 60wt%Ni-40wt%Cu 的合金在 1100℃时位于图 11.3(a)中的 A 点；因为 A 点在 α 相区内，所以该组成的合金只有 α 相存在。组成为 35wt%Ni-65wt%Cu 的合金在 1250℃时(B 点)存在 α 相和液相。

相组成的确定

相组成(组成的浓度)确定的第一步就是在相图中找到温度-组成点的位置。其中单相区和两相区的方法不一样。如果温度-组成点的位置在单相区，那么其相组成确定就比较简单：该相的组成与整个合金的组成相等。例如，组成为 60wt% Ni-40wt% Cu 的合金在 1100℃时(如图 11.3(a)中的 A 点)，仅有 α 相存在，那么 α

相的组成也为 60wt% Ni-40wt% Cu。

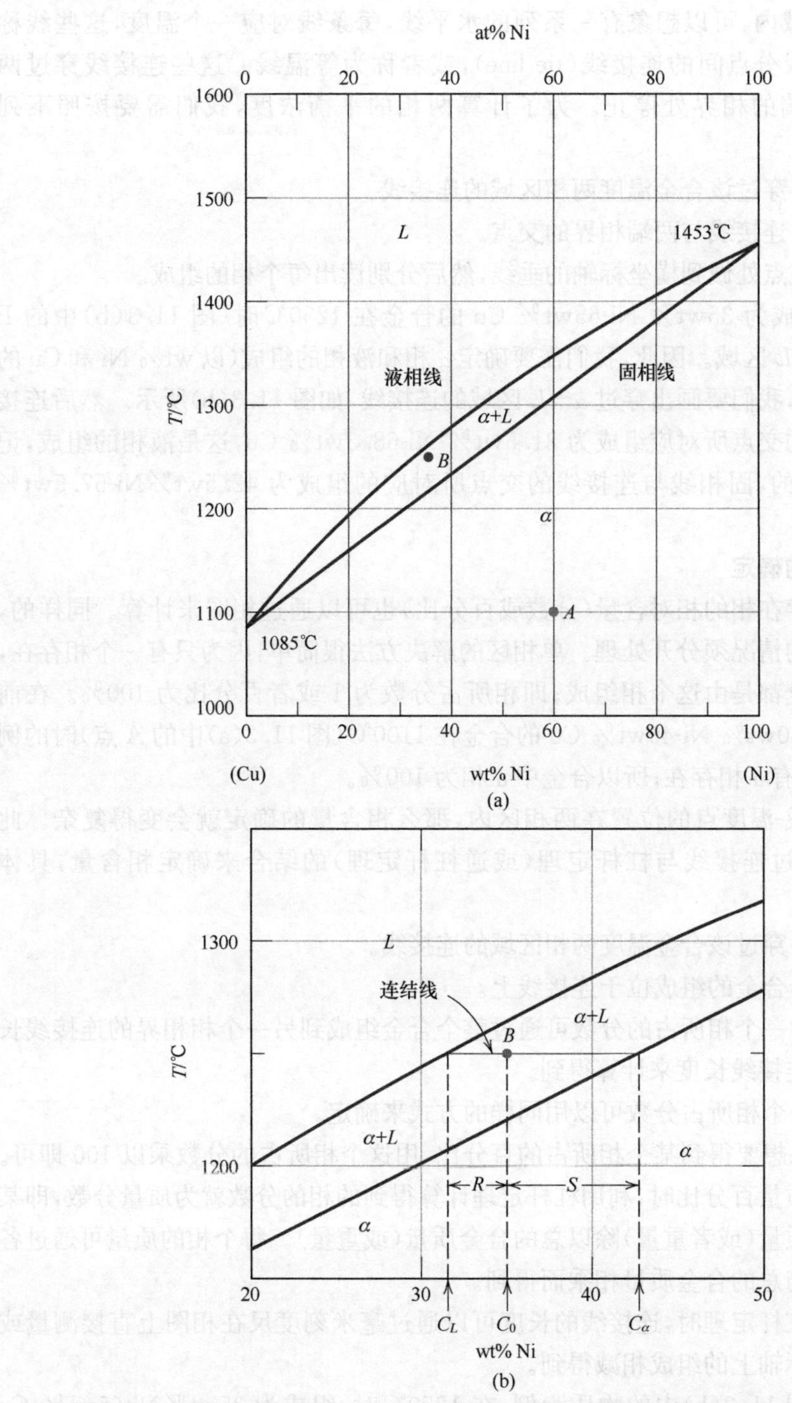

图 11.3　(a) 铜-镍相图。(b) 铜-镍相图的一部分，组成和相的含量由 B 点确定

对于温度-组成点的位置位于两相区的合金，相组成的确定比较复杂。在所有的两相区域内，可以想象有一系列的水平线，每条线对应一个温度，这些线称为两平衡相成分点间的连接线（tie line），或者称为等温线。这些连接线穿过两相区并在两端的相界处停止。为了计算两相的平衡浓度，我们需要按照下列步骤：

（1）画出穿过该合金温度两相区域的连接线。

（2）标出连接线与两端相界的交点。

（3）从交点处做到横坐标轴的垂线，然后分别读出每个相的组成。

例如，组成为 35wt% Ni-65wt% Cu 的合金在 1250℃时（图 11.3(b)中的 B 点），位于 $\alpha+L$ 区域。因此，我们需要确定 α 相和液相的组成（以 wt% Ni 和 Cu 的形式）。首先，我们要画出穿过 $\alpha+L$ 区域的连接线，如图 11.3(b)所示。然后连接线与液相线的交点所对应组成为 31.5wt% Ni-68.5wt% Cu，这是液相的组成，记为 C_L。同样的，固相线与连接线的交点所对应的组成为 42.5wt%Ni-57.5wt% Cu，记为 C_α。

相含量的确定

平衡时存在相的相对含量（分数或百分比）也可以通过相图来计算。同样的，单相和两相的情况须分开处理。单相区的解决方法很简单，因为只有一个相存在，所以该合金全都是由这个相组成；即相所占分数为 1 或者百分比为 100%。在前面的组成为 60wt% Ni-40wt% Cu 的合金在 1100℃（图 11.3(a)中的 A 点）时的例子中，由于仅有 α 相存在；所以合金中 α 相为 100%。

如果组成-温度点的位置在两相区内，那么相含量的确定就会变得复杂。此时，我们可通过连接线与杠杆定理（或逆杠杆定理）的结合来确定相含量，具体如下：

（1）画出穿过该合金温度两相区域的连接线。

（2）整个合金的组成位于连接线上。

（3）其中一个相所占的分数可通过整个合金组成到另一个相相界的连接线长度除以总的连接线长度来计算得到。

（4）另一个相所占分数可以用同样的方式来确定。

（5）如果想要得到某个相所占的百分比，用这个相所占的分数乘以 100 即可。当横坐标为质量百分比时，利用杠杆定理计算得到的相的分数就为质量分数，即某个特定相的质量（或者重量）除以总的合金质量（或重量）。每个相的质量可通过各个相的分数与总的合金质量相乘而得到。

在使用杠杆定理时，连接线的长度可以通过毫米刻度尺在相图上直接测量或者利用横坐标轴上的组成相减得到。

再次以图 11.3(b)中的物质为例，在 1250℃时，组成为 35wt%Ni-65wt% Cu

的合金具有 α 相和液相。接下来我们需要计算 α 相和液相所占的分数。为了确定 α 相和 L 相的组成，我们画出了连接线。让整个合金的组成位于连接线上，并表示为 C_0，然后用 W_L 和 W_α 分别表示液相和 α 相的质量分数。根据杠杆定理，可计算 W_L 为

$$W_L = \frac{S}{R+S} \tag{11.1a}$$

或者通过组成的相减得到

$$W_L = \frac{C_\alpha - C_0}{C_\alpha - C_L} \tag{11.1b}$$

对于二元合金，我们只需要已知其中一个成分的组成；对于前面的计算，我们取镍的质量百分比来进行计算（如 $C_0 = 35\text{wt}\%$ Ni；$C_\alpha = 42.5\text{wt}\%$ Ni，$C_L = 31.5\text{wt}\%$ Ni)，所以

$$W_L = \frac{42.5 - 35}{42.5 - 31.5} = 0.68$$

同样的，对于 α 相

$$W_\alpha = \frac{R}{R+S} \tag{11.2a}$$

$$= \frac{C_0 - C_L}{C_\alpha - C_L} \tag{11.2b}$$

$$= \frac{35 - 31.5}{42.5 - 31.5} = 0.32$$

当然，如果用铜的质量百分比替换镍的质量百分比来计算，那么得到的答案也是相同的。

因此，对于二元合金，如果已知它所处的温度、组成以及它已经达到平衡状态时，我们可以利用杠杆定理来求两相中任何一相的相对含量或者所占的分数。

上文提到的相组成的确定和相的质量分数的确定是很容易混淆的；因此，我们需要做一个简短的总结来加以区分。相的组成是利用成分的质量百分比来表示(如 wt% Cu，wt% Ni)。对于任何单相合金，相的组成与整个合金的相组成相同。如果是两相合金，就必须使用连接线来计算，连接线的两端就分别代表着不同相的组成。关于相的质量分数(如 α 相的质量分数或液相的质量分数)，当只有单相存在时，该合金则完全由这一相组成。对于两相合金，可利用杠杆定理，即利用连接线段的长度比。

对于多相合金，在特定相的相对含量计算方面，用体积分数计算比质量分数计算更方便。相的体积分数是首选，因为它们(而不是质量分数)可从微观结构的测定中来确定；此外，多相合金的性质可通过体积分数来预测。

对于一个由 α 相和 β 相组成的合金，α 相的体积分数 V_α 定义为

$$V_\alpha=\frac{v_\alpha}{v_\alpha+v_\beta} \tag{11.3}$$

其中，v_α 和 v_β 分别为合金中两个相的体积。V_β 的表达式与 V_α 类似，对于仅有两相组成的合金，$V_\alpha+V_\beta=1$。

有时我们希望能够实现质量分数到体积分数(或体积分数到质量分数)的换算。换算公式如下：

$$V_\alpha=\frac{\dfrac{W_\alpha}{\rho_\alpha}}{\dfrac{W_\alpha}{\rho_\alpha}+\dfrac{W_\alpha}{\rho_\beta}} \tag{11.4a}$$

$$V_\beta=\frac{\dfrac{W_\beta}{\rho_\beta}}{\dfrac{W_\alpha}{\rho_\alpha}+\dfrac{W_\alpha}{\rho_\beta}} \tag{11.4b}$$

和

$$W_\alpha=\frac{V_\alpha\rho_\alpha}{V_\alpha\rho_\alpha+V_\beta\rho_\beta} \tag{11.5a}$$

$$W_\beta=\frac{V_\beta\rho_\beta}{V_\alpha\rho_\alpha+V_\beta\rho_\beta} \tag{11.5b}$$

在这些表达式中，ρ_α 和 ρ_β 分别为两相的密度；这些可以通过式(6.11a)和式(6.11b)近似计算。

对于两相合金，当不同相之间的密度存在明显差异时，它们的质量分数和体积分数之间也会有很大的差异；反之，如果不同相之间的密度相同，那么它们的质量分数和体积分数是相同的。

11.9　匀晶合金微观结构的变化

研究匀晶合金在冷凝过程中微观结构的变化是有指导性意义的。我们先分析缓慢冷却的情况，此时系统一直处于相平衡状态。

我们以铜镍合金体系(图 11.3(a))为例，研究组成为 35wt% Ni-65wt% Cu 的合金从 1300℃冷却时的情况。该组成附近的铜镍局部相图如图 11.4 所示。该组成合金的冷却对应着沿垂直的虚线向下移动。在 1300℃时，对应 a 点，此时合金全为液相(组成为 35wt% Ni-65wt% Cu)，其微观结构如图中的圆形插图所示。冷却开始时，在我们没到达液相线(b 点，约 1260℃)之前，其微观结构和组成没有变化。在 b 点上，开始形成固相 α，其组成可由该温度下的连接线得出(即 46wt% Ni-54wt% Cu，图中表示为 α(46Ni))；液相的组成仍然约为 35wt% Ni-

65wt% Cu[L(35Ni)]，与固相α的组成不同。继续冷却，两种相的组成和相对含量将会改变。液相和α相的组成会分别沿着液相线和固相线变化。此外，α相的相对含量会随着温度的降低而增加。需要注意的是整个合金的组成(35wt% Ni-65wt% Cu)在冷却过程中仍然保持不变，即使不同相之间存在铜和镍的再分配。

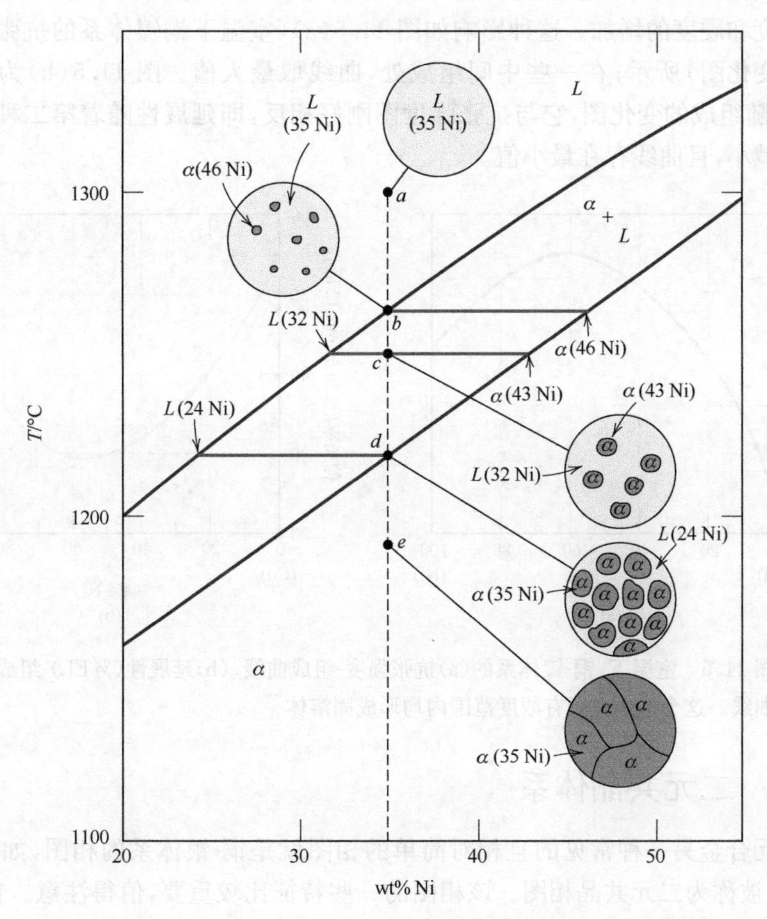

图 11.4　35wt% Ni-65wt% Cu 合金平衡凝固过程中微观结构的变化示意图

1250℃时(对应图 11.4 中的 c 点)，液相和 α 相的组成分别为 32wt% Ni-68wt% Cu[L(32Ni)]和 43wt% Ni-57wt% Cu [α(43Ni)]。

约 1220℃时，凝固过程几乎完成，对应图中的 d 点；固相 α 的组成约为 35wt% Ni-65wt% Cu(整个合金的组成)，而最后剩余液相的组成为 24wt% Ni-76wt% Cu。当穿过固相线后，最后剩余的液相也发生了凝固；最后的产物是组成均为 35wt% Ni-65wt% Cu 的多晶 α 相固溶体(如图 11.4 中的 e 点)。之后继续冷却，合金的微观结构和组成不再发生改变。

11.10 匀晶合金的力学性能

我们将简要地探讨在其他结构变量(如晶粒尺寸)保持不变时,组成是如何影响固相匀晶合金的力学性能的。所有在低熔点组分熔化温度以下的温度和组成,仅存在固相。因此,通过添加其他组分可以使每个组分发生固溶强化(见 9.9 节)或者强度和硬度的增加。这种影响如图 11.5(a)(室温下铜镍体系的抗张强度随组成的变化图)所示;在一些中间组成处,曲线取最大值。图 11.5(b)为延展性(%EL)随组成的变化图,它与抗张强度图刚好相反,即延展性随着第二种组分的增加而减小,且曲线存在最小值。

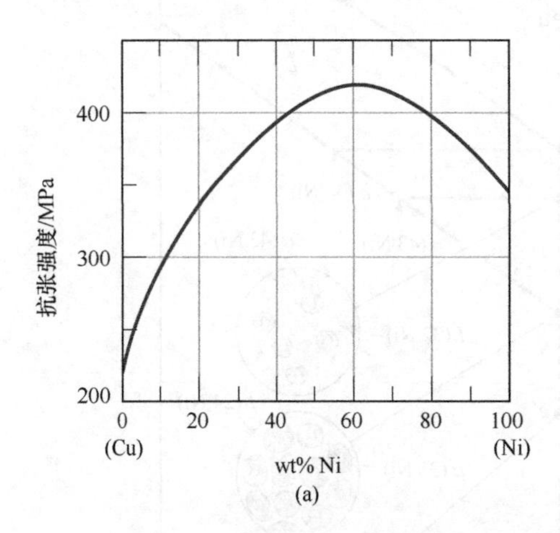

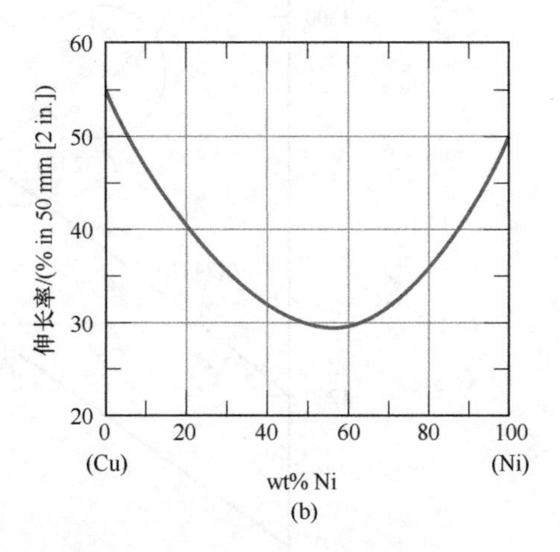

图 11.5 室温下,铜-镍体系的(a)抗张强度-组成曲线、(b)延展性(%EL)-组成曲线。这个体系在所有浓度范围内均形成固溶体

11.11 二元共晶体系

二元合金另一种常见的且相对简单的相图就是铜-银体系的相图,如图 11.6 所示;它被称为二元共晶相图。该相图的一些特征比较重要,值得注意。首先,在相图上可发现有三个单相区:α 相区、β 相区和液相区。α 相是富含铜的固溶体,其中银为溶质,拥有面心立方晶体结构。β 相的固溶体也具有面心立方晶体结构,但此时铜是溶质。纯铜和纯银也分别被认为是 α 和 β 相。

这些固相中的溶解度是有限的,在任何低于 BEG 线的温度时,仅有有限的银溶解在铜中(即 α 相),铜在银中的溶解也是这样的(即 β 相)。α 相的溶解度极限对应着分界线 CBA,而线 CBA 是 $\alpha/(\alpha+\beta)$ 和 $\alpha/(\alpha+L)$ 相区之间界线;它随着温度的升高而在 B 点达到最大值[Ag 8.0wt%,779℃],然后在纯铜的熔点 A 点[1085℃]处减少到零。温度低于 779℃时,将 α 和 $\alpha+\beta$ 相区分开的溶解度线被称

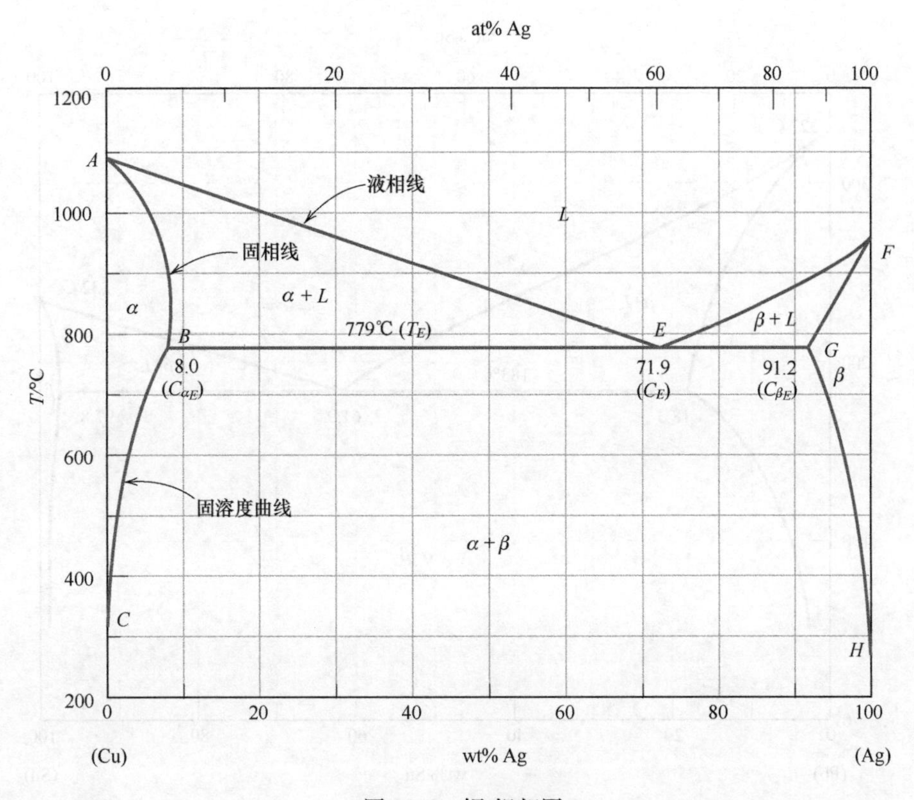

图 11.6 铜-银相图

为固溶线(solvus line);α 和 $\alpha+L$ 相区之间的界线 AB 为固相线(solidus line),如图 11.7 所示。β 相也存在固溶线和固相线,分别为 HG 和 GF。铜在 β 相中的最大溶解度位于 G 点(8.8wt% Cu),此时温度为 779℃。水平线 BEG 平行于横坐标轴且在这些最大溶解度之间延伸,也被认为是一条固相线;它表示在任何处于平衡状态的铜银合金中存在液相的最低温度。

在铜-银体系中有三个两相区(图 11.7):$\alpha+L$,$\beta+L$ 和 $\alpha+\beta$。在 $\alpha+\beta$ 相区域,所有的组成和温度范围内,α 相固溶体和 β 相固溶体共存;α 相和液相以及 β 相和液相分别在各自的相区内共存。此外,这些相的组成和相对含量都可以通过连接线和杠杆定理确定。

在铜中加入银时,合金完全变为液相的温度沿着液相线 AE 减小;因此,铜的熔化温度随着银的加入而降低。对于银,同理可得:铜的引(liquidus line)入使合金完全熔化温度沿着另一条液相线 FE 降低。在相图中,这些液相线相交于 E 点,E 点的组成和温度分别为 C_E,T_E;在铜-银体系中,C_E 值为 71.9wt% Ag,T_E 值为 779℃。还需要注意的是在 779℃时存在一条水平的等温线 BEG,它也经过 E 点。

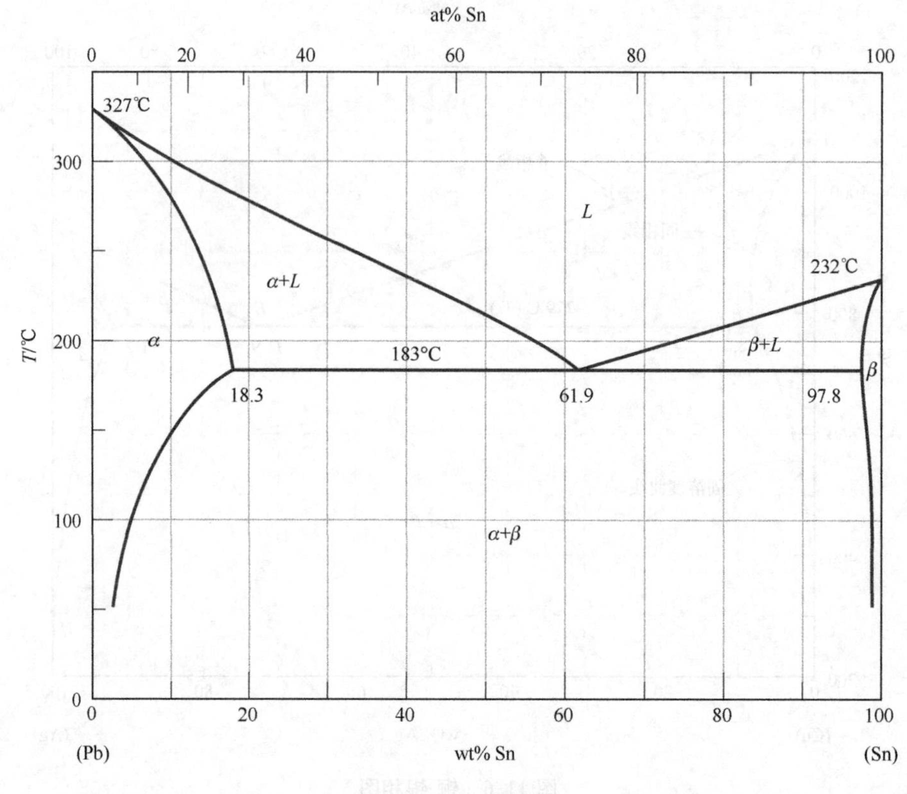

图 11.7　铅-锡相图

当变化温度穿过 T_E时，组成为 C_E 的合金会发生一个重要的反应；该反应式可表示如下：

$$L(C_E)\underset{\text{加热}}{\overset{\text{冷却}}{\rightleftharpoons}}\alpha(C_{\alpha E})+\beta(C_{\beta E}) \tag{11.6}$$

换句话说，冷却时，在 T_E温度处，液相转换为固相 α 和β；加热时，反应逆向发生。该反应被称为共晶转变（eutectic reaction，共晶的意思是“容易熔化”），C_E和 T_E分别代表共晶的组成和温度；$C_{\alpha E}$ 和 $C_{\beta E}$ 分别是 α 相和 β 相在 T_E 温度处的组成。因此，对于铜-银体系，共晶转变（式(11.8)）可以写成

$$L(71.9\text{wt\% Ag})\underset{\text{加热}}{\overset{\text{冷却}}{\rightleftharpoons}}\alpha(8.0\text{wt\% Ag})+\beta(91.2\text{wt\% Ag})$$

通常，在 T_E 温度处的水平固相线被称为共晶等温线。

纯组分的共晶转变在冷却时与凝固类似，转变在一个恒定的温度（或称等温）T_E 下完成。然而，共晶转变的产物永远是两个固相，纯组分凝固时只有一个单相

产生。因为存在共晶转变,所以类似于图 11.6 的相图被称为共晶相图;表现出这种转变的组分组成了共晶体系。

在二元相图的构建中,了解一相或最多两相在一个相区内的平衡是非常重要的。这对于图 11.3(a)和图 11.6 中的相图也适用。对于共晶体系,三个相(α、β、L)只有沿着共晶等温线上的点才可能处于平衡。另一个普遍的规律是单相区总是被两相区隔开,而该两相区则由被它分开的两个单相组成。例如,在图 11.6 中,$\alpha+\beta$ 相位于 α 相和 β 相之间。

另一个常见的共晶体系是铅锡体系;其相图(图 11.7)的形状与铜银体系的相似。对于铅锡体系,固溶体相也被命名为 α 和 β;在该体系中,α 代表着锡在铅中的固溶体,对于 β,锡是溶剂,铅是溶质。共晶点位于 61.9wt% Sn 和 183℃处。当然,通过对比铜-银体系和铅-锡体系的相图,我们可以看出它们最大固溶度的组成以及组分的熔化温度都是不同的。

有时,我们利用近共晶组成来制备低熔点的合金。一个熟悉的例子就是 60-40 焊料,它含有 60wt% Sn 和 40wt% Pb。从图 11.7 可以看出,具有该组成的合金在约 185℃时完全熔化,这使得这种材料非常适合作为低温焊料,因为它很容易熔化。

11.12 共晶合金中微观结构的变化

二元共晶体系的合金在缓慢冷却时,由于组成不同,微观结构也会不同。这我们将利用铅-锡相图(图 11.7)来讨论这些可能性。

第一种情况讨论的是在室温 (20℃)下,组成范围介于纯组分和该组分最大固溶度之间的情况。对于铅-锡体系,该组成范围包括:含有 0～2wt% Sn 的富铅合金(即 α 相固溶体)和含有 99～100wt% Sn 的富锡合金(即 β 相固溶体)。例如,组成为 C_1 的合金(图 11.8)从液相区的 350℃开始缓慢地冷却;图中它将沿着垂直虚线 ww' 向下移动。在穿过液相线之前,该合金完全为液相且组成为 C_1,直到穿过液相线时,约 330℃处,固相 α 开始形成。当穿过狭窄的 $\alpha+L$ 相区时,凝固会按照与上一节中铜镍合金相同的方式进行,即随着温度的降低,越来越多的固相 α 形成。而且,液相和固相的组成不同,它们分别沿着液相线和固相线变化。在 ww' 与固相线的交点处,凝固完成。由此产生的是组成均匀的(组成为 C_1)多晶合金,继续冷却至室温,不会产生任何的变化。这种微观结构如图 11.8 中的 c 处的圆形插图所示。

第二种情况讨论的组成范围在室温下的固溶度极限到共晶温度下的最大固溶度之间。对于铅-锡体系(图 11.7),这些组成包括:从 2wt%到 18.3wt%Sn(即富铅合金)以及从 97.8wt%到约 99wt%Sn(即富锡合金)。我们以组成为 C_2 的合金

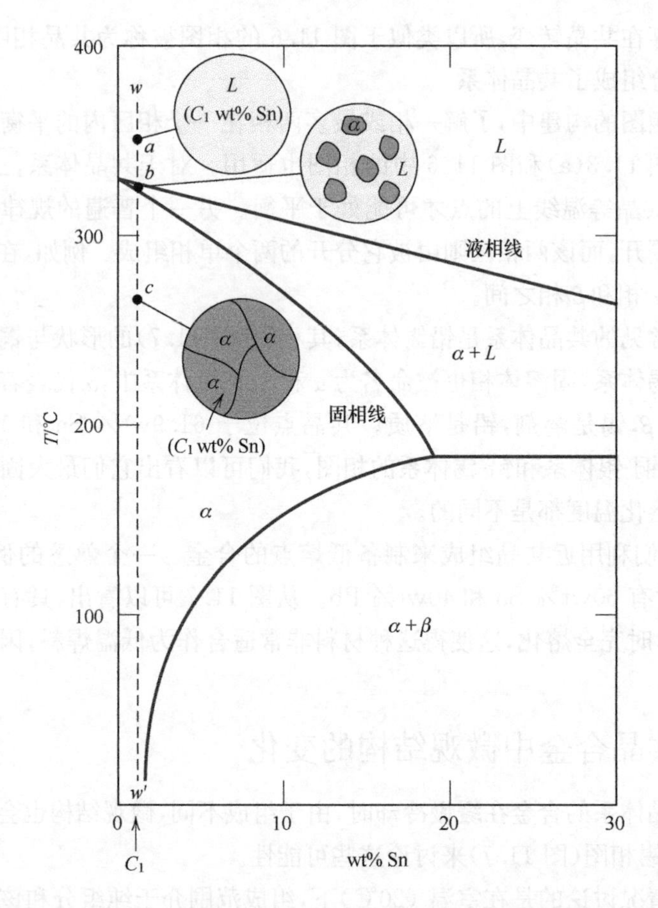

图 11.8　组成为 C_1 的铅-锡合金从液相区域平衡凝固过程的微观结构示意图

为例，冷却时，它沿着图 11.9 中的垂线 xx' 移动。在到达 xx' 与固溶线的交点之前，合金的变化与第一种情况在相应相区内的变化类似（如在点 d、e、f 处的圆形插图所示）。在 xx' 与固溶线交点的上方，即 f 点处，合金微观结构由组成为 C_2 的 α 晶粒组成。沿着 xx'，当穿过固溶线时，α 固溶度过量，导致小的 β 相颗粒的形成；如 g 点处的圆形插图所示。继续冷却，这些 β 相颗粒的大小会增大，因为随着温度的降低 β 相的质量分数略有增加。

第三种情况是共晶组成的凝固，即 61.9wt%Sn（图 11.10 中的 C_3）。对于具有这种组成的合金，当从液相区内的某温度（如 250℃）开始冷却时，合金将沿着图 11.10 中的垂线 yy' 变化。随着温度的降低，在到达共晶温度（183℃）之前，合金没有发生任何变化。当穿过共晶等温线时，液相转变为 α 相和 β 相。这种转变可写成下列反应：

$$L(61.9\text{wt\% Sn}) \rightleftharpoons \alpha(18.3\text{wt\% Sn}) + \beta(97.8\text{wt\% Sn}) \tag{11.7}$$

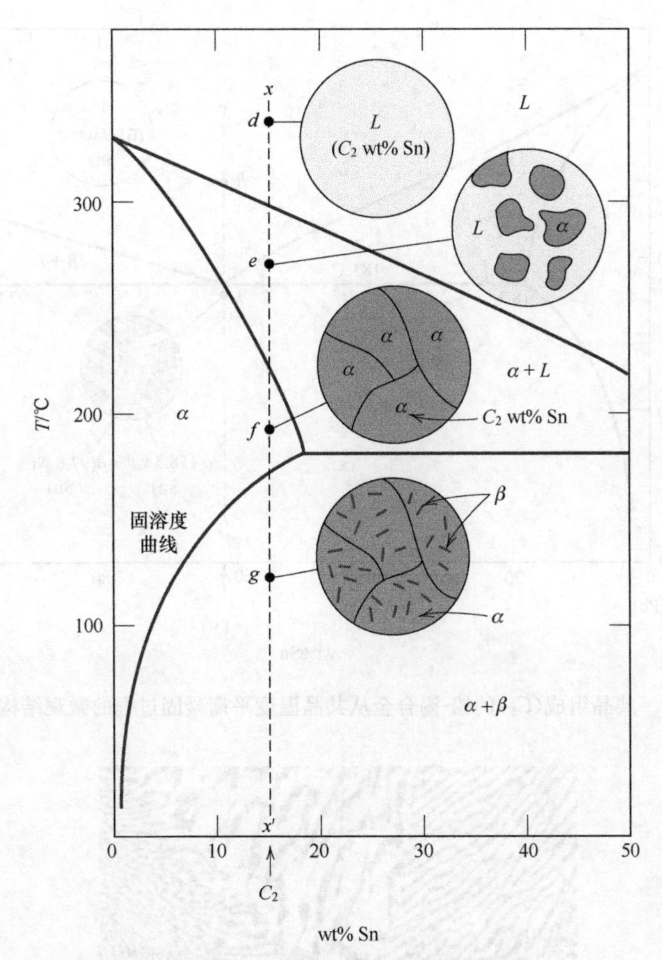

图 11.9 组成为 C_2 的铅-锡合金从液相区域平衡凝固过程的微观结构示意图

其中,α 相和 β 相的组成在共晶等温线下方点 i 处已标出。

这种转变过程中,一定会存在铅和锡的再分配,因为 α 相和 β 相的组成不同,且它们与液相的组成也不同(如式(11.7)所示)。这种再分配通过原子的扩散来完成。这种转变产生的固相,其微观结构由 α 相层和 β 相层(有时称为片晶)交替组成,α 相层和 β 相层是在转变过程中同时形成的。这种微观结构称为共晶结构(eutectic structure),其特点是发生共晶反应,如图 11.10 中点 i 处圆形插图。图 11.11 是一张铅-锡共晶结构的显微照片。从低于共晶温度处继续冷却至室温,合金的微观结构只有轻微的改变。

伴随着共晶转变而产生的微观结构变化示意图如图 11.12 所示,图中展示了 α-β 层的生长以及取代液相的过程。铅和锡的再分配是通过共晶-液相界面前端的扩散来实现的。箭头表示铅原子和锡原子的扩散方向;铅原子向 α 相层扩散,因为

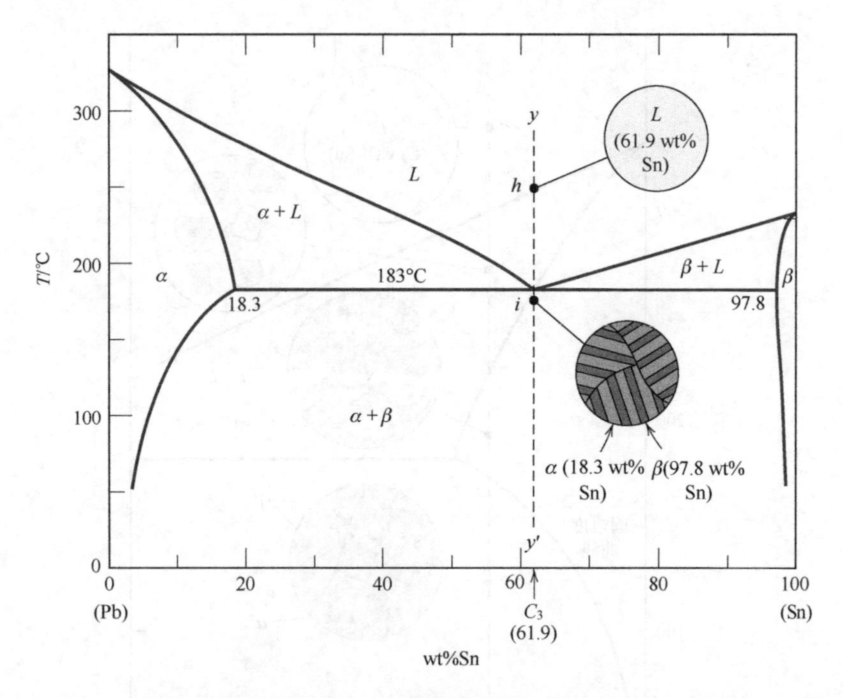

图 11.10　共晶组成(C_3)的铅-锡合金从共晶温度平衡凝固过程的微观结构示意图

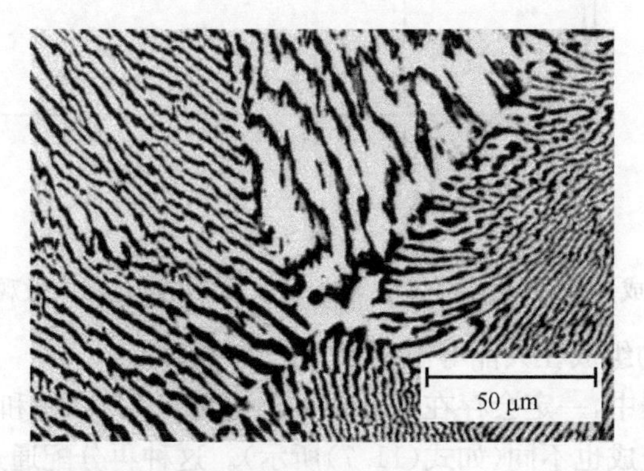

图 11.11　共晶组成的铅锡合金的微观结构电镜照片。这种微观结构由富铅 α 相层(深色)和富锡 β 相层(浅色)交替组成。375×

α 相为富铅区(18.3wt%Sn-81.7wt%Pb);相反地,锡原子朝 β 相层扩散,因为 β 相为富锡区(97.8wt%Sn-2.2wt%Pb)。共晶结构形成交替层的原因是在这种层状结构中,铅和锡进行原子扩散时只需要移动相对短的距离。

对于该体系,第四种情况是在共晶等温线上除了共晶组成以外的所有组成情况。例如,组成为 C_4 的合金位于共晶组成的左侧,如图 11.13 所示;当温度降低时,我们从 j 点开始沿着线 zz' 向下移动。j 点和 l 点之间微观组织的变化与第二

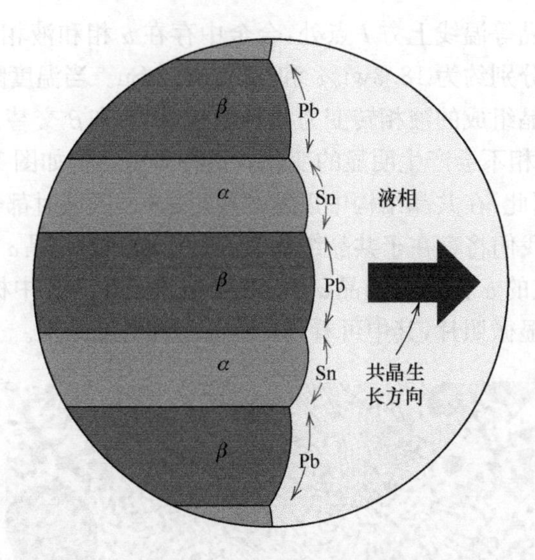

图 11.12 铅锡合金共晶结构的形成示意图。
铅原子和锡原子扩散的方向分别用箭头标出

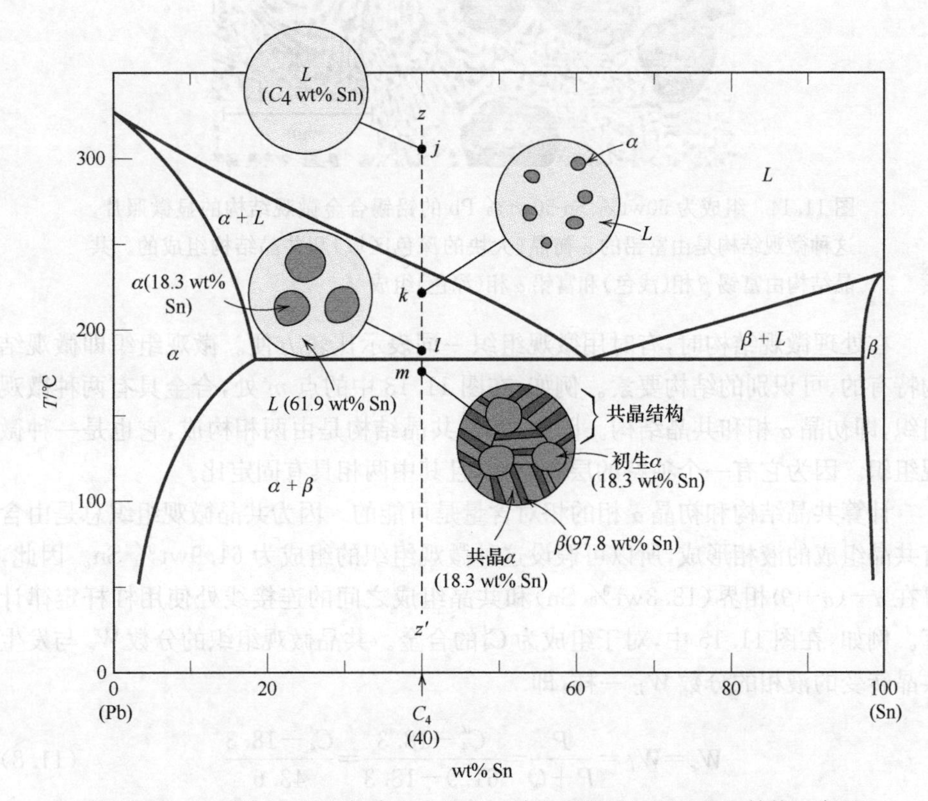

图 11.13 组成为 C_4 的铅锡合金由液相区域平衡凝固过程的微观结构示意图

种情况类似，在共晶等温线上方 l 点处，合金中存在 α 相和液相，其含量可通过合适的连接线确定，分别约为 18.3wt% 和 61.8wt% Sn。当温度降低到刚好低于共晶温度时，含有共晶组成的液相转变为共晶结构（即 α 和 β 交替片晶）；在通过 $\alpha+L$ 区域时形成的 α 相不会产生明显的变化。这种微观结构如图 11.13 中 m 点处的圆形插图所示。因此，在共晶结构中以及在通过 $\alpha+L$ 区域时都会形成 α 相。为了区分这两种 α 相，我们将存在于共晶结构中的 α 相称之为共晶 α 相，而将在穿过共晶等温线之前形成的 α 相称为初晶 α 相；两者都在图 11.13 中标出。图 11.14 是一张铅-锡合金的显微照片，其中可看到初晶 α 相和共晶结构。

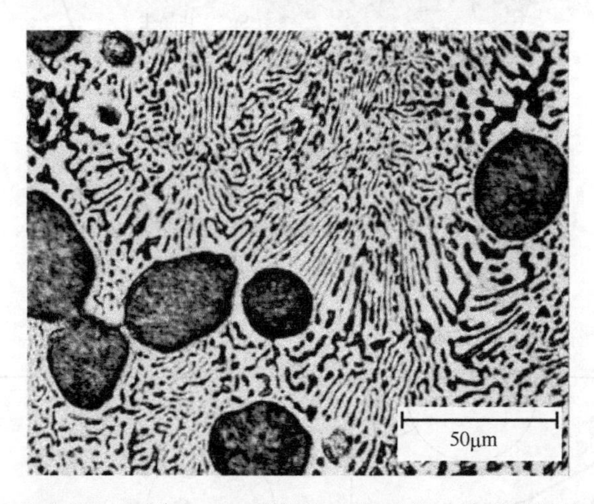

图 11.14 组成为 50wt% Sn-50wt% Pb 的铅锡合金微观结构的显微照片。这种微观结构是由富铅的 α 初晶（大块的深色区域）和共晶结构组成的。共晶结构由富锡 β 相（浅色）和富铅 α 相（深色）组成

在处理微观结构时，有时用微观组织一词表示比较方便。微观组织即微观结构特有的、可识别的结构要素。例如，在图 11.13 中的点 m 处，合金具有两种微观组织，即初晶 α 相和共晶结构。因此，即使共晶结构是由两相构成，它也是一种微观组织。因为它有一个独特的层状结构，且其中两相具有固定比。

计算共晶结构和初晶 α 相的相对含量是可能的。因为共晶微观组织总是由含有共晶组成的液相形成，所以可假设这种微观组织的组成为 61.9wt% Sn。因此，可在 $\alpha-(\alpha+\beta)$ 相界（18.3wt% Sn）和共晶组成之间的连接线处使用杠杆定律计算。例如，在图 11.15 中，对于组成为 C_4' 的合金。共晶微观组织的分数 W_e 与发生共晶转变的液相的分数 W_L 一样，即

$$W_e=W_L=\frac{P}{P+Q}=\frac{C_4'-18.3}{61.9-18.3}=\frac{C_4'-18.3}{43.6} \tag{11.8}$$

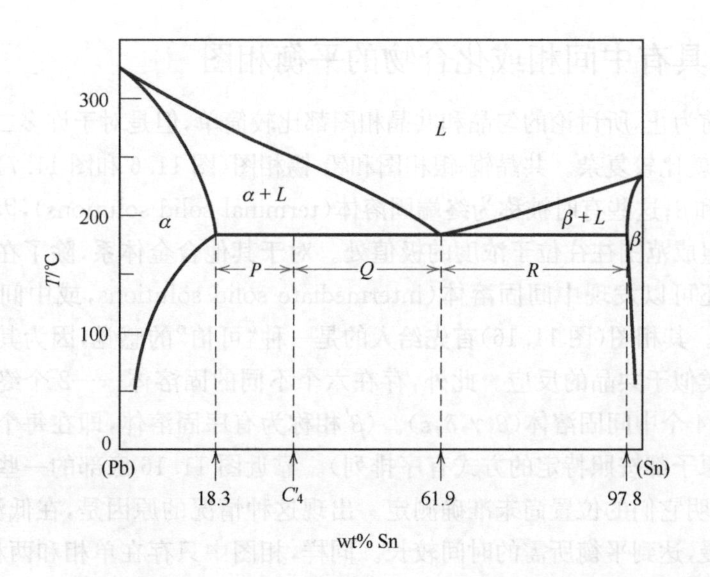

图 11.15 用来计算组成为C_4'的合金中，初晶α相和共晶显微组织含量的铅锡相图

此外，初晶α相的分数W_α'刚好等于共晶转变之前存在的α相的分数，从图 11.15 可得

$$W_{\alpha'}=\frac{Q}{P+Q}=\frac{61.9-C_4'}{61.9-18.3}=\frac{61.9-C_4'}{43.6} \tag{11.9}$$

α相的总分数（包括共晶α相和初晶α相）W_α以及β相的总分数W_β都可以通过使用杠杆定理和完全穿过α＋β相区的连接线来确定。同样的，对于组成为C_4'的合金，有

$$W_\alpha=\frac{Q+R}{P+Q+R}=\frac{97.8-C_4'}{97.8-18.3}=\frac{97.8-C_4'}{79.5} \tag{11.10}$$

以及

$$W_\beta=\frac{P}{P+Q+R}=\frac{C_4'-18.3}{97.8-18.3}=\frac{C_4'-18.3}{79.5} \tag{11.11}$$

对于组成位于共晶组成右侧（即组成介于 61.9wt%到 97.8wt% Sn 之间）的合金，会产生类似的转变和微观结构。不同之处在于，当低于共晶温度时，微观结构组织为共晶结构和初晶β相，因为在从液相冷却时，我们通过的是β＋L 区域。

对于图 11.13 所展示的四种情况，如果通过α相（或β相）＋L 区时没有处于平衡状态，那么穿过共晶等温线后的微观结构将会出现以下结果：①初生微观组织的晶粒将会被包住，即溶质在晶粒内部分布不均匀；②形成共晶组织的比例比平衡时的大。

11.13　具有中间相或化合物的平衡相图

到目前为止，所讨论的匀晶和共晶相图都比较简单，但是对于许多二元合金体系，其相图就比较复杂。共晶铜-银相图和铅-锡相图（图 11.6 和图 11.7）都仅有两个固相，α 和 β；这些有时被称为终端固溶体（terminal solid solutions），因为它们在相图中的组成范围往往位于浓度的极值处。对于其他合金体系，除了在两个组成极值处外还可以发现中间固溶体（intermediate solid solutions，或中间相），例如铜-锌体系。其相图（图 11.16）首先给人的是一种“可怕”的感觉，因为其中有多个不变点和类似于共晶的反应。此外，存在六个不同的固溶体——2 个终端固溶体（α 和 η）和 4 个中间固溶体（$\beta,\gamma,\delta,\varepsilon$）。（$\beta'$ 相称为有序固溶体，即在每个晶胞中铜原子和锌原子都按照特定的方式有序排列）。靠近图 11.16 底部的一些相界线为虚线，这表明它们的位置尚未准确测定。出现这种情况的原因是，在低温下，扩散速度非常慢，达到平衡所需的时间较长。同样，相图中只存在单相和两相区，因此 11.8 节中所概述的相组成和相对含量的计算方法同样适用于此。商业上的黄铜是指铜含量非常高的铜-锌合金；例如，弹壳黄铜的组成为 70wt% Cu-30wt% Zn，其微观结构仅由单个 α 相组成。

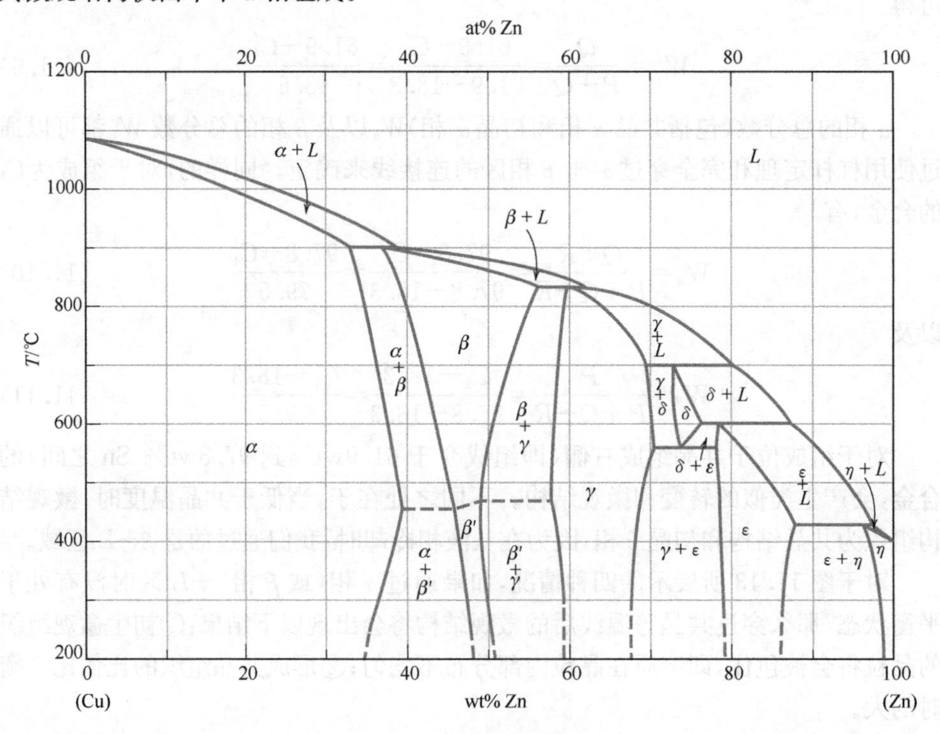

图 11.16　铜-锌相图

对于一些体系，我们在相图上找到的是不连续的中间化合物而不是固溶体，这些化合物具有独特的化学式；对于金属-金属体系，它们被称为金属间化合物(intermetallic compounds)。例如，在镁-铅体系(图 11.17)中，化合物 Mg_2Pb 的组成为 19wt% Mg-81wt% Pb(33at% Pb)，它在相图中是由一条垂线而不是有限宽度的相区表示；因此，在该特定组成处，Mg_2Pb 可以独立存在。

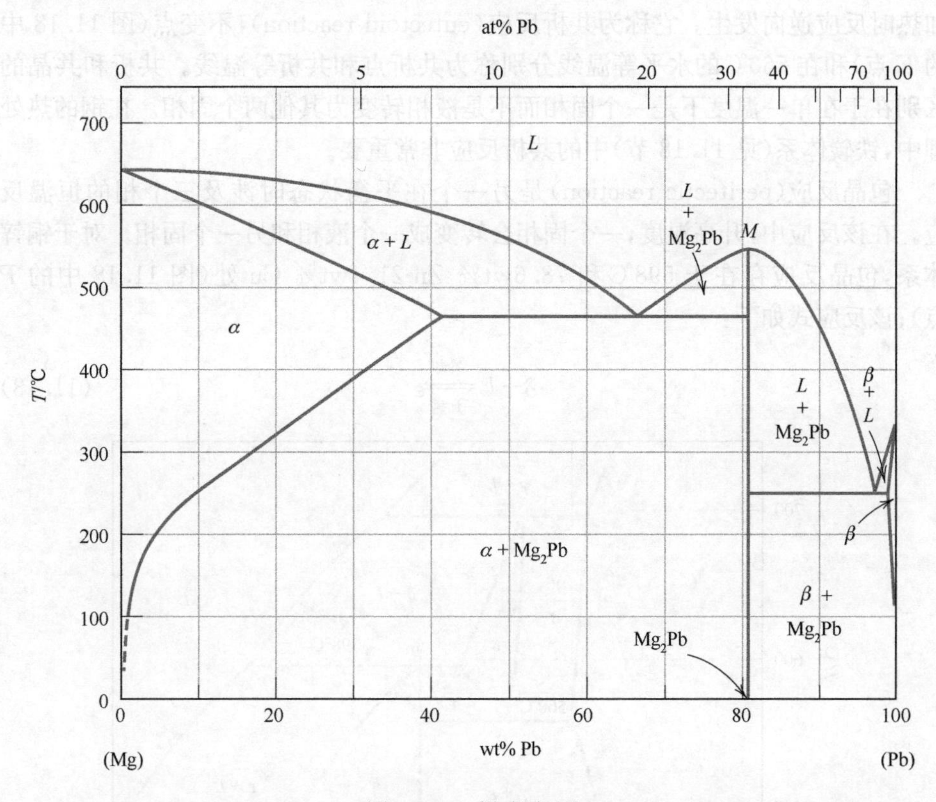

图 11.17　镁-铅相图

对于铅-镁体系，还需要注意其他几点。首先，化合物 Mg_2Pb 的熔点约为 550℃，如图 11.17 中的 M 点所示。其次，从 α 相区相对较大的组成范围可以看出，铅在镁中溶解度相对较大；而从相图右边的终端固溶体 β 相的狭窄区域可以看出，镁在铅中的溶解度非常小。最后，该相图可以看做是由两个简单的共晶相图紧挨在一起形成的，其中一个是 $Mg\text{-}Mg_2Pb$ 体系，另一个是 $Mg_2Pb\text{-}Pb$ 体系；正因为如此，化合物 Mg_2Pb 可看做是一个组分。将复杂的相图分解成较小的组分单元可以使其简化，从而更加方便地理解它们。

11.14　共析和包晶反应

除了共晶，在一些合金体系中可以发现其他涉及三个不同相的不变点。其中之一就是铜-锌体系(图 11.16)在 560℃和 74wt% Zn-26wt% Cu 处。图 11.18 为该点附近相图的放大图。降低温度时,固相 δ 转变为其他两个固相(γ 相和 ε 相),反应式为

$$\delta \underset{\text{加热}}{\overset{\text{冷却}}{\rightleftharpoons}} \gamma + \varepsilon \tag{11.12}$$

加热时反应逆向发生。它称为共析反应(eutectoid reaction),不变点(图 11.18 中的 E 点)和在 560℃的水平等温线分别称为共析点和共析等温线。共析和共晶的区别在于在单一温度下是一个固相而不是液相转变为其他两个固相。在钢的热处理中,铁碳体系(见 11.18 节)中的共析反应非常重要。

包晶反应(peritectic reaction)是另一个在平衡状态时涉及三个相的恒温反应。在该反应中,升高温度,一个固相会转变成一个液相和另一个固相。对于铜锌体系,包晶反应存在于 598℃和 78.6wt% Zn-21.4wt% Cu 处(图 11.18 中的 P 点);该反应式如下:

$$\delta + L \underset{\text{加热}}{\overset{\text{冷却}}{\rightleftharpoons}} \varepsilon \tag{11.13}$$

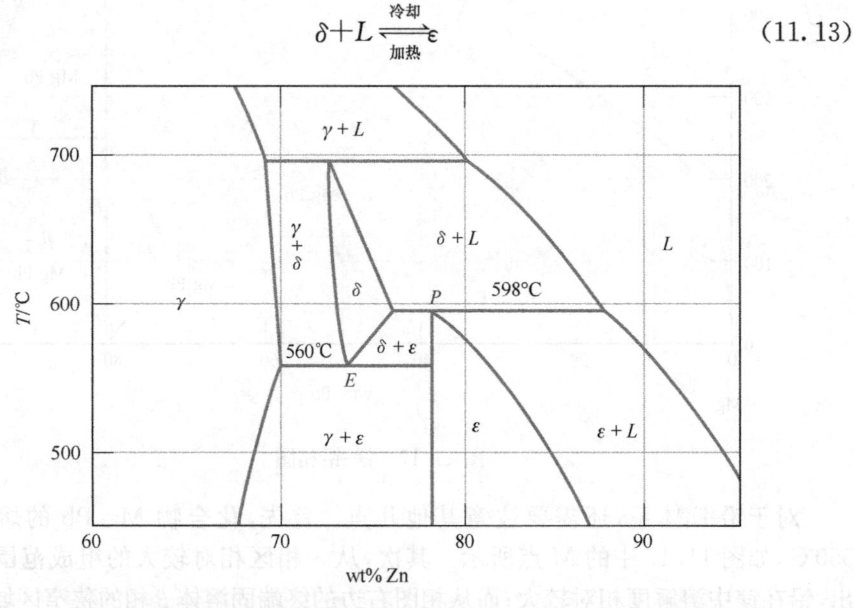

图 11.18　铜-锌相图的局部放大相图,点 E(560℃,74wt% Zn)和点 P(598℃,78.6wt% Zn)分别表示共析不变点和包晶不变点

低温固相可以是中间固溶体(如上述反应中的 ε 相),也可以是终端固溶体。对于后者,在组成为 97wt% Zn 和 435℃处存在一个包晶反应(图 11.16),其中 η 相在加热时转变为 ε 相和液相。在铜-锌体系中还存在其他三个包晶反应,这些反应中 β,δ 和 γ 中间固溶体作为低温相在加热时发生转变。

11.15　全等相变

根据所参与相的组成是否发生变化可对相变进行分类。那些组成没有发生变化相变被称为全等相变(congruent transformations)。相反,对于非全等相变(incongruent transformations),其中至少有一个相的组成会发生变化。全等相变的例子包括同素异形体转变(见4.14节)和纯物质的熔化。共晶转变、共析转变以及匀晶系合金的熔化,都是非全等相变。

有时根据熔化时是否发生全等相变可以区分中间相。金属间化合物 Mg_2Pb 在镁-铅相图中的 M 点处发生全等相变,如图11.17所示。在镍-钛体系中,对于 γ 固溶体,在液相线和固相线的切点处(即1310℃,44.9wt% Ti)发生全等相变,如图11.19所示。包晶反应是中间相非全等相变的例子。

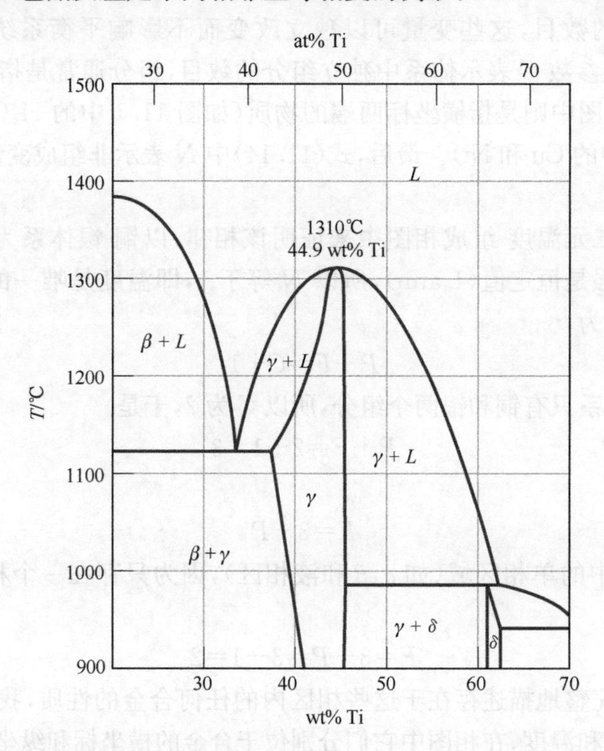

图11.19　镍钛相图的局部图,γ 固溶体在1310℃,44.9wt% Ti的相合熔点如图所示

11.16　陶瓷相图和三元相图

相图不仅存在于金属-金属体系;事实上,我们通过实验得到了许多陶瓷材料相图,相图在陶瓷体系的设计和加工方面起着非常重要的作用。陶瓷相图将在14.2节～14.7节中进行讨论。

我们也得到了含有两种以上组分的金属(以及陶瓷)体系的相图;然而,它们的表示方法和理解都极其地复杂。例如,对于三元或三组分体系,其整个组成-温度相图是一个三维图像。我们也可以用二维图像来描述其特点,但非常困难。

11.17 吉布斯相律

相图的构造以及一些确定相平衡状况的条件都遵循热力学定律。其中之一就是吉布斯相律(Gibbs phase rule),它是由 19 世纪物理学家 J. Willard Gibbs 提出的。该定律展示了多相体系在平衡时需满足的条件,可用下列简单的方程来表示:

$$P+F=C+N \tag{11.14}$$

其中,P 表示存在相的数目(相的概念在 11.3 节中已讨论),参数 F 称为自由度数目或能够完全定义系统状态的外部变量数目(如温度、压强、组成)。换句话说,F 是这些变量的数目,这些变量可以独立改变而不影响平衡系统中相的数目。式(11.14)中的参数 C 表示体系中独立组分的数目,组分通常是指元素或者稳定的化合物,在相图中则是指横坐标两端的物质(如图 11.1 中的 H_2O 和 $C_{12}H_{22}O_{11}$ 和图 11.3(a)中的 Cu 和 Ni)。最后,式(11.14)中 N 表示非组成变量的数目(如温度和压力)。

让我们在二元温度-组成相图中来证明该相律,以铜-银体系为例,如图 11.6 所示。因为压强是恒定值(1 atm),所以 N 等于 1,即温度是唯一的非组成变量。式(11.14)则变为

$$P+F=C+1 \tag{11.15}$$

此外,因为该体系只有铜和银两个组分,所以 C 为 2,于是

$$P+F=2+1=3$$

或

$$F=3-P$$

对于相图中的单相区域(如 α,β 和液相区),因为只存在一个相,所以 $P=1$,于是

$$F=3-P=3-1=2$$

这意味着要想完整地描述存在于这些相区内的任何合金的性质,我们必须规定两个参数,即组成和温度,在相图中它们分别位于合金的横坐标和纵坐标位置。

对于两相共存的情况,例如,在 $\alpha+L$、$\beta+L$、$\alpha+\beta$ 相区,我们有且仅有一个自由度,因为

$$F=3-P=3-2=1$$

因此,只需要规定相的温度或者组成就可以完整地描述该体系。例如,假设我们规定 $\alpha+L$ 相区的温度为 T_1,如图 11.20 所示。那么 α 相和液相的组成(C_α 和 C_L)可由穿过 $\alpha+L$ 相区的连接线 T_1 的端点来确定。需要注意的是在这种处理方法中相

的本质比较重要，而不是相对含量。也就是说，无论合金组成位于 T_1 连接线上的任何位置，它依然可以得到组成为 C_α 的 α 相和组成为 C_L 的液相。

对于两相共存情况，第二种方法是规定其中一个相的组成，从而确定整个体系的状态。例如，如果我们规定 C_α 为与液相处于平衡状态的 α 相的组成（如图 11.20），那么合金的温度（T_1）和液相的组成（C_L）还是可以根据穿过 $\alpha+L$ 相区连接线来确定。

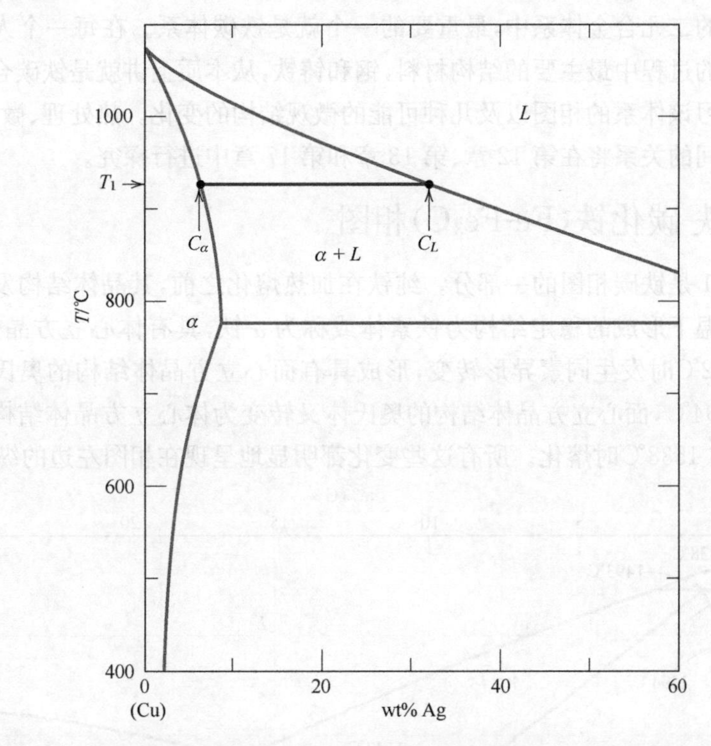

图 11.20　Cu-Ag 相图的富铜区放大图，α 和 L 相两相共存的吉布斯相律如图所示。任一相的组成（C_α 和 C_L）或者温度（T_1）中有一个参数确定时，其他两个参数也可以通过建立适当的连接线确定

对于二元体系，当三相都存在时，体系没有自由度，因为

$$F=3-P=3-3=0$$

这意味着三个相的组成以及温度都是固定的。对于共晶体系，共晶等温线就满足这个条件；在铜-银体系中，连接 B 和 G 两点的是一条水平线。在 779℃时，α，L，β 相区与连接线相接触的点分别对应着各自的组成；即此时 α 相的组成为 8.0wt% Ag、液相的组成为 71.9wt% Ag、β 相的组成为 91.2wt% Ag。因此，三相平衡不是用相区表示，而是由一条独特的水平等温线表示。此外，对于组成位于共晶等温线上的任何合金，其三相都处于平衡（如对于 779℃下组成范围为 8.0wt%～

91.2wt% Ag 的 Cu-Ag 体系)。

吉布斯相律的一个用途就是分析非平衡状态。例如,对于二元合金,在一系列温度范围内且由三个相构成的微观结构处于非平衡状态;在这些条件下,三相共存只会发生在一个温度下。

铁碳体系

在所有的二元合金体系中,最重要的一个就是铁碳体系。在每一个人类文明和技术进步的过程中最主要的结构材料,钢和铸铁,从本质上讲就是铁碳合金。本节将主要学习该体系的相图以及几种可能的微观结构的变化。热处理、微观结构、力学性能之间的关系将在第 12 章、第 13 章和第 17 章中进行探究。

11.18 铁-碳化铁(Fe-Fe_3C)相图

图 11.21 是铁碳相图的一部分。纯铁在加热熔化之前,其晶体结构发生了两次变化。室温下形成的稳定结构为铁素体或称为 α-铁,具有体心立方晶体结构。铁素体在 912℃时发生同素异形转变,形成具有面心立方晶体结构的奥氏体或称 γ-铁。在 1394℃,面心立方晶体结构的奥氏体又转变为体心立方晶体结构的 δ-铁素体,最后在 1538℃时熔化。所有这些变化都明显地呈现在相图左边的纵轴上。

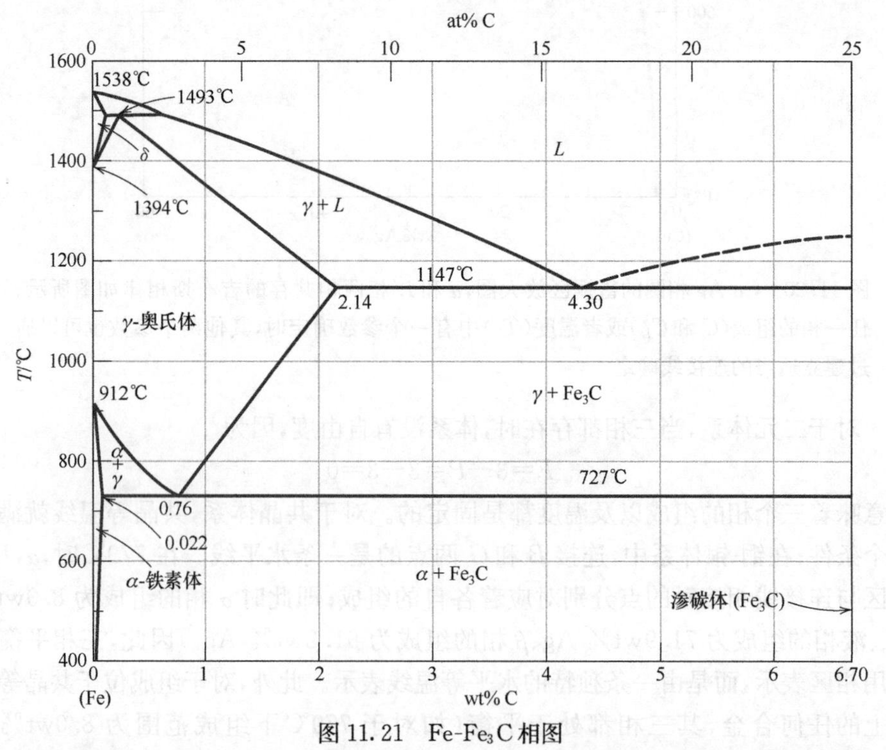

图 11.21 Fe-Fe_3C 相图

图 11.21 中的横坐标只延伸到 6.70wt% C;在该浓度处形成中间化合物碳化铁或渗碳体(cementite,Fe_3C),渗碳体在相图中由一条垂线表示。因此,铁碳体系可被分为两部分:一个是富含铁的部分,如图 11.21 所示;另一个(没有展示)是组成范围从 6.7%到 100% C(纯石墨)的部分。实际上,在所有钢和铸铁中,碳的含量都小于 6.70wt%;因此,我们仅讨论铁-碳化铁体系。图 11.21 可以被称为 Fe-Fe_3C相图,因为此时 Fe_3C 可看做是一个组分。但是按照惯例,为了方便,我们在表示组成时用"wt% C"而不是"wt% Fe_3C";6.70wt% C 对应着 100wt% Fe_3C。

碳在铁中是一种填隙式杂质,且与 α-铁素体、δ-铁素体以及奥氏体形成固溶体,如图 11.21 所示中的 α,δ,γ 单相区。在 BCC 结构的 α-铁素体中,仅有少量的碳形成固溶体;最大固溶度是 727℃时的 0.022wt%。形成有限固溶度的原因是体心立方间隙位置的形状和大小,使得碳原子难以进入。即使存在的浓度相对较低,但碳显著地影响着铁素体的力学性能。这个特殊的铁碳相质地较软,在低于 768℃时会带有磁性,其密度为 7.88g/cm³。图 11.22(a)是 α-铁素体显微照片。

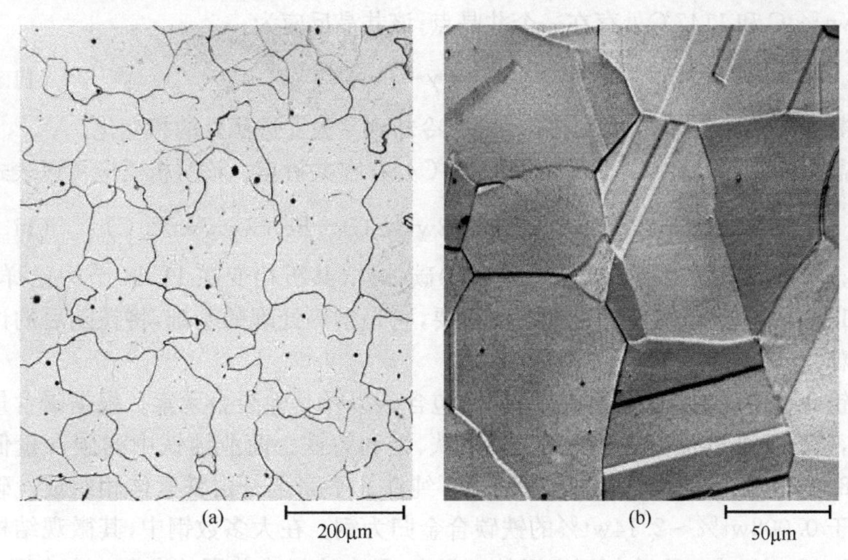

图 11.22 (a) α-铁素体(90×)和(b) 奥氏体(325×)的显微照片

当铁的奥氏体相或 γ 相单独与碳结合时,在 727℃下是不稳定的,如图 11.21 所示。碳在奥氏体中的最大固溶度为 1147℃时的 2.14wt%。该固溶度约为体心立方铁素体的 100 倍,因为面心立方结构的八面体间隙比体心立方结构的大,所以碳原子在面心立方结构中施加给周围铁原子的力就比较小。正如之前所讨论的,奥氏体的相转变在钢的热处理中非常重要。另外,奥氏体是无磁性的。图 11.22(b)为奥氏体相的显微照片。

除了存在的温度范围不同，δ-铁素体和α-铁素体几乎是一样的。因为δ-铁素体只有在相对较高的温度下比较稳定，且δ-铁素体没有什么技术重要性，所以我们在此不对其进行深入讨论。

在727℃以下，当碳在α-铁素体中的溶解超过其固溶度时，就会形成渗碳体(即组成在$\alpha + Fe_3C$相区内)。如图11.21所示，渗碳体与γ相在727～1147℃可共存。在力学性能上，渗碳体非常硬且脆；它的存在大大提高了一些钢的强度。

严格来讲，渗碳体是一种亚稳态结构；在室温下它是一种长期稳定的化合物。然而，如果将渗碳体加热到650～700℃并维持几年，那么它将逐渐变化或转变成α-铁和碳(以石墨的形式)，且在随后冷却至室温的过程中仍保持不变。因此，图11.21中的相图不是真正平衡时的相图，因为渗碳体不是一个稳定的化合物。然而，由于渗碳体的分解速度极其缓慢，所以钢中几乎所有的碳都是Fe_3C而不是石墨。因此，铁-碳化铁相图对于实际用途来说是有效的。在13.3节中，我们可以看到往铸铁中加入硅可加速渗碳体向石墨的分解。

图11.21表示出了两相区域。需要注意的是对于铁-碳化铁体系，在4.30wt% C和1147℃处存在一个共晶点；该共晶反应为

$$L \underset{\text{加热}}{\overset{\text{冷却}}{\rightleftharpoons}} \gamma + Fe_3C \tag{11.16}$$

液相凝固形成奥氏体和渗碳体相。随后冷却到室温促进额外的相变化。

需要注意的是在0.76wt%C和727℃处存在共析点。该共析反应可以表式为

$$\gamma(0.76\text{wt\% C}) \underset{\text{加热}}{\overset{\text{冷却}}{\rightleftharpoons}} \alpha(0.022\text{wt\% C}) + Fe_3C(6.7\text{wt\% C}) \tag{11.17}$$

或者，在冷却时，固相γ转变为α-铁和渗碳体。(共析相变在11.14节中已详述)式(11.17)所描述的共析相变非常的重要，它是钢热处理的基础，将在随后的讨论中解释。

铁合金中最主要的组分是铁，但也包含碳以及其他合金元素。根据碳含量的多少，铁合金可以被分类为三种类型：铁、钢和铸铁。商业纯铁中的碳含量低于0.008wt%，从相图中可以看出在室温下纯铁几乎完全是由铁素体相组成。碳含量介于0.008wt%～2.14wt%的铁碳合金归为钢。在大多数钢中，其微观结构由α和Fe_3C相组成。在冷却至室温的过程中，具有该组成范围的合金一定会通过γ相区的一部分；不同的微观结构也随之产生。虽然合金钢的碳含量可多达2.14wt%，但在实际生产过程中，碳浓度很少超过1.0wt %。钢的性质以及不同的分类方式将在13.2节中进行讨论。铸铁的碳含量介于2.14wt%～6.70wt %。然而，商业铸铁的碳含量通常小于4.5wt %。这些合金将在13.3节中进行深入讨论。

11.19 铁碳合金中微观结构的变化

钢合金中会产生一些不同的微观结构，我们险遭讨论这些微观结构与铁-碳化

铁相图的关系，结果表明微观结构的变化取决于碳含量和热处理方式。该讨论仅限于钢合金冷却速度非常缓慢始终处于平衡状态的情况。更多关于热处理对微观结构以及钢的机械性能的影响将在第12章中进行讨论。

从γ相区到$\alpha+Fe_3C$相区(图11.21)发生的相变相对比较复杂且与11.12中的共晶体系相似。例如，对于共析组成(0.76wt% C)的合金，当它从位于γ相区800℃(即从图11.23中的a点)开始冷却时，合金会沿着垂线xx'向下移动。最初，合金全部是组成为0.76wt% C的奥氏体相和相应的微观结构组成，如图11.23所示。随着温度的降低，在到达共析温度(727℃)之前合金不会发生任何变化。当穿过共析温度到达b点时，根据式(11.17)可知，奥氏体开始转变。

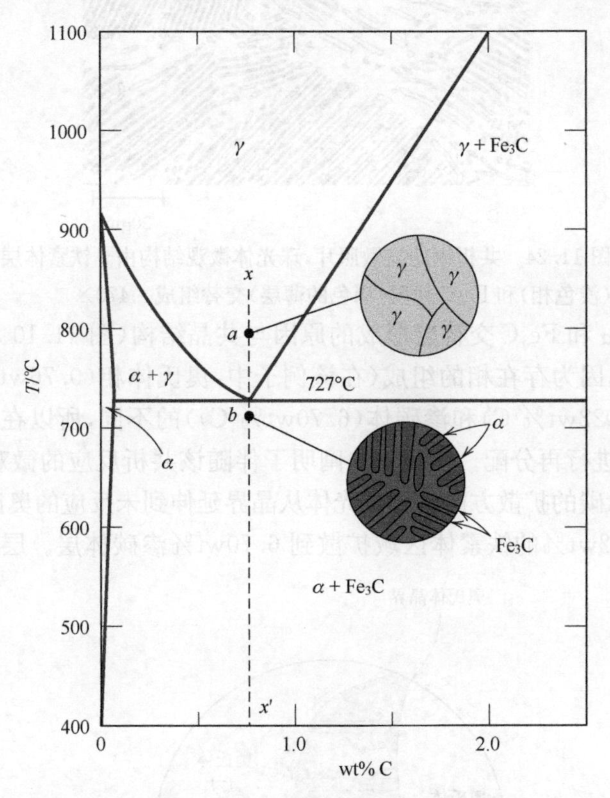

图11.23　共析组成的铁碳合金(0.76wt% C)在高于和低于共析温度时的微观结构示意图

共析钢的微观结构由两相(α和Fe_3C)的交替片层组成，这两相是在转变过程中同时生成的。在这种情况下，两层厚度比约为8比1。该微观结构(图11.23中b点)被称为珠光体(pearlite)，因为当在低倍显微镜下观察时，它具有珍珠的形状。图11.24是共析钢中珠光体的显微照片。珠光体以晶粒的形式存在，通常被称为畴；在每个畴内部，片层的取向是一致，而不同畴中片层的取向是不同的。铁素体相比较厚，颜色较亮，而渗碳体相比较薄，大多数渗碳体颜色比较暗。许多渗碳体层非常薄以至于相邻相界非常接近，从而导致它们在该放大倍数下无法辨别，因此，显得黑暗。珠光体的力学性质介于软而韧的铁素体和硬而脆的渗碳体之间。

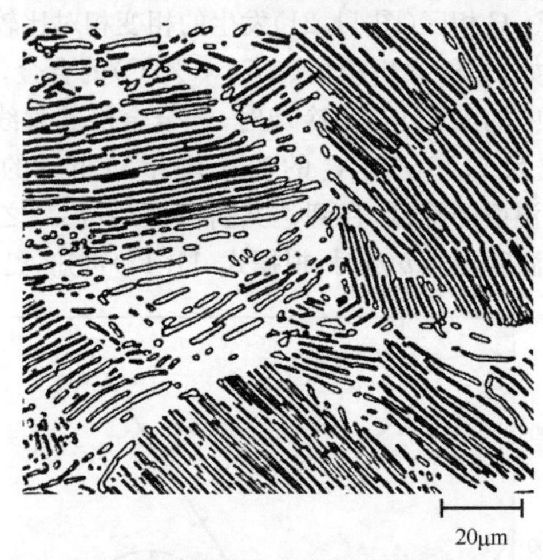

图 11.24　共析钢的显微照片，珠光体微观结构由 α 铁素体层(浅色相)和 Fe_3C 片层(深色的薄层)交替组成。470×

珠光体中 α 和 Fe_3C 交替层形成的原因与共晶结构(图 11.10 和图 11.11)形成的原因相同，因为存在相的组成(在该例子中，奥氏体相(0.76wt% C))与生成相(铁素体(0.022wt% C)和渗碳体(6.70wt% C))的不同，所以在相转变时要求碳需通过扩散进行再分配。图 11.25 阐明了伴随该共析反应的微观结构的变化；其中，箭头表示碳的扩散方向。当珠光体从晶界延伸到未反应的奥氏体晶粒中时，碳原子从 0.022wt%的铁素体区域扩散到 6.70wt%渗碳体层。层状结构的珠光

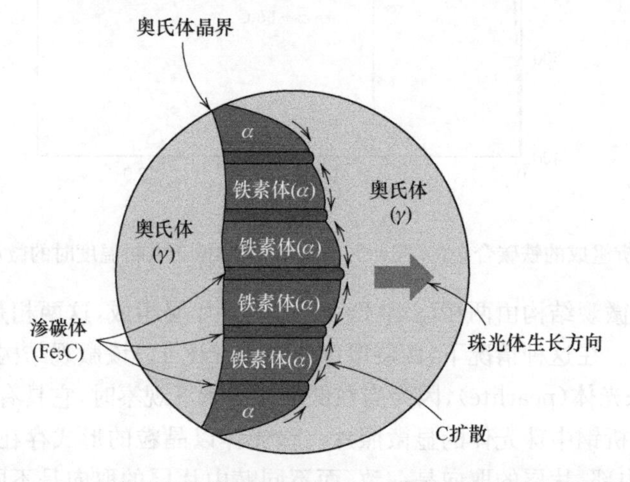

图 11.25　由奥氏体形成珠光体示意图。碳的扩散方向如箭头所示

体便形成了因为碳原子仅需在最小距离上扩散。

随后从图 11.24 中 b 点处继续降温，珠光体的微观结构几乎不变。

亚共析合金

接下来我们将讨论除了共析组成外的其他组成的铁-碳化铁合金的微观结构；这与 11.12 节中共晶体系的第四种情况相似。我们以组成为 C_0 的合金为例，其中 C_0 位于共析组成的左侧且介于 0.022 到 0.76wt% C 之间，我们将具有这样组成的合金称之为亚共析(hypoeutectoid，小于共析组成)合金。对组成为 C_0 的合金进行降温，合金会沿着垂线 yy' 移动，如图 11.26 所示。在约 875℃(即图中的 c 点)

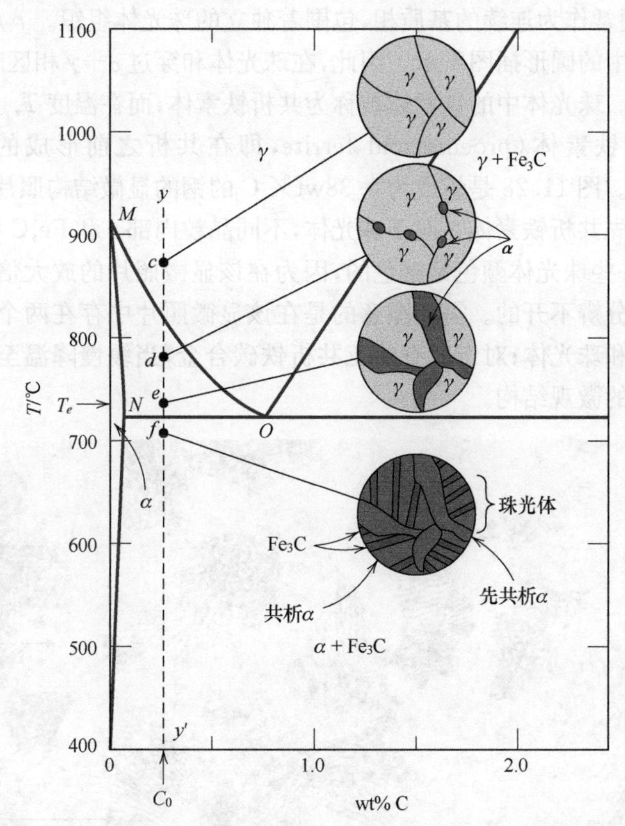

图 11.26　亚共析组成 C_0(碳含量低于 0.76wt% C)的铁碳合金由奥氏体相区域冷却至共析温度以下时的微观结构示意图

时，合金的微观结构全部由 γ 相的晶粒组成，如图所示。当降温到 d 点(约 775℃)时，合金位于 $\alpha+\gamma$ 相区，此时其微观结构由 α 相与 γ 相共同组成。大多数小的 α 相颗粒会沿着初始的 γ 相晶界生长。α 相和 γ 相的组成可通过合适的连接线来确定；分别约为 0.020 和 0.40wt% C。

随着温度的降低，当合金穿过 $\alpha+\gamma$ 相区时，铁素体相的组成沿着 α-($\alpha+\gamma$)相界(即线 MN)改变,其碳含量会稍微增加。而当温度降低时,奥氏体的组成沿着 $(\alpha+\gamma)$-γ 晶界(即线 MO)发生巨大的变化。

当从 d 点降温到 e 点时,合金仍然处在共析线以上的 $\alpha+\gamma$ 相区内,但 α 相的分数会增加,微观结构依然相似,只不过 α 晶粒将会变大。此时,α 相和 γ 相的组成可通过在 T_e 处构建连接线来确定;其中 α 相的组成为 0.022wt% C,而 γ 相具有共析组成,为 0.76wt% C。

当温度降至共析线以下(即图中的 f 点)时,在 T_e 处存在的所有 γ 相将按照式(11.17)的反应转变为珠光体。而在 e 点处存在的 α 相在穿过共析温度时几乎没有变化,它通常作为连续的基质相,包围着独立的珠光体组织。f 点处的微观结构如图 11.27 中的圆形插图所示。因此,在珠光体和穿过 $\alpha+\gamma$ 相区时形成的相中都存在铁素体。珠光体中的铁素体被称为共析铁素体,而在温度 T_e 上形成铁素体被称为先共析铁素体(proeutectoid ferrite,即在共析之前形成的铁素体),如图 11.27 所示。图 11.28 是组成为 0.38wt% C 的钢的显微结构照片;图中大的白色区域对应着先共析铁素体。对于珠光体,不同晶粒内部 α 和 Fe_3C 相交替层之间的间距不同;一些珠光体颜色是暗色的,因为在该显微照片的放大倍数下,许多相邻的交替层是分辨不开的。需要注意的是在该显微照片中存在两个显微组分,即先共析铁素体和珠光体;对于所有的亚共析铁碳合金,当缓慢降温至共析线下时,都会出现这样的微观结构。

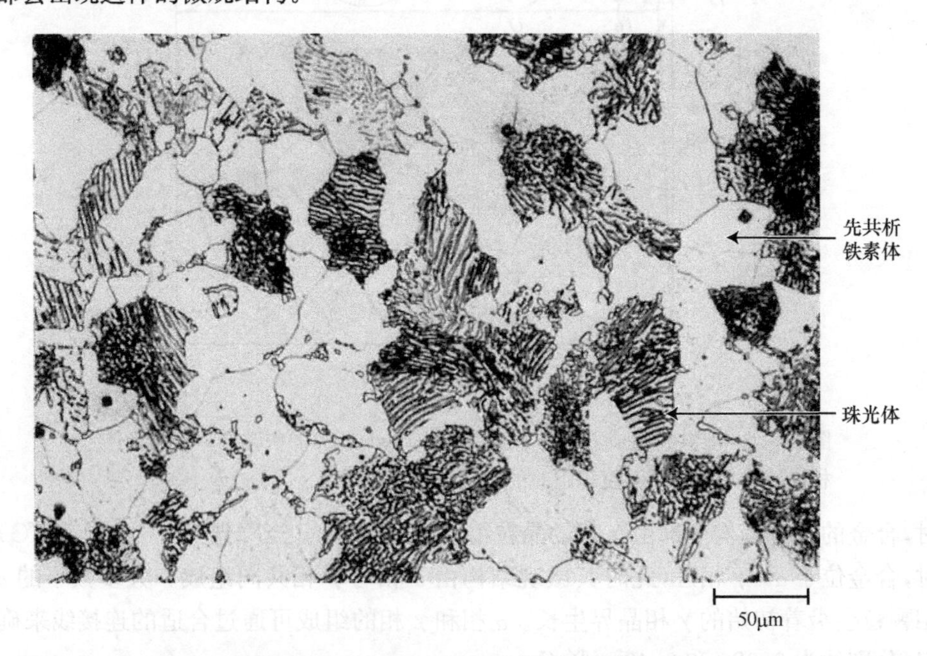

图 11.27　0.38wt% C 钢的光学显微照片,微观结构由珠光体和先共析铁素体组成。635×

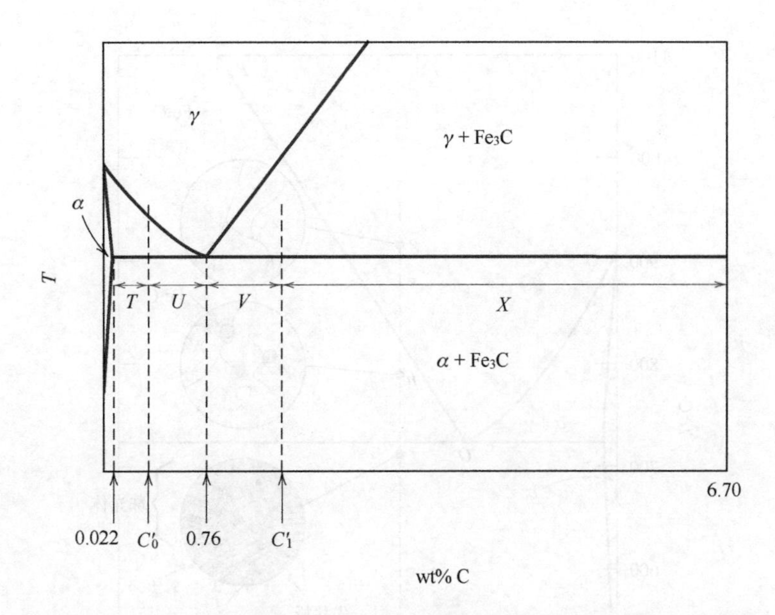

图 11.28　Fe-Fe_3C 相图的一部分，用于计算亚共析组成 C_0' 和过共析组成 C_1' 中先共析体的相对含量和珠光体显微组织的含量

先共析 α 相和珠光体的相对含量可通过类似于 11.12 节中计算初相和共晶微观组分的方法来确定。因为珠光体是具有该组成奥氏体的转变产物，所以我们使用杠杆定理和从 α-(α+ Fe_3C)相界(0.022wt% C)延伸到共析组成(0.76wt% C)的连接线来计算。例如，对于组成为 C_0' 的合金，如图 11.29 所示，珠光体的分数 W_p 可以根据下列公式来确定：

$$W_p=\frac{T}{T+U}=\frac{C_0'-0.022}{0.76-0.022}=\frac{C_0'-0.022}{0.74} \tag{11.18}$$

先共析 α 相的分数 $W_{\alpha'}$ 计算公式如下：

$$W_{\alpha'}=\frac{U}{T+U}=\frac{0.76-C_0'}{0.76-0.022}=\frac{0.76-C_0'}{0.74} \tag{11.19}$$

总的 α 相(共析 α 相和先共析 α 相)和渗碳体相的分数可以利用杠杆定理和穿过整个 $\alpha+Fe_3C$ 相区(从 0.022 到 6.70wt% C)的连接线来确定。

过共析合金

当从位于 γ 相区内的温度开始冷却时，过共析合金(hypereutectoid alloys)会产生类似于亚共析合金的转变和微观结构。过共析合金会的组成介于 0.76wt%～2.14wt% C。以组成为 C_1 的合金为例，当降低温度时，合金会沿着线 zz' 向下移动，如图 11.30 所示。在 g 点，合金中只有组成为 C_1 的 γ 相存在；微观结构也只有 γ 晶粒，如图所示。当温度降到 $\gamma+Fe_3C$ 相区(即 h 点)时，渗碳体相开始沿着初始 γ 晶界形成，与图 11.27 中 d 点处的 α 相类似。该渗碳体被称为先共析渗碳体

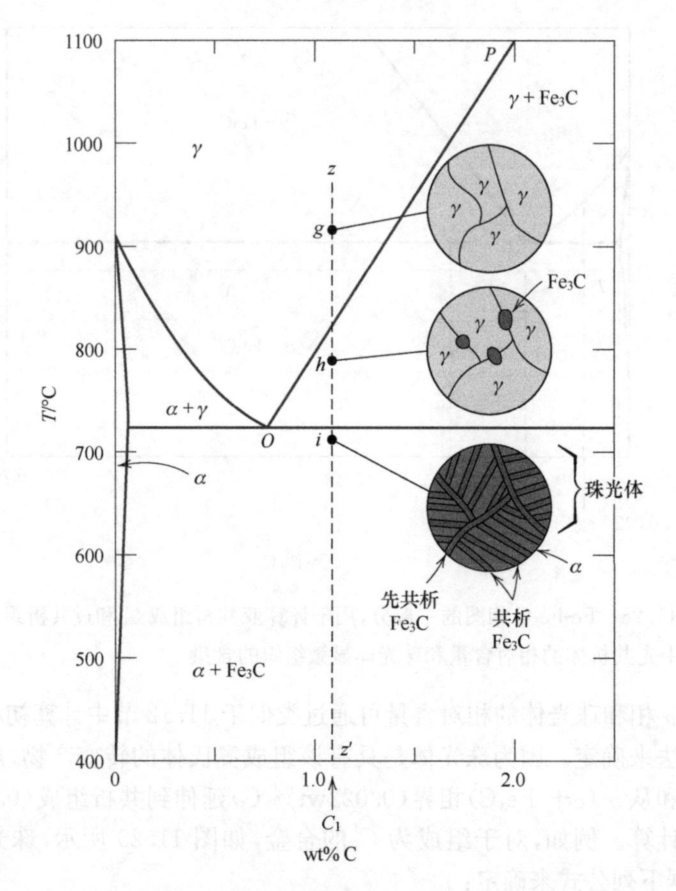

图 11.29　过共析组成 C_1（碳含量在 0.76wt% C-2.14wt% C）的铁碳合金由奥氏体相区域冷却至共析温度以下时的微观结构示意图

(proeutectoid cementite)，即它是在共析反应前形成的。随着温度的变化，渗碳体的组成保持不变（即 6.70% C）。而奥氏体相的组成则沿着线 PO 向共析点移动。当温度降低到共析温度以下的 i 点时，所有剩余的且具有共析组成的奥氏体将转变为珠光体；因此，所得到的微观结构由珠光体和先共析渗碳体组成（图 11.30）。在组成为 1.4% C 钢的显微照片中（图 11.30），需要注意的是先共析渗碳体为浅色。因为它与先共析铁素体具有相同的外观（图 11.28），所以根据微观结构来区分亚共析钢和过共析钢存在一定的困难。

对于过共析钢合金，其微观组分珠光体和先共析 Fe_3C 的相对含量可用类似于亚共析材料的方法来计算；在 0.76wt%～6.70wt% C 做出合适的连接线。因此，对于组成为 C_1' 的合金，如图 11.29 所示，其珠光体的分数 W_p 和先共析渗碳体的分数 $W_{Fe_3C'}$ 可通过下列杠杆定理的表达式来确定：

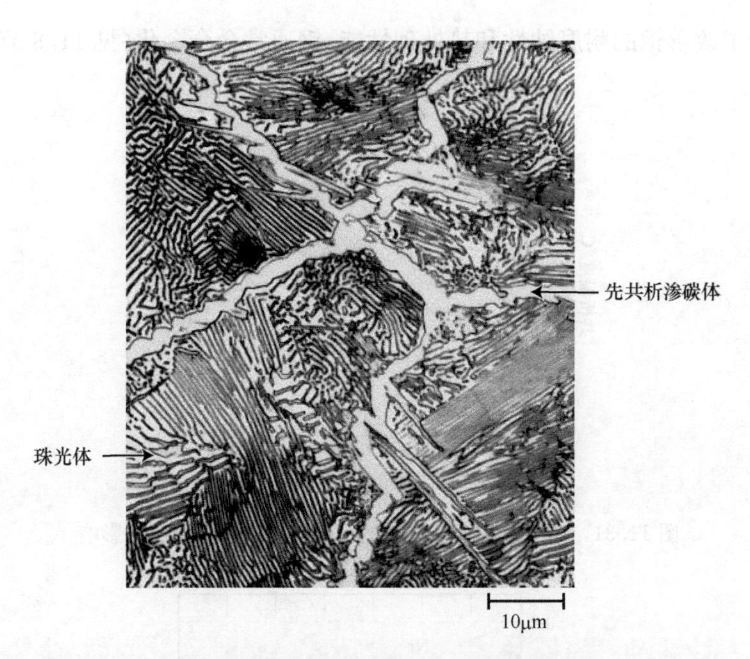

图 11.30　1.4wt% C 钢的光学显微照片，微观结构由白色的先共析渗碳体网状结构包围珠光体组成。1000×

$$W_p=\frac{X}{V+X}=\frac{6.70-C_1'}{6.70-0.76}=\frac{6.70-C_1'}{5.94} \tag{11.20}$$

$$W_{Fe_3C'}=\frac{V}{V+X}=\frac{C_1'-0.76}{6.70-0.76}=\frac{C_1'-0.76}{5.94} \tag{11.21}$$

非平衡冷却

在之前铁-碳合金微观结构的讨论中，我们假设在冷却时，合金一直处于亚稳态；即在每个新的温度处都有足够的时间来按照铁-碳化铁相图对组成和相对含量进行必要的调整。在大多数情况下，这些冷却速度非常缓慢且不必要；实际上，在许多情况下非平衡条件更能满足人们的需求。非平衡状态两个重要的影响是：①除了根据相界线预测的相变和转变外，还存在其他相变和转变；②在室温下，存在相图中没有的非平衡相。这两个重要的影响将在第 12 章中进行讨论。

11.20　其他合金元素的影响

在二元铁-碳化铁相图(图 11.21)中，其他合金元素(铬、镍、钛等)的加入会带来巨大的变化。相界位置和相区形状的变化程度取决于合金元素的类型及其浓度。其中一个重要的变化就是共析位置的转移。图 11.31 和图 11.32 分别绘制了共析温度和共析组成(wt% C)随其他合金元素浓度的变化情况。因此，其他合金元素的加入，不仅改变了共析反应的温度，而且还改变了珠光体和先共析相的相对含量。为了改善钢的耐腐蚀性和热处理性能，钢通常会合金化(见 11.8 节)。

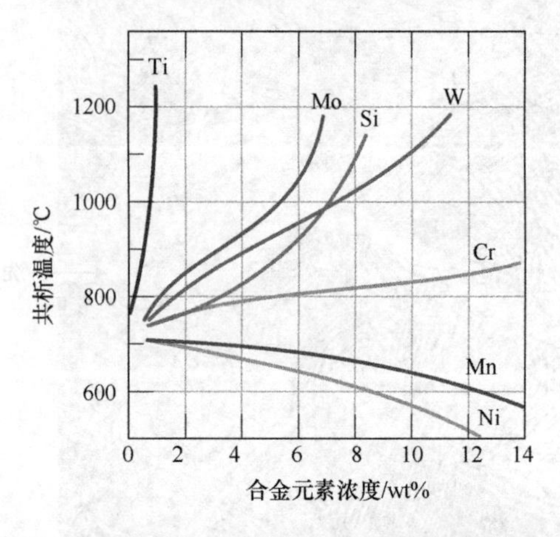

图 11.31　钢中几种合金元素的合金浓度对共析温度的影响

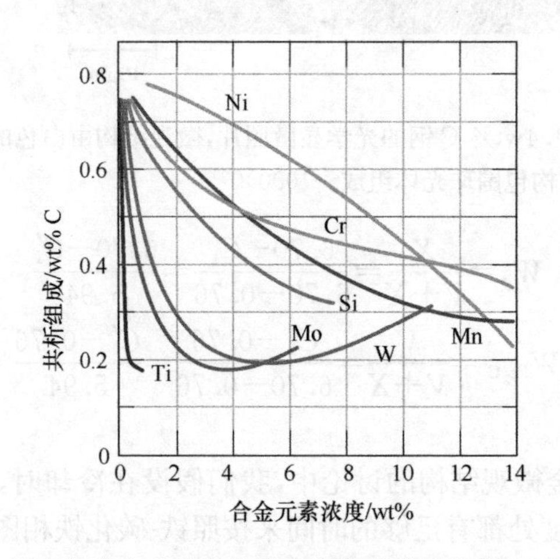

图 11.32　钢中几种合金元素的合金浓度对共析组成(wt% C)的影响

第12章　相　变

拥有理想力学特性的材料通常利用热处理加工,从而产生相变来获得的。一些相变的时间和温度呈现在矫正过的相图上。了解如何利用这些相图来设计合金的热处理过程,以获得室温下我们所需的力学性能是非常重要的。例如,共析成分(0.76wt % C)铁碳合金的抗拉强度会因为热处理工艺的不同而有所不同,大约在700～100000MPa。

12.1　简介

金属材料如此万能的一个原因是它们的力学性能(强度、硬度、韧性等)可以在相对较大的范围内得到控制和管理。我们在第 9 章中讨论了三种强化机制,即细晶强化、固溶强化和应变强化。金属合金的力学性能受显微组织的影响,利用这个原理其他的技术也可以用来强化金属。

单相和两相合金显微组织的变化通常涉及某种类型的相变,即相的数量和/或性质的改变。本章的第一部分主要对固态相变的基本原理做简要的讨论。因为大多数的相变不会瞬间发生,我们也会考虑反应过程或相变速率(transformation rate)随时间的变化。然后介绍两相铁碳合金显微组织的变化。矫正相图中会引入由于特定热处理过程而导致的显微组织。最后,介绍除了珠光体之外的其他显微组织,并对他们的力学性能进行讨论。

相变

12.2　基本概念

在材料的加工过程中各种相变(phase transformations)是很重要的,并且通常涉及一些微观结构的改变。为了进行这些讨论,我们将相变分为三类。一类是通过简单的扩散而进行的相变,在这些相变中相的数量或成分没有变化。这些变化包括纯金属的凝固、同素异形转变、再结晶和晶粒生长(见 9.12 节和 9.13 节)。

另一种类型为扩散型相变,相的组分和数量都发生了变化,最终的微观结构通常由两相组成。方程(11.19)描述的共析反应就是这种类型的,我们将在 12.5 节进一步讲解。

第三种相变是非扩散型相变,这种相变会产生亚稳相。如 12.5 节中所讨论的在某些合金钢中引入的马氏体转变属于这种类型。

12.3　相变动力学

相变通常至少有一个新相生成,与母相有不同的物理性质/化学性质和/或结构。此外,大多数的相变不是瞬间发生的。相反,他们开始是由大量的小颗粒新相形成的,颗粒尺寸增加,直到转变完成。相变的过程分成两个截然不同的阶段:形核(nucleation)和长大(growth)。形核指小颗粒,即可以继续长大的新相晶核(通常只有几百个原子组成的)的出现。在长大阶段,这些晶核尺寸增加,导致一些(或全部)母相消失。新相粒子继续长大,直到达到平衡为止,相变才完成。我们现在讨论这两个过程的力学机制和他们与固态相变的关系。

形核

形核有两种类型:均匀形核(homogeneous)和异质形核(heterogeneous)。它们之间的区别是形核发生的位置不同。对于均匀形核,新相晶核在母相中均匀地形核,而对于异质形核,形核优先在异质处,如容器表面、不溶性杂质、晶界、位错等。我们首先讨论均匀形核,因为它的描述和理论处理相对简单。然后将这些原则扩展到异质形核的讨论中。

1) 均匀形核

形核理论的讨论涉及热力学参数,自由能G(或吉布斯自由能)。简而言之,自由能是其他热力学参数的函数,其中一个是系统的内能(即焓,H),另一个是度量原子或分子的随机性或混乱度(即熵,S)。在这里提供适用于材料系统的详细热力学原理并不是我们的目的。然而,相对于相变,自由能的变化ΔG是一个重要的热力学参数;只有当ΔG小于零时相变才会发生。

为了简单起见,让我们首先考虑纯物质的凝固,假设在液体内部原子聚集处形成固相晶核,以形成一个与固相中类似的原子排列。此外,我们认为每个晶核都是球形的,半径为r。这种情况如图 12.1 所示。

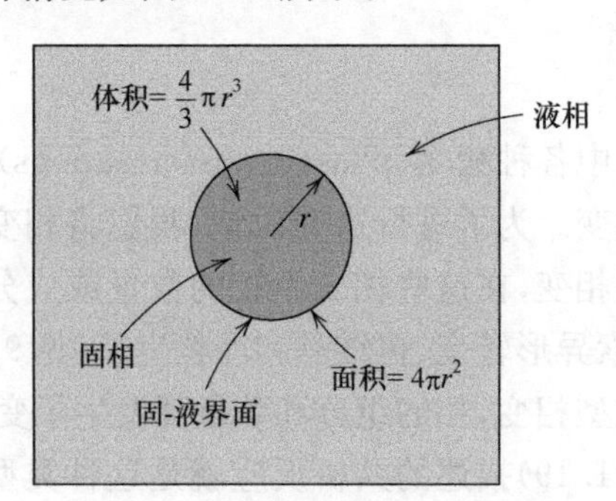

图 12.1　液体中球形固体粒子的形核示意图

伴随凝固转变有两个因素导致总自由能变化。第一个是固相和液相之间的自由能差,或称体积自由能 ΔG_v。如果温度低于平衡凝固温度,它的值是负的,它的贡献值是 ΔG_v 和球形晶核体积的乘积(即$\frac{4}{3}\pi r^3$)。第二个能量贡献源于凝固转变过程中固液相界面的形成。与这个界面相关的是表面能 γ,它是正值,它的贡献大小是 γ 和晶核表面积的乘积(即 $4\pi r^2$)。最后,总自由能变化等于这两个贡献的总和:

$$\Delta G = \frac{4}{3}\pi r^3 \Delta G_v + 4\pi r^2 \tag{12.1}$$

在图 12.2(a)和图 12.2(b)中描绘了半径 r 对体积、表面能、总自由能的贡献。图 12.2(a)中,与式(12.1)中右侧第一项对应的曲线表明,自由能(负值)随着 r^3 增加而减小,而与式(12.1)中右侧第二项对应的曲线表明,能量值是正的且随着 r^2 的增加而增加,与这两项相联系的曲线(图 12.2)先增加,经过一个最大值后下降。从物理意义上讲,这就意味着固态粒子在液体中原子聚集的地方形成,它的自由能增加。如果原子团簇达到了临界半径 r^*,那么晶核会随着自由能的减小而继续增长。然而,当原子团簇的半径小于临界半径时,晶核就会缩小或者是分解。这种临界粒子就是晶胚,当原子团簇的半径高于临界半径时就叫做晶核。临界自由能 ΔG^* 发生在临界半径处,即图 12.2(b)中曲线的最大值。ΔG^* 相当于活化能,它是形成稳定晶核所需要的自由能,通常被认为是晶核形成过程中的能垒。

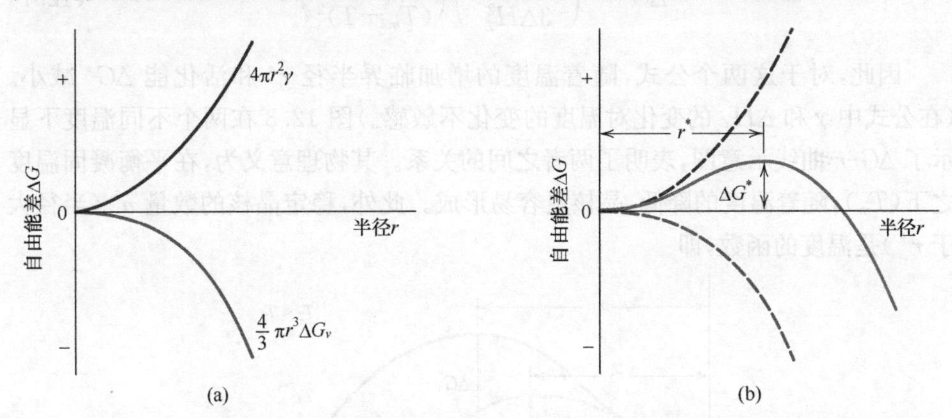

图 12.2 (a) 在凝固过程中晶核形成时体积自由能和表面能对总自由能的贡献示意图。(b) 自由能与晶胚/晶核半径的关系图,在图中显示了临界自由能(ΔG^*)与临界半径(r^*)

在图 12.2(b)中 r^* 和 ΔG^* 出现在自由能与临界半径关系曲线中的最大值处,这两个参数的求解很简单,对于 r^*,我们将式(12.1)对 r 求导,令求导结果为 0,可以解出 $r(=r^*)$,即

$$\frac{\mathrm{d}(\Delta G)}{\mathrm{d}r} = \frac{4}{3}\pi\Delta G_v(3r^2) + 4\pi\gamma(2r) \tag{12.2}$$

得出结果

$$r^*=-\frac{2r}{\Delta G_v} \tag{12.3}$$

现在，把 r^* 代入式(12.1)中得出下面 ΔG^* 的表达式：

$$\Delta G^*=\frac{16\pi r^3}{3(\Delta G_v)^2} \tag{12.4}$$

体积自由能变化 ΔG_v 是凝固转变过程的驱动力，它的大小是温度的函数。在平衡凝固温度 T_m，ΔG_v 的值为 0，随着温度的降低其值迅速变为更负的值。

可以看出，ΔG_v 是温度的函数，表达式为

$$\Delta G_v=\frac{\Delta H_f(T_m-T)}{T_m} \tag{12.5}$$

其中，ΔH_f 是融化潜热（即凝固过程中放出的热量），T_m 和温度 T 的单位是 K，将 ΔG_v 代入式(12.3)和式(12.4)中得到

$$r^*=\left(-\frac{2rT_m}{\Delta H_F}\right)\left(\frac{1}{T_m-T}\right) \tag{12.6}$$

和

$$\Delta G^*=\left(\frac{16\pi r^3 T_m^2}{3\Delta H_f^2}\right)\left(\frac{1}{(T_m-T)^2}\right) \tag{12.7}$$

因此，对于这两个公式，随着温度的增加临界半径 r^* 和活化能 ΔG^* 减小。（在公式中 γ 和 ΔH_f 的变化对温度的变化不敏感。）图 12.3 在两个不同温度下显示了 ΔG-r 曲线示意图，表明了两者之间的关系。其物理意义为，在平衡凝固温度之下(T_m)，随着温度的降低，晶核更容易形成。此外，稳定晶核的数量 n^*（半径大于 r^*）是温度的函数，即

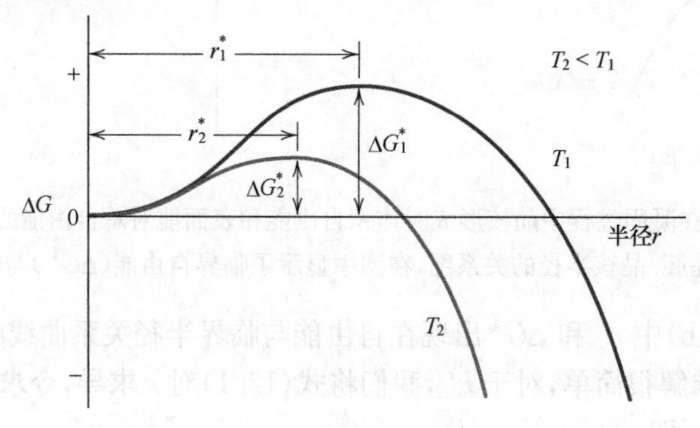

图 12.3　不同温度下自由能与胚胎/晶核半径的关系曲线，每个温度下的临界自由能变化值(ΔG^*)和临界晶核半径(r^*)已标出

$$n^* = K_1 \exp\left(-\frac{\Delta G^*}{kT}\right) \tag{12.8}$$

其中，K_1 为固相中晶核的总数目，对于这个表达式的指数项来说，温度的变化对分子上 ΔG^* 的影响比对分母上 T 影响更大。因此，当温度低于 T_m 时，方程(12.8)中的指数项减小，n^* 会增加。这个温度的影响(n^* 与 T)如图 12.4 所示。

另一个与温度有关的重要步骤也参与并且影响形核：在晶核的形成过程中通过原子短程扩散形成原子团簇。温度对扩散的速率的影响(即扩散系数 D)见方程(7.8)。此外，这种扩散效应与液态中的原子附着于固态晶核的频率 v_d 有关。v_d 与温度的关系与扩散系数类似，即

$$v_d = K_2 \exp\left(-\frac{Q_d}{kT}\right) \tag{12.9}$$

其中，Q_d 是与温度无关的参数，扩散活化能，K_2 是与温度无关的常数。因此，根据方程(12.9)，温度的降低会导致 v_d 的减少。这种作用如图 12.4(b)的曲线所示，与先前所讨论的 n^* 正好相反。

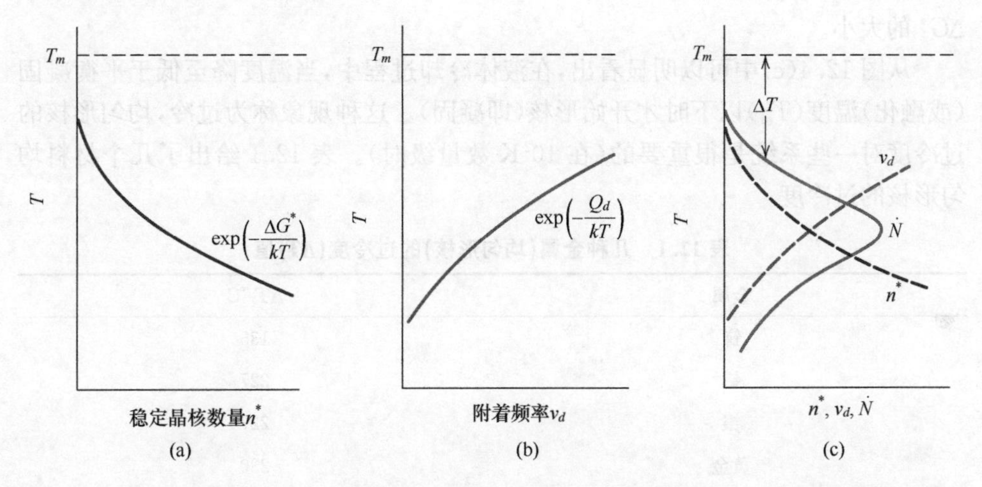

图 12.4　对于凝固过程，图(a)为稳定晶核的数量与温度的关系示意图，(b)为原子附着的频率与温度的关系示意图，(c)为形核速率与温度的关系图(虚线是从(a)和(b)图中复制的)

这个原理和概念可以扩展到另一个重要的形核参数的讨论，即形核率 $\dot{N}$(单位为单位时间单位体积内形成的晶核数目)。这个速度与 n^*(方程(12.8))和 v_d(方程(12.9))的乘积成正比，即

$$\dot{N} = K_1 K_2 K_3 \left[\exp\left(-\frac{\Delta G^*}{kT}\right)\exp\left(-\frac{Q_d}{kT}\right)\right] \tag{12.10}$$

这里，K_3 是晶核表面的原子数目。图 12.4(c)为形核率与温度的关系示意图，从图 12.4(a)和图 12.4(b)的曲线可以推导出 $\dot{N}$ 曲线。如图 12.4(c)所示，温度降低

到 T_m 以下时，形核率先增加达到最大值，然后下降。

$\dot{N}$ 曲线的形状解释如下：对于曲线的上部（随着温度的增加 $\dot{N}$ 突然急剧增加），ΔG^* 大于 Q_d，这意味着方程(12.10)中的 $\exp(-\Delta G^*/kT)$ 比 $\exp(-Q_d/kT)$ 小得多。换句话说，由于活化驱动力低，形核速率在高温下受到抑制。随着温度继续降低，ΔG^* 比不受温度影响的 Q_d 更小，其结果是 $\exp(-Q_d/kT) < \exp(-\Delta G^*/kT)$，或者说，在较低的温度，较低的原子迁移率抑制了形核率。这就导致了下面曲线的形状（随着温度 T 的降低 $\dot{N}$ 急剧减少）。此外，图 12.4(c)的 $\dot{N}$ 曲线必然在中间温度范围内存在一个最大值，此时 ΔG^* 和 Q_d 近似。

对于前面的讨论有几点说明。首先，尽管我们认为晶核是球形的，此方法可以应用于任何形状并且可以得出相同的结果。此外，这种处理方法可以用于除了凝固（即液-固相）以外的其他多种类型的转变——例如，固-气和固-固转变。然而，除了原子的扩散速率外，ΔG_v 和 γ 的大小无疑在各种转变类型中是不同的。此外，对于固-固转变，在新相形成过程中可能伴随着体积的变化。这些变化可能会导致微观应力的产生，必须在方程(12.1)中的 ΔG 表达式中加以考虑，这将会影响 r^* 和 ΔG^* 的大小。

从图 12.4(c)中可以明显看出，在液体冷却过程中，当温度降至低于平衡凝固（或融化）温度(T_m)以下时才开始形核（即凝固）。这种现象称为过冷，均匀形核的过冷度对一些系统是很重要的（在 10^2K 数量级时）。表 12.1 给出了几个材料均匀形核的过冷度。

表 12.1　几种金属（均匀形核）的过冷度(ΔT)值

金属	ΔT/℃
锑	135
锗	227
银	227
黄金	230
铜	236
铁	295
镍	319
钴	330
钯	332

2) 异质形核

虽然均匀形核的过冷度是非常重要的（有时在几百摄氏度下），在实际情况下，他们往往只有几摄氏度。这样做的原因是，当晶核在母相中存在的表面或界面处形核（方程(12.4)中的 ΔG^*）时，表面能（方程(12.4)中的 γ）会降低，因此活化能

(即能垒)降低。换句话说,形核发生在表面和界面比其他地方更容易。同样,这种类型的形核称为异质形核。

为了理解这一现象,我们假设形核在平坦的表面进行,从液相中形成固体颗粒。假定液相和固相都可以“润湿”这个平坦的表面,也就是说这两相铺展在表面,这种结构如图 12.5 所示。在图中共有三种界面能(表示为向量)存在于两相界面处,分别为-γ_{SL},-γ_{SI}和-γ_{IL},-γ_{SL}和-γ_{SI}向量之间的角为接触角 θ。在平整表面表面张力处于平衡时有如下表达式:

$$\gamma_{IL}=\gamma_{SI}+\gamma_{SL}\cos\theta \tag{12.11}$$

现在,使用在均匀形核过程中提出的类似步骤(此处略过),可以对方程求导,得出 r^* 和 ΔG^*;如下:

$$r^*=-\frac{2\gamma_{SL}}{\Delta G_v} \tag{12.12}$$

$$\Delta G^*=\left(\frac{16\pi\gamma_{SL}^3}{3\Delta G_v^2}\right)S(\theta) \tag{12.13}$$

其中,$S(\theta)$仅是θ(即,核的形状)的函数,取值介于 0 和 1 之间。

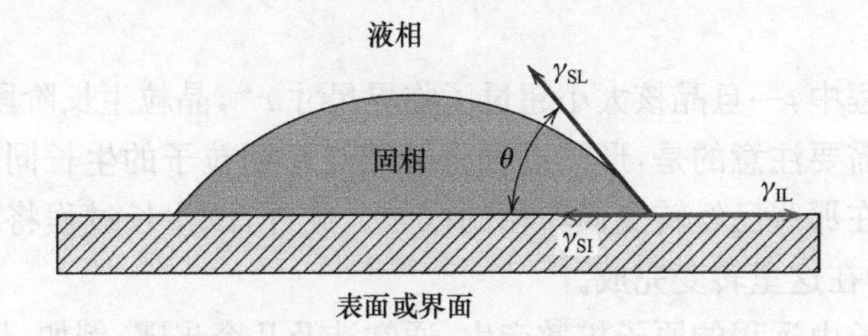

图 12.5 液体到固相的异质形核。固相表面(γ_{SI})、固体液体(γ_{SL})和液相表面(γ_{IL}),界面能用向量表示。接触角(θ)如图所示

式(12.12)中需要注意的是,均匀形核与异质形核临界半径相同,均为 r^*。因为在式(12.3)中 γ_{SL} 与 γ 表面能相同。显而易见,异质形核的活化能垒(式(12.13))比均匀形核的活化能垒(式(12.4))小一个与 $S(\theta)$相关的函数值。

$$\Delta G_{het}^*=\Delta G_{hom}^*S(\theta) \tag{12.14}$$

图 12.6 为两种形核类型的 ΔG-晶核半径曲线,表明了 ΔG_{het}^*与 ΔG_{hom}^*的差别和相同的 r^* 的大小。异质形核过程中 ΔG^* 较小意味着在形核过程中需要克服(比均匀形核)更小的能量,因此,异质形核更容易形成(式(12.10))。对于形核率而言,形核速率与温度的关系曲线(图 12.4(c))迁移到比均匀形核更高的温度。如图 12.7 所示,这表明异质形核所需的多过冷度(ΔT)小得多。

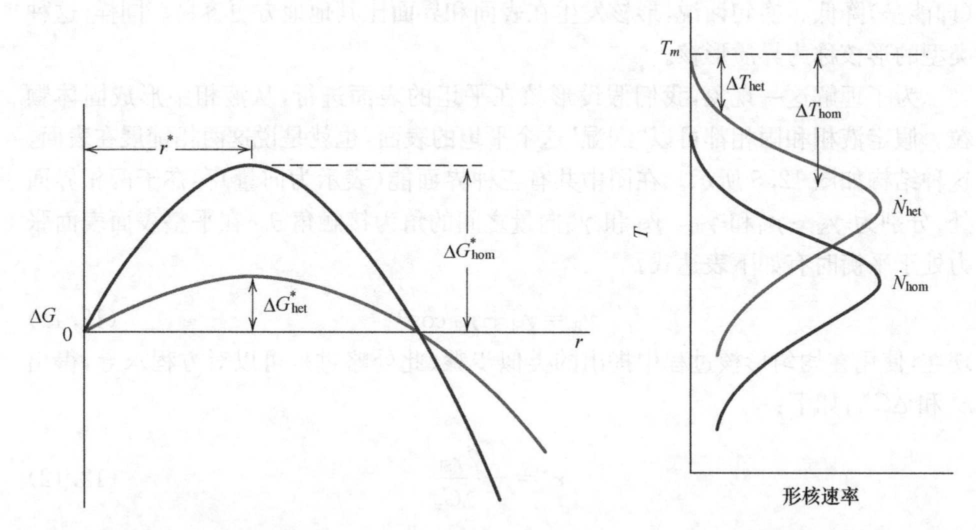

图 12.6　根据自由能原理与晶核半径关系作自由能与均匀形核、异质形核半径曲线。临界自由能和临界半径如图所示

图 12.7　均匀形核与异质形核的形核速率与温度的关系。过冷度(ΔT)的大小如图所示

生长

在相变过程中，一旦晶核大小超过了临界尺寸 r^*，晶粒生长阶段开始，并成为稳定的晶核。需要注意的是，形核过程将继续与新相粒子的生长同时发生；当然，形核不能发生在那些已经转变成新相的区域。此外，该生长过程将在新相相交的区域停止，因为在这里转变完成。

晶粒的生长由远程的原子扩散产生，通常涉及几个步骤，例如，母相扩散，穿过相界，然后进入晶核。因此，增长速度 $\dot{G}$ 由扩散速率决定，且它与温度的关系与扩散系数相同与温度的变化关系(式(7.8))相同。即

$$\dot{G}=C\exp\left(-\frac{Q}{kT}\right) \tag{12.15}$$

其中，Q(活化能)和 C(指前因数)与温度无关。$\dot{G}$ 随温度的变化如图 12.8 所示；形核率 $\dot{N}$(通常为异质形核率)曲线也列于图中。现在，在特定温度下，总的转化率等于形核速率与生长速率之和。图 12.8 中的第三条曲线是总的速率，表示这种综合效应。该曲线的形状与形核速率是一样的，它有一个峰值或最大值，相对于形核率 $\dot{N}$ 曲线上移。

这种方式已经应用于凝固过程，同样的原理也适用于固-固和固-气转变过程。

正如我们将要看到的，转化率与转化进行到一定程度所需的时间(如反应进行50%的时间，$t_{0.5}$)成反比(式(12.17))。因此，如果以转化时间的对数(即，$\log t_{0.5}$)

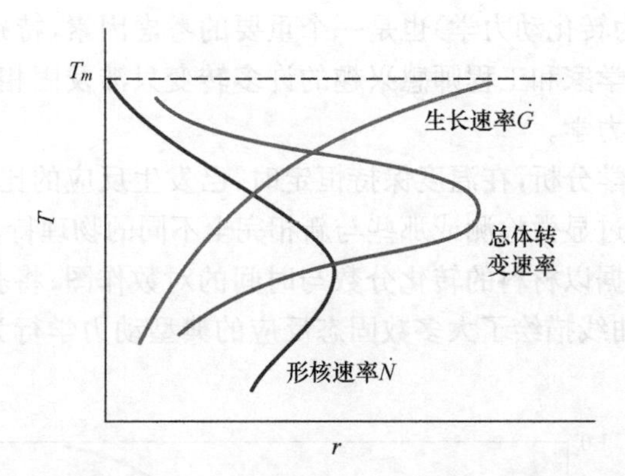

图 12.8 形核率($\dot{N}$)、生长速率($\dot{G}$)、总体转化率与温度的关系

对温度作图,会得到如图 12.9(b)那样的曲线。这种"C 形"曲线是图 12.8 中转化率曲线的一个虚拟镜像(通过一个垂直平面),如图 12.9 所示。相变的动力学通常用时间的对数(转化到一定程度时)与温度的曲线表示(见 12.5 节)。

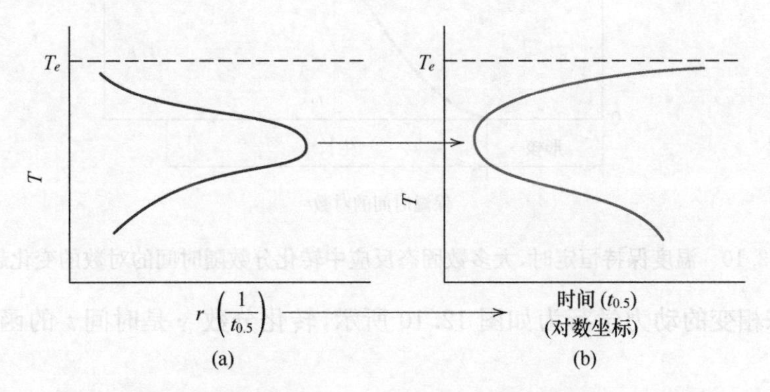

图 12.9 图(a)为转化率-温度曲线,图(b)为时间的对数-温度曲线。曲线(a)和(b)由同一组数据产生,即对于横坐标,时间仅仅为图(a)中比率的倒数

我们可以用图 12.8 转化速率与温度的曲线进行来解释一些物理现象。首先,新生成相颗粒的尺寸取决于转变温度。例如,对于在 T_m 温度附近所发生的转变,形核率低于生长率,结晶数很少,生长很快。因此,得到的微粒结构是一些相对较大的颗粒(如粗晶)。相反地,对于在较低的转化温度,形核率高而生长率低,生成许多小颗粒(如细晶)。

此外,从图 12.8 中可知,当材料在转化率曲线包围的温度范围内迅速冷却到一个较低温度时,有可能产生非平衡相结构(见 12.5 节和 17.7 节)。

固态相变的动力学研究

本节中前面讨论的主要是形核率,生长速率和转化率随温度的变化。速度随时间的变化(常称为转化动力学)也是一个重要的考虑因素,特别是在材料的热处理中。由于材料科学家和工程师感兴趣的许多转变只涉及固相,我们下面的讨论致力于固态相变动力学。

经过许多动力学分析,在温度保持恒定时,已发生反应的比例是时间的函数。转化进度通常是通过显微检测或那些与新相完全不同的物理特性(如电导率)的测量来确定的。将数据以材料的转化分数与时间的对数作图;将获得与图 12.10 类似的 S 形曲线,该曲线描绘了大多数固态反应的典型动力学行为。形核与生长阶段也表示在图中。

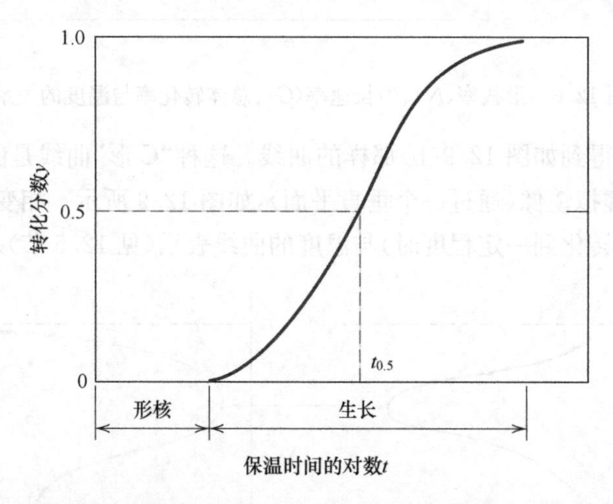

图 12.10　温度保持恒定时,大多数固态反应中转化分数随时间的对数的变化趋势

固态相变的动力学行为如图 12.10 所示,转化分数 y 是时间 t 的函数,如下所示:

$$y=1-\exp(-kt^n) \tag{12.16}$$

其中,对于特定的反应,k 和 n 是与时间无关的常数。此表达式通常被称为阿夫拉米方程(Avrami equation)。

按照惯例,转化速率定义为转化完成至一半所需时间 $t_{0.5}$ 的倒数,即

$$转化速率=1/t_{0.5} \tag{12.17}$$

温度对动力学有深远的影响,从而对转化率产生了较大的影响。如图 12.11 所示为铜在不同温度下再结晶过程的 S 形 y-$\log t$ 曲线图。

12.5 节中,对温度和时间对相变的影响进行了详细的讨论。

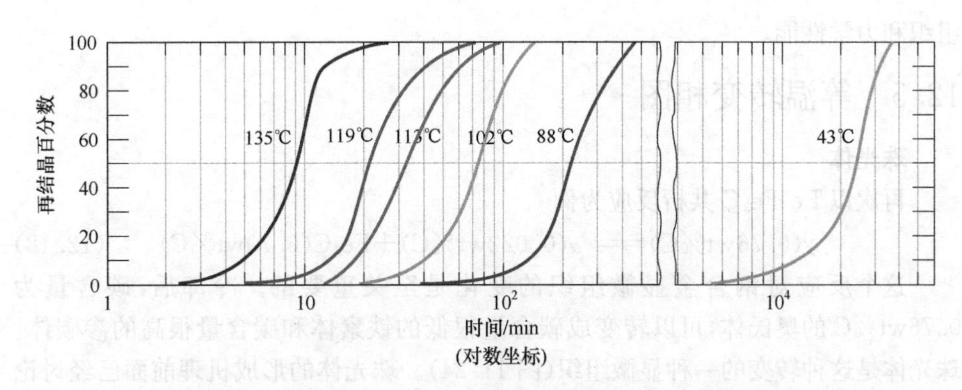

图 12.11 恒定的温度下,纯铜再结晶百分数是时间的函数

12.4 稳态与亚稳态

通过改变温度、组成和外部压力,金属合金系统可以发生相变;然而,改变温度是通过热处理诱导相变最方便的方式。这相当于将给定组成的合金加热或冷却,使其穿过组成-温度相图的相界线。

在相变的过程中,合金向平衡状态变化,相图中显示了新相和他们的组成及相对含量。如 12.3 节所指出的,大多数相变需要一些时间去完成,并且速度或速率通常与热处理过程和显微组织的变化密切相关。相图的局限性就是它们不能表明达到平衡所需要的时间。

固态系统达到平衡的速度很慢以至于真正的平衡结构很难形成,当相变是由温度变化引起时,且仅当加热或冷却的温度变化极其慢时才能维持平衡状态。对于其他非平衡冷却,转变温度要低于相图所示的温度,而对加热过程,转变温度要高于相图所示温度。这些现象分别称为过冷(supercooling)和过热(superheating),过冷或过热的程度取决于温度变化的速率,冷却或加热的速度越快,过冷或过热的程度更大。例如,在正常冷却速度下,铁-碳共析反应发的转变平衡温度通常比平衡转变温度低 10～20℃。

许多技术上重要的合金,首选的状态或微观结构是亚稳态,一种处于初始状态和平衡态之间的中间态;有时候,人们希望得到远离平衡态的结构。因此,当务之急是研究时间对相变的影响。在许多情况下,这一动力学信息比最终的平衡态信息更有价值。

铁碳合金的显微组织及性能变化

现在,我们将固态转变的一些基本的动力学扩展并具体应用于铁碳合金系统中,用来研究热处理、微观结构的变化及力学性能之间的关系。我们选择这个系统是因为这个系统是最常用的,而且铁碳合金(钢)系统中可能产生各种各样的显微组织和力学性能。

12.5 等温转变相图

珠光体

再次以 Fe-Fe_3C 共析反应为例

$$\gamma(0.76\mathrm{wt}\%\mathrm{C}) \Longleftrightarrow \alpha(0.022\mathrm{wt}\%\mathrm{C}) + \mathrm{Fe_3C}(6.70\mathrm{wt}\%\mathrm{C}) \tag{12.18}$$

这个反应对钢合金显微组织的变化是至关重要的。冷却后，碳含量为 0.76wt%C 的奥氏体，可以转变成碳含量很低的铁素体和碳含量很高的渗碳体。珠光体是这种转变的一种显微组织(图 11.24)。珠光体的形成机理前面已经讨论了，见图 11.19。

温度对奥氏体到珠光体的转变速率起重要作用。图 12.12 表示了共析成分铁-碳合金与温度的关系。其中绘出了在 3 个不同温度下转变百分比随时间对数变化的 S 形曲线。每条曲线的数据是将 100%奥氏体样品迅速冷却到指定的温度后收集的，在整个反应过程中温度保持恒定。

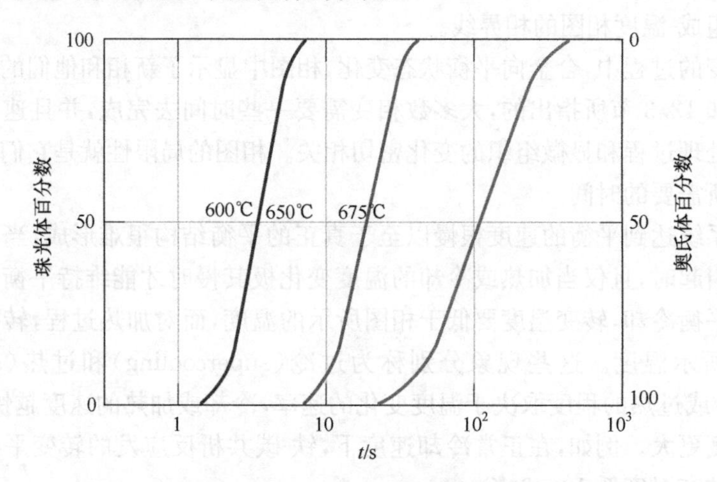

图 12.12 共析组成(0.76%C)的铁-碳合金，等温反应比例与奥氏体到珠光体转变时间的对数关系图

表示这个转变的时间和温度的关系的更方便的方法如图 12.13 所示。这里，纵轴和横轴分别是温度和时间的对数。绘制的两条实线，一条表示在每个温度下初始反应或转变开始所需要的时间。另一条表示转变结束。虚线表示转变完成了 50%。这些曲线由温度变化范围内一系列转化率与时间的对数组成。图 12.13 的上部的 S 形曲线(675℃)表示出了数据是怎么得来的。

解释这个图时，首先要注意的是水平线表示的是共析温度(727℃)，在温度高于共析温度时只有奥氏体存在，如图所示。仅当合金过冷到共析温度以下才会发

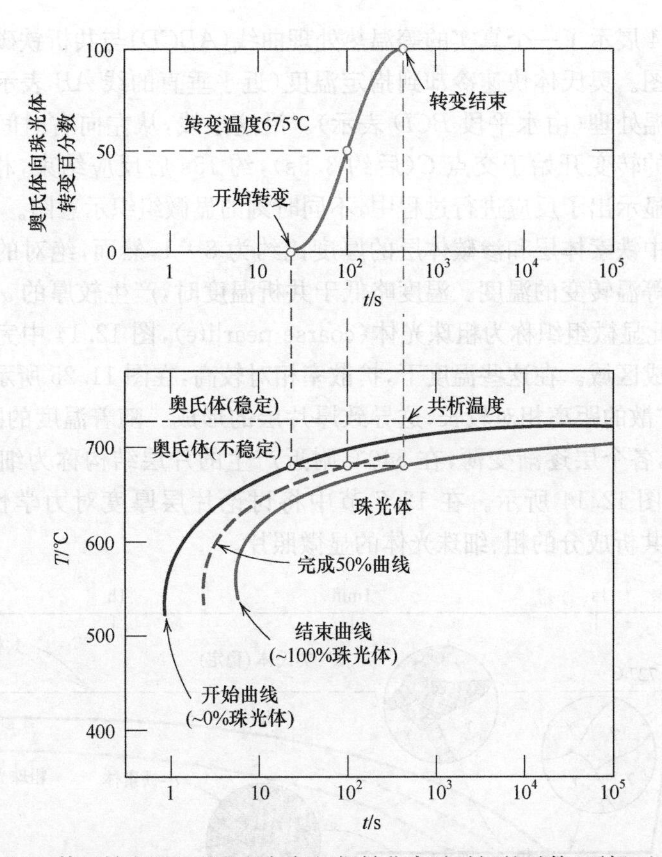

图 12.13　等温转变图(下图)是如何根据转化率随时间的对数(顶部)生成的

生奥氏体到珠光体的转变,如曲线所示,转变开始和结束的时间取决于温度。开始和结束曲线几乎平行,远离共析线,在转变开始曲线的左侧,仅奥氏体(不稳定的)存在,而结束曲线的右侧,仅珠光体存在。在这两者之间,奥氏体处于转变为珠光体的过程中,两种显微组织共存。

根据式(12.17),反应进行到 50%,某些特定温度下的转化率与时间成反比(如图 12.13 的虚线)。即这段时间越短,速率越大。因此,从图 12.13 可以看出,在温度略低于共析温度(相当于仅有轻微程度的过冷)完成 50%的转变需要非常长的时间(10^5s 以上),因此反应速率是非常慢的。转变速率随着温度的降低而增大,例如,在 540℃仅需 3s 反应就能完成 50%。

在使用如图 12.13 的相图时,需要一些限制条件。第一,这些特殊的图仅适用于具有共析成分的铁-碳合金,对于其他组成,曲线构造不同。另外,这些图仅对反应过程中合金温度保持恒定的转变是准确的。恒定温度的条件称为等温;因此,图 12.13 称为等温转变图(isothermal transformation diagrams),有时也称为时间-温度-转变(*T-T-T*)曲线。

图 12.14 展示了一个真实的等温热处理曲线($ABCD$)与共析铁碳合金等温转变图的叠加图。奥氏体快速冷却到指定温度(近乎垂直的线 AB 表示),并在此温度下进行等温处理(由水平段 BCD 表示)。沿这条线,从左向右时间增加。奥氏体到珠光体的转变开始于交点 C(后约 3.5s),约 15s 后反应结束,相应于 D 点。图 12.14 还显示出了反应进行过程中,不同时刻的显微组织示意图。

珠光体中铁素体层和渗碳体层的厚度比约为 8∶1,然而,绝对的层厚度取决于允许发生等温转变的温度。温度略低于共析温度时,产生较厚的 α-铁素体层和 Fe_3C 相层;此显微组织称为粗珠光体(coarse pearlite),图 12.14 中完成曲线的右侧为它的形成区域。在这些温度下,扩散率相对较高,在图 11.25 所示的转变过程中,碳原子扩散的距离相对较长,这导致厚片层的形成。随着温度的降低,碳的扩散速度降低,各个层逐渐变薄,在 540℃附近产生的片层结构称为细珠光体(fine pearlite),如图 12.14 所示。在 12.7 节中将讨论片层厚度对力学性能的影响。图 12.15 为共析成分的粗、细珠光体的显微照片。

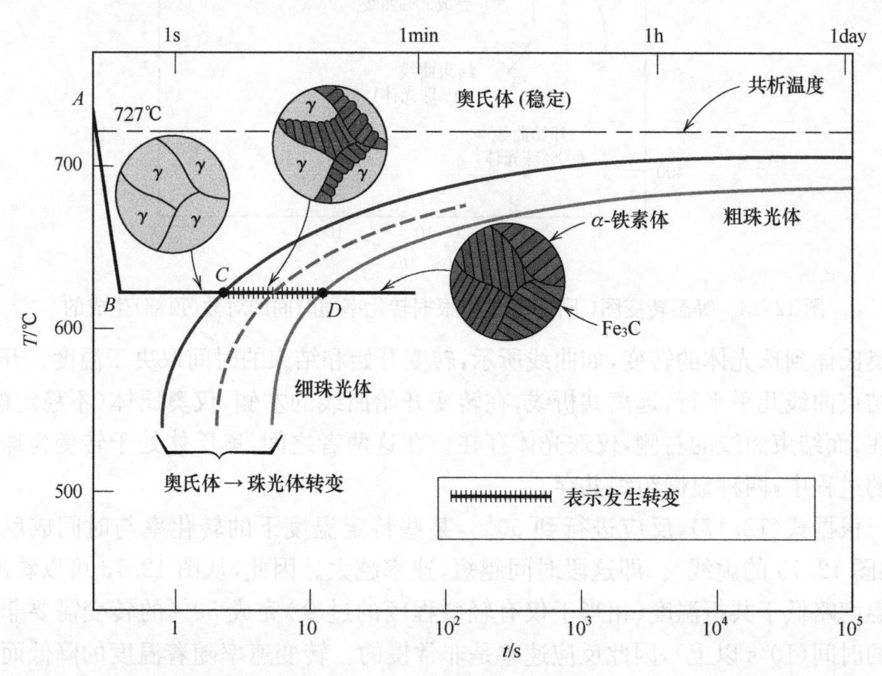

图 12.14　共析铁碳合金等温转变图,叠加等温热处理曲线($ABCD$)。奥氏体到珠光体的转变之前,转变过程中,转变之后的显微组织示意图如图所示

对于其他组成的铁-碳合金,先共析相(铁素体或渗碳体)与珠光体共存,如 11.19 节中所讨论的。因此,等温转变图中必须添加先共析转变相应的曲线。1.13wt% C 合金等温转变图的一部分如图 12.16 所示。

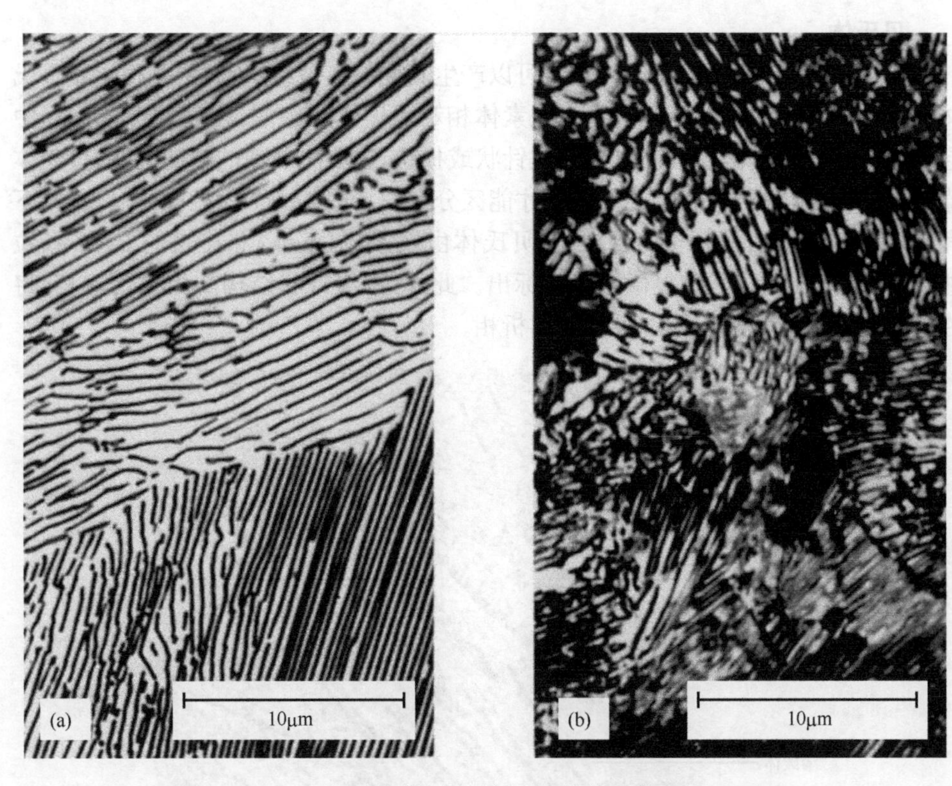

图 12.15 (a) 粗珠光体和(b) 细珠光体的显微照片。3000×

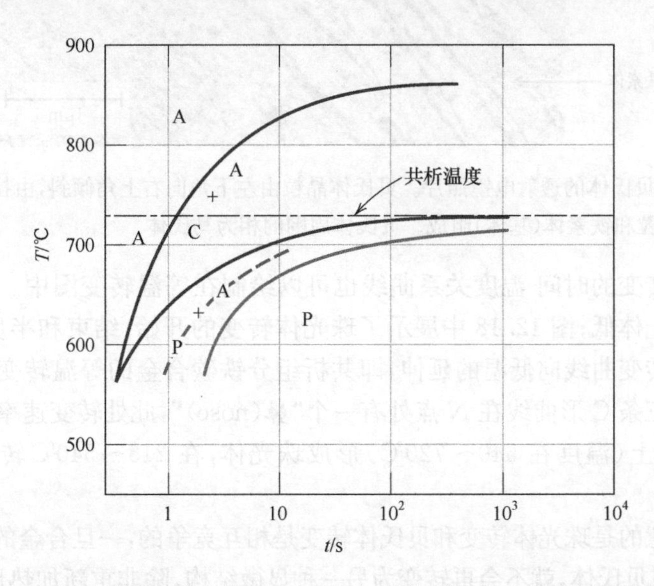

图 12.16 1.13wt% C 铁碳的合金等温转变图：A 为奥氏体；C 为先共析渗碳体；P 为珠光体

贝氏体

除了珠光体之外，奥氏体转变还可以产生其他的显微组织；其中一种叫做贝氏体(bainite)。贝氏体的显微组织由铁素体相和渗碳体相组成，在它的形成过程中包含了两种相的扩散过程。贝氏体呈针状或板状，这取决于他的转变温度；贝氏体微观结构非常精细，只有电子显微镜才能区分它们。图 12.17 为贝氏体晶粒(左下角向右上角倾斜)的电子显微照片。贝氏体由铁素体(基体)和拉长的 Fe_3C 颗粒组成；两种不同的相已在显微照片中标出。此外，围绕针状结构的为马氏体相，将在下一节中讨论。贝氏体中没有先共析相。

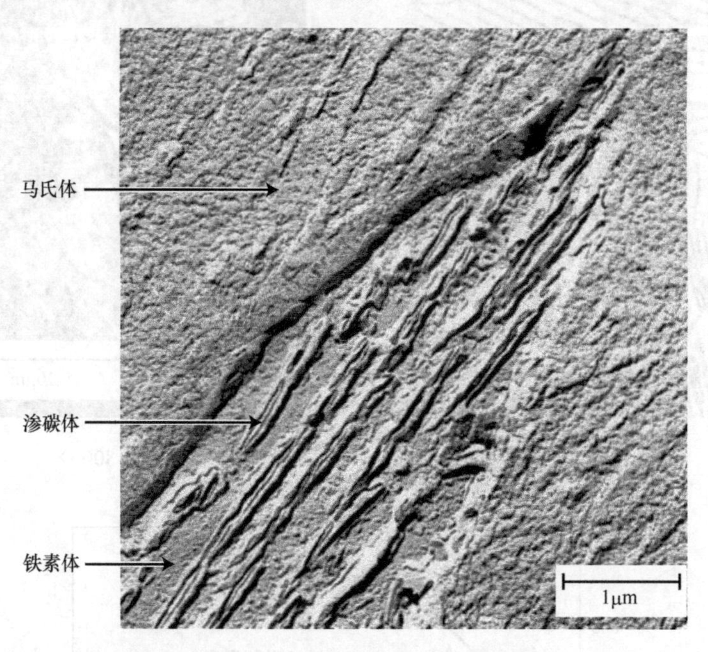

图 12.17　贝氏体的透射电镜照片。贝氏体晶粒由左下角向右上角倾斜，由拉长的针状的 Fe_3C 颗粒和铁素体(基体)组成。贝氏体周围的相为马氏体

贝氏体转变的时间-温度关系曲线也可以绘制在等温转变图中。贝氏体形成的温度比珠光体低；图 12.18 中展示了珠光体转变的开始，结束和半反应曲线，它们是珠光体转变曲线向低温的延伸，即共析组分铁碳合金的等温转变曲线向低温的延伸。这三条 C 形曲线在 N 点处有一个“鼻(nose)”，此处转变速率最大。如图所示，在鼻以上(温度在 540～720℃)形成珠光体，在 215～540℃ 转变产物为贝氏体。

需要注意的是珠光体转变和贝氏体转变是相互竞争的，一旦合金的某一部分转变为珠光体或贝氏体，就不会再转变为另一种显微结构，除非重新加热形成奥氏体。

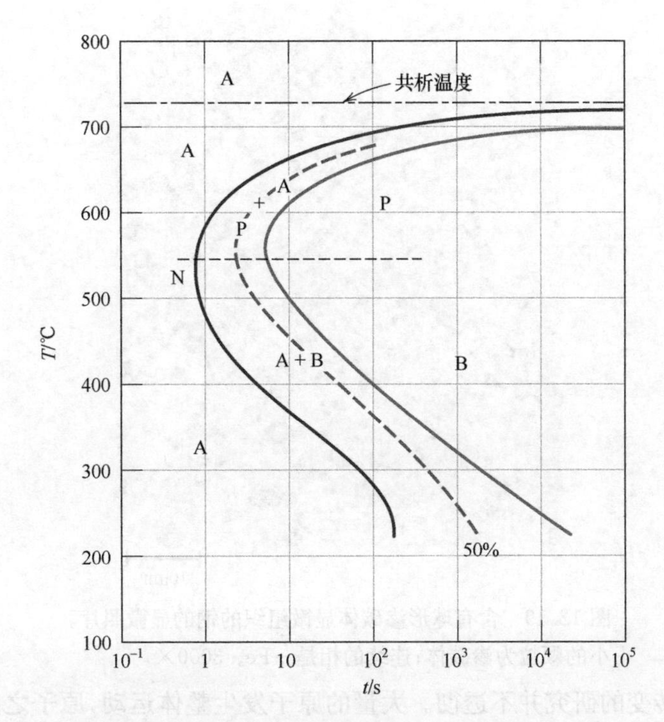

图 12.18　具有共析成分的铁碳合金等温转变图，包括奥氏体-珠光体(A-P)转变和奥氏体-贝氏体(A-B)转变

球形渗碳体

如果具有珠光体或贝氏体显微组织的钢合金加热到共析温度并在此温度下持续很长一段时间(例如，700℃下持续 18～24h)，会产生另外一种显微组织，叫做球星渗碳体(spheroidite，图 12.19)。它不是交替的铁素体和渗碳体片层结构或贝氏体微观结构，而是 Fe_3C 相形成球状颗粒镶嵌在连续的 α 相基体中。这种转变是在不改变铁素体或渗碳体相的组成或相对含量的情况下通过碳原子的扩散形成的。这种转变的驱动力是 α-Fe_3C 相界面面积的减少。球形渗碳体形成的动力学没有包括在等温转变图中。

马氏体

另一种显微组织或相称为马氏体(martensite)，它是奥氏体铁碳合金在快速冷却(淬火)至一个相对较低的温度(室温附近)时形成的。马氏体是一种非平衡态的单相结构，是通过奥氏体的非扩散型转变产生的。它可以认为是与珠光体和贝氏体相互竞争的另外一种转变产物。当淬火速率快到碳原子来不及扩散时就会发生马氏体转变。任何扩散都会导致铁素体和渗碳体相的形成。

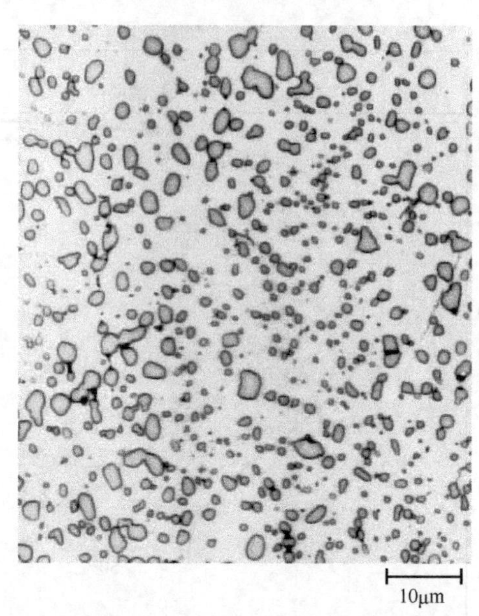

图 12.19 含有球形渗碳体显微组织的钢的显微照片。小的颗粒为渗碳体；连续的相是 α-Fe。3000×

马氏体转变的研究并不透彻。大量的原子发生整体运动，原子之间的相对位移很小。这种情况以这样的形式发生：FCC 结构的奥氏体发生多晶型转变，形成体心-四方晶系（BCT）结构的马氏体。这种晶体结构的晶胞（图 12.20）是一个沿着某一个方向拉长的简单体心立方晶胞，这种结构与 BCC 铁素体的结构有很大的区别。在马氏体中，所有的碳原子都是间隙型杂质；就其本身而言，他们是过饱和固溶体，如果加热到扩散速率合适的温度，可以快速地转变为其他结构。但是，许多钢可以在室温下长期保持马氏体结构。

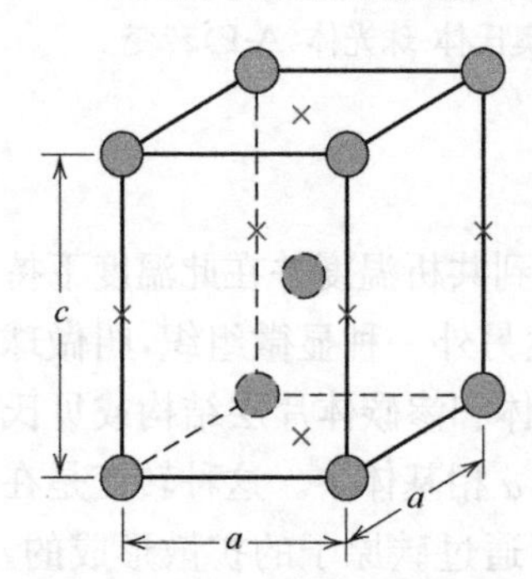

图 12.20 马氏体钢的体心-四方晶胞。铁原子（○），可能被碳原子占据的位点（×）。四方晶胞中，$c>a$

马氏体转变并不只存在于铁碳合金中。在其他体系中也发现这种转变，它以发生或部分发生非扩散型转变为主要特征。

因为马氏体转变中不存在扩散，它几乎是瞬间完成的；马氏体晶粒的形核与长大速率非常快，几乎以声速在奥氏体基体中发生。因此马氏体转变速率在实际过程中是与时间无关的。

马氏体晶粒呈板状或针状，如图 12.21 所示。显微照片中白色部分为奥氏体相（残留奥氏体），在快速淬火中没有发生转变。正如前面提到的，马氏体和其他显微组织（如珠光体）可以共存。

图 12.21 马氏体微观组织的显微照片。针状晶粒为马氏体相，白色区域为在快速淬火中没有转变的奥氏体相。1220×

作为一种非平衡相，马氏体没有展示在 $Fe\text{-}Fe_3C$ 相图中(图 11.23)。但是，等温转变图中表示了奥氏体向马氏体的转变。由于马氏体转变是非扩散型的和瞬时的，并没有绘制在类似珠光体和贝氏体反应的图中。这种转变的开始是用水平线 M(开始)表示的(图 12.22)。其他两条水平虚线 M(50%)和 M(90%)分别表示奥氏体向马氏体的转变分数。这些线所在的温度随合金组成的变化而不同，但他们都相对较低，因为要保证几乎不发生碳的扩散。这些线是水平的且是线性的，表明马氏体转变是不受时间影响的；对淬火或快冷的合金来说，它只是温度的函数。这种类型的转变称为非热转变。

一个共析组分的合金从温度高于 727℃快速冷却时，从等温转变图(图 12.22)可以看出，50%的奥氏体会瞬间转变为马氏体；始终保持这个温度，就不会发生其他的转变。

除碳以外，其他合金元素(如 Cr、Ni、Mo 和 W)可能会使等温转变图的位置和形状发生较大的变化。这些变化包括：①奥氏体向珠光体转变(如果有的话，也包括先共析相的“鼻”)的“鼻”时间更长；②这些变化可以从图 12.22 和图 12.23(分别为碳和合金钢的等温转变图)的比较中看出。

碳在钢中为主要的合金元素时称为普通碳钢(plain carbon steels)，而合金钢中存在适当浓度的其他元素，包括上一段中所列举的元素。13.2 节和 13.3 节会深入讨论这些铁合金的分类和性质。

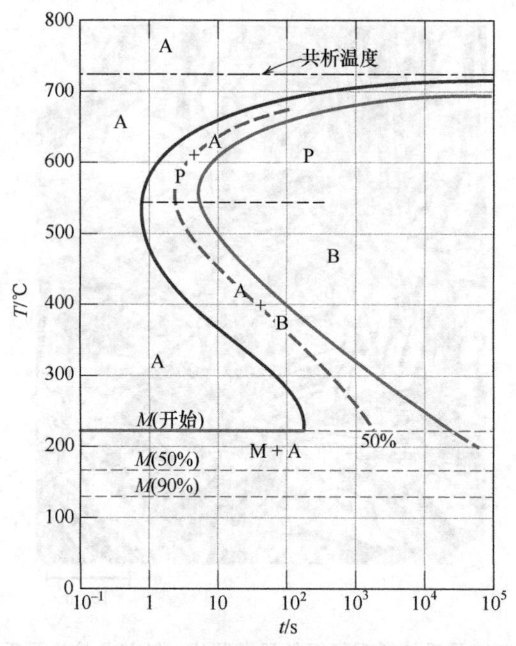

图 12.22　共析组分的铁碳合金的完整等温转变图。A 为奥氏体；B 为贝氏体；M 为马氏体；P 为珠光体

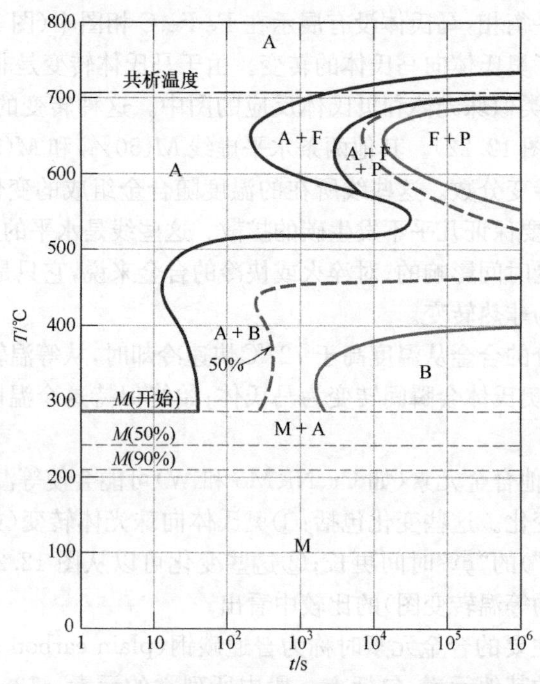

图 12.23　合金钢(4340)的等温转变图。A 为奥氏体；B 为贝氏体；P 为珠光体；M 为马氏体；F 为先共析铁素体

12.6 连续冷却转变图

由于合金必须从高于共析转变的温度下快速冷却并保持在一个较高的温度，等温热处理并不是最适合实际操作的。钢的大多数热处理都是样品连续冷却至室温的。等温转变图只有温度保持恒定时才适用，转变温度不断发生变化时，必须对其进行修正。对于连续降温，反应开始和结束的时间都会延迟。因此等温曲线向时间更长、温度更低的方向移动，图 12.24 所示为共析组分铁碳合金的连续冷却转变图。这种包含修正过的反应开始和终止曲线称为连续冷却转变(continuous-cooling transformation，CCT)图。根据冷却环境，一般会控制温度变化速率保持不变。图 12.25 为共析钢在较快和较慢冷却速率下的冷却曲线。转变在一段时间后开始，对应于冷却曲线与开始反应曲线的交点，结束于冷却曲线与结束转变曲线

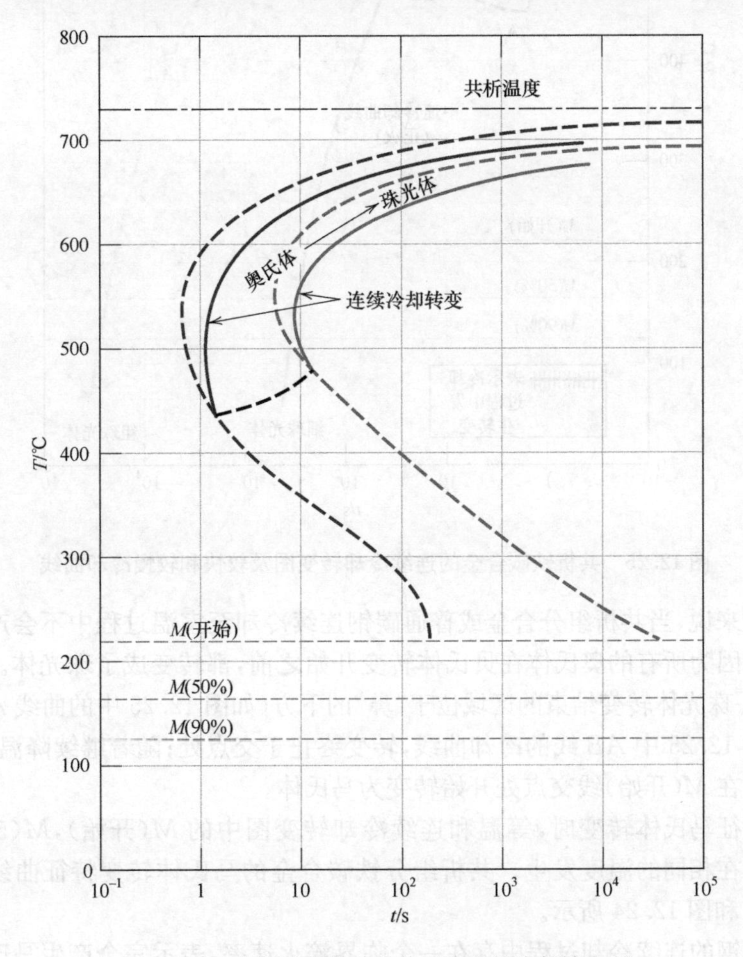

图 12.24 共析铁碳合金的等温和连续冷却转变图

的交点处。较快和较慢冷却速度曲线(图 12.25)产生的显微组织分别为细珠光体和粗珠光体。

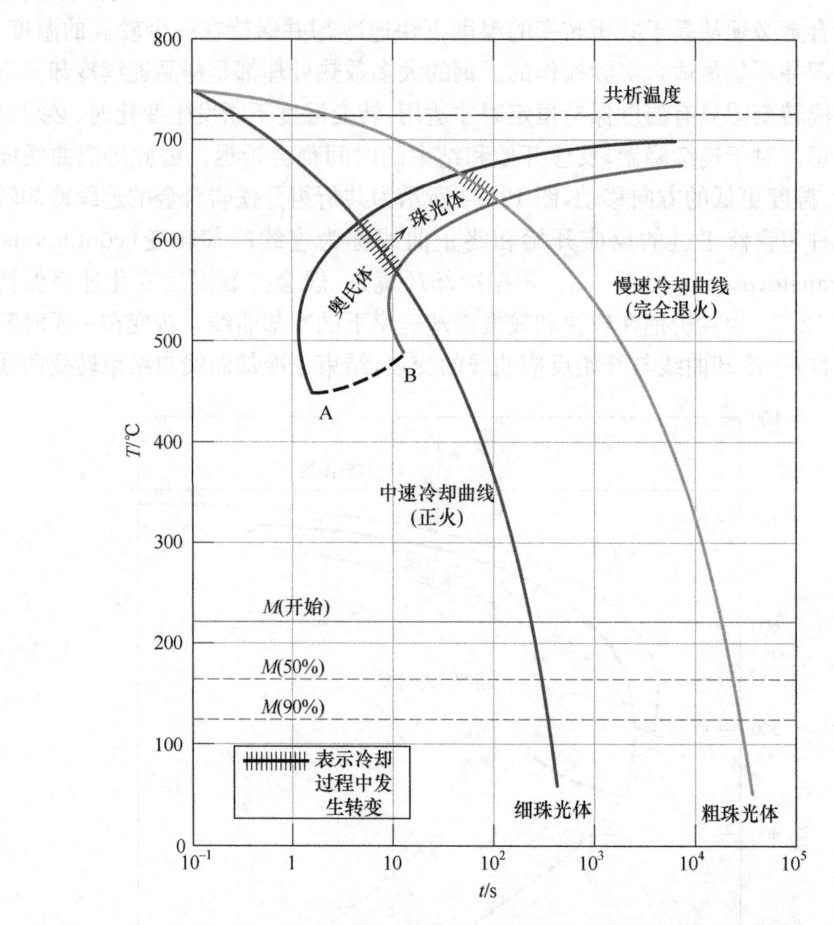

图 12.25　共析铁碳合金的连续冷却转变图及较快和较慢冷却曲线

一般来说,当共析组分合金或普通碳钢连续冷却至室温过程中不会产生贝氏体。这是因为所有的奥氏体在贝氏体转变开始之前,都转变成了珠光体。因此表示奥氏体-珠光体转变结束的区域位于"鼻"的下方(如图 12.25 中的曲线 AB)。所有穿过图 12.25 中 AB 线的冷却曲线,转变终止于交点处;随着继续降温,未反应的奥氏体在 M(开始)线交点处开始转变为马氏体。

在表征马氏体转变时,等温和连续冷却转变图中的 M(开始),M(50%),M(90%)线在相同的温度发生。共析组分铁碳合金的马氏体转变特征曲线对比如图 12.22 和图 12.24 所示。

合金钢的连续冷却过程中存在一个临界淬火速率,表示完全产生马氏体结构的最小淬火速率。临界冷却速率在连续转变图中刚好不经过珠光体转变开始线的

“鼻”,如图 12.26 所示。图中还表明,当淬火速率大于临界速率时,只形成马氏体;另外,珠光体和马氏体的产生有一个冷却速率范围。最后,在低的冷却速率下才会产生完全的珠光体结构。

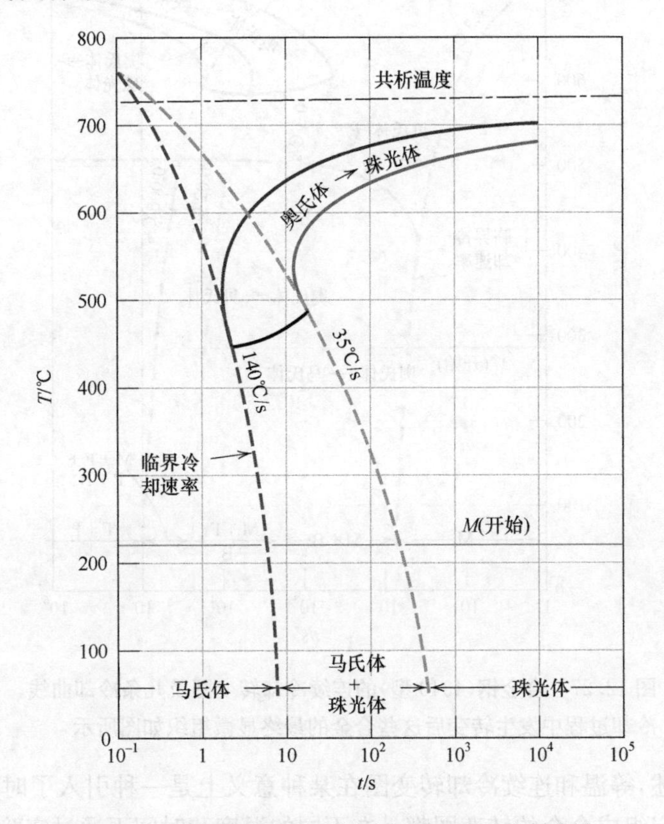

图 12.26　共析铁碳合金连续冷却转变图及冷却曲线,最终显微组织与冷却过程中发生的转变无关

碳和其他合金元素都会使珠光体(也包括先共析相)和贝氏体转变曲线的“鼻”变长,使临界冷却速率降低。事实上,一个原因就是合金钢能够促进马氏体形成,这样一来,总的马氏体结构会出现一个相对厚的横截面。图 12.27 为合金钢的连续冷却转变图,其等温转变图见图 12.23。贝氏体“鼻”的出现依赖于连续冷却热处理过程中形成贝氏体的可能性。图 12.27 中展示的几条冷却曲线表明了临界冷却速率和冷却速度是如何影响转变行为和最终显微组织的。

有趣的是,有碳存在时临界冷却速率是减小的。实际上我们通常不用碳含量小于 0.25wt%的铁碳合金来制备马氏体,因为这种情况下要求的淬火速率太低,很难实现。其他能够促进钢热处理的合金元素有:铬、镍、钼、锰、硅和钨;但是这些元素在淬火过程中必须与奥氏体形成固溶体。

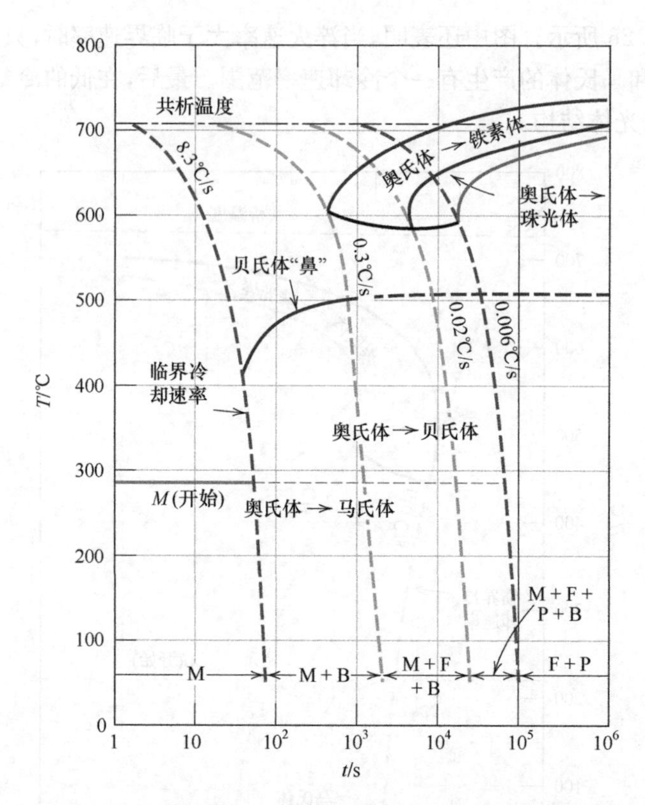

图 12.27 合金钢(4340 型)的连续冷却转变图及几条冷却曲线,冷却过程中发生转变后这些合金的最终显微组织如图所示

综上所述,等温和连续冷却转变图在某种意义上是一种引入了时间概念的相图。每种特定组成合金的转变图都是在不同的温度和时间下通过实验测定的。从这些图中可以预测试样经过一段时间的恒温或连续冷却热处理后的显微组织。

12.7 铁碳合金的力学性能

现在我们讨论之前学习的几种铁碳合金显微组织(细珠光体、粗珠光体、球形渗碳体、贝氏体和马氏体)的力学性能。除马氏体之外,这些组织中都存在两相(铁素体和渗碳体),因此我们可以通过这些显微组织来研究几种力学性能与合金中存在的显微组织之间的关系。

珠光体

渗碳体比铁素体硬且脆。因此,在保持其他微观结构元素不变的情况下增加钢合金中 Fe_3C 的含量会导致材料的硬化和强化。图 12.28(a)为由细珠光体组成

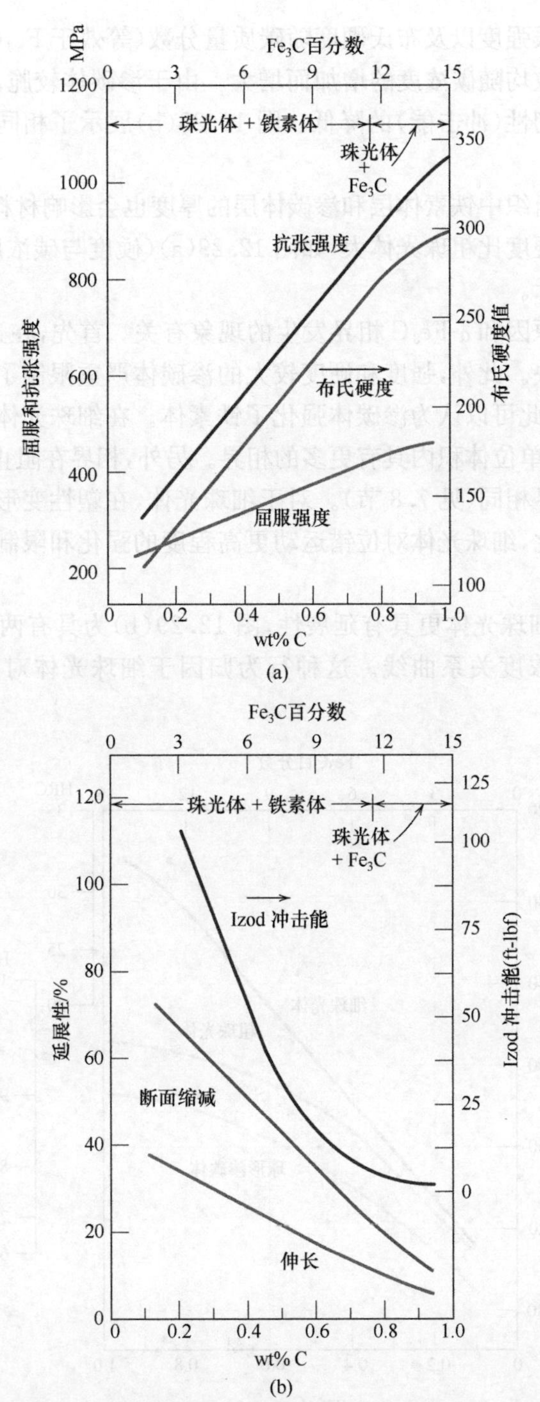

图 12.28 (a) 具有细珠光体组织的普通碳钢的屈服强度、抗拉强度、布氏硬度与碳浓度关系曲线图。(b) 碳浓度对有珠光体组织的普通钢的延展性(EL%和 RA%)与冲击能的影响

的钢的拉伸和屈服强度以及布氏硬度随碳质量分数（等效于 Fe_3C 的百分数）的关系曲线。三个参数均随碳浓度的增加而增大。由于渗碳体较脆，增加它的含量就会导致延展性和韧性（冲击能）的降低。图 12.28(b)展示了相同细珠光体钢的这些效果。

珠光体纤维组织中铁素体层和渗碳体层的厚度也会影响材料的力学性能。细珠光体的强度和硬度比粗珠光体大，如图 12.29(a)（硬度与碳浓度关系曲线图）中上面两条曲线所示。

这种行为的原因和 α-Fe_3C 相界发生的现象有关。首先，在边界处，两相很大程度地附着在一块。此外，强度和硬度较大的渗碳体严重限制了相邻边界处较软铁素体的变形；因此可以认为渗碳体强化了铁素体。在细珠光体材料中这种强化的程度更高，因为单位体积内具有更多的相界。另外，相界在阻止位错运动方面在很大程度上与晶界相同（见 7.8 节）。对于细珠光体，在塑性变形时位错需要穿过更多的边界。因此，细珠光体对位错运动更高程度的强化和限制使它的强度和硬度更大。

粗珠光体比细珠光体更具有延展性，图 12.29(b)为具有两种显微组织的材料的延展性与碳浓度关系曲线。这种行为归因于细珠光体对塑性变形较大的束缚。

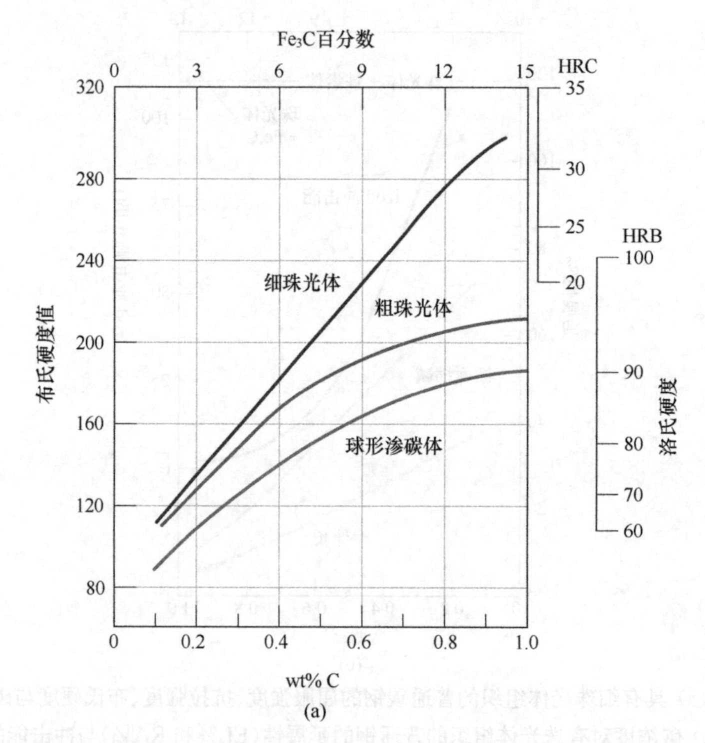

(a)

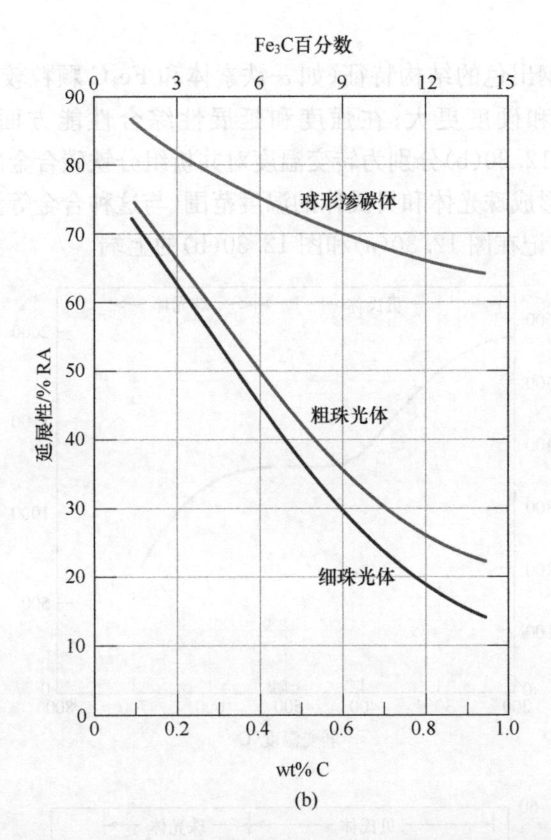

图 12.29 (a) 具有细珠光体、粗珠光体和球形渗碳体显微组织的普通碳钢的布氏硬度和洛氏硬度与碳浓度关系图。(b) 具有细珠光体、粗珠光体和球形渗碳体显微组织的普通碳钢的延展性(RA%)与碳浓度关系图

球形渗碳体

显微组织的其他要素与相的形状和分布有关。从这方面来说,在珠光体和球形渗碳体中,渗碳体的形状和排布方式有着明显的差别(图 12.15 和图 12.19)。具有珠光体显微组织的合金比球形渗碳体显微组织的合金具有更高的强度和硬度。图 12.29(a)对两种珠光体结构的硬度随球形渗碳体碳含量的变化进行了比较。这种行为再次说明了先前讨论的铁素体和渗碳体边界的强化作用和对位错运动的阻碍。球形渗碳体中单位体积所含边界面积较少,塑性变形几乎不受影响,形成软的材料。事实上,那些非常软的合金钢会具有渗碳体显微组织。

正如所希望的那样,球形渗碳体钢比细珠光体和粗珠光体具有更好的延展性(图 12.29(b))。除此之外,球形渗碳钢也十分的坚硬,裂纹在韧性铁素体基体中传播时只有在一小部分脆的渗碳体颗粒中相遇。

贝氏体

因为贝氏体钢出色的结构特征（如 α-铁素体和 Fe_3C 颗粒较小），他们通常比珠光体钢的强度和硬度更大；在强度和延展性综合性能方面非常令人满意。图 12.30(a)和图 12.30(b)分别为转变温度对共析组分铁碳合金的强度、硬度以及延展性的影响。形成珠光体和贝氏体的温度范围（与这种合金等温转变图一致，如图 12.18 所示）标记在图 12.30(a)和图 12.30(b)的上端。

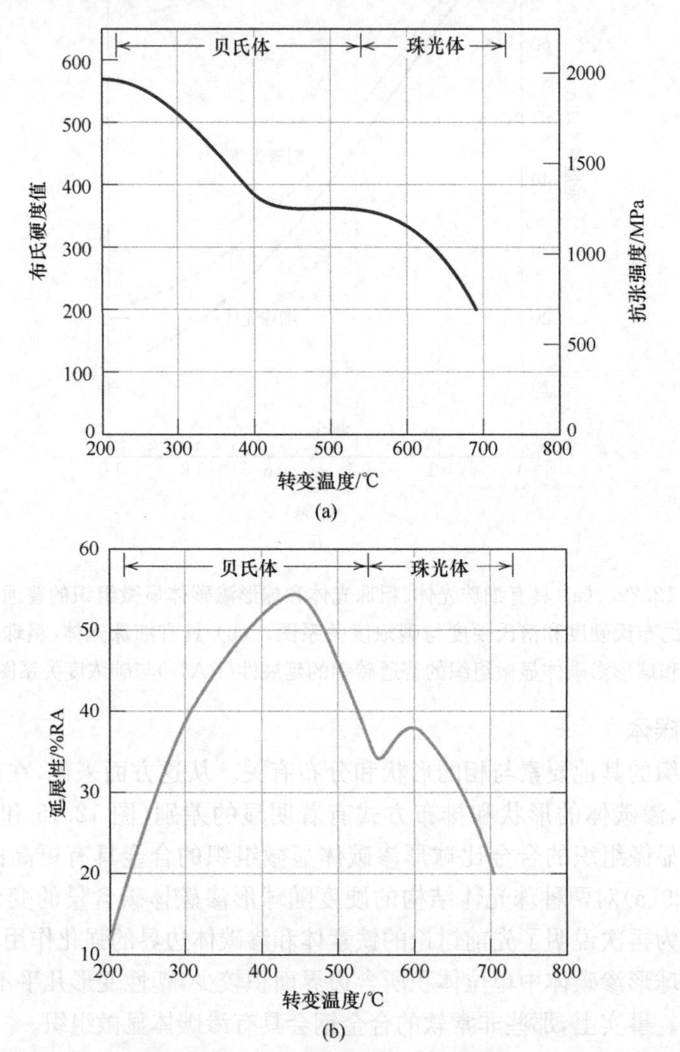

图 12.30　共析组分合金钢的布氏硬度和抗张强度(a)与延展性(RA%)（室温下）(b)随等温转变温度的变化，图中标出了形成贝氏体和珠光体显微组织的温度范围

马氏体

一个特定的合金钢可以产生不同的显微组织，马氏体是其中最坚硬、强度最大

的一种，但也是最脆的一种，事实上，它的延展性可以忽略不计。马氏体的硬度随碳含量的增加而增大，约 0.6wt%时达到最大值，图 12.31 为马氏体和细珠光体的硬度随碳质量分数的变化曲线。与珠光体钢相比，马氏体钢的强度和硬度与显微组织无关。马氏体这些性质归因于间隙碳原子对位错运动的阻碍作用（固溶效应，见 9.9 节）以及 BCC 结构中相当较少的滑移系（沿位错运动方向）。

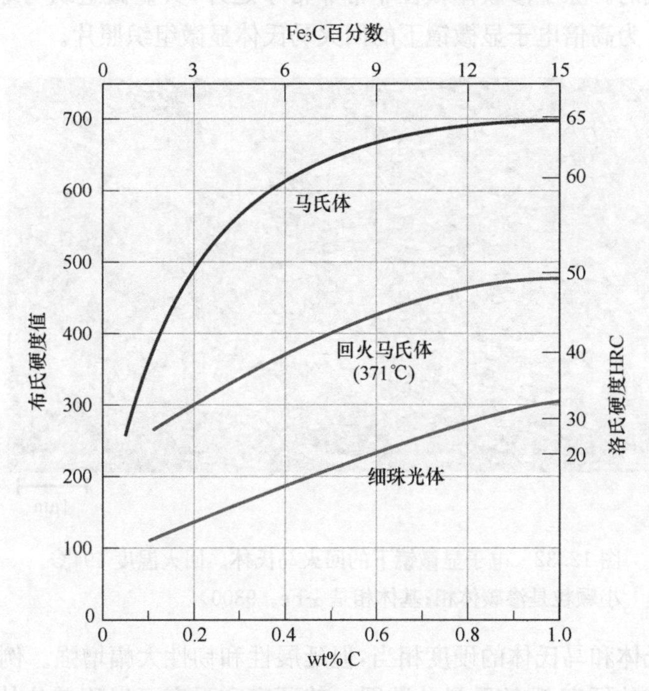

图 12.31 普通碳钢马氏体、回火马氏体（回火温度 371℃）和珠光体钢的硬度（在室温下）随碳浓度的变化曲线

奥氏体比马氏体密度稍大，淬火中发生相变时，会有净的体积增大。因此，快速淬火形成的较大片状结构会受到内部应力的作用而破裂，尤其当碳含量超过 0.5%时，这种现象更加明显。

12.8 回火马氏体

在淬火状态下，马氏体除了非常坚硬之外还非常易碎，以至于大多数器件都不能用马氏体来制备；淬火过程中形成的内应力也会减弱这种作用。在退火过程中，马氏体的延展性和韧性会得到增强，这些内应力也会得以释放。

回火是在规定的时间内，将马氏体钢加热到共析温度以下的某个温度完成的。正常情况下，回火温度在 250～650℃；但是，内应力的释放一般是在 200℃左右。这种回火热处理可以通过扩散形成回火马氏体（tempered martensite），根据反应：

$$马氏体(体心立方,单相)\longrightarrow 回火马氏体(\alpha 相 + Fe_3C 相) \quad (12.19)$$

这里,含有过饱和碳原子的单相 BCT 马氏体会转变为回火马氏体,回火马氏体由稳定的铁素体相和渗碳体相组成,正如 $Fe\text{-}Fe_3C$ 相图所示。

回火马氏体的显微组织是由非常小且均匀分布的渗碳体颗粒嵌入连续的铁素体基体中组成的。除了渗碳体颗粒非常非常小之外,其显微组织与球形渗碳体类似。图 12.32 为高倍电子显微镜下的回火马氏体显微组织照片。

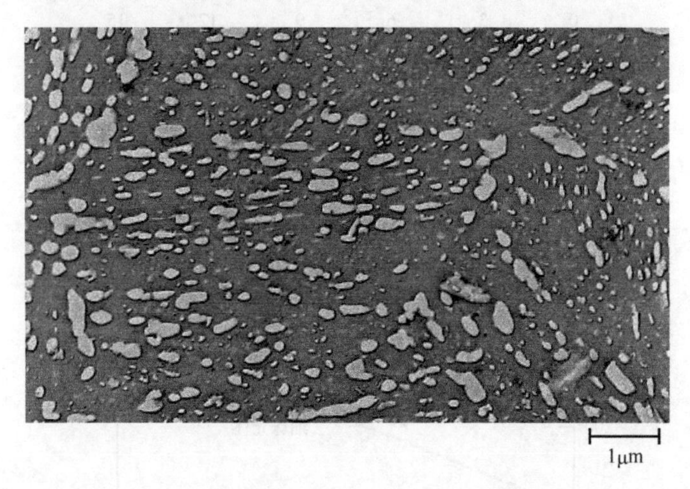

图 12.32　电子显微镜下的回火马氏体。回火温度 594℃。小颗粒是渗碳体相;基体相是 α-Fe。9300×

回火马氏体和马氏体的硬度相当,但延展性和韧性大幅增强。例如,图 12.31 为回火马氏体的硬度-碳的质量分数图。其硬度和强度可以用单位体积内铁素体和渗碳体大的界面积来解释,其中存在非常精细和大量的渗碳体颗粒。再次,硬的渗碳体相沿着边界强化了铁素体基体,这些边界在塑性变形时可以阻碍位错运动。连续的铁素体相同样具有易延展和较高的强度,这为回火马氏体两种性能的改善起了很大的作用。

渗碳体颗粒的大小影响回火马氏体的力学行为;增加颗粒尺寸并减小铁素体和渗碳体相的界面积就可以使材料更加柔软,但强度更大、延展性更好。此外,回火热处理决定了渗碳体颗粒的尺寸。热处理的变量是温度和时间,多数的热处理都是恒温热处理。由于马氏体-回火马氏体转变涉及碳的扩散、提高温度可以加速碳的扩散、加快渗碳体颗粒生长速率,从而提高软化率。温度对抗张强度、屈服强度和延展性的影响如图 12.33 所示。在回火之前,是材料在油中进行淬火以产生马氏体结构,每个温度下的回火时间是 1h。这些回火参数由钢铁制造商提供。

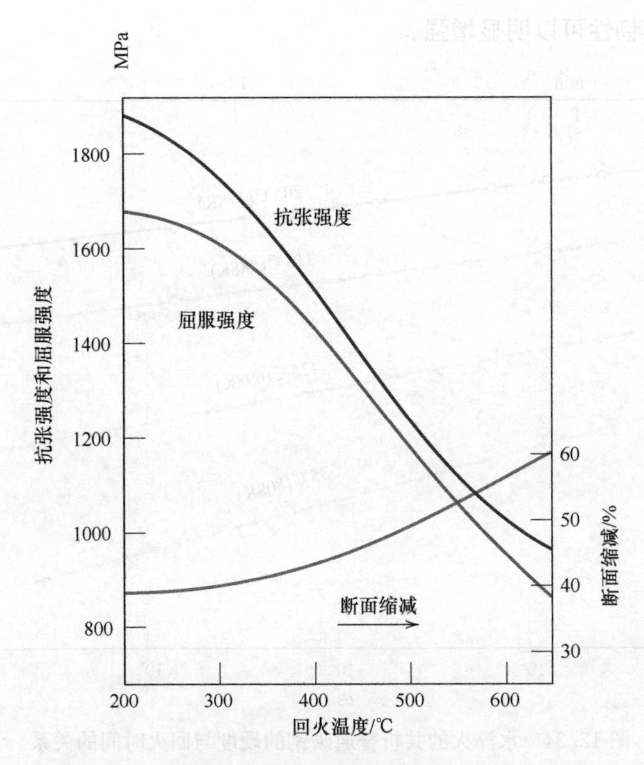

图 12.33　油淬火合金钢(4340 型)的抗张强度,屈服强度与延展性(RA%)(室温下)-回火温度曲线

图 12.34 为不同温度下共析组分水淬钢的硬度与时间关系图,时间用对数表示。随着时间的增加,渗碳体颗粒生长和合并,导致硬度降低。当温度接近共析温度(700℃)并持续几个小时以后,钢显微组织会变成球形渗碳体(图 12.19),具有大的渗碳体球形颗粒嵌入在连续的铁素体相中。从而使过度回火马氏体相对较软、易延展 。

冲击试验(见 10.6 节)证明对一些钢进行回火会造成韧性的降低,这称为回火脆化(temper embrittlement)。这一现象发生在钢的回火温度超过 575℃,然后缓慢冷却到室温时,或发生在回火温度介于 375～575℃时。当钢合金中含有相当浓度的合金元素锰、镍、铬或含有锑、磷、砷、锡等少量杂质时,易发生回火脆化现象。这些合金元素和杂质的存在使金属由韧性到脆性的转变在较高温度下才能发生;在脆性区,环境温度低于转变温度。通过观察发现,脆性材料的裂纹扩展就是晶界,换句话说,断裂是沿着原奥氏体的晶界进行的。此外,合金元素和杂质元素在这些区域优先析出。

回火脆化可以通过以下方式避免:①控制组成;②回火温度高于 575℃或低于 375℃,然后淬火到室温。此外,对于已经脆化的钢,加热到 600℃随后快速冷却到

300℃以下，其韧性可以明显增强。

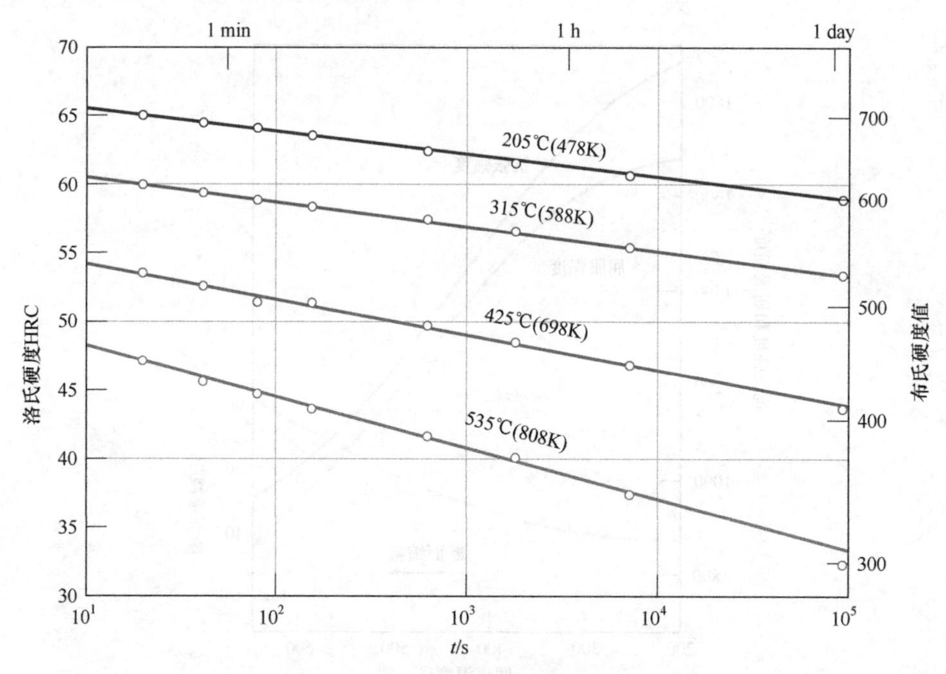

图 12.34　水淬火的共析普通碳钢的硬度与回火时间的关系

12.9　铁碳合金的相变和力学性质小结

在本章中，我们讨论了铁碳合金热处理中可能产生的几种显微组织。图 12.35总结了产生不同组织的转化路径。这里假定珠光体、贝氏体、和马氏体由

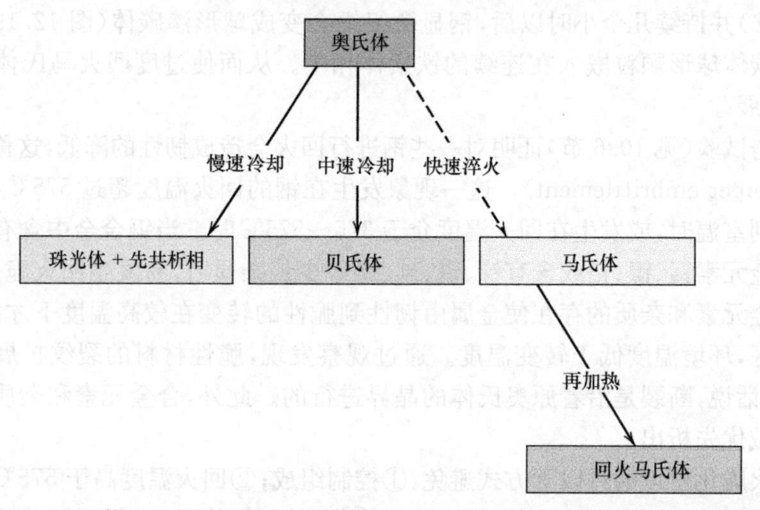

图 12.35　奥氏体可能发生的转变。实箭头表示扩散型转变，虚箭头表示非扩散型转变

持续的连续冷却处理产生；此外，只讨论合金钢（而不是普通碳钢）形成的贝氏体，如前所述。

表 12.2 总结了几种组分的铁碳合金的显微组织特征和力学性质。

表 12.2　铁碳合金的显微组织和力学性质

显微组分	呈现相	相的排列	力学性质（相对的）
球形渗碳体	α-Fe+Fe_3C	相对较小的球形 Fe_3C 颗粒分布在 α-Fe 基体中	柔软和易延展
粗珠光体	α-Fe+Fe_3C		强度和硬度大于球形渗碳体，但延展性不如球形渗碳体
细珠光体	α-Fe+Fe_3C	相对较薄的 α-Fe 和 Fe_3C 交替排列	强度和硬度大于粗珠光体，延展性不如粗珠光体
贝氏体	α-Fe+Fe_3C	非常细小和伸长的 Fe_3C 颗粒分布在 α-Fe 基体中	强度和硬度大于细珠光体，硬度小于马氏体，延展性大于马氏体
回火马氏体	α-Fe+Fe_3C	非常小的球形 Fe_3C 颗粒分布在 α-Fe 基体中	强硬、硬度小于马氏体，延展性大于马氏体
马氏体	体心四方，单相	针状颗粒	非常坚硬和易碎

第 13 章　金属的性质及应用

工程师往往会面临材料选择问题，这需要它们熟知各种各样的金属及其合金（以及其他材料类型）的一般特征。此外，可能需要访问含有大量材料性能数值的数据库。

13.1　引言

通常材料问题其实是选择能够满足特定应用的，具有恰当性能的材料的问题。因此，参与选择决策的人应该具备一些有用的知识。本章的第一部分对一些工业合金及其一般性质和局限性进行了简短的概述。

金属合金按照组成通常分为两类：铁基合金和非铁基合金。铁基合金中铁是主要成分，包括钢和铸铁。这些合金及其特性是本节讨论的第一个主题。非铁基合金（所有合金都不是以铁为基的）会在后面的章节中进行讨论。

铁基合金

铁基合金（ferrous alloys，以铁为主要成分）比其他金属类型的合金产量大。它们是非常重要的工程建筑材料。它们得以广泛使用的三个原因是：①铁化合物大量存在于地壳内；②金属铁和钢合金可以使用相对经济的提取、精炼、合金化和制造技术来获得；③铁基合金应用广泛，因为它们可以通过加工获得范围广泛的力学和物理性能。许多铁基合金的主要缺点是易腐蚀。本节讨论不同类型钢与铸铁的组成，显微组织和性能。铁基合金的分类表如图 13.1 所示。

13.2　钢

钢是铁碳合金，其中也可能含有相当浓度的其他合金元素；成千上万的合金具有不同组成或热处理方式。钢的力学性质对碳含量非常敏感，通常 C 含量小于 1.0%。一些更常见的钢根据碳浓度分为低碳、中碳、高碳三种类型。下面的子类也是根据存在于每个组中其他合金元素的浓度来分的。普通碳钢（plain carbon steels）除极少浓度的杂质碳以外还含有锰 。合金钢（alloy steels）则是有意添加特定浓度的更多合金元素。

低碳钢

在不同类型的钢中，产量最大为低碳钢。这些钢中碳含量小于 0.25%，对热处理不敏感，倾向于形成马氏体；通过冷加工可使其强化。显微组织包括铁素体和

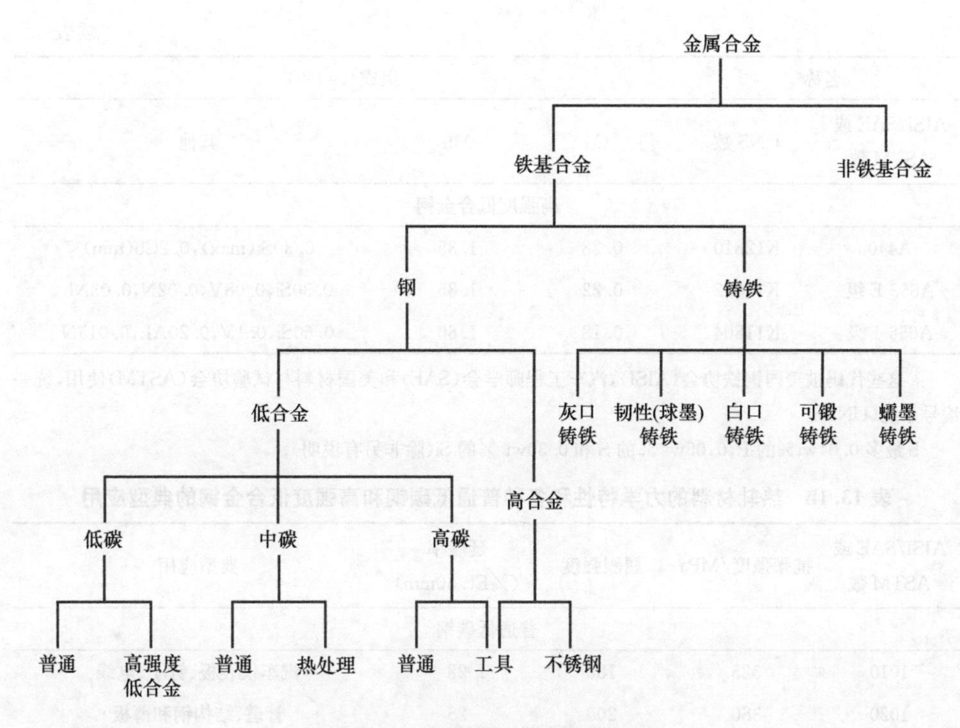

图 13.1　各种铁基合金分类方法

珠光体成分。因此，这些合金相对软而具有优异的延展性和韧性；此外，它们是所有钢材中可加工、可焊接和生产成本最低的。典型的应用包括汽车车身零件，结构形状（如工字梁、通道和角钢）和应用于管道，建筑，桥梁和锡罐的薄片。表 13.1a 和表 13.1b 给出了几种普通低碳钢的成分和力学性质。它们典型的屈服强度为 275MPa，抗张强度在 415 和 550MPa 之间，延展率为 25%EL。

表 13.1a　四种普通低碳钢的组成和三种高强度、低合金钢

名称[a]		组成[b]（wt%）		
AISI/SAE 或 ASTM 数	UNS 数	C	Mn	其他
		普通低碳钢		
1010	G10100	0.10	0.45	
1020	G10200	0.20	0.45	
A36	K02600	0.29	1.00	0.20Cu(min)
A516 70 级	K02700	0.31	1.00	0.25 Si

续表

名称[a]		组成[b](wt%)		
AISI/SAE 或 ASTM 数	UNS 数	C	Mn	其他
		高强度低合金钢		
A440	K12810	0.28	1.35	0.30Si(max),0.2Cu(min)
A663 E 级	K12002	0.22	1.35	0.30Si,0.08V,0.02N,0.03Nb
A656 1 级	K11804	0.18	1.60	0.60Si,0.1V,0.20AL,0.015N

a 这些代码被美国钢铁协会(AISI),汽车工程师学会(SAE)和美国材料与试验协会(ASTM)使用,统一编号系统(UNS)。

b 最多 0.04wt%的 P,0,05wt %的 S 和 0.30wt %的 Si(除非另有说明)。

表 13.1b 热轧材料的力学特性和各种普通低碳钢和高强度低合金钢的典型应用

AISI/SAE 或 ASTM 数	抗张强度/MPa	屈服强度	延展率 (%EL 50mm)	典型应用
		普通低碳钢		
1010	325	180	28	汽车仪表板、钉子、电线
1020	380	205	25	管道、结构钢和薄板
A36	400	220	23	结构(桥梁和建筑)
A516 70 级	485	260	21	低温高压容器
		高强度低合金钢		
A440	435	290	21	螺接和铆接的结构材料
A663 E 级	520	380	23	低温结构材料
A656 1 级	655	552	15	汽车和火车的框架

另一组低碳合金是高强度、低合金(high-strength,low-alloy,HSLA)钢。它们含有其他合金元素如铜、钒、镍、钼等,总的浓度可高达 10%,它们具有比普通低碳钢更高的强度。大多数此类合金钢可以通过热处理强化,抗张强度超过 480MPa;此外它们延展性好,可加工成型。表 13.1a 和表 13.1b 列出了有几种高强度低合金钢。在标准大气压下,HSLA 钢比普通碳钢具有更强的抗腐蚀能力,在许多结构强度至关重要的应用中取代了普通碳钢。(例如,桥梁、塔、高层建筑的支撑柱、高压容器)。

中碳钢

中碳钢的碳浓度在 0.25wt%~0.60wt%。这些合金通常进行奥氏体化热处理、淬火,然后回火提高其力学性能。它们最经常使用在较为温和的环境中,具有回火马氏体组织。普通中碳钢的可硬化性较低(见 17.6 节),仅在薄片部分以很快的速率淬火才可以成功地进行热处理。添加铬,镍,钼可以提高这些合金热处理的能力(见 17.6 节),从而产生各种强度-延展性的组合。这些热处理合金比低碳钢强度更大,但会降低其延展性和韧性。此类合金主要应用于铁路车轮和轨道、齿轮、曲轴和其他机械部件及对强度、耐磨性和韧性要求较高的结构构件。

表 13.2a 列出了几种此类合金化中碳钢的组成。还包括一些适用于有关设计方案的评论。汽车工程师学会(SAE)、美国钢铁钢铁协会(AISI)和美国材料与试验协会(ASTM)负责钢及其他合金的分类与规范。这些钢的 AISI/SAE 编号为一个四位数:前两位表明该合金含量;后两位给出碳含量。普通碳钢的前两位是 1 和 0;合金钢的前两位是其他两个指定数字的组合(如 13,41,43)。第 3、第 4 位数字表示一百乘以碳的质量百分数。例如,1060 钢是普通碳钢,碳含量为 0.60wt%。

表 13.2a　AISI/SAE 和 UNS 编号系统及普通碳钢和各种低合金钢的组成

AISI/SAE 编号[a]	UNS 编号	成分范围(添除 C 以外合金元素/wt%)[b]			
		Ni	Cr	Mo	其他
10xx 普通碳	G10xx0				
11xx 未加工	G11xx0				0.08～0.30S
12xx 未加工	G12xx0				0.10～0.35S 0.04～0.12P
13xx	G13xx0				1.60～1.90Mn
40xx	G40xx0			0.20～0.30	
41xx	G41xx0		0.80～1.10	0.15～0.25	
43xx	G43xx0	1.65～2.00	0.40～0.90	0.20～0.30	
46xx	G46xx0	0.70～2.00		0.15～0.30	
48xx	G48xx0	3.25～3.75		0.20～0.30	
51xx	G51xx0		0.70～1.10		
61xx	G61xx0		0.50～1.10		0.1～0.15V
86xx	G86xx0	0.40～0.70	0.40～0.60	0.15～0.25	
92xx	G92xx0				1.8～2.20 Si

a“xx”表示每种钢的含碳量,用重量百分比的 100 倍表示。

b 除 13xx 合金,锰含量低于 1.00%。

除 12xx 合金,磷含量小于 0.35%。

除 11xx 和 12xx 合金,硫含量小于 0.04%。

除 92xx 合金,硅含量在 0.15wt%～0.35wt%。

统一编号系统(UNS)为铁基合金和非铁基合金的统一编制。每个 UNS 编号由单字母前缀和五位数字组成。字母表明合金归属于哪个金属家族。这些合金的 UNS 编号以字母 G 开头,紧接着是 AISI/SAE 编号;第 5 个数字是零。表 13.2b 列出了几种这种类型合金钢的机械性能和典型应用,这些合金都经过淬火和回火处理。

表 13.2b 油淬和回火处理的普通碳钢和合金钢的典型应用及力学性能

AISI 编号	UNS 编号	抗张强度 /MPa	屈服强度 /MPa	延展率 (%EL,50mm)	典型应用
			普通碳钢		
1040	G10400	605～780	430～585	33～19	曲轴、螺栓
1080[a]	G10800	800～1310	480～980	24～13	凿子、铁锤
1095[a]	G10950	760～1280	510～830	26～10	刀具、锯条
			合金钢		
4063	G40630	786～2380	710～1770	24～4	弹簧、手动工具
4340	G43400	980～1960	895～1570	21～11	套管、航天器
6150	G61500	815～2170	745～1860	22～7	轴、活塞、齿轮

a 行为高碳钢。

高碳钢

高碳钢，通常指碳含量介于 0.6wt%和 1.4wt%之间，硬度最大、强度最大，但延展性最小的碳钢。高碳钢多大多数都是利用其淬火和回火状态，因此，它们非常耐磨损和可用作坚韧的刀刃。工具和模具钢是高碳合金，通常还含有铬、钒、钨和钼等元素。这些合金化元素与碳结合形成非常坚硬和耐磨的碳化物(如 $Cr_{23}C_6$、V_4C_3 和 WC)。表 13.3 中列出一些工具钢的组成和应用。这些钢被用作切割工具或者材料成型定型的模具，也能制作刀、剃刀、钢锯条、弹簧和高强度钢丝。

表 13.3 六种工具钢的设计，组成和应用

AISI 编号	UNS 编号	组成(wt%)[a] C	Cr	Ni	Mo	W	V	典型应用
M1	T11301	0.85	3.75	0.30max	8.70	1.75	1.20	钻头、锯片、车床
A2	T30102	1.00	5.15	0.30max	1.15	—	0.35	冲压机、压凸冲模
D2	T30402	1.50	12	0.30max	0.95	—	1.10max	餐具、拉拔模具
O1	T31501	0.95	0.50	0.30max	—	0.50 max	0.30max	剪切刀片，切削工具
S1	T41901	0.50	1.40	0.30max	0.50 max	2.25	0.25	切管机，水泥钻孔
W1	T72301	1.10	0.15max	0.2max	0.10max	0.15max	0.10max	铁匠工具 木工工具

a 除合金元素外，平衡组成的是铁。不同合金中 Mn 的含量在 0.10wt%～14wt%，不同合金中 Si 的含量在 0.20wt%～12wt%。

不锈钢

不锈钢(stainless steels)在各种各样的环境条件下具有很强的耐腐蚀(生锈)，特别是大气环境中。它们的主要合金元素是铬；铬浓度为至少为 11%。耐腐蚀性可以通过加入镍和钼等得以增强。

根据显微组织主要的相组成可以将不锈钢分为三类：马氏体、铁素体和奥氏体。如表 13.4 列出了几种类型不锈钢的组成，典型的力学性能与应用。各种各样的力学性质以及优异的抗腐蚀性能使不锈钢应用非常灵活。

表 13.4　奥氏体、马氏体、铁素体和沉淀强化不锈钢的设计、组成、力学性质和典型应用

AISI 编号	UNS 编号	组成[a] (wt%)	条件[b]	力学性能 抗张强度 /MPa	 屈服强度 /MPa	 延展率 (EL%,50mm)	典型应用
				铁素体			
409	S40900	0.08C,11.0 Cr, 1.0Mn,0.5Ni,0.75Ti	退火	380	205	20	汽车排气装置、农用喷雾器
446	S44600	0.20 C,25 Cr, 1.5 Mn	退火	515	275	20	阀门(高温)，玻璃模具，燃烧室
				奥氏体			
304	S30400	0.08 C,19 Cr, 9 Ni,2.0 Mn	退火	515	205	40	化学和食物加工设备，低温容器
316L	S31603	0.03 C,17 Cr, 12 Ni,2.5 Mo, 2.0 Mn	退火	485	170	40	焊接施工
				马氏体			
410	S41000	0.15 C,12.5 Cr, 1.0 Mn	退火 Q和T	485 825	275 620	20 12	枪筒，刀具，发动机部件
440A	S44002	0.70 C,17 Cr, 0.75 Mo, 1.0 Mn	退火 Q和T	725 1790	415 1650	20 5	刀具，轴承，外科工具
				沉淀硬化			
17-7PH	S17700	0.09 C,17 Cr, 7 Ni,1.0 Al, 1.0 Mn	沉淀硬化	1450	1310	1-6	弹簧，刀具，高压罐

a 平衡成分的元素为铁。

b Q 和 T 表示淬火和回火。

马氏体不锈钢是能够进行热处理，其中主要的显微组织为马氏体。合金元素添加浓度较大时会使铁-碳化铁相图发生显著的变化(图 11.23)。奥氏体不锈钢的奥氏体(或 γ)相区可以扩展至室温。铁素体不锈钢由 α-铁素体(BCC)相组成。奥氏体和铁素体不锈钢可以通过冷加工硬化和强化，它们是不可热处理的。由于高含量铬和镍的加入,奥氏体不锈钢是最耐腐蚀的;此类不锈钢被大量生产。马氏体和铁素体不锈钢都有磁性,而奥氏体不锈钢没有磁性。

一些不锈钢经常在高温和恶劣的环境中使用,因为它们在这样的条件下可以抗氧化和保持机械完整性;在氧化性气氛温度最高可达 1000℃。采用这些钢制造的设备包括燃气涡轮、高温蒸汽锅炉、热处理炉、飞机、导弹和核能发电装置。表 13.4 中列出了一个强度非常高和耐辐射的超高强度不锈钢(17-7PH)。它是通过沉淀硬化热处理方式进行强化的(见 17.7 节)。

13.3 铸铁

一般来说,铸铁(cast irons)是一类具有碳含量高于 2.14wt%的铁基合金;然而在实践中,大多数的铸铁含 3wt%～4.5wt%的碳,还包含其他合金元素。铁-碳化铁相图(图 11.23)说明,在该组成范围内,温度约 1150～1300℃时,合金完全成液体,该温度范围大大低于钢。因此,它们很容易融化,适合于铸造。此外,某些铸铁很脆,铸造是最方便的加工技术。

渗碳体(Fe_3C)是一个亚稳态化合物,一些情况下可以分解,形成 α-Fe 和石墨,反应如下:

$$Fe_3C \longrightarrow 3Fe(\alpha) + C(\text{石墨}) \tag{13.1}$$

因此,铁和碳的真正平衡相图不是图 11.23 呈现的那样,而是如图 13.2 所示。这两个图在富铁侧几乎是相同的(例如,Fe-Fe_3C 体系的共晶、共析温度分别为 1147℃和 727℃,而 Fe-C 体系的共晶、共析温度分别为 1153℃和 740℃);然而,当图 13.2 延伸至 100wt%C 时,富碳相是石墨,而不是碳含量 6.7wt%的渗碳体(图 11.23)。

形成石墨的倾向由组成和冷却速度决定。当硅含量超过大约 1wt%时有利于石墨的形成。同时,凝固过程中较慢的冷却速率有利于石墨化(石墨的形成)。大多数铸铁中碳以石墨存在,显微组织和力学性能取决于组成和热处理方式。最常见的铸铁类型是灰口铸铁、球墨铸铁、白口铸铁、可锻铸铁和蠕墨铸铁。

灰口铸铁

灰口铸铁(gray cast irons)中碳或硅的含量分别在 2.5wt%～4wt% 与 1wt%～3wt%之间。大多数这种铸铁中,石墨呈鳞片状(类似于玉米片),通常被 α-铁素体或珠光体基体包裹;灰口铸铁典型的显微组织如图 13.3(a)所示。这些石墨薄片,断面呈灰色的外观,这就是灰口铸铁名字的由来。

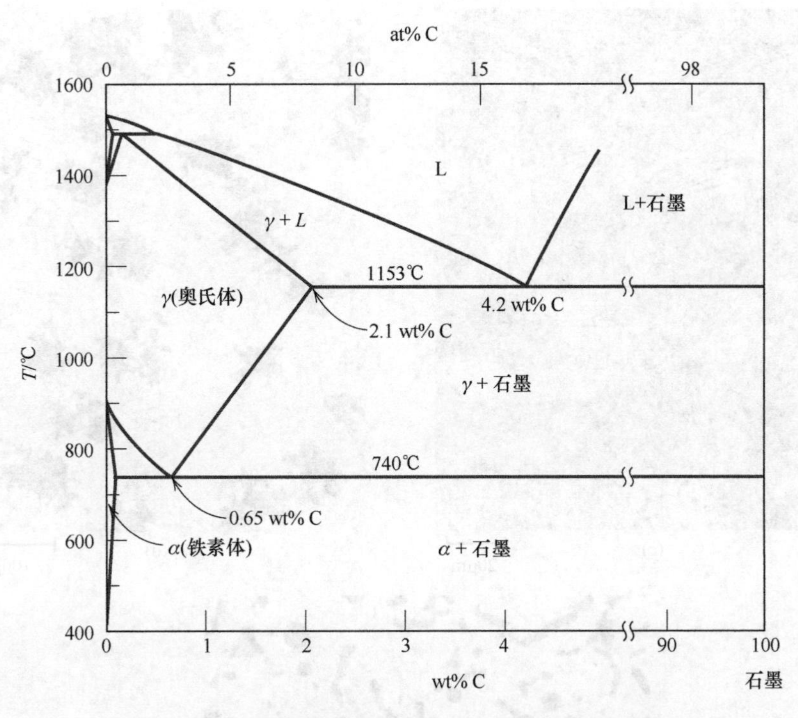

图 13.2　真平衡铁碳相图，稳定相为石墨而不是渗碳体

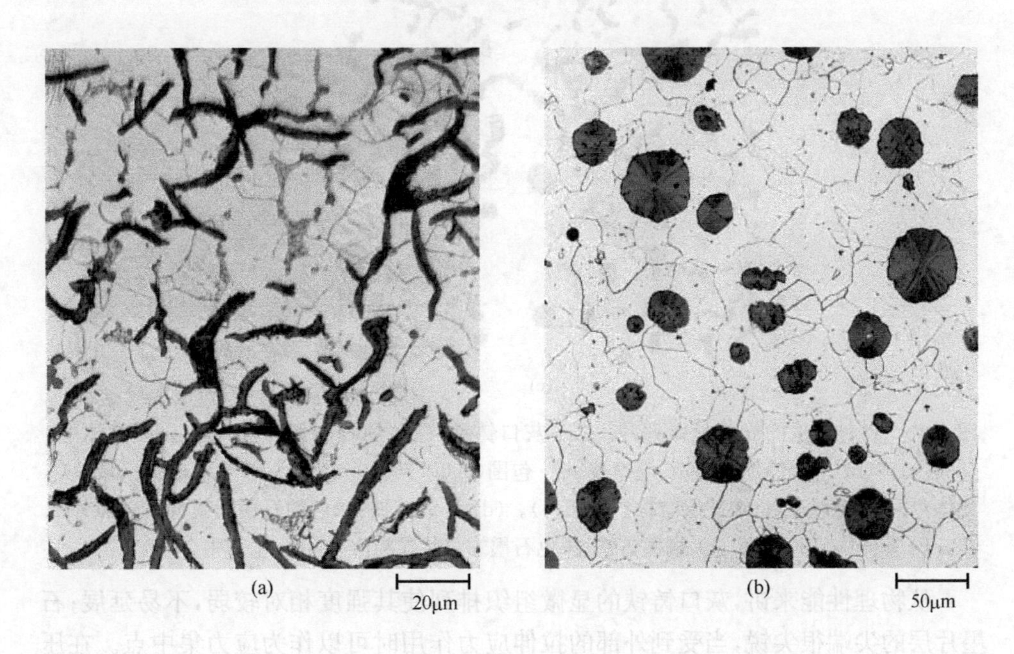

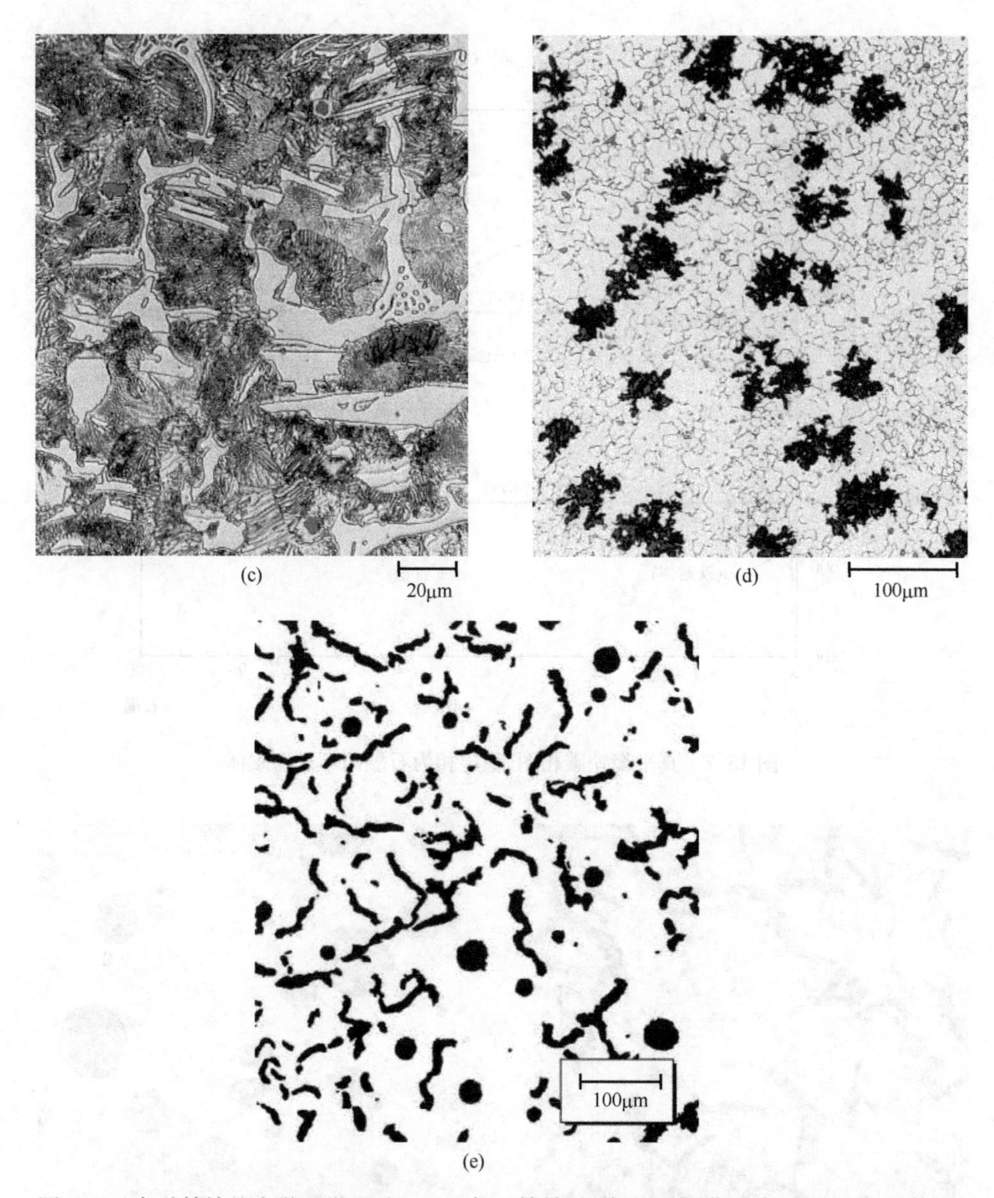

图 13.3　各种铸铁的光学显微照片。(a) 灰口铸铁:深色的石墨薄片嵌入在 α-Fe 基体中。(500×)。(b) 球墨铸铁:黑色石墨球被 α-Fe 包围(200×)(c) 白口铸铁:浅色渗碳体区域被珠光体包围,具有铁素体-渗碳层结构。(400×)。(d) 可锻铸铁:深色的石墨团簇(回火碳)分布在 α-Fe 基体中(150×)。(e) 蠕墨铸铁:深色石墨蠕虫状颗粒嵌入 α-Fe 基体中。100×

从物理性能来讲,灰口铸铁的显微组织排列使其强度相对较弱,不易延展;石墨片层的尖端很尖锐,当受到外部的拉伸应力作用时可以作为应力集中点。在压缩负载下,强度和韧性更高。几种常见灰口铸铁的典型力学性能和组成列于

表 13.5 中。灰口铸铁也有一些令人满意的特点，且被广泛地使用。它们的阻尼振动能非常小；图 13.4 为钢和灰口铸铁相对阻尼容量的对比。常常存在振动的机器和重型设备的基础结构通常使用这种材料。此外，灰口铸铁表现出高的抗磨损性能。而且，在熔融状态，铸造温度下具有很高的流动性，这使得铸锭可以有多种多样的形状；同时，铸造收缩率低。最后，也是最重要的，灰口铸铁是所有金属材料中最便宜的。

通过调整组成和适当的处理方式，灰口铸铁具有与图 13.3(a)不同的显微组织。例如，降低硅含量或增加冷却速度可以防止渗碳体完全解离成石墨(式(13.1))。在这种情况下该显微组织由嵌在珠光体基体中石墨薄片组成。图 13.5 系统地比较了几种铸铁由不同成分和不同热处理方式得到的显微组织示意图。

韧性(球墨)铸铁

铸造前在灰口铸铁中添加少量的镁和/或铈产生一组截然不同的微观结构和力学性能。石墨仍然形成，但会形成粒状或球状的粒子而不是片状。由此产生的合金称为韧性或球墨铸铁(ductile or nodular iron)，典型的微观结构如图 13.3(b)所示。包围着这些粒子的基体相为珠光体或铁素体，由热处理决定(图 13.5)，它通常是铸态珠光体片。然而，在大约 700℃下热处理几个小时后会产生铁素体基体，如图所示。球墨铸件比灰口铸铁具有更大的强度和韧性，表 13.5 所示为它们力学性质的比较。事实上，球墨铸铁的力学性能接近钢。例如，铁素体结构的球墨铸铁抗张强度在 380～480MPa，延展率(百分比伸长率)在 10%～20%。这种材料的典型应用包括阀门、泵体、曲轴、齿轮和其他汽车和机器组件。

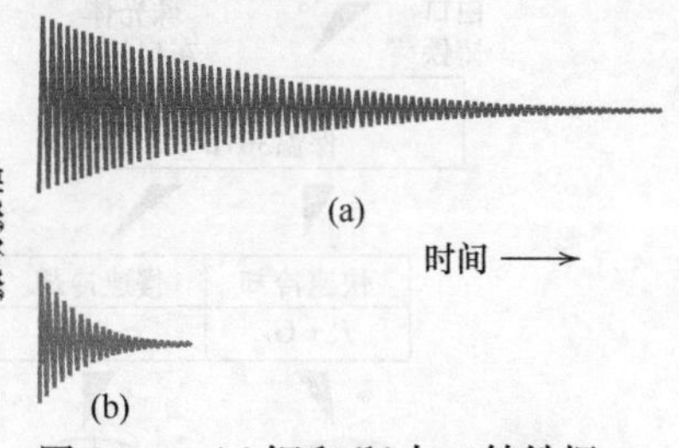

图 13.4　(a)钢和(b)灰口铸铁振动阻尼性能的对比

白口铸铁和可锻铸铁

低硅铸铁(Si 含量小于 1wt%)在快速冷却情况下，大部分的碳以渗碳体而不是石墨的形式存在，如图 13.5 所示。这种合金的断面呈现白色的外观，因此它被称为白口铸铁(white cast iron)。图 13.3(c)光学显微照片显示了白口铸铁的显微组织。在铸造过程中厚的部分可能只形成“冷冻”白口铸铁的表面层；内部区域冷却速度较慢，形成灰口铸铁。由于存在大量的渗碳体相，白口铸铁非常坚硬而且很脆，几乎到了不能机械加工的地步。它的使用范围仅限于需要非常坚硬耐磨的表面，不需要高延展性的应用方面。例如，轧钢机的辊轴。通常，白口铸铁是生产另一种铸铁——可锻铸铁(malleable iron)的中间产物。

白口铸铁在中性气氛(防止氧化)中，800～900℃长期加热时会造成渗碳体分解，形成石墨。根据冷却速度的不同，它会以团簇或花环的形式存在，被包围在铁

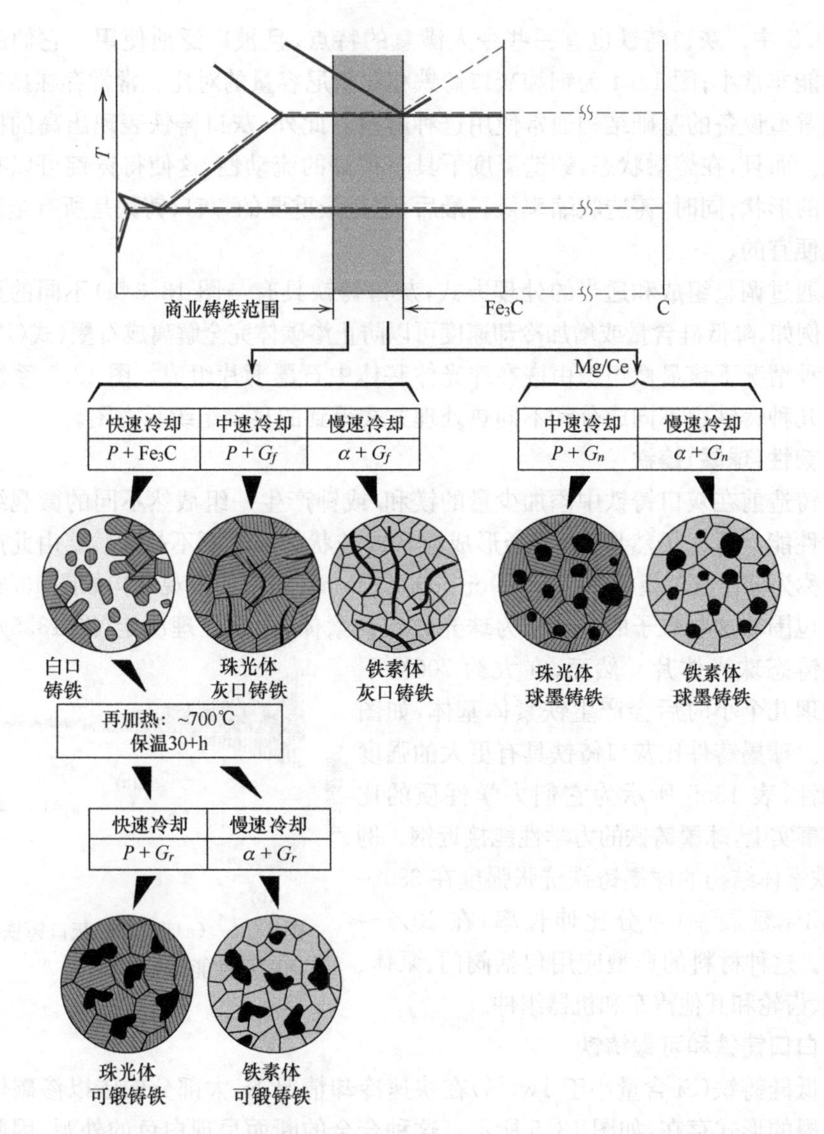

图 13.5　从铁-碳相图中商业铸铁对应的成分范围。不同热处理方式产生的微观结构图如左图所示。G_f，片状石墨；G_r，石墨团簇；G_n，石墨球；P，珠光体；α，铁素体

素体或珠光体基体中，如图 13.5 所示。图 13.3(d)为铁素体可锻铸铁的光学显微照片。它的微观结构是类似于球墨铸铁(图 13.3(b))，因此它具有相对较高的强度和可观的韧性或延展性。一些典型的力学性质也列于表 13.5 中。典型的应用包括连接杆、传动齿轮、汽车工业不同的变速箱、法兰、管件、铁路船舶和其他重型设备的阀门配件。

表 13.5　灰口铸铁、球墨铸铁、白口铸铁、可锻铸铁和蠕墨铸铁的型号、最小力学性能、近似组成和典型应用

等级	UNS 编号	组成（wt%）[a]	基体结构	力学性质 抗张强度	力学性质 屈服强度	力学性质 延展率	典型应用
灰口铸铁							
SAE G1800	F10004	3.40～3.7 C,2.55 Si,0.7 Mn	铁素体＋珠光体	124	—	—	各种强度不作为重要因素的软铁铸件
SAE G2500	F10005	3.2～3.5 C,2.20 Si,0.8 Mn	铁素体＋珠光体	173	—	—	气缸体、气缸盖、活塞、离合器、变速箱
SAE G4000	F10008	3.0～3.3 C,2.0 Si,0.8 Mn	珠光体	276	—	—	柴油机铸件、缸套、气缸、活塞
球墨铸铁							
ASTM A536							
60-40-18	F32800	3.5～3.8C,2.0～2.8Si,0.05Mg,<0.20Ni,<0.10Mo	铁素体	414	276	18	阀门和泵体的压力控制零件
100-70-03	F34800		珠光体	689	483	3	高强度齿轮和机械部件
120-90-02	F36200		回火马氏体	621	621	2	齿轮、辊轴、滑轮
可锻铸铁							
32510	F22200	2.3～2.7C,1.0～1.75Si,<0.55Mn	铁素体	345	224	10	常温和高温下的工程应用部件
45006	F23131	2.4～2.7C,1.25～1.55Si,<0.55Mn	铁素体＋珠光体	448	310	6	
蠕墨铸铁							
ASTM A842							
Grade 250	—	3.1～4.0C,1.7～3.0Si,0.015～0.035Mg,0.06～0.13Ti	铁素体	250	175	3	柴油机机体、排气管、高速列车制动盘
Grade 450	—		珠光体	450	315	1	

a 平衡组成的元素为铁。

灰口铸铁和球墨铸铁的产量差不多，而白口铸铁和可锻铸铁的产量比较小。

蠕墨铸铁

铸铁家族一个较新的成员是蠕墨铸铁(compacted graphite iron，CGI)。与灰口铸铁，球墨铸铁和可锻铸铁一样，CGI 中的碳以石墨形式存在，它的形成因硅的存在促进它的形成。硅含量在 1.7wt%～3.0wt%，而碳浓度在 3.1wt%～4.0wt%。两个不同的蠕墨铸铁材料列于表 13.5 中。

从显微结构来看，CGI 合金中的石墨呈蠕虫状。典型的 CGI 显微组织如图 13.3(e)中的光学显微照片所示。在某种意义上来说，这种显微组织介于灰口铸铁(图 13.3(a))和球墨铸铁(图 13.3(b))之间。然而，应当避免锋利的边缘(石墨片特征)；这一特征的存在导致材料的断裂和疲劳抗力降低。CGI 中也加入镁和/或铈，但浓度低于球墨铸铁。CGI 的化学成分比其他类型铸铁的成分更复杂；镁、铈和其他添加剂的组成必须严格控制以产生蠕虫状石墨的微观结构，同时阻止石墨的球化和预防片状石墨的形成。此外，基于热处理方式不同，CGI 的基体相是珠光体和/或铁素体。

与其他类型的铸铁一样，CGI 的力学性质也受到显微组织的影响，主要与颗粒状石墨以及基体相和基体显微组织成分有关。石墨颗粒球化程度的增加会导致强度和延展性的增强。此外，具有铁素体基体的 CGI 比珠光体基体的 CGI 强度低、延展性高。蠕墨铸铁的抗拉强度和屈服强度值与球墨铸铁和可锻铸铁相当，但大于高强度灰口铸铁(表 13.5)。另外，CGI 的延展性介于灰口铸铁和球墨铸铁之间，弹性模量在 140～165 GPa。

与其他类型铸铁相比，CGI 可取的特性包括以下方面：

(1) 高导热系数

(2) 更好的抗热震性(即快速温度变化产生的断裂)

(3) 高温度下的低氧化率

蠕墨铸铁目前正应用在一些重要方面，包括柴油机机体、排气导管、变速箱壳体、高速列车制动盘和飞轮。

非铁基合金

钢和其他铁基合金消耗量非常大，是因为它们有广泛的力学性质，制备相对容易和生产成本低廉。然而，它们也有一些明显的局限性，主要为①密度相对较高，②电导率相对较低，③在常见环境中内在的易腐蚀性。因此，在许多应用中，利用其他具有更合适组合性能的合金是有利的，甚至是必需的。合金系统可以根据基体金属或根据一组合金共有的一些特定性质进行分类。这节讨论以下金属及合金系统：铜基、铝基、镁基和钛基合金；难熔金属；超合金；贵金属和一些其他类型合金，包括镍、铅、锡、锆、锌为基体金属的合金。图 13.6 给出了本节中非铁基合金的分类方案。

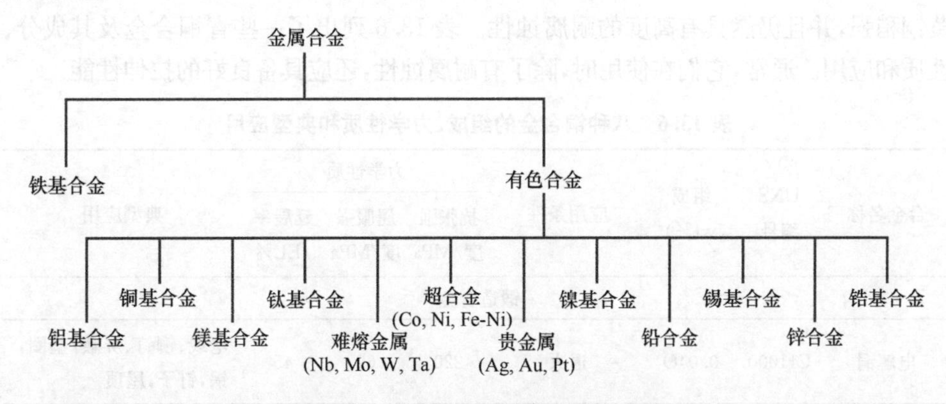

图 13.6　各种非铁基合金的分类方案

铸造合金和锻造合金之间是有区别的。一些合金太脆，以至于不能通过宏观的变形成型加工或塑造；这类合金称为铸造合金。相反，那些适合机械变形的合金称为锻造合金(wrought alloys)。

此外，可以进行热处理的合金是我们经常提到的合金。"热处理性"指的是合金的力学强度可以通过沉淀强化(见 17.7 节)或马氏体相变而提高(通常是前者)，两种方法都涉及具体的热处理工艺。

13.4　铜及其合金

铜和铜基合金具有理想的物理性能组合，自古以来有多种多样的用途。纯铜的硬度太小、延展性太大，以至于很难进行机械加工；同时，它具有几乎无限大的冷加工能力。此外，它在多种环境(包括大气环境、海水和一些化工环境)中具有高度耐腐蚀性。铜的力学性质和耐腐蚀性能可以通过合金化得以完善。大多数铜合金不能通过热处理程序硬化或强化；因此，冷加工和/或固溶合金化必须用来改善这些力学性质。

最常见的铜合金是黄铜(brasses)，其中锌作为铜的一种取代杂质是主要的合金元素。从铜-锌相图(图 11.18)中可以观察到，在锌的浓度达到 35%之前 α 相稳定存在。这一合金相具有面心立方晶体结构，α-黄铜比较柔软、易延展、易冷加工。在室温下，黄铜合金(包括 α 相和 β' 相)的锌含量较高。β' 相为有序的体心立方晶体结构，比 α 相具有更高的硬度和强度；因此，$\alpha+\beta'$ 相合金通常可以进行热加工。

一些常见的黄铜为黄色，军舰和弹壳黄铜；蒙氏铜锌合金和装饰金属。这些合金的组成、性能和典型应用列于表 13.6。黄铜合金一些常见的用途包括服装饰品、弹壳、汽车散热器、乐器、电子封装和硬币。

青铜(bronzes)是铜和其他几种元素如锡、铝、硅和镍组成的合金。这些合金比黄铜稍强,并且仍然具有高度的耐腐蚀性。表 13.6 列出了一些青铜合金及其成分、性质和应用。通常,它们在使用时,除了有耐腐蚀性,还应具备良好的拉伸性能。

表 13.6　八种铜合金的组成、力学性质和典型应用

合金名称	UNS 编号	组成(wt%)[a]	应用条件	力学性质			典型应用
				抗张强度/MPa	屈服强度/MPa	延展率/EL%	
锻造合金							
电解铜	C11000	0.04O	退火	220	69	45	电线、铆钉、屏蔽,垫圈,锅,钉子,屋顶
铍铜	C17200	1.9Be,0.20Co	沉淀强化	1140～1310	690～860	4～10	弹簧、波纹管、点火针、套管阀门、光圈
弹壳黄铜	C26000	30Zn	退火 冷加工(H04)	300 525	75 435	68 8	汽车散热器核,军火组件,仪表灯架,手电筒外壳,踢脚板
磷青铜 5%A	C51000	5Sn,0.2P	退火 冷加工(H04)	325 560	130 515	64 10	波纹管、离合器,光圈,保险丝,弹簧、焊条
30%铜-镍合金	C71500	30Ni	退火 冷加工(H02)	380 515	125 485	36 15	冷凝器和热交换器组件,海底管道
铸造合金							
含铅黄铜	C85400	29Zn,3Pb,1Sn	铸造	234	83	35	家具五金、散热器配件、灯具、电池夹
锡青铜	C90500	10Sn,2Zn	铸造	310	152	25	轴承、套管、活塞环、蒸汽配件、齿轮
铝青铜	C95400	4Fe,11Al	铸造	586	241	18	轴承、齿轮、螺纹、管套、阀座和保护装置,酸洗挂钩

a 平衡成分的是铜。

最常见的可热处理铜合金是铍铜合金。它们具有卓越的性能组合:抗拉强度高达 1400MPa,优良的电学性能和耐腐蚀性能,适当润滑后具有优异的耐磨性能;它们可以进行铸造、热加工或冷加工。高强度是通过沉淀硬化热处理获得的(见 17.7 节)。这些合金由于铍的加入是非常昂贵的,其中铍浓度范围在 1%和 2.5wt%之间。典型应用包括:喷气式飞机起落架轴承和衬套、弹簧、外科手术和牙科器械。图 13.6 包含了一种这类合金(C17200)。

13.5　铝及其合金

铝及其合金的密度相对较低(2.7g/cm^3,钢的密度为 7.9g/cm^3),导电和热导率较高,在一些常见的环境中具有耐腐蚀性,包括大气环境。这些合金由于延展性高很容易变形;这可由相对纯的物质进行轧制可以得到薄的铝箔加以证明。因为铝具有面心立方的晶体结构,即使在非常低的温度下其延展性也可以保留。铝的主要缺点是它的低熔点,660℃,这限制了它可以使用的最高温度。

铝的力学性质可以通过冷加工和合金化增强。然而,这两个过程会降低耐腐蚀性。主要合金元素包括铜、镁、硅、锰和锌。非热处理合金由一个相组成,需要通过固溶强化增加强度。其他可热处理(能够进行沉淀强化)合金都是合金化的结果。在这些合金中,沉淀硬化是由于两种元素的析出,而不是铝形成金属间化合物,如 $MgZn_2$。

一般来说,铝合金可以分为铸造合金或锻造合金。两种类型的组成由一个四位数字命名,表示主要杂质浓度或纯度。铸造合金的小数点在最后两个数字之间。在这些数字后是一个连字符和基本的回火方案(temper designation),用文字或一到三位数字表示合金经历的加工和/或热处理过程。例如 F、H 和 O 代表分别仅未处理,形变硬化和退火状态。表 13.7 给出了铝合金的回火设计方案。此外,几种锻造和铸造合金的成分、性能和应用列于表 13.8。铝合金的常见应用包括飞机结构配件、易拉罐、汽车车身和汽车零部件(引擎槽、活塞和阀组)。

表 13.7　铝合金的回火设计方案

方案	描述
	基本回火
F	未处理——通过铸造和冷加工制造
O	退火——最低的强度回火(仅锻造产品)
H	应变硬化(仅铸造产品)
W	溶液热处理——用于在室温下进行成年累月自然沉淀强化的产品
T	溶液热处理——用于在几星期内强化稳定的产品——后面加一位以上数字
	应变硬化回火[a]
H1	仅应变硬化
H2	应变硬化后部分退火
H3	应变硬化后使之稳定

续表

方案	描述
	热处理回火[b]
T1	从高温成型工艺开始冷却,自然老化
T2	从高温成型工艺开始冷却,冷加工,自然老化
T3	溶液热处理,冷加工,自然老化
T4	溶液热处理,自然老化
T5	从高温成型工艺开始冷却,人工老化
T6	溶液热处理,人工老化
T7	溶液热处理,过老化,稳定
T8	溶液热处理,冷加工,人工老化
T9	溶液热处理,人工老化,冷加工
T10	从高温成型工艺冷却,冷加工,人工老化

a 添加两个数字表明应变硬化程度。

b 添加数字(开头数字不能为零)表示十种不同的回火工艺。

表 13.8 几种常见铝合金的组成、力学性质和典型应用

铝合金协会编号	UNS 编号	组成(wt%)[a]	条件(回火方案)	力学性质			典型应用
				抗张强度/MPa	屈服强度/MPa	延展率/EL%50mm	
			锻造、未热处理的合金				
1100	A91100	0.12Cu	退火(O)	90	35	35～45	食品/化工处理和存储设备,热交换器,反光镜
3003	A93003	0.12Cu,1.2Mn,0.1Zn	退火(O)	110	40	30～40	炊具,高压容器和管道
5052	A95052	2.5Mg,0.25Cr	应变硬化(H32)	230	195	12～18	飞机燃料和石油线,油箱,电器、铆钉、和电线
			锻造、热处理的合金				
2024	A92024	4.4Cu,1.5Mg,0.6 Mn	热处理 (T4)	470	325	20	飞机结构,铆钉、支架轮子、螺纹机械产品

续表

铝合金协会编号	UNS编号	组成(wt%)[a]	条件(回火方案)	力学性质			典型应用
				抗张强度/MPa	屈服强度/MPa	延展率/EL%50mm	
锻造、热处理的合金							
6061	A96061	1.0Mg,0.6Si,0.30Cu,0.20Cr	热处理(T4)	240	145	22～25	支架、独木舟、有轨电车、家具、管道
7075	A97075	5.6Zn,2.5Mg,1.6Cu,0.23Cr	热处理(T6)	570	505	11	飞机结构部件和其他高度强度的应用
铸造、热处理合金							
295.0	A02950	4.5 Cu,1.1 Si	热处理(T4)	221	110	8.5	飞轮和后轴外壳,汽车和飞机的轮子,曲轴箱
356.0	A03560	7.0Si,0.3Mg	热处理(T6)	228	164	3.5	机泵配件,汽车变速箱、水冷气缸体
铝锂合金							
2090	—	2.7Cu,0.25Mg,2.25Li,0.12Zr	热处理,冷加工(T83)	455	455	5	飞机结构和低温储罐结构
8090	—	1.3Cu,0.95Mg,2.0Li,0.1Zr	热处理,冷加工(T651)	465	360	—	耐高损害的飞机结构

a 平衡组成元素为铝。

最近铝和其他低密度金属(如镁和钛)合金越来越多地被用做运输业工程材料,以有效降低燃料消耗。这些材料的一个重要特征是强度系数(specific strength)可以通过抗张强度和比重的比值进行量化。即使这些金属中的某些合金的抗张强度可能低于密度大的材料(如钢),在单位重量上,它仍然能够承受较大的负荷。

最近新一代铝锂合金在飞机和航空航天工业中应用和发展起来。这些材料具有相对低的密度 (2.5～2.6g/cm^3),高比模量(弹性模量和密度之比),优良的抗疲劳和低温韧性。此外,它们中的一些可以进行沉淀硬化。但是,因为锂的化学反应活性，这些材料比传统铝合金的制造更昂贵，需要特殊加工技术。

13.6 镁及其合金

镁的最突出特点是密度为 1.7g/cm³，在所有结构金属中是最低的。因此，镁合金应用在需要着重考虑重量的地方(如飞机部件)。镁具有 HCP 晶体结构，相对比较柔软，弹性模量较低：45 GPa。在室温下，镁及其合金很难变形。事实上，如果不退火，只能进行少量的冷加工。因此，大多数镁合金由铸造或热处理温度在200℃和 350℃之间制造。镁像铝一样，有一个适度的低熔点(651℃)。化学上，镁合金相对不稳定，特别是在海洋环境中容易受到腐蚀。然而大气环境中耐腐蚀或抗氧化是很不错的，这种行为是由于杂质的存在而不是镁合金的固有特性。细的镁合金粉末在空气中加热时容易点燃，因此，在这种状态下处理它时应该注意。

表 13.9 六种常见镁合金的成分、力学性质和典型应用

ASTM 编号	UNS 编号	组成[a] (wt%)	加工条件	力学性质			典型应用
				抗拉强度 /MPa	屈服强度 /MPa	延伸率 /EOL% 50mm	
锻制合金							
AZ31B	M11311	3.0Al，1.0Zn，0.2Mn	挤出、未处理	262	200	15	结构和管道，阴极保护
HK31A	M13310	3.0Th，0.6Zr	应变硬化、部分退火	255	200	9	315℃(588K)高强度
ZK60A	M16600	5.5Zn，0.45Zr	人工老化	350	285	11	飞机最大强度锻件
铸造合金							
AZ91D	M11916	9.0Al，0.15Mn，0.7Zn	铸造、未处理	230	150	3	汽车压铸零件、行李箱和电子设备
AM60A	M10600	6.0Al，0.13Mn	铸造、未处理	220	130	6	汽车轮子
AS41A	M10410	4.3Al，1.0Si，0.35Mn	铸造、未处理	210	140	6	需要良好抗蠕变性的压铸件

a 平衡组成元素为镁。

这些合金也分为铸造合金或锻造合金，其中的一些可进行热处理。铝、锌、锰和一些稀土是主要的合金元素。使用的组成-回火设计方案与铝合金类似。表 13.9 列出了几种常见的镁合金以及它们的成分、性质和应用。这些合金可用于飞机和导弹，以及行李箱。此外，近年来镁合金的需求已在许多不同的行业大大增加了。在许多应用领域，镁合金取代了具有相似密度的工程塑料，因为镁材料硬度更大、可回收，且生产成本更低。例如，镁用于各种手持设备（如链锯、电动工具、钳子）、汽车（如方向盘、座椅、变速箱）和音频、视频、电脑、和通信设备（如笔记本电脑、摄像机、电视机、手机）。

13.7　钛及其合金

钛及其合金是相对较新的工程材料，具有前所未有的性能组合。纯金属的密度相对较低（4.5g/cm^3），熔点高（1668℃），弹性模量为 107GPa。钛合金强度极高，室温抗张强度高达 1400 MPa，有显著的强度系数。此外，合金延展性很强，容易锻造和加工。

非合金钛（即商业纯钛）具有六方密堆积的晶体结构，在室温下表示为 α 相。在 883℃，密堆六方结构材料转变为体心立方（或 β）相。转变温度受合金元素的影响很大。例如，钒、铌和钼会减少 α 相到 β 相的转换温度，促进室温下 β 相形成（β 相对稳定）。此外，对于一些成分，α 和 β 相共存。根据加工后存在的相，钛合金分为四种类型：α 相、β 相、$\alpha+\beta$ 相和近 α 相。

α-钛合金，通常是与铝和锡形成的合金，是高温应用的首选。因为它们具有优越的蠕变特性。此外，热处理强化是不可能的，因为 α 相是稳定相，因此这些材料通常在退火或再结晶状态使用。其强度和韧性是令人满意的，但可锻性不如其他类型的钛合金。

β 钛合金中含有足够浓度的 β 稳定元素（钒和钼），这样，在以足够快的冷却速率下，β（亚稳）相可以在室温下保存。这些材料是高度可锻造的，表现为高断裂韧性。

$\alpha+\beta$ 相材料是包含两种组成相稳定元素的合金。这些合金的强度可以通过热处理加以改善和控制。可以形成各种不同的微观结构，包括 α 相和残留的或转变的 β 相。一般来说，这些材料非常容易成形。

近 α 合金也由 α 相和 β 相组成，其中 β 相的相对含量较少，即它们包含的 β 相稳定元素浓度较低。近 α 合金除了有更加多样化的微观结构和性能之外，它们的性能和制造特征类似于 α 相材料。

钛的主要缺点是它与其他材料在高温下容易发生化学反应。这个性质使钛合金迫切需要精炼、熔化和铸造技术的创新。因此，钛合金相当昂贵的。尽管在高温下易反应，在常温度下钛合金的耐腐蚀性非常高，它们在空气中、海洋中和各种各样的工业环境中几乎是不会被腐蚀的。表 13.10 提供了几种钛合金及其典型的性能和应用。它们通常用于飞机结构、空间飞行器、外科植入物和石油化工行业。

表 13.10　几种常见钛合金的成分、力学性质和典型应用

合金类型	通用名称（UNS 编号）	组成（wt%）	加工条件	平均力学性能			典型应用
				抗张强度/MPa	屈服强度/MPa	延展率/EOL%，50mm	
商业纯	非合金（R50250）	99.5Ti	退火	484	414	25	喷气发动机侧翼，箱子和机身涂层，海洋和化学加工工业耐腐蚀设备
α	Ti-5Al-2.5Sn（R54520）	5Al，2.5Sn，平衡 Ti	退火	826	784	16	燃气涡轮发动机外壳和戒指；480 ℃要求高强度的化工设备
近 α	Ti-8Al-1Mo-1V（R54810）	8Al，1Mo，1V，平衡 Ti	退火（两次退火）	950	890	15	喷气发动机元件（压气机盘、板材和集线器）的锻件
α-β	Ti-6Al-4V（R56400）	6Al，4V，平衡 Ti	退火	947	877	14	高强度的人工植入物、化工设备，机身结构组件
α-β	Ti-6Al-6V-2Sn（R56620）	6Al，2Sn，6V，0.75Cu，平衡 Ti	退火	1050	985	14	火箭发动机机体和高强度机体结构
β	Ti-10V-2Fe-3Al	10V，2Fe，3Al，平衡 Ti	溶液热处理＋老化	1223	1150	10	商业钛合金高强度和韧性的最佳组合；用于要求表面和中心位置拉伸性能均匀的情况；高强度机体组件

13.8　难熔金属

具有极高熔点的金属称为难熔金属。铌(Nb)、钼(Mo)、钨(W)和钽(Ta)都属于这种类型。铌的熔化温度在 2468～3410℃,钨是金属中熔化温度最高的。这些金属的原子间结合键极强,因此熔点较高,此外,在室温及高温下弹性模量也很大,强度和硬度很高。这些金属的应用是多种多样的。例如,钽和钼与不锈钢形成合金,可以提高它的耐腐蚀性能。钼合金用于挤压模具和空间飞行器结构部件。白炽灯丝、X 射线管、焊接电极通常采用钨合金。钽在温度低于 150℃,几乎所有环境中都不会发生化学反应,经常用做耐腐蚀材料。

13.9　超合金

超合金具有性能的高级组合。大多数超合金用于飞机涡轮组件,需要在一定时间内受暴露于氧化和高温环境中。这些条件下设备完整性是至关重要的,从这个角度来讲,密度是重要的考虑因素,因为密度降低时旋转离心应力减少。这些材料根据合金中起主要作用的金属进行分类,共有三种组合:镍-钴合金、镍合金和钴合金。其他合金元素包括难熔金属(Nb、Mo、W、Ta)、铬和钛。此外,这些合金也可以分为锻造合金和铸造合金。它们中几种合金的组成列于表 13.11。

表 13.11　几种超合金的组成

	组成									
合金编号	Ni	Fe	Co	Cr	Mo	W	Ti	Al	C	其他
Fe-Ni 合金(锻造)										
A-286	26	55.2	—	15	1.25	—	2.0	0.2	0.04	0.005B,0.3V
Incoloy 925	44	29	—	20.5	2.8	—	2.1	0.2	0.01	1.8Cu
Ni 合金(锻造)										
Inconel-718	52.5	18.5	—	19	3.0	—	0.9	0.5	0.08	5.1Nb,≤0.15Cu
Waspaloy	57.0	≤2.0	13.5	19.5	4.3	—	3.0	1.4	0.07	0.006B,0.09Zr
Ni 合金(铸造)										
Rene 80	60	—	9.5	14	4	4	5	3	0.17	0.015B,0.03Zr
Mar-M-247	59	0.5	10	8.25	0.7	10	1	5.5	0.15	0.015B,3Ta,0.05Zr,1.5Hf
Co 合金(锻造)										
Haynes 25 (L-605)	10	1	54	20	—	15	—	—	0.1	
Co 合金(铸造)										
X-40	10	1.5	57.5	22	—	7.5	—	—	0.5	0.5Mn,0.5Si

除了应用于涡轮发动机，超合金还可以用于核反应堆和石油化工设备。

13.10 贵金属

贵金属或称贵重金属是八种元素的总称，这些元素有一些共同的物理特征。它们是昂贵的(珍贵)，并且具有优越的性能，如柔软、韧性、抗氧化。贵金属有银、金、铂、钯、铑、钌、铱和锇，其中前三个是最常见的，并广泛用于首饰。银和金可以通过与铜形成固溶体合金得到强化；标准纯银是包含大约 7.5 wt %铜的银铜合金。银和金的合金常用作牙齿修复材料。一些集成电路连接线是金。铂常用于化学实验室设备，作为催化剂(特别是在汽油制造中)和高温热电偶。

13.11 其他非铁基合金

前面的讨论包括了绝大多数的非铁基合金；然而，还有其他一些非铁基合金用于各种各样的工程应用中，我们有必要简要提及这些合金。

镍及其合金在许多环境中高度耐腐蚀，尤其是在碱性环境中。镍通常喷涂或电镀在某些易受腐蚀的金属表面作为保护措施。蒙氏合金，是一种镍基合金，包含大约 65 wt %镍和 28 wt %铜(平衡组成为铁)，具有非常高的强度和极好的耐腐蚀性，经常用于泵、阀门和其他接触酸和石油溶液的部件中。正如前面提到的，镍是不锈钢的主要合金元素之一，也是超合金的主要成分之一。

铅、锡及其合金常用作工程材料。铅和锡的物理性能柔软而脆弱，熔点低，在许多腐蚀环境非常耐腐蚀，再结晶温度低于室温。一些常见的焊料即为低熔点的铅锡合金。铅及其合金的应用包括 X-射线防护罩和蓄电池。锡的主要用途是作为普通碳钢易拉罐(镀锡白铁罐)内壁的薄涂层，用作食品容器；这种涂层可以抑制钢和食物之间的化学反应。

非合金锌也是相对软的金属，熔点和再结晶温度较低。在化学中，锌可以在一些常见的环境中发生反应，因此容易被腐蚀。镀锌钢是普通碳钢镀上薄薄的一层锌，锌优先被腐蚀从而保护钢铁(见 17.9 节)。镀锌钢的典型应用是大家所熟悉的(金属板、栅栏、屏幕、螺丝等)。锌合金常见的应用包括挂锁、管道设备、汽车零部件(门把手和格栅)、办公设备。

虽然锆在地壳中相对丰富，直到最近商业炼油技术才成熟起来。锆及其合金是易延展的，其他力学特征与钛合金和奥氏体不锈钢类似。然而，这些合金的主要优点是它们在腐蚀介质(如过热水)中的抗腐蚀性。此外，锆对热中子是透明的，所以它的合金可以在水冷式核反应堆中用作铀燃料涂层。考虑到费用很高，也常常作为特殊的热交换器材料、反应器和化学加工和核工业的管路系统。它们也用于军用的燃烧弹和真空管的密封设备。

第14章　陶瓷的性质及应用

陶瓷材料的性质由它们的结构所决定，例如：①无机玻璃材料是光学透明的，这主要是由于它们是非晶材料；②黏土是水塑性的(即可以通过加水形成塑性材料)，这种性质与水分子和黏土分子的相互作用相关(见4.11节、17.9节和图4.15)；③一些陶瓷材料的永磁特性和铁电特性也是由它们的结构导致的(见21.5节和19.24节)。

14.1　介绍

陶瓷材料和它们的晶体结构已在第1章和第4章进行了简要描述。直到过去60年左右，这一领域最重要的材料叫做“传统陶瓷”，它们的主要原材料是黏土，通常认为产品为瓷器、陶瓷、砖、瓦，除此之外，还有玻璃和高温陶瓷。近年来，在理解这些材料的基本特性和由它们独特性能而产生的现象上取得了显著的进步。因此，产生了许多新一代的材料，“陶瓷”一词亦有了更加宽泛的意义。在一定程度上，这些新材料对我们的生活有更加显著的影响；电子、计算机、通信、航天航空和其他行业都依赖于它们的使用。

本章主要讨论陶瓷材料的相图和它们的机械特性。这一领域材料的制造工艺在下一章讨论。

陶瓷的相图

许多陶瓷体系的相图已经通过实验得到。二元或者两种成分相图通常是两组元都是化合物，具有一个共同元素，通常是氧。这类相图类似于金属-金属体系，解释也基本相同。读者可以查阅本书11.8节，查阅相关相图的解释。

14.2　Al_2O_3-Cr_2O_3 体系

氧化铝和氧化铬体系的相图是陶瓷中比较简单的相图之一，见图14.1。此相图与异质同形的铜-镍相图(图11.3(a))相同。存在一个单相液态区，一个单相固态区，固液两相之间由一个刀片状的固-液两相共存区隔开。Al_2O_3-Cr_2O_3 固溶体是置换式固溶体，其中 Al^{3+} 和 Cr^{3+} 是相互取代。在 Al_2O_3 熔点以下，可以存在任何成分的固溶体，因为铝离子和铬离子带有相同电荷和相近的离子半径

(分别是 0.053nm 和 0.062nm)，而且 Al_2O_3-Cr_2O_3具有相同晶体结构。

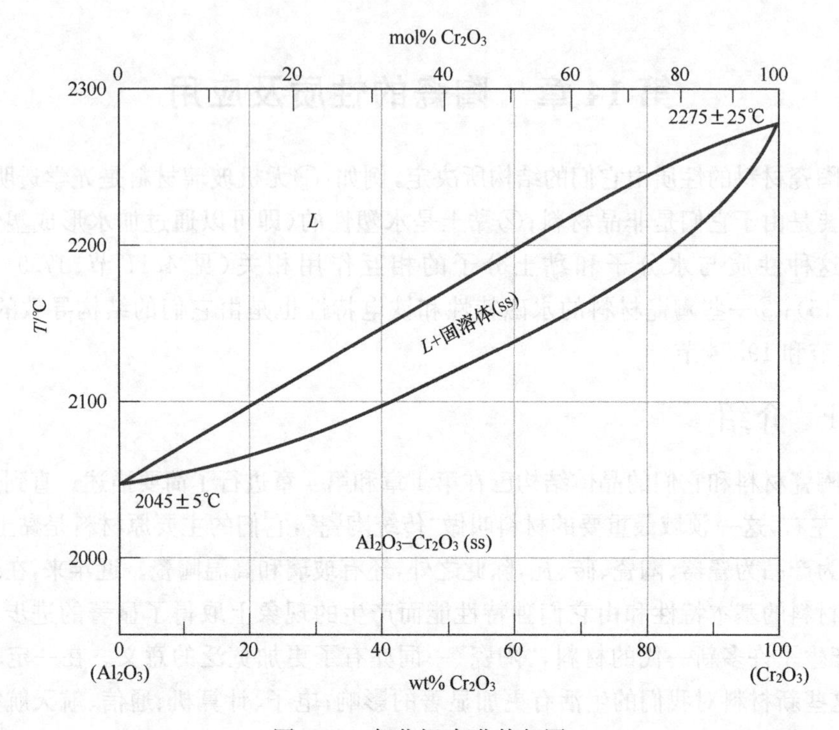

图 14.1　氧化铝-氧化铬相图

14.3　MgO-Al_2O_3体系

MgO-Al_2O_3体系相图(图 14.2)在很多方面与铅镁体系相图(11.19)相似，存在一个中间相，或者更确切地说，存在一个叫尖晶石的化合物，其化学式是 $MgAl_2O_4$(或者 MgO-Al_2O_3)。尽管尖晶石是一种化合物，其组分为 50mol%Al_2O_3 和 50mol%MgO 或者说 72wt%Al_2O_3和 28wt%MgO，但是在相图上尖晶石以单相区存在，而不是以一条直线(图 11.19 中的 Mg_2Pb)存在。这是因为在此成分范围内，尖晶石是一种稳定的化合物。当成分不满足 50mol%Al_2O_3 + 50mol%MgO 时，尖晶石处于非理想化学配比。在 1400℃下 Al_2O_3 在 MgO 中有一个极限固溶度(如图 12.23 中的左边极限)，这主要是因为 Mg^{2+} 和 Al^{3+} 所带电荷不同，以及离子半径不同(0.072nm 和 0.053nm)造成的。由于同样的原因，MgO 几乎不溶于 Al_2O_3这一点可从相图中最右边缺少固溶体看出。同时在尖晶石相区的两边有两种共晶体，理想化学配比的尖晶石在 2100℃融化。

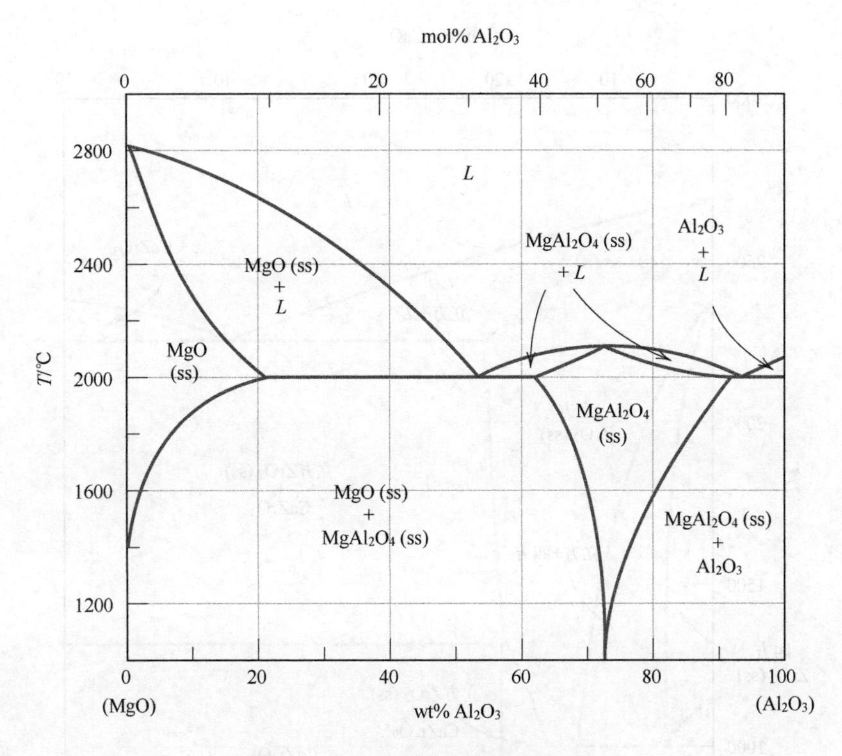

图 14.2　氧化镁-氧化铝体系相图

14.4　ZrO_2-CaO 体系

另一种重要的二元陶瓷体系是氧化锆和氧化钙体系，此体系的部分相图示于图 14.3。水平轴仅延伸到 31wt%CaO(50mol%CaO)，在此组分形成了 $CaZrO_3$ 化合物。值得注意的是，在此体系中，存在一个共晶反应(2250℃和 23wt%CaO)、两个共析反应(1000℃和 2.5wt%CaO 和 850℃和 7.5wt%CaO)

从图 14.3 中我们也可以看出，ZrO_2 以三种不同的晶体结构相存在，分别是四方结构、单斜结构和立方结构。纯 ZrO_2 在大约 1150℃发生从四方相向单斜相的转变，转变伴随着比较大的体积变化，导致裂纹形成，陶瓷制品失效。通过添加 3wt%～7wt%CaO 可以稳定氧化锆避免此类失效发生。在 1000℃以上以及超出此成分范围的情况下，立方相和四方相可以同时存在。在正常条件下，冷却到室温，不能形成相图所预示的单斜 ZrO_2 相和 $CaZr_4O_9$ 相。因此四方相和立方相可以被很好地保留下来，同时亦消除了产生裂纹的可能性。所以氧化钙含量在上述成分范围内的氧化锆材料被称为部分稳定氧化锆或者叫 PSZ。氧化钇(Y_2O_3)和氧化镁也可以做稳定剂。如果添加更好的稳定剂，室温下就只有立方相保留下来，这就是完全稳定的氧化锆。

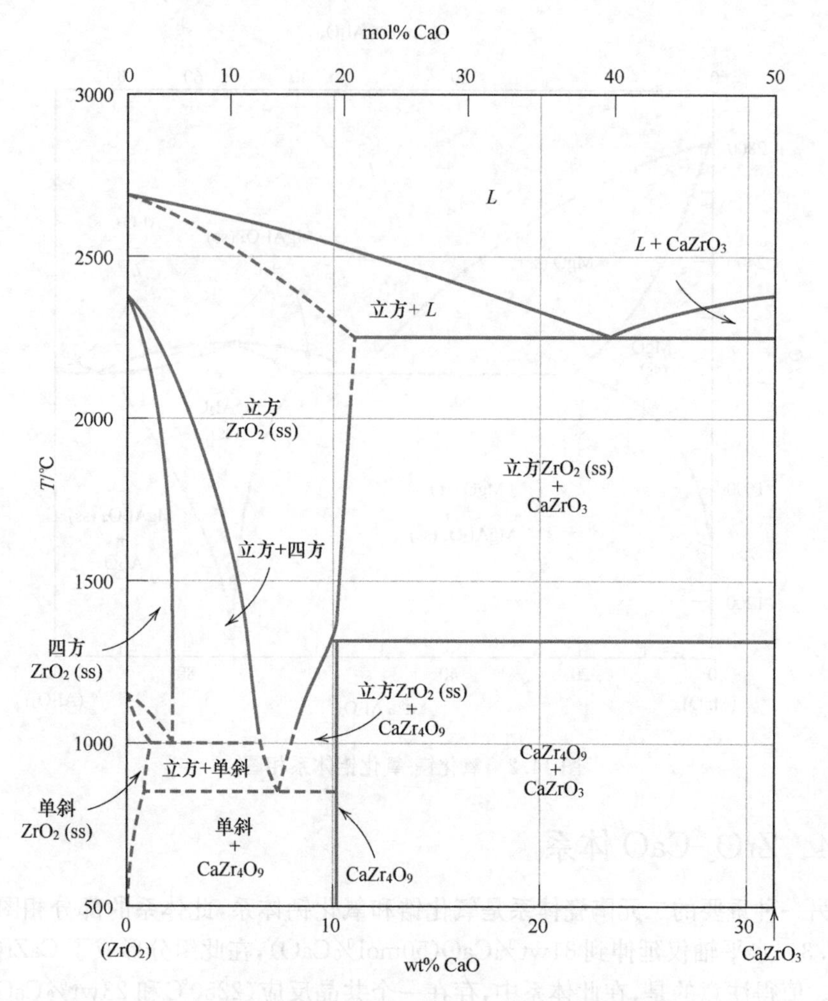

图 14.3 氧化锆-氧化镁体系部分相图，ss 表示固溶体

14.5 SiO_2-Al_2O_3 体系

从商业角度讲，硅石和铝土体系非常重要，因为硅石和铝土是许多陶瓷耐火材料最主要的两种组分。图 14.4 是 SiO_2-Al_2O_3 的相图。在一定温度下保持稳定的二氧化硅多晶型形式称为方石英，方石英的晶胞见图 4.11。硅石和铝土之间不互溶，这一点可以从相图左右两极不存在固溶体看出。通过相图还可以看出，在此体系中存在一个中间化合物莫来石，化学式是 $3Al_2O_3$-$2SiO_2$，在相图 14.4 中以一个狭窄的相区存在，在 1890℃莫来石开始逐渐熔融；在 1587℃，当 Al_2O_3 含量为 7.7wt%时存在一个共晶点。在本书 14.13 节还将对主要成分为硅石和铝土的陶瓷耐火材料进行讨论。

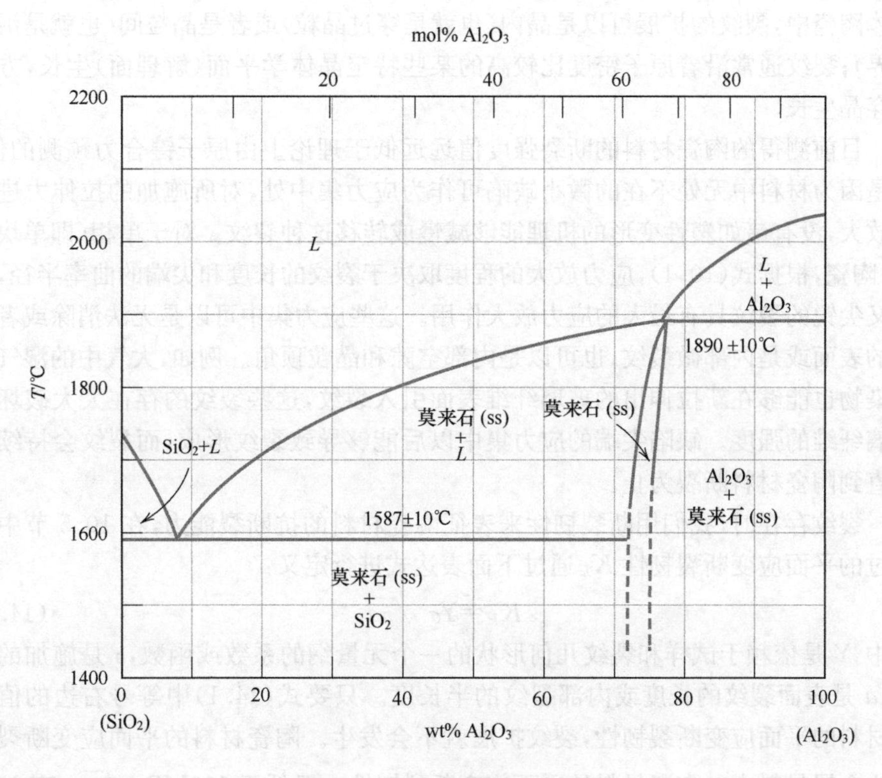

图 14.4　硅石-铝土体系相图

力学特性

早在青铜器时代，人类的工具和容器大部分是用石头(一种陶瓷材料)制造的。在 3000 到 4000 年前，金属由于其韧性和良好的延展性，得到了广泛的应用。在那段历史时期，陶瓷材料由于其脆性的本质，在很多应用方面受到其力学特性的限制。其主要缺陷是吸收很小的能量就发生灾难性的脆性断裂。虽然许多拥有韧性的新复合材料以及多相陶瓷正在发展中(通常是仿制自然界中天然的复合陶瓷，比如贝壳)，但是当前使用的大多数陶瓷材料还是易碎的。

14.6　陶瓷的脆性断裂

室温下，施加一定的外加拉伸载荷，无论是晶体陶瓷还是非晶体陶瓷几乎都是在塑性形变产生之前就发生了断裂。在 10.4 节和 10.5 节，已经讨论了脆性断裂和断裂机制，这些内容也与陶瓷材料的断裂有关，这一节首先对上述内容进行简短的复习。

脆性断裂内容包括在与加载方向垂直的截面上裂纹的形成与裂纹的扩展。在晶体陶瓷中，裂纹的扩展可以是晶内(也就是穿过晶粒)或者是晶粒间(也就是沿着晶界)；裂纹通常沿着原子密度比较高的某些特定晶体学平面(解理面)生长，方式为穿晶生长。

目前测得的陶瓷材料的断裂强度值远远低于理论上由原子键合力预测的值，这是因为材料中无处不在的微小缺陷可作为应力集中处，对所施加的拉伸力进行了放大，没有诸如塑性变形的机理能够减慢或转移这种裂纹。对于单相(即单块电路)陶瓷，根据式(10.1)，应力放大的程度取决于裂纹的长度和尖端的曲率半径，又长又尖锐的裂纹具有最大的应力放大作用。这些应力集中可以是无法消除或者控制的表面或是内部微裂纹，也可以是内部空隙和晶粒顶角。例如，大气中的湿气和污染物也能够在新拉伸出的玻璃纤维表面引入裂纹，这些裂纹的存在大大破坏了玻璃纤维的强度。缺陷尖端的应力集中以后能够导致裂纹形成，而裂纹会持续扩展直到陶瓷材料断裂为止。

裂纹存在时，我们用断裂韧性来表征陶瓷材料的抗断裂能力，在 10.5 节中讨论过的平面应变断裂韧性 K_{Ic} 通过下面表达式进行定义：

$$K_{Ic}=Y\sigma\sqrt{\pi a} \tag{14.1}$$

其中，Y 是依赖于试样和裂纹几何形状的一个无量纲的系数或函数，σ 是施加的应力，a 是表面裂纹的长度或内部裂纹的半长度。只要式(14.1)中等号右边的值小于材料的平面应变断裂韧性，裂纹扩展就不会发生。陶瓷材料的平面应变断裂韧性比金属材料小。陶瓷材料的平面应变断裂韧性一般低于 $100\text{MPa}\sqrt{\text{m}}$。表 10.1 列出了几种陶瓷材料的 K_{Ic} 值。

在某些情况下，陶瓷材料在自然静态压力作用下，即使式(14.1)中等号右边的值小于 K_{Ic} 值，也会由于裂纹的缓慢扩展导致断裂发生，这种现象叫"静态疲劳"，或者叫"延时断裂"。术语疲劳的使用有点误导，因为在缺少循环应力的情况下，裂纹也可以产生(第 10 章已经对金属疲劳进行了讨论)。实验上已经观察到，这种类型的断裂对于环境条件非常敏感，尤其是当大气比较潮湿的时候显得尤为突出。这可能是在裂纹尖端发生应力腐蚀，外加的拉应力与材料的溶解等共同作用下导致了裂纹锐化和增长。最终，根据式(10.3)，当一条裂纹长到一定尺寸时裂纹发生快速扩展。而且从施加应力到断裂前期所需时间随着应力的增加而减短。因此，当强调静态疲劳强度时，我们需要考虑施加应力的时间。硅酸盐玻璃非常容易发生这种断裂，其他陶瓷材料中如瓷器、硅酸盐水泥、高钒土陶瓷、钛酸钡和氮化硅中也观察到了同样的断裂。

对于一种脆性陶瓷材料，许多样品可以表现出不同的断裂强度。图 14.5 是氮化硅材料的断裂强度的频率分布。这种现象可以通过断裂强度与能够启动的裂纹的存在概率的依赖关系进行解释。对同一种材料，生产技术和后续处理不同，这种概率也不同，此外，样品的尺寸和体积也会影响到断裂强度。样品越大，裂纹存在

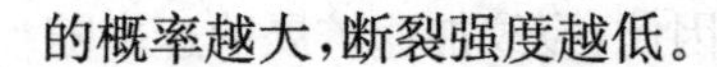
的概率越大，断裂强度越低。

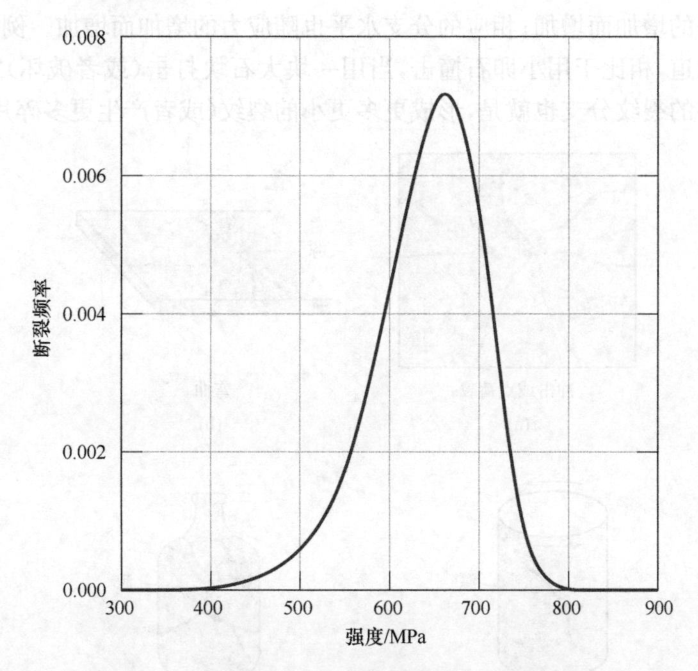

图 14.5　氮化硅材料的断裂强度的频率分布

在压应力下，裂纹不产生扩展。因此，脆性陶瓷在压应力的状态下表现出很高的强度(大约是拉伸状态的 10 倍)，他们通常应用于有压应力存在的情况下。脆性陶瓷的断裂强度可以通过在其表面产生残余压力而得到极大的提高。我们可以通过回火处理的方法达到这一点(见 17.8 节)。

对于一种选定的材料，通过统计理论和实验数据相结合的方法可以确定这种材料的断裂风险，有关此问题的讨论已经超出了本书的范围。然而，由于脆性陶瓷材料断裂强度的测量值存在分散性，8.6 节和 8.7 节讨论过的平均值和安全因子等不能用于材料设计。

陶瓷的断口形貌学

很多时候，我们需要获得陶瓷断口的相关信息，以便于我们可以采取措施减少未来事故发生的可能性。故障分析通常集中于初始裂缝缺陷的位置、种类以及源头。断口的研究(见 10.3 节)通常是包括检查裂纹扩展路径以及断裂表面的显微特点这类分析的一部分。通常用简单廉价的仪器如放大镜或者低功率的双筒光源光学显微镜进行这类检查。当放大倍数更大时，需要用到扫描电子显微镜。

成核之后，经过增殖，达到临界(终端)速度后裂纹开始加速扩展；对于玻璃制品，临界值大约是声速的一半。达到这个临界值之后，裂纹开始产生分支(或者分叉)，这个过程持续重复直到裂纹系产生。四种常见加载模式下，典型裂纹结构示意图如图 14.6 所示。成核的地方是裂纹汇聚的点。因此,裂纹加速扩展的速率随着应力水平的增加而增加;相应的分支水平也随应力的增加而增加。例如,从经验我们可以知道,相比于用小卵石撞击,当用一块大石块打击(或者破坏)窗户时,会产生非常多的裂纹分支也就是,形成更多更小的裂纹(或者产生更多碎片)。

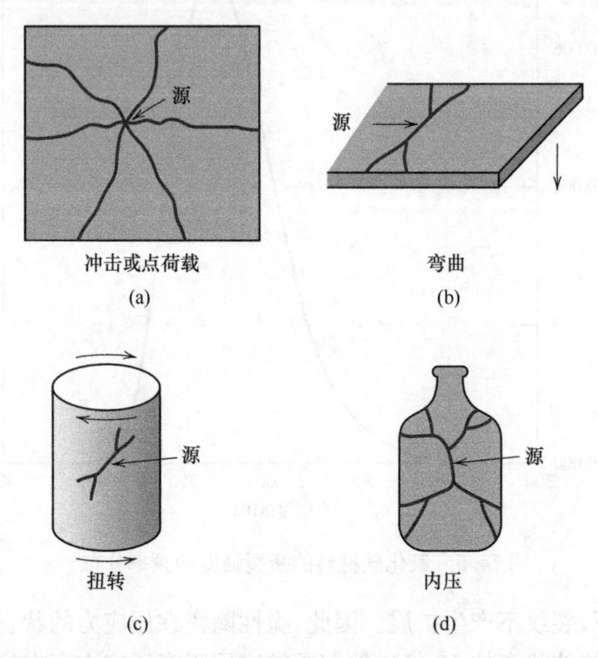

图 14.6　对于脆性陶瓷材料,裂纹起源以及结构原理示意图,裂纹形成原因:
(a) 碰撞(或点接触)负载、(b) 弯曲、(c) 扭转负载、(d)内压力

在扩展的过程中,裂纹与材料的金相组织、压力以及产生的弹性波相互作用;这些交互作用在断裂面产生不同的特点。因此这些特点能够提供有关裂纹起始地点以及裂纹产生缺陷的源头的重要信息。除此之外,测量断裂产生时的压力近似值也是有用的;应力大小可以表明陶瓷片是否极度脆弱或者此时压力比预期压力值大。

大多数能失效陶瓷片裂纹表面发现的微观特征原理图如图 14.7 以及图 14.8 的显微照片所示。在最初扩展加速期形成的裂纹面是平坦光滑的,称为镜面区(图 14.7)。对于玻璃裂纹,镜面区是极度平坦而且是高度反光的;对于多晶陶瓷,镜面区更粗糙一些且有粒状纹理。镜面区的外周长接近圆形,裂纹起源于它的中心。

当达到临界速度值后,裂纹开始分支,即裂纹表面改变传播方向。同时,裂纹界面在微观尺度变得粗糙,并产生了雾区和波纹区两种表面特征;如图 14.7 和图 14.8 所示。雾区是在镜外模糊的环形区域;在多晶陶瓷片中常常不能被识别出。雾区之上是有纹理更粗糙的波纹区域。波纹区是由一系列在裂纹扩展方向上

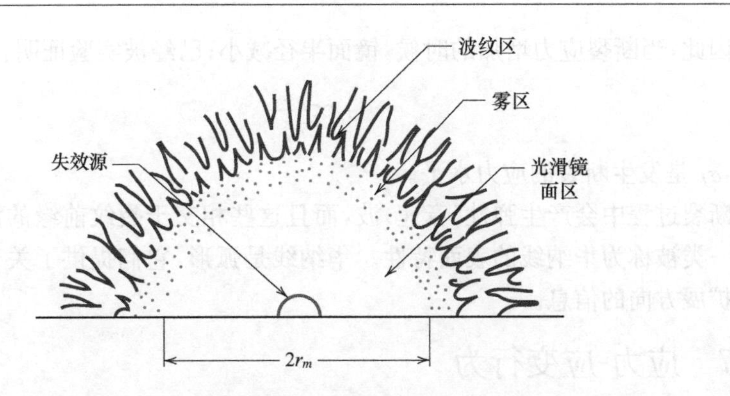

图 14.7　脆性陶瓷裂纹表面的典型特点示意图

远离裂纹源的条纹或者线组成;它们相交于裂纹起源处,通过这个我们可以找到裂纹的源头。

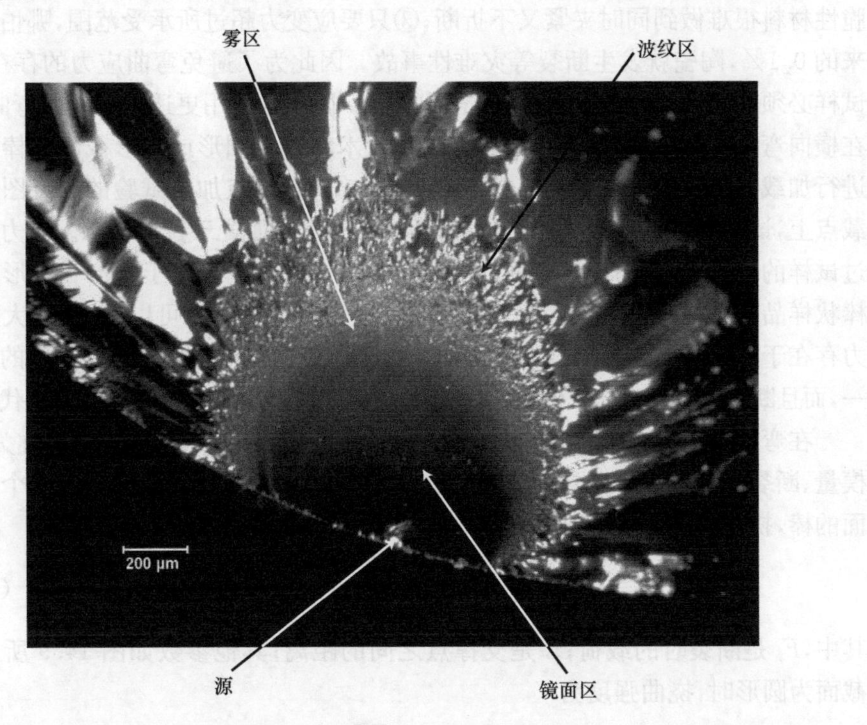

图 14.8　6mm 石英玻璃棒在四点弯曲断裂后,断裂面的显微照片。图中标出了这类断裂面的典型特点——源头、镜面区、雾区以及波纹区

关于断裂应力大小的相关信息可以通过测量镜面半径(在图 14.7 中的 r_m)获得。镜面半径是新形成裂纹的加速度变化率的函数,即加速度变化率越大,裂纹达到它的临界速度越快,镜面半径越小。而且,加速度变化率随应力水平增加而增

加。因此，当断裂应力增加的时候，镜面半径减小；已经被实验证明：

$$\sigma_f \propto \frac{1}{r_m^{0.5}} \tag{14.2}$$

其中，σ_f 是发生断裂的应力水平。

断裂过程中会产生弹性(音速)波，而且这些相交于裂纹前缘的波的痕迹引起了另一类被称为华纳线的表面特性。华纳线是弧形，它们提供了关于应力分布和裂纹扩展方向的信息。

14.7 应力-应变行为

挠曲强度

脆性陶瓷的应力-应变行为一般不能通过 8.2 节描述的拉伸实验来确定，原因如下：①很难制备所要求的几何尺寸的样品，对这种样品的测试也非常困难；②对脆性材料很难做到同时夹紧又不折断；③只要应变力超过所承受范围，哪怕只是原来的 0.1%，陶瓷就发生断裂等灾难性事故。因此为了避免弯曲应力的存在，拉伸试样必须是完全理想取向，这点不容易计算。因此常使用更适合的横向弯曲实验。在横向弯曲实验中，通过三点或四点加载技术对具有圆形或矩形截面的棒状试样进行加载，使试样发生弯曲，直至断裂。图 14.9 是三点加载试验的示意图。在加载点上，试样的上表面处于压缩状态，而试样的下表面处于拉伸状态。应力可以通过试样的厚度、弯曲力矩以及截面的转动惯量计算得到。对于圆形和矩形截面的棒状样品，上述参数标于图 14.9 中。利用这种应力表达式可以确定，最大拉伸应力存在于加载点对应的试样的下表面。由于陶瓷的拉伸强度是压缩强度的十分之一，而且断裂经常发生在拉伸试样表面，因此弯曲实验是拉伸实验的合理替代实验。

在弯曲实验中，断裂时的应力即为挠曲强度(flexural strength)，又称为：断裂模量、断裂强度或者弯曲强度，它是脆性陶瓷的一个重要力学参数。对一个矩形截面的棒，挠曲强度 σ_{fs} 为

$$\sigma_{fs} = \frac{3F_f L}{2bd^2} \tag{14.3a}$$

其中，F_f 是断裂时的载荷；L 是支撑点之间的距离；其他参数如图 14.9 所示。当截面为圆形时，挠曲强度为

$$\sigma_{fs} = \frac{F_f L}{\pi R^3} \tag{14.3b}$$

R 是试样半径。

表 14.1 列出了几种陶瓷材料特的征挠曲强度值。而且，σ_{fs} 与试样的尺寸有关。正如前文所说，增加试样体积(即试样受到拉应力)，裂缝产生的裂纹的几率增大，因此挠曲强度降低。除此之外，特定陶瓷材料挠曲强度的大小比在拉力实验中

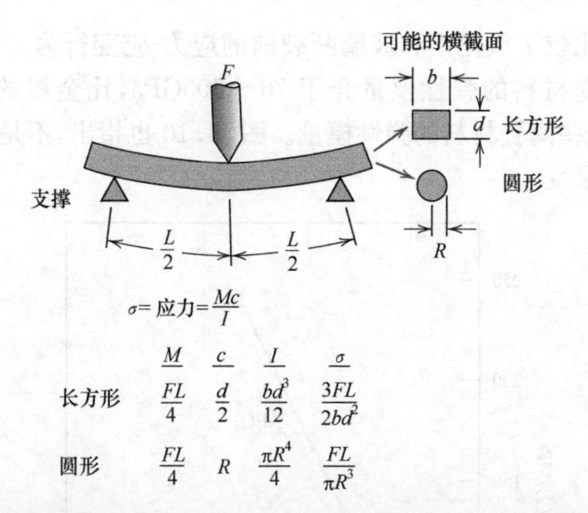

图 14.9　测量脆性陶瓷应力-应变行为和挠曲强度的三点加载实验示意图，以及计算矩形和圆形截面的应力表达式。其中，M 为最大弯曲力矩；c 为试样中心到外层纤维的距离；I 为横截面惯性力矩；F 为外加负载

测得的断裂强度大。这种现象可以通过不同施加应力下试样的体积的不同来解释：整个拉伸试样承受拉应力，然而只有一部分弯曲试样的体积分数是由于拉应力产生的，这些区域在试样表面，与施加荷载的点相反（图 14.9）。

表 14.1　十种常见陶瓷材料的特征挠曲强度（断裂模量）和弹性模量

材料	挠曲强度/MPa	弹性模量/GPa
氮化硅（Si_3N_4）	250～1000	304
氧化锆[a]（ZrO_2）	800～1500	205
碳化硅（SiC）	100～820	345
氧化铝（Al_2O_3）	275～700	393
玻璃陶瓷（微晶玻璃）	247	120
多铝红柱石（$3Al_2O_3$-$2SiO_2$）	185	145
尖晶石（$MgAl_2O_4$）	110～245	260
氧化镁（MgO）	105[b]	25
熔融氧化硅（SiO_2）	110	73
钠钙玻璃	69	69

a 含有 3% Y_2O_3 的部分稳定化合物。

b 经过烧结含有大约 5%孔隙。

弹性行为

利用弯曲实验，得到的陶瓷材料的弹性应力-应变行为与金属的拉伸实验结果相似。图 14.10 比较了氧化铝和玻璃断裂前的应力-应变行为。弹性区域的斜率是弹性模量。陶瓷材料的弹性模量介于 70～500GPa，比金属的弹性模量稍高。表 14.1 列出了某些陶瓷材料的弹性模量。图 14.10 也指出，不是所有的材料在断裂前都经历塑性形变。

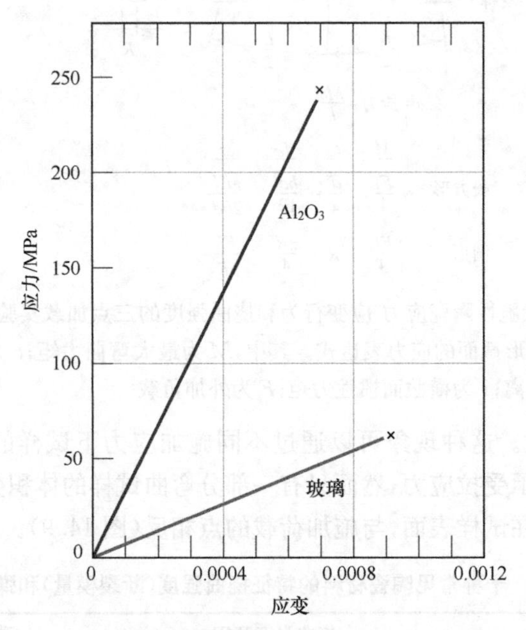

图 14.10　氧化铝和玻璃断裂前典型的应力-应变行为

14.8　塑性变形机制

尽管在室温下绝大多数陶瓷在塑性变形发生之前就开始了断裂，但是对其可能的机制进行简短的探讨也是有意义的。晶体陶瓷和非晶陶瓷的塑性变形机制是不同，下面将分别讨论。

晶体陶瓷

与金属相似，晶体陶瓷的塑性变形也是通过位错运动发生还有(参见第 9 章)。晶体陶瓷材料硬度高、脆性大的原因之一是滑移(或位错运动)很困难。对于以离子键为主的晶体陶瓷材料，只存在很少的滑移系(晶面以及晶面内的晶向)。这是因为离子携带电荷，在某些方向上滑移使得同性离子相互靠近，由于静电排斥作用，这种滑移模式受到很大的限制。在金属中，所有的原子都是电中性，因此不存在这个问题。

另外，对那些共价键较多的陶瓷材料，滑移同样困难，而且这类材料的脆性很大。主要原因如下：①共价键相对较强；②只有有限的几个滑移系；③位错结构很复杂。

非晶陶瓷

非晶陶瓷原子结构不规则,因此位错运动不产生塑性变形。相反,这类材料通过滞流(黏滞流)发生变形,类似液体变形方式。变形速率与外加应力成正比,为了响应外加切应力,原子或离子通过键合的断开和再形成产生滑移。这种滑移和位错滑移不同,没有确定的发生方式和方向。宏观的滞流如图 14.11 所示。

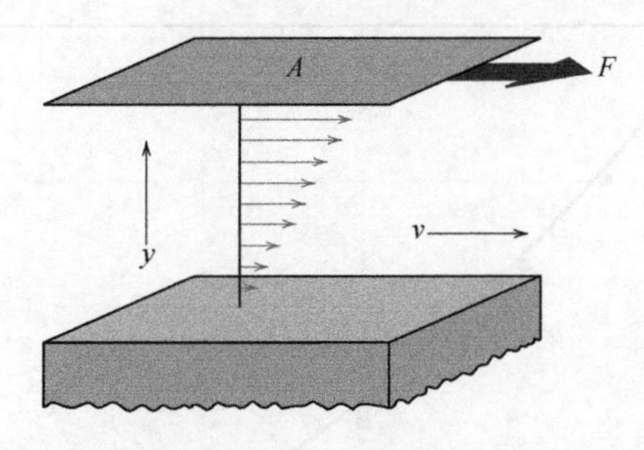

图 14.11　为了响应外加切应力,液体或流体玻璃的滞流示意图

黏滞系数(viscosity)是滞流的特征量,是非晶材料抗形变能力的度量。当两个互相平行的平板施加切向应力导致板之间的液体产生滞流时,黏滞系数 η 是所加切应力 τ 与垂直平板方向上速度随距离变化率的比值,即

$$\eta=\frac{\tau}{\mathrm{d}v/\mathrm{d}y}=\frac{F/A}{\mathrm{d}v/\mathrm{d}y} \tag{14.4}$$

示意图见图 14.11。

黏滞系数的单位是泊(P)和帕·秒(Pa·s);$1\mathrm{P}=1\mathrm{dyne}\cdot\mathrm{s/cm^2}$,$1\mathrm{Pa}\cdot\mathrm{s}=1\mathrm{N}\cdot\mathrm{s/m^2}$。两个单位换算关系为

$$10\mathrm{P}=1\mathrm{Pa}\cdot\mathrm{S}$$

液体的黏滞系数很小。例如,水在室温的黏滞系数大约为 $10^{-3}\,\mathrm{Pa}\cdot\mathrm{s}$,而玻璃由于原子之间存在很强的键合力,因此在室温下,具有很大的黏滞系数,随着温度的升高,键合力减弱,滑移运动以及原子或离子的流动变得容易,黏滞系数极大降低。有关玻璃的黏滞系数对温度的依赖关系将在 17.8 节中讨论。

14.9　其他力学因素

孔隙率的影响

正如 17.9 节和 17.10 节中将要讨论的,某些陶瓷加工技术,前驱物材料为粉状,在随后的加压成型过程中,粉状颗粒被压制成理想形状,因此颗粒之间存在孔隙和孔洞。在随后的热处理过程中,绝大多数孔隙将被消除。但是通常情况下,孔隙并不能被完全消除,有一些残余孔隙会被保留下来(图 17.34)。任何残余的孔隙都会破坏材料的弹性和强度。例如,实验上观察到,某些陶瓷材料的弹性模量 E 随着孔隙的体积分数 P 的增加而降低。

$$E=E_0(1-1.9P+0.9P^2) \tag{14.5}$$

其中,E_0 是无孔隙材料的弹性模量。孔隙的体积分数对氧化铝的弹性模量的影响见于图 14.12,图中的曲线是式(14.5)计算的结果。

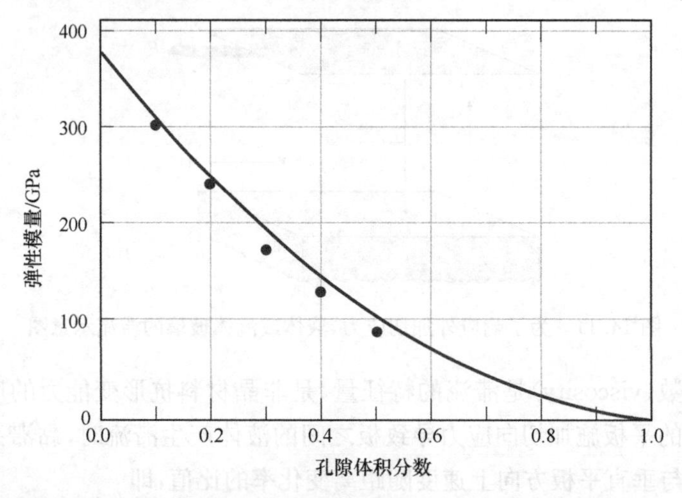

图 14.12　孔隙的体积分数对氧化铝的弹性模量的影响,图中的曲线是式(14.5)计算的结果

孔隙率对挠曲强度造成破坏的原因主要有两个:①孔隙降低了加载截面的面积;②孔隙造成应力集中,一个孤立的球状孔隙可以将所加拉应力放大一倍。孔隙对强度的影响非常巨大。例如,体积分数 10% 的孔隙可以将挠曲强度降低 50%(与无孔隙材料的挠曲强度相比较)。孔隙对氧化铝的挠曲强度的影响曲线示于图 14.13。实验上已经发现,挠曲强度随孔隙的体积分数 P 呈指数衰减。

$$\sigma_{fs}=\sigma_0\exp(-nP) \tag{14.6}$$

σ_0 和 n 是实验常数。

硬度

由于陶瓷材料的易碎性以及当硬度计压在表面施力时易于破裂,因此精确的硬度是很难测量到的;大量裂缝使信息容易读取错误信息。球形硬度计压头(罗克韦尔和布氏硬度实验)由于会产生严重的破裂,通常不用于陶瓷材料。这类材料的硬度通常用拥有锥形硬度计压头的维氏硬度计和努氏技术测量(见 8.5 节,表 8.5)。维氏硬度计广泛用于陶瓷硬度的测试;然而,对于一些非常易于破碎的陶瓷材料,努氏技术更完美。而且,对于两个技术,硬度随着载荷(或者压痕尺寸)的增加而减小,最终达到与载荷无关的稳定硬度,不同的陶瓷有不同的稳定值。理想的硬度实验应该是用接近稳定值,但是又不会导致过度破裂的足够大的载荷进行实验的。

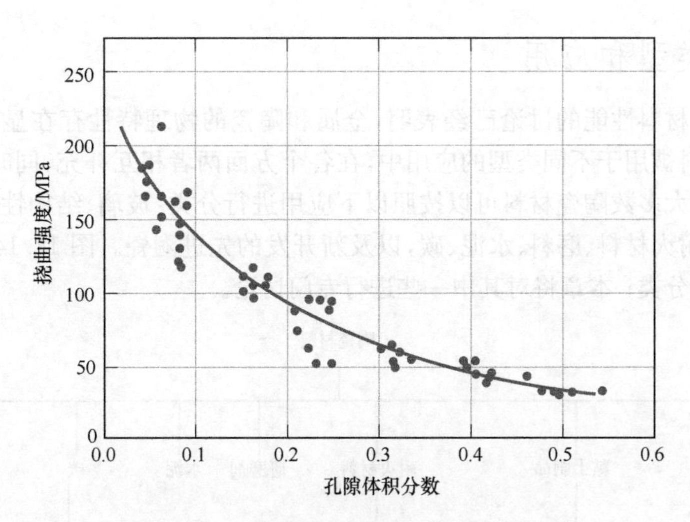

图 14.13　孔隙对氧化铝的挠曲强度的影响

陶瓷材料的一个非常优异的力学特性是其硬度；目前所知的最硬的材料就是陶瓷材料。表 14.2 列出了几种不同的陶瓷材料的维氏硬度。这些材料通常在研磨或者磨削操作时用到。

表 14.2　八种陶瓷材料的维氏(努氏)硬度

材料	维氏强度/GPa	努氏强度/GPa	注释
金刚石(C)	130	103	单晶,(100)面
碳化硼(B_4C)	44.2	—	多晶,烧结
氧化铝(Al_2O_3)	26.5	—	多晶,烧结,纯度 99.7%
碳化硅(SiC)	25.4	19.8	多晶,反应烧结,烧结
碳化钨(WC)	22.1	—	熔融
氮化硅(Si_3N_4)	16.0	17.2	多晶,热压
氧化锆(部分稳定)	11.7	—	多晶,9mol% Y_2O_3
钠钙玻璃	6.1	—	

蠕变

通常情况下,在长期暴露在压力(通常为压应力)以及高温的情况下,陶瓷材料处于缓慢的变形过程中。通常,其变形-时间的关系与金属类似(如 10.12 节所述);但是陶瓷在高温时更容易发生蠕变。通过陶瓷材料的高温压缩蠕变测试,我们已经基本确定陶瓷材料蠕变行为与温度和压力有关。

陶瓷的类型和应用

前述对材料性能的讨论已经表明，金属和陶瓷的物理特性存在显著差距，因此，这些材料被用于不同类型的应用中，在各个方面两者相互补充，同时也可以形成聚合物。大多数陶瓷材料可以按照以下应用进行分类：玻璃、结构性黏土制品、白色陶瓷、耐火材料、磨料、水泥、碳，以及新开发的先进陶瓷。图 14.14 展示了这几个类型的分类；本章将对其中一些进行专门讨论。

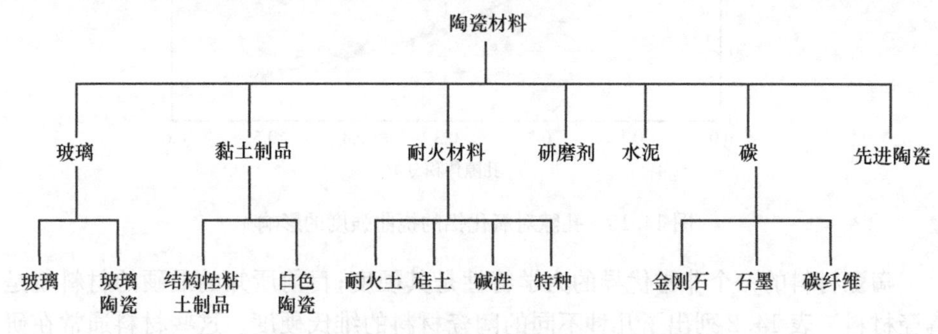

图 14.14　陶瓷材料按照应用类型分类

14.10　玻璃

玻璃是一类常见的陶瓷，容器、透镜和玻璃纤维都是其典型的应用。如前所述，他们是非结晶硅酸盐及其氧化物，特别是 CaO、Na_2O、K_2O 和 Al_2O_3，他们的存在可以影响玻璃的性质。例如，典型的钠钙玻璃含有约 70wt%的 SiO_2，其余主要为 Na_2O(苏打)和 CaO(石灰)。表 14.3 列出了几种常见的玻璃材料的组成。这些材料的两个主要特点是其光学透明度和易加工性。

表 14.3　一些常见商用玻璃的成分和特点

玻璃类型	构成/wt%						特点及应用
	SiO_2	Na_2O	CaO	Al_2O_3	B_2O_3	其他	
石英玻璃	>99.5						熔点高，膨胀系数极低(热抗震)
96%硅土维克玻璃	96				4		耐热，耐化学腐蚀实验室器皿
硼硅玻璃(派热克斯玻璃)	81	3.5		2.5	13		耐热，耐化学腐蚀微波器皿
容器(碱石灰)	74	16	5	1		4MgO	熔融温度低，易制作，坚固耐用

续表

玻璃类型	构成/wt%						特点及应用
	SiO_2	Na_2O	CaO	Al_2O_3	B_2O_3	其他	
玻璃纤维	55		16	15	10	4MgO	容易形成纤维-玻璃-树脂复合材料
火石光学玻璃	54	1				37PbO，8K_2O	高密度和高指数折射光学镜片
玻璃陶瓷（微晶玻璃）	43.5	14			5.5	6.5TiO_2，0.5As_2O_3	易制造，抗蚀抗热冲击，烤箱器皿

14.11　玻璃陶瓷

大多数无机玻璃可以通过高温热处理使非结晶态转换为晶态而制成，这个过程称为结晶(crystallization)，产物为细粒度多晶材料，通常称为玻璃-陶瓷(glass-ceramic)。这些小的玻璃陶瓷颗粒的形成从某种意义上说是一个相变过程，涉及成核阶段和生长阶段。结晶的动力学(即速率)可以用 12.3 节中的金属体系相变的原理进行说明。例如，确定转化温度和时间可以使用等温转变和连续冷却转变图(图 12.5 和图 12.6)来表示。图 14.15 为玻璃结晶过程的连续冷却转变图，这个转变过程曲线的开始和结束的形状与铁碳合金的共析组成相同(图 12.25)，并且还包括两个连续冷却曲线，标为 1 和 2；由图可知曲线 2 表示的冷却速度比曲线

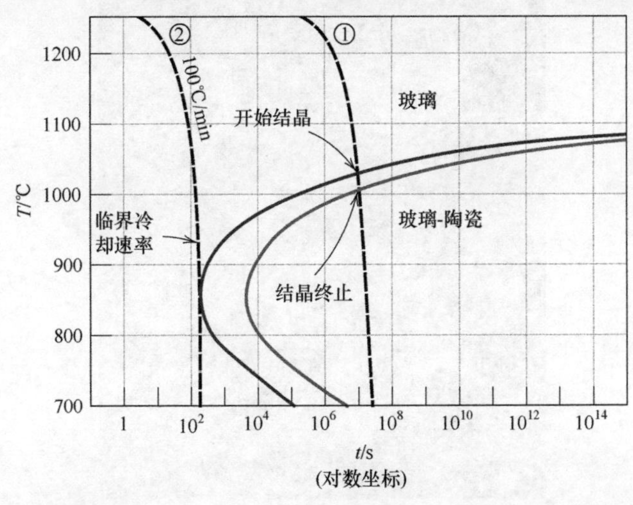

图 14.15　玻璃($35.5wt\%\ SiO_2$、$14.3wt\%\ TiO_2$、$3.7wt\%\ Al_2O_3$、$23.5wt\%$ FeO、$11.6wt\%$ MgO、$11.1wt\%$ CaO、$0.2wt\%\ Na_2O$)结晶过程的连续冷却转变图。1 和 2：两条冷却曲线

1大得多。还要注意的是，对于曲线1表示的连续冷却路径，随着时间的增加和温度继续降低，其与上部曲线的交点表示开始结晶；下面的曲线与曲线1的交点，表示所有的初态玻璃已经结晶完全。冷却曲线2恰好错开了结晶曲线的突出部分，它表示临界冷却速率（对于该玻璃，100℃/min），也就是说，在最后室温产物为100％玻璃的情况下的最小冷却速率。冷却速率若低于最小冷却速率，玻璃-陶瓷材料即形成。

通常向玻璃中加入成核剂（常用二氧化钛）以促进结晶。成核剂的存在可以使开始转移和结束转变曲线在更短的时间内完成。

玻璃陶瓷的性能及应用

玻璃-陶瓷材料具有以下特征：相对较高的机械强度、热膨胀（以避免热冲击）系数低、良好的高温性能、良好的介电性能（电子封装应用）和良好的生物兼容性。一些玻璃-陶瓷是光学透明的，也有陶瓷材料是不透明的。这类材料最具吸引力的属性是可塑性，可以用传统的玻璃成形技术生产无孔器具。

玻璃陶瓷是根据Pyroceram、CorningWare、Cercor和Vision等商品名称进行的商业化生产的。这些材料最常见的用途是制作烤箱器皿、餐具、烤箱外窗和顶部，主要是因为它们具有优异的抗热性。它们还可以充当电绝缘体，用做印刷电路板的基片，还可用于建筑包层和热交换器蓄热。表14.3累出了典型的玻璃陶瓷，图14.16是其扫描电子显微照片，显示了玻璃-陶瓷材料的微观结构。

图14.16　为玻璃-陶瓷材料的扫描电子显微照片。长长的针状刃形粒子可以制成具有超强强度和韧性的材料。40000×

14.12　黏土产品

使用最广泛的陶瓷原料是黏土，这种廉价的陶瓷原料，广泛存在于自然界中，不需要任何开采和提纯即可使用；它受欢迎的另一个原因是，黏土制品容易制得，只要选取适当的比例，黏土和水混合即形成一种塑性物质，非常适合于成形，然后干燥去除一些水分，将其在高温下焙烧，以改善机械强度。

大多数以黏土为基础的产品大致分为两大类：结构性黏土制品（structural clay products）和白色陶瓷（whiteware）。结构性黏土产品包括建筑用砖、瓷砖和下水道管道，其结构完整性在应用中是非常重要的。白色陶瓷在高温烧结（firing）后才变成白色，该类的其他瓷器、陶器、餐具、瓷器和管道设备（洁具）也需要经过此过程。除了黏土，许多这样的产品还含有非塑料组分，这会影响干燥烧制过程和成品的特性（见 17.9 节）。

14.13　耐火材料

陶瓷的另一个重要种类是耐火陶瓷（refractory ceramics），这些材料能够承受高温而不熔化或分解，并且暴露于恶劣的环境下仍能保持惰性。此外，热绝缘能力通常是一个重要的考虑因素，耐火材料可被制成各种形式，但砖是最常见的，典型的应用包括炉衬金属冶炼、玻璃制造、冶金热处理和发电设备。

耐火陶瓷的性能在很大程度上取决于其组成。在此基础上，可分为以下几类：耐火黏土、硅土、碱性和特种耐火材料。一些常见商业耐火材料列于表 14.4 中。对于许多商业材料，原始配料一般包括大颗粒（或熟料）和细颗粒，可以采用不同的组成进行混合。在焙烧时，微粒通常涉及化学键的形成过程，这个过程决定砖的强度；这个阶段在玻璃状或结晶状时更加显著，该过程温度通常低于该耐火砖焙烧温度。

表 14.4　五种常见陶瓷耐火材料的组成

耐火材料	构成/wt%							表观孔隙率/%
	Al_2O_3	SiO_2	MgO	Cr_2O_3	Fe_2O_3	CaO	TiO_2	
耐火土	25～45	70～50	0～1		0～1	0～1	1～2	10～25
富铝耐火黏土	90～50	10～45	0～1		0～1	0～1	1～4	18～25
硅土	0.2	96.3	0.6			2.2		25
方镁石	1.0	3.0	90.0	0.3	3.0	2.5		22
方镁石-铬矿	9.0	5.0	73.0	8.2	2.0	2.2		21

孔隙率是产生耐火砖必须加以控制的一个微观变量。孔隙度下降，强度，承载能力和抗腐蚀性都会增加都，同时热绝缘特性和耐热冲击性会降低，最佳的孔隙率

决定其应用情况。

黏土耐火材料

黏土质耐火材料的主要成分是高纯度耐火土、氧化铝(25wt%)和二氧化硅(45wt%)混合物。根据 SiO_2-Al_2O_3 相图(图 14.4),在该组合物范围内不液化的最高温度为 1587℃,低于此温度,存在的平衡相是富铝红柱石和二氧化硅(方英石)。在耐火过程中,少量液体的存在不影响机械完整性。高于 1587℃,液相分数取决于耐火物。增加氧化铝含量可提升最高工作温度,并且允许有少量的液体生成。

黏土砖主要用于熔炉,以控制过热环境,并在温度过高时隔绝结构构件。对于黏土砖,强度通常并不作为一个重要因素来考虑,因为通常不需要它载荷支撑结构,而是着重于成品的尺寸精度和稳定性。

硅质耐火材料

硅质耐火材料的主要成分是二氧化硅,有时也称为酸耐火材料。这些材料大都具有耐高温能力,通常用于制造炼钢设备的拱形屋顶和玻璃制造炉;在这些应用里,其耐受温度高达 1650℃。在这种温度下,耐火砖的一小部分实际已为液体。即使是很小浓度的氧化铝也会对这些耐火材料的性能产生极大的影响,具体可以由二氧化硅-氧化铝相图进行说明(图 14.4)。因为共晶组合物(7.7wt%的 Al_2O_3)非常接近于相图的二氧化硅末端,即使添加少量的氧化铝,液相温度降低仍很显著,这意味着大量液体在温度超过 1600℃时仍存在。因此,氧化铝的含量应保持在最低限度,通常为 0.2wt%~1.0wt%。

这些耐火材料也存在于炉渣中,它们富含二氧化硅(称为酸炉渣),并经常被用来作为储存容器。然而,炉渣中高比例的 CaO 或 MgO(碱性炉渣)可以轻易腐蚀此类容器,因此应避免与这些氧化物材料相接触。

碱性耐火材料

这些富含镁石或氧化镁(MgO)的耐火材料,被称为碱性耐火材料,它们也可以含有钙,铬和铁。二氧化硅的存在会降低他们的高温性能。碱性耐火材料能够耐受含有高浓度的 MgO 和 CaO 的炉渣,在一些炼钢平炉中被广泛使用。

特种耐火材料

其他陶瓷材料常被用作专门的耐火材料,其中一些是相对高纯度的氧化物材料,具有很少的孔隙,如氧化铝、二氧化硅、氧化镁、氧化铍(BeO)、氧化锆(ZrO_2)和莫来石($3Al_2O_3$-$2SiO_2$)。其他碳化物中,除了碳和石墨。碳化硅(SiC)常被用作电阻加热元件,作为内炉组件的坩埚材料。碳和石墨均为难溶物,但它们的应用范围有限,因为它们在温度超过约 800℃时易被氧化,所以,这些专特种耐火材料是相对昂贵的。

14.14　研磨剂

磨料陶瓷(abrasive ceramics)常用来研磨或切除其他材料,因此,对于这类材料的首要条件是硬度和耐磨性;此外,高韧性也是必要的,以确保磨料颗粒不容易断裂。此外,磨料在摩擦时易产生高温,所以也要求材料具有一定的耐火度。

天然或合成钻石,可被用作磨料,但它们是相当昂贵的。更常见的陶瓷磨料包括碳化硅、碳化钨(WC)、氧化铝(或刚玉)和硅砂。

研磨剂常被键合到砂轮上作为涂覆磨料和松散颗粒。当作为涂覆磨料时,这些磨料颗粒通过玻璃状陶瓷或有机树脂的方式结合到砂轮上。表面结构中含有一些孔隙,在耐火材料的孔隙内通入持续的气流或液体冷却剂防止过热。图 14.17 为黏合研磨剂、暴露出来的磨料、键合相和气孔的微观结构。

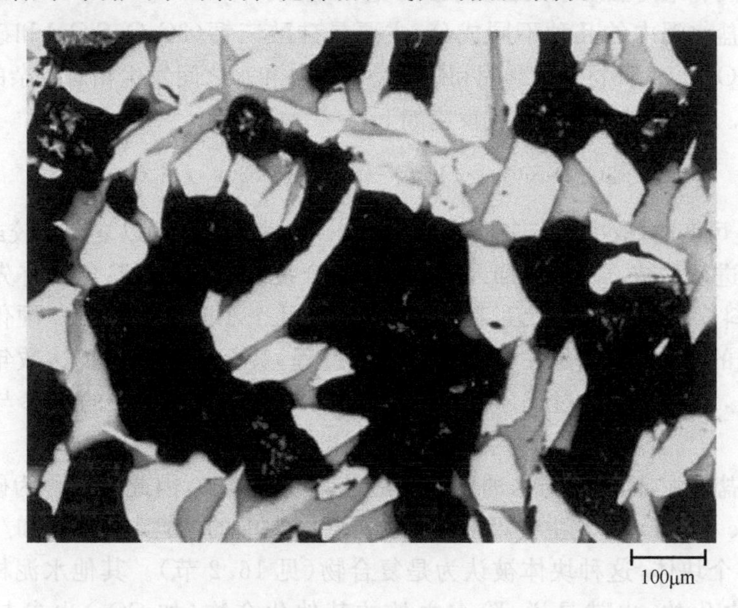

图 14.17　氧化铝研磨陶瓷的显微照片。亮光区域是氧化铝磨粒,灰色和暗区分别为结合相和孔隙。100×

涂布磨料是指磨料粉末涂覆在纸或布上的一种材料,砂纸是我们最熟悉的例子。木材、金属、陶瓷和塑料都经常使用这种类型的磨料进行抛光。

磨削、研磨和抛光砂轮常常使用那些以油或水性媒介物为基础的松散磨料颗粒,常用各种粒度范围的钻石、刚玉、碳化硅和胭脂(氧化铁)的分散形式。

14.15　水泥

一些熟悉的陶瓷材料都属于无机水泥(inorganic cements):水泥、熟石膏和石灰，它们的产量都非常高。这些材料与水混合时，能够形成一种膏体，随后凝固和硬化。这个特征使它们能够快速形成任何形状的牢固刚性结构。另外，一些此类材料可以充当黏结相，利用化学键将颗粒聚集为单一结构。当灼烧黏土产品和耐火砖时，水泥会产生类似于玻璃中黏结相的作用，一个重要的区别是水泥黏结的过程在室温下就能进行。

在此类材料中，硅酸盐水泥的消耗量最大。它通过是以适当的比例研磨和充分混合黏土和石灰轴承矿物质，然后在一个旋转窑中，将混合物加热至1400℃左右生产得到的。这个过程中，生产原料中的物理和化学变化也被称为煅烧(calcination)。由此产生的"熟料"产物再磨成很细的粉末，可以向其中加入少量的石膏($CaSO_4$-$2H_2O$)来延缓处理过程，这种产品就是硅酸盐水泥。硅酸盐水泥的特性，如凝固时间和最终强度很大程度取决于它的组成。

硅酸盐水泥中的几种不同成分，主要是硅酸三钙($3CaO$-SiO_2)和硅酸二钙($2CaO$-SiO_2)。这种材料的凝固和硬化是各成分和水之间发生相对复杂的水合反应的结果。例如，硅酸二钙水化反应如下：

$$2CaO\text{-}SiO_2 + xH_2O \longrightarrow 2CaO\text{-}SiO_2\text{-}xH_2O \tag{14.7}$$

其中，x是可变的，取决于有多少游离态的水。这些水合产物以复合凝胶或结晶物质的形式进行黏结。一旦水加入水泥中，水合反应即开始，混合后首先表现为凝固(塑料糊的硬化)，这个过程很快，通常是几个小时之内完成。硬化质量影响进一步的水化，水化是一个相对缓慢的过程，甚至可以持续长达数年。需要强调的是，水泥硬化的过程不是干燥，而是水合，实际上其中的水参与了化学反应。

硅酸盐水泥，因为它与水的化学反应使其硬度增加，因此也被称为硬性水泥(hydraulic cement)。它主要用于把砂浆和混凝土中的惰性颗粒(砂和/或砾石)凝聚为一个块体，这种块体被认为是复合物(见16.2节)。其他水泥材料如石灰，是非水化的，也就是说，除水之外的其他化合物(如CO_2)也参与了硬化反应。

14.16 碳

4.12节中描述了碳的两种多晶型形式——金刚石和石墨的晶体结构。此外，纤维也是由碳材料制得的。在这一节中，我们将讨论这些结构以及这三种形式的碳的重要性质和应用。

金刚石

金刚石的物理特性是比较特别的。从化学角度上讲，它是化学惰性的，并且耐受许多腐蚀性介质。在所有已知的块状材料中，金刚石是最坚硬的，这是其极强的

原子间 sp^3 杂化键的结果。此外对于所有此类固体，均具有最低的滑动摩擦系数，而且其热导率高，电性能显著。在可见光和红外区域的电磁波谱内均是透明的，在所有材料中，它具有最宽的光谱发射范围，高性能的折射和单晶光学特性，这些特性都使金刚石成为最有价值的宝石。表 14.5 列出了金刚石及其他碳材料的几个重要特性。

表 14.5　金刚石，石墨和碳(纤维)的性质

性质	材料			
	金刚石	石墨		碳(纤维)
		面内	面外	
密度/(g/cm^3)	3.51	2.26		1.78～2.15
弹性模量/GPa	700～1200	350	36.5	230～725[a]
压力/MPa	1050	2500		1500～4500[a]
导热系数/(W/(m·K))	2000～2500	1960	6.0	11～70[a]
热膨胀系数/$\times 10^{-6}K^{-1}$	0.11～1.2	−1	+29	−0.5～−0.6[a] 7～10[b]
电阻系数/(Ω·m)	10^{11}～10^{14}	1.4×10^{-5}	1×10^{-2}	9.5×10^{-6}～17×10^{-6}

a 纵向纤维取向。

b 横向纤维取向。

利用高压高温(HPHT)技术生产人工合成钻石始于 50 年代中期。这种技术导致了当今市场上相当大比例的工业级甚至宝石级的钻石是人工合成的。

工业级钻石是利用金刚石的高硬度、耐磨性应用和低摩擦系数，主要应用于主机中，包括金刚石钻头和锯、拉丝的模具，以及切割、研磨、抛光设备(见 14.14 节)的研磨剂。

石墨

由于其结构(图 4.18)，石墨是高度各向异性的，其性能值取决于其测定时的晶向。例如，平行和垂直于石墨烯平面的电阻率分别是 10^{-5} 和 10^{-2} Ω·m。离域电子的流动性极高，所以其在平行于平面的方向上的运动使该方向上具有相对较低的电阻率(即高导电性)。另外，由于弱的晶面间范德瓦耳斯键的作用，其晶面能够相对容易地彼此滑动，这就解释了石墨优异的润滑性能。

表 14.5 列出了石墨和金刚石之间性能的显著差距。例如，从物理性质来看，石墨是非常柔软的薄片状结构，具有较小的模量或弹性，其平面内的导电性是金刚石的 10^{16}～10^{19} 倍，而其热导率大致相同。此外，虽然金刚石的热膨胀系数相对较小，石墨的平面内热膨胀系数也较小，但它们垂直平面的热膨胀系数却相对较大。石墨为黑银色，在光学上是不透明的。石墨其他重要的性质包括：在高温和非氧化性气氛具有稳定的化学性质，高的热冲击抗力、高气体吸附性和良好的可加工性。

石墨具有多种多样的用途，包括润滑剂、铅笔、电池电极、摩擦材料（如刹车片）、电炉加热元件、电焊条、冶金坩埚、高温耐火材料和绝缘材料、火箭喷嘴、化学反应器容器、电触点（如刷子）及空气净化装置。

碳纤维

由碳组成的小直径、高强度和高模量的纤维，常被用作聚合物基体复合材料的强化成分（见 16.8 节）。碳在这些纤维材料中以石墨烯层的形式存在。但是，根据前驱体（即制备该纤维的材料）和热处理方式的不同，这些石墨烯层以不同的结构存在。石墨质碳纤维，具体就是指石墨烯层呈现有序的石墨结构，其平面是相互平行的，具有较弱的范德瓦耳斯键。有时在制备过程中，石墨烯能够随机折叠，倾斜和褶皱形成更无序的结构，被称为乱层碳（turbostratic carbon）。由两种结构类型区域组成的石墨-无序纤维混合结构也有可能被合成出来。图 14.18 是一个混合光纤的结构示意图，展示了石墨和无序结构。石墨纤维通常比无序纤维具有更高的弹性模量，但无序纤维往往强度更大。此外，碳纤维的性质是各向异性的，平行于纤维轴（长度方向）的碳纤维比垂直于它（横向或径向方向上）的强度和弹性模量值要大。表 14.5 也列出了碳纤维材料的特征性能值。

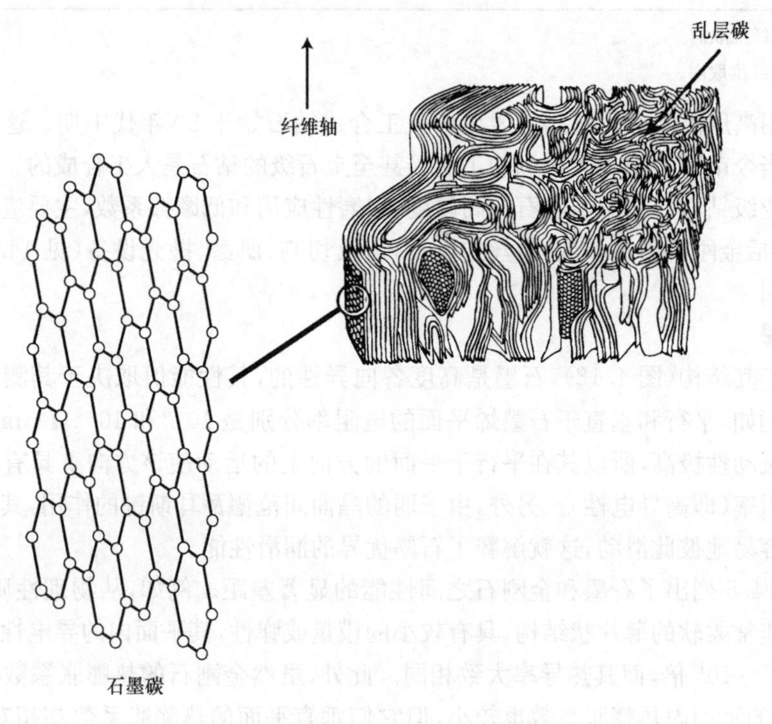

图 14.18　碳纤维的石墨状结构和无序碳结构示意图

因为大多数纤维由石墨和无序结构组成，所以我们用碳而不是石墨表示这些纤维。

在这三种最常用于聚合物增强复合材料(碳、玻璃、芳族聚酰胺)中,碳纤维具有最高的弹性和强度模量,所以是最昂贵的。表 16.4 中列出了这三种(以及其他)纤维材料的性能比较。此外,增强高分子复合材料的碳纤维具有更高的模量和比强度。

14.17　先进陶瓷

尽管前面讨论的传统陶瓷在生产实践过程中占了主导地位,新型陶瓷和先进陶瓷的开发已经开始,并将继续在先进技术领域占领重要地位。特别是电、磁和光学特性组合的独特陶瓷已被利用在新产品中,其中的一些在第 19 章、第 21 章、第 22 章进行了讨论。先进陶瓷包括在微机电系统中使用的材料,以及纳米碳(富勒烯、碳纳米管和石墨烯),这些都是接下来将要讨论的内容。

微机电系统

微机电系统(Microelectromechanical systems,MEMS),是微型的"智能"系统(见 1.5 节),是将大量的与许多电子元件结合机械装置集成在硅基板上组成的。机械部件由微传感器和微制动器组成。微传感器用来收集测量得到的机械、热力学、化学、光学和磁现象的环境信息。微电子组件来处理这个输入信号,随后发出响应微型制动器的指令并执行,微型制动器设备也可做出回应,如定位、移动、抽吸、调节和过滤等回应。这些制动装置包括梁、坑、齿轮、马达和膜等,尺寸均在微米量级。图 14.19 是一个线性齿条传动减速驱动 MEMS 的扫描电子显微照片。

图 14.19　线性齿条传动减速驱动 MEMS 的扫描电子显微照片。齿轮链通过左上方齿轮将旋转运动转变为直线运动来驱动线性轨道(右下)。放大倍数为 100×

MEMS的制程与硅基集成电路的制程基本相同，包括光刻、离子注入、蚀刻和沉积技术，这些都是非常成熟的技术。此外，一些机械部件也是使用微机械加工技术制造的。MEMS元件是非常复杂可靠的，而且尺寸极小。由于此类制造技术可以进行批量操作，所以MEMS技术是非常经济的，具有低成本效益。

硅用于MEMS时有一些局限。硅具有较低的断裂韧性（$\sim 0.90\text{MPa}\sqrt{\text{m}}$）和相对低的软化温度（600℃），并且在水和氧存在下是高活性的。因此，现在对于MEMS元件，尤其是高速器件和纳米涡轮机的研究主要是应用陶瓷材料，他们强度更大，耐热性强，且化学惰性更强。

MEMS实际应用的一个例子是加速度计（加速器/减速传感器），用于汽车受到碰撞时气囊系统的设置。对于这种应用，这个重要的微电子组件是独立起作用的。相对于传统的气囊系统相比，MEMS单元更小，更轻并且更可靠，生产成本也降低。

潜在的MEMS应用包括电子显示器、数据存储单元、能量转换装置、化学检测器（用于危险的化学、生物制剂检测和药物筛选）和微系统DNA扩增和鉴定。毋庸置疑，这种MEMS技术还有一些未知的应用将会对社会发展具有深远的影响，甚至可能超越微电子集成电路在过去三十年中的影响。

纳米碳

纳米碳是最近发现的一类碳材料，具有新颖性和卓越的性能，目前应用于一些尖端技术，相信必将对未来技术的应用起到重要作用。三种属于此家族的纳米碳为富勒烯、碳纳米管、石墨烯。前缀"纳米"表示该颗粒粒径小于100纳米。另外，纳米粒子中的碳原子之间通过sp^2杂化轨道相连。

1）富勒烯

富勒烯，发现于1985年，是由60个碳原子组成的空球状团簇，单个分子表示为C_{60}。碳原子键结合在一起，以便形成六边形（六碳原子）和五边形（五碳原子）的几何构型。图14.20为一个富勒烯的结构示意图，由20个六边形和12个五边形组成，排列方式为没有两个五边形共享一个公共棱边，分子表面呈现足球的对称性。C_{60}分子组成的物质被称为富勒烯（buckminsterfullerene，简称为布基球），以纪念发明了网格状球顶的R. Buckminster Fuller，每个C_{60}就类似于这样一个圆顶的分子。术语富勒烯用来表此类型分子组成的材料。

在固态中，C_{60}单元构成晶体结构，堆积成面心立方阵列。这种材料被称为富勒烯，表14.6列出了它的一些属性。

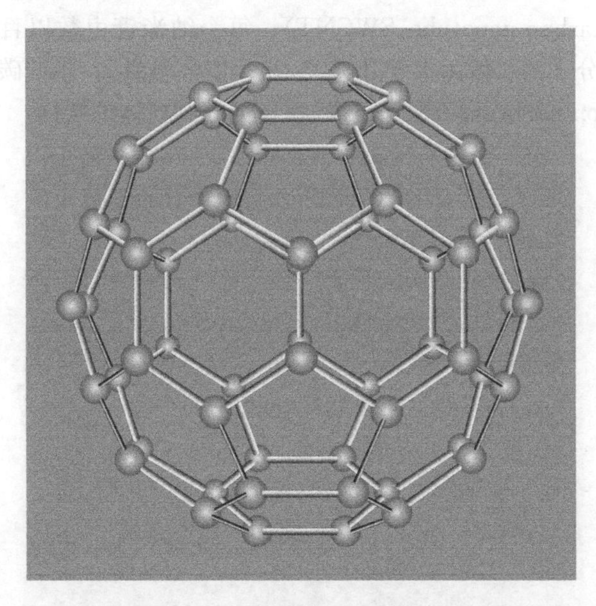

图 14.20　C_{60}富勒烯分子的结构示意图

表 14.6　碳纳米材料的性质

性质	材料		
	C_{60}富勒烯	碳纳米管(单层)	石墨烯(里层)
密度/(g/cm^3)	1.69	1.33～1.40	—
弹性模量/GPa	—	1000	1000
压力/MPa	—	13000～53000	130000
导热系数/(W/(m·K))	0.4	～2000	3000～5000
热膨胀系数/$10^{-6}K^{-1}$	—	—	～−6
电阻系数/(Ω·m)	10^{14}	10^{-6}	10^{-8}

已经发现了一些富勒烯化合物具有不同寻常的化学、物理和生物特性，而且在许多新的应用中具有相当大的潜力，这些化合物中包含原子或碳原子笼中封装(称为内嵌富勒烯)的原子基团。其他化合物、原子、离子、原子簇附着于富勒烯壳(加成富勒烯)的外侧。

富勒烯的用途和潜在应用包括在个人护理产品中用作抗氧化剂、生物制药、催化剂、有机太阳能电池、长寿命电池、高温超导体和分子磁体。

2) 碳纳米管

最近发现碳的另一分子形式具有独特的和有发展前景的技术性能，其结构由单层石墨片(即石墨烯)轧制成管组成，图 14.21 为其示意图，叫做单壁碳纳米管

(single-walled carbon nanotube, SWCNT)。每个纳米管由数以百万计的单原子分子组成，这种分子的长度远大于其直径(几千倍数量级)。多壁碳纳米管(multiple-walled carbon nanotubes, MWCNT)存在同心圆柱体的结构。

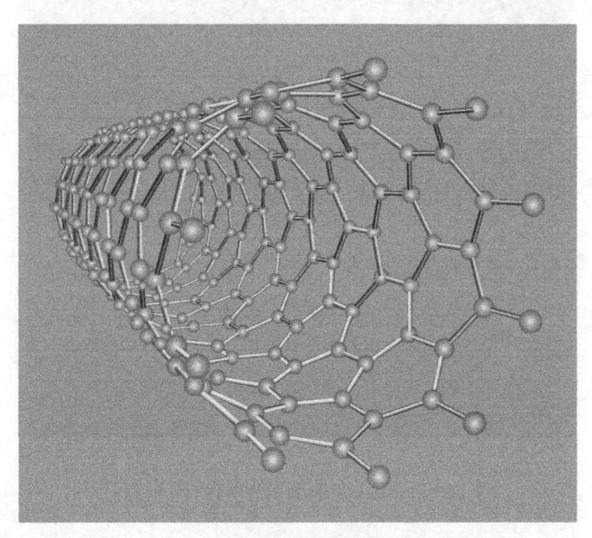

图 14.21　单壁碳纳米管的结构示意图

碳纳米管非常坚硬但又相对有韧性。对于单壁纳米管，测得的抗张强度范围是13～53GPa(比碳纤维大一个数量级，碳纤维约2～6GPa)，这是已知的最强材料之一，在约5%和20%的断裂应变下，弹性模量的数量级为T($1TPa=10^3GPa$)。此外，纳米管具有相对低的密度。表14.6列出了单壁碳纳米管的几个性质。

在结构应用中，碳纳米管因其高强度而具有极大的使用潜力，在目前大多数应用中，只限于使用块状碳纳米管-无组织的管段的集合。因此，块状纳米管材料将可能永远无法具备单个纳米管所具有的特征。块状碳纳米管目前可以用作聚合物基纳米复合材料的增强材料(见16.16节)，以改善机械强度、散热性能和电气性能。

碳纳米管还具有独特的，结构-敏感的电气特性。石墨烯平面(即管壁)内的六边形单元沿管轴的方向，纳米管无论作为金属或半导体都具有导电性。作为金属，它可以用作小规模电路布线；在半导体状态下，他们可以用于晶体管和二极管。此外，纳米管是良好的电场发射器，因此，它们可用于平板显示器(如电视屏幕和计算机监视器)。

其他多种多样的潜在应用包括以下方面：

(1) 更高效的太阳能电池；

(2) 可替代电池的更好的电容器；

(3) 热去除应用；

(4) 癌症治疗(消灭癌细胞)；

(5) 生物材料应用(如人造皮肤、监测和评估工程化组织);

(6) 防弹衣;

(7) 市政水处理厂(更有效地去除污染物和杂质)。

3) 石墨烯

石墨烯,纳米碳中的最新成员,是一种单原子层石墨,由六方 sp^2 结合的碳原子(图 14.22)组成。这些化学键是非常强大而且灵活可弯曲。最初的石墨烯材料是通过剥离石墨,一层一层用塑料胶带撕开,直到只有一个单层的碳残留来制备的。虽然这种原始的石墨烯生产技术(生产成本非常昂贵)仍存在,但已经开发了高质量高产量低成本的石墨烯生产技术。

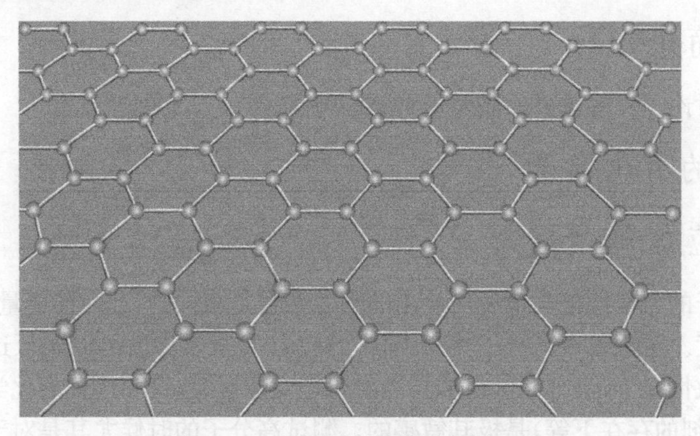

图 14.22　石墨烯的结构层(示意图)

石墨烯的两个特性使得它成为一种特殊的材料,首先是其表面完整排列,没有空位等原子缺陷。这些石墨层上仅有碳原子存在,是非常纯净的。第二个特性设计其游离电子的性质:在室温下,他们比普通金属和半导体材料的导带电子移动快得多。

根据其特性(列于表 14.6),石墨烯可以标记最终的材料。这是已知最强的材料(~130GPa),最好的热导体(~5000 W/(m · K))和电阻率最低(10^{-8} Ω · m)的材料,即是最好的电导体。此外,它是透明的,具有化学惰性,具有与其他纳米碳材料的相比拟的弹性模量 (~1TPa)。

考虑到这一系列特性,石墨烯的技术潜力是巨大的,它将彻底改变许多行业,包括电子、能源、医药/生物技术和航空等。然而,在这场革命实现之前,必须设计经济和可靠的方法来大规模生产石墨烯。

下面是关于石墨烯潜在应用的简短列表:电子工业——触摸屏、电子打印的导电油墨、透明的油墨辊、晶体管、散热片;能源——太阳能电池聚合物、燃料电池催化剂、电池极板材料 超级电容器;医药和生物科学——人造肌肉、酶和 DNA 传感器、成像技术;航空工程——化学传感器(研发用)和飞机结构部件中纳米复合陶瓷(见 16.16 节)。

第 15 章　高分子的性质及应用

一个工程师应该知道一些有关高分子材料的特性,应用和加工的知识。高分子在具体使用中有各种各样的用途,如建筑材料和微电子加工。因此,工程师在他们的职业生涯中需要与高分子打交道。理解高分子的弹性和塑性变形机制,人们才可以改变并控制高分子的弹性和强度(见 15.7 节和 15.8 节)。

15.1　简介

本章讨论了一些重要的高分子材料的特点、类型以及处理技术。

高分子的力学行为

15.2　应力-应变行为

高分子的力学性能与金属所使用的很多参数是相同的,即弹性模量、屈服强度和抗张强度。对于很多高分子材料,简单的应力-应变实验就可以表征这些力学参数。大多数情况下,高分子的机械特性对于应变速率、温度和环境的化学性质(水、氧、有机溶剂的存在下等)是极其敏感的。测试高分子的时候尤其是对于高弹性材料,如橡胶时,我们需要对测试金属力学性能的技术和试样结构(第 8 章)进行一些修改。

高分子材料有三种典型应力-应变行为,如图 15.1 所示。曲线 A 表示脆性高分子材料的应力-应变性质,弹性变形后会断裂。塑性材料的行为如曲线 B 所示,类似于许多金属材料;初始变形是弹性的,随后是屈服和塑性变形的区域。最后,曲线 C 所示的变形是完全弹性的;这种橡胶状弹性(在低应力水平有较大的拉伸回复特性)称为弹性体(elastomers)。

高分子材料与金属材料的弹性模量(称为抗张模量,有时也称为高分子模量)和延展性(伸长百分率)测定方式相同(见 8.3 节和见 8.4 节)。对于塑性高分子(曲线 B,图 15.1),屈服点为曲线的最高点,它刚好发生在线性弹性区域终止的区域(图 15.2)。该最高点所对应的应力为屈服强度(σ_y)。此外,抗张强度(TS)对应于发生断裂的应力(图 15.2),TS 可以大于也可以小于 σ_y。对于这些塑性高分子,强度通常就是指抗张强度。表 15.1 给出了几种高分子材料的一些力学性能。

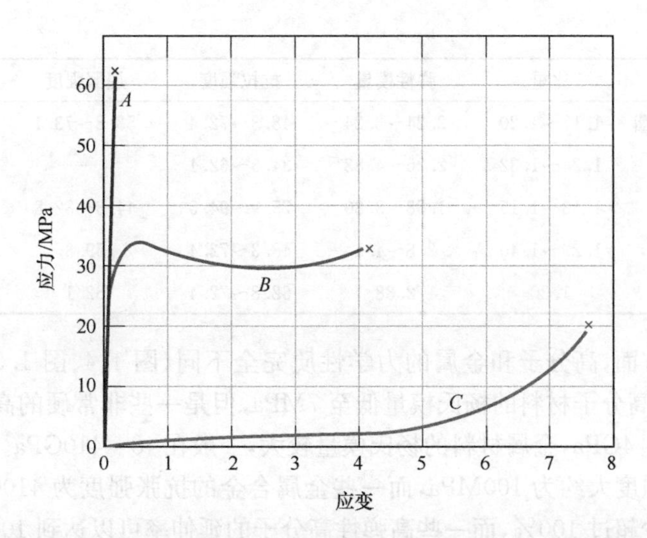

图 15.1　脆性(曲线 A)、塑性(曲线 B)和高弹性(弹性)(曲线 C)高分子的应力-应变行为

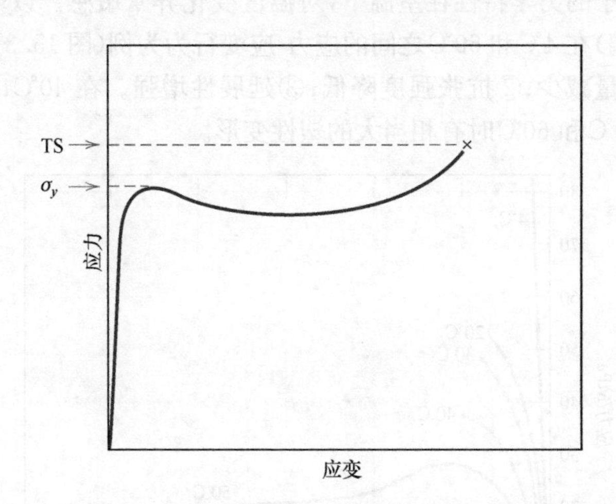

图 15.2　塑性高分子的应力-应变曲线示意图,说明屈服强度和抗张强度的确定方法

表 15.1　室温下,一些常见高分子的力学性能

原料	比重	弹性模量	抗拉强度	屈服强度	延伸率/%
聚乙烯(低密度)	0.917～0.932	0.17～0.28	8.3～31.4	9.0～14.5	100～650
聚乙烯(高密度)	0.952～0.965	1.06～1.09	22.1～31.0	26.2～33.1	10～1200
聚氯乙烯	1.30～1.58	2.4～4.1	40.7～51.7	40.7～44.8	40～80
聚四氟乙烯	1.30～1.58	0.40～0.55	20.7～34.5	13.8～15.2	200～400
聚丙烯	0.90～0.91	1.14～1.55	31～41.4	31.0～37.2	100～600
聚苯乙烯	1.04～1.05	2.28～3.28	35.9～51.7	25.0～69.0	1.2～2.5

续表

原料	比重	弹性模量	抗拉强度	屈服强度	延伸率/%
聚甲基丙烯酸甲酯	1.17～1.20	2.24～3.24	48.3～72.4	53.8～73.1	2.0～5.5
苯酚-甲醛	1.24～1.32	2.76～4.83	34.5～62.1	—	1.5～2.0
尼龙 6,6	1.13～1.15	1.58～3.80	75.9～94.5	44.8～82.8	15～300
PET	1.29～1.40	2.8～4.1	48.3～72.4	59.3	30～300
聚碳酸酯	1.20	2.38	62.8～72.4	62.1	110～150

在很多方面，高分子和金属的力学性质完全不同(图 1.4、图 1.5 和图 1.6)。例如，高弹性高分子材料的杨氏模量低至 7MPa，但是一些非常硬的高分子材料的模量可以高达 4GPa，金属材料的杨氏模量较大，一般在 48～410GPa。高分子材料的最大抗张强度大约为 100MPa，而一些金属合金的抗张强度为 4100MPa。金属的延伸率很少超过 100%，而一些高弹性高分子的延伸率可以达到 1000%以上。

此外，高分子的力学特性在室温下，对温度变化异常敏感。以聚(甲基丙烯酸甲酯)(有机玻璃)在 4℃和 60℃之间的应力-应变行为为例(图 15.3)。随着温度的升高：①弹性模量减少；②抗张强度降低；③延展性增强。在 40℃时，材料是完全脆性的，而在 50℃和 60℃时有相当大的塑性变形。

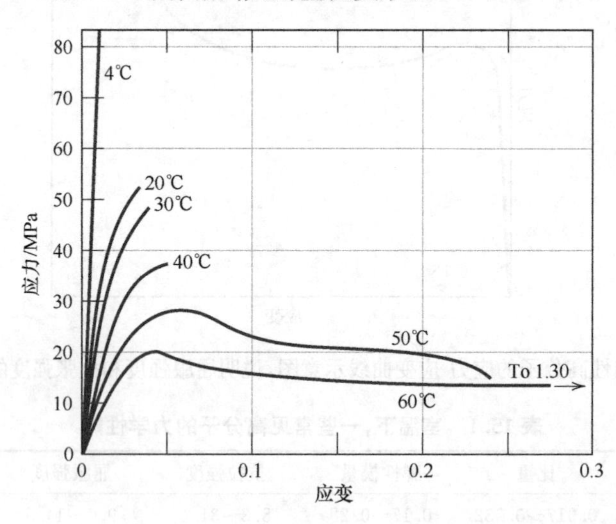

图 15.3　温度对聚(甲基丙烯酸甲酯)的应力-应变特性的影响

应变速率对力学性能的影响也非常重要。总的来说，减小变形速率和增加温度对应力-应变特性的影响相同。也就是说，材料变得更软、更具延展性。

15.3　宏观变形

半结晶高分子的宏观变形在某些方面值得我们关注。半结晶材料的拉伸应力-应变曲线在开始时没有发生变形，如图 15.4 所示。图中还给出了变形的不同阶段的样品轮廓。曲线上，上屈服点和下屈服点是非常明显的，随后是接近水平的区域。在上屈服点，试样的截面图中颈部形成。在此颈部，链的取向变得一致(即链轴均变得平行于的伸长方向，这种状态如图 15.13(d)所示)，这导致局部强化。因此，在这一点上产生变形阻力，试样通过颈部延标距长度的扩展进一步伸长，伴随这种颈部扩展，产生链取向现象(图 15.13(d))。这种拉伸行为和韧性金属是相反的(见 8.4 节)，在这个过程中，颈部一旦形成，所有后续的变形被限制在颈部区域内。

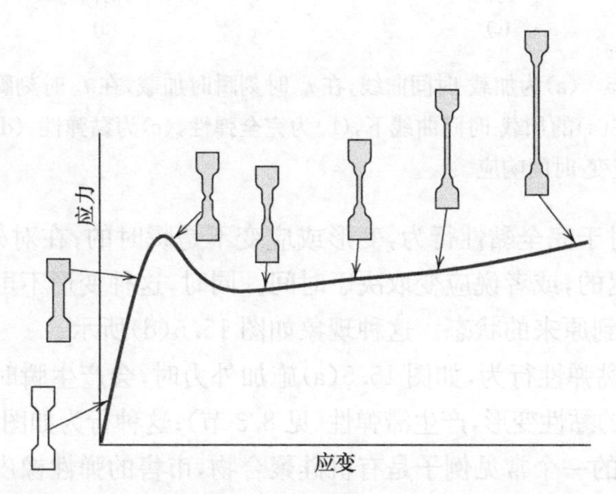

图 15.4　半结晶高分子的应力-应变曲线示意图。几个变形阶段的试样轮廓如图所示

15.4　弹性变形

无定形高分子的行为像低温下的玻璃，类似于在中间温度(高于玻璃化转变温度(见 15.12 节))的橡胶状固体，温度进一步升高时像黏性液体。对于比较小的变形，在低温下的力学性能是弹性的，即符合胡克定律，$\sigma=E\varepsilon$。在较高温度下主要为黏性或液体状行为。在中间温度范围内，高分子为橡胶状固体，力学性质为两种极端状态下力学性质的组合，这种状态称为黏弹性(viscoelasticity)。

弹性变形是瞬时的，这意味着总的变形(或应变)发生在应力施加或释放的瞬间(即应变与时间无关)。此外，外加应力释放后，假定试样的变形可以完全恢复到原来的尺寸。这种行为特性如图 15.5(b)应变-时间曲线所示，瞬时的加载-时间曲线如图 15.5(a)所示。

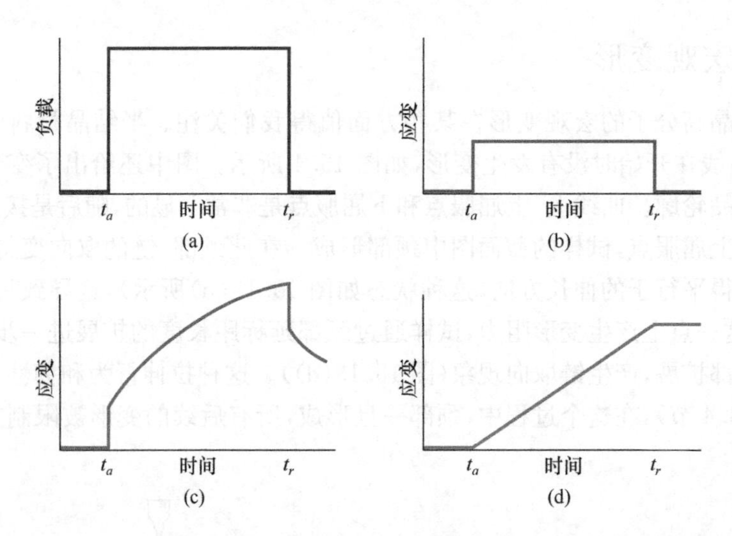

图 15.5 (a)为加载-时间曲线，在 t_a 时刻瞬时加载，在 t_r 时刻瞬时卸载。在(a)的加载-时间曲线下，(b)为完全弹性，(c)为黏弹性，(d)为黏性的应变-时间响应

通过对比，对于完全黏性行为，变形或应变不是瞬时的；在对外加应力作出响应时，变形是延迟的，或者说应变取决于时间。同时，这种变形不可逆，在应力释放后不能完全回复到原来的状态。这种现象如图 15.5(d)所示。

对于中间的黏弹性行为，如图 15.5(a)施加外力时，会产生瞬时的弹性变形，随后是与时间相关的黏性变形，产生滞弹性(见 8.3 节)；这种行为如图 15.5(c)所示。

黏弹性极限的一个常见例子是有机硅聚合物，市售的弹性橡皮泥大家都熟知。当橡皮泥滚成一个球，掉到水平表面上时，它会反弹，在反弹过程中变形速度非常快。然而，如果处于逐渐增加外加应力的作用下，这种材料会被拉长或像高黏性液体那样流动。对于这种和其他黏弹性材料，应变率决定了变形是弹性还是黏滞性。

弹性弛豫模型

高分子材料的黏弹性依赖于时间和温度；可以用一些实验技术来衡量和量化这种行为。应力弛豫测量是其中的一种。在这些测试中，首先对试样施加快速的应变拉伸到预设的相对低的应变水平。在温度不变的情况下，维持这个应变需要施加的应力与时间有关系。我们发现应力随时间减小，这是因为高分子中发生了分子弛豫过程。我们可以定义弛豫模量 $E_r(t)$，即黏弹性高分子与时间相关的弹性模量，用式(15.1)来表示：

$$E_r(t)=\frac{\sigma(t)}{\varepsilon_0} \tag{15.1}$$

其中，$\sigma(t)$是所测量的与时间相关的应变；ε_0 为应变程度，它保持不变。

此外，弛豫模量的大小是温度的函数，为了能够更全面地描述高分子的黏弹性特性，必须测量一系列的温度下的等温应力弛豫。图 15.6 是 $\log E_r(t)$-$\log T$ 曲线图，它展示了高分子黏弹性特性。曲线是在不同的温度下生成的。在该温度范围内的主要特点是：①$E_r(t)$随着时间发生指数级衰减（对应于应力的衰减，方程(15.1)），②随温度的升高，曲线移到 $E_r(t)$更低水平。

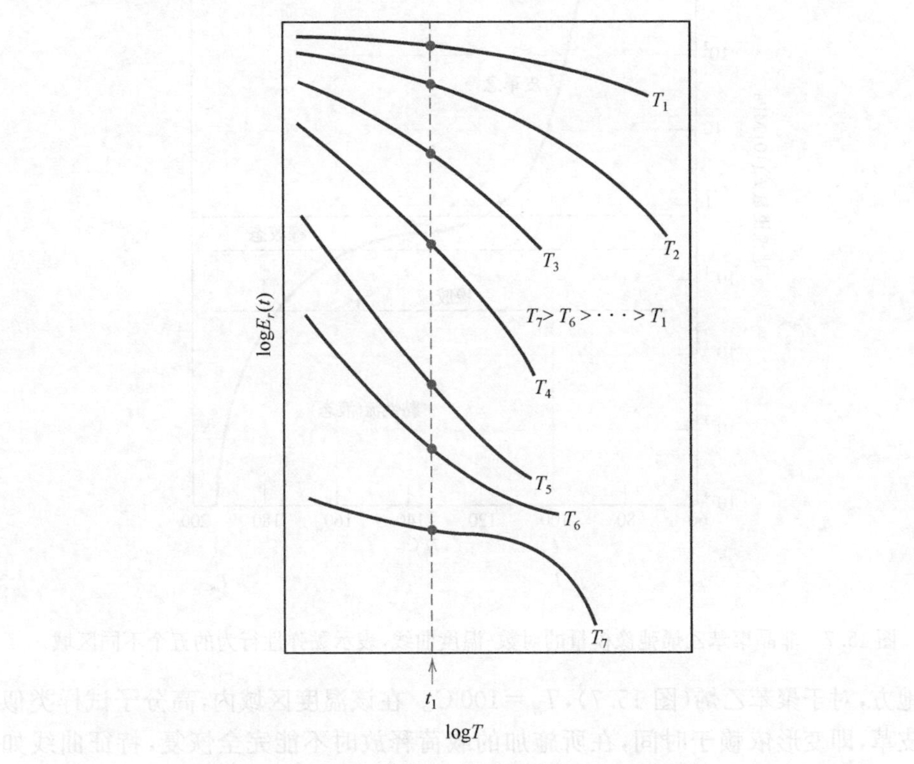

图 15.6　黏弹性高分子弛豫模量的对数-时间的对数曲线；等温曲线分别在温度 $T_1 \sim T_7$ 测定。温度相关的弛豫模量用 $\log E_r(t_1)$-T 来表示

为表征温度的影响，数据点从 $\log E_r(t)$-$\log T$ 曲线的特定时刻开始取（例如，图 15.6 中的 t_1），然后绘制 $\log E_r(t)$-T 的关联图。图 15.7 为非晶（无规）聚苯乙烯的 $\log E_r(t)$-T 曲线图，在这个例子中，我们随机选取施加负荷 10 秒时（t_1）的数据。在该图所示的曲线上表明了几个不同的区域。最低的温度下，在玻璃状区域中，该材料是刚性和脆性的，$E_r(10)$的值是弹性模量，它的初始值几乎与温度无关。在此温度范围内时，应变-时间特性如图 15.5(b)所示。从分子水平来看，长分子链基本上在这些温度下冻结。

随着温度的增加，$E_r(10)$在 20℃时急剧的下降了大约 10^3，有时我们将这种区域称为革或玻璃的过渡区，玻璃化转变温度（T_g，见 15.13 节）位于靠近温度上限

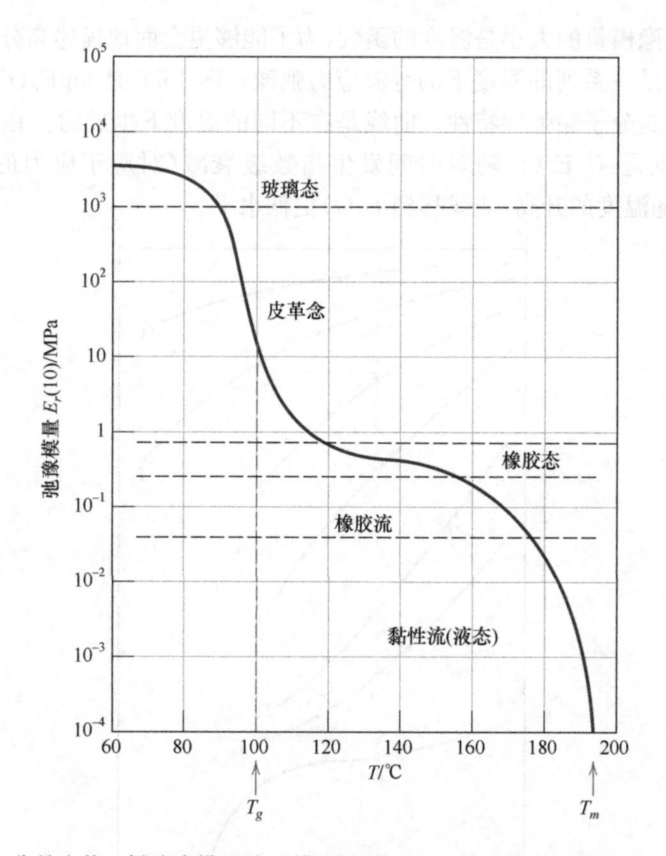

图 15.7　非晶聚苯乙烯弛豫模量的对数-温度曲线，表示黏弹性行为的五个不同区域

的地方，对于聚苯乙烯(图 15.7)，$T_g=100$℃。在该温度区域内，高分子试样类似于皮革，即变形依赖于时间，在所施加的载荷释放时不能完全恢复，特征曲线如图 15.5(c)所示。

在橡胶状高温度区域内(图 15.7)，该材料以类似橡胶的方式变形，这里，弹性和黏性成分都存在，并且由于弛豫模量相对较低而容易产生变形。

最后两个高温区是橡胶状流动和黏性流。在加热通过这些温度时，材料逐渐柔软，弹性的状态，最后变成黏性液体。在橡胶状流动区域中，高分子是一种非常黏性的液体，显示出弹性和黏性流成分。在黏性流区域中，弹性模量随温度升高而急剧下降，该应变-时间行为如图 15.5(d)所示。从分子角度来看，对于黏性流来说，链运动太剧烈，链段在很大程度上彼此独立地从振动变为转动。在这些温度下，变形完全是黏稠的，基本上没有弹性行为发生。

通常情况下，黏稠高分子的变形行为根据黏度进行分类，黏度是材料在切应力下的变形抗力的度量。14.8 节中有关于无机玻璃的黏度讨论。

施加应力的速度也会影响黏弹特性，增加加载速率和降低温度具有相同的影响。

几种分子构型的聚苯乙烯材料的 $\log E_r(10)$-T 曲线如图 15.8 所示。无定形材料的曲线(曲线 C)与图 15.7 相似。无规聚苯乙烯(曲线 B)形成轻度交联，橡胶状区域延伸到高分子分解温度，在这个过程中材料不会熔化。交联度增大时，$E_r(10)$的值也将增大。橡胶或弹性体材料显示这种类型的行为，并且通常在这个温度范围内使用。

图 15.8 所示为温度对几乎完全结晶的等规聚苯乙烯(曲线 A)的影响。与其他的聚苯乙烯材料相比，该材料的 $E_r(10)$在 T_g 时明显降低，这是因为只有很小体积分数的这种材料是无定形，发生玻璃化转变的。此外，直到接近熔融温度 T_m，弛豫模量随温度升高并保持在一个相对高的值。由图 15.8 可知，这种等规聚苯乙烯的熔化温度约为 240℃。

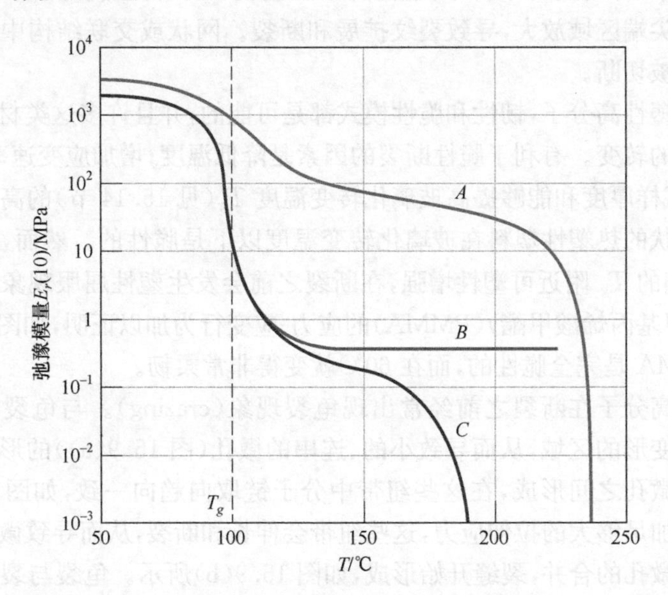

图 15.8　结晶性等规(曲线 A)，轻度交联无规(曲线 B)和无定形的(曲线 C)的聚苯乙烯的弛豫模量的对数-温度曲线

黏弹性蠕变

当应力水平保持恒定时，许多高分子材料的变形易受时间的影响，这种变形被称为黏弹性蠕变。在室温和低于材料屈服强度的应力下，此变形类型是非常重要的。例如，当汽车长期停放时，汽车轮胎与地面接触的地方会形成平坦点。高分子的蠕变测试和金属的测试方式相同(第 10 章)，即应力(通常指拉伸应力)在瞬间施加并保持在一个恒定的水平，然后测量应变随时间的变化。此外，该测试是在等温

条件下进行的。蠕变结果用随时间变化的蠕变模量的 $E_c(t)$表示，其定义为

$$E_c(t)=\frac{\sigma_0}{\varepsilon(t)} \tag{15.2}$$

其中，σ_0 是恒定施加的应力，$\varepsilon(t)$是随时间变化的应变。蠕变模量也是温度敏感的，会随温度升高而降低。

关于分子结构对蠕变特性的影响，基本原则是随结晶度增加、蠕变降低，即 $E_c(t)$增加。

15.5 高分子的断裂

相对于对金属和陶瓷材料，高分子材料的断裂强度较低。一般情况下，热固性高分子(交联网状程度大)断裂的模式是脆性的。简单来说，在断裂过程中，裂纹在局部应力集中(即划痕、切痕和尖端裂纹)的区域形成。与金属(见 10.5 节)一样，应力在裂纹尖端区域放大，导致裂纹扩展和断裂。网状或交联结构中的共价键在断裂过程中被切断。

对于热塑性高分子，韧性和脆性模式都是可能的，并且许多这类材料能够经历韧性到脆性的转变。有利于脆性断裂的因素是降低温度；增加应变速率；存在尖锐缺口；增加试样厚度和能够提高玻璃化转变温度 T_g(见 15.14 节)的高分子结构的变化。玻璃状的热塑性塑料在玻璃化转变温度以下是脆性的。然而，随着温度的升高，在它们的 T_g 附近可塑性增强，在断裂之前会发生塑性屈服现象。这种行为可通过聚(甲基丙烯酸甲酯)(PMMA)的应力-应变行为加以证明，如图 15.3 所示。在 4℃，PMMA 是完全脆性的，而在 60℃就变得非常柔韧。

热塑性高分子在断裂之前经常出现龟裂现象(crazing)。与龟裂相连的是发生局部塑性变形的区域，从而导致小的、连串的微孔(图 15.9(a))的形成。纤维状纽带在这些微孔之间形成，在这些纽带中分子链取向趋向一致，如图 15.13(d)所示。如果施加足够大的拉伸应力，这些纽带会伸长和断裂，从而导致微孔的增长和合并。随着微孔的合并，裂缝开始形成，如图 15.9(b)所示。龟裂与裂纹不同之处在于，它可以支撑横跨表面的负载。此外，龟裂生长的过程先于吸收断裂能而断裂，能够有效地增加高分子的断裂韧性。在玻璃态高分子中，裂纹随着龟裂的形成而扩展，从而导致低的断裂韧性。龟裂在高应力区域形成，与划痕、瑕疵和分子不均匀性有关系；此外，它们的传播方向垂直于所施加的拉伸应力，厚度一般在 5μm 以下。图 15.10 为龟裂的显微照片。

在 10.5 节中提及的断裂力学原理也适用于脆性和准脆性高分子，当存在裂纹时，这些材料的断裂敏感性可以用平面应变断裂韧性来表示。K_{Ic}的值取决于高分子的特性(分子量、百分比结晶等)，还有温度、应变速率以及外部环境。几种高分子的特征 K_{Ic}值列于表 10.1 中。

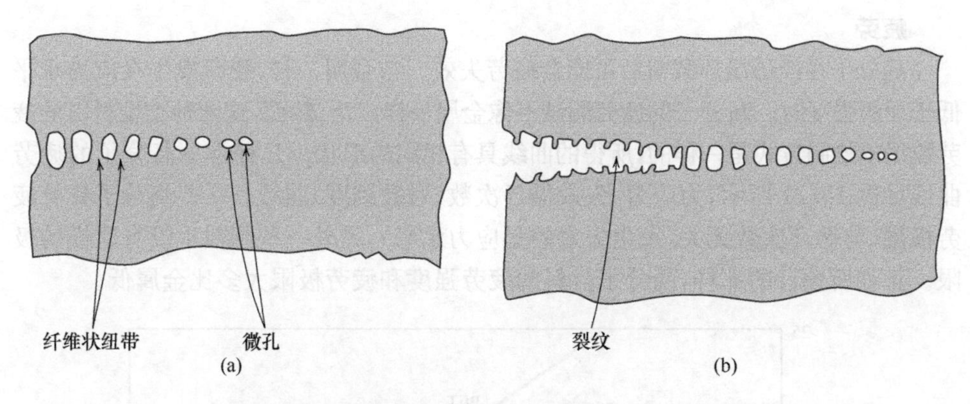

图 15.9　(a)展示微孔和纤维状组带的龟裂示意图；(b)龟裂扩展为裂纹示意图

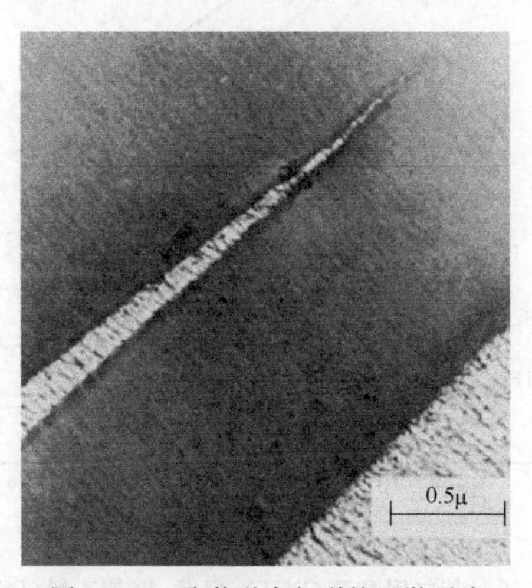

图 15.10　聚苯醚中龟裂的显微照片

15.6　其他力学性质

冲击强度

高分子材料对冲击荷载的抵抗能力和一些应用息息相关。悬臂冲击测试或夏比测试通常用来评估冲击强度(见 10.6 节)。正如上节金属的讨论一样，高分子可在冲击载荷下表现出的韧性或脆性，取决于温度、试样尺寸、应变速率和加载模式等。半结晶和无定形高分子在低温下都显出脆性，并且两者都具有相对低的冲击强度。然而，他们会在一个相对窄的温度范围内，由韧性到脆性转变，类似于图 10.13 的钢。当然，冲击强度在持续高温下会逐渐减小，高分子开始软化。通常情况下，两个典型的冲击特性是在室温下高的冲击强度和低于室温时韧性到脆性的转变温度。

疲劳

高分子在经历循环载荷后可能会疲劳失效。与金属一样，疲劳发生在应力水平低于屈服强度时。高分子的疲劳测试不像金属一样广泛；然而，这两种类型材料的疲劳数据的绘制方式是一样的，所得的曲线具有相同的形状。几种常见高分子的疲劳曲线如图 15.11 所示，为应力-失效循环次数（对数刻度）曲线。一些高分子具有疲劳极限（与循环次数无关，发生失效的是应力水平），另外一些则似乎没有这样的极限。正如所预计的那样，高分子材料的疲劳强度和疲劳极限大多比金属低。

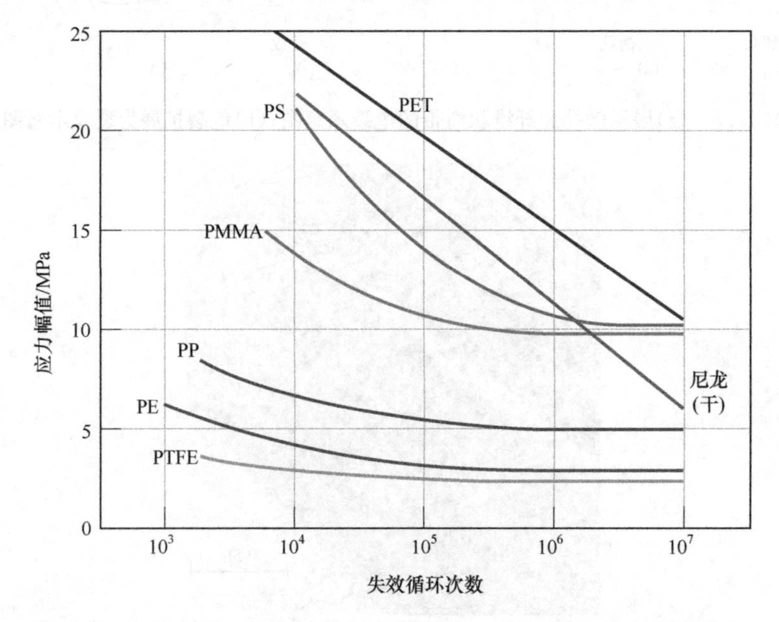

图 15.11 聚乙烯对苯二甲酸酯（PET）、尼龙、聚苯乙烯（PS）、聚甲基甲基丙烯酸甲酯（PMMA）、聚丙烯（PP）、聚乙烯（PE）和聚四氟乙烯（PTFE）的疲劳曲线（应力-疲劳循环次数）。测试频率为 30Hz

高分子的疲劳性能对于加载频率的反应比金属更加敏感。在高频率和/或比较大的应力循环下，可以造成高分子局部加热，因此，失效可能是材料软化而不是典型的疲劳过程的结果。

断裂强度和硬度

影响高分子在一些特定条件下适用性的其他机械性质包括撕裂强度和硬度，抗撕裂能力是一些塑料的重要特性，特别是那些用于薄片包装的材料。测得的力学参数——撕裂强度，指的是撕开标准几何形状的试样所需要的能量。抗张强度和撕裂强度是密切相关的。

与金属一样，硬度代表材料抵抗刮伤、抵抗渗透、抵抗损伤的能力等。高分子比金属和陶瓷软很多，大多数硬度测试主要是通过与金属类似的（8.5 节所述的）

渗透技术进行的。洛氏测试经常用于高分子材料，其他压痕技术使用硬度计和巴氏硬度。

高分子的变形机理和强化

要掌握高分子材料的力学性能，理解他们的变形机理是非常重要。在这方面，两种不同类型高分子(半结晶和人造橡胶)的变形模式值得我们注意。半结晶材料的刚度和强度往往需要高度关注，弹性和塑性变形机制将在后续章节中讨论，用于加固和加强这些材料的方法在 15.8 节中讨论。但是，合成橡胶的应用主要是基于其不寻常的弹性性能，因此我们也会讨论合成橡胶的变形机制。

15.7　半结晶高分子的变形

很多半结晶高分子具有球状结构(见 5.11 节)。我们进行简单回顾，每个球晶是由无数的链折叠带状物或片晶组成，由中心向外辐射。分隔这些片晶的是无定形区(图 5.12)；相邻的片晶由穿过这些无定形区的链所连接。

弹性变形机制

与其他类型的材料一样，高分子的弹性变形发生在相对低应力水平的应力-应变曲线上(图 15.1)。半结晶高分子的弹性变形是从无定形区的链段上的分子沿所施加的拉伸应力的方向伸长开始的。两个相邻的链折叠片晶和中间层无定型材料的示意图如图 15.12 中的第 1 阶段所示。在第二阶段中变形继续发生在无定型和层状结晶区域。无定型链继续调整、拉长，此外，还有层状结晶区内强的链共价键的弯曲和拉伸。这导致了片晶厚度轻微的，可逆的增加，如图 15.12(c)中 Δt 所示。

因为半结晶高分子由结晶区和无定形区组成，在某种意义上，它们可以认为是复合材料。因此，它们的弹性模量可以认为是结晶相和非晶相模量的某种组合。

塑性变形机制

从弹性变形到塑性变形的转变发生在图 15.13 的第 3 阶段(图 15.12(c)等同于图 15.13(a))。在第 3 阶段，片晶中相邻的链彼此滑动(图 15.13(b))；这导致片晶的倾斜，使得链折叠变得与拉伸轴更加一致。任何链位移都会受到相对较弱的二级键或范德瓦耳斯力的阻碍。

在第 4 阶段(图 15.13(c))中，晶状区域与片晶分离，通过带状链与其他部分相连。在最后阶段，第 5 阶段，该区域和带状区域向力轴的方向调整构象(图 15.13(d))。因此，半结晶高分子产生了取向高度一致的宏观拉伸变形。这一取向过程称为拉拔(drawing)，通常是用来改善高分子纤维和薄膜的机械性能(将在 15.24 节详细讨论)。

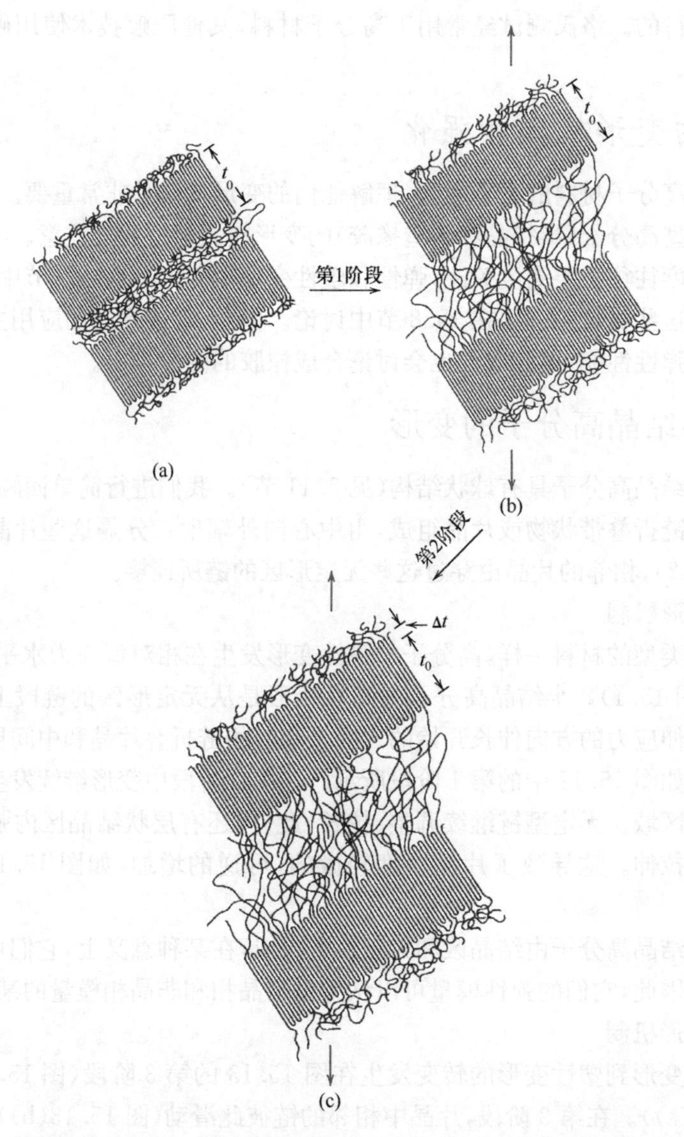

图 15.12　半结晶高分子的弹性变形阶段。(a) 变形前两个相邻的链折叠片层和层间的无定形材料。(b) 在变形的第一阶段中无定形的带状链伸长。(c) 在结晶区域由于链的弯曲和伸展，片晶厚度增加(这是可逆的)

在变形过程中，球晶的形状从适度变形变为伸长变形。然而，对于大的变形，球状结构实际上是被破坏了。此外，在某种程度上，图 15.13 中表示的过程是可逆的。也就是说，如果变形终止在某个任意阶段，试样被加热到接近其熔点温度(即退火)，材料将再结晶，重新形成球状结构。此外，与变形前的尺寸相比，试样将在某种程度上收缩。这种形状和结构回复的程度取决于退火温度和伸长程度。

15.8　影响半结晶高分子力学性能的因素

有许多因素影响高分子材料的力学特性。例如，我们已经讨论了温度和应变速率对应力-应变行为的影响(见 15.2 节，图 15.3)。提高温度或降低变形速度会降低抗张模量、减小抗张强度、增加延展性。

此外，一些结构/加工因素会对高分子材料的力学性能(即强度和模量)具有决定性影响。当一些约束施加在该过程，导致强度增大的示意图如图 15.13 所示；例如，广泛链缠结或显著程度的分子间键合会抑制链的相对运动。尽管二级分子间键(例如，范德瓦耳斯力)比一级的共价键要弱得多，但是大量的范德瓦耳斯链间键的形成就会产生显著的分子间力。此外，模数会随着二级键合强度和链取向的增加而增大。其结果是，具有极性基团的高分子将具有更强的次价键和更大的弹性模量。下面我们讨论几种结构/加工因素(分子质量、结晶度、预变形量和热处理)如何影响高分子的力学性能。

分子量

拉伸弹性模量的大小看上去似乎不直接受分子量的影响。但是，从许多高分子中发现，抗张强度随分子量的增加而增加。TS 是数均分子量的函数，

$$\mathrm{TS}=\mathrm{TS}_{\infty}-\frac{A}{\overline{M}_n} \tag{15.3}$$

其中，TS_{∞} 是分子量无穷大，A 为常数时的抗拉强度。这个方程所描述的行为可以通过 $\overline{M}_n$ 增加，链缠结程度不断上升来解释。

结晶度

对于特定的高分子，结晶度可以显著影响机械性能，因为它影响到分子间的次级键程度。对于结晶区域，其中分子链为有序的紧密堆积和平行排列，大量的次级键存在于相邻的链段之间。由于链不重合，这些次级键在无定型区域是非常少的。因此，对于半结晶高分子，抗张模量随结晶度显著增加。例如，聚乙烯，结晶分数由 0.3 升高到 0.6 时，抗张模数增加近一个数量级。

此外，增大的聚合物结晶度通常也会增强其强度；而且，材料会变得更脆。链的分子式和结构(支化、立体异构等)对结晶度的影响见第 5 章中的讨论。

结晶百分数和分子量对聚乙烯物理状态的影响如图 15.14 所示。

拉拔预变形

从商业角度看，用于改善高分子机械强度和抗张模量的最重要的技术之一就是在使高分子受到应力，产生永久变形。此过程有时称为拉拔，它对应的缩颈过程，示意图如图 15.4 所示。在性质方面的改变，高分子的拉拔类似于金属的加工硬化。这是一个重要的硬化和强化技术，通常用于纤维和薄膜的生产过程中。在拉拔过程中，分子链彼此滑动，成为取向高度一致的结构；对于半结晶材料，分子链构象示意图如图 15.13(d)所示。

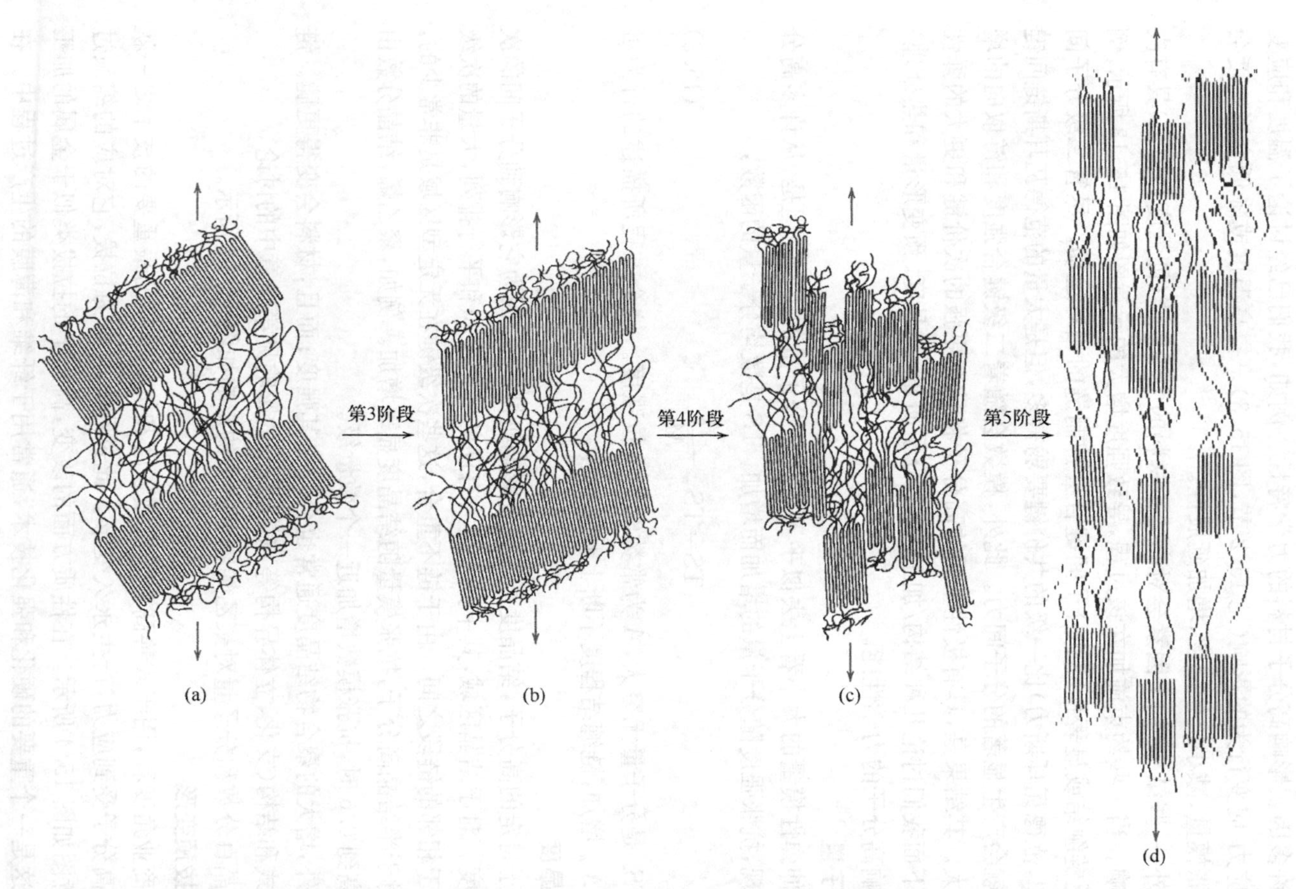

图 15.13　半结晶高分子的塑性变形阶段。(a) 弹性变形后两个相邻的链折叠片层和层间的无定形材料(图 15.12(c))。(b) 层状链褶皱的倾斜。(c) 结晶部分分离。(d) 塑性变形最后阶段，晶块和带状链沿拉伸轴调整取向

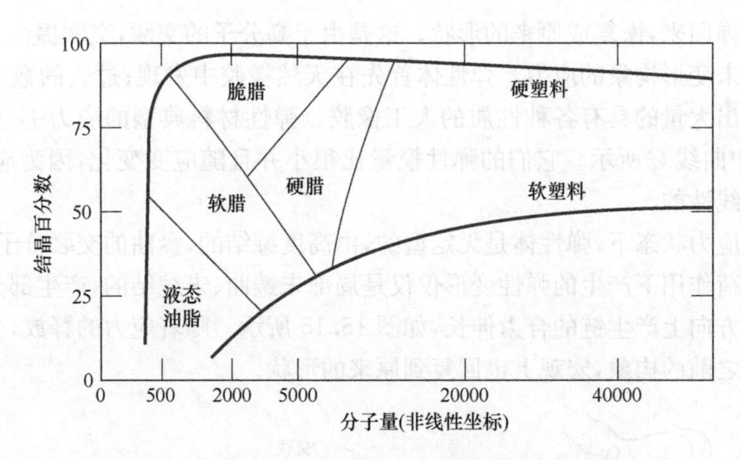

图 15.14　结晶度和分子量对聚乙烯的物理特性的影响

强化和硬化的程度取决于材料变形(或伸长)的程度。此外,拉拔高分子的性质高度各向异性。因为材料是单向拉伸的,变形方向的抗张模量和强度值远远大于其他方向。拉伸方向的抗张模量相对于未拉伸材料可以升高至大约 3 倍。在拉伸轴 45°的角度,抗张模量是最小的;在这种取向中,模量值是未拉伸聚合物的 1/5 左右。

抗张强度在平行于取向的方向上相对于无取向材料可以提高至少 2 到 5 倍。然而,垂直于的排列方向,抗张强度会减少 1/3 至 1/2 倍。

对于在高温下拉拔的无定形高分子,分子结构的取向只有当材料快速冷却到室温时才会保留;这个过程中会产生前面章节所提到的强化和硬化作用。然而,如果在拉伸后,高分子保持在拉拔的温度,分子链会放松并呈现变形前的随机构象特征;因此,拉拔将起不到提高材料力学性质的作用。

热处理

对半晶型高分子进行热处理(或退火处理)不仅能提高其结晶度,晶粒大小和完美度,还可以修饰球晶结构。对于受到定时热处理的未拉伸材料,提高退火温度可以导致:①抗张模量的增加;②屈服强度的增加;③延展性的降低。请注意,这些退火效应与 7.12 节中所讨论的金属材料的典型特征相反——变脆、变软、延展性提高。

对于一些被拉拔的高分子纤维,退火处理对抗张模量的影响与未拉拔材料恰好相反——由于链取向和应力诱导结晶度的损失,抗张模量随退火温度的上升反而下降。

15.9　弹性体变形

弹性材料一项极好的性能是它们的类橡胶弹性——它们可以产生相当大的变

形并且反弹回来，恢复成原来的形状。这是由于高分子的交联，交联提供了使分子链恢复到未变形构象的应力。弹性体首先在天然橡胶中发现；过去的数十年人们已经合成出大量的具有各种性质的人工橡胶。弹性材料典型的应力-应变特征如图 15.1 中曲线 C 所示。它们的弹性模量比很小并且随应变变化，因为应力-应变曲线是非线性的。

在无应力状态下，弹性体是无定型的，由高度缠结的，盘曲的交联分子链组成。在拉伸载荷作用下产生的弹性变形仅仅是局部未蜷曲、未缠结的，产生部分拉伸并且在应力方向上产生链的合力伸长，如图 15.15 所示。随着应力的释放，分子链回复到受力之前的构象，宏观上也回复到原来的形状。

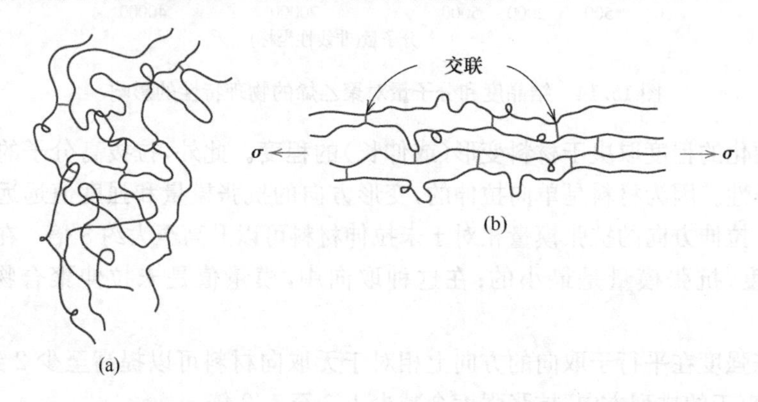

图 15.15　交联高分子链示意图。(a)处于无应力状态，(b)在弹性变形范围内对所受张应力做出响应

产生弹性变形的部分应力来源于一种叫做熵的热力学参数，熵值代表一种体系的混乱度并且随混乱度的增加而增加。随着弹性体被拉伸，链伸直、对称，体系变得更有序。如果分子链回复到原始扭折盘曲状态，熵值增加。由这种效应产生两种有趣的现象。第一，当材料受到拉伸时，弹性体自身温度升高；第二，与其他材料表现相反，随温度的升高，弹性体弹性系数增加(图 6.8)。

一种高分子是弹性的：①必须不易结晶；弹性材料是无定型的，其分子链在无应力状态下自然盘曲、扭折。②链的旋转连接必须相对自由，蜷曲的分子链对作用力较为敏感。③弹性体发生相对大的弹性变形时，最开始的塑性变形一定会发生延后。通过交联限制一条条链的行为从而完成其目标。交联是一条分子链和前一个分子链滑动的连接点；交联在变形过程中的作用在图 15.15 中说明。在一些弹性体中交联是在很短暂的硫化过程中进行的。④最后，弹性体一定在高于其玻璃化转变温度条件下存在(见 15.13 节)。在较低温度下，橡胶类似物表现趋向于常见弹性体，范围为－50～－90℃。低于玻璃化转变温度时，弹性体变脆，并且它的应力应变曲线与图 15.1 曲线 A 类似。

橡胶的硫化

弹性体在高温下形成交联的过程称为硫化(vulcanization),是一种不可逆的化学反应。大多数的硫化反应是,将硫黄化合物加入热的弹性体中;硫黄原子链与其紧邻的高分子主链结合,相互交联,这个过程主要通过以下反应来完成:

$$
\begin{array}{c}
\begin{array}{cccc} \mathrm{H} & \mathrm{CH_3} & \mathrm{H} & \mathrm{H} \\ | & | & | & | \\ -\mathrm{C}- & \mathrm{C}= & \mathrm{C}- & \mathrm{C}- \\ | & & & | \\ \mathrm{H} & & & \mathrm{H} \end{array} \\
+(m+n)\mathrm{S} \longrightarrow \\
\begin{array}{cccc} \mathrm{H} & & & \mathrm{H} \\ | & & & | \\ -\mathrm{C}- & \mathrm{C}= & \mathrm{C}- & \mathrm{C}- \\ | & | & | & | \\ \mathrm{H} & \mathrm{CH_3} & \mathrm{H} & \mathrm{H} \end{array}
\end{array}
\qquad
\begin{array}{cccc}
\mathrm{H} & \mathrm{CH_3} & \mathrm{H} & \mathrm{H} \\ | & | & | & | \\ -\mathrm{C}- & \mathrm{C}- & \mathrm{C}- & \mathrm{C}- \\ | & | & | & | \\ \mathrm{H} & | & | & \mathrm{H} \\
 & (\mathrm{S})_m & (\mathrm{S})_m & \\
\mathrm{H} & | & | & \mathrm{H} \\ | & | & | & | \\ -\mathrm{C}- & \mathrm{C}- & \mathrm{C}- & \mathrm{C}- \\ | & | & | & | \\ \mathrm{H} & \mathrm{CH_3} & \mathrm{H} & \mathrm{H}
\end{array}
\tag{15.4}
$$

该交联主要由 m 和 n 硫黄分子组成。硫化之前,主链交联点由双倍的碳原子结合而成,而在交联之后变为逐个的碳原子连接。

未硫化的橡胶几乎不包括交联,这种橡胶很软很黏并且耐磨性能很差。经过硫化,材料的弹性系数、抗拉强度、抗氧化能力都会有所加强。弹性系数的数量级正比于交联的密度。未硫化和已硫化天然橡胶的应力-应变曲线如图 15.16 所示。要生产一种具有较高伸长率且主链键不会发生断裂的橡胶,交联必须相对较少,而且这些交联必须相当分离。将 1～5 份质量的硫黄加到 100 份橡胶中可以生成性

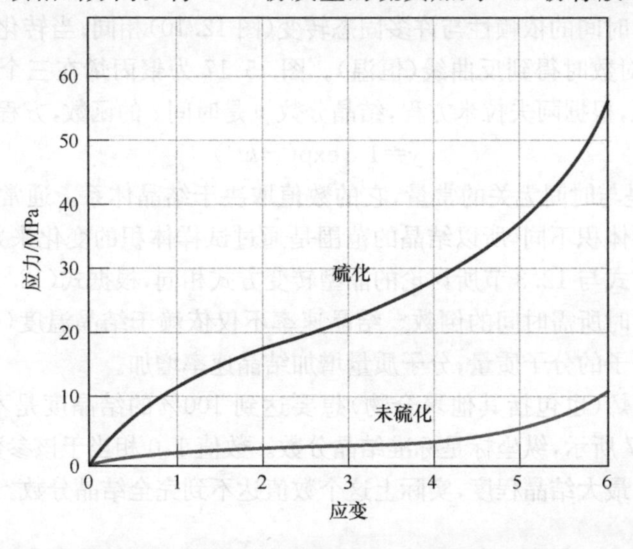

图 15.16　伸长率为 600%的未硫化和硫化天然橡胶的应力-应变曲线

能优异的橡胶产品。这相当于每10～20个重复单元就有一个交联。增加硫含量不仅可以进一步使橡胶硬化而且可以降低其延展性。也是因为橡胶有交联结构，所以弹性材料本质上是热固性的。

高分子的结晶化、融化及玻璃化转变现象

关于高分子材料设计和加工的三种重要现象有结晶化、融化及玻璃化转变。结晶化是一个在冷却过程中从高度无规的熔融物中生成有序(晶化)固体相的过程。聚合物受热时发生的熔融转化与结晶化相反。非晶相变伴随着无定形或非晶聚合物从熔融状态下开始冷却变为硬的固体结构并保持熔融状态下的无序的分子结构。当然，物理机械性能的改变也对结晶化、熔融及玻璃化转变有一定的影响。而且，对于半结晶高分子，结晶区会发生融化(结晶化)，而非晶区发生玻璃化转变。

15.10 结晶化

理解高分子结晶机制和结晶动力学是很重要的，因为结晶度会影响材料的热力学性质。熔融高分子的结晶有形核和长大两个过程，在金属相变部分12.3节讨论。高分子温度降至熔点后形核，即一些凌乱无规的分子区域变成有序的整齐的链层结构(图5.11)。当温度超过熔点，原子的热振动会破坏有序的分子排列，此时晶核是不稳定的。形成晶核之后，在晶核长大阶段，核通过周围分子链段不断的规则排序从而继续长大，即链层之间保持相同的厚度，但增加其横向尺寸；球状晶则增加其球的半径。

结晶化对时间的依赖性与许多固态转变(图12.10)相同；当转化分数(结晶分数)是时间的对数时得到反曲线(恒温)。图15.17为聚丙烯在三个温度下结晶。从计算上来说，根据阿夫拉米方程，结晶分数 y 是时间 t 的函数，方程(12.16)，即

$$y=1-\exp(-kt^n)$$

其中，k 和 n 是与时间无关的常量，它的数值取决于结晶体系。通常来说，因为液体和结晶相的体积不同，所以结晶的范围是通过试样体积的变化来判断的。结晶速率的表达方式与12.3节所讨论的晶型转变方式相同，根据式(12.17)，速率是结晶进行到一半时所需时间的倒数。结晶速率不仅依赖于结晶温度(图15.17)，而且依赖于高分子的分子质量；分子质量增加结晶速率增加。

对于聚丙烯(也包括其他聚合物)想要达到100%的结晶度是不可能的。因此，如图15.17所示，纵坐标是标准结晶分数。数值1.0相当于该参数在测试过程中能够达到的最大结晶程度，实际上这个数值达不到完全结晶分数。

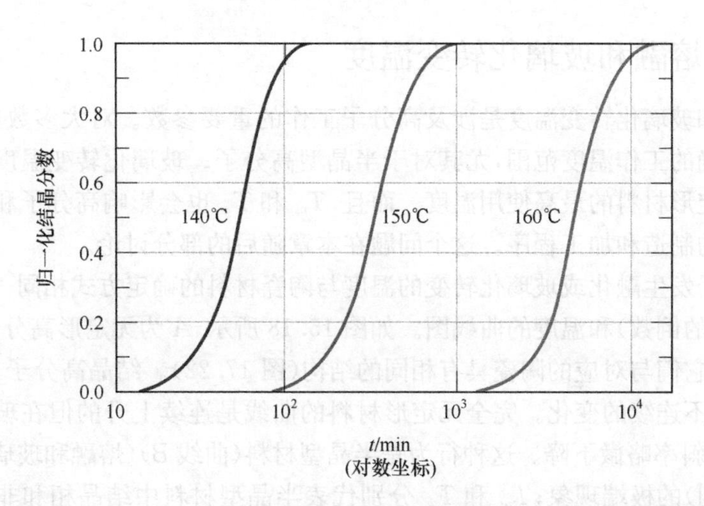

图 15.17　分别在 140℃、150℃和 160℃恒温条件下，聚丙烯的归一化结晶分数与时间的对数图

15.11　熔融

高分子晶体的熔融与具有有序整齐分子链结构的固体材料融化为结构高度无规的黏性液体一致。通过加热，熔融在温度达至熔点 T_m 时发生。高分子熔融有一些区别于金属和陶瓷的特征；这是由于高分子的分子结构和其层状结晶形态。首先，高分子的熔融是在一个温度区间内发生的；这种现象接下来会详细讨论。另外，熔融表现依赖于试样的前期加工过程，尤其是试样的结晶温度。链层的厚度依赖于结晶温度；片层越厚，熔点越高。高分子中的杂质和晶体的缺陷也会使熔点降低。最后，高分子的融化行为是速率的函数；增加加热速率使熔点升高。

如 15.8 节介绍的一样，高分子材料对热处理工艺十分敏感，热处理可以引起高分子结构和性能的变化。在略低于熔点温度时。热处理可以诱导片层厚度增加。热处理也可以通过降低空位、高分子晶体的缺陷和增加微晶厚度来提高熔点。

15.12　玻璃化转变

玻璃化转变发生在无定形(类似玻璃)和部分结晶高分子中，是随着温度的下降，分子链的大片段扩散速度降低造成的。随着液体的冷却，玻璃化转变相当于由液体逐渐转变为软的材料，最终变为硬的固体材料。高分子从软的材料转化为硬的状态时所对应的温度称为玻璃化转变温度(glass transition temperature，T_g)。转化顺序与硬的玻璃在略低于 T_g 时加热恰好相反。另外，其他物理性质的突变往往伴随着玻璃化转变：例如，硬度(图 15.7)、热容、热膨胀系数。

15.13　熔融和玻璃化转变温度

熔融和玻璃化转变温度是涉及高分子工作的重要参数。对大多数应用，它们有各自明确的工作温度范围，尤其对于半晶型高分子。玻璃化转变温度也可以限定非晶无定形材料的最高使用温度。而且，T_m 和 T_g 也会影响高分子和高分子基复合材料的制造和加工程序。这个问题在本章随后的部分讨论。

高分子发生融化或玻璃化转变的温度与陶瓷材料的确定方式相同——出自比体积(密度的倒数)和温度的曲线图。如图 15.18 所示，A 为无定形高分子，C 为结晶高分子，它们与对应的陶瓷具有相同的结构(图 17.22)。结晶高分子在熔点 T_m 时，比体积不连续的变化。完全无定形材料的曲线是连续上升的但在玻璃化转变温度 T_g 处斜率略微下降。这种行为是半晶型材料(曲线 B)(熔融和玻璃化转变都可被观察到)的极端现象；T_m 和 T_g 分别代表半晶型材料中结晶相和非晶相的性质。就像早前讨论的一样，图 15.18 中的分子行为依赖于降温和加热的速率。一些高分子的典型熔融和玻璃化转变温度列于表 15.2。

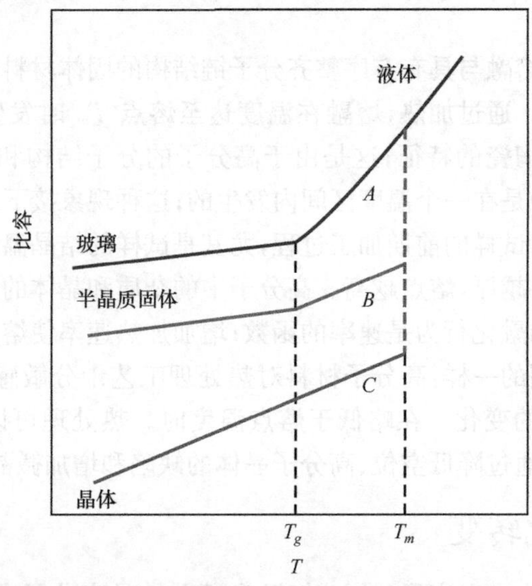

图 15.18　比体积与温度曲线，随温度的下降，熔融液体转化为完全无定形材料(曲线 A)、半晶型材料(曲线 B)和晶体聚合物(曲线 C)

表 15.2　一些常见高分子聚合物熔融和玻璃化转变温度

金属	玻璃化转变温度/℃	熔融温度/℃
聚乙烯(低密度)	−110	115
聚四氟乙烯	−97	327
聚乙烯(高密度)	−90	137
聚丙烯	−18	175

续表

金属	玻璃化转变温度/℃	熔融温度/℃
尼龙 66	57	265
PET	69	265
聚氯乙烯	87	212
聚苯乙烯	100	240
聚碳酸酯	150	265

15.14　影响熔融和玻璃化转化温度的因素

熔点

在高分子熔融过程中，分子从有序转变为无序的状态伴随着分子的重排。分子的化学性质和结构影响聚合物分子链发生重排的能力，因此，也会影响熔点。

沿分子链化学键自旋的解除使链的硬度有显著的改变。高分子主链上双键和芳香环的存在使链的灵活度降低并且引起 T_m 的上升。此外，侧链基团的尺寸和类型影响链的旋转自由度和灵活性；体积质量大的侧链基团能限制分子旋转并提高 T_m。例如，聚丙烯比聚乙烯有较高的熔点(表 15.2，175℃和 115℃比较)；聚丙烯侧链甲基上的氢原子比聚乙烯上的氢原子要多。极性基团(Cl、OH 和 CN)的存在，即使体积不是特别大，也会引大的分子间力、T_m 的相对升高。通过对比聚丙烯(175℃)和聚乙烯(乙烯基氯化物)(212℃)的熔点可以证实上述结论。

高分子的熔点也依赖于分子质量。分子质量相对较低时，增加 $\bar{M}$(链的长度)使 T_m 升高(图 15.19)。此外，高分子的融化是在一个温度区间进行的；因此，T_m 是一个范围而不是确定单一的温度。这是因为每种高分子都是由质量不同的分子组成(见 5.5 节)，而 T_m 依赖于分子质量。大多数的高分子熔融的起始和终止温度一般相差几摄氏度。如表 15.2 所示，熔点接近熔融温度区间的上限。

支化的多少也会影响高分子的熔点。在晶体材料中引入侧枝会引入缺陷，并且使熔点降低。以高密度的聚乙烯作为代表的线性高分子与低密度有少量分支的聚乙烯(115℃)相比，有较高的熔点(137℃，表 15.2)。

玻璃化转变温度

当温度达到玻璃化转变温度时，无定形固体高分子从较硬状态转化到较软的状态。相应的，在 T_g 温度以下时分子实际上处于冻结状态，当温度高于 T_g 时，分子开始发生转动和平移。因此，玻璃化转变温度的数值依赖于影响链硬度的分子特征；大多数的影响因素及它们的影响与熔融温度相同，就像之前讨论的一样。下列情况的存在可以使链的灵活性下降，T_g 上升：

(1) 大的侧链基团；从表 15.2 可以看出，聚丙烯和聚苯乙烯的 T_g 值分别为 −18℃和100℃。

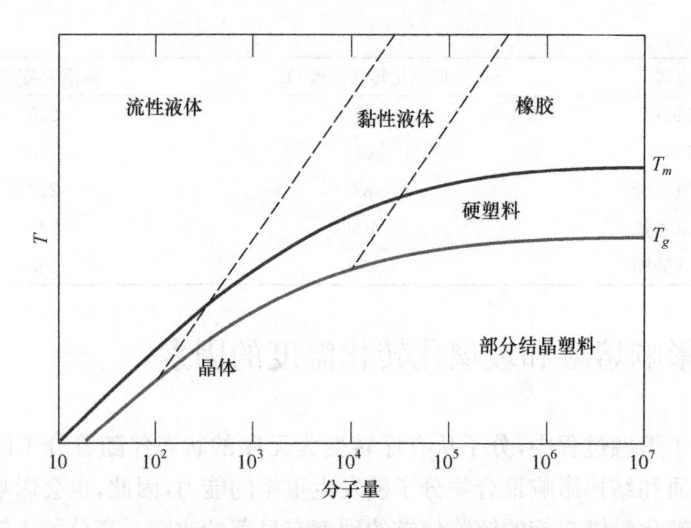

图 15.19　高分子性质、熔融和玻璃化转变温度对分子质量的依赖性

(2) 极性基团；例如，聚乙烯(乙烯基氯化物)和聚丙烯的 T_g 值分别为 87℃和 −18℃。

(3) 主链上双键和芳香环的存在使高分子链变硬。

如图 15.19 所示，增加分子质量也能提高玻璃化转变温度。较少的分支使得 T_g 温度降低；另一方面，密度较高的分支使得链的灵活性降低，提高玻璃化转变温度。一些交联的无定形高分子可以提高 T_g；交联限制分子的运动。交联的密度越大，分子运动就越困难；较大的分子运动被限制，在这种情况下，高分子不会有玻璃化转变或不会伴随材料的软化。

从先前的讨论可以很明显看出相同的分子特征可以同时提高、降低熔融或玻璃化转变温度。正常的 T_g 值介于 0.5～0.8 倍的 T_m(绝对温标)。因此，同聚物的 T_m 和 T_g 不能独立变化。共聚材料的合成和应用可以更大程度地控制这两个参数。

高分子类型

许多不同的高分子材料都是我们所熟悉的，而且有各种各样的应用；事实上，一种归类方法就是它们的最终用途。按照这种方式，各种各样的高分子可以分为：塑料、弹性体(橡胶)、纤维、涂料、黏合剂、泡沫、薄膜。根据某种高分子的性能可以确定它两种或更多的应用范畴。例如，一种交联的，在玻璃化转变温度以上使用的塑料可以变成理想的弹性体，或者非丝状的纤维可以当做塑料来使用。本章的这一部分对每种高分子材料的类型进行简洁的讨论。

15.15　塑料

大多数的高分子材料都可以归入塑料一类。塑料(plastics)是一种在负载状态下具有结构刚性的材料,这种材料有很多的应用。聚乙烯、聚丙烯、氯乙烯(乙烯基氯化物)、聚苯乙烯和碳氟化合物、环氧树脂、酚醛树脂、聚酯类都可以被归为塑料。它们兼具各种性能。一些塑料非常硬且易碎(图 15.1 中曲线 A)。其他塑料很柔软受力时可发生弹性变形和塑性变形,有时在断裂前可以发生很大的变形(图 15.1 中曲线 B)。

归于此类的高分子可以有任何程度的结晶度,并且所有的分子结构和构象(线型、分支型、全同型等)都是有可能的。塑料有可能是热固型也有可能是热塑型的;事实上,这种分类方式是子类。线型、分支型高分子,也可认为是塑料,若是无定形的,必须在它们的玻璃化转变温度以下工作,如果是半晶型,必须在低于它们的熔点下使用,或者必须有足够的交联度来保持其形状。一些塑料的商品名称,特征,典型应用在表 15.3 中给出。

表 15.3　一些塑料产品的商品名称,特征和典型应用

材料类型	商品名称	主要特征应用	典型应用
热塑性塑料			
丙烯腈-苯乙烯-丁二烯共聚物(ABS)	Abson Cycolac Kralastic Lustran Lucon Novodur	优异的强度和韧性,抵抗热变形;好的电学性能;在有机溶剂中易燃可溶	用于汽车机罩内,冰箱内衬,电脑和电视外壳,玩具,高铁的安全措施
聚甲基丙烯酸甲酯	Acrylite Diakon Lucite Paraloid Plexiglas	优秀的光传导性能,抵制风化作用,一般的力学性能	透镜,透明的飞机零件,牵引装置,浴缸和淋浴的附件
碳氟化合物(PTFE 或 TFE)	Teflon Fluon Halar Hostaflon TF Neoflon	几乎在所有环境中都是惰性的,优异的电学性质;低的摩擦系数;可在 260C(500F)时工作;相对较弱的冷塑性	防腐密封,化学物质管道和阀门,轴承,电线,绝缘电缆,润滑剂涂层,高温电子零件

续表

材料类型	商品名称	主要特征应用	典型应用
聚酰胺(尼龙)	Nylon Akulon Durethan Fostamid Nomex Ultramid Zytel	好的力学强度,抵抗磨损,韧性;低的摩擦系数,可吸收水或其他液体	轴承,齿轮,凸轮,把手,电线和电缆的外壳,地毯,软管,加固带的纤维
聚碳酸酯	Calibre Lupilon Lexan Makrolon Novarex	尺寸稳定性;吸水性差;透明的;好的电阻特性和延展性;化学防护性不怎么样	安全帽,透镜,电灯泡,感光膜的基础材料,汽车蓄电池
聚乙烯	Alathon Alkathene Fortiflex Hifax Petrothene Rigidex Zemid	化学防护和绝缘性;较硬和相对低的耐摩擦系数;低应力,较差的耐风化性能	弹性瓶子,玩具,换向齿轮,电池零件,冰盘,包装膜材料,汽车气体容器
聚丙烯	Hicor Meraklon Metocene Polypro Pro-fax Pro-pak Propathene	抵制热变形;杰出的电学性质和疲劳强度;化学惰性;相对较便宜;对紫外线的抵抗较弱	灭菌瓶,包装膜,自动装置,纤维,皮箱
聚苯乙烯	Avantra Dylene Innova Lutex Styron Vestyron	优秀的电学性质和高的透明度;好的热学和尺寸稳定度;相对便宜	墙面贴砖,电池,玩具,室内照明装置,装置外壳,包装
乙烯基	Dural Formolon Geon Pevikon Saran Tygon Vinidur	低成本,多用途材料;通常较硬,在有增塑剂时会比较柔软;通常是共聚物;易受热变形	地板,管道,绝缘材料,花园软管,收缩包装膜

续表

材料类型	商品名称	主要特征应用	典型应用
聚酯(PET 或 PETE)	Crystar Dacron Eastapak HiPET Melinex Mylar Petra	一种强韧的塑料薄膜；优异的疲劳和断裂强度，抵抗潮湿，酸，油脂，石油，有机溶剂	取向膜，衣服，汽车轮胎线，饮品容器
热固性聚合物			
环氧树脂	Araldite Epikote Lytex Maxive Sumilite Vipel	优异的力学性能和耐腐蚀性；尺寸稳定性；好的黏附性，相对便宜。好的电学性质	电子模型，洗涤槽，黏附剂，保护层，与玻璃纤维片层同时使用
酚醛树脂	Bakelite Duralite Milex Novolac Resole	在 150C(300F)都可以保持其热稳定性；可以由多种树脂、填料等合成，便宜	电机壳，黏合剂，电路板，电气设备
多元酯	Aropol Baygal Derakane Luytex Vital	优秀的电学性质，低成本；可以在常温和高温下工作；通常用纤维作为增强相	安全帽，玻璃纤维船，车身主体成分，椅子，电扇

一些塑料可以表现出优异的性能。在有光学透明度方面的应用要求时，聚苯乙烯和聚乙烯(异丁烯酸甲酯)就很适合；然而重要的是材料必须是高度无定形的，或只有很小的结晶度。碳氟化合物有很小的摩擦系数，并且即便在相对较高的温度，对很多的化学腐蚀有很好抵抗作用。可以作为不粘锅厨具的涂层，涂在轴承和套管上，也可以用于高温环境中工作的元件。

15.16　弹性体

弹性体变形机制的特征在先前讨论过(见 15.9 节)。因此，现在将讨论的重点放在弹性材料的类型上。

表 15.4 中列出了一些常见弹性体的性质和应用；这些典型的性质依赖于硫化的程度和是否使用强化相。因为天然橡胶有人们所期望的出色的组合性能，所以

现在很大部分上还在使用。然而，最重要的合成弹性体是 SBR，它主要用于汽车轮胎，用炭黑增强。对降解和膨胀有很大抵抗力的 NBR 是另外一种常见的合成弹性体。

表 15.4 五种商业弹性体的重要性质和典型应用

化学类型	商品名称（常见）	伸长率	工作温度范围/℃	主要的应用特征	典型应用
天然聚异戊二烯	天然橡胶（NR）	500～760	−60～120	优秀的物理性能；对切，刨，磨损有很好的抵抗能力，低热量，臭氧，耐油性；好的电学性质	气压轮胎和管；高跟鞋和鞋底材质；垫片；挤压软管
苯乙烯-丁二烯共聚物	GRS，丁腈橡胶（SBR）	450～500	−60～120	好的物理性质；优秀的耐摩擦性能；不耐油，臭氧，或不受天气影响，电学性能较好，但不优异	与天然橡胶相同
丙烯腈-丁二烯共聚物	丁钠橡胶 A，腈类（NBR）	400～600	−50～150	对植物，动物和石油有优异的抵抗能力；弱的低温性能；电学性能不出色	汽油，化学制品，运油管道；密封圈；高跟鞋和鞋底材质；玩具
氯丁二烯	氯丁橡胶	100～800	−50～105	优异的耐臭氧性，耐热性，不受天气影响；耐火性；电学方面的应用不如天然橡胶	电线和电缆；化学坦克内衬；腰带，软管，密封，垫片
聚硅氧烷	硅氧树脂（VMO）	100～800	−115～315	耐高低温；低强度；优异的电学性质	高低温绝缘；密封，薄膜；食管医用

对于很多应用（如汽车轮胎），即便是硫化的橡胶，其抗张强度、磨损和硬度等力学性质也差强人意。这些性质可以进一步通过添加剂来增强，如炭黑（见 16.2 节）。

最后，要提到的是硅橡胶。对于这种材料，主链由硅原子和氧原子交替而成：

$$-\!\!\left(\underset{\underset{R'}{|}}{\overset{\overset{R}{|}}{Si}}-O\right)_{\!n}\!\!-$$

R 和 R′代表侧链原子，例如氢原子或原子基团例如甲基。例如，聚二甲基硅烷有重复单元。

$$
-\!\!\left(\begin{array}{c} CH_3 \\ | \\ Si-O \\ | \\ CH_3 \end{array}\right)\!\!-_n
$$

当然，就像弹性体一样，这些材料也是交联的。

硅橡胶在低温下（－90℃）拥有高的柔韧度，并且在 250℃这样的高温也可以保持稳定。另外，可以抵抗天气和润滑油的腐蚀，这种性能使得硅橡胶在汽车发动机引擎中应用特别令人满意。生物相容性是它的另一项优势，因此，它们经常被用于医用人造血管。另一项迷人的特征是硅橡胶在室温下就可以发生硫化（RTV 橡胶）。

15.17　纤维

纤维（fiber）聚合物是一种可以被加工成长度-直径比至少为 100：1 的长丝的化合物。大多的商业纤维用于纺织行业，被编织或织造成布或者是织物。另外，纤维可以用于复合材料行业（见 16.8 节）。作为纺织材料纤维聚合物必须满足很多物理和化学性质。在使用过程中，纤维可能会受到各种各样的变形——拉伸、扭转、剪切、磨损。因此，它们必须有较高的抗张强度（在一个相对较宽的温度范围）和高的弹性模量，还有抗磨损能力。这些性质都是由聚合物链的化学性质和纤维的加工过程决定的。

纤维材料的分子质量应该相对较高，否则在加工过程中容易断裂。此外，由于抗张强度随着结晶度的增加而增加，链的结构和构造应该有利于生成高结晶度聚合物。

清洗的便利性及衣物形状的保持主要依赖于纤维聚合物的热性质，主要是熔点和玻璃化转变温度。此外，纤维聚合物必须对各种各样的环境都能表现出其化学稳定性，包括酸、碱、漂白剂、干洗、日照。另外，它们必须是相对不易燃且容易干燥。

15.18　其他应用

涂层

镀膜通常用于材料的表面以达到下列功能：①保护物品不受环境的破坏，这种破坏可能产生腐蚀或降解反应；②改进物品的表面；③提供电气绝缘。许多涂层材料的成分是高分子，它们从本质上来讲都是有机物。这些有机物涂层可以分为几种不同的类别：油漆、清漆、搪瓷、亮漆、虫漆。

一些常见的涂层是乳胶。它是一种在水中稳定悬浮的颗粒,多为不溶的聚合物颗粒。这种聚合物越来越流行,因为它们不含大量排放到空气中的有机溶剂——它们排放出少量的挥发性有机化合物(VOC)。VOC 在空气中反应产生烟雾。对涂层使用较多的厂家如汽车制造商仍需要继续减少他们 VOC 的排放以遵循环境法规。

黏合剂

黏合剂(adhesive)是一种用于连接两个固体材料表面的物质。有两种连接机制:机械连接和化学键连接。机械连接实际上是黏合剂渗透进表面的气孔和缝隙。化学键连接包括黏结剂和被黏物之间的分子间作用力,这种力可能是共价键力或者范德瓦耳斯力;当黏性材料包括极性基团时,范德瓦耳斯力键合强度增加。

尽管天然黏合剂(动物胶、干酪素、太白粉、松香)依然应用于很多领域,大量的基于合成材料的新的黏合材料已经有了很大的发展;包括聚氨酯、聚硅氧烷(聚硅酮)、环氧树脂、聚酰亚胺、丙烯酸树脂和橡胶材料。黏合剂可以用于各种材料——金属、陶瓷、聚合物、皮肤等——黏合剂的选择主要依赖于以下因素:①需要连接的材料和材料的孔隙度;②所需黏合剂的性质(例如连接是暂时的还是永久的);③最大/最小的曝光温度;④加工条件。

除了压敏黏合剂(即将讨论)之外,黏合材料都是以低黏度的液体形态应用的,以便均匀彻底的覆盖被黏合材料表面,达到最大的键和反应。实际的连接过程是黏合剂从液体变为固体的转变过程,这个过程既有物理过程(例如,结晶化、溶剂挥发)也有化学过程(例如,高分子的聚合硫化反应(见 15.20 节))。良好连接的共同特点应该包括高的剪切、切削和断裂强度。

黏合剂连接有其他连接技术(如铆接、栓接、焊接)没有的优点,包括较轻的质量、与其他材料和小部件的结合能力、好的抗疲劳强度、低的制造成本。此外,进行部件的准确定位和快递处理时,这也是不错的选择。黏合剂主要的缺点是操作温度的限制;聚合物只在温度相对较低时才能保持其机械完整度,随着温度的上升,强度迅速下降。一些新研发的聚合物连续使用的最高温度是 300℃。黏合剂的连接可以用于很多应用领域,尤其在航空航天、汽车、建筑工业、包装、家庭用品领域。

这种材料中的一种特殊的类别是压敏黏合剂(自黏胶材料),例如自黏合录像带、标签、邮票。这种材料通过物品表面的接触以及轻微的压力产生黏附。与之前讨论的黏合剂不同,键合反应并不是起因于物理转化或化学反应。这种材料含有高分子黏性树脂;连接两个分离的表面时形成,小纤维与表面接触将它们连在一起。用于压敏黏合剂的聚合物包括丙烯酸树脂,苯乙烯类嵌段聚合物(见 15.19 节)天然橡胶。

薄膜

高分子材料以薄膜的形式有广泛的应用。薄膜厚度在 0.025～0.125mm,薄膜广泛地用于制造包装食物和其他商品的包装袋。作为薄膜,这类材料生产和应用的重要特征包括低密度、高柔韧度、高强度、高撕裂强度,对潮湿和其他化学反应的抵抗性和对气体的低渗透性,尤其是水蒸气。符合条件的一些高分子被制造成薄膜,如聚乙烯、聚丙烯、玻璃纸、醋酸纤维素。

泡沫

泡沫(foams)是一种有着小气孔和空腔气泡的具有相对较高体积百分率的塑料材料。热固性材料和热塑性材料都可用作泡沫;包括聚氨酯、橡胶、聚丙乙烯、氯乙烯。泡沫经常被用于汽车和坐垫,也包括包装盒隔热行业。泡沫加工通常归入发泡这一类,通过加热,分解并伴随气体的释放。气泡的产生贯穿整个加工过程,在冷却过程中,保持固体的结构,并形成海绵状的结构。相同的效果也可以通过高压使惰性气体进入熔化的高分子这种过程来实现。当压力迅速减小时,气体从液体中释放出来形成泡沫并且气泡留在立方体中,就像它被冷却了一样。

15.19　先进高分子材料

在过去的若干年中,已经制备出了许多拥有独特的、合适的组合性质的新高分子;一些新材料在新科技中已有一席之地并且/或已经取代了其他材料。例如,具有超高分子质量的聚乙烯、液晶高分子、热塑性弹性体。现在,我们一一进行讨论。

超高分子质量的聚乙烯

超高分子质量的聚乙烯(Ultra-high-molecular-weight polyethylene, UHMWPE)是一种线性的聚乙烯,它有相当高的分子质量。它的典型的相对分子质量接近 4×10^6 g/mol,数量级远远高于具有高密度的聚乙烯。形成纤维时,UHMWPE 是高度有序的,其商品名称为 Spectra 。这种材料的一些杰出的性质如下:

(1) 极高的抗冲击性;

(2) 优秀的耐摩擦磨损性能;

(3) 非常低的摩擦系数;

(4) 自润滑且防粘的表面;

(5) 对常见溶剂有很好的耐化学性

(6) 优异的低温性质;

(7) 杰出的消音和能量吸收特征;

(8) 电绝缘性,优异的介电性能。

然而,由于这种材料有相对较低的熔点,它的力学性能随温度的上升急剧恶化。

这种与众不同的组合性能使它具有各种各样的应用,包括钢弹背心、综合军事头盔、钓鱼线、滑雪橇底部背面、生物医学上的假肢、血液过滤器、记号笔的笔尖、散装材料运输设备(煤、粮食、碎石、水泥等)、套管、泵叶轮、阀垫片。

液晶高分子聚合物

液晶高分子聚合物(liquid crystal polymers,LCP)是一组化学性质复杂,结构上区别于其他材料的一种材料,它有着独特的性质,并且有各种各样的应用。对这种材料化学性质的讨论不在这本书范围内。液晶聚合物由延伸的、杆状的、刚性的分子组成。在分子排列上,这种材料不属于任何常规的液体、无定形材料、结晶材料、半结晶材料这些类别,但可以认为是物质的一种新状态——液体结晶态,既不是完全的结晶态也不是液体。在熔融状态(液体),鉴于其他分子都是随机取向的,液晶聚合物可以变成高度有序的对称结构。分子排列在结构域中保持分子形式,具有典型的分子间距。液晶、无定形高分子、半结晶高分子在熔融或固体状态的示意图如图 15.20 所示。液晶材料有三种类型,基于取向和位置顺序分为近晶相、向列相、胆甾相;这些类别之间的区别超出讨论的范围。

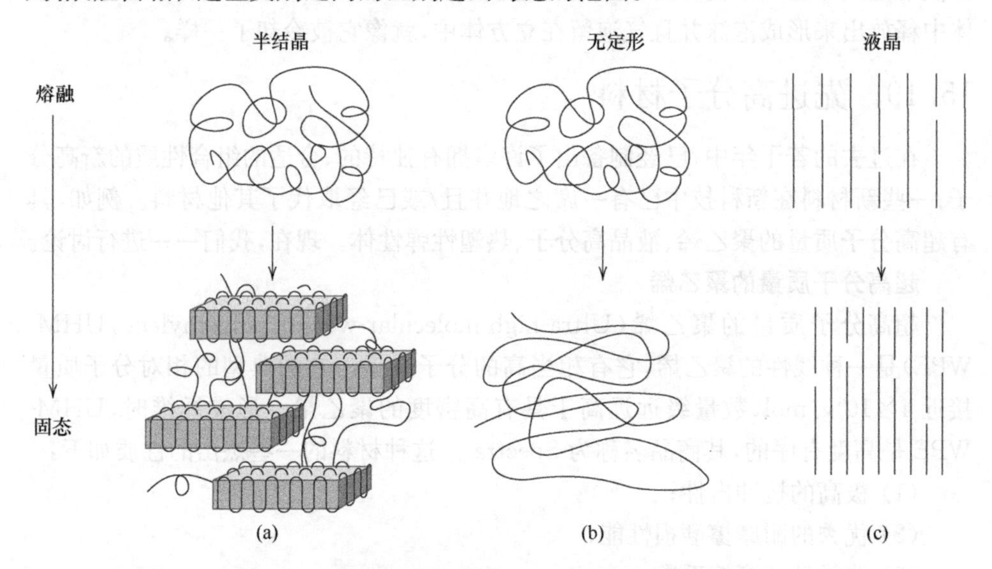

图 15.20　熔融和固体结构状态下的分子结构示意图。
(a) 半晶质材料;(b) 无定形材料;(c) 液晶高分子

液晶聚合物的主要应用是数字显示、仪表盘、电脑显示器的液晶屏(liquid crystal displays,LCD)。现在,胆甾相类型的液晶屏已经使用,这种液晶在室温下为流动的液态,透明的,光学各向异性的。这种显示器由两种片状的玻璃组成,将液晶材料夹在中间。每一个玻璃板的外面涂上透明的导电薄膜;另外,特殊形式数字或字母元素刻在薄膜能看见的一面上。电压通过导电薄膜(通过 2 个玻璃板),透过这些字符形成区域并引起该区域 LCP 分子取向的破坏,LCP 材料变黑,并反过来影响其可见特征。

液晶的向列相在室温下是刚性的固体，并且有优秀的性能和加工组合特征，在各种商业领域都有广泛的应用。例如，这种材料有如下表现：

(1) 优秀的热稳定性：可在 230℃的高温下使用。

(2) 强度和硬度：它们的拉伸模数范围在 10～24GPa，并且它们的抗拉强度为 125～225MPa。

(3) 高冲击强度，在冷却到相对较低温度时，这种特性被保留。

(4) 化学惰性，对各种酸、碱、漂白剂等。

(5) 固有的阻燃性，其氧化产品相对无毒。

这种材料的热稳定性和化学惰性可通过强的分子间结合力来解释。

关于它们的加工和制造特性有：

(1) 热塑性材料的所有常规的加工技巧都可以使用

(2) 在成型过程中低收缩和蜷曲。

(3) 从一部分到另一部分有异常的空间重复性。

(4) 熔体黏度很低，可使薄片部分成型，或制成复杂的形状

(5) 熔融热很低；造成材料快速融化并且随后冷却，缩短塑模周期。

(6) 各向异性的成品性能；分子取向的效应来源于成型过程中熔体的流动。

这种材料广泛用于电子行业(互联器件、继电器、电容器外壳、支架等)、医疗行业(那些需要反复消毒的器件)、复印机和光学纤维部件。

热塑性弹性体

热塑性弹性体(thermoplastic elastomers，TPE 或 TE)是高分子材料的一种类型，在外部条件下，展现的弹性(或类似橡胶的)行为也是热塑性的(见 5.9 节)。经比较，以前讨论的大多数的弹性体都是热固性的，因为硫化时它们是交联的。TPEs 的几个品种中，最广为人知的并且广泛应用的是嵌段共聚物，它由硬的刚性的热塑性材料的(通常是苯乙烯[S])片段，与软的灵活的弹性材料(丁二烯[B]或异戊二烯[I])的片段相间排列而成。常见的热塑性弹性体，硬的，聚合的片段位于链的尾部，而柔软的中心区域由聚合的丁二烯或异戊二烯单元组合而成。这类热塑性弹性体通常被称为聚乙烯类嵌段聚合物；两种类型材料(S-B-S 和 S-I-S)的链化学反应如图 15.21 所示。

在室温下，软的，无定形的中心(丁二烯或异戊二烯)片段表现出类似橡胶的弹性行为。此外，当温度低于 T_m 时，硬的组分(苯乙烯)，链尾片段从大量的临近链聚集形成刚性的结晶区域。这些区域是物理交联的，交联作为锚点以便限制软链片段的行动；它们和热固性弹性体化学交联活动很相似。热塑性弹性体的结构示意图如图 15.22 所示。

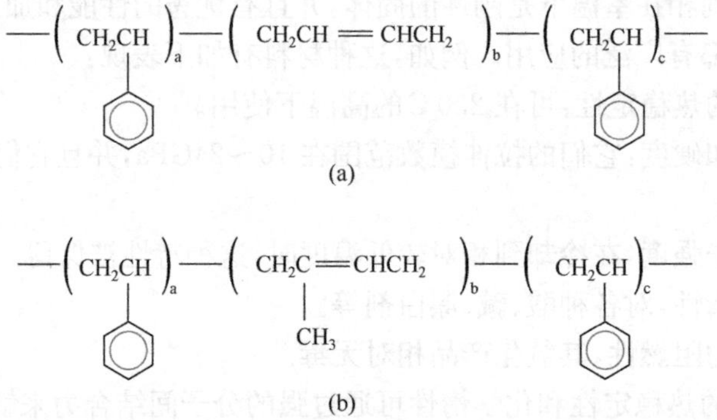

$$-\!\left(CH_2CH(C_6H_5)\right)_a\!-\!\left(CH_2CH{=}CHCH_2\right)_b\!-\!\left(CH_2CH(C_6H_5)\right)_c\!-$$

(a)

$$-\!\left(CH_2CH(C_6H_5)\right)_a\!-\!\left(CH_2C(CH_3){=}CHCH_2\right)_b\!-\!\left(CH_2CH(C_6H_5)\right)_c\!-$$

(b)

图 15.21　链化学反应的示意图。(a) 丁二烯嵌段聚合物(S-B-S)和(b) 苯乙烯-异戊二烯-苯乙烯(S-I-S)热塑性弹性体

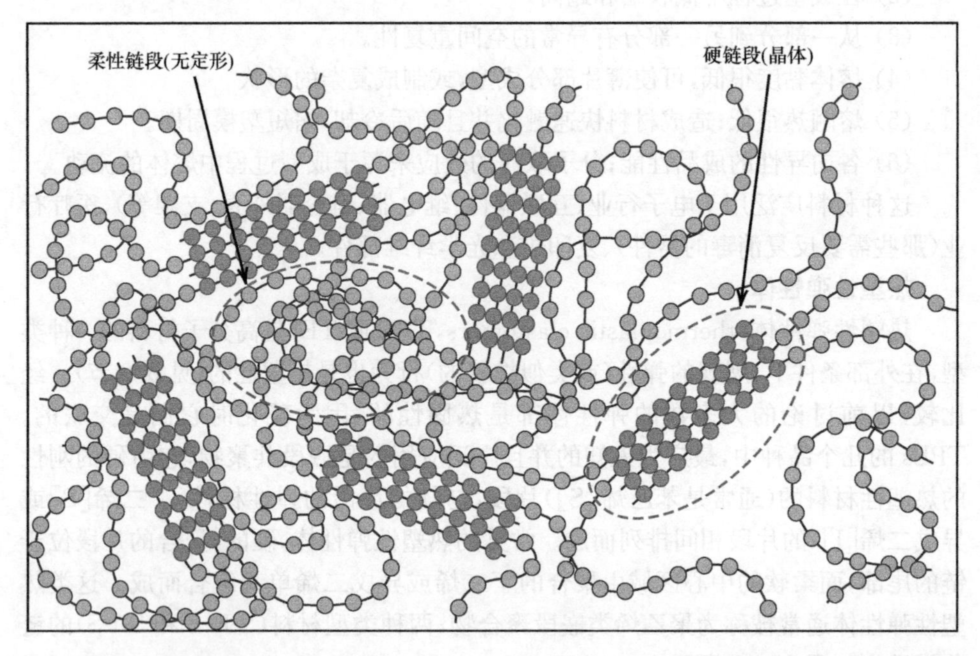

图 15.22　热塑性弹性体的分子结构示意图。这种结构包括柔性重复单元(如丁二烯或异戊二烯)中心链段和在室温下发生物理交联(如聚乙烯)的硬链段

热塑性弹性体材料的拉伸模数是因变量；增加每条链上的软组分片段可导致模数的下降，进而引起硬度的下降。此外，有效温度范围介于软的，柔韧组分的 T_g 和硬的，刚性组分的 T_m 之间。对于聚乙烯类嵌段共聚物，这个范围介于70～100℃。

除了苯乙烯类嵌段聚合物，还有其他类型的热塑性弹性材料，包括热塑性烯烃聚氨酯，弹性聚酰胺。

与其他热固性弹性材料相比，热塑性弹性体材料的主要优势：当加热到硬质相的 T_g 温度以上时，材料熔化(例如，物理交联的消失)，因此，它们可以通过热塑性材料的加工形式加工而成，如喷射法、注射成型法等(见 15.22 节)；热固性聚合物不会发生熔融，因此，成型更加困难。此外，因为热塑性弹性体的融化-凝固过程是可逆的可重复的，TPE 可被加工成其他形状。用一句话说，它们是可回收的。而热固性弹性体很大程度上是不可回收的。TPE 在成型过程中产生的废品也可以回收，这使得材料的生产成本低于热固性材料。另外，可以严格的控制热塑性弹性体的规模，并使其有较低的密度。

在各种各样的应用中，热塑性弹性体已经代替了常规的热固性弹性体。热塑性弹性体的典型应用包括汽车外饰件(保险杠、标牌等)，汽车引擎盖下面的组件(电气绝缘、连接器、垫片)，鞋底和高跟鞋，体育用品(足球或英式足球的充气囊)。医学隔膜和保护涂层、密封胶、堵缝、黏合剂的成分。

第16章 复合材料

当我们熟识各类复合材料的性能，并进一步理解复合材料的性能与其特性、相对量、几何分布和组成相特性之间的关系时，就可以设计出具有各项优异性能组合的复合材料，其性能将优于合金、陶瓷和聚合物材料这些现有的材料。

16.1 引言

复合材料，作为材料领域的一个独特分支，始现于20世纪中期。当时生产出人工工程设计的用以满足需求的复合材料，例如玻璃纤维增强型聚合物。虽然各类型的材料，例如木材、砖块（通过稻草增加强度的黏土）、贝壳，甚至合金（如钢铁），已经被知晓超过数千年，然而将各种不尽相同的材料在设计生产中组合在一起形成新的种类并将其定义为复合材料是一个全新的概念认识，其区别于熟知的合金、陶瓷和高分子。多相复合材料这一全新的概念提供了一个绝佳的机会，可设计出大量具有各类复合性能的材料，这在传统的单一材料（合金、陶瓷和高分子）无法实现。

具有不寻常特殊性能的材料往往用于高科技技术领域，如航空航天、海洋、生物工程和运输行业。例如，飞机制造工程师急于寻找具有密度小、强度高、硬度高、耐磨性能强、耐冲击能力强、并且耐腐蚀的结构材料。这几项性能同时实现的难度相当高。在单一材料中，强度高的材料密度相对就会比较高，提升材料的硬度往往导致其韧性降低。

伴随复合型材料的发展，材料性能的组合和拓展范围已经并将持续增强增大。一般而言，复合材料是多相材料，它聚合了所有组成相的性能，实现了更好性能的组合。根据这一组合准则（principle of combined action），将两种及以上不同材料的合理组合实现材料更好性能的组合。复合材料的设计也许考虑到各项性能的权衡利弊。

我们已经讨论了各类复合材料，其中包括多相金属合金、陶瓷和高分子。例如，珠光体钢（见11.19节）的微观结构是由一铁氧体层和渗碳体层双层互相交叠（图11.24）。铁素体相是柔软有韧性，而渗碳则坚硬易碎。珠光体钢的组合机械特性（同时具有高延展性和高强度）优于其任一组分相的特性。在自然界中，我们也发现大量复合材料。例如，木材有强硬和灵活的木质纤维组成，同时有坚硬的木质素将其紧紧组合在一起。另外，骨骼也是一种复合材料，由坚韧而柔软的胶原蛋白和坚硬易碎的矿物磷灰石组合而成。

在目前情况下，复合材料是一种人工合成的多相材料，而不是偶然发生或自然形成的。另外，构成相必须是化学性质不同的，并通过一个清晰的界面分离。

在设计复合材料时，科学家和工程师们巧妙地将各种金属、陶瓷和聚合物组合，从而产生新一代非凡的材料。大部分复合材料的创造是为了改善材料的机械能力，如硬度、韧性、环境适应度和耐高温等。

大量的复合材料仅由两相组成：一种被称为基体相(matrix)，它是连续的并且围绕在另一相周围，另一相通常被称为分散相(dispersed phase)。复合材料的性能是由三个因素组成的一个函数，三个因素分别为连续相的性能、连续相的数量和分散相的几何结构。分散相的几何结构包括颗粒的形状、颗粒的大小、颗粒的分布极其方向；在图 16.1 中展现了这些特性。

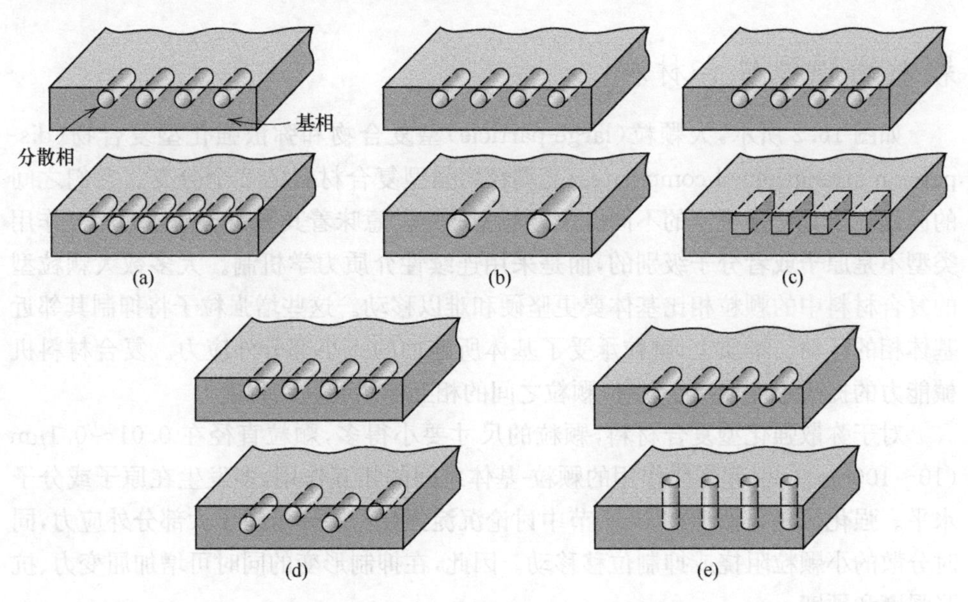

图 16.1　原理图展示了分散相中颗粒在不同空间几何分布下对于复合材料性能的影响：(a) 浓度、(b) 尺寸、(c) 形状、(d) 分布和(e) 方向

图 16.2 是复合材料分类的简单示意图，主要包括了 4 种分类：颗粒强化型、纤维强化型、结构型和纳米型复合材料。对于颗粒强化型复合物中的分散相，其各方相的分布几乎是一样的，所以我们认为是各向等同的(equiaxed)；对于纤维增强型复合材料，其分散相的几何形状是纤维状的，也就是具有一个较大的长径比。结构型复合材料一般为多层结构，具有较低密度和较高的结构完整型。纳米复合材料的分散相颗粒尺寸均处于纳米数量级。在本章中讨论的其他复合材料类型也是根据这种分级方法进行。

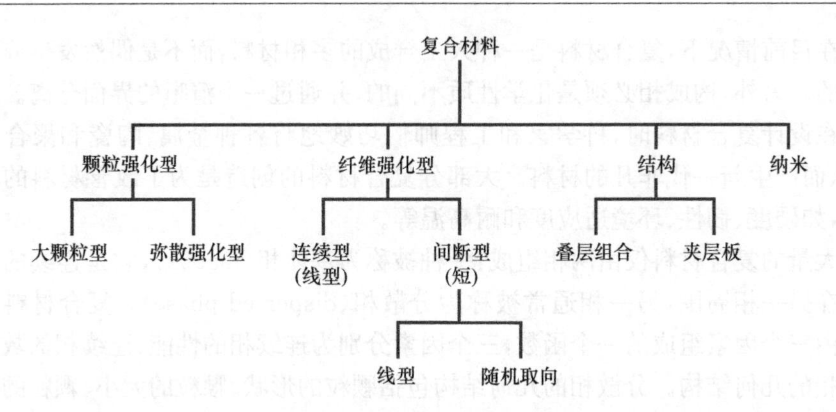

图 16.2 展示了本章中将讨论的各类型复合材料的分类示意图

颗粒增强型复合材料

如图 16.2 所示,大颗粒(large-particle)型复合物和弥散强化型复合物(dispersion-strengthened composites)是颗粒增强型复合材料的 2 个分支。它们之间的区别在于其增强机制的不同。大颗粒型的“大”意味着其颗粒与基体的相互作用类型不是原子或者分子级别的,而是采用连续性介质力学机制。大多数大颗粒型的复合材料中的颗粒相比基体要更坚硬和难以移动。这些增强粒子将抑制其邻近基体相的运动。本质上,颗粒承受了基体所施加的一小部分外应力。复合材料机械能力的提高程度取决于基体-颗粒之间的相互作用和联结程度。

对于弥散强化型复合材料,颗粒的尺寸要小得多,颗粒直径在 0.01～0.1μm (10～100nm)。引起强化作用的颗粒-基体之间的相互作用,多发生在原子或分子水平。强化机理类似于在 17.7 节中讨论沉淀强化。基体承担了大部分外应力,同时分散的小颗粒阻挠或抑制位移移动。因此,在抑制形变的同时可增加屈变力、抗张强度和硬度。

16.2 大颗粒型复合材料

一些高分子材料的填充剂(见 17.13 节)实际上就是大颗粒型复合材料。同时,填充剂调节或者提升了材料的性能,或者用成本较低的填充剂替代了部分原材料。

混凝土是一种被人熟知的大颗粒复合材料,它由水泥(基体)、砂子和沙砾(颗粒)组成。混凝土的相关材料将在随后一节里进行讨论。

颗粒的几何形状各种各样,但它们应该在各个方向上尺寸相似(即各向等大)。为了有效加固,颗粒应该是小而均匀分布在整个基体中。为了有效提高机械性能,颗粒的尺寸应当比较小且在基体中均匀分布。另外,两相的体积分数也会影响复合材料的整体性能;当颗粒组成成分增加时,复合材料的机械性能相应增强。下面两个数学表达式体现了一个两相组成成分的复合材料中两相体积分数对弹性模量的影响。这些混合物规则(rule-of-mixtures)的表达式预示了弹性模量值应该在上限值和下限值之间,由下式表示:

$$E_c(u)=E_mV_m+E_pV_p \tag{16.1}$$

具有最低值或者边界值

$$E_c(l)=\frac{E_mE_p}{V_mE_p+V_pE_m} \tag{16.2}$$

在这些表达式中,E 和 V 分别表示弹性模量和体积分数,下标 c,m 和 p 分别表示复合材料,基体相和颗粒相。图 16.3 展示了铜-钨复合材料(其中钨是颗粒相)中 E_c 和 V_p 之间的关系曲线,包括上边界线和下边界线;实验数据点均落在两条边界线之间。对于纤维增强型复合材料的类似式(16.1)和式(16.2)的方程式推演在 16.5 节中。

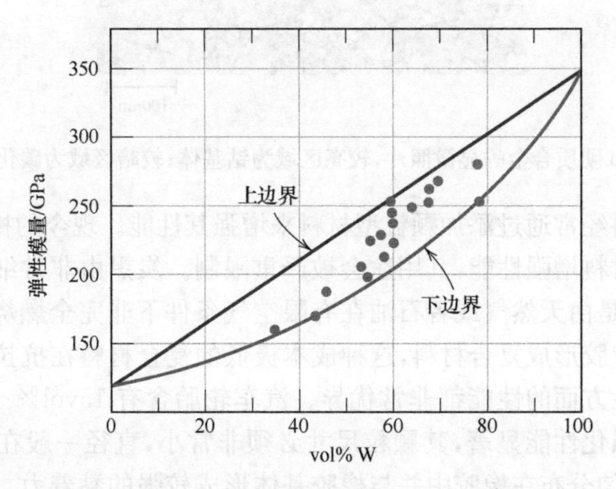

图 16.3　在以铜为基体相和钨为颗粒分散相的合金中,钨的体积百分比复合材料弹性模量之间的关系图。上边界线和下边界线是分别根据式(16.1)和式(16.2)推导而来;实验数据点均落在边界线以内

所有三种类型的材料(金属、高分子和陶瓷)均被用于大颗粒的复合材料中。金属陶瓷是陶瓷-金属复合材料的实例。最常见的金属陶瓷是硬质合金,通常由坚硬的金属颗粒相(如碳化钨和碳化钛)和金属基体(如钴和镍)复合而成。这些复合材料被广泛地用于切割硬质钢材的工具中。硬质碳化金属颗粒作为切割面,然而它的易碎特性导致无法承受切削应力。通过韧性金属基体提高复合材料的韧性,韧性金属基体将硬质碳化金属颗粒一颗颗独立开,避免颗粒与颗粒间的破碎连锁效应。基体相和颗粒相这两项均在切割坚硬材料导致的高温环境下具有相当强的耐火性能。没有任何一个单一的材料可能提供像金属陶瓷材料那样的性能组合。往往会使用较大体积含量的颗粒相,经常会超过 90vol%;从而,复合材料的耐

磨性能达到最大化。图 16.4 所展示的是一个 WC-Co 硬质合金的显微照片。

图 16.4 WC-Co 硬质合金的显微照片,较亮区域为钴基体;较暗区域为碳化钨颗粒。100×

橡胶和塑料经常通过添加颗粒型材料来增强其性能。现今的橡胶如果不使用炭黑等颗粒型材料增强性能,其用途会被严重限制。炭黑由非常细小的球星碳颗粒组成,碳颗粒是由天然气或者石油在有限空气条件下非完全燃烧生成获得。将炭黑加入硫化橡胶形成复合材料,这种成本极低的复合材料在抗拉强度、韧性、抗撕裂性和耐磨性方面的性能都非常优异。汽车轮胎含有 15vol%～30vol%炭黑。为了让炭黑的强化性能显著,其颗粒尺寸必须非常小,直径一般在 20～50nm;同时,颗粒必须均匀分布在橡胶中并与橡胶基体形成较强的黏着力。但采用其他材料(如二氧化硅)作为颗粒强化材料时,性能效果不如上述,这是由于橡胶分子和颗粒表面不存在特殊的相互作用导致的。图 16.5 是炭黑增强型橡胶的电子显微镜照片。

混凝土

混凝土(concrete)是一种常见的大颗粒复合材料,它的基体相和分散相均是陶瓷材料。因为"混凝土"和"水泥"这两个词有时候会错误地互换使用,所以有必要将它们区分开。在广泛的意义上说,混凝土是包含了一系列结合在一起的颗粒和将颗粒固化在一起的黏合媒介(即水泥)。两种最熟悉混凝土是将硅酸盐或者沥青水泥混合沙石和砾石而成。沥青混凝土被广泛用作铺路材料,而硅酸盐混凝土被广泛用作结构建筑材料。本节主要针对后者进行讨论研究。

硅酸盐水泥混凝土

该混凝土的组分包含硅酸盐水泥、细岩石颗粒(砂)、粗岩石颗粒(碎石)和水。

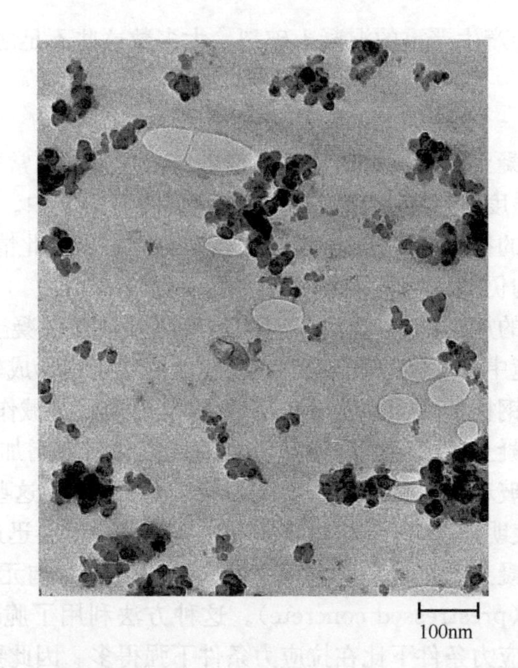

图 16.5 电子显微镜照片展示了合成橡胶轮胎胎面胶中的球形黑色碳颗粒。那些类似水印的区域是橡胶中微小的气泡。80000×

硅酸盐水泥的生产工艺、凝结和硬化机理已在 13.7 节中简明扼要地进行了讨论。岩石颗粒,由于其价格便宜成本低,用来作为填充材料降低混凝土的产品成本,而水泥是相对价格昂贵成本较高的。为了实现混凝土最佳强度、降低混凝土拌和施工难度,各组分的添加比例必须正确无误。合理运用两种不同尺寸的颗粒(砂土和碎石),才能实现致密的堆积和良好的面间接触;砂土应紧密地填充在碎石颗粒间的空隙中。通常这些颗粒的体积占比在 60%～80%。水泥浆体的量要充分覆盖砂土和碎石才行;否则黏结性的作用力将不充分。另外,所有组分需要充分搅拌混合。水泥和岩石颗粒之间的充分黏合要通过添加正确适当水量来实现。水添加量过少会导致结合不充分,水添加量过多会导致孔隙度太;在以上任何情况下,都无法达到最优效果。

岩石颗粒的特性是非常重要的考虑因素。特别是,岩石颗粒的尺寸分布将会影响水泥浆体量的要求。同时,岩石颗粒表面应清洁,无黏土和淤泥,防止在颗粒表面形成松散的结合。

硅酸盐水泥混凝土是一种重要的建筑材料,主要是因为它可在室温条件下灌注硬化,即使在水中也可实现灌注硬化。然而,作为结构材料,它具有一定的局限性和缺点。就如大多数陶瓷一样,硅酸盐水泥混凝土相对较脆,较易碎裂;它的拉伸强度仅仅是其压缩强度的 1/15～1/10。同时,较大体积混凝土结构随温度波动产生的热胀冷缩情况较严重。此外,寒冷气候情况下,当水渗透到混凝土外部的小孔，由于冷冻循环会产生严重的混凝土破裂。大多数这些不足之处，可通过添加剂来消除或者减少。

钢筋混凝土

硅酸盐水泥混凝土的强度可通过添加剂进一步提升。通常采用钢棒、电线、钢筋、网丝来增加其强度，这些一般提前嵌入未固化的混凝土中。因此，加固后的混凝土能够承受更高的抗拉强度、抗压强度和摩擦剪应力。在此情况下，即使混凝土产生裂缝，强化结构仍能保持坚固。

钢是一种合适的加固材料，是由于它的热膨胀系数和混凝土的几乎一样。此外，钢在混凝土环境中的腐蚀速度较慢，在固化的混凝土中形成较强的黏合力。这种黏附力可以通过钢构件表面的轮廓作用增强，同时增强机械作用强度。

硅酸盐水泥混凝土也可通过添加高模量的纤维材料来增加强度，例如在未固化的混凝土中添加玻璃、钢材、尼龙或者聚乙烯。然而，使用这些添加剂时必须多加注意，因为经验表明，一些纤维材料暴露在水泥环境中时会迅速腐化。

另一个强化混凝土的技术是引入承受残余压应力的结构元件；相应的材料被称为预应变混凝土(prestressed concrete)。这种方法利用了脆性陶瓷的特性，即它的承受能力在压应力条件下比在拉应力条件下强得多。因此要使预应力混凝土破裂，则预应力的数量级必须大于实际拉应力。因此，如果同样破坏一个混凝土，所需的压力值要大大超过拉力值。

在这样一个预应力技术实施中，高强度钢丝被放置在空磨具中，并用张力将其拉伸并使其位置保持不变。当加入混凝土并固化后，张力被释放。当钢丝收缩时，通过凝土-钢丝间的作用力，钢丝将应力转化到混凝土中使其处于受压状态下。

另一种被称“后张力调整”的技术方法，是指在混凝土硬化后进行压力调整的方法。金属板和橡胶管放置于各个混凝土区块周围使得混凝土形成表格形状。水泥固化后，将钢丝穿过产生的小孔中，用与结构表面相邻的附加的千斤顶将拉力运用于钢丝，再利用一次千斤顶将应力运用于混凝土块，最后，管中的空的空间内充满了水泥浆用于保护钢丝不受腐蚀。

通过预应变处理的混凝土应具有相当的高质量，具有低收缩和低蠕变率性能。通常预应变混凝土一般是提前制备完成的，常常用于高速公路和铁架桥梁中。

16.3 弥散强化型复合材料

金属和金属合金有时会通过添加一定体积百分比均匀分布的硬质惰性材料颗粒来增强其性能。分散相可能是金属的，也可能是非金属的；氧化物材料常常被采用。同样的，强化机制涉及三方面：颗粒间的相互作用、颗粒在基体的位移转换和沉淀固化过程。弥散强化的效果不如沉淀硬化的明显；但是，弥散强化的作用在高温条件下依然有效且能持续相当长的时间，这是由于选择的分散相颗粒与基体相不产生任何作用。对于沉淀强化的合金材料，在热处理过程中，由于沉淀不再增加或者沉淀溶解的原因，应力强化效果可能会消失。

当 3vol%含量的氧化钍（ThO_2）作为分散细颗粒添加到镍合金中，镍合金的耐高温可显著增强；这种材料被称为氧化钍分散镍（thoria-dispersed nickel）。在铝-氧化铝系统中会产生同样的效果。一种非常薄的氧化铝涂层以非常小（0.1～0.2μm 厚）的鳞片状涂敷在铝表面，弥散分布在铝金属基体上，这种材料被称为烧结铝粉（SAP）。

纤维增强型复合材料

从技术角度考虑，目前最重要的复合材料是那些分散相是纤维的复合材料。纤维强化型复合材料的设计通常是为了获得在一定重量基础上高强度和高硬度性能。这些性能用特殊强度（specific strength）和特殊模量（specific modulus）参数来描述，他们分别对应于拉应力比重和弹性模量比重的比率，用低密度纤维和复合材料已经制造出了具有特殊高比强度和模量的纤维增强复合材料。

如图 16.2，用纤维长度为指标将纤维增强复合材料进行子分类。对于短纤维复合材料，纤维太短会导致强度无法提升。

16.4　纤维长度的影响

纤维增强型复合材料的力学性能不仅取决于纤维的性质，同时也与由基体转移到纤维上的外加应力相关。纤维和基体之间的界面结合程度对应力的转移至关重要。在外应力下，这种纤维—基体的结合作用在纤维的端部结束，产生基体变形模式如图 16.6 所示，换句话说，基体在纤维的尽头没有应力转移。

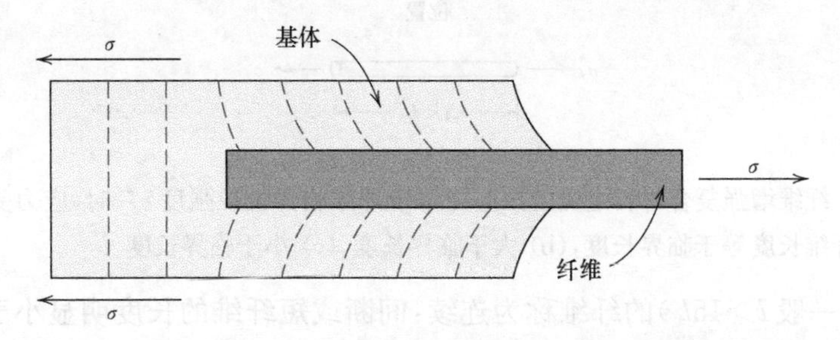

图 16.6　基体中遭受拉伸应力时纤维的变形图

临界纤维长度对于有效加强和使复合材料变硬是非常有必要的，这个临界长度 l_c 依赖于纤维直径 d，其极限（或拉伸）强度 σ_f^*，纤维—基体的结合强度（或与基体的剪切屈变力哪个更小）τ_c 符合

$$l_c=\frac{\sigma_f^* d}{2\tau_c} \tag{16.3}$$

对于大量的玻璃纤维和碳纤维与基体的组合，临界长度在 1mm 左右，相当于纤维

直径的 20～150 倍。

当应力等于临界应力 σ_f^* 时，纤维长度刚好是临界长度，应力部位情况如图 16.7(a)所示。纤维负载的最大应力应在纤维轴的中心。随着纤维长度 l 的增加，纤维增强效果更明显；当 $l>l_c$ 时，外加应力等于临界强度时，应力的轴向剖面图如图 16.7(b)所示。图 16.7(c)表示的是当 $l<l_c$ 时的应力剖面图。

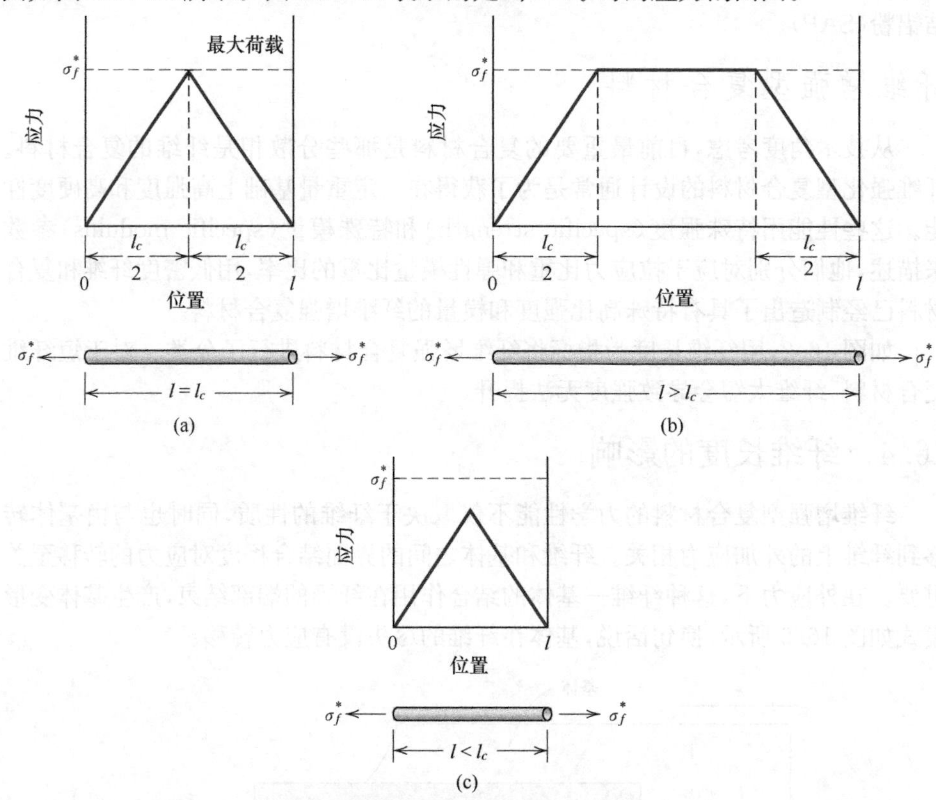

图 16.7　纤维增强复合材料遭受的拉应力等于纤维临界抗拉强度 σ_f^* 时，应力受力剖面图，(a) 纤维长度等于临界长度，(b) 大于临界长度，(c) 小于临界长度

$l\gg l_c$(一般 $l>15l_c$)的纤维称为连续：间断或短纤维的长度明显小于该长度。间断纤维的长度明显小于 l_c。纤维周围的基体变形，事实上几乎没有应力传递和纤维加固作用。这些本质上是前面所示的颗粒型复合材料。为了使复合材料在强度方面达到显著改善，纤维必须是连续的。

16.5　纤维取向和浓度的影响

纤维的排布和取向彼此相关，纤维的浓度和分布对纤维增强复合材料的强度和其他应用都有重大影响。关于取向，两个可能的极端：①纤维的纵轴向同一个方向平行排列；②完全随机的排列，连续纤维通常是一致的(图 16.8(a))，不连续纤维有可能一致,(图 16.8(b)),也有可能取向随机(图 16.8(c)),或者部分取向一致。当纤维分布均匀时,具有较好的整体综合性能。

连续单向纤维复合材料

1) 拉伸应力-应变特性——纵向载荷

这种类型复合材料的力学响应取决于诸多因素,包括纤维和基体的应力-应变特性、相体积含量,以及施加压力或载荷的方向,此外,单向纤维排布的复合材料具有高度各向异性的特性,也就是说所体现出的特性与测量的方向有关。让我们首先考虑沿着单向纤维排布的方向,即纵向(longitudinal direction)施加外力条件下的应力-应变特性,如图 16.8(a)所示。

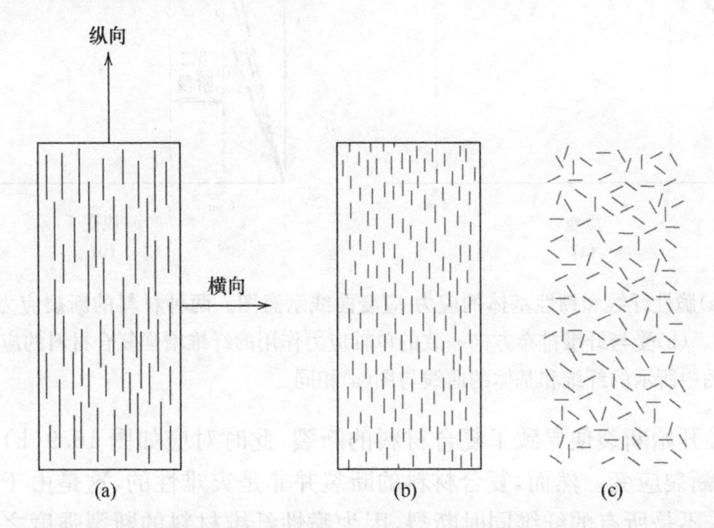

图 16.8 纤维强化复合材料示意图:(a)连续且单向的;(b)间断而单向的(c)间断且随机排列

首先,假设纤维和基体的应力-应变特性如图 16.9(a)所示;在此处理条件下,我们认为纤维是脆性的而基体具有合理的韧性。同时,该示意图也分别指出了纤维和基体在受压条件下的断裂强度 σ_f^* 和σ_m^* 及其相应的断裂应变ε_f^* 和ε_m^*;此外,假定 $\varepsilon_m^* > \varepsilon_f^*$,这符合通常的情况。

由纤维和基体材料组成的纤维增强复合材料表现出了如图 16.9(b)所示的单轴应力-应变响应曲线;由图 16.9(a)得到的纤维和基体的应力-应变特性也附于其中作为参考。在第 1 阶段的初始区域,纤维和基体均发生弹性变形;通常这一部分的响应曲线呈直线型。一般说来,对于该种复合材料,基体屈服发生塑性形变,(在 ε_{my} 点,如图 16.9(b)所示),而纤维材料会继续发生弹性拉伸,这是因为纤维的拉伸强度显著高于基体的屈服强度。上述过程的进行形成了如图所示的第 2 阶段,该阶段的线形仍十分接近于直线,然而与第 1 阶段相比,曲线坡度变缓。从第 1 阶段到第 2 阶段过程中,纤维承担的载荷比例增加。

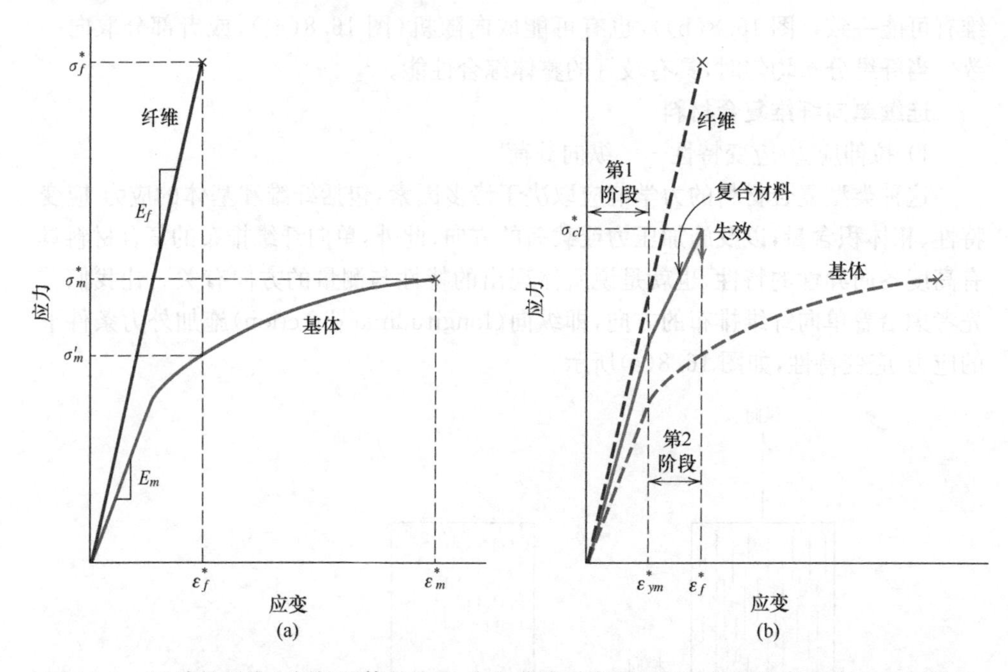

图 16.9　(a)脆性纤维和韧性基体的应力-应变曲线示意图。两种材料的断裂应力和断裂应变如图所示。(b)受与纤维排布方向一致的单轴应力作用的纤维增强复合材料的应力-应变曲线示意图;图中所示的纤维和基体的曲线与图(a)相同

当纤维开始断裂便导致了复合材料的断裂,此时对应如图 16.9(b)中所示的约为 ε_f^* 的断裂应变。然而,复合材料的断裂并非是灾难性的,这是由于如下几个原因。首先不是所有的纤维同时断裂,因为脆性纤维材料的断裂强度之间的区别相当大(如 14.6 节所述)。另外,即便纤维已经断裂,其基体完整性却因 $\varepsilon_m^* > \varepsilon_f^*$ 而得以保存,如图 16.9(a)所示。这些断裂后较原纤维材料更短的纤维仍镶嵌在完整的基体中,因此在基体持续发生塑性变形时仍将继续发挥减小载荷的作用。

2) 弹性行为——纵向载荷

现在,让我们考虑载荷方向与纤维排布方向一致时,连续定向纤维复合材料的弹性行为。首先假设纤维与基体界面之间的键合稳固,由此基体和纤维将发生同种形变(即等应变条件)。在此条件下,复合材料所受的载荷 F_c 是基体载荷 F_m 和纤维载荷 F_f 的和,或者可以表述为

$$F_c = F_m + F_f \tag{16.4}$$

根据压力的定义,方程(6.1),$F=\sigma A$;因此 F_c、F_m 和 F_f 的可以用他们各自的压力(σ_c、σ_m 和 σ_f)和横截面积 A_c、A_m 和 A_f 来表示。将其代入方程(16.4)可得

$$\sigma_c A_c = \sigma_m A_m + \sigma_f A_f \tag{16.5}$$

除以复合物材料的总横截面积 A_c 可以得到

$$\sigma_c=\sigma_m\frac{A_m}{A_C}+\sigma_f\frac{A_f}{A_C} \tag{16.6}$$

其中，A_m/A_c 和 A_f/A_c 分别是基体和纤维的面积分数。如果复合材料、基体和纤维具有相同的相长度，则 A_m/A_c 就等价于基体所占的体积分数 V_m，而对纤维也有，$V_f=A_f/A_c$，则方程(16.6)就变形为

$$\sigma_c=\sigma_m V_m+\sigma_f V_f \tag{16.7}$$

前述的等应变条件假设表明：

$$\varepsilon_c=\varepsilon_m=\varepsilon_f \tag{16.8}$$

将方程(16.7)中的各项除以各自的应变量，可以得到

$$\frac{\sigma_c}{\varepsilon_c}=\frac{\sigma_m}{\varepsilon_m}V_m+\frac{\sigma_f}{\varepsilon_f}V_f \tag{16.9}$$

此外，如果复合矩阵、基体和纤维发生的都是弹性形变，则有 $\sigma_c/\varepsilon_c=E_C$、$\sigma_m/\varepsilon_m=E_m$ 和 $\sigma_f/\varepsilon_c=E_c$，其中 E 分别是各个相的弹性模量。将上述变化代入方程(16.9)，则可以得到连续单向纤维复合材料的弹性模量 E_{cl} 在同排布方向（纵向）受力下的表达式，如下：

$$E_{cl}=E_m V_m+E_f V_f \tag{16.10a}$$

或

$$E_{cl}=E_m(1-V_f)+E_f V_f \tag{16.10b}$$

因为复合材料只有基体和纤维两相组成，因此有 $V_m+V_f=1$。

因此，E_{cl} 等于纤维和基体两相的弹性模量按照体积分数加权平均计算得到的值。材料的其他属性，包括密度，也与体积分数有上述关系。方程(16.10a)是方程(16.1)，即颗粒增强复合材料弹性模量上限在纤维材料上的类比。

上述方程同样表明，施加纵向载荷时，纤维相和基体相所承担的载荷之比为

$$\frac{F_f}{F_m}=\frac{E_f V_f}{E_m V_m} \tag{16.11}$$

3) 弹性行为——横向载荷

对连续定向的纤维复合材料施加横向(transverse direction)载荷，即载荷施加方向与单向纤维排布的方向呈 90°，如图 16.8(a)所示。在这种情况下，复合材料所受的应力 σ 与纤维相和基体相所受的应力是相同的，即

$$\sigma_c=\sigma_m=\sigma_f=\sigma \tag{16.12}$$

这被称为等应力状态。复合材料整体的应变或形变 ε_c 为

$$\varepsilon_c=\varepsilon_m V_m+\varepsilon_f V_f \tag{16.13}$$

但是，因为 $\varepsilon=\sigma/E$，

$$\frac{\sigma}{E_{ct}}=\frac{\sigma}{E_m}V_m+\frac{\sigma}{E_f}V_f \tag{16.14}$$

E_{ct}是横向弹性模量。现在将上式除以σ,得到

$$\frac{1}{E_{ct}}=\frac{V_m}{E_m}+\frac{V_f}{E_f} \tag{16.15}$$

可化简为

$$E_{ct}=\frac{E_mE_f}{V_mE_f+V_fE_m}=\frac{E_mE_f}{(1-V_f)E_f+V_fE_m} \tag{16.16}$$

方程(16.16)是颗粒增强复合材料弹性模量下限,即方程(16.2)的类比。

4) 纵向拉伸强度

我们现在考察纤维增强复合材料的纵向载荷条件下的强度特性。在这些情况下,其强度通常是图16.9(b)的应力—应变曲线中应力最大值;通常该点对应的现象是纤维断裂,并标志着复合材料的断裂。表16.1列出了三种常见纤维复合材料的典型的纵向拉伸强度。该复合材料断裂相对复杂,可能有多种不同的断裂模式。特定的复合材料的断裂模式取决于纤维和基体的性质,以及纤维-基体结合面键合的性质和强度。

表16.1　三种非定向纤维增强复合材料的典型纵向和横向拉伸强度[a]

金属	纵向拉伸强度/MPa	横向拉伸强度/MPa
玻璃-聚酯	700	20
碳纤维(高模量)-环氧树脂	1000	35
芳纶-环氧树脂	1200	20

a 每一种复合材料中纤维的体积分数大约是50%。

通常情况下,如果我们假设$\varepsilon_m^*>\varepsilon_f^*$(图16.9(a)),则纤维将先于基体断裂。当纤维断裂后,纤维上的大部分载荷会转移到基体上。该情况下,可以采用该种复合材料应力的表达式(16.7),并将其应用于如下表达式中,用于计算复合材料的纵向拉伸应力σ_{cl}^*

$$\sigma_{cl}^*=\sigma_m(1-V_f)+\sigma_f^*V_f \tag{16.17}$$

这里,σ_m'表示的是纤维断裂时基体的应力(图16.9(a)),如上文所述,σ_f^*是纤维拉伸强度。

5) 横向拉伸强度

连续单向纤维复合材料的强度具有高度各向异性,这种复合材料通常的设计载荷沿着高强度的纵向方向施加。然而,在实际应用中,复合材料也可能承载横向载荷。在这些情况下,极低的横向拉伸强度,有时甚至低于基体的拉伸强度,将可能造成过早的断裂。因此,这些情况下纤维的增强是不利的。表16.1列出了三种典型的单向复合材料的拉伸强度。

复合材料的纵向强度主要由纤维强度决定,然而材料横向强度则受到多种因

素的显著影响，这些因素包括纤维和基体的性质，纤维-基体界面的键合强度，以及材料中存在的孔隙，而增加这些组分的横向强度的手段通常涉及基体的改性。

间断单向纤维复合材料

尽管间断纤维的增强效果不及连续纤维，但间断单向纤维增强复合材料(图 16.8(b))在市场中的重要性正逐渐增加。碎玻璃纤维是其中使用最广泛的，而间断的碳纤维和芳纶纤维也有应用。这些短纤维复合材料产生的弹性模量和拉伸强度可以分别达到它们对应的连续纤维的 90%和 50%。

对于具有均匀纤维分布的间断单向纤维复合材料，其 $l>l_c$，则纵向强度 σ_{cd}^* 可通过以下方程得到

$$\sigma_{cd}^*=\sigma_f^* V_f\left(1-\frac{l_c}{2l}\right)+\sigma'_m(1-V_f) \tag{16.18}$$

其中，σ_f^* 和 σ'_m 分别表示纤维的断裂强度和复合材料断裂时的基体应力(图 16.9(a))。

如果纤维长度短于其临界值($l<l_c$)，则其纵向强度 σ_{cd}^* 可以表示为

$$\sigma_{cd'}^*=\frac{l\tau_c}{d}V_f+\sigma'_m(1-V_f) \tag{16.19}$$

其中，d 表示纤维直径；τ_c 是小于纤维基体界面键合强度和基体的剪切屈服强度的一个值。

间断随机纤维复合材料

随机排布的纤维复合材料通常采用短而间断的纤维，这种纤维增强手段如图 16.8(c) 所示。在这种情况下，弹性模量的混合规则表达式可以用类似式(16.10a)表示如下：

$$E_{cd}=KE_f V_f+E_m V_m \tag{16.20}$$

在这个表达式中，K 是纤维效率常数，其值取决于 V_f 以及 E_f/E_m 的比值。其数量级小于个体的数量级，通常在 0.1～0.6 范围内。因此，对于随机纤维增强的手段(正如定向纤维增强手段)，弹性模量随纤维所占的体积分数的增加而增加。表 16.2 给出了一些用间断随机玻璃纤维增强前后的聚碳酸酯的机械性能，给出了可能应用的增强手段的数量级概念。

表 16.2 随机分布玻璃纤维增强前后聚碳酸酯的机械性能

性质	增强前	增强量给定值/vol%		
		20	30	40
比重	1.19～1.22	1.35	1.43	1.52
拉伸强度/MPa	59～62	110	131	159
弹性模量/GPa	2.24～2.345	5.93	8.62	11.6

续表

性质	增强前	增强量给定值/vol%		
		20	30	40
伸长率/%	90~115	4~6	3~5	3~5
冲击强度 缺口悬臂梁式 (lb f/in.)	12~16	2.0	2.0	2.5

总结一下，我们认为定向纤维增强的复合材料在本质上是各向异性的，在纤维的对齐方向(纵向)上达到最大强度和增强效果。然而对横向作用力，材料几乎没有纤维增强的效果，在较低的拉伸强度下就会发生断裂。在其他方向上，复合材料的强度在这两种极端情况之间。表 16.3 描述了一些情况下的纤维增强效率；对于随机分布的纤维，与纤维排布方向平行的加强效率为 1，垂直方向为 0。

表 16.3　一些纤维增强复合材料在不同的纤维取向、不同方向的应力条件下的增强效率

纤维取向	应力方向	加强效率
所有纤维平行	与纤维平行	1
	与纤维垂直	0
纤维随机分布在一个特定平面	所有纤维平面上的方向	3/8
纤维随机的分布在三维空间	任意方向	1/5

当多向应力施加在同一平面上时，在基体材料中对齐的层状结构将会以互相堆叠的方式被压紧。它们被称为层状复合材料，我们将在 16.14 节中对其进行讨论。

应用于完全多向应力情况的材料一般采用间断纤维，这些纤维在基体材料中是随机分布的。表 16.3 表明，其强化效果只有纵向定向纤维复合材料的 1/5；然而，其力学性能却是各向同性的。

某种特定复合材料中纤维的方向和长度主要取决于外加应力的等级和性质以及制造成本。短纤维复合材料(包括定向排布和随机排布)的生产是迅速的，并且可以形成连续纤维材料无法形成的复杂形状。此外，其制造成本也低于连续定向纤维；短纤维复合材料的制造工艺包括压缩、注入和挤压成型。

16.6　纤维相

对于大多数材料，尤其是易碎材料，一个重要特征就是小直径纤维强度显著强于体相材料。正如 12.8 节中的讨论，因临界表面缺陷导致断裂的可能性将随着样品体积的减少而减少，而这个特性正是纤维增强复合材料的优势。同样，用于制造增强纤维的材料也具有较高的拉伸强度。

从直径和特性方面进行分类，纤维可以分为三种：晶须纤维、纤维状纤维和丝状纤维。晶须状纤维(whiskers)具有极薄的单晶结构和极大的长径比。由于尺寸较小，它们的结晶度极高且几乎没有缺陷，因此它们具有极高的强度，是目前已知的强度最高的材料之一。尽管拥有这些高强度特性，须状纤维的广泛应用却因其极其昂贵的价格而受到限制。此外，晶须纤维加入基体十分困难，并且经常是不可行的。晶须材料包括石墨、碳化硅、氮化硅以及氧化铝，表16.4给出了这些材料的一些机械性能。

表16.4 一些纤维增强复合材料的特点

材料	比重	抗拉强度/GPa	屈服强度/GPa	弹性模量/GPa	比模量/GPa
			晶须		
石墨	2.2	20	9.1	700	318
氮化硅	3.2	5～7	1.56～2.2	350～380	109～118
氧化铝	4.0	10～20	2.5～5.0	700～1500	175～375
碳化硅	3.2	20	6.25	480	150
			纤维		
氧化铝	3.95	1.38	0.35	379	96
芳纶(凯夫拉尔49)	1.44	3.6～4.1	2.5～2.85	131	91
碳纤维[a]	1.78～2.15	1.5～4.8	0.70～2.70	228～724	106～407
玻璃纤维	2.58	3.45	1.34	72.5	28.1
硼粉	2.57	3.6	1.40	400	156
碳化硅	3.0	3.9	1.30	400	133
UHMWPE光谱900	0.97	2.6	2.68	117	121
			丝状纤维		
高强度钢	7.9	2.39	0.30	210	26.6
钼粉	10.2	2.2	0.22	327	31.8
钨	19.3	2.89	0.45	407	21.1

a 正如14.16节中的描述，因为这些纤维都是由石墨碳和乱层结构碳组成的，所以用碳代替石墨来代指这些纤维。

纤维材料可分为多晶或者非晶，且直径较小；而纤维材料通常是高分子或陶瓷材料(如芳纶聚合物、玻璃、碳材料、硼材料、氧化铝以及碳化硅等)。表16.4还给出了一些纤维形态材料的相关数据。

细丝材料的直径相对较大；典型的材料包括钢、钼和钨。丝状纤维径向增强的钢筋材料主要应用于汽车轮胎，纤维缠绕的火箭外壳和线绕高压软管。

16.7 基体相

纤维复合材料的基体相可能是金属、高分子或陶瓷。一般说来，金属和高分子因其延展性而常用作基体材料；对于陶瓷基体复合材料(将在16.10节中详述)，加入增强体是为了提高其断裂韧性。本节着重讨论金属和高分子的基体。

纤维增强复合材料的基体相有多种功能。首先,基体把纤维连接在一起,将外部应力传递并分布到纤维上,只有很小的一部分载荷由基体承担。此外,基体应该是韧性材料,纤维的弹性模量应该远高于基体。基体的第二项功能是保护纤维个体免于机械磨损或外部化学反应造成的表面伤害。上述相互作用可能会导致纤维产生表面缺陷甚至形成裂纹,使其在低拉伸应力的作用下发生断裂。最后,基体将纤维互相分离,利用其柔性和可塑性,防止纤维之间脆性断裂的传播,避免纤维发生彻底断裂;换句话说,基体相是防止断裂传播的一个屏障。即使一部分的纤维发生断裂,复合材料的断裂在大量相邻纤维断裂达到临界数量之前是不会发生的。

纤维与基体之间必须有较高强度的键合作用才能减少纤维从基体中脱离。键合强度的大小是选择纤维-基体组合的重要标准。复合材料的极限强度很大程度上取决于这种键合强度的数量级,足够数量的键合作用对最大化从基体到纤维的应力的传播是至关重要的。

16.8 高分子基体复合材料

高分子基体复合材料(polymer-matrix composites,PMC)采用聚酯作为基体,纤维作为增强媒质。根据其室温条件下的性能,加工的难易程度和成本,这种材料在复合材料中的应用具包含了最多的种类和最大的数量。在本节中,复合材料将根据增强物质的种类(玻璃、碳材料和芳纶)进行分类,并介绍其相关的应用以及多种聚酯的应用。

玻璃纤维增强聚合物复合材料

玻璃纤维复合材料是由高分子基体和包含在其中的连续或间断的玻璃纤维简单复合形成的,具有最大的产量。用于制成纤维材料(有时被称为无碱玻璃)的玻璃成分由表 14.3 给出;其纤维直径通常在 3～20μm。玻璃成为一种受欢迎的纤维复合材料的原因有以下几个:

(1) 在熔融状态下容易形成高强度纤维。

(2) 它是现成的,可以用于较为经济地生产玻璃纤维增强塑料,并且复合材料生产技术已有较多种类。

(3) 这是一种高强度纤维,当镶嵌于高分子基体中时,产生复合材料具有较高的比强度。

(4) 当加入多种塑料时,其化学惰性可以使复合材料在许多腐蚀性的环境中得以应用。

玻璃纤维的表面特性非常重要,因为即使极其细微的表面缺陷也可能对其拉伸性能产生如 14.6 节中讨论的严重的影响。摩擦或与其他硬材料之间的磨损很容易导致表面缺陷。同时,只是短时间暴露在空气中的玻璃表面通常都会导致其表面层与基体的键合能力下降。新拉拔形成的纤维表面通常有一层浸润剂,即一层薄层物质包裹,用于保护纤维表面不受损伤或与环境发生不良的相互作用。浸润剂通常在复合材料制备前除去,或替换为偶联剂或修饰剂,使纤维和基体之间能够通过化学键相互结合。

这组材料有一些局限性。尽管具有较高的强度,然而在一些应用中它们的刚性和硬度不足(如飞机和桥梁构件)。大部分玻璃纤维复合材料有200℃的使用温度上限,在较高温度中,大部分聚合物都会开始流动或恶化。通过使用高纯度石英纤维和如聚酰亚胺树脂之类的耐高温聚合物可扩大其适用温度至300℃。

许多玻璃纤维复合材料的应用都比较常见:汽车车体和轮船船体、塑料管道、储存容器以及工业地板。运输行业正在越来越多地使用玻璃纤维增强复合材料以减少车重和提高燃油效率。玻璃纤维复合材料在汽车行业中的许多应用开发或研究中。

碳纤维增强复合材料

碳是一种高性能的纤维材料,通常应用于增强高级(非玻璃纤维)高分子基体复合材料中。其主要原因如下:

(1) 碳具有高比模量和高比强度。

(2) 它们可以在高温下保持高弹性模量和高强度,然而高温氧化问题仍亟待解决。

(3) 在室温下,碳纤维不易受水分、许多溶剂、酸或碱的影响。

(4) 这些碳纤维具有多种不同的物理和机械特性,从而形成的碳纤维材料也能具有特定的工程化性能。

(5) 碳纤维及其复合材料制造工艺已经实现,且具有较低的制造成本和较高的成本效益。

图14.18是典型的碳纤维示意图,表明了碳纤维是由石墨(有序的)和乱层碳结构(无序的)组成的。

碳纤维的生产技术相对复杂,因此不在本章进行讨论。然而,通常使用的三种有机前驱体为人造丝、聚丙烯腈(PAN)和沥青。前驱体不同,碳纤维的合成技术也不同,所形成的碳纤维也具有不同的特性。

碳纤维的分类方法之一是按其拉伸模量,在此基础上有四种分类等级,标准、中等、高和超高的模量。纤维直径通常为4～10μm;连续和破碎的纤维都可以进行利用。此外,碳纤维通常涂上环氧基树脂浸润剂,用于提高其与聚合物基体的黏附力。

碳纤维增强复合材料目前正广泛应用于体育和娱乐设备(钓鱼竿、高尔夫球杆)、纤维缠绕火箭发动机箱、压力容器,以及军事和商业飞机构件,包括固定翼飞机和直升机(如机翼、机身、稳定器和舵机组件)。

芳纶增强纤维聚合物复合材料

在20世纪70年代早期,芳纶材料就因其高强度和高模量进入人们的视线。它们尤其具有极优的强重比,甚至优于金属材料。在化学上,这组材料被称为聚对苯二甲酰对苯二胺。芳纶材料有许多种类,最常见的是凯夫拉尔和诺梅克斯。前者可以根据其不同的机械性能划分为几个等级(凯夫拉尔29、49和149)。在合成过程中,刚性分子沿着纤维的轴向排列,如液晶区域(见15.19节);其重复单元和链排列方式如图16.10所示。从机械性能上来说,这些纤维的纵向拉伸强度和拉伸模高于其他高分子纤维材料(表16.4);然而,他们在加压条件下的强度相对较弱。此外,这种材料以其在韧性、耐冲性、耐蠕变和耐疲劳失效中优良的性能著称。尽管芳纶是热塑性材料,它们仍具有耐燃烧的性能和极佳的高温稳定性;在−200～200℃,它们还能保持极高的机械性能。从化学角度来说,它们易在强酸或强碱发生降解,然而在其他溶剂或化学品中仍能保持惰性。

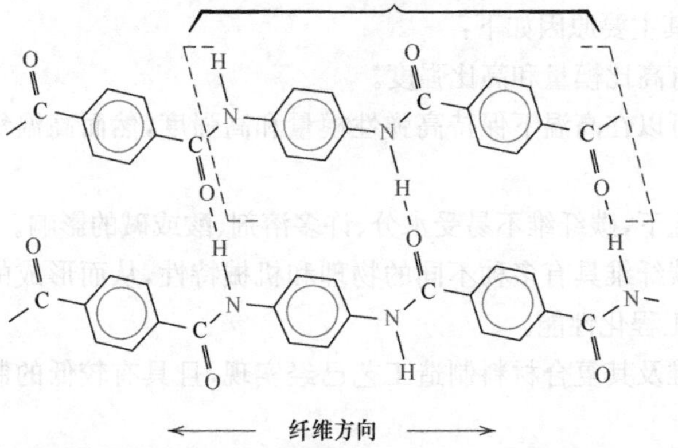

图16.10　芳纶(凯夫拉尔)纤维的重复单元和链结构的示意图。由图可见,链排列的方向与纤维方向相同,并通过氢键与相邻的链相互连接

芳纶纤维最常应用于聚合物基体的复合材料中;最常见的基体材料是环氧树脂和聚酯。因为芳纶纤维较为柔韧,所以其最常用于纺织工业中。然而芳纶复合材料的典型应用类型为防弹产品(防护背心和防弹护甲)、运动用品、轮胎、绳索、导弹壳体、压力容器,以及代替石棉作为汽车刹车和离合器衬片和垫片。

连续定向玻璃纤维、碳纤维和芳纶纤维增强环氧树脂复合材料的特性见表16.5。由此可以在纵向和横向上对这三种材料的机械特性进行比较。

表16.5 连续定向的玻璃纤维、碳纤维和芳纶纤维增强的环氧树脂基复合材料在纵向和横向的物理性能[a]

性质	玻璃纤维(无碱玻璃)	碳纤维(高强度)	芳纶纤维(芳纶49)
比重	2.1	1.6	1.4
拉伸模量			
纵向/GPa	45	145	76
横向/GPa	12	10	5.5
拉伸强度			
纵向/GPa	1020	1240	1380
横向/GPa	40	41	30
极限拉伸应变			
纵向	2.3	0.9	1.8
横向	0.4	0.4	0.5

a 在所有情况下,纤维体积分数都是0.60。

其他纤维增强材料

玻璃、碳和芳族聚酰胺是掺入高分子基体中最常用的纤维增强材料。其他使用频率较低的纤维材料有硼、碳化硅和氧化铝;这些材料以纤维形式存在时的拉伸模量、拉伸强度、比强度和比模量列于表16.4中。硼纤维增强树脂基复合材料已经应用到军用飞机部件、直升机的转子叶片和体育用品中。碳化硅和氧化铝纤维则应用于网球拍、电路板、军事装甲和火箭鼻锥中。

高分子基体复合材料

高分子基体的作用在16.7节中已有概述。此外,基体往往决定了最高工作温度,因为聚合物基体材料通常比纤维加固材料在低得多的温度下软化、熔化或降解。

使用最广泛和最廉价的聚合物树脂是聚酯和聚乙烯酯。这些基体材料主要用于玻璃纤维增强复合材料。大量的树脂配方为这些聚合物提供了种类繁多的性能。环氧树脂比较昂贵,除了商业应用外,也被广泛地应用于航天PMC材料中;它们的机械性能和耐湿性优于聚酯和聚乙烯树脂。在高温条件件的应用中,聚酰亚胺树脂的连续使用的温度上限大约为230℃。最后,高温热塑性树脂在未来的航空航天应用具有潜在的使用价值;包括聚醚醚酮(PEEK)、聚苯硫醚(PPS)和聚醚酰亚胺(PEI)。

16.9 金属基体复合材料

正如其名称所指,金属基体复合材料(metal-matrix composites,MMC)的基体是可延展金属。这种材料与其基本金属相比可以在更高的工作温度中使用。此外,增强体可以改善其比刚度、比强度、抗磨损性、抗蠕变性、热导性以及尺寸稳定性。与聚合物基体复合材料相比，这种材料的优点包括更高的工作温度、不可燃性、更高的抗有机溶剂降解能力。金属基体复合材料比PMC昂贵得多，因此金属基体复合材料的应用相对受限。

超合金以及铝、镁、钛和铜合金通常用作基体材料。增强体可能以颗粒形式存在，包括连续和间断的纤维和晶须；其浓度通常在10vol%～60vol%范围内。连续纤维材料包括碳、碳化硅、硼、氧化铝和耐火金属，而间断增强体主要包括碳化硅晶须、破碎的氧化铝和碳纤维，或碳化硅和氧化铝的颗粒。从某种意义上说，金属陶瓷（如16.2节所述）属于金属基体复合材料。表16.6列出了几种常见的金属基体与连续定向纤维增强的复合材料的性能。

表16.6　几种金属基体与连续定向纤维增强的复合材料的性能

纤维	基体	纤维含量/vol%	密度/(g/cm^3)	纵向拉伸模量/GPa	纵向拉伸强度/MPa
碳	6061 Al	41	2.44	320	620
硼	6061 Al	48	—	207	1515
碳化硅	6061 Al	50	2.93	230	1480
铝	380.0Al	24	—	120	340
碳	AZ31Mg	38	1.83	300	510
硅化硼	Ti	45	3.68	220	1270

一些基体增强体的组合在高温下的反应性较高。因此，高温处理或将金属基体复合材料应用于高温工作环境将会导致复合材料的降解。这个问题可以通过对增强体表面涂覆保护性涂层或修改基体合金组分解决。

通常金属基体复合材料的加工包括至少两个步骤：合并或合成（即将增强体引入基体中），随后是成型步骤。可使用合成技术有许多，其中有一些相对复杂；间断纤维金属基体复合材料易于通过标准金属成型操作定型（如锻造、挤压、轧制）。

最近汽车制造商已经开始在他们的产品中使用金属基体复合材料。例如，某些发动机组件已经引入一种由氧化铝和碳纤维增强的铝合金基体复合材料；这种金属基体复合材料质量轻、抗磨损和热形变。金属基体复合材料也已经应用于传动轴（高转速情况下减少振动噪声）、挤压稳定杆，或铸成悬挂和传动部件。

航空业也以先进的铝合金金属基体复合材料的形式采用了金属基体复合材料。这些材料的密度较低，且特性可控（如机械性能或热性能）。连续石墨纤维作为支架的增强体用在哈勃太空望远镜天线上；这种支架使天线的位置在空间移动的过程中保持稳定。此外，全球定位系统（GPS）卫星的电子封装和热管理系统采用了碳化硅-铝和石墨-铝金属基体复合材料。这些金属基体复合材料具有高热导率，能够与GPS其他电子材料部件的膨胀系数相匹配。

一些超合金(Ni基和Co基合金)的高温蠕变和断裂特性可以通过加入难熔金属如钨的纤维来增强。同时可以保持优异的高温抗氧化性和抗冲击强度。采用这些复合材料的设计将允许其在更高工作温度的环境中工作,以及使得涡轮发动机具有更高的效率。

16.10 陶瓷基体复合材料

正如第14章所讨论的,在高温下陶瓷材料本身具有抗氧化性和抗腐蚀性;如果不是因为它具有脆性易断裂,这些材料中的一部分将会是高温高压下理想的候选材料,尤其是作为汽车和飞机燃气涡轮发动机部件。陶瓷材料的断裂韧性值较低,通常位于1到5MPa $\sqrt{m}$之间,详见表10.1。通过对比,大多数金属的 K_{Ic} 值更高(15到大于150MPa $\sqrt{m}$)。

陶瓷的断裂韧度数值因新一代陶瓷基体复合材料(ceramic-matrix composites,CMC)的发展已经得到显著改善。这种材料通过将颗粒、纤维,或一种陶瓷材料晶须嵌入另一种陶瓷基体中制成。陶瓷基体复合材料的断裂韧度数值提升至约6～20MPa $\sqrt{m}$。

本质上说,断裂特性是通过增进裂纹和分散相粒子之间的相互作用而改善的。通常裂纹开始产生于基体相,而裂纹的扩展受到颗粒、纤维,或晶须的阻碍。如下有几种应用于阻止裂纹扩展的技术,其讨论如下。

采用相变阻止裂纹的传播是一种特别有趣的增韧技术,它被恰当地称为相变增韧。部分稳定的氧化锆(如14.4节所述)的小颗粒被分散在由氧化铝或氧化锆基体材料中。通常情况下,氧化钙、氧化镁、氧化钇和氧化铈也可以用作稳定剂。部分稳定化能够保留的亚稳四方晶型而不是稳态单斜晶型存在于环境条件中;这两个相都标注在图14.3 ZrO_2-$CaZrO_3$ 相图中。处于扩展裂纹应力场前将导致这些保留的亚稳态四方晶型颗粒转变为稳态单斜晶相。伴随着这种晶型转变的是颗粒体积微小增大,最终结果是其产生的抗压应力作用于在裂纹尖端附近的裂纹表面上,从而阻止裂纹的生长。此过程在图16.11中展示。

其他最近开发增韧技术包括陶瓷晶须的使用,通常是SiC或 Si_3N_4。这些晶须可通过以下方式抑制裂纹的扩展:①偏转裂纹尖端;②横跨裂纹面形成桥梁;③从基体拔出晶须的脱粘过程中吸收能量;④在邻近裂缝尖端的区域引起应力的重新分配。

通常,增加纤维含量可提高强度和断裂韧性;表16.7为碳化硅晶须增强的氧化铝的性能变化。此外,晶须增强陶瓷与未增强的陶瓷相比,其断裂强度的分散度大大下降。另外,这些陶瓷基复合材料表现出了更优的高温蠕变特性和抗热冲击特性(如温度的骤变对断裂结果的影响)。

陶瓷基体复合材料可以通过热压烧结、热等静压制工艺以及液相烧结工艺制得。与应用体系相关的有碳化硅晶须强化的氧化铝材料，由其制造的切割工具能够用于机械切割较硬的金属合金；该工具的使用寿命比陶瓷碳化物材料（如16.2节所述）长得多。

表 16.7 不同碳化硅晶须含量的氧化铝的室温断裂强度和断裂韧性

晶须含量/vol%	断裂强度/MPa	断裂韧性/(MPa $\sqrt{m}$)
0	—	4.5
10	455±55	7.1
20	655±135	7.5~9.0
40	855±130	6.0

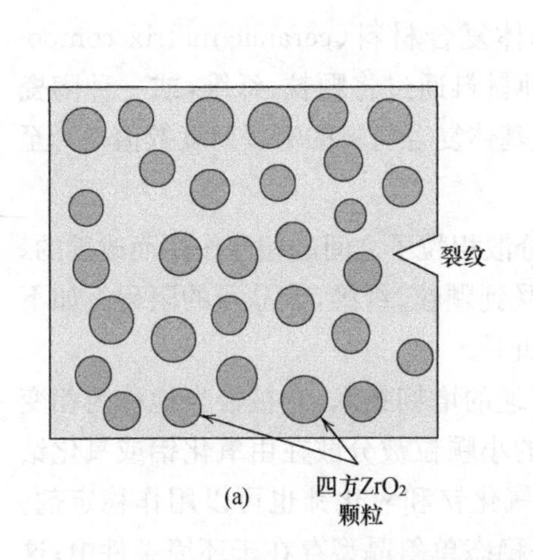

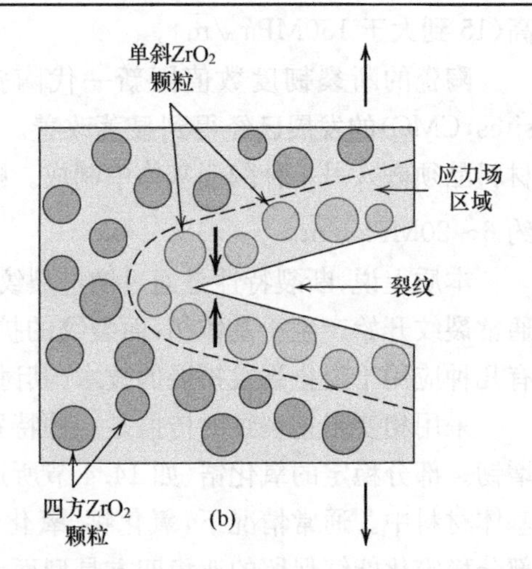

图 16.11 相变增韧过程(a) 裂纹诱导氧化锆颗粒的相变。(b) 因应力诱发的相变阻止裂纹的扩展

16.11 碳-碳复合材料

由碳纤维和碳基体形成的增强型复合材料是最先进且最优发展前景的工程材料之一，通常被命名为碳-碳复合材料（carbon-carbon composite）。正如其名称所述，这种材料的增强体和基体都是碳。这些材料相对新颖而昂贵，因此目前并没有广泛的应用。它们优异的性能包括能够在高达2000℃温度条件下保持高拉伸模量和高拉伸强度，高抗蠕变性能以及相对更大的断裂韧性值。此外，碳-碳复合材料具有较低的热膨胀系数和相对较高的热导性；这些特性加上其高强度能够提高其相对较低的对热冲击的敏感程度。这种材料主要的缺陷是高温氧化条件下不够稳定。

碳-碳复合材料已经在火箭发动机中得到应用，或作为飞机以及高性能汽车的摩擦材料使用，或作为热压模具用于制造先进的涡轮引擎，或作为返回式飞行器的隔热防护罩。

这些复合材料如此昂贵的主要原因是其相对复杂的制备工艺。初级的制备过程与碳纤维复合的聚合物基体相似，即连续碳纤维以一定的二维或三维模式排列；这些纤维随后浸没于液相聚合物树脂中，通常采用酚醛树脂；该工件将接下来进行最终的成型，使树脂发生固化。在这一步操作中，树脂基体将会发生热裂解，即在惰性气体组分条件下通过加热转变成碳组分，通过热裂解，由氧、氢、氮等原子组成的物质都分解殆尽，只留下巨大的碳链分子。随后更高温度条件下的热处理使得这些碳基体形成了致密的结构从而增加了其强度。这种方法得到的复合材料由初始加入且未发生改变的碳纤维和通过热裂解过程得到的碳基体组成。

16.12 混合复合材料

混合复合材料是一种新型的纤维增强复合材料。这种材料是通过将两种或更多的纤维添加到一种基体中；混合复合型材料与单一纤维复合型材料相比具有更优的性能。所使用的纤维组合种类繁多，基体材料也相对较多。但是在最常见的系统中，多为碳纤维和玻璃纤维镶嵌一种聚合物树脂的形式。碳纤维的强度较高，刚性也较高，且能够形成一种低密度的增强体；然而它们较为昂贵。玻璃纤维较为廉价，然而刚性上远不及碳纤维。由玻璃纤维和碳纤维形成的混合复合材料强度更高、韧性更好、抗冲击性能更佳；同时与全碳纤维或全玻璃纤维增强的塑料相比成本更低。

两种不同的纤维可以通过多种方式组合在一起，其组合形式将会影响最终的性能。举例来说，所有的纤维都可以定向排列且互相之间紧密结合，也可以通过层叠形成层片状结构，每层由单一的纤维形成，互相层叠。几乎在所有的混合复合材料中，其特性都是各向异性的。

当混合复合材料受压时，断裂通常是非突变性的（即不会突然发生）。碳纤维通常最先断裂，此时载荷将传递给玻璃纤维。当玻璃纤维发生断裂时，基体必须承担所施加的载荷，最后复合材料整体随着基体的屈服而屈服。

混合复合材料的主要应用是轻量级土壤、水分、空气的运送构件，体育用品以及轻量级整形外科组件。

16.13 纤维增强复合材料的制备过程

为了制造满足设计规范的连续纤维增强塑料，纤维材料必须统一的分布于塑料基体中，而且在大多数情况下，它们必须有统一的朝向。这一节主要讨论几种制造工艺（包括挤压成型、纤维缠绕以及预浸渍生产工艺）用于生产一些有用的复合材料。

挤压成型

挤压成型用于生产具有连续长度和恒定截面积形状的部件(棒、管、柱等)。如图 16.12 中所示意的技术,连续纤维的粗纤维卷首先负载上一层热固性的树脂;随后它们被拖送穿过钢模使其形成理想的机构并固定树脂和纤维的比例。这些货物将随后进入固化模具进行精密的机械固化从而得到最终的形态;该固化模具同样处于加热状态以引发树脂基体的固化过程。一台抽取的设备将货物从模具中抽出同时决定了生产的速度。管状或中空的部分都可以通过添加心轴或中空核心来实现生产。主要的增强体是玻璃纤维、碳纤维和芳纶纤维,通常加入的浓度是 40vol%～70vol%。通常使用的基体材料包括聚酯、聚乙烯酯以及环氧树脂。

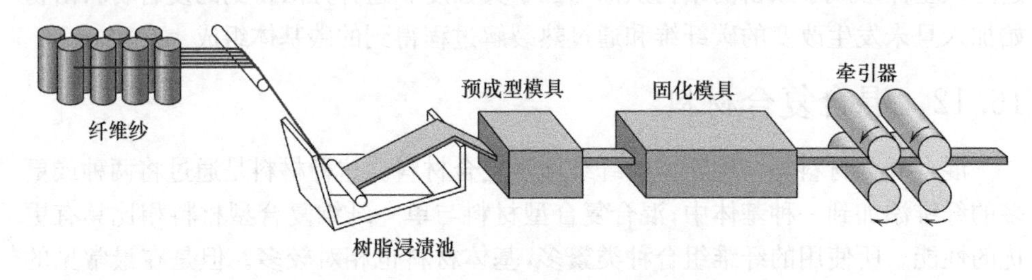

图 16.12　挤压成型工艺示意图

挤压成型是一种连续化、易自动化的生产工艺;生产速率相对较高,极具成本效率。此外,它可以生产许多形状的组件,且最终产品的长度并没有实际的限制。

预浸渍生产工艺

预浸渍(prepreg)是复合材料工业的术语,用于描述连续纤维增强体预先在部分固化的聚合物树脂中进行浸渍处理的工艺过程。这种材料以条状形态运送给制造商,然后不再加入更多的树脂而是直接加工成型之后固化便可得到相应的产品。这大概是复合材料作为构件应用的最广泛的一种形式。

在图 16.13 中描绘了热塑性聚合物材料的预浸渍过程。首先,将沿轴缠绕的连续纤维卷平行排列。随后这些纤维通过热压机以相互层叠的方式压入一层剥离纸和一层运送纸之间,这个过程被称为压延成型。剥离纸层表面涂有一层极薄的热树脂溶液膜,这种溶液的黏度相对较低,能够在纤维浸渍的整个过程中不断加入。用刮片使树脂形成一层均匀厚度和宽度的膜。浸渍过程的最终产品,即由连续定向纤维镶嵌在部分固化的树脂中形成极薄的带状物,将会卷在纸板卷芯上包装起来。如图 16.13 所示,随着缠绕的进行,剥离纸从浸渍产品表面除去。这种带状物通常的厚度在 0.08～0.25mm,宽度在 25～1525mm,树脂含量通常为 35vol%～45vol%。

在室温条件下,热固性基体将发生固化反应;因此,预浸渍得到的材料储存于 0℃或更低的条件下。同时,在室温下使用的时间(取出时间)必须尽可能短。如果处理得当,热固性的预浸渍材料可以有至少六个月或更长的使用寿命。

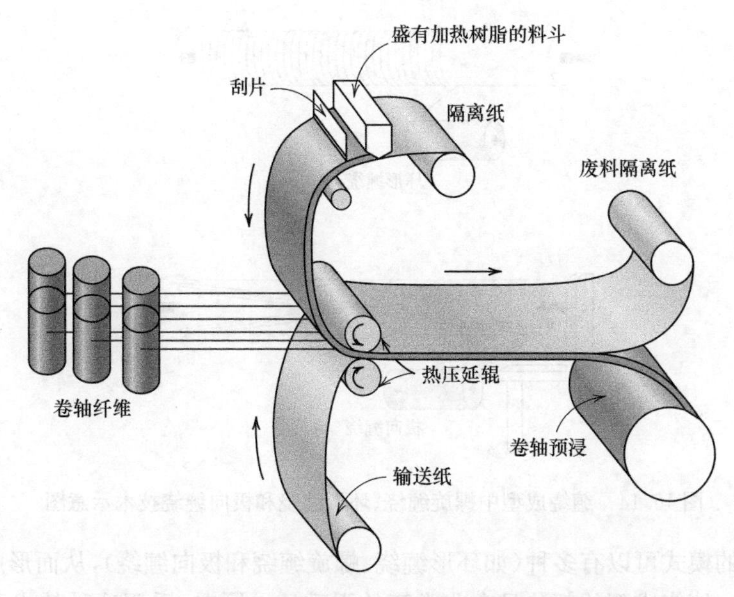

图 16.13　用热固性聚合物生产预浸渍带过程的示意图

热塑性和热固性树脂都可以用作基体材料；碳纤维、玻璃纤维和芳纶纤维是常用的增强体材料。

实际的生产过程从铺叠成型操作开始，即将预浸渍得到的带状材料叠放在加工平面上。通常需要多层(除去运送纸后)叠放才能达到所需的厚度。层叠的排布状况可能是非定向的，然而在更多的情况下纤维方向是相互交错的，以此形成垂直层叠或一定角度层叠的层压制件(如 16.14 节所述)。最终通过同时施加一定温度和压力使材料完全固化。

铺叠成型操作完全可以手工进行(手工铺叠)，操作工剪裁好一定长度的带状材料，并以所需的方向将其叠放于工作平面上。或者也可以采用机器切割带状材料，然后用手工铺叠。预浸渍-铺叠成型以及其他的制作工艺(如缠绕成型，下一节中将讨论)可以通过自动化操作进一步降低制造成本，从根本上消除手工操作的必要。这些自动化的工艺过程使复合材料的许多应用更具成本效益。

缠绕成型

缠绕成型(filament winding)是通过将连续增强纤维准确的排布在预设的模式上形成中空形状(通常为圆柱体)的工艺过程。不管是单股或形成粗纤维卷，这些纤维都先浸没于树脂中，然后通常通过自动绕线机(图 16.14)连续不断地卷在心轴上。当合适层数的复合材料加入后，除去心轴，而将整个卷筒将在加热炉或常温下进行固化。另一种选择是采用窄而薄的预浸渍材料(如线卷预浸渍材料)，10mm 或更窄的材料就可以进行缠绕成型操作。

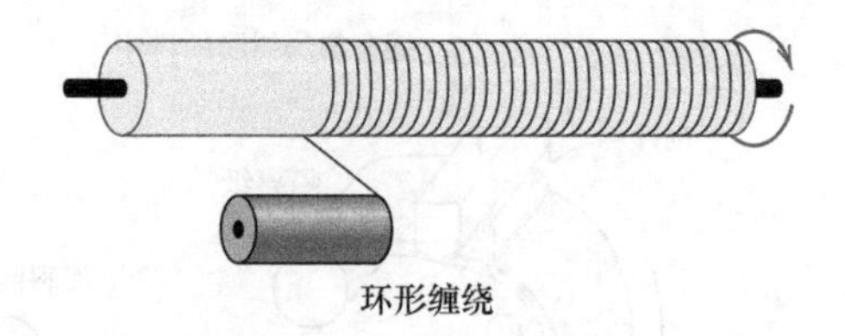

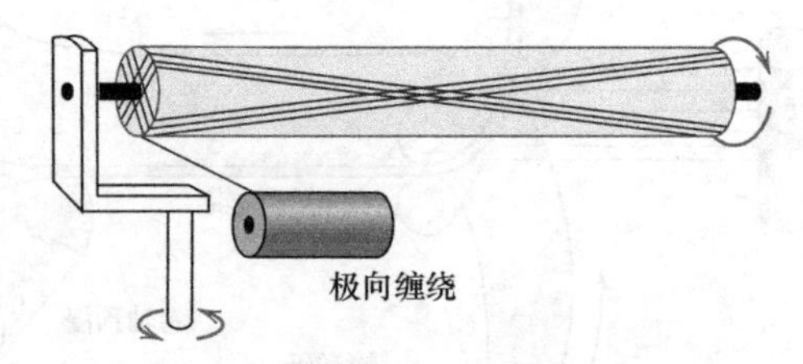

图 16.14　缠绕成型中螺旋缠绕、环形缠绕和极向缠绕技术示意图

缠绕的模式可以有多种(如环形缠绕、螺旋缠绕和极向缠绕),从而形成所需的机械特性。缠绕成型的部分具有非常高的强重比。同时,采用这种技术可以严格控制缠绕的均一性和方向。此外,当该过程自动化后,该工艺将极具经济性。通常的缠绕成型构件包裹火箭发动机外壳、储槽、管材以及压力容器。

应用不同的加工手段可以生产一系列不限于转子表面形状(如 I 型柱)的不同的形状结构。此工艺过程因其极高的成本效益有了极快的技术进步。

结构复合材料

结构复合材料(structural composite)通常是一种多层低密度复合物质,主要应用于要求结构完整性、高弹性、高抗压性、高抗扭强度和高刚度的环境中。这些复合材料的特性不仅由连续性材料的特性决定,还受到构件几何设计的影响。层状复合材料和夹层板是两种最常见的结构复合材料。

16.14　层状复合材料

层状复合材料(laminar composite)由二维层或板(薄片或薄层)相互之间连接形成。每层薄片都有相应的高强度方向,如同连续定向纤维增强聚合物材料一样。这样形成的多层结构称为薄片。薄片的特性取决于诸多因素,包括高强度方向如何在层与层之间变化。通过考察该因素,可以将层状复合材料分为四种:统一定向层叠、垂直交错层叠、定角度层叠以及多方向层叠。对统一定向层叠材料,所有的薄层的高强度方向都是一样的(图 16.15(a));垂直交错层叠的薄层的高强度方向交互形成 0°或 90°的方向(图 16.15(b));对定角度层叠,每层结构按照高强度方向呈$+\theta$和$-\theta$角度(如±45°)相继叠加在一起(图 16.15(c))。多方向层状复合材料有多种高强度方向(图 16.15(d))。对几乎所有层状复合材料,每层通常的叠放方式是将纤维的朝向关于该层状材料的中心板呈对称排列，这种排布方式有效的避免了任何平面外的扭曲或弯曲。

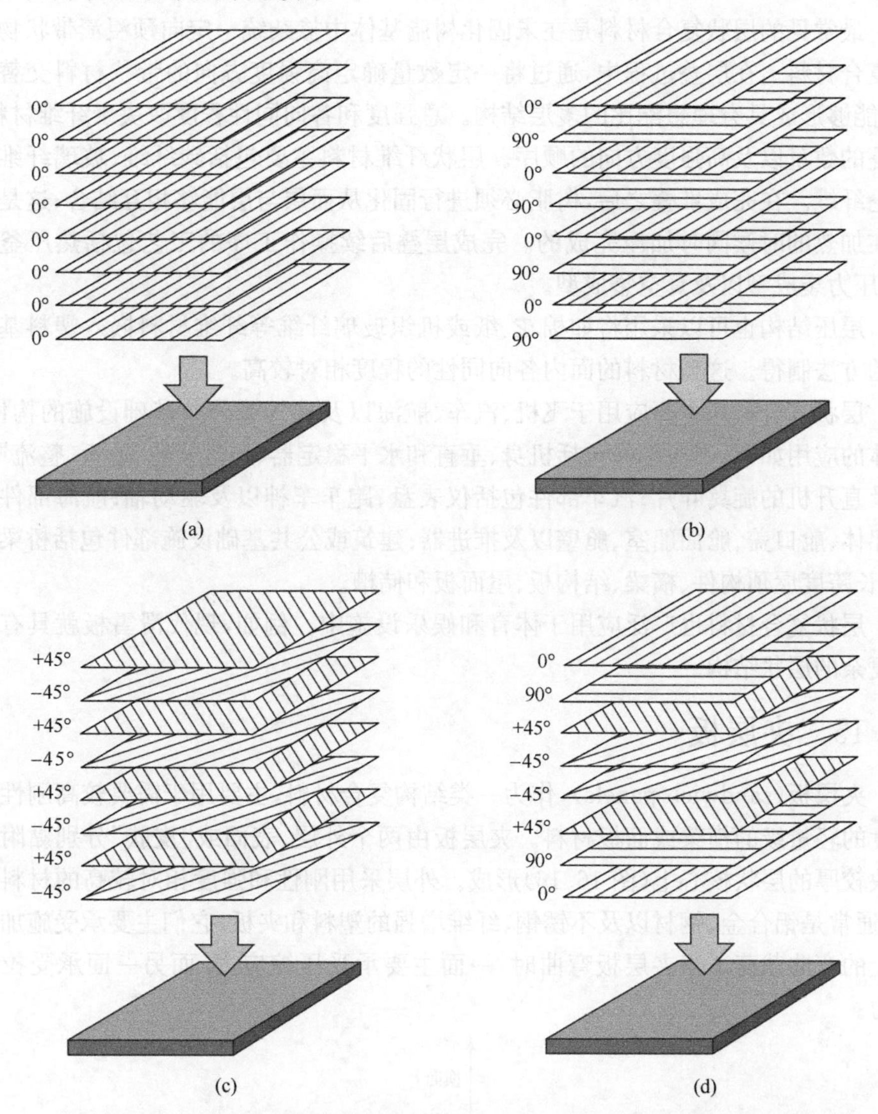

图 16.15 层状复合材料的层叠结构示意图。(a) 统一方向层叠；(b) 垂直交错层叠；(c) 定角度层叠；(d) 多方向层叠

统一定向层状复合材料面内部特性(如弹性模量和强度模量)是高度各向异性的。垂直交错、定角度以及多方向层叠形成的层状复合材料的设计就是用来增加面内材料的无向性；多方向层叠可以形成最具各向同性特性的复合材料；而定角度层叠和垂直交错层叠的各向同性的程度相对减低。

层状复合材料的应力-应变关系可以通过类比连续定向纤维增强复合材料的方程(16.10)和(16.16)得到。然而，这些表达式涉及张量代数，在此不进行讨论。

最常见的层状复合材料是在未固化树脂基体中掺杂统一定向预浸渍带状物形成复合材料。在层叠过程中，通过将一定数量确定高强度方向的带状材料交替叠放，能够形成具有理想配比的多层结构。总强度和各向同性程度取决于纤维材料、层叠的数量以及高强度方向的顺序。层状纤维材料主要包括碳纤维、玻璃纤维和芳纶纤维。在完成堆叠之后，树脂必须进行固化从而层与层能够相互结合；这是通过在加热的时候同时加压完成的。完成层叠后续操作工序的工艺包括热压釜成型、压力袋成型以及真空袋成型。

层压结构也可以采用将如棉花、纸或机织玻璃纤维等纤维材料嵌入塑料基体中的方法制得。这类材料的面内各向同性的程度相对较高。

层状复合材料主要应用于飞机、汽车、航海以及建筑或公共基础设施的构件。具体的应用如下：飞机部件包括机身、垂直和水平稳定器、起落架舱、地板、整流罩，以及直升机的旋翼叶片；汽车部件包括仪表盘、跑车车神以及驱动轴；航海部件包括船体、舱口盖、舱面船室、舱壁以及推进器；建筑或公共基础设施部件包括桥梁组件、长跨度屋顶构件、横梁、结构板、屋面板和储槽。

层状复合材料也广泛应用于体育和娱乐设施中。例如，现代滑雪板就具有相对复杂的层状结构。

16.15 夹层板

夹层板(sandwich panels)，作为一类结构复合材料，主要用于需要较高刚性和强度的轻量级的横梁或面板材料。夹层板由两个外层、表面或“皮肤”分别黏附于一块较厚的层状核心上(图 16.16)形成。外层采用刚性和强度相对较高的材料制成，通常是铝合金、钢材以及不锈钢、纤维增强的塑料和夹板；它们主要承受施加于板上的弯曲载荷。当夹层板弯曲时，一面主要承受压缩应力，而另一面承受拉伸应力。

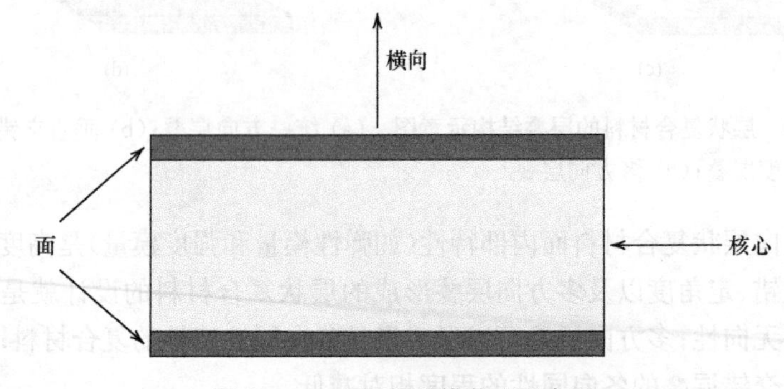

图 16.16 夹层板的横截面示意图

其核心材料为轻质且低模量的材料。从结构上来说,这满足了多种功能。首先,它对面板提供了连续支撑且将两块面板相互连接。此外,它必须具备足够的抗剪切力强度来抵抗横向剪切压力,并且足够厚以提供高抗剪切刚性(以抵抗面板的屈曲)。核心区块所受的拉伸和压缩应力远小于表面板。夹层板的刚性主要源自核心材料的特性和厚度;抗弯曲刚性将随着核心材料的厚度的增加而显著增加。此外,两层面板都必须与核心材料紧密结合。

夹层板是一种具有高成本效益的聚合物,因为核心材料比表面材料更便宜。核心材料通常属于三类:刚性高分子泡沫,木材和蜂窝状物质。

(1) 热塑性和热固性聚合物都可以作为硬质泡沫塑料材料;包括(从最便宜到最贵的排名)聚苯乙烯、酚醛树脂(酚)、聚氨酯、聚氯乙烯、聚丙烯、聚醚酰亚胺和聚甲基丙烯酰亚胺。

(2) 木材通常用作核心材料的原因包括:①它的密度非常低(0.10~0.25g/m³),虽然仍然高于部分其他核心材料;②相对廉价;③有相对较高的抗压强度和抗剪切强度。

(3) 另一种常用的核心材料是由"蜂巢"状结构组成,薄箔沿其轴向形成垂直于表面平面的联锁结构(六角以及其他结构);图 16.17 是六角蜂窝芯夹层板的剖视图。蜂窝芯夹层板的力学性能是各向异性的:抗拉和抗压强度在平行于结构的轴线方向是最大的;抗剪强度在平面面板上最高。蜂窝结构的强度和刚度取决于单元结构大小、壁厚以及制备蜂窝结构的材料。蜂窝结构也有很好的减小声音和振动阻尼的作用,因为在每个单元的孔隙空间体积比较高。蜂窝结构由薄片组装而成的。这些核心结构材料包括金属合金,如铝、钛、镍、不锈钢;聚丙烯聚合物,如聚氨酯、牛皮纸(坚硬的牛皮纸可以用于制作重型购物袋和纸板)以及芳纶纤维。

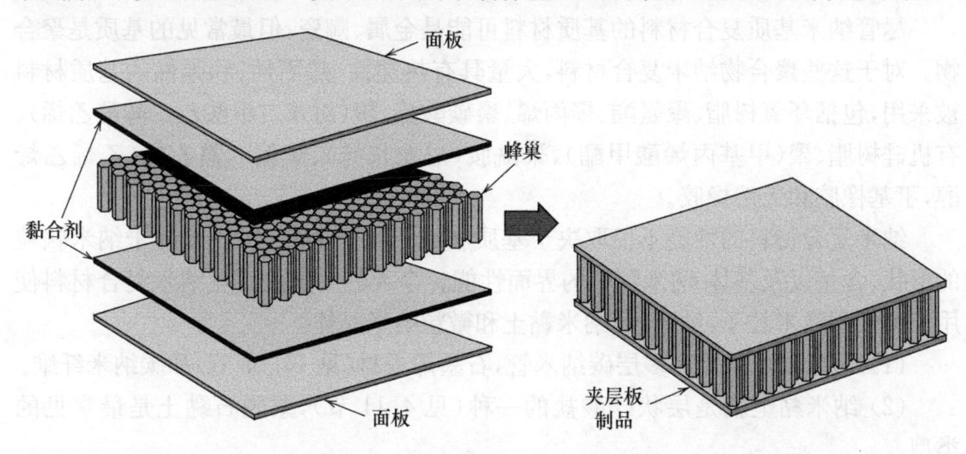

图 16.17 蜂窝芯夹层板构建示意图

夹心板广泛地应用于各种飞机、建筑、汽车、和船舶行业中,主要包括以下几个方面：飞机材料有前缘和后缘、雷达罩、整流罩、机舱（在涡轮发动机整流罩和管道风扇部分）、副翼、方向舵、稳定器以及直升机旋翼叶片；建筑材料有建筑围护结构，装饰外墙和室内表面、屋面墙面保温系统、洁室面板、内置橱柜；汽车材料有顶棚、行李舱地板、备用轮胎罩、和客舱地板；船舶材料有防水壁、家具、墙壁、天花板和隔板。

16.16 纳米复合材料

随着纳米复合材料（nanocomposites）这一新型的复合材料的发展，材料领域正在经历一场革命。纳米复合材料是由嵌入在基质材料中的米粒子（或纳米颗粒）组合。纳米材料可以设计成拥有优于远超传统的填充材料的各项性能，包括机械性能、导电性、磁性、光学性能、热力学性能、生物性能、和运输性能；此外，这些性能可以为特定的用途量身定做。由于这些原因，纳米复合材料越来越被广泛应用在许多现代技术中。

伴随着纳米颗粒尺寸变小，出现了一个有趣而新颖的现象，颗粒的物理和化学性质发生了巨大的变化；此外，变化的程度取决于颗粒大小（即原子的数量）。例如，当粒子直径小于 50nm 时，一些材料（如铁、钴和铁氧化物（Fe_3O_4））的永磁性能消失了。

两个原因可解释纳米颗粒尺寸引起的性能消失问题：①粒子表面积与体积比率的增加；②粒子大小。正如 4.6 节所述，表面原子的运动特性不同于位于材料内部的原子。因此，当一个粒子的尺寸变小，表面原子数量占整体原子数量的相对比例增加；这意味着，表面现象开始占据主导地位。此外，对于极其微小的粒子，量子效应开始出现。

尽管纳米基质复合材料的基质材料可能是金属、陶瓷，但最常见的基质是聚合物。对于这些聚合物纳米复合材料，大量具有热塑性、热固性、和弹性的基质材料被采用，包括环氧树脂、聚氨酯、聚丙烯、聚碳酸酯、聚（对苯二甲酸乙二醇酯乙烯）、有机硅树脂、聚（甲基丙烯酸甲酯），聚酰胺（尼龙长袜）、聚偏二氯乙烯、乙烯乙烯醇，丁基橡胶和天然橡胶。

纳米复合材料的性能不仅取决于基质和纳米颗粒的性质，还取决于纳米颗粒的形状、含量以及基体-纳米颗粒的界面性能。今天的大多数商业纳米复合材料使用三种常用纳米粒子：纳米碳、纳米黏土和微粒纳米晶体。

(1) 纳米碳是单层和多层碳纳米管，石墨烯板材（见 14.17 节）和碳纳米纤维。

(2) 纳米黏土就是层状硅酸盐的一种（见 4.11 节），蒙脱石黏土是最常见的类型。

(3) 大多数颗粒纳米晶体是无机氧化物，如二氧化硅、氧化铝、氧化锆、二氧化铪和二氧化钛。

纳米粒子的添加量根据用途的不同变化较大。例如,碳纳米管中的纳米粒子浓度添加到5wt%时,其强度和硬度就会显著提升。然而,当需要生产具有导电性能的纳米碳管时,纳米粒子的浓度就会达到15wt%~20wt%(例如,一些纳米复合材料结构需要具有抗静电能力)。

生产纳米复合材料最具挑战的部分是加工过程。对于大部分材料,纳米颗粒必须均匀地分布在基体中。为了生产出符合性能需求的纳米复合材料,新颖的分散技术和制造工艺将不断地出现和完善。

纳米复合材料已经在不同的技术和工业领域发展出一系列细分材料分支,包括以下几种:

(1) 气体隔离涂料——当食物采用具有纳米复合材料涂层的包装材料包装是,食物的新鲜度和上架时间会增强和增长。通常情况下,这些包装材料是由被剥落的蒙脱石纳米黏土颗粒添加入聚合物基质组成。此外,涂敷过程是非常简单的。纳米涂覆层能够有效锁住水分子,保持包装内食物的新鲜度和碳酸饮料内的二氧化碳分子,同时将氧气分子阻挡在包装外(使得包装内的食物减少氧化)。这些薄片颗粒充当着空气分子扩散管入包装内的多层屏障功能,它们降低了空气的扩散速度,因为空气进入包装必须穿过涂覆层。这些涂层还具有一个优势,就是它们可以循环使用。

纳米复合涂层也用来增加汽车轮胎的胎压和运动球(如网球、足球)的气压保持效果。这些涂层通常是由剥落的小蛭石片晶组成的,而这些蛭石片晶会嵌入到轮胎/球的橡胶内部。此外,轮胎/球表面的涂层的作用机理和前面食品包装材料涂层中所描述的一致,同样道理,轮胎/球内的压缩气体分子通过橡胶壁时的扩散效应受到抑制。

(2) 储能技术材料——石墨烯纳米粒子材料被用于锂离子充电电池的阳极,充电电池被用于混合动力汽车的电储蓄设备中。纳米复合材料电极和锂电池电解液接触表面面积要远远大于传统电机。当石墨烯纳米复合材料用于电池阳极时,电池的容量变大、使用时间变长、充电/放电效率变高。

(3) 燃烧隔离涂层——涂层是由多层碳纳米管均匀分散在在硅胶基质中形成的,具有火焰隔离效果(减少在燃火和分解过程中的损失)。此外,涂层具有较强的抗磨损和抗刮擦能力,且不产生有毒气体,对大多数材料表面有较强的黏附作用,包括玻璃、金属、木材、塑料和复合材料等。燃烧隔离涂料用于各个领域,包括航天、航空、电子、工业应用中,特别是在电线和电缆、泡沫材料、油箱、增强复合材料中应用非常广泛。

(4) 牙齿修复材料——一些现今新研发出的牙齿修复材料(即填充材料)就是聚合物纳米复合材料。纳米填充陶瓷材料的原料包括二氧化硅纳米颗粒(直径大约20nm)和纳米晶簇。纳米晶簇是由松散的二氧化硅纳米粒子和氧化锆纳米粒子团聚而成的。大部分的纳米复合材料的基体材料是二甲基丙烯酸及其衍生物。这些用于牙齿修复的纳米复合材料,具有较高的断裂韧性和耐磨性能,固化时间短且固话收缩程度小,并且可制备出各种与天然牙齿相似的颜色。

(5) 增强机械强度的材料——将多层碳纳米管加入环氧树脂中,可生产得到具有强度高、质量轻的聚合物纳米复合材料;通常纳米管的添加量在 20wt%～30wt%。这样的纳米复合材料一般使用在风力发电机的叶片以及一些运动器材(比如网球拍、棒球棒、高尔夫球棒、雪橇、自行车框架和船舶的船体和桅杆)中使用。

(6) 静电消除材料——在汽车和飞机的燃油管中燃料的移动会导致静电产生。如果不被消除,这些静电可能会产生火花引起爆炸。如果燃油管具有导电性能,产生的静电就可以被消除。可以将多层碳纳米管添加到燃油管聚合物,产生足够的导电性。碳纳米管的含量一般在 15wt%～20wt%,在此浓度范围内聚合物的其他主要性能不会改变。

纳米复合材料在商业领域的应用越来越广泛,我们期待未来纳米复合材料在数量和多样性上有新的突破。纳米复合材料生产工艺将进一步得到提升,无疑其将被添加到各种聚合物、金属和陶瓷基体中。纳米复合材料的产品将会进入各个商业领域,如燃料电池、太阳能电池、药物吸收、生物医学、电子、光电、汽车(润滑剂、主体和下部结构、刮伤油漆)。

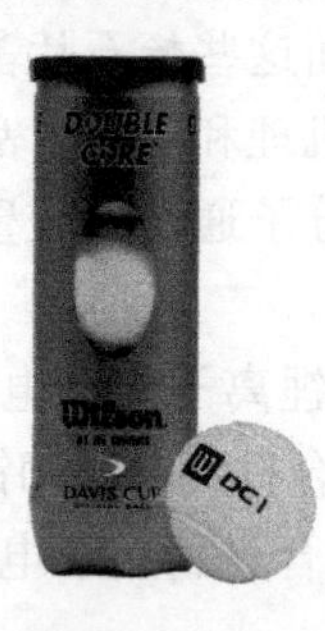

一罐双芯网球和一个网球筒。每个球能够承受的压力和弹跳力是传统网球的两倍。这是由于内部核心球的丁基橡胶基体中嵌入了蛭石片晶,并在其表面进行了隔离型纳米复合材料进行涂敷。这些纳米粒子抑制空气中的气体分子穿过球壁渗透到球中。

第17章　工程材料的加工工艺

有时，生产和加工过程对金属的一些性质产生不利影响。例如，在17.6节中我们提到，一些钢在回火热处理过程中可能变得脆化。同时，一些不锈钢在特定的温度范围内长时间加热易造成颗粒间的腐蚀(见16.7节)。此外，我们在5.4节中讨论过，相连处的焊缝连接可能会由于无法预料的微观结构的改变而降低其强度和韧性。工程师熟悉加工制造过程产生的后果从而来防止不必要的技术失误是至关重要的。

17.1　引言

制造技术是材料成型或加工成有用产品的方法。有时为了达到需要的性能，可能需要对组件进行某种特定类型的加工处理。此外，材料是否适合应用，有时是由与制造和加工工艺有关的经济效益决定的。在本章中，我们将讨论各种用于金属、陶瓷、高分子的制造和加工技术。

金属制造

金属制造技术通常先于精炼、合金化和热处理过程，可以生产出具有特定性能的合金。生产技术的分类包括各种金属的成型法，即铸造、粉末冶金学、焊接和机械加工。通常，往往需要通过其中两种或更多的方法来制成一件成品。方法的选择取决于一些因素；最重要的则是金属的性能、已完成部分的规格和形状以及成本。我们讨论的金属制造技术依照图17.1的进行分类。

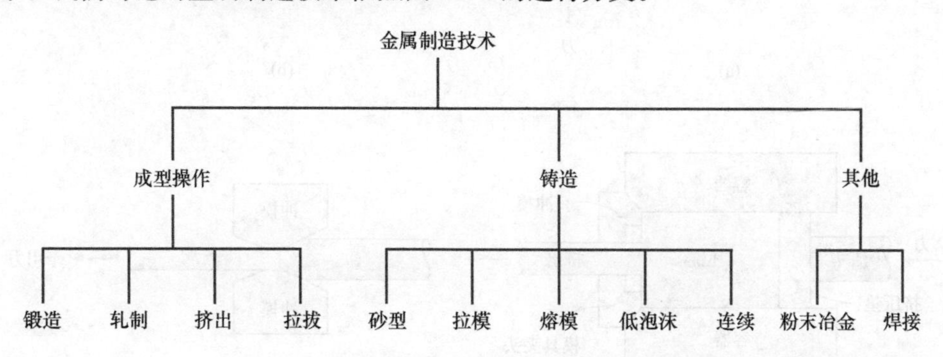

图17.1　本节中讨论的金属制造技术的分类方案

17.2　成型操作

成型操作是指由于塑性变形,金属块的形状也随之改变。例如,锻造、轧制、挤出和拉拔等都是常见的成形技术。形变是由外力或应力引起的,变化的程度必须超过材料的屈服强度。大多数金属材料尤其是适合这些程序的金属材料,至少具有中等韧性和长期抗形变的能力,才能在制程中没有裂缝和破损。

当形变的温度高于再结晶所需的温度时,就会发生再结晶,这个过程称为热加工(hot working,见 9.12 节);与之相反的是冷加工(cold working)。通过大多数的成形技术,通过冷热加工的过程是可以实现的。就热加工而言,可以产生大的变形,这可能是由于相继多次的变形使金属保持柔软度和韧性。同时,需要的形变能比冷加工小。然而,大多数金属经历表面氧化后,会导致表面的物质损失和缺陷。由于金属的应变硬化,随着延展性的下降其冷加工强度大大提高;热加工的优势包括高质量的表面光洁度,更好更多的力学性能和更接近成品的尺度控制。有时,总形变是在一系列冷加工和退火的过程(见 17.5 节)完成的;然而,这是一个高花费且不方便的过程。

我们即将讨论的成型方法如图 17.2 所示。

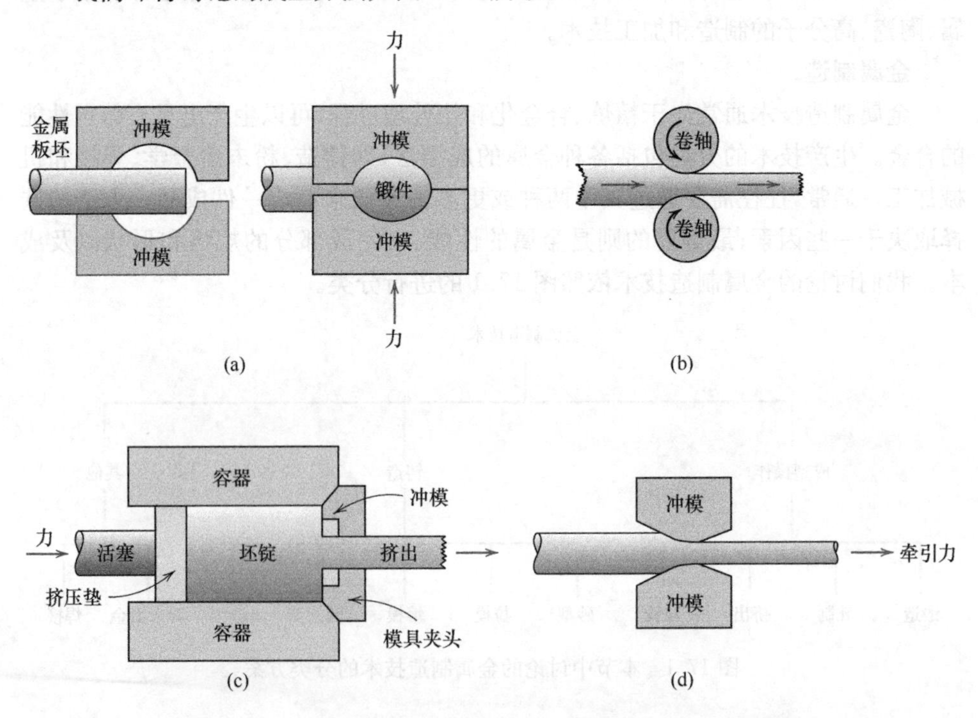

图 17.2　金属成型方式:(a)锻造;(b)轧制;(c)挤出;(d)拉拔

锻造

锻造(forging)是指对一块普通热金属进行机械操作或变形;这可能通过连续地打击或者持续地挤压完成。锻件根据分类通常分为封闭或者敞开冲模。封闭冲模可以承受来自于两个及以上成型的冲模部分的压力,金属在这些成型模型之间的空腔变形(图 17.2(a))。而敞开冲模使用的是两个具有简单几何形状的模具(如平行平面、椭圆等),通常应用于大型的工件。锻造技术具有显著的晶界结构和良好的机械结合性能。扳手、汽车曲轴、活塞连杆是使用该技术形成的典型的制品。

轧制

轧制(rolling)是广泛应用的形变过程,由两个旋转轧辊间金属片构成;旋转轧辊产生的抗压应力使其厚度降低。冷轧应用于生产高质量表面抛光的片、带和箔片。圆形、工字梁以及铁路轨道都是使用带沟槽的轧辊制造出来的。

挤出

挤出(extrusion)指一股应用于撞击装置的压缩力使一块金属被迫通过冲模模具的端口。受挤压的部分呈现出预期形状并且横截面积减小。挤出成型的产品包括杆状和管状产品,它们拥有相当复杂的横断面几何形状。无缝管也可以挤出成型。

拉拔成型

拉拔成型(drawing)是将一块金属放置在带有锥形孔的模具中,通过在出口部分的拉伸力拉拔成型的方法。结果导致是横截面积减少,相应的长度增加。总体的拉拔操作可能包含一定数量的成序列的模具。棒、线材和管状产品通常是以这种方式制作的。

17.3　铸造

铸造(casting)是将完全熔化的金属浇铸到预定形状的模腔内的制作过程。一旦固化,金属呈现预期形状但也相应会有所收缩。铸造技术主要应用于:①既定形状过于庞大或者复杂导致其他方法均不可用;②延展性差的合金在任何热加工或冷加工下均不易成型;③相较于其他成型过程,铸造是最为经济实用的。延展性金属精炼过程的最后一步可能就涉及铸造过程。许多不同的铸造技术被普遍应用,其中包括砂型铸造、拉模铸造、熔模铸造、低泡沫铸造和连续铸造。以下是对各种技术的粗略介绍。

砂型铸造

砂型铸造(sand casting)是最常见的铸造方法。将普通的砂子用作模具材料。两件模具套通过堆砌成既定形状的砂子成型。浇注系统通常被纳入模具,以加快熔融态金属流动进入空腔，减少内部铸造缺陷。砂型铸造部件包括汽车缸部件、消防栓和大型管件。

拉模铸造

在拉模铸造(die casting)中，将液体金属在一定压力下快速注入模具中，然后在压力恒定的情况下固化。运用两件套永恒钢的模子或模具，当模子或者模具夹紧时，两部分形成既定的形状。当金属完全固化，打开模具，铸造部件成型。加速铸造是可行的，这使模具铸造成为一种便宜的方法。除此之外，一套模具可以用于成千上万的铸件。然而，这种技术只适用于相对较小的部件，以及锌、铝、镁等低熔点合金。

熔模铸造

熔模铸造(investment casting)，又叫做失蜡铸造，样品是由低熔点的石蜡或者塑料形成的。围绕此形状，倒入流体泥浆用来形成一个固体的模具或熔模，通常使用熟石膏。然后将模具加热后样品熔化、烧掉，留下一个所需形状的模具型腔。这种技术被应用于：准确度极高、精美细腻的复制品以及表面光泽度良好的情况，如珠宝、牙冠和嵌体。同时，燃气轮机叶片和叶轮喷气发动机也是熔模铸造。

低泡沫铸造

熔模铸造的一个变体是低泡沫（熔消模型）铸造(lost-foam(expendable pattern) casting)。熔消模型是指压缩聚苯乙烯气泡成为所需形状然后加热使它们黏结在一起。或者，试样形状可在板材中分割出来后用胶水黏合。砂子围绕小样进行堆砌形成模具。当熔化的金属倒进模具时，金属取代试样，试样蒸发。紧实的砂子保持原状，一旦固化，金属呈现模具的形状。

低泡沫模铸造使复杂的几何形状和牢固的耐受性变成可能。此外，相较于砂型铸造而言，低泡沫模铸造是更加简单、快捷、经济的方式，并且环境污染小。金属合金中通常使用这种技术来铸铁和铝合金；甚至，还应用于汽车引擎部件、气缸盖、曲轴、船用引擎模块和电机框架的制造。

连续铸造

挤出成型过程的结论显示，许多熔化的金属在大型的铸造模具中固化。铸锭通常受热轧操作的影响，铸块通常是平面板或板坯，成品非常容易经过后续二次金属成型操作（锻造、挤出、拉拔）得到理想形状。这些锻造和轧制过程可以结合连续的锻造(continuous casting)过程，有时叫做链锻造。利用这一技术，精炼和熔融金属直接铸造成一个矩形或圆形截面的连续链(continuous strand)；凝固发生在所需几何横断面的水冷模具中。在连续铸造中，整个横截面的化学组成和机械性能将比模具铸造产品更加一致、均匀。此外，连续铸造高自动化，且效率更高。

17.4　其他技术

粉末冶金

另一种制造技术是将粉末化金属压实，再进行热处理形成紧密的一块。这一过程就叫做粉末冶金(powder metallurgy)，通常指定为 P/M。粉末冶金使生产真正无空隙的产品变成可能，样品几乎拥有和完全致密母体材料一样的性能。热处理过程中的扩散步骤对于性能的发展是最为重要的。这一方法适用于低延展性的金属，因为只需要粉末颗粒产生小的塑性变形。具有高熔点的金属很难熔化和铸造，制造可通过 P/M 快速进行。并且，只允许小的尺寸偏差的零部件(如轴衬和齿轮)运用这种方法是非常划算的。

焊接

在某种意义上，可以认为焊接是一种制造技术。在焊接过程中，一次成型工艺造价昂贵或者不方便，两个或更多的金属零部件结合起来形成一个整体。相似或者不相似的金属都可以焊接在一起。连接键相较于机械加工是合金化的(包含一些扩散)，如铆钉和螺栓。有各种各样的焊接方法，包括电弧焊和气焊、钎焊和低温焊。

电弧焊和气焊中，将焊接在一起的工件和填充材料加热到足够高温度使其熔化，一旦固化，填充材料就成为工件间的熔合链接。因此，毗邻焊接处的部分可能存在微观结构和性能的变化。这一部分称为焊缝热影响区(有时简写为 HAZ)。可能发生的变化如下所示：

(1) 如果工件事先冷加工过，热影响区域将经历再结晶和晶界生长，从而降低其强度、硬度和韧度。这种情况下的热影响区如图 17.3 所示。

(2) 冷却后，残余应力可能存在于这一区域从而削弱联合。

(3) 对钢铁来说，这一区域的材料要加热到足够高的温度以形成奥氏体。当冷却到室温时，产品的显微结构形式取决于冷却速度和合金成分。对于纯碳钢，正常情况下将出现珠光体和先共析相。然而，对于合金钢，它一种可能的纤维结构是马氏体，它通常是不受欢迎的，因为它太脆了。

(4) 一些不锈钢在焊接过程中可能是“敏感”的，这使它们容易发生晶间腐蚀，这一现象将在 18.7 节中解释。

一个相对现代化的连接技术是激光焊接，它使用高度集中和强烈的激光作为热源。激光束熔化母体金属，固化后，产生熔化连接，通常不需要使用填充材料。这一技术的优点如下：①它是一个非接触的过程，消除了工件的机械变形；②速度极快，高度自动化；③对工件输入能量低，因此热影响区域最小；④焊接尺寸小而精确；⑤这种技术可以使多种金属和合金结合在一起；⑥使无孔隙焊接的强度等同于或强于基体金属成为可能。激光焊接广泛应用在汽车和电子行业，因这些领域要求高质量和快的焊接速率。

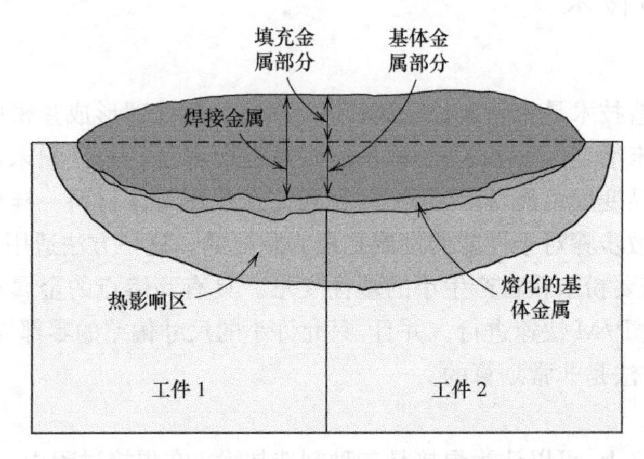

图 17.3 典型的融合焊接附近区域的横截面示意图

金属热处理

前面的章节讨论了很多金属和合金在高温下发生的现象,例如,再结晶化和奥氏体的分解。这些现象在适当的热处理和加热过程中改变材料的机械性能是非常有效的。实际上,商业合金进行热处理是极其常见的做法。因此,我们进一步探讨这些过程的细节,包括退火过程、钢的热处理和析出硬化。

17.5 退火过程

退火(annealing)是指热处理材料暴露在高温一段时间后缓慢冷却。通常情况下,退火有以下几个目的:①缓解压力;②增加柔软度、延展性和韧性;③产生特殊的微观组织。不同的退火热处理是可能的;它们通常引起的是微观结构的变化,并且伴随有机械性能的改变。

任何的退火过程都包含三个阶段:①加热到所需温度;②保持或“沉浸”在这一温度;③冷却至室温。时间在这些步骤中是重要的参数。在加热和冷却过程中,在样品的内部和外部存在温度梯度;它们的大小取决于样品的大小和几何形状。如果温度变化率很大,温度梯度和内部压力可能导致扭曲甚至开裂。此外,实际的退火时间必须足够长使得任何必要的反应都能发生。退火温度也是一个重要的考虑因素;退火可以通过升高温度来加速,因为退火过程中通常包含扩散。

过程退火

过程退火(process annealing)是用来消除冷加工处理影响的热处理过程,即将之前硬化的金属软化和增加延展性。过程退火通常在需要大量塑性变形的制造过程中应用,它可以允许连续变形而不会产生断裂或者额外的能量消耗。回复和再结晶过程也可以发生。通常情况下，我们希望得到细颗粒微观结构，因此，在明显的晶粒生长之前需要停止热处理。表面氧化和扩展可通过相对低温（但高于再结晶温度）或无氧化气氛阻止或者减弱。

应力消除

金属试样中的内部残余应力可能在以下过程中产生：①塑性变形过程，例如机械加工和研磨；②在高温加工和制造过程中非均匀冷却，例如焊接和铸造冷却后的诱导相变，母相和产品具有不同的密度。如果残余应力不能消除，将产生形变和弯曲。这些可以通过去应力退火这一热处理方式消除，这种方式中，样品加热到推荐的温度，保持足够长的时间达到统一的温度，最后在空气中冷却至室温。退火温度一般较低，这样可以使冷加工和其他热处理不受影响。

铁基合金的退火

几种不同的退火过程都可以增强钢合金的性能。然而，在讨论这些情况之前，一些涉及相界的讨论是必要的。图 17.4 显示铁碳相图在共析相附近的局部相图。在共析温度附近的水平线，标记为 A_1，定义为最低临界温度（lower critical temperature），在平衡条件下，所有的奥氏体在此温度下转变为铁素体和渗碳体。在 A_3 和 A_{cm} 的相界，分别表示亚共析钢和共析钢的最高临界温度（upper critical temperature）。在温度和化学组成高于这些界限时，只有奥氏体存在。正如在 11.20 节所介绍的，其他合金元素会使这些相界线的共析位置发生移动。

1）标准化

通过轧制产生塑性变形的铁，由珠光体晶粒（大多数是先共析相）组成，它们形状不规则，尺寸较大并且有显著差别。可以利用名为正火（normalizing）的退火热处理过程来细化晶粒（即减少平均晶粒尺寸），并且产生更加规范和理想的尺寸分布；细粒度的珠光体钢比粗粒度的硬度大。正火化通常在至少高于临界温度 55℃ 下加热，即组分高于 A_3 且低于共析点（0.76 wt% C），高于 A_{cm} 且大于共析点，如图 17.4 所示。经过足够的时间使合金完全转变成为奥氏体（这个过程称为奥氏体化），这一过程以在空气中冷却终止。正火冷却曲线叠加在连续冷却转变图中（图 12.26）。

2）完全退火

被称为完全退火（full annealing）的热处理用于低碳钢和中碳钢，在成型过程中碳钢被机械加工或者产生大量的塑性变形。通常，合金在组成高于 A_3 线（奥氏体形成）50℃且低于共析点，或者，在组成超过共析成分，高于 A_1（形成奥氏体和 Fe_3C）线 50℃进行加热，如图 17.4 所示。合金在炉内冷却，即关闭热处理炉，使炉子和钢铁以同样的速率冷却到室温，这需要花费几个小时。退火后产品的微观结构是粗珠光体（除先共析相），它们相对柔软并且延展性大。完全退火冷却程序（图 12.26）是耗费时间的，但是将产生细小且均匀的晶粒微观结构。

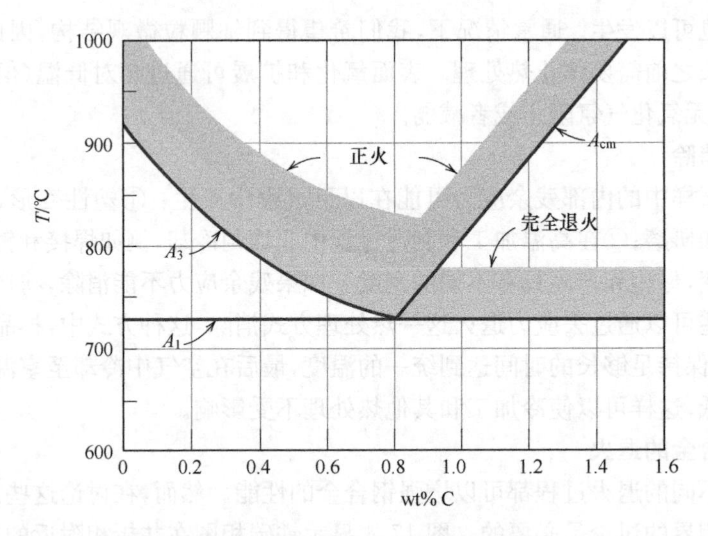

图 17.4 共析部分的铁碳相图，可以看出纯碳钢的热处理温度范围

3) 球化退火

具有粗珠光体微观结构的中碳和高碳钢太坚硬以至于不能轻易地机械化或者塑性变形。这些钢(实际上所有类型的钢)，通过热处理或者退火都可形成如 12.5 节描述球状渗碳体结构。球化退火(spheroidizing)后的钢具有最大的柔软度和韧性，可以轻易地进行机械加工和变形。在球化退火热处理期间，Fe_3C 的聚结形成球状晶粒，可以通过以下几种方法：

(1) 在相图中的 $\alpha+Fe_3C$ 区域，将合金在略低于共析温度下进行加热(如图 17.4 所示的 A_1 线，或在 700℃)。如果先驱体微观结构包含珠光体，球化退火时间通常介于 15～25h。

(2) 加热温度略高于共析点温度，在炉中缓慢冷却，或保持在略低于共析点的温度。

(3) 在图 17.4 中的 A_1 线±50℃范围内交替加热或冷却。

在某种程度上，球形渗碳体形成的速度取决于先共析相的微观结构。例如，珠光体最慢，珠光体越细，速度越快。此外，先前的冷加工会增加球化处理的反应速度。

还有一些其他可行的退火方法。例如，玻璃的退火如 17.8 节所述，去掉残余应力使材料过于脆弱。除此之外，正如在 13.3 节讨论的，铸铁微观结构转变和随之而产生的机械性能改变，在一定程度上，来自于退火处理。

17.6 钢的热处理

传统马氏体钢的热处理过程通常包括奥氏体化试样在某种淬火介质(如水、油或者空气)中的持续并迅速冷却。在淬火冷却后再回火,钢的最优性能只有在淬火热处理阶段,当样品转化为高含量的马氏体时才会呈现;贝氏体和珠光体的形成将产生机械性能的最佳组合。在淬火处理中,以统一的速率贯穿始终来冷却样品是不可能的,因表面冷却速率往往高于内部。因此,奥氏体在一定范围的温度内转化,在试样的微观结构和性能方面也可能产生差异。

成功的钢热处理是在整个横截面形成马氏体的微观结构,这主要取决于以下三个因素:①合金成分;②淬火介质的类型和性质;③样品的形状和大小。下面讨论各个因素的影响。

淬透性

成分对钢合金在特定的淬火处理过程中转化为马氏体的影响与某一参数相关,这一参数称为淬透性(hardenability)。对每一个钢合金来说,在机械性能和冷却速率间有一个特定的关系。淬透性就是用来描述合金特定的热处理下,通过马氏体的形成产生硬化的参数。淬透性不是硬度,而是指对压痕的抵抗能力。它是对样品硬度随到内部的距离和的变化率的定性度量,越往内部,马氏体成分越少。淬透性高的钢合金硬度大,或形成马氏体,这一现象不仅在表面,同样深入到一定程度的内部。

末端淬火实验

用来确定淬透性的标准流程叫做末端淬火实验(Jominy end-quench test)。通过这一过程,除了合金成分,任何可能影响样品硬化程度的因素(如样品尺寸、形状和淬火处理)都保持不变。标准试样是直径为 25.4mm、高 100mm 的圆柱形样品,并在规定时间和温度下被奥氏体化。炉中退火后,将其快速放置在如图 17.5(a)的固定装置中。底端用水以特定流量和温度进行喷射淬火。因此,冷却速率在淬火末端达到最大值后,从此位置开始随着样品的长度而逐渐减少。当样品冷却到室温,0.4mm 深的浅平面沿试样长度方向接触;对开始的 50mm,沿着各个平台用洛氏硬度测试方法进行测量(图 17.5(b)),在起初的 12.8mm,硬度读数间隔为 1.6mm,剩下的 38.4mm,读数间隔为 3.22mm。淬透性曲线是从淬火末端开始,以硬度作为位置的函数绘制而成。

淬透性曲线

图 17.6 是典型的淬透性曲线。淬火末端最快冷却,具有最强的硬度。对绝大部分的钢铁而言,该位置的马氏体是 100%。如图所示,冷却速率随着与淬火末端距离的增大而降低。随着冷却速率的降低,有更多的时间进行碳的扩散,更大比例促成软珠光体的形成,这将与马氏体和贝氏体混合。因此,高度硬化的钢能在相对长的距离内保持高的硬化强度值;但低淬透性的钢不会如此。另外,各种钢合金都有其特定的淬透性曲线。

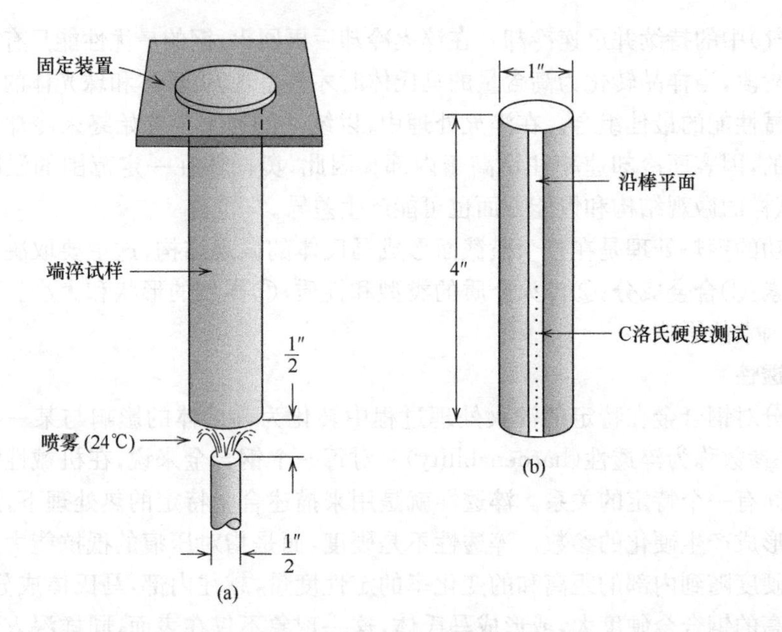

图 17.5　末端淬火实验试样示意图。(a) 淬火过程中装置 (b) 自淬火末端到平面的硬度测试

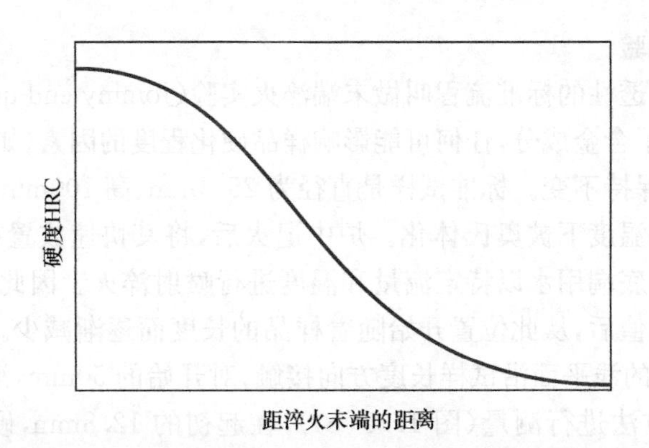

图 17.6　典型的淬透性曲线，洛氏硬度作为淬火距离的函数

有时，将硬度与冷却速率联系起来，比将硬度与离一个标准的末端淬透样品末端位置联系起来考量容易得多。在 700℃测得的冷却速率标在淬透性图的水平轴上，大小如淬透性图所示。位置和冷却速率的关系适用于纯碳钢和很多合金钢，因为传热速率与成分基本是不相关的。有时，冷却速率和自淬火末端的距离是就顶端淬火距离指定的，单位顶端淬火距离是 1.6mm。

沿着末端淬透性试样的位置和连续冷却转变可能存在联系。例如，图 17.7 是共析铁碳合金的连续冷却变化曲线，淬透性曲线和四个不同末端淬透性位置叠加在一起，每条线对应各自的微观结构。这一合金的淬透性曲线也绘制于图中。

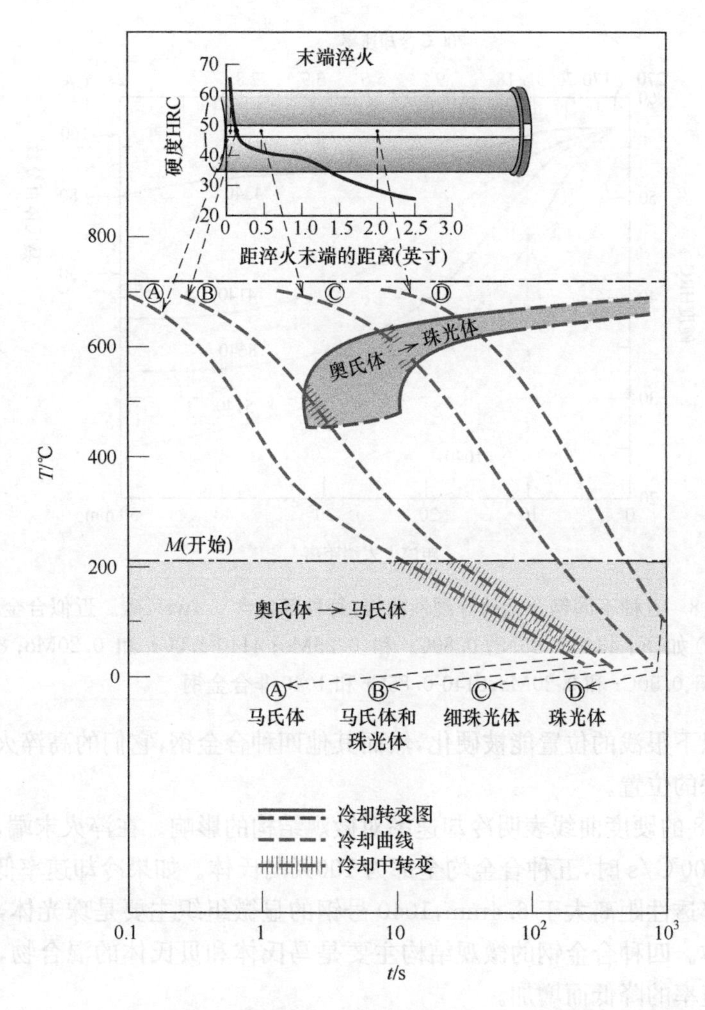

图 17.7　共析成分点的铁碳合金淬透性和持续冷却转变之间的联系

图 17.8 是五种均含有 0.40wt% C 的不同的合金钢的淬透性曲线，但所含的其他合金元素各不相同。其中一个是普通碳钢(1040)；其他四个(4140，4340，5140 和 8040)都是合金钢。四个合金钢的成分也包含其中。合金编码数字(如 1040)的意义在 13.2 节中讨论过。图中有几个细节值得关注。首先，五种合金在淬火末端具有同样的硬度(57HRC)；硬度是碳含量的函数，对所有的合金都是相同的。

这些曲线的最具意义的特征可能就是形状，这与淬透性相关。1040 纯碳钢的淬透性低，因为在相对较短的末端淬透距离(16.4mm)后硬度急剧下降(大约 30HRC)。通过对比的方式可以看到，其他四个合金钢硬度的减少更加平缓。例如，在据淬透性末端 50mm 的位置，4340 和 8640 合金钢大约是 50 和 32HRC，因此，对这两种合金钢来说，4340 合金钢硬度更大。1040 号纯碳钢的水淬火样品只

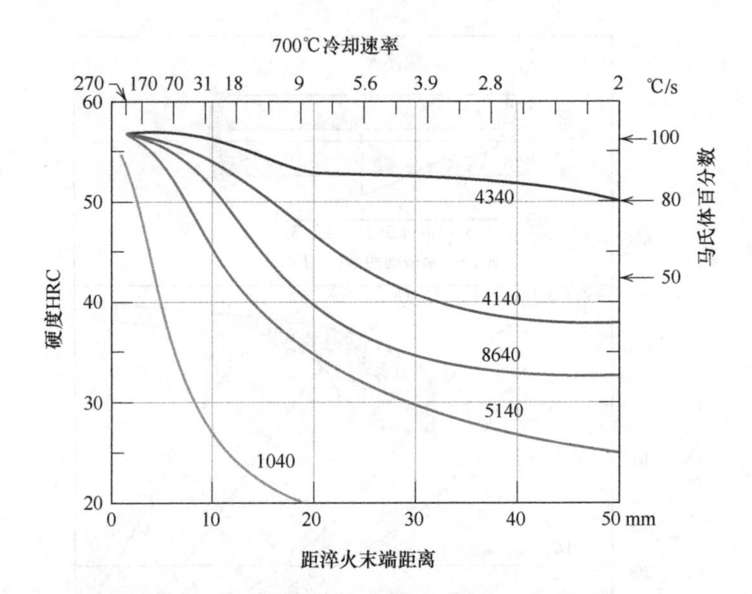

图 17.8 五种不同钢合金的淬硬性曲线，每种都包含 0.4wt%碳。近似合金成分(wt%)如下：4340-1.85Ni，0.80Cr 和 0.25Mo；4140-1.0Cr 和 0.20Mo；8640-0.55Ni、0.50Cr 和 0.20Mo；5140-0.85Cr 和 1040 非合金钢

有距表面以下很浅的位置能被硬化，然而其他四种合金钢，它们的高淬火硬度能一直深入较深的位置。

图 17.8 的硬度曲线表明冷却速率对微观结构的影响。在淬火末端，当淬火速率大约是 600℃/s 时，五种合金均全部为 100%马氏体。如果冷却速率低于70℃/s或者末端淬透性距离大于 6.4mm，1040 号钢的显微组织主要是珠光体，和一些先共析铁素体。四种合金钢的微观结构主要是马氏体和贝氏体的混合物，贝氏体含量随冷却速率的降低而增加。

图 17.8 中五种合金钢淬透性的不同可由合金钢中镍、钴和钼的含量来解释。这些合金元素延缓了奥氏体-珠光体或奥氏体-贝氏体的转变，正如之前解释的那样，在特定的冷却速率下允许形成更多的马氏体，产生更强的硬度。图 17.8 右边的坐标轴表示的是合金在不同的硬度时所对应的马氏体的百分比含量。

淬硬性曲线也取决于碳含量。这种影响在图 17.9 中用一系列合金钢中的碳浓度变化得以说明。在任何末端淬透性位置的硬度随碳浓度的增加而增强。

另外，在钢铁生产过程中，在不同批次的钢材生产过程中，组成和平均晶粒尺寸中总存在的少量的、不可避免的差异。这些差异导致测量的淬透性数据中出现一些离散，这种情况通常用数据带来表示，数据带中可以看出对于特定合金估计出的最大值和最小值。这种淬透性带如绘制在图 17.10 的 8640 钢所示。合金名称规范后加 H(如 8640H)表示合金的成分和特点在其淬透性曲线特定的波带中。

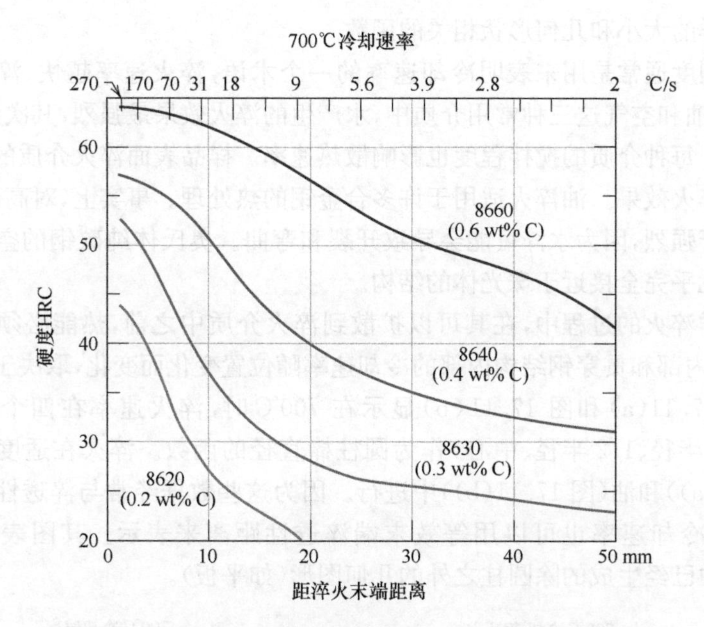

图 17.9　碳含量不同的四种 8600 系列合金的淬透性曲线

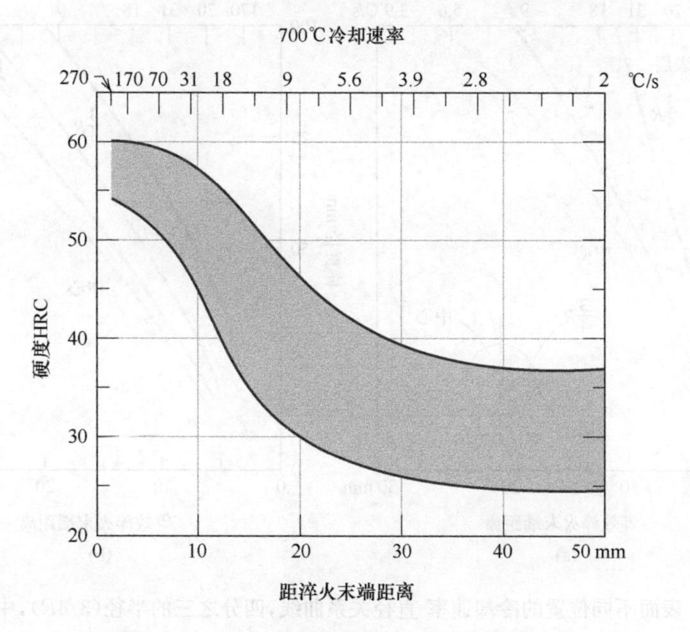

图 17.10　8640 钢淬透性带的最大值和最小值

金属淬火，试样大小和几何形状的影响

淬透性的预处理讨论了合金成分和冷却或淬火速率对其硬度的影响。样品的冷却速率取决于热能扩散的速率，这与淬火介质和样品表面接触的特点有关系，同时也是试样的大小和几何形状相关的函数。

淬火烈度通常是用来表明冷却速率的一个术语，淬火速率越快、淬火烈度越高。在水、油和空气这三种常用介质中，水产生的淬火效果最强烈，其次是油，比空气更有效。每种介质的搅拌程度也影响散热速率。样品表面淬火介质的升温速率可以提高淬火效果。油淬火适用于许多合金钢的热处理。事实上，对高碳钢来说，水淬火过于强烈，因为水淬可能会导致开裂和弯曲。奥氏体纯碳钢的空气冷却会产生一种几乎完全接近于珠光体的结构。

钢试样淬火的过程中，在其可以扩散到淬火介质中之前，热能必须运送到表面。因此，内部和贯穿钢结构内部的冷却速率随位置变化而变化，取决于其形状和大小。图 17.11(a)和图 17.11(b)显示在 700℃时，淬火速率在四个径向位置(表层、3/4 半径、1/2 半径、中心)作为圆柱棒直径的函数。淬火在适度搅拌的水(图 17.11(a))和油(图 17.11(b))中进行。因为这些数据经常与淬透性曲线一起使用，所以冷却速率也可以用等效末端淬透性距离来表示。其图表类似于在图 17.11 中已经生成的除圆柱之外的几何图形(如平板)。

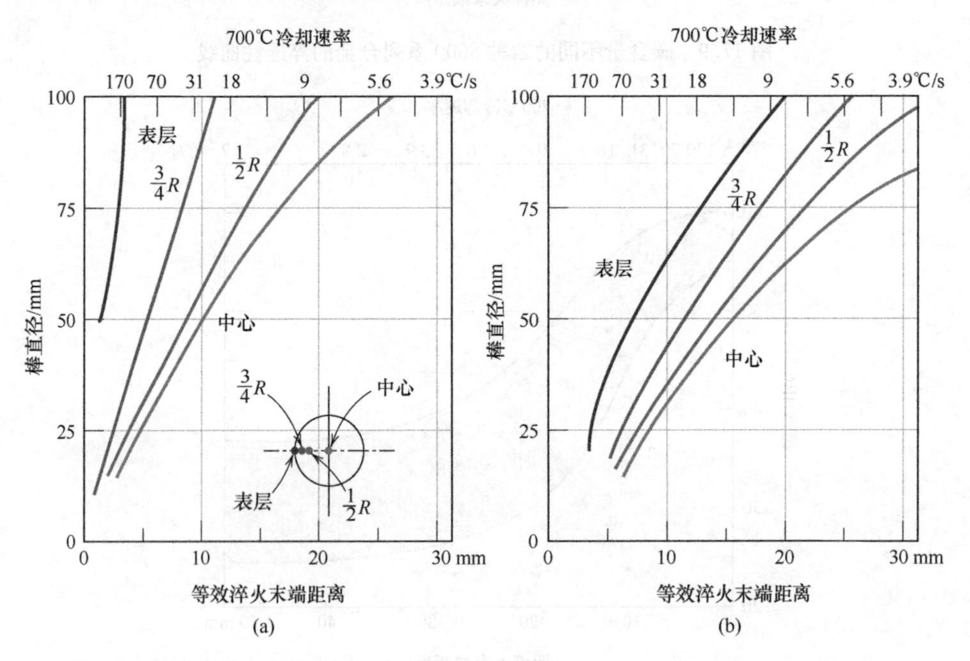

图 17.11　表面不同位置的冷却速率-直径关系曲线，四分之三的半径(3/4R)，中心处半径(1/2R)，和圆柱棒中心位置在适度搅拌的水(a)和油(b)淬火。底部的轴线表示等效的末端淬透性位置

这类图的实用性在于预测试样沿截面的硬度。例如，图 17.12(a)对比纯碳圆柱棒(1040)和合金钢试样(4140)的径向硬度分布；两者直径都为 50mm，并采用水

淬的方式。从两幅图中可以明显地看出淬透性的差异。试样直径也影响硬度分布,如图 17.12(b)所示,图绘制出直径分别为 50mm 和 75mm 的 4140 气缸油淬火的硬度分布。

就试样形状而言,在试样表面,因为热能散失到淬火介质,所以特定淬火处理的冷却速率取决于表面积与试样质量的比值。比值越大,冷却速率越快,从而硬化效应越深入。带有边缘和棱角的不规则形状的试样比规则的以及圆形的试样(如球体和圆柱体)具有更大的表面质量比,因此更适合通过淬火硬化。

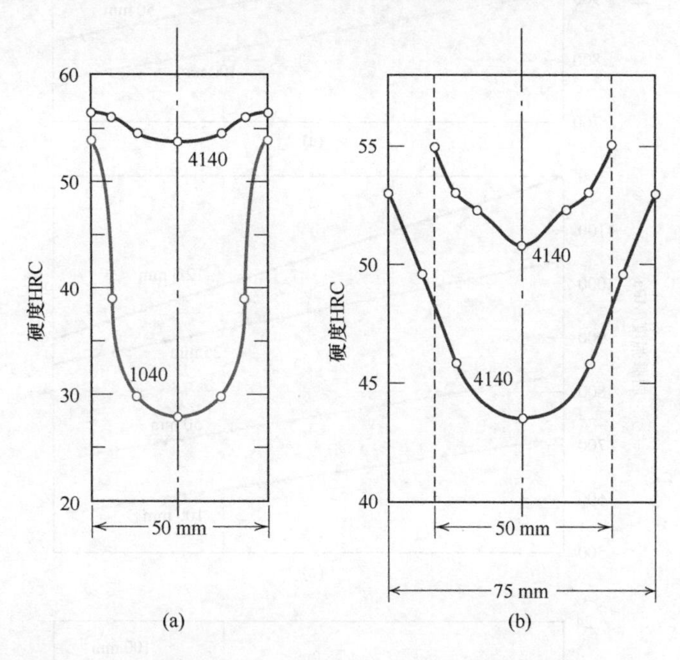

图 17.12　(a)50mm 直径圆柱形 1040 和 4140 钢试样在适度搅拌的水中淬火,(b) 50～75mm 直径圆柱形 4140 钢试样在适度搅拌的油中淬火的径向硬度分布图

大量的钢对马氏体热处理会产生一定的响应,并且,作出何种响应最重要的标准就是淬透性。正如图 17.11 中的各种淬火介质,当结合使用情况时,淬透性曲线可以用于确定某种特殊的合金钢对特定应用程序的适用性。相反,对合金来说,淬火过程的适当性也可以被确定。而对部分涉及相对较高应力的过程来说,由于淬火,在内部会产生至少 80%的马氏体。事实上,适度硬化只需要 50%以上马氏体。

正如前面部分所指出的,圆柱形钢合金试样经淬火后,表面硬度不仅取决于合金成分和淬火介质而且取决于试样直径。同样,经淬火,回火的钢试样的机械性能也将是试样直径的一个函数。这种现象如图 17.13 所示,为一个经过油淬火的抗拉强度、屈服强度和延展性(%EL)与回火温度相对的 4140 钢的四个直径——12.5mm、25mm、50mm、100mm。

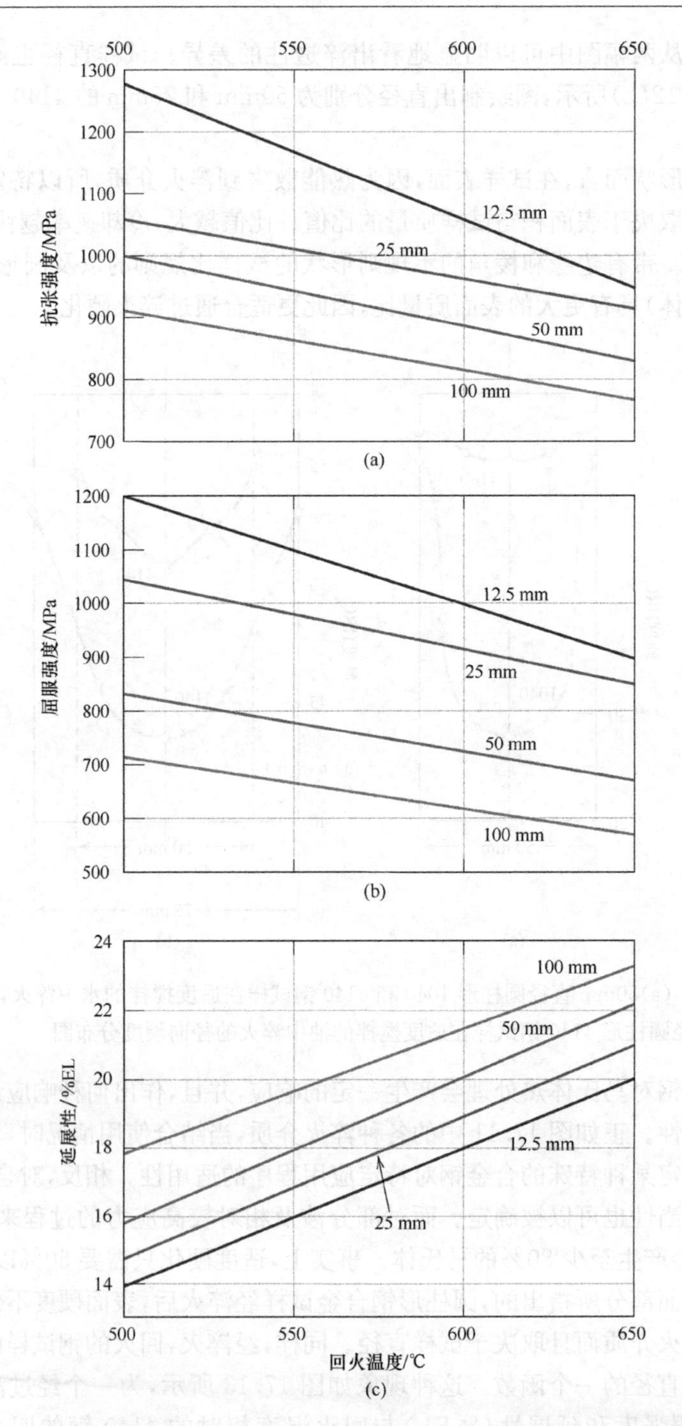

图 17.13　经油淬火的直径为 12.5mm、25mm、50mm 和 100mm 的 4140 钢的圆柱形试样的回火温度相对应的(a)抗拉强度,(b)屈服强度与(c)延展性(伸长率)

17.7　沉淀硬化

通过在母相基体中形成极小、均匀分散的第二相颗粒粒子可以提高某些金属合金的强度和硬度。这必须通过合适的热处理，诱导相转变才能完成。新相的小颗粒被称为沉淀，所以这一过程被称为沉淀硬化。因强度随时间的推移增强，也成为合金时效，时效硬化也是指这一过程。合金硬化处理的例子包括铝铜合金、铜铍合金、铜锡合金和镁铝合金；一些铁基合金也是可以利用沉淀硬化的。

即使热处理程序是相似的，沉淀硬化和钢回火马氏体的处理是完全不同的现象；因此，这种过程不能混淆。其主要的不同在于获取硬化和强化的机制。这可以通过下面析出硬化的说明来阐明。

热处理

沉淀硬化是由新相颗粒的生长所造成的，利用相图可以很容易得解释其热处理过程。然而，事实上，许多可沉淀硬化的合金包含两种或多种合金元素，在这里，我们将体系简化为二元系统来讨论。相图必须具有理想的 A-B 系统的形式，如图 17.14 所示。

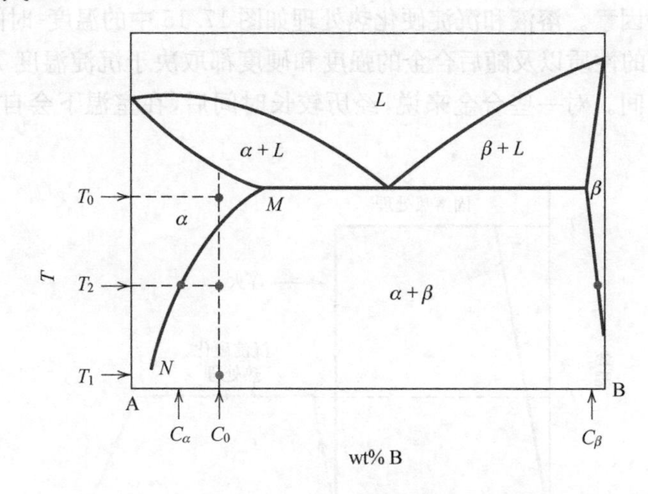

图 17.14　成分为 C_0 的沉淀可硬化的合金的理想相图

对沉淀硬化来说，合金系统的相图必须具有两个明显特征：一个组分在另一个组分中有可观的最大溶解度，至少含有百分之几；随着温度降低，在主要组分中溶解度快速降低。在理想相图（图 17.14）中，这两个条件都得以满足。最大溶解度所对应的成分点 M。另外，α 和 $\alpha+\beta$ 相区的溶解度边界从最大浓度降低到在 A 中含 B 很少的 N 点。此外，可沉淀硬化合金的成分必须低于最大溶解度。对合金系统中出现的析出硬化来说，这些条件都是必要的但并不是充分的。下面我们讨论附加条件。

1）固溶热处理

沉淀硬化是通过两种不同的热处理来完成的。第一种是固溶热处理（solution heat treatment），将所有固溶原子溶解以形成单相固溶体。我们以图 17.14 中合金成分为 C_0 的情况为例。处理过程将合金加热到 α 相区中的某一温度如 T_0，然后，等待一段时间，使可能出现的 β 相完全溶解。此时，合金仅仅由成分为 C_0 的 α 相组成。该过程之后是快速冷却或淬火到一定温度 T_1（对多数合金来说是室温），以阻止任何扩散和随之形成 β 相。在非平衡状态下，T_1 时会存在 B 原子的过饱和 α 固溶体中；这种状态下，合金是相当柔软和脆弱的。此外，在 T_1 温度时，大多数合金的扩散速率是极慢的，这种 α 单相会在这个温度保留较长时间。

2）沉淀热处理

对于第二相或沉淀硬化热处理（precipitation heat treatment），过饱和 α 固溶体通常被加热到 $\alpha+\beta$ 两相区的中间温度 T_2（图 17.14），在这个温度下，扩散速率突然变大。β 沉淀相开始形成成分为 C_β 的细小分散颗粒，这一过程有时被称为老化。在适当的老化时间 T_2 之后，合金冷却至室温；通常，冷却速率并不是一个所要考虑的重要因素。溶液和沉淀硬化热处理如图 17.15 中的温度-时间曲线所示。这些 β 相粒子的性质以及随后合金的强度和硬度都取决于沉淀温度 T_2 和在此温度下的老化时间。对一些合金来说，经历较长时间后，在室温下会自发出现老化现象。

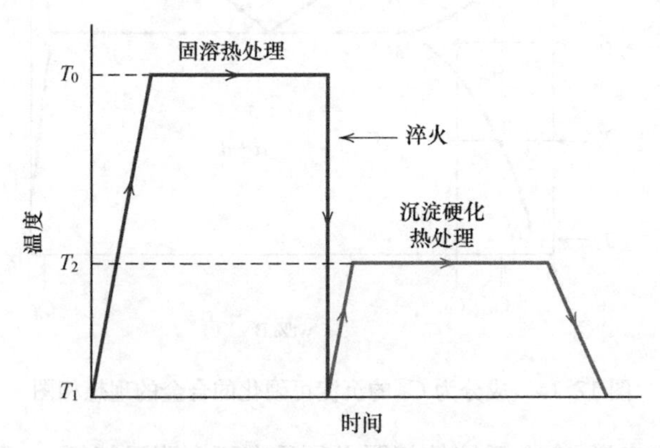

图 17.15　溶液和沉淀硬化热处理的温度-时间关系图

在等温热处理条件下，时间和温度对 β 沉淀颗粒的生长的影响可以用类似于图 12.18 中共析转变钢的 C 形曲线表示。然而，在恒定温度 T_2 下，将室温下的抗拉强度，屈服强度或硬度的值作为老化时间对数的函数更有用，也更方便。典型的可沉淀硬化合金的行为如图 17.16 所示。随时间的增长，强度和硬度随之增长，达到最大值，最终降低。在较长时间后，强度和硬度又会降低，这种情况被称之为过度老化(overaging)。温度的影响如图所示，图中叠加了不同温度下的曲线图。

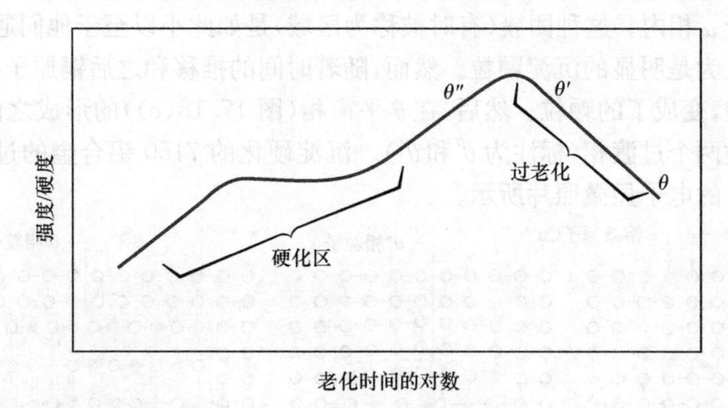

图 17.16　恒定温度下，沉淀热处理过程中，强度和硬度作为老化时间的对数的函数

硬化机制

沉淀硬化通常是用于高强度铝合金中。尽管合金具有许多性能和组成不同的合金元素，铜-铝合金的硬化机制是研究比较广泛的一类。图 17.17 为铜-铝合金相图中的富铝部分。在铝中 α 相是铜的可置换固溶体，但是 $CuAl_2$ 金属间化合物被确定为 θ 相。对一个成分为 96wt% Al-4wt% Cu 的铝-铜合金来说，在形成平衡 θ 相的沉淀热处理过程中，首先有序的形成几个过渡相。这种机制的特性受过渡相颗粒的特性所影响。在初始硬化阶段的短时间内(图 17.16)，铜原子聚集成

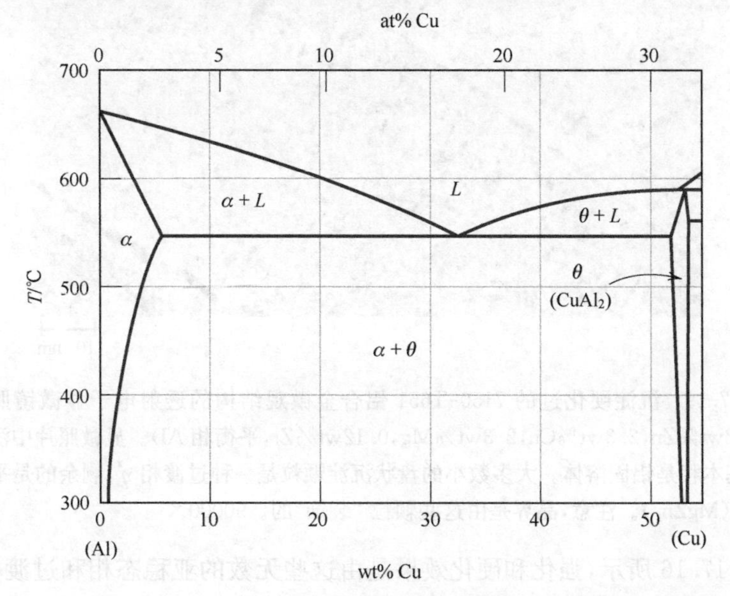

图 17.17　铝-铜合金相图的富铝区

非常小的薄层，只有一个或两个原子厚度，直径大约为 25 个原子；这些形式不计其数的存在于 α 相内。这种团簇(有时被称为区域)是如此小以至于他们通常并不能真正地被认为是明显的沉淀颗粒。然而，随着时间的推移和之后铜原子的扩散，区域尺寸增加，变成了的颗粒。然后，在 θ 平衡相(图 17.18(c))的形成之前，这些沉淀颗粒穿过两个过渡相(标注为 θ'' 和 θ')。沉淀硬化的 7150 铝合金的过渡相颗粒如图 17.19 的电子显微照片所示。

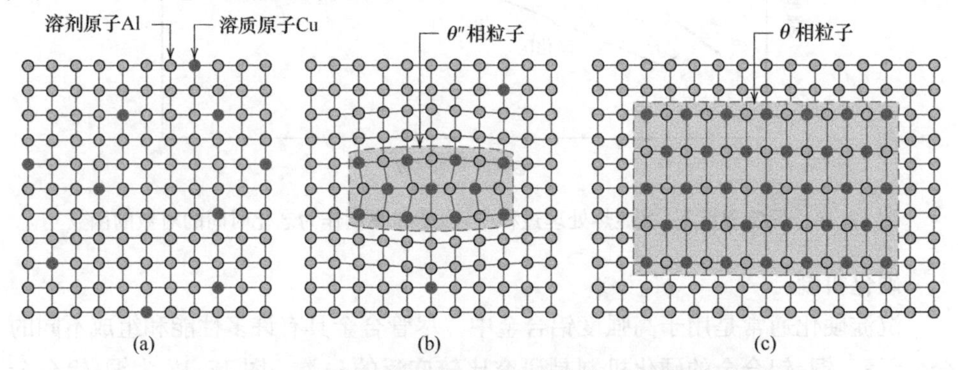

图 17.18　(θ)平衡沉淀相的形成过程中的几个阶段示意图。
(a) 过饱和固溶体(b) 过渡的 θ''沉淀相(c) α 母相中的平衡 θ 相

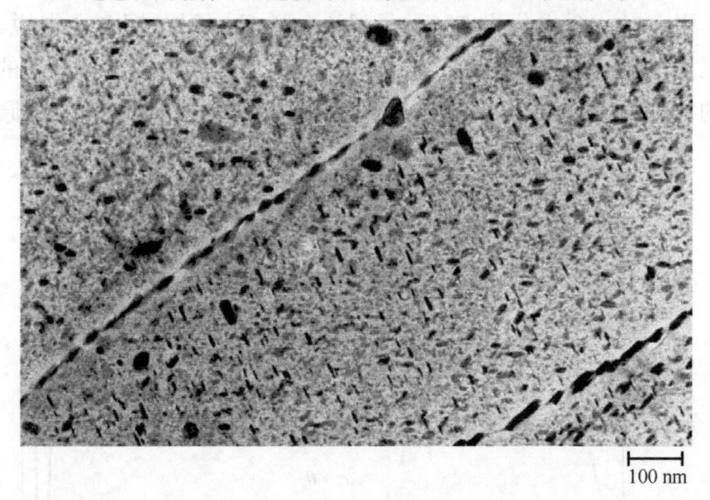

图 17.19　沉淀硬化过的 7150-T651 铝合金微观结构的透射电子显微镜照片(6.2wt%Zn，2.3wt%Cu，2.3wt%Mg，0.12wt%Zr，平衡相 Al)。显微照片中浅色的基本相是铝固溶体。大多数小的盘状沉淀颗粒是一种过渡相 η'，剩余的是平衡相 $\eta(MgZn_2)$。注意，晶界是由这些颗粒“装饰”的。90000×

如图 17.16 所示，强化和硬化效果是由这些无数的亚稳态相和过渡相颗粒造成的。最大强度与 θ''相同时产生，这种情况可能在合金冷却至室温的过程中保存下来。而过度老化则是由持续的颗粒增长和 θ' 和 θ 相的长大造成的。

当温度增加时,硬化过程随之增加。如图 17.20(a)所示,改图为 2014 铝合金在不同的沉淀温度下的屈服强度-时间的对数图。理想情况下,可以设计沉淀热处理的时间和温度,以产生接近最大的强度或硬度。延展性的降低与强度的增加有关,如相同 2014 铝合金在同一温度下的图 17.20(b)所示。

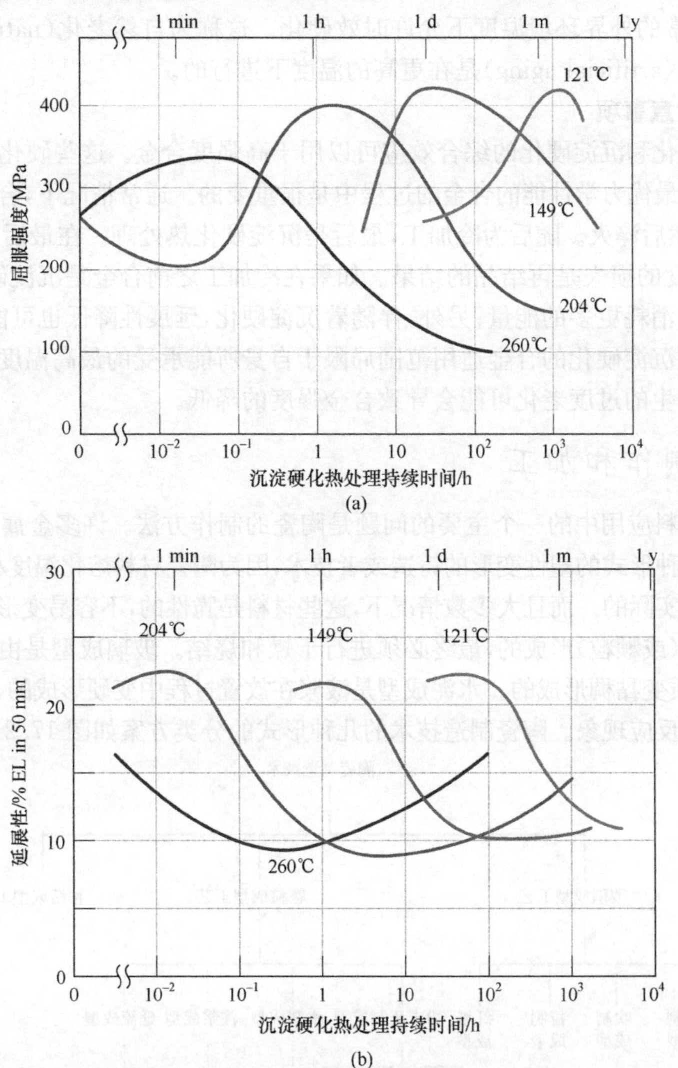

图 17.20　在四个不同的老化温度下,一个 2014 铝合金(0.9wt%Si, 4.4wt%Cu,0.8wt%Mn,0.5wt%Mg)的沉淀硬化特性:(a) 屈服强度和(b) 延展性(%EL)

并不是所有的合金都满足上述有关成分和相图构造的条件,适合沉淀硬化。此外,晶格畸变必须建立在沉淀母相的界面处。对于铝-铜合金,晶格结构这些过渡相颗粒附近及内部存在扭曲(图 17.18(b))。在塑料变形过程中,错位运动被有效阻碍，产生了这些扭曲，因此，合金变得更硬更强。随着 θ 相的形成，过度老化(软化和弱化)的综合结果可以通过沉淀颗粒所提供的滑移阻力的减少来解释。

这种在室温中以及相对较短的时间内经历明显沉淀硬化的合金必须淬火并在冷藏条件下储存。用于铆钉的几种铝合金都表现出这种特点。它们在较软的时候使用，在正常的外界环境温度下允许时效硬化。这称为自然老化(natural aging)，而人工老化(artificial aging)是在更高的温度下进行的。

其他注意事项

应变硬化和沉淀硬化的综合效应可以用于高强度合金。这些硬化过程的顺序在生产具有最优力学性能的合金的过程中是很重要的。通常情况下，合金先经过溶液热处理，然后淬火。随后为冷加工，最后是沉淀硬化热处理。在最后的处理过程中，少量强度的损失是再结晶的结果。如果在冷加工之前合金是沉淀硬化的，那么在变形中会消耗更多的能量；另外，伴随着沉淀硬化，延展性降低也可能导致裂纹。

大多数沉淀硬化的合金适用范围局限于自身所能承受的最高温度之内。暴露于高温下产生的过度老化可能会导致合金强度的降低。

陶瓷的制作和加工

陶瓷材料应用中的一个主要的问题是陶瓷的制作方法。许多金属成型操作依赖于涉及某种形式的塑性变形的铸造或者技术，因为陶瓷材料熔化温度相当高，铸造它们是不切实际的。而且大多数情况下，这些材料是脆性的，不容易变形。一些陶瓷片是由粉末(或颗粒)形成的，最终必须进行干燥和烧结。玻璃成型是由高温冷却过程中，由流质变黏稠形成的。水泥成型是液浆在放置过程中变硬形成的，呈现出一种永久的化学反应现象。陶瓷制造技术的几种形式的分类方案如图 17.21 所示。

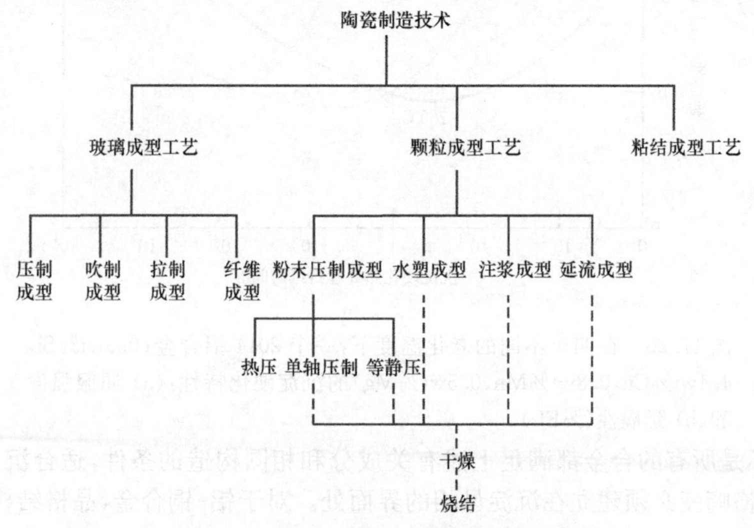

图 17.21　该章节讨论的陶瓷技术的分类图

17.8　玻璃和玻璃陶瓷的制作和加工

玻璃性能

在我们讨论特殊玻璃成型技术之前，必须介绍玻璃材料的一些热敏特性。玻璃或非晶体材料和晶体材料凝固所需的条件是不一样的。冷却时，在连续降温的情况下，玻璃会变得越来越具有黏滞性；液体转变成如晶体材料一样的固体并没有确切的温度。正如图 17.22 中所示，事实上，晶体与非晶体材料的一个明显区别在于一定温度下两者的比体积（单位质量的体积，密度的倒数）不同。对于晶体材料，在熔化温度 T_m 下，比体积不连续降低。然而，对于玻璃材料来说，随着温度降低，比体积会继续地降低；曲线斜率在玻璃化温度（glass transition temperature）或假想温度 T_g 下会出现轻微降低。在这个温度以下，材料被认为是玻璃；在该温度以上，材料首先变成过冷液体，最后会成为液体。

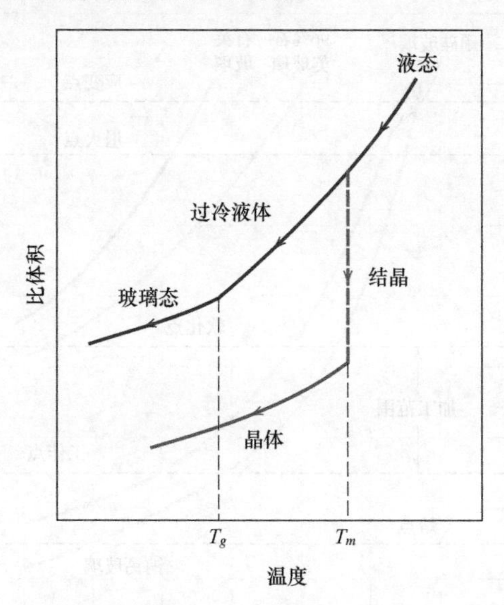

图 17.22　结晶和非结晶材料的比体积-温度对比。晶体材料在融化温度 T_m 会凝固。非晶状态的特点是具有玻璃化温度 T_g

在玻璃成型工艺中，玻璃的黏度-温度特征也同样重要。图 17.23 描绘了石英玻璃、高硅、硼硅酸盐和钠钙硅酸盐玻璃的黏度-温度的对数图。以黏度分析，玻璃制造和加工过程有几个特殊点是非常重要的：

(1) 熔点（melting point）对应黏度是 10Pa・s(100P)的温度；此时玻璃的状态被认为是液体。

(2) 工作点（working point）对应黏度是 10^3Pa・s(10^4P)的温度；在该黏度的玻璃很容易变形。

(3) 软化点(softening point),黏度是 10×10^6 Pa·s(4×10^7P)的温度,软化点是在不发生大幅尺寸变化的情况下,处理玻璃片的最高温度。

(4) 退火点(annealing point)对应黏度为 10^{12} Pa·s(10^3P)的温度;在该温度下,原子扩散是非常迅速的,以至于任何残余应力15分钟之内都会被消除。

(5) 应变点(strain point)对应黏度变成 3×10^{13}(3×10^{14})的温度;温度低于应变点时,发生塑性变形之前会出现断裂。玻璃化温度将会高于应变点。

大多数玻璃成型工艺是在工作点和软化点温度之间的工作范围内进行的。

在这些关键点出现的温度都取决于玻璃的成分。例如,如图17.23所示,碱石灰和96%的石英玻璃的软化点分别是700℃和1550℃。即对于碱石灰玻璃来说,其成型工艺可以在更低的温度下进行。玻璃的可成形性在很大程度上是通过其组成来确定的。

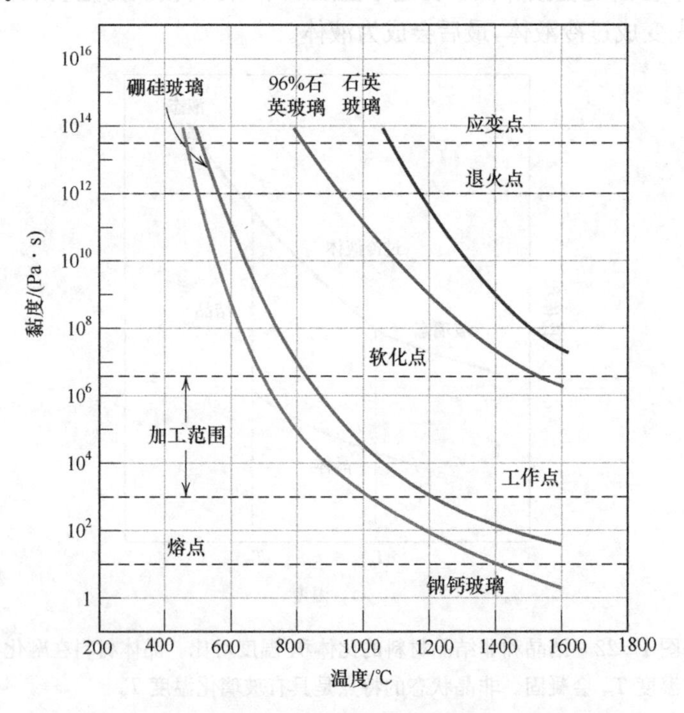

图17.23　石英玻璃和三类硅化玻璃的黏度-温度的对数

玻璃成型

玻璃是通过把原材料加热到高于熔点的高温而制造的。大多数商业玻璃都属于钠钙硅(silica-soda-lime)类;氧化硅通常由普通石英砂提供,然而,Na_2O 和 CaO 分别能生成碳酸钠(Na_2CO_3)和碳酸钙($CaCO_3$)。在大多数应用中,尤其是需要透光性时,玻璃产品必须是均匀的和无气孔的。均匀性可以将原材料完全混合和熔化得以实现的。孔隙率是由产生的小气泡造成的;这些必须在融化过程中被吸收或消除，而这又需要对熔化物的黏度做适当调整。

制造玻璃产品共有五种不同的成型方法：压制法、吹制法、拉制法、薄板法和纤维成型。压制法用于相对比较厚壁的片层，如盘子和碗。玻璃片是在所需形状的石墨层包裹的铸铁模具中挤压形成的；模具通过特定的加热方法来确保拥有平滑的表面。

一些玻璃吹制是手工完成的，尤其是一些艺术品，而广口瓶玻璃、瓶子和电灯泡产品的生产过程都是完全自动化的。图 17.24 展示了制作技术中的几个步骤。玻璃原料(raw gob of glass)、型坯或某种形状在模具中经过挤压成型。原料注入成品模具或吹制模具中，利用气流产生的压力使原料与模具贴紧。

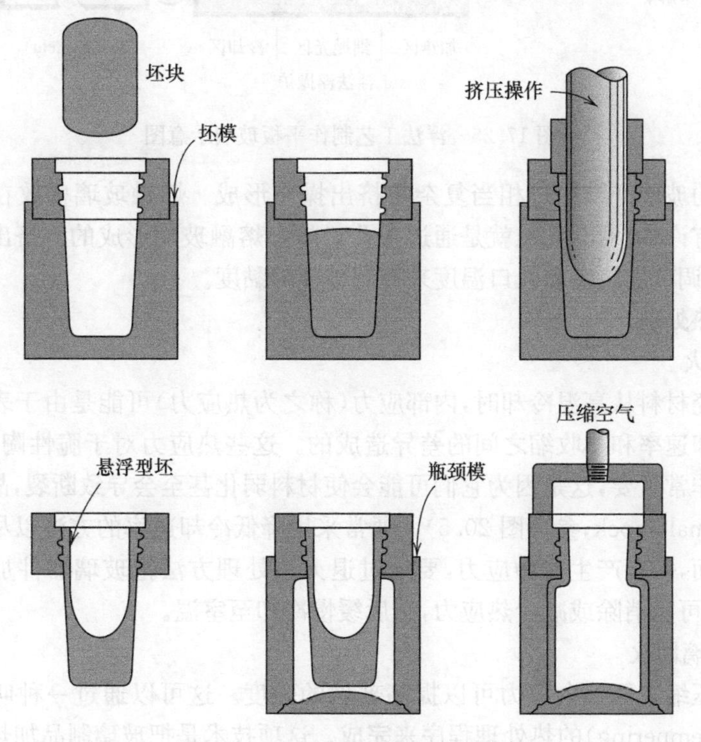

图 17.24　生产玻璃瓶的压吹技术

拉制法用于制备长的具有恒定横截面的玻璃器件，如薄片、玻璃棒、玻璃管和纤维。

直到 20 世纪 50 年代末，玻璃片(或板)的制作成本很高。首先将玻璃铸成平板的形状，然后进行打磨使表面平坦和平行，最后还要进行抛光，使玻璃变得透明。1959 年，英国出现了一种更为经济的浮法工艺。这种技术是将(图 17.25)，熔融玻璃从一个熔炉传送到(在滚筒上)第二熔炉的锡液体中，因此，随着连续的传递，玻璃带“漂浮”在熔融的锡液中，重力和表面张力使得玻璃表面非常平坦、平行，玻璃的厚度也非常均匀。而且,玻璃表面光滑明亮,在熔炉中的一端完成"火抛光"。接着薄板进入退火炉中(莱尔),被切分成段(图 17.25)。这一操作成功的关键是需要严格控制炉内温度以及气体化学反应。

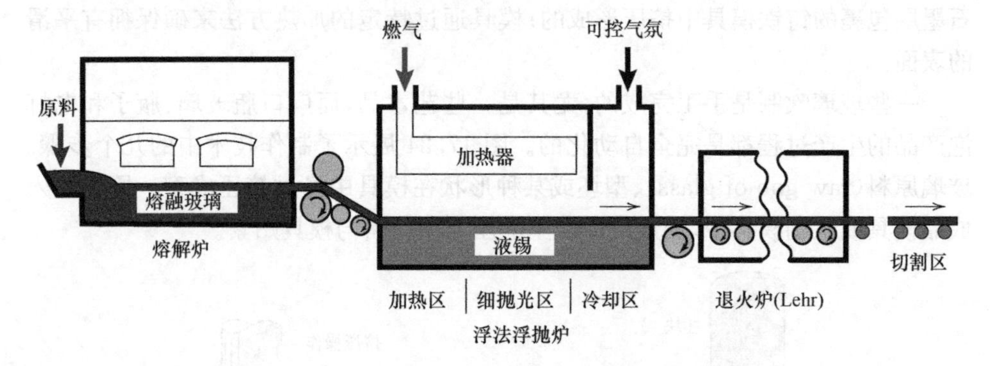

图 17.25　浮法工艺制作平板玻璃示意图

连续的玻璃纤维通过相当复杂的挤出操作形成。熔融玻璃盛放在铂加热腔中。腔底有许多小孔,纤维就是通过从孔口挤出熔融玻璃形成的。挤出操作的一个关键是:调节加热室和孔口温度来控制玻璃的黏度。

玻璃热处理

1) 退火

当陶瓷材料从高温冷却时,内部应力(称之为热应力)可能是由于表层和内部区域的冷却速率和热收缩之间的差异造成的。这些热应力对于脆性陶瓷,尤其是玻璃来说非常重要,这是因为它们可能会使材料弱化甚至会导致断裂,故称之为热冲击(thermal shock,参考图 20.5)。通常采用降低冷却速率的方法以尽量避免热应力。然而,一旦产生这种应力,要通过退火热处理方法把玻璃器件加热到退火点,这样才可能消除或减少热应力,然后缓慢冷却至室温。

2) 玻璃回火

引入压缩表面残余应力可以提高玻璃的强度。这可以通过一种叫做热回火(thermal tempering)的热处理程序来完成。这项技术是把玻璃制品加热到高于玻璃过渡区但低于软化点的温度,然后在空气中冷却至室温,在一些情况下使用油浴。残余应力的差异在于表面和内部区域的冷却速率不同。最初,表面冷却更为快速,一旦其温度降低到应变点温度以下,它就会变得坚硬。此时,冷却速率较慢的内部处在一个更高的温度(大约为应变点),因此,其仍然是可塑的。继续冷却,内部将会发生比已经变硬的外部更大程度的收缩。于是,内部趋向于牵引外部,或施加向内的径向压力。因此,当玻璃块冷却至室温后,其表面仍存在压应力,内部区域存在拉应力。图 17.26 显示的是玻璃横截面的室温应力分布状况。

陶瓷材料制作的失败大多是因为实际拉应力应用不当而造成材料表面的断

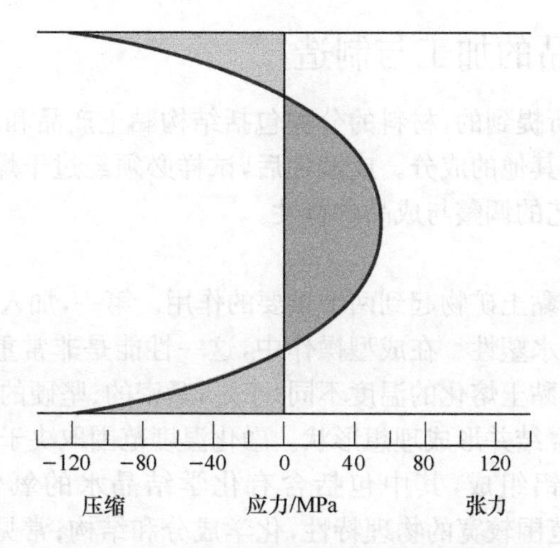

图 17.26 回火玻璃板横截面的室温残余应力分布

裂。造成回火玻璃的断裂，首先，外部施加的拉应力必须足够大，以克服表面的残余压应力，使表面产生足够大的拉力，形成裂纹，然后裂纹逐渐扩大。对钢化玻璃来说，裂纹是在很低的外部应力水平下形成的。因此，断裂强度很小。

回火玻璃用于要求有高强度的器具；其包括大型的门和眼镜等。

玻璃陶瓷的热处理与制造

玻璃陶瓷器皿制造的第一步是制成预期形状的玻璃。所使用的成型技术与玻璃块所使用的一样，正如之前所描述的(如冲压法和挤出法)。将玻璃转变为玻璃陶瓷(即晶体，见 14.11 节)是通过合适的热处理完成的。图 17.27 的时间-温度图中详细展现了 Li_2O-Al_2O_3-SiO_2 玻璃陶瓷热处理过程。在融化和成型的操作之后，结晶相粒子的形核与成长是在两种不同温度下等温地进行的。

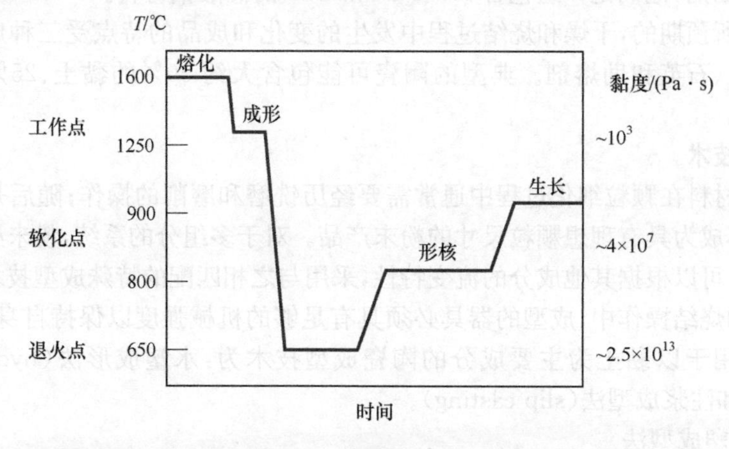

图 17.27 Li_2O-Al_2O_3-SiO_2 玻璃陶瓷典型的时间-温度处理过程

17.9　黏土产品的加工与制造

正如17.12节所提到的，材料的分类包括结构黏土产品和白色陶瓷。除了黏土，这些产品也包括其他的成分。成型之后，试样必须经过干燥和烧结操作；每一个成分都会影响工艺的调整与成品的特性。

黏土的特性

在陶瓷基体中，黏土矿物起到两个重要的作用。第一，加入水时它们是可塑性的，这一状态称之为水塑性。在成型操作中，这一性能是非常重要的，正如前面所讨论的。另外，不同黏土熔化的温度不同；于是，紧密的、坚硬的陶瓷器件可能在没有完全融化时就被烧结并形成理想形状。融化温度范围取决于黏土的成分。

黏土是由硅酸铝组成，其中包括含有化学结晶水的氧化铝（Al_2O_3）和硅（SiO_2）。它们具有范围较宽的物理特性，化学成分和结构；常见的杂质（通常是氧化物）包括钡、钙、钠、钾、铁以及一些有机物质的混合物。黏土矿物的晶体结构是较为复杂的；其中，最为普遍的特征就是其层状结构。高岭石结构是最常见的也是人们最感兴趣的一种黏土结构。其晶体结构（$Al_2(Si_2O_5)(OH)_4$）如图4.15所示。加入水之后，水分子填充在层片之间，在黏土颗粒周围形成一层薄膜。由于水和黏土的混合物具有可塑性，这些颗粒可以来回的自由移动。

黏土产品的组成

除了黏土，这些产品中也包含（尤其是白色陶瓷）一些无塑性的成分；非黏土矿物包括燧石或磨细的石英，以及像长石一样的助焊剂。石英主要用作填充材料，而且是廉价的、相对坚硬的且具有化学惰性。在高温热处理过程中，它只发生很小的改变，这是因为其融化温度远高于烧结温度；然而，融化后，石英具有形成玻璃的能力。

当与黏土混合时，助熔剂形成的玻璃具有相对较低的熔点。长石是一些比较常见的熔助剂；他们是一组包含K^+、Na^+和Ca^{2+}的硅酸铝材料。

正如所预期的，干燥和烧结过程中发生的变化和成品的特点受三种成分比例的响：黏土、石英和助熔剂。典型的陶瓷可能包含大约50%的黏土、25%石英和25%长石。

制造技术

原矿材料在颗粒细化过程中通常需要经历铣磨和磨削的操作；随后是筛选或分级，使其成为具有理想颗粒尺寸的粉末产品。对于多组分的系统，粉末必须完全和水混合，可以根据其他成分的流变特性，采用与之相匹配的特殊成型技术。在传送、干燥和烧结操作中，成型的器具必须具有足够的机械强度以保持自身的完整。两个常见用于以黏土为主要成分的陶瓷成型技术为：水塑成形法（hydroplastic forming）和注浆成型法（slip casting）。

1）水塑成型法

正如之前所提到的，当黏土材料与水混合时，具有很高的可塑性和柔韧性，可以进行模塑而不破裂;然而,他们具有非常低的屈服强度。水塑型物质的黏度(水和黏土的比例)必须保证具有足够的屈服强度,以便于在处理和干燥时维持陶瓷原有的形状。

最常见的水塑成形法技术是挤出成型,硬塑性陶瓷物质通过具有理想横截面结构的模孔被挤出成型;其类工艺类似于金属的挤出成型(图 17.2(c))。砖块、管道、陶瓷、积木以及瓷砖的制作大多采用水塑成型的方法。通常塑性陶瓷从钻孔中强行挤压出刚性模具,在真空室中移除空气来提高密度。用冲头或凸模对放置在凹模中的器件加压(如建筑砖),从而获得相应于模具的型孔或凹凸模形状。

2) 注浆成型法

黏土混合物的另一个成型方法是注浆成型法。泥浆是黏土或其他非塑性物质在水中的悬浮物。当把泥浆倒进一个多孔塑模中(通常由巴黎石膏制成),泥浆中的水被模具吸收,在模具壁上留下一个固体层,其厚度取决于时间长短。这一过程可能持续到整个模具型腔变成固态(实心注浆),如图 17.28(a)中所示。或者,当固体壳壁达到理想厚度时,通过倒置模具或倒出多余的泥浆,这一过程才可终止;这称为空心注浆(图 17.28(b))。当铸件干燥和收缩,会从模具壁上脱落或分离;与此同时,模具脱落与铸件分离。

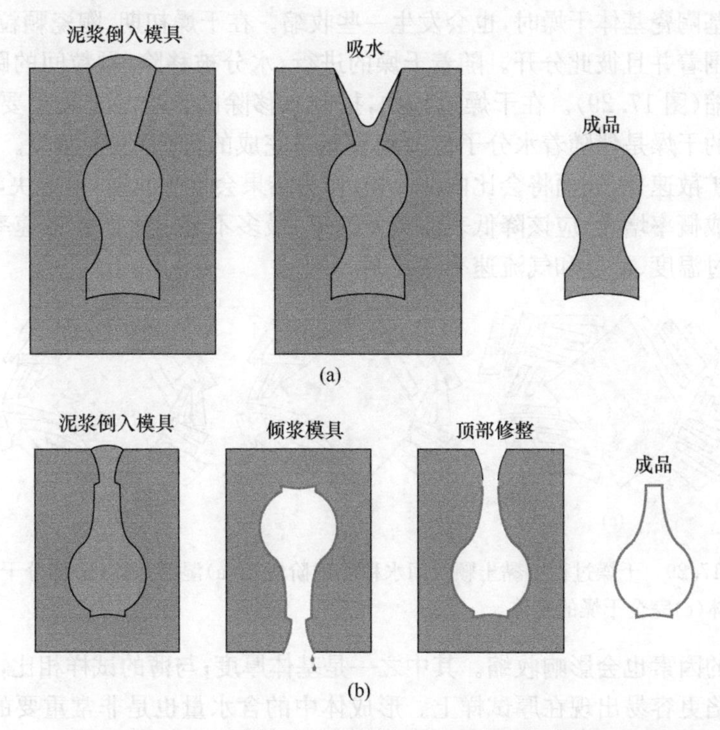

图 17.28　熟石灰模具的(a)固态和(b)吸水注浆成型法步骤

泥浆的性能是极其重要的;其必须具有高的比重以及非常好的流动性。这些特性取决于固体和水的比例以及所加入的其他成分。合适的浇注速度是其本质要求。另外,铸件必须自由沸腾,必须具有低的干缩率和相对较高的强度。

模具的属性影响铸件的质量。正常情况下,熟石灰常用作模具材料,其特点是价格低、可重复使用,并且比较容易制成复杂的形状。大多数模具在铸造之前必须组装整合。可以根据模具的孔隙度来控制浇注速度。通过注浆成型法可以生产相对复杂的陶瓷形状,包括厕所卫生洁具、艺术品以及专门的科学实验室器皿(如陶瓷电子管)。

干燥和烧结

通过水塑成型或注浆成型法形成的陶瓷器件,保留较大孔隙率,对于大多数实际应用来说强度不够。另外,这种器件可能还含有一些辅助成型操作的液体(例如水)。这种液体在干燥过程中被移除;在高温热处理或烧结工程中,密度和强度有所提高。已经形成和干燥但未烧结的基体称之为坯体。干燥和烧结技术是非常关键的,因为在操作过程中,一旦有了瑕疵(如弯曲、变形、破裂),器具就无用了。这些缺陷通常是由不均匀收缩引起的应力造成的。

1) 干燥

黏土基陶瓷基体干燥时,也会发生一些收缩。在干燥初期,陶瓷颗粒实际上被水薄膜包围着并且彼此分开。随着干燥的进行,水分被移除,颗粒间的距离缩短,这就是收缩(图 17.29)。在干燥过程中,控制水移除的速度是至关重要的。基体内部区域的干燥是伴随着水分子扩散到表面来完成的,此时发生蒸发。如果蒸发速率大于扩散速率,表面将会比内部干燥(作为结果会发生收缩)得更快,这样上述缺陷的形成概率增大,应该降低表面蒸发速率,最多不超过水的扩散速率;蒸发速率可以通过温度、湿度和气流速率来控制。

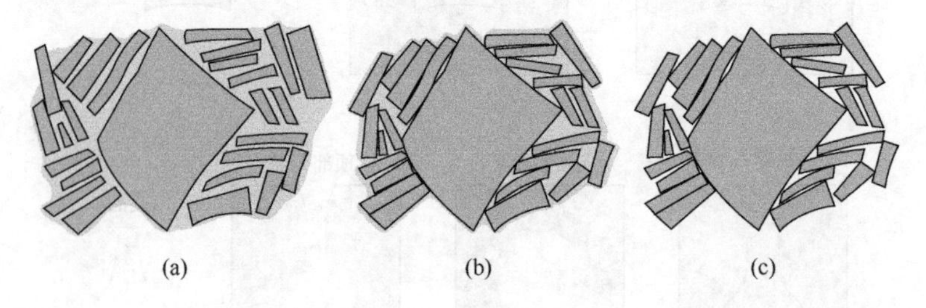

图 17.29 干燥过程中黏土颗粒间水移除的阶段。(a)湿的基体(b)部分干的基体(c)完全干燥的基体

其他的因素也会影响收缩。其中之一是基体厚度;与薄的试样相比,非均匀的收缩和缺陷更容易出现在厚试样上。形成体中的含水量也是非常重要的:含水量越多,收缩量越大。因此,尽可能保持较低的含水量。黏土颗粒大小也会影响收

缩;随着颗粒大小的降低,收缩量提高。为了减小收缩,应该增大颗粒尺寸,或在黏土中加入相对较大颗粒的非塑性材料。

微波能也可以用于干燥陶瓷器皿。这一技术的一个优点是避免了传统方法中所使用的高温;干燥温度保持在 50℃以下。这一点也是很重要的,因为一些热敏材料的干燥温度应该越低越好。

2) 烧结

在干燥之后,基体烧结的温度通常在 900℃和 1400℃;烧结温度取决于成品的成分和所预期的性能。在烧结操作中,密度进一步提高(孔隙率降低),机械性能也有所提高。

黏土材料加热到高温时,会出现一些相当复杂的反应。其中一个反应是玻璃化(vitrificatio)——逐渐形成液态玻璃,流入或填充一些孔隙。玻璃化的程度取决于烧结温度和时间,以及基体的成分。当添加助熔剂(如长石)时,形成液相的温度会降低。由于表面张力(或毛细现象),熔融相在剩下的未熔化颗粒周围流动,并且填充气孔;收缩也伴随着这一过程发生。在冷却时,熔融相在密集的、牢固的基体中形成了一个玻璃基质。于是,最终的微观结构包含陶瓷相、未反应的石英颗粒以及一些气孔。图 17.30 是一个烧结的陶瓷的扫描电子显微镜图,图中可以看到这些微观元素。

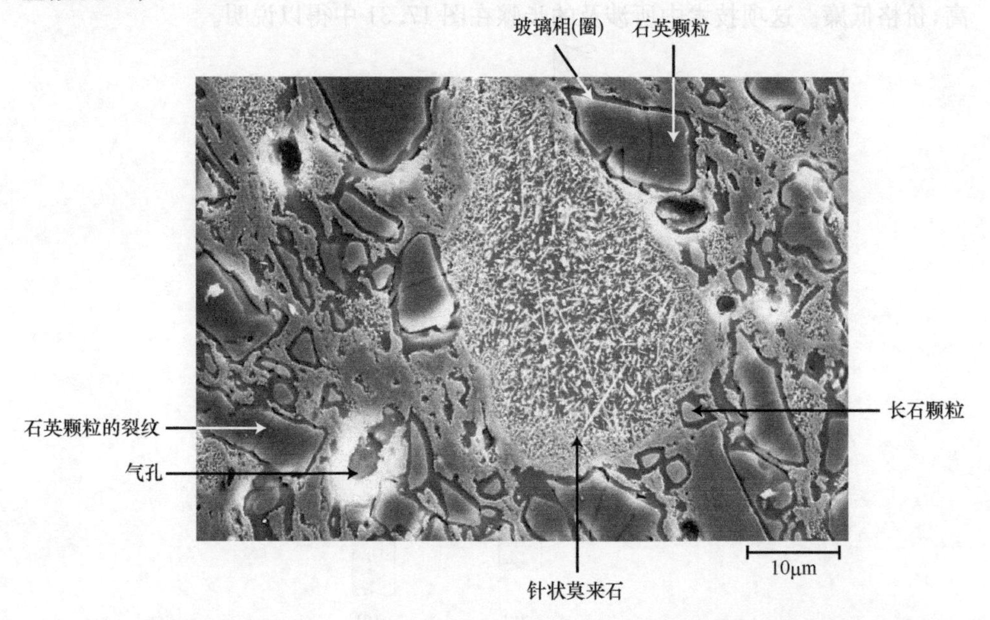

图 17.30　瓷器试样的扫描电子显微镜(在 15s,5℃,10%HF 时被侵蚀)可以观察到它的特征:石英颗粒(大的黑色颗粒),被黑色的玻璃溶液圈所包围;长石区域部分溶解(小的无特征的区域);针状莫来石;以及气孔(带有白色边界区域的黑洞)。在冷却过程中,由于玻璃基质和石英之间的收缩差异,造成石英颗粒中出现许多裂缝。1500×

玻璃化的程度控制着玻璃器皿的室温性能；当玻璃化程度提高时，强度、延展性和密度都会提高。烧结温度决定玻璃化出现的程度，即随着烧结温度的升高，玻璃化程度增加。建筑用砖是典型的烧结温度在 900℃左右，并且是相对多孔的。然而，高度釉面瓷的烧结(其边界是半透明的)发生在比较高的温度下。在烧结过程中由于玻璃太软，有可能断裂，所以要避免完全的玻璃化。

17.10 粉末压制成型

先前已经讨论了玻璃和黏土制品的几种陶瓷成型技术。现在我们介绍另外一种也是很常见，而且更简洁的方法——粉末压制成型法。粉末压制成型法(类似于陶瓷粉末冶金)用于制造含有黏土和非黏土成分的器具，包括电磁陶瓷和一些耐火砖产品。实际上，是将粉末物质(通常包含一小部分水或其他黏合剂)通过加压压制成所需要的形状。通过调节粗、细颗粒混合比例来使压紧度达到最大，空隙率达到最小。在压制过程中并没有颗粒的塑性变形，可能因为其中混合了金属粉末。黏结剂的作用就是使润滑粉末粒子，使他们在压实过程中能够自由移动。

三个基本的粉末压制成型程序为：单轴压制成型、等静压成型以及热压成型。单轴压制中，粉末在金属模具中被单方向压制。通过配置模具和压板，对粉末施加压力后形成器件。这种方法仅限于制作相对简单的形状；然而，这一过程生产力很高，价格低廉。这项技术中所涉及的步骤在图 17.31 中得以说明。

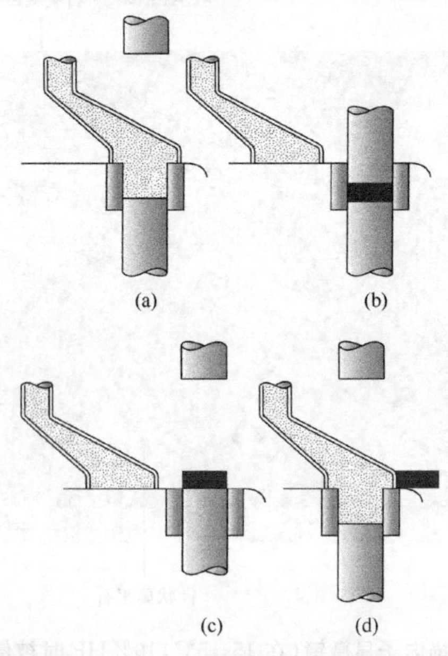

图 17.31 单轴粉末压制步骤的图示。(a) 模具型腔充满粉末。(b) 借助于施加到模具顶部的压力来压实粉末。(c) 压实片通过底部打孔的上升行为来喷射。(d) 填充的模板的上下板之间推开压实块以及重复填充步骤

等静压成型法是将粉末置于高压容器中，利用液体介质不可压缩的性质和均匀传递压力的性质从各个方向对粉末进行均匀加压，当液体介质通过压力泵注入压力容器时，根据流体力学原理，其压强大小不变且均匀地传递到各个方向。此时高压容器中的粉料在各个方向上受到的压力是均匀的和大小一致的。与单轴压制法相比，等静压成型法可以制造更为复杂的形状。但是，等静压技术更为耗时，而且价格很昂贵。

无论是单轴压制还是等静压制，在冲压操作之后，烧结操作都是必不可少的。在烧结过程中，成件发生收缩，气孔减少，机械完整性有所提高。这些变化发生在粉末颗粒融合成有致密块体的过程中，这个过程称之为烧结。图 17.32 简要地说明了烧结的原理。冲压之后，许多粉末颗粒彼此接触（图 17.32(a)）。最初的烧结过程阶段，相邻的颗粒互相接触形成颈部（neck）；另外，颈部之间形成晶界，每个颗粒之间的空隙变成气孔（图 17.32(b)）。随着烧结过程的进行，气孔变得更小，变成球形（图 17.32(c)）。烧结氧化铝材料的扫描电子显微镜照片如图 17.33 所示。在粒子的表面区域，烧结的驱动力逐渐减少；表面的能量在数量级上大于晶粒边界的能量。烧结是在熔化温度之下进行的，因此通常不存在液相。传质对发生这些变化的发生是至关重要的，如图 17.32 所示，原子从颗粒体相中扩散到颈部区域。

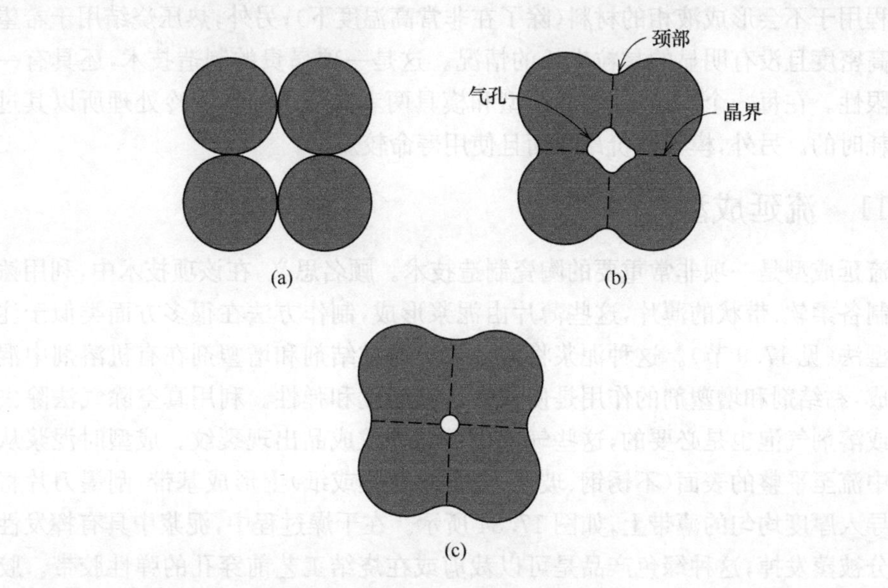

图 17.32　粉末压实，在喷射过程中所发生显微结构的变化。(a)冲压后的粉末颗粒。(b)粒子团聚，随着烧结开始形成孔洞。(c)随着烧结继续进行，孔隙改变大小和形状

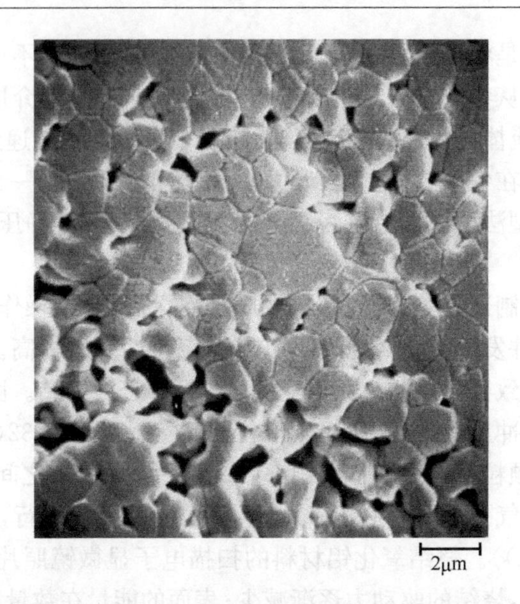

图 17.33　铝氧化物在 1700℃下烧结 6min 的扫描电子显微镜照片。5000×

热压烧结过程中，粉末压制和热处理是同时进行的(即粉料在高温时压制)。该过程用于不会形成液相的材料(除了在非常高温度下)；另外，热压烧结用于希望得到高密度且没有明显的晶粒生长的情况。这是一项昂贵的制造技术，还具有一些局限性。在每一个周期中，因为模型和模具两者都必须加热和冷处理所以其过程是耗时的。另外，模具造价昂贵而且使用寿命较短。

17.11　流延成型

流延成型是一项非常重要的陶瓷制造技术。顾名思义，在该项技术中，利用铸造法制备柔软、带状的薄片，这些薄片由泥浆形成，制作方法在很多方面类似于注浆成型法(见 17.9 节)。这种泥浆将陶瓷颗粒与黏结剂和增塑剂在有机溶剂中混合组成，黏结剂和增塑剂的作用是使铸带具有强度和弹性。利用真空除气法除去浮泡或溶剂气泡也是必要的，这些气泡很可能导致成品出现裂纹。成型时泥浆从容器中流至平整的表面(不锈钢、玻璃、聚合物薄膜或纸)上形成基带，刮墨刀片将泥浆导入厚度均匀的薄带上，如图 17.34 所示。在干燥过程中，泥浆中具有挥发性的成分被蒸发掉；这种绿色产品是可以裁剪或在烧结工艺前穿孔的弹性胶带。胶带厚度的范围一般在 0.1～2mm。流延成型广泛用于集成电路和多层电容器的陶瓷基板的生产。

黏结(cementation)也被认为是一个陶瓷制作过程(图 17.21)。当与水混合时，黏结材料与水混合后形成糊状物，被塑造成所需要的形状后，由于化学反应的作用而变硬。在 14.15 节简要地讨论了水泥和水泥灌浆过程。

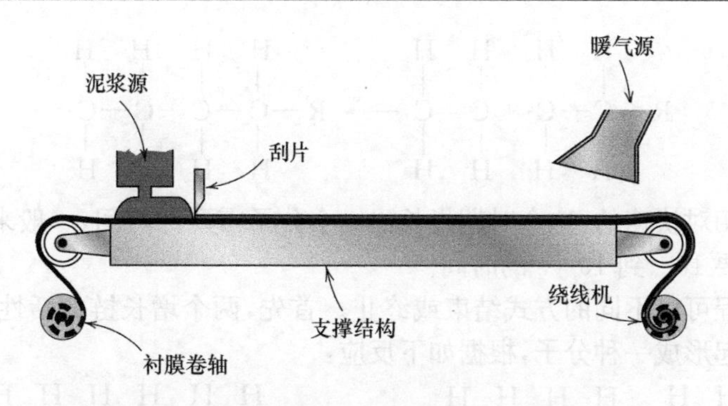

图 17.34　用于刮墨刀片的流延成型过程示意图

聚合物的合成与加工

商用的聚合物大分子是从小分子的物质合成而来的，这一过程即为聚合。此外，聚合物的性质可以通过添加其他材料而被修改和加强。最后，需要利用成型操作获得预期形状的成型工件。这部分讨论聚合过程和各种类型的添加剂，以及一些特殊的成型过程。

17.12　聚合作用

大分子聚合物的合成称为聚合作用；它是单体连接在一起，产生由重复单元组成的长链结构简单过程。一般来说，用于合成聚合物的原材料来自于煤、天然气、石油产品。聚合作用发生的反应可分为两类——加成和缩聚——根据反应机理，如下讨论。

加成聚合反应

加成聚合反应(addition polymerization，有时称为链聚合反应)是通过单体单元一个接一个的连接成链形成线性高分子结构的过程。合成分子产物由多个原始反应单体组成。

加成聚合反应包括三个不同的阶段——引发、增长和终止。在引发阶段，通过引发剂(催化剂)和单体单元的反应形成能够增长的活性中心。聚乙烯的引发过程用式(5.1)表示如下：

$$\mathrm{R}\cdot + \begin{matrix} \mathrm{H} & \mathrm{H} \\ | & | \\ \mathrm{C} & \!\!=\!\! & \mathrm{C} \\ | & | \\ \mathrm{H} & \mathrm{H} \end{matrix} \longrightarrow \mathrm{R}-\begin{matrix} \mathrm{H} & \mathrm{H} \\ | & | \\ \mathrm{C} - & \mathrm{C}\cdot \\ | & | \\ \mathrm{H} & \mathrm{H} \end{matrix} \qquad (17.1)$$

R·代表活性引发剂，·表示一个孤电子。

增长过程包括聚合物线性链的增长，这种增长是因为单体单元连续地添加到活性增长的分子链上。以聚乙烯为例，如下：

$$R-\underset{H}{\overset{H}{C}}-\underset{H}{\overset{H}{C}}\cdot+\underset{H}{\overset{H}{C}}=\underset{H}{\overset{H}{C}}\longrightarrow R-\underset{H}{\overset{H}{C}}-\underset{H}{\overset{H}{C}}-\underset{H}{\overset{H}{C}}-\underset{H}{\overset{H}{C}}\cdot \tag{17.2}$$

链的增长是相对快速的；这个时期指长出一个分子需要的时间，一般来说，1000 个重复单元需要 10^{-2}到 10^{-3}s 的时间。

增长过程可以不同的方式结束或终止。首先，两个增长链的活性结尾部分可能交联在一起形成一种分子，根据如下反应：

$$R\left(\underset{H}{\overset{H}{C}}-\underset{H}{\overset{H}{C}}\right)_m\underset{H}{\overset{H}{C}}-\underset{H}{\overset{H}{C}}\cdot+\cdot\underset{H}{\overset{H}{C}}-\underset{H}{\overset{H}{C}}\left(\underset{H}{\overset{H}{C}}-\underset{H}{\overset{H}{C}}\right)_nR\longrightarrow R\left(\underset{H}{\overset{H}{C}}-\underset{H}{\overset{H}{C}}\right)_m\underset{H}{\overset{H}{C}}-\underset{H}{\overset{H}{C}}-\underset{H}{\overset{H}{C}}-\underset{H}{\overset{H}{C}}\left(\underset{H}{\overset{H}{C}}-\underset{H}{\overset{H}{C}}\right)_nR \tag{17.3}$$

其他终止过程可能是两个增长的分子链反应成两个“死链”如下：

$$R\left(\underset{H}{\overset{H}{C}}-\underset{H}{\overset{H}{C}}\right)_m\underset{H}{\overset{H}{C}}-\underset{H}{\overset{H}{C}}\cdot+\cdot\underset{H}{\overset{H}{C}}-\underset{H}{\overset{H}{C}}\left(\underset{H}{\overset{H}{C}}-\underset{H}{\overset{H}{C}}\right)_nR\longrightarrow R\left(\underset{H}{\overset{H}{C}}-\underset{H}{\overset{H}{C}}\right)_m\underset{H}{\overset{H}{C}}-\underset{H}{\overset{H}{C}}-H+\underset{H}{\overset{H}{C}}=\overset{H}{C}\left(\underset{H}{\overset{H}{C}}-\underset{H}{\overset{H}{C}}\right)_nR \tag{17.4}$$

因此终止两条链的增长。

分子质量由引发、增长、终止过程的相对速率控制。需要控制分子质量以确保聚合物产物达到预期的聚合程度。

加成聚合反应用于聚乙烯、聚丙烯、氯乙烯的合成，也可以合成其他共聚物。

缩聚反应

缩聚反应(condensation polymerization，或阶段式反应)是利用分子间逐步发生的化学反应形成聚合物的过程，可能包括不止一种单体。通常像水这样的低分子量的副产物被消除。未反应物有重复单元的化学式，且分子间化学反应在每一个重复单元形成时都会发生。例如，由苯二甲酸甲酯和乙二醇反应生成线性结构的聚酯聚乙烯(乙烯对苯二酸酯)(PET)，伴随副产物甲醇生成；分子间反应如下所示：

对苯二甲酸甲酯　　　　乙二醇

$$n\left(H-\underset{H}{\overset{H}{C}}-O-\overset{O}{\overset{\|}{C}}-C_6H_4-\overset{O}{\overset{\|}{C}}-O-\underset{H}{\overset{H}{C}}-H\right)+n\left(HO-\underset{H}{\overset{H}{C}}-\underset{H}{\overset{H}{C}}-OH\right)\longrightarrow$$

$$\left(\underset{H}{\overset{H}{C}}-\underset{H}{\overset{H}{C}}-O-\overset{O}{\overset{\|}{C}}-C_6H_4-\overset{O}{\overset{\|}{C}}-O\right)_n+2n\left(H-\underset{H}{\overset{H}{C}}-OH\right) \tag{17.5}$$

聚对苯二甲酸乙二酯　　　　甲醇

这个逐步过程相继重复,生成线性分子。缩聚反应的反应时间一般比加聚反应的时间要长。

上述缩聚反应,无论是乙二醇还是对苯二甲酸甲酯都是双官能团的。然而,缩聚反应可以包括三官能团或更多官能团,以形成交联和网络状的聚合物。热塑性的聚合物和酚醛树脂、尼龙、聚酞酸酯都是通过缩聚反应生成的。一些聚合物,例如尼龙,也可以通过其他技术来合成。

17.13　聚合物添加剂

本章节前面讨论了许多聚合物固有的性质——它们是特定聚合物所具有的基本性质。其中一些性质与分子结构有关,并受分子结构控制。然而,相比简单的修改分子的基本结构,更需要改进聚合物的力学、化学和物理性质。一种叫做添加剂的外来物质可以人工地改善或加强一些聚合物的性质,使聚合物更具有实用性。填充剂、增塑剂、稳定剂、着色剂和阻燃剂等都是非常典型的添加剂。

填充剂

填充材料(filler materials)经常被添加到聚合物中以提高聚合物的抗张强度、抗压强度、耐磨性、韧性、尺寸和热稳定性等性质。颗粒填充材料包括木粉(粉末状木屑)、硅粉、沙、玻璃、黏土、滑石粉、石灰岩,当然还有一些合成聚合物。颗粒尺寸范围从 10nm 到宏观尺度。包含填充剂的聚合物也可以认为是合成材料(在第 16 章讨论过)。通常填充剂是便宜的材料,用来代替大量的昂贵聚合物材料,最终达到降低终产物成本的目的。

增塑剂

能够提高聚合物材料灵活性、延展性和韧性的一种添加剂叫做增塑剂(plasticizers)。增塑剂的存在也使得材料的强度和硬度下降。增塑剂一般是具有低蒸汽压和低分子质量的液体。小的增塑剂分子填充在大的聚合物链之间,有效地增加链间距离、减小次价键强度。增塑剂一般用于在室温下质地较脆的聚合物材料,如氯乙烯和一些醋酸共聚物。增塑剂降低玻璃转化温度,因此在环境条件下,聚合物可以应用于需要制造需要一定柔软度和延展性的物质。这些应用包括薄板或薄膜、管子、雨衣、窗帘。

稳定剂

一些聚合材料在正常的环境下会迅速变质,破坏其完整性。稳定剂(stabilizers)就是能减慢变质过程的一种添加剂。

光照是使聚合物材料变质的原因之一(尤其是紫外辐射)。紫外线的辐射与材料相互作用,造成一些分子链共价键的隔离,可能也会导致一些交联。主要有两种方法来实现紫外光照的稳定性:第一,添加紫外线吸收剂材料,通常是在物体表面涂薄薄的一层像防晒霜一样的东西,在紫外线进入并破坏聚合物之前阻止紫外线;

第二,在破坏的键参与破坏聚合物的其他反应之前,添加一种可以和被紫外线破坏的键发生反应的材料。

氧化是聚合物变质的另一重要原因（见 18.12 节）。它是氧气(无论是 O_2 还是 O_3)和聚合物分子发生化学相互作用的结果。在氧气接触聚合物之前,稳定剂可以消耗氧气,保护材料不被氧化,或阻止进一步毁坏材料的氧化反应发生。

着色剂

着色剂(colorants)可以使聚合物呈现特定的颜色;它们以染料或颜料的形式添加其中。实际上是把染料分子融入聚合物中。染料是不溶解的填充材料,但可以保持其分离相;通常,它们的颗粒相对较小,与母相聚合物折射率相近。还有一些是不透明的,就像聚合物的颜色一样。

阻燃剂

聚合物材料的可燃性是一个重要的问题,尤其在制造纺织品和儿童玩具等应用上。除了那些包含大量氯和氟的聚合物,如聚乙烯(氯乙烯)和聚四氟乙烯,纯的聚合物大部分都是可燃的。其他的可燃性聚合物通过加入叫做阻燃剂(flame retardants)的添加剂后可以加强其抗燃性。这种抑制剂通过干扰气相燃烧过程来起作用,或者通过引发产生较少热量的燃烧反应,从而降低温度的方法起作用,这就会导致燃烧减缓或停止。

17.14　塑料的成型技术

有相当多的成型技术可以应用在聚合物材料的成型加工中。具体聚合物的合成方法依赖于下列因素:①材料是热塑型的还是热固型的;②如果是热塑型的材料,它的软化温度是多少;③材料成型的大气稳定度;④产物的几何结构和尺寸。这些技术与制造金属和陶瓷的技术有很多相似的地方。

聚合物材料的合成需要在高温和一定压力下进行。如果是无定型材料,或材料处于其熔融温度以上,或半晶质材料,热塑型材料在玻璃转变温度以上成型。在材料成型过程中,随温度的下降,必须对材料继续施加压力以保持其原本的形状。热塑型材料的重要经济意义是它们可以循环利用;废弃的热塑性材料可以被再融化,制造成新的形状。

热固性材料的制造分两个阶段完成。第一阶段是线性聚合物(有时称为预聚物)的制备,制备成具有低分子量的液体。材料在第二阶段转变成坚硬的成品,这个过程通常发生在具有预期形状的模具里。第二个阶段称为固化,在加热或加入催化剂的条件下发生,在这一过程中需对材料施压。在固化阶段,材料的化学性质和结构在分子层面上发生变化:形成交联和网状结构。在固化以后,热固性材料在较高温度时从模具中移除,因为它们他们的尺寸已经稳定了。热固性材料很难循环利用,不融化,在较高温度下比热塑性材料更适用,化学稳定性更强。

模塑(molding)是塑料材料最常见的成型方法。模塑成型技术包括加压、转移、击打、注射和挤出成型。每一种技术都在高温高压下形成球状或粒状塑料，以便于流入、充满和形成与模腔一样的形状。

压缩转移模塑法

对于压缩模塑法(compression molding)，把充分混合的聚合物和必要的添加剂放到凹凸模之间，如图 17.35 所示。凹凸模具一起加热；然而，只有一个是可以移动的。模具是封闭的，加热加压使塑胶变黏，能够流动，形成与模具的形状。在成型之前，原材料被混合，冷压成片状，即粗加工的产品。粗制品的预热可以减少成型时的温度和压力，延长模具寿命，生产更均匀的成品。这种成型技术适用于热塑性材料和热固性材料的制造；然而，与下面将讨论的通常所用的挤压或喷射成型法相比，这种技术用于制备热塑性材料更加消耗时间、更贵。

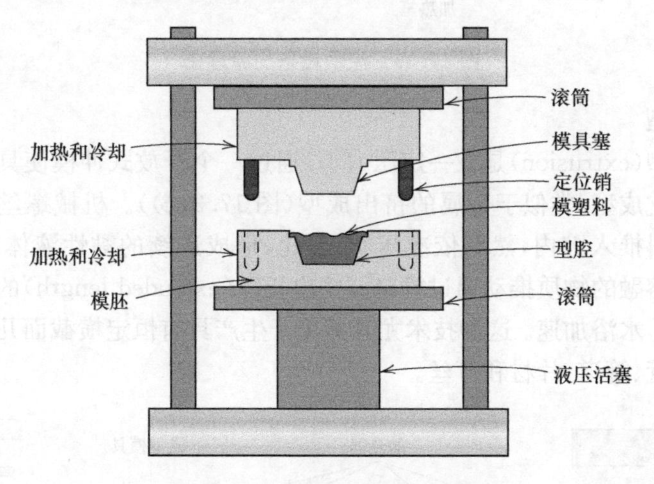

图 17.35　压缩成型设备原理图

在转移模塑中(变化的压缩塑模法)，固体材料在加热转移室中融化。随着熔融物注入模腔，压力均匀地分布在整个表面。这种工艺可以用于制备热固性材料和具有复杂形状的物体。

注塑法

注塑法(injection molding)——类似金属的聚合物拉模铸造法——是最广泛的制造热塑性材料的技术。这种装置的一个横截面示意图如图 17.36 所示。通过活塞的运动精确控制从进料口进入气缸的球状材料数量。将这种负载(charge)推进加热室，推入涂布器周围，以更好的接触加热壁。结果，塑性材料融化形成黏性液体。接着，熔融的塑料通过活塞运动推进，通过喷嘴进入封闭模腔；直到固化成型，都保持压力恒定。最后，打开模具，取出工件(piece)，封闭模具，重复整个循环。这种技术的最突出的特征是产生工件的速度快。对于热塑性塑料，注入的电荷几乎会立即凝固;因此,这个过程循环时间是短暂的(一般在 10～30s 的范围内)。热固性塑料也可以注塑成型;材料在加热的模具中受到压力会固化,这使其循环时间比热塑性塑料长。这个过程有时被称为反应注塑成型(RIM),通常应用于聚氨酯等材料。

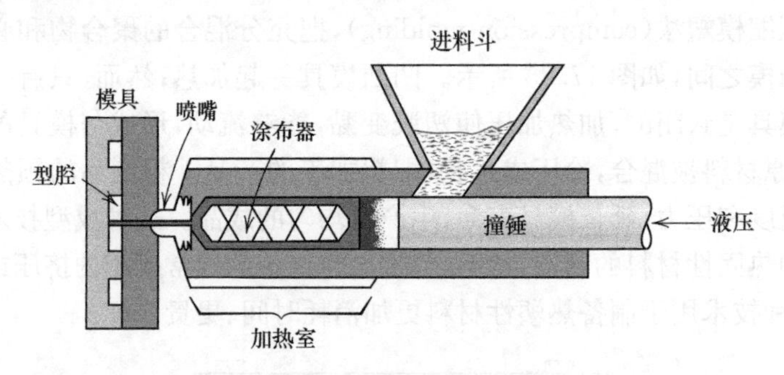

图 17.36 注塑设备的原理图

挤出成型

挤出成型(extrusion)是在一定压力下,通过一个开放式冲模使具有黏性的热塑性塑料固化成型,类似于金属的挤出成型(图 17.2(c))。机械螺丝或螺旋推动杆将粒状材料推入腔内,然后依次压实、融化,形成连续的黏性液体(图 17.37)。挤出是指将熔融的物质推动通过模口。挤出长度(extruded length)的凝固利用鼓风机,喷雾法,水浴加速。这种技术尤其适用于生产具有恒定横截面几何形状的材料,如鱼竿、管、管道、片材和灯丝。

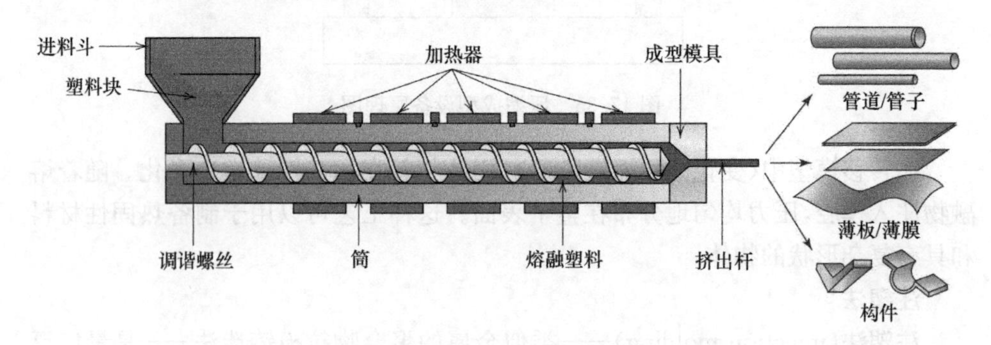

图 17.37 挤出机的原理图

吹塑成型

制备塑料容器的吹塑成型(blow-molding)工艺与玻璃瓶相似,如图 17.24 所示。首先,挤出型坯,或者是一段聚合物管子。虽然仍处于半熔的状态,将型坯放置在一个有预期容器结构的两件套的模具中。在气压或蒸汽压力下将空心件制成型坯,迫使管壁与模具的轮廓相符合。必须严格控制型坯的温度和黏度。

浇铸成型

类似于金属,聚合物材料可以使用浇铸(cast),将熔融的塑料材料注入模具中凝结。热塑性塑料和热固性塑料都可以使用浇铸方法制成。对于热塑性塑料,凝固发生在熔融状态开始变冷的过程当中;然而,对于热固性材料,硬化实际上是聚合反应或热固化过程的结果,这一过程需要很高的温度。

17.15　弹性体的制备

现行的制备橡胶产品所应用的技术在本质上与前面所讨论的塑料成型技术是一样的,如压缩成型、挤出成型等。此外,大多数橡胶材料是硫化橡胶材料(见 17.9 节),还有一些是用炭黑加固的橡胶材料(见 16.2 节)。

17.16　纤维和薄膜的制造

纤维

由大块聚合物材料制备纤维的过程称为纺纱(spinning)。通常来说,纤维是从熔融状态纺成的,这个过程称为熔融纺丝。这种材料在纺织之前,首先应对其进行加热,直到变成相对黏性的液体。接着,熔料利用喷丝头抽送,这种喷丝头通常包含许多小圆孔。随着熔料通过这些小圆孔,单根纤维就制成了,它会通过鼓风机或水浴降温迅速凝固。

纺成纤维的结晶度取决于其在纺纱时的冷却速度。正如在 15.8 节中所讨论的那样,纤维强度是在后期的形成过程中提高的,这个过程被称为拔丝(drawing)。此外,拔丝会使纤维在它的轴向上产生永久性机械延伸率。在这个过程中,分子链在拔丝方向上具有方向性(图 15.13(d)),抗拉强度、切变模量和韧性都有所提高。得到的熔纺的纤维横截面近乎圆形,整个横截面的性质均匀。

另外两项制造纤维的技术是干纺和湿纺,这两种方法都是通过溶解聚合物溶液而成。对于干纺来说,聚合物溶解在易挥发性的溶剂中。这种聚合物-溶剂溶液从喷丝头一直延伸至加热区;纤维固化剂作为溶剂而蒸发。在湿纺中,纤维是通过聚合物-溶剂溶液经喷丝头直接到达第二种溶剂而形成的。从而导致聚合物纤维从溶液中分离出来(即沉淀)。这两种技术中,首先在纤维表面形成外皮。然后,一些纤维开始收缩成纤维干(如葡萄干);这将形成非常不规则的截面轮廓,导致纤维变得很硬(即增加了弹性模量)。

薄膜

许多薄膜是通过薄的冲模狭缝挤压而形成的;随后进行压轧(压延)或拔丝操作,这样有助于薄膜减少厚度和提高强度。或者,薄膜也可以被吹制而成:通过环形模具挤压成连续的管道;然后,在管道中维持正气压,薄膜从模具中出来时,在轴向上对薄膜进行拉伸,此材料环绕着这种类似气球的气泡状结构进行扩展

(图 17.38)。结果,壁厚不断降低,形成圆柱形薄膜,在一端密封起来制成垃圾袋,或者切开平铺形成薄膜。这个过程称为双轴拉伸过程,这一过程生产的薄膜具有较高的双向拉伸强度。一些新薄膜是由复合挤压而制成的,复合挤压是指多种类型的聚合物多层同时挤出。

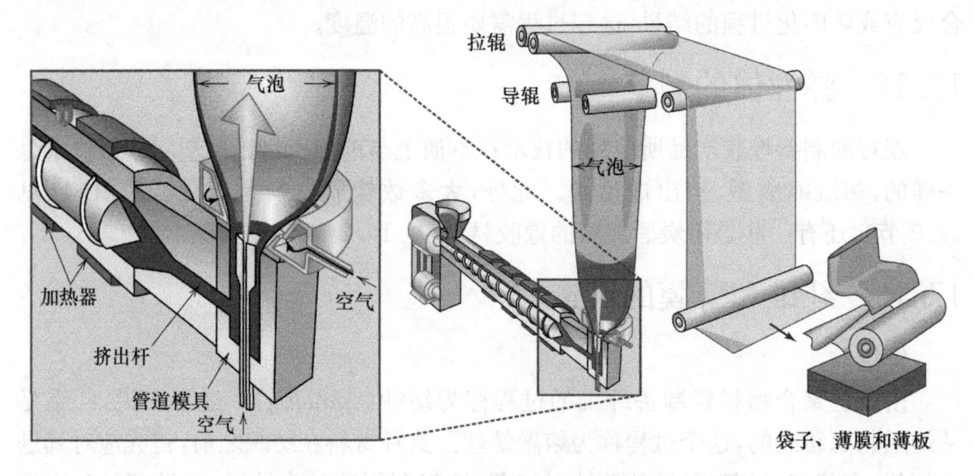

图 17.38　形成聚合物薄膜的装置原理图

第 18 章　材料的腐蚀和降解

随着对腐蚀和降解的类型和机理的认识以及其产生原因的了解，我们可以采取一些措施来阻止腐蚀和降解的发生。例如，我们可以改变环境的性质、选择相对不反应的材料或者保护材料不发生明显的降解。

18.1　引言

大多数材料或多或少都会接触到很多不同的环境类型。通常情况下，这样的交互作用会使材料的机械性能（如延性和强度）、其他的物理性能减退，或使材料外观受损，从而影响材料使用性。有时候，令设计工程师懊恼的就是，一些应用材料的降解性常常被忽略，这就会导致不良后果。

对于三种不同的材料，其降解的机理也是不同的。对于金属材料来讲，溶解（腐蚀）或氧化都能造成材料的损失。陶瓷材料相对来说是比较耐恶化的，陶瓷材料的恶化要发生在高温或相当极端的环境下，这个过程通常也称为腐蚀（corrosion）。对于聚合物来说，腐蚀的机制和结果与金属和陶瓷不同，术语降解（degradation）是最常用的。当聚合物浸于液体溶剂的时候会发生溶解，或者聚合物可能吸收溶剂而膨胀；另外，电磁辐射（主要是紫外线）和热量可能会改变分子的结构。

本章主要讨论上述三种材料类型的降解过程，特别是降解机理，如何抵抗各种环境的侵蚀以及防止或减少降解的措施。

金属腐蚀

金属腐蚀指的是金属的破坏和自然损耗；它是一种电化学反应，通常始于表面。金属腐蚀的问题是非常重要的；在经济方面，据估计，一个工业国家大约5%的收入花在了腐蚀预防和维护，更换损耗或被腐蚀的产品上。腐蚀的影响实在太普遍了。熟悉的例子包括：锈迹斑斑的汽车车身部件、散热器和排气组件等。

腐蚀过程有时又是有用的。例如，蚀刻程序，如6.12节中所讨论的，利用晶界或各种显微结构的成分化学反应选择性。

18.2　电化学注意事项

对于金属材料，通常情况下，腐蚀过程是一种电化学现象，是电子从一种化学物质转移到另一种化学物质的化学反应。金属原子失去或移出电子，称为氧化反应（oxidation reaction）。例如，一个 n 价（带 n 价电子）金属 M 可能会经历的氧化反应

$$M \longrightarrow M^{n+} + ne^- \tag{18.1}$$

反应中，金属 M 变成 $n+$ 价电荷的离子，在这过程它失去了 n 价电子；e 通常用来象征着一个电子。金属氧化的例子

$$Fe \longrightarrow Fe^{2+} + 2e^- \tag{18.2a}$$

$$Al \longrightarrow Al^{3+} + 3e^- \tag{18.2b}$$

发生氧化的地方称为**阳极(anode)**；氧化有时被称为阳极反应。

金属原子氧化产生的电子，必须转移并成为另一种化学物质的一部分的过程称为还原反应(reduction reaction)。例如，一些金属处在酸性溶液中，这些酸性溶液中含有高密度的氢离子(H^+)；氢离子减少，如下：

$$2H^+ + 2e^- \longrightarrow H_2 \tag{18.3}$$

氢气就产生了。

根据金属所暴露在的溶液的属性，也可能发生其他还原反应。在溶氧的酸溶液里，如下所示的还原反应：

$$O_2 + 4H^+ + 4e^- \longrightarrow 2H_2O \tag{18.4}$$

可能会发生。在溶氧的中性或碱性水溶液中

$$O_2 + 2H_2O + 4e^- \longrightarrow 4(OH^-) \tag{18.5}$$

存在于溶液中所有金属离子都可能减少；因为离子可以以不同价态(多价态离子)形式存在，还原反应就可能以下式发生：

$$M^{n+} + e^- \longrightarrow M^{(n-1)+} \tag{18.6}$$

其中，金属离子通过接受电子使其价态减少。金属可以从离子状态完全还原到中性的金属原子状态，公式如下：

$$M^{n+} + ne^- \longrightarrow M \tag{18.7}$$

还原发生的地方称为阴极(cathode)。有可能同时发生两个或两个以上上述的还原反应。

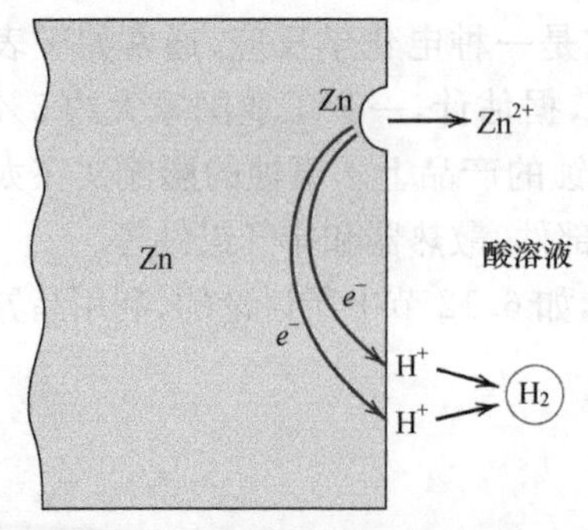

图 18.1　与锌在酸性溶液中腐蚀相关的电化学反应

一个完整的电化学反应必须包含至少一个氧化反应和一个还原反应，电化学反应是他们的总合；通常单个的氧化和还原反应称为半反应(half-reactions)。电池反应中没有电子和离子形成的净电荷积累：即总的氧化反应速率必须等于总的还原反应速率，或所有通过氧化反应产生的电子必须被还原反应消耗掉。

例如，以沉浸在包含 H^+ 的酸性溶液中的锌电极为例。在金属表面的一些区域，锌会如图 18.1 所示发生氧化或腐蚀，依据反应

$$Zn \longrightarrow Zn^{2+} + 2e^- \tag{18.8}$$

因为锌是一种金属，因此一个好的电导体，那些电子可以转移到 H^+ 减少的相邻区域，依据

$$2H^+ + 2e^- \longrightarrow H_2(gas) \tag{18.9}$$

如果没有其他发生氧化或还原反应，电化学反应是反应(18.8)和(18.9)的总和，即

$$Zn \longrightarrow Zn^{2+} + 2e^-$$

$$2H^+ + 2e^- \longrightarrow H_2(gas)$$

$$Zn + 2H^+ \longrightarrow Zn^{2+} H_2(gas) \tag{18.10}$$

另一个例子是铁在溶氧的水中氧化或生锈。这个过程有两个步骤：第一步，铁被氧化成 Fe^{2+}（如 $Fe(OH)_2$），即

$$Fe + \frac{1}{2}O_2 + H_2O \longrightarrow Fe^{2+} + 2OH^- \longrightarrow Fe(OH)_2 \tag{18.11}$$

第二步，变成 Fe^{3+}（如 $Fe(OH)_3$），依据

$$2Fe(OH)_2 + \frac{1}{2}O_2 + H_2O \longrightarrow 2Fe(OH)_3 \tag{18.12}$$

化合物 $Fe(OH)_3$ 就是我们再熟悉不过的铁锈。

由于氧化，金属离子可以作为离子进入腐蚀溶液（反应(18.8)）或与非金属元素形成不溶性化合物如在反应(18.12)。

电极电势

不是所有的金属材料氧化成离子具有相同的难易程度。如图 18.2 所示的电化学电池，在左手边是一块纯铁，沉浸在浓度 $1M$ 的 Fe^{2+} 溶液中。另一边是一块纯铜，沉浸在浓度 $1M$ 的 Cu^{2+} 溶液中。电池被隔膜分开，这限制了两种溶液的混合。如果铁电极和铜电极连接，铜会将铁氧化，自身发生还原反应，如：

$$Cu^{2+} + Fe \longrightarrow Cu + Fe^{2+} \tag{18.13}$$

或者 Cu^{2+} 将以金属铜电沉积在铜电极上，而铁在电池另一边溶解（腐蚀），以 Fe^{2+} 进入溶液。因此，两个半电池反应表示如下：

$$Fe \longrightarrow Fe^{2+} + 2e^- \tag{18.14a}$$

$$Cu^{2+} + 2e^- \longrightarrow Cu \tag{18.14b}$$

当电流通过外部电路，铁氧化产生的电子流向铜电极以减少 Cu^{2+}。此外，将会有一些从每一个电池到另一个电池的净离子跨膜运动。这被称为电偶（两种金属通过电解液连接，一种金属成为阳极，被腐蚀，而另一个作为阴极）。

电势或电压之间存在于两个半电池之间，如果在外电路连接一个电压表，那么其大小就可以确定。当温度是 25℃，铜铁原电池的电势差为 0.780V。

现在考虑另一种电偶对，相同的铁半电池连接到沉浸在 $1M$ 的 Zn^{2+} 溶液中的金属锌电极上（图 18.3）。在这种情况下，锌是阳极，被腐蚀，而铁成为阴极。电化学反应是

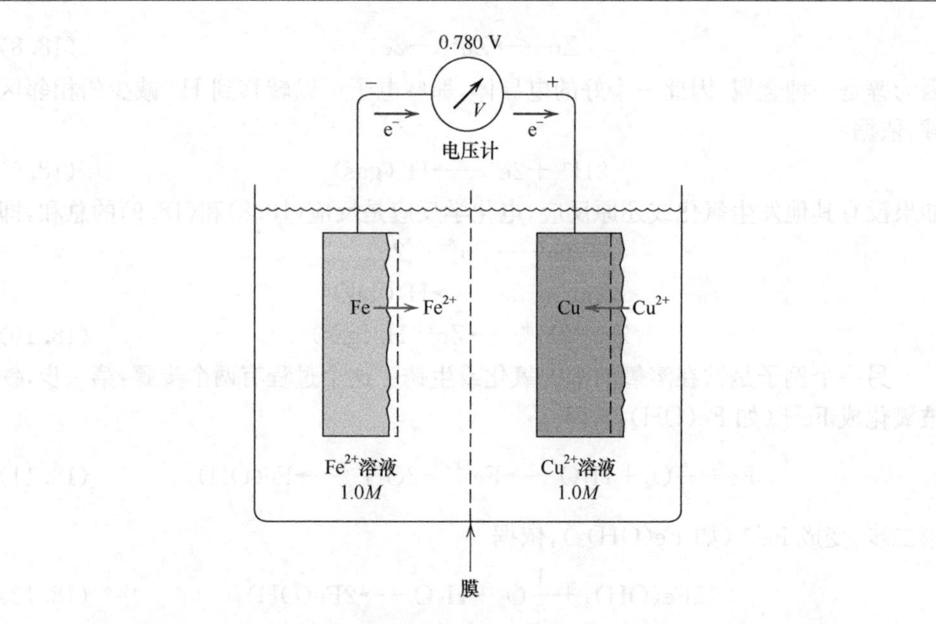

图 18.2　一个由铁和铜电极组成的电化学电池，每一个都是沉浸在 1*M* 相应离子的溶液里。铜电沉积的时候铁腐蚀

$$Fe^{2+} + Zn \longrightarrow Fe + Zn^{2+} \tag{18.15}$$

这个化学反应的电势是 0.323V。

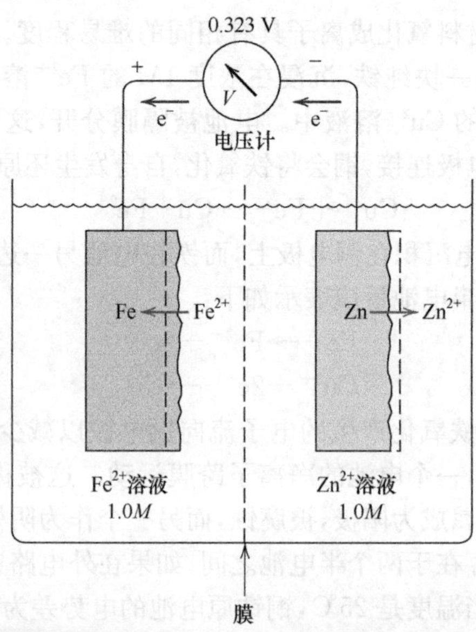

图 18.3　由铁和锌作电极的电化学电池，每个电极都沉浸在 1*M* 其离子的溶液中。当锌发生腐蚀时，铁为沉积物

因此，各种电极对具有不同的电压；如此巨大的电压可以认为是电化学氧化-还原反应的驱动力。因此，当金属材料耦合到其他沉浸在各自离子溶液的金属上时，倾向于发生氧化反应。类似于之前所描述的半电池（即 25℃时，纯金属电极浸入 1M 其离子溶液中）称为标准半电池（standard half-cell）。

标准电动势

这些被测定的电池电动势仅是以电势差的形式表示的，因此建立参考点或参比电池是更方便的，其他半电池可以与之作比较。参比电池（任意选择的）是标准氢电极（图 18.4）。它是将惰性铂电极浸入 1M H^+ 溶液中，在 1 个标准大气压下和 25℃下，将氢气鼓入溶液中使氢气达到饱和。铂本身并不参与电化学反应；它仅仅作为发生氢原子氧化或氢离子的表面。电动势序（electromotive force（emf）series）是通过与标准氢电极的耦合获得的，各种金属标准半电池，根据测得的电动势排序。表 18.1 表明了几种金属的腐蚀趋势；那些在顶部的（如黄金和白金）是贵金属，具有化学惰性。越接近表的底部，金属变得越活泼，即更易于被氧化。钠和钾具有最高的反应活性。

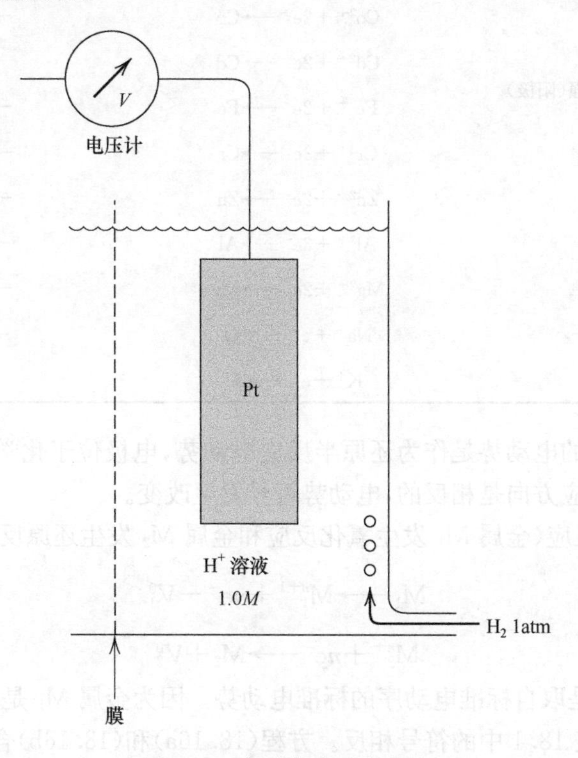

图 18.4　标准氢参比半电池

表 18.1　标准电动势序

	电子反应式	标准电极电势 V^0/V
↑ 惰性增强(阴极)	$Au^{3+}+3e^- \longrightarrow Au$	+1.420
	$O_2+4H^++4e^- \longrightarrow 2H_2O$	+1.229
	$Pt^{2+}+2e^- \longrightarrow Pt$	~+1.2
	$Ag^++e^- \longrightarrow Ag$	+0.800
	$Fe^{3+}+e^- \longrightarrow Fe^{2+}$	+0.771
	$O_2+2H_2O+4e^- \longrightarrow 4(OH^-)$	+0.401
	$Cu^{2+}+2e^- \longrightarrow Cu$	+0.340
	$2H^++2e^- \longrightarrow H^2$	0.000
	$Pb^{2+}+2e^- \longrightarrow Pb$	−0.126
	$Sn^{2+}+2e^- \longrightarrow Sn$	−0.136
	$Ni^{2+}+2e^- \longrightarrow Ni$	−0.250
	$Co^{2+}+2e^- \longrightarrow Co$	−0.277
	$Cd^{2+}+2e^- \longrightarrow Cd$	−0.403
活泼性逐渐增强(阳极) ↓	$Fe^{2+}+2e^- \longrightarrow Fe$	−0.440
	$Cr^{3+}+3e^- \longrightarrow Cr$	−0.744
	$Zn^{2+}+2e^- \longrightarrow Zn$	−0.763
	$Al^{3+}+3e^- \longrightarrow Al$	−1.662
	$Mg^{2+}+2e^- \longrightarrow Mg$	−2.363
	$Na^++e^- \longrightarrow Na$	−2.714
	$K^++e^- \longrightarrow K$	−2.924

表 18.1 中的电动势是作为还原半反应电动势，电极位于化学方程式左边；对于氧化反应，反应方向是相反的，电动势符号发生改变。

以广义的反应(金属 M_1 发生氧化反应和金属 M_2 发生还原反应)为例

$$M_1 \longrightarrow M_1^{n+1}+ne^- - V_1^0 \qquad (18.16a)$$

$$M_2^{n+}+ne^- \longrightarrow M_2+V_2^0 \qquad (18.16b)$$

这里 V_1^0 和 V_2^0 是取自标准电动序的标准电动势。因为金属 M_1 是被氧化的，V_1^0 的符号与出现在表 18.1 中的符号相反。方程(18.16a)和(18.16b)合并为

$$M_1+M_2^{n+} \longrightarrow M_1^{n+}+M_2 \qquad (18.17)$$

完整的电池电动势 ΔV^0 为

$$\Delta V^0 = V_2^0 - V_1^0 \tag{18.18}$$

想要这个反应自发进行，ΔV_0 必须是正数；如果它是负数，自发电池反应的方向是与方程(18.17)相反的。当标准半电池耦合在一起时，位于表 18.1 中较低的金属发生氧化反应(如腐蚀)，而较高的金属被还原。

浓度和温度对电池电动势的影响

电动势序列适用于高度理想化的电化学电池(即在 25℃时，纯金属在其 1M 的离子溶液中)。改变温度、溶液浓度或使用合金电极取代纯金属都会改变电池电动势，在某些情况下，自发反应的方向可能会改变。

再以方程(18.17)所描述的电化学反应为例。如果 M_1 和 M_2 电极是纯金属，电动势取决于绝对温度 T 和离子摩尔浓度$[M_1^{n+}]$和$[M_2^{n+}]$，则根据能斯特方程，

$$\Delta V = (V_2^0 - V_1^0) - \frac{RT}{n\mathscr{F}} \ln \frac{[\mathrm{M}_1^{n+}]}{[\mathrm{M}_2^{n+}]} \tag{18.19}$$

其中，R 为气体常数；n 是参与任一个半电池反应的电子数；$\mathscr{F}$ 是法拉第常数(96500C/mol，每摩尔(6.022×10^{23})电子的电量)。在 25℃(大约是室温)时，

$$\Delta V = (V_2^0 - V_1^0) - \frac{0.0592}{n} \log \frac{[\mathrm{M}_1^{n+}]}{[\mathrm{M}_2^{n+}]} \tag{18.20}$$

ΔV 单位是伏特。再次强调，自发反应时，ΔV 必须是正数。正如所预期的，对于 1M 浓度的两种类型离子(即$[\mathrm{M}_1^{n+}]=[\mathrm{M}_2^{n+}]=1$)，方程(18.19)简化为方程(18.18)。

电位序

虽然表 18.1 是在高度理想化的条件下产生的，使用条件有限，但是它仍然可以表明金属的相对反应活性。更实际有用的排序是电位序(galvanic series)，表 18.2 表示金属和商业合金在海水中的相对反应活性。接近顶部的合金是阴极，不发生反应的，而那些在底部的大多是阳极；不提供电压。标准电动势序和电位序的比较揭示的纯碱金属的相对活性在很大程度上是一致的。

大多数金属和合金在多种多样的环境中氧化或腐蚀的程度是不同的——它们在离子状态比金属状态更稳定。从热力学角度来看，金属在氧化状态下，其自由能会净减少。因此，基本上所有出现在自然界的金属都是以化合物状态存在的，例如，氧化物、氢氧化物、碳酸盐、硅酸盐、硫化物和硫酸盐。贵金属黄金和铂金是两个例外，对于它们，在大多数环境中，不能被氧化，因此，他们可能以金属的状态存在于自然界中。

表 18.2 电位序

	铂金
	黄金
	石墨
	钛
	银
	316 不锈钢(负极)
	304 不锈钢(负极)
↑	镉镍铁合金(80Ni-13Cr-7Fe)(负极)
	镍(负极)
惰性增强(阴极)	蒙乃尔铜-镍合金(70Ni-30Cu)
	铜镍合金
	青铜(铜-锡合金)
	铜
	黄铜(铜-锌合金)
	镉镍铁合金(阳极)
	镍(阳极)
	锡
	铅
活泼性增强(阳极)	316 不锈钢(阳极)
	304 不锈钢(阳极)
↓	铸铁
	铁和钢
	铝合金
	镉
	工业纯铝
	锌
	镁和镁合金

18.3 腐蚀速率

列在表 18.1 的半电池电动势是系统处于平衡状态的热力学参数。例如,图 18.2 和图 18.3 的有关讨论,假定没有电流流经外部电路。真实腐蚀系统处于不平衡状态;存在从阳极到阴极的电子流(对应于图 18.2 和图 18.3 中的电化学电池短路),这意味着半电池电动势参数(表 18.1)不适用于真实的腐蚀系统。

此外，这些半电池电动势代表驱动力的大小或特定半电池反应的趋势。然而，尽管这些电动势可以用于决定自发反应的方向，但它们没有提供任何腐蚀速率的信息。即尽管用方程(18.20)所计算的特定腐蚀情况的 ΔV 是一个相对大的正数，反应有可能以非常慢的速率进行。从工程角度来看，我们感兴趣的是预测特定系统的腐蚀速率；这就需要使用其他参数，如我们在下一步中所讨论的。

腐蚀速率，或材料由于化学反应损耗速率是一个重要的腐蚀参数。这可以用腐蚀渗透率(corrosion penetration rate，CPR)，或单位时间内材料的厚度损失来表示。计算公式为

$$\mathrm{CPR}=\frac{KM}{\rho At} \tag{18.21}$$

其中，W 是腐蚀 t 时间后所损失的重量；ρ、A 分别代表密度和腐蚀试样区域面积，K 是一个常数，其大小取决于系统所用的单位制。CPR 表示毫米/每年(mm/yr)。在这种情况下，$K=87.6$，W、ρ、A 和 t 的单位分别为毫克、克每立方厘米、平方厘米和小时。对于大多数应用程序来说，腐蚀渗透率小于 0.50mm/yr 是可以接受的。

由于电化学腐蚀反应过程于电流有关，我们也可以用电流来表示腐蚀速率，确切地说，用电流密度来表示，即单位面积的腐蚀材料上所经过的电流。电流密度用 i 表示，速率用 r 表示，单位为 $\mathrm{mol/m^2\cdot s}$，速率的计算公式为

$$r=\frac{i}{n\mathscr{F}} \tag{18.22}$$

再次，n 是各金属原子电离出的电子数，$\mathscr{F}=96500\mathrm{C/mol}$。

18.4　腐蚀速率的预测

极化

以标准 Zn/H_2 电化学电池为例，如图 18.5 所示，它已经短路了，因此锌的氧化和氢的还原发生在他们各自的电极表面。两个电极的电动势不表 18.1 中所测得的值，因为系统现在处于非平衡态。电极电势偏离平衡值的现象叫做极化(polarization)，衡量偏离的大小就是过电压(overvoltage)，通常用符号 η 表示。过电压表示相对于平衡电势的正负电压(或毫伏)。例如，假设在图 18.5 中，锌电极连接到铂电极后，电势为$-0.621V$，平衡电势是$-0.763V$(表 18.1)，因此，

$$\eta=-0.621V-(-0.763V)=+0.142V$$

有两种类型的极化-活化极化和浓差极化。我们现在讨论他们的机制，因为他们控制电化学反应的速率。

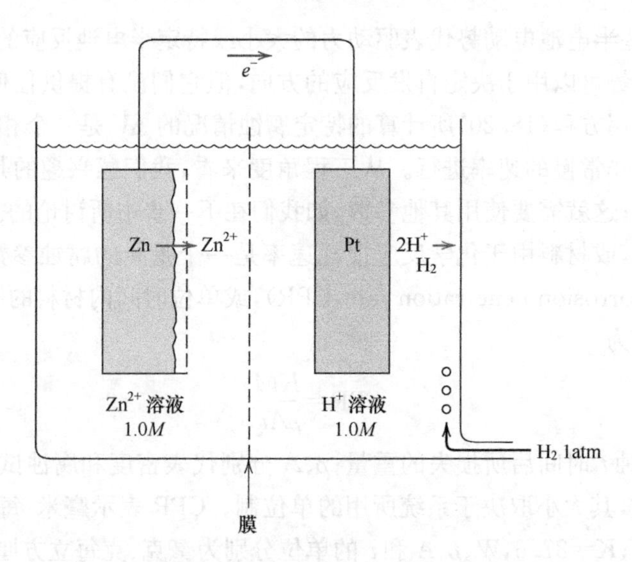

图 18.5　由标准锌、氢电极组成的电化学电池出现短路

1）活化极化

所有的电化学反应都包括一系列步骤，这些步骤在金属电极和电解质溶液之间的界面处接连发生。活化极化(activation polarization)是指，反应速率被一串连续步骤中某个最缓慢步骤所控制的情况。活化一词被应用于极化现象中是因为那个最缓慢，限制反应速率的步骤与活化能垒有关。

为解释这个现象，我们以氢离子在锌电极表面还原形成氢气气泡为例(图 18.6)。可想而知，这个反应可以依次通过以下步骤进行：

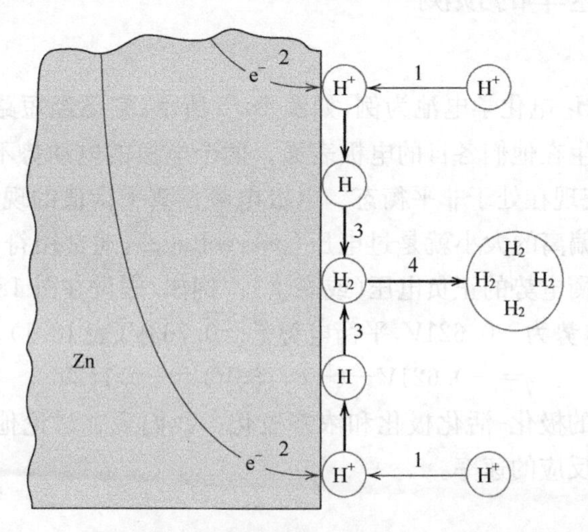

图 18.6　氢还原反应可能的步骤示意图，速率由活化极化控制

(1) H^+ 从溶液中吸附到锌表面。

(2) 电子从锌转移出去,形成的氢原子。

$$H^+ + e^- \longrightarrow H$$

(3) 两个氢原子结合形成氢气分子。

$$2H \longrightarrow H_2$$

(4) 许多氢气分子聚结,形成气泡。

最慢的步骤确定整个反应的速度。

对于活化极化,电压 η_a 和电流 i 之间的关系为

$$\eta_a = \pm\beta\log\frac{i}{i_0} \tag{18.23}$$

其中,β 和 i_0 是特定的半电池常数。参数 i_0 为交换电流密度,这需要作一个简单的解释:平衡对于一些特定的半电池反应来说在原子水平上实际是动态的,氧化和还原过程同时发生,但速率相同,因此没有净反应。例如,标准氢电池(图 18.4),氢离子在溶液中的还原反应发生在铂电极表面。根据

$$2H^+ + 2e^- \longrightarrow H_2$$

相应的反应速率为 r_{red}。同样,氢气在溶液中的氧化反应如下:

$$H_2 \longrightarrow 2H^+ + 2e^-$$

反应速率为 r_{oxid},达到平衡时,

$$r_{red} = r_{oxid}$$

这个交换电流密度就是方程(18.22)中的平衡电流密度,即

$$r_{red} = r_{oxid} = \frac{i_0}{n\mathscr{F}} \tag{18.24}$$

使用术语电流密度代表 i_0 有一定误导性,因为没有净电流。此外,i_0 的值是根据实验确定的,不同的系统,值有所不同。

根据式(18.23),当以过电压对电流密度的对数作图,就会呈现直线,氢电极的过电压如图 18.7 所示。线段的斜率 $+\beta$ 对应氧化半反应,斜率 $-\beta$ 对应于还原半反应。值得一提的是,两条线段从交流电流密度 $i_0(H_2/H^+)$ 开始,此时过电压为零,因为此时,系统处于平衡的状态,没有净反应。

2) 浓差极化

浓差极化(concentration polarization)是指在溶液中反应速率受扩散限制。例如,再以析氢还原反应为例。当反应速率低和/或 H^+ 浓度高时,在电极界面附近的地区,溶液中可用的 H^+ 供应充足(图 18.8(a))。然而,在高反应速率和/或低 H^+ 浓度下,由于 H^+ 补给的速度不足以跟上反应速度,在界面附近会形成耗尽区(图 18.8(b))。因此,H^+ 向界面的扩散控制了反应速率,这个系统则被称为浓差极化。

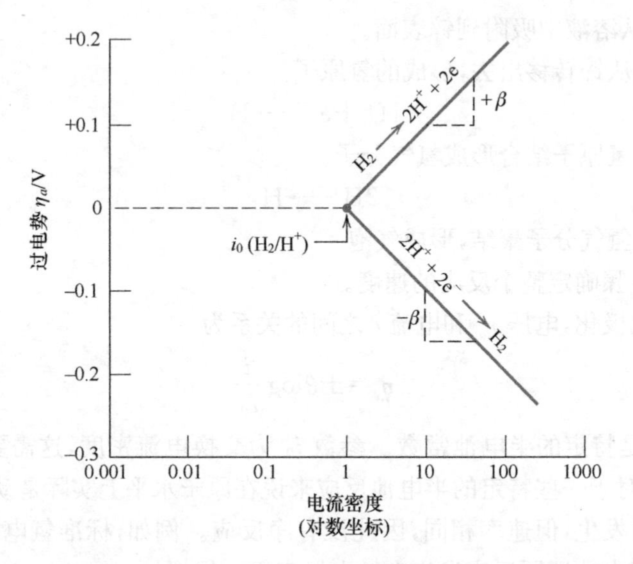

图 18.7　氢电极氧化和还原反应中，活化极化过电压与电流密度对数的关系

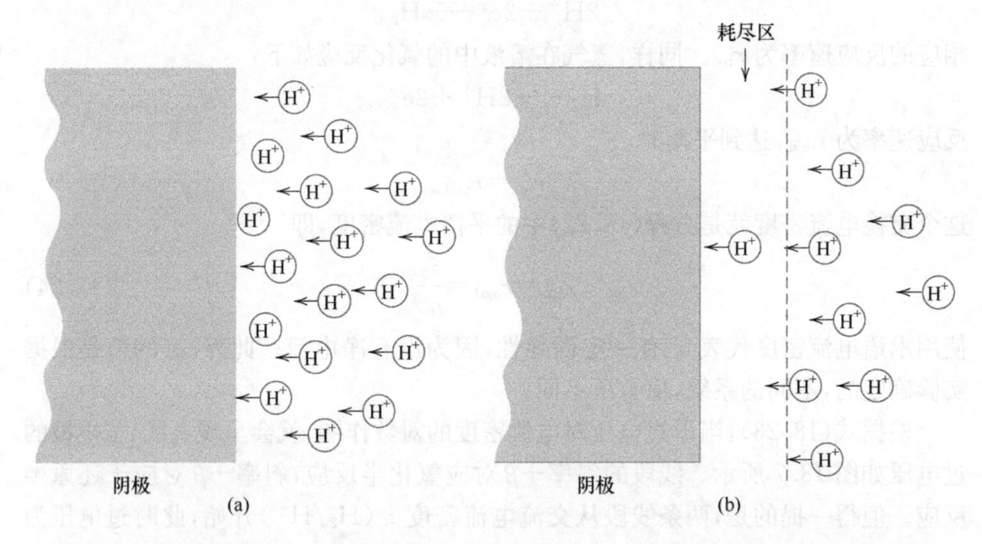

图 18.8　氢还原过程中，H^+ 阴极附近的分布示意图。(a)低反应速率和/或高 H^+ 浓度时，(b)高反应率和/或低 H^+ 浓度时，阴极附近形成耗尽区，产生浓差极化

浓度极化数据也通常绘制成过电压与电流密度的对数图；这样的示意图如图 18.9(a)所示。从这个图可以看出，过电压与电流密度无关，直到 i 达到 i_L；η_C 急剧下降。

在还原反应中浓差极化和活化极化都可能出现。在这种情况下，总过电压是两者过电压的总和。图 18.9(b)为 η-log$i$ 曲线图。

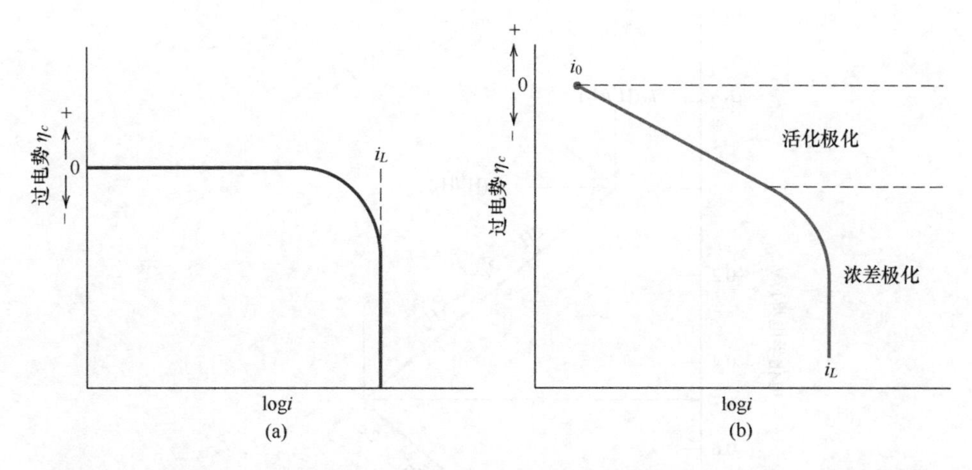

图 18.9　还原反应中，(a)浓差极化的电压与电流密度对数图，(b)活化极化-浓差极化组合与电流密度对数图

极化数据中的腐蚀速率

现在让我们把刚刚学习的概念应用到腐蚀速率的测定上。对两类系统进行讨论。在第一种情况下，氧化和还原反应速率被活化极化限制。在第二种情况下，浓度和活化极化都控制着还原反应，而只有活化极化对氧化反应是重要的。第一种情况，由沉浸在酸性溶液中锌的腐蚀为例(图 18.1)，H^+ 还原成 H_2，在锌表面产生气泡，根据反应(18.3)

$$2H^+ + 2e^- \longrightarrow H_2$$

反应(18.8)给出了锌氧化反应

$$Zn \longrightarrow Zn^{2+} + 2e^-$$

在这两个反应下，可能导致没有净电荷积累，即：由反应(18.8)产生的所有电子必须由反应(18.3)所消耗，也就是说，氧化速率和还原速率必须相等。

两种反应的活化极化如图 18.10 所示：标准氢电极的电池电势(不是过电压)和电流密度的对数图。非耦合氢和锌的半电池电势 $V(H^+/H_2)$ 和 $V(Zn/Zn^{2+})$，分别由各自的交换电流密度，$i_0(H^+/H_2)$ 和 $i_0(Zn/Zn^{2+})$ 表明。氢的还原反应和锌的氧化反应都呈现直线段。浸泡后，沿着各自的曲线，氢和锌都发生了活化极化。同时，如前所述，氧化和还原速率必须相等，这只可能在两段线的交叉处出现；这个交叉处的腐蚀电位，用 V_c 表示，腐蚀电流密度用 i_C 表示。锌的腐蚀速率(对应氢气的生成速率)可以通过将 i_C 值代入计算方程(18.22)计算。

第二种腐蚀情况(氢还原的活化计划和浓度极化同时存在，金属 M 氧化的存在活化极化)以相似的方式处理。图 18.11 显示了这两种极化曲线，腐蚀初期，腐蚀电位和腐蚀电流密度对应于氧化反应线和还原反应线的交点。

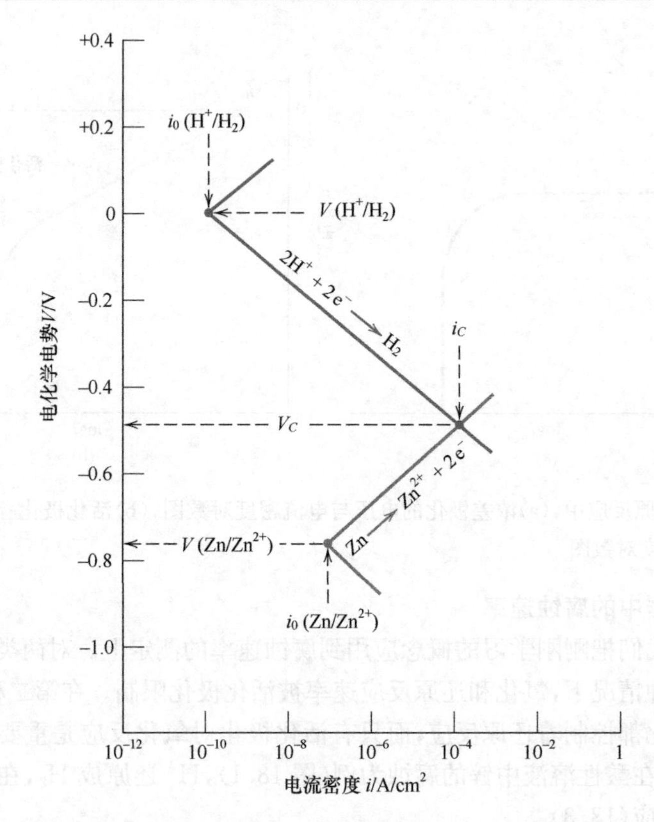

图 18.10　酸溶液中的锌电极动力学行为；氧化和还原反应速率都受到活化极化限制

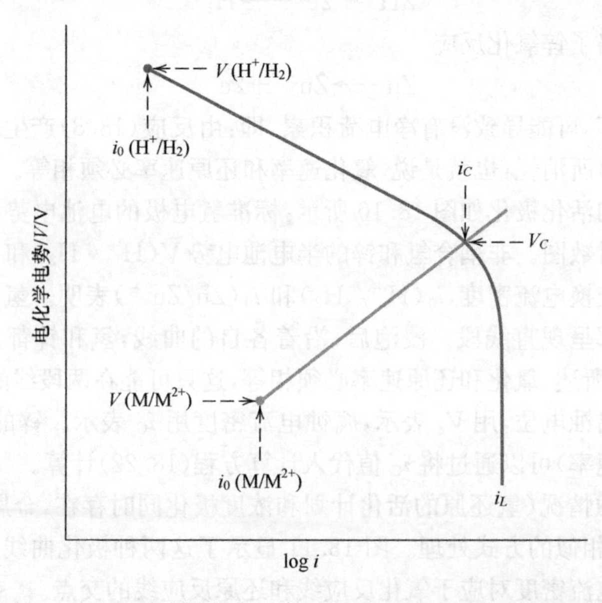

图 18.11　金属 M 的电极动力学行为示意图；还原反应在活化-浓度极化的控制下进行

18.5　钝化

在特定的环境条件下，一些活跃的金属和合金，失去其化学反应能力而变得非常惰性。这种现象称为钝化(passivity)，以铬、铁、镍、钛和他们的许多合金为代表。这种钝化行为是因为金属表面形成了一层高度附着，并且很薄的氧化膜，可以作为一个保护屏障，防止其进一步腐蚀。不锈钢在各种各样的大气环境下高度耐腐蚀，就是钝化的结果。不锈钢包含至少 11%的铬，铬是铁中的固溶合金元素，不锈钢可以使锈的形成最小化；在易氧化的空气中，表面形成保护膜。(不锈钢在某些环境中易受腐蚀，因此并不总是“不锈钢”。)铝在许多环境中是高度耐腐蚀的，因为它也钝化。如果有损耗，它表面会迅速再形成新的保护膜。然而，环境的特点的改变(如改变活性腐蚀物的浓度)可能会导致钝化材料回到活跃的状态。随后损坏先前形成的钝化膜，可能会导致腐蚀速率大幅增长，可以达到 100000 倍。

这种钝化现象可以从前一节中讨论的极化电势-电流密度对数曲线图解释。这种金属钝化的极化曲线一般形状如图 18.12 所示。电势相对较低时，在“活性”区域内，呈现线性的轨迹，因为它是正常金属。随着电势的增加，电流密度的值突然减少到非常低的值，这个电流值不受电势影响；这称为“钝化”区。最后，在电势非常高时，电流密度在“过钝化”区域随电势增加。

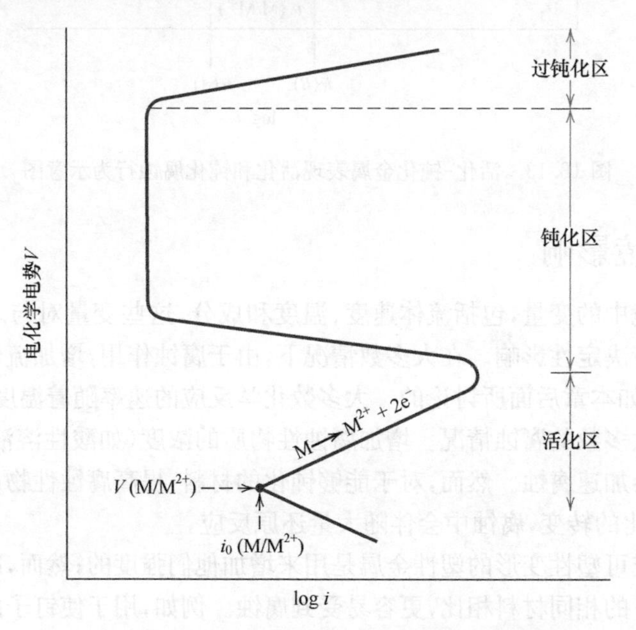

图 18.12　金属活化钝化转变的极化曲线示意图

图 18.13 说明了金属根据腐蚀环境的不同，如何发生活化和钝化行为。这个

图显示了活化-钝化金属 M 的 S 形氧化极化曲线，此外，还有两种不同溶液中的还原极化曲线，标记为 1 和 2。曲线 1 与氧化极化曲线相交于活性区域的 A 点，得到腐蚀电流密度 $i_c(A)$。曲线 2 的交点在钝化区 B 点，得到电流密度 $i_c(B)$。溶液 1 中的金属腐蚀速率大于溶液 2 中的腐蚀速率，因为 $i_c(A)$ 大于 $i_c(B)$，根据方程(18.22)，速率与电流密度成正比。由于图 18.13 中的电流密度坐标是以对数表示的，两个溶液中腐蚀速率的差异是显著的，相差几个数量级。

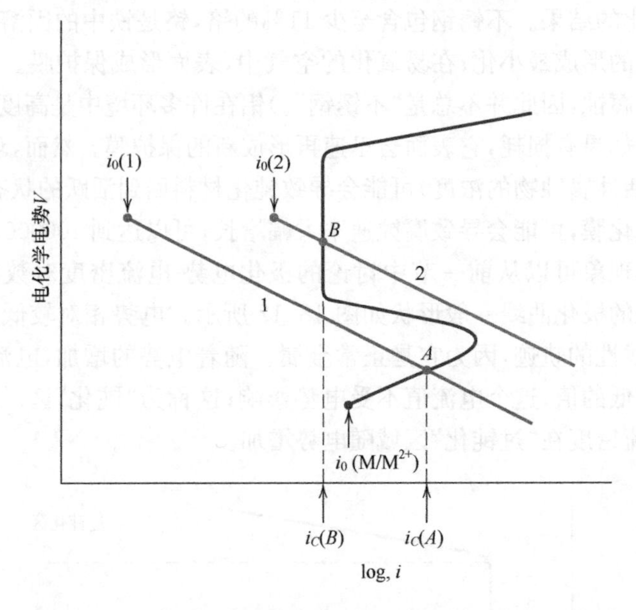

图 18.13　活化-钝化金属表现活化和钝化腐蚀行为示意图

18.6　环境影响

腐蚀环境中的变量，包括流体速度、温度和成分，这些变量对与之接触的材料的腐蚀特性有决定性影响。在大多数情况下，由于腐蚀作用，增加流体速度会提高腐蚀速率，正如本章后面所讨论的。大多数化学反应的速率随着温度上升而加快，这也适用于大多数的腐蚀情况。增加腐蚀性物质的浓度(如酸性溶液中的 H^+)在很多情况下会加速腐蚀。然而，对于能够钝化的材料，提高腐蚀性物质浓度可能会导致活化-钝化的转变，腐蚀中会伴随大量还原反应。

冷加工或可塑性变形的塑性金属是用来增加他们强度的；然而，冷加工的金属与退火状态下的相同材料相比，更容易受到腐蚀。例如，用于使钉子的头和尖成型的变形过程；在后续使用过程中，这些地方会形成阳极。因此，如果在使用过程中会存在腐蚀环境的话，对不同结构应考虑不同的冷加工处理。

18.7　腐蚀方式

根据腐蚀的方式进行分类是非常方便的。金属腐蚀有时被分为八种形式：均匀腐蚀、电化学腐蚀、缝隙腐蚀、点蚀腐蚀、晶间腐蚀、选择性腐蚀、磨蚀腐蚀和应力腐蚀。我们将对这些腐蚀形成的原因和预防手段做简要讨论。此外，本节我们还要讨论氢脆的话题。氢脆，严格地说，与其说是腐蚀，不如说是一种失效；然而，氢脆通常是由腐蚀反应生成的氢导致的。

均匀腐蚀

均匀腐蚀(uniform attack)是发生在整个暴露面的一种电化学腐蚀形式，腐蚀会留下垢样和沉积物。微观意义上，氧化和还原反应在表面随机发生。熟悉的例子包括普通钢铁生锈和银器变暗。这可能是最常见的腐蚀形式。它也是最不令人讨厌的，因为它可以相对轻松地进行预测和设计。

电化学腐蚀

电化学腐蚀(galvanic corrosion)发生在含有不同成分的两种金属或合金电耦合，并且暴露于电解质溶液时。在 18.2 节中描述的就是这种类型的腐蚀或降解。非贵金属或较活泼金属在特定环境中就会发生腐蚀；更惰性的金属、阴极则免受腐蚀。例如，钢螺丝在海洋环境中接触铜时会被腐蚀，如果家用热水器的铜和钢管连接在一起，连接处附近的钢管会被腐蚀。根据溶液的性质，在阴极材料表面会发生一个或多个还原反应，见方程(18.3)～(18.7)。图 18.14 为电化学腐蚀照片。

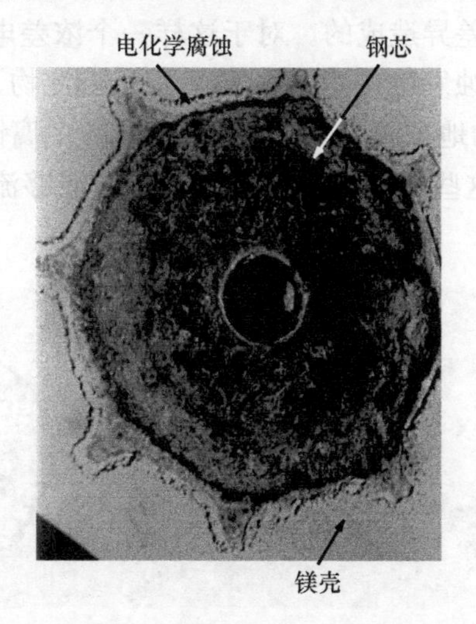

图 18.14　渔船单循环舱底泵的进口上发现的电化学腐蚀照片。腐蚀发生在钢芯周围所铸的镁壳上

表18.2中的电位序表示了金属和合金在海水中的相对反应活性。当两个合金在海水中耦合,序位低的一方被腐蚀。表中的一些合金用括号进行了分组。通常这些碱金属与括号中的合金相同,如果同一括号内的合金耦合,那它们几乎没有腐蚀的危险。值得注意的是,在这序列中,一些合金(如镍和不锈钢)被列出了两次,它们同时具有活化和钝化状态。

电化学腐蚀的速度取决于接触电解液的阳极-阴极的相对表面积,并直接与阳极-阴极面积比有关,即对于一个给定的阴极区,面积较小的阳极比面积较大的阳极腐蚀快,因为腐蚀速率取决于电流密度(方程(18.22))——腐蚀表面单位面积上的电流,但也不仅仅取决于电流。因此,相对于同一个阴极,面积小的阳极会有高的阳极电流密度。

一系列可能降低电化学腐蚀效果的措施主要包括以下几点:

(1) 如果不同类金属的耦合是必要的,尽量选择两个在电压序列中靠近的金属。

(2) 避免不利的阳极-阴极表面积比;使用尽可能大的阳极面积。

(3) 电隔离不同类金属。

(4) 将第三个阳极金属连接到另两个上,这是一种阴极保护形式,将在18.9节讨论。

缝隙腐蚀

电化学腐蚀的发生也可能是由于电解质溶液中和相同金属的两个区域之间离子或溶解的气体浓度的差异造成的。对于这样一个浓差电池,腐蚀发生在浓度较低的区域。这种类型腐蚀发生在缝隙和角落、泥土沉淀物、溶液不流动的腐蚀产物的上,和局部耗尽溶氧的地方。优先发生在这些位置的腐蚀称为缝隙腐蚀(crevice corrosion,图18.15)。这些缝隙必须足够宽使溶液能够流过而非窄到不流通;通常宽度为千分之几英寸。

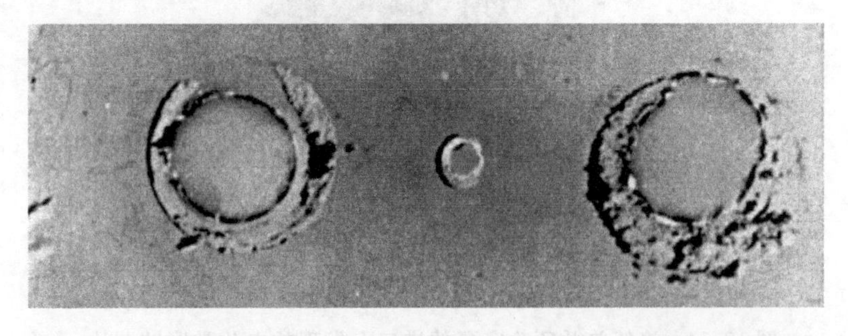

图18.15 在这块浸在海水中的金属板上,垫圈覆盖的区域发生缝隙腐蚀

目前大家所承认的缝隙腐蚀机理如图18.16所示。裂缝内氧气耗尽后,根据方程(18.1),金属就在这个位置发生氧化。电化学反应的电子从金属转移到相邻

的外部区域，被还原反应所消耗，最常发生的反应是方程(18.5)。在许多水环境中，缝隙内的溶液形成高浓度的 H^+ 和 Cl^- 溶液，特别具有腐蚀性。许多钝化合金易受到缝隙腐蚀，因为防护膜往往会被 H^+ 和 Cl^- 破坏掉。

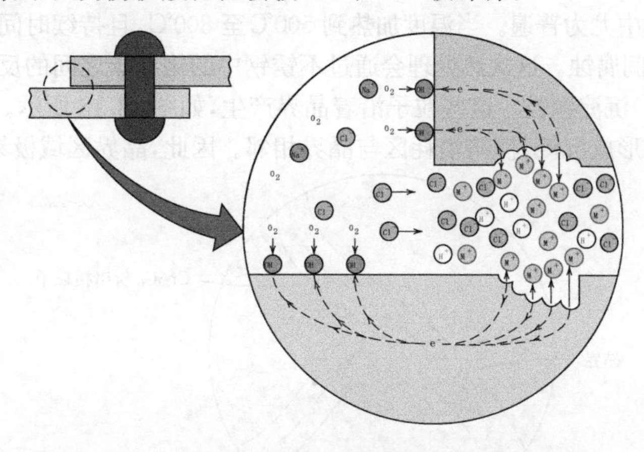

图 18.16　两个铆接板之间的缝隙腐蚀机理示意图

缝隙腐蚀可以通过以下方式来预防：使用焊接代替铆钉或螺栓接合，可能的情况下使用不吸收垫圈，经常消除积累的沉淀物，设计保护壳避免溶液停滞，确保完善的排水系统。

点蚀

点蚀(pitting)是另一种局部腐蚀形式，会形成小坑或坑洞。他们通常从顶部的水平表面穿透，几乎垂直方向向下延伸。这是一个极其隐蔽的腐蚀类型，常常难以发现，材料的损耗也很小，直到出现故障。点状腐蚀的例子如图 18.17 所示。

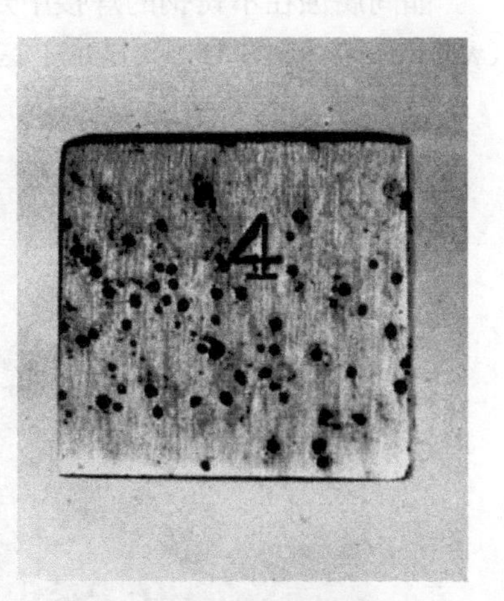

图 18.17　酸性氯化物溶液中 304 不锈钢板的坑陷图

点蚀的机制可能与缝隙腐蚀相似，氧化反应发生在坑内部，与之互补的还原反应发生在表面。假设重力导致坑向下生长，坑尖端的溶液随着坑洞的逐渐增长而浓缩。坑可能由局部表面缺陷引起，如划痕或轻微的成分变化。事实上一经发现抛光过的材料能更有效预防点状腐蚀。不锈钢或多或少也会受到这种形式的腐蚀；然而，含 2%左右钼的合金能显著提高他们的预防效果。

晶间腐蚀

顾名思义，对于一些合金，在特定的环境下，晶间腐蚀(intergranular corrosion)优先沿着晶界发生。最终的结果是，宏观试样沿晶界破裂。这种类型的腐蚀在一些不锈钢中尤为普遍。当温度加热到 500℃至 800℃，且持续时间足够长时，这些合金易受晶间腐蚀。这次热处理会通过不锈钢中的铬和碳之间的反应，生产小的碳化铬($Cr_{23}C_6$)沉淀颗粒。这些粒子沿着晶界产生，如图 18.18 所示。铬和碳必须扩散到晶界以形成沉淀，使铬消耗区与晶界相邻。因此，晶界区域极易受到腐蚀。

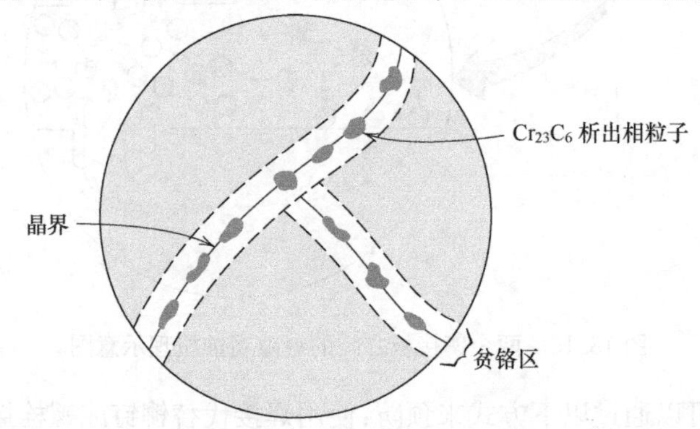

图 18.18 在不锈钢和铬损耗区，碳化铬粒子沿着晶界沉淀示意图

晶间腐蚀在不锈钢的焊接中是一个特别严重的问题，它经常被称为焊缝腐蚀(weld decay)。图 18.19 显示了这种类型的晶间腐蚀。

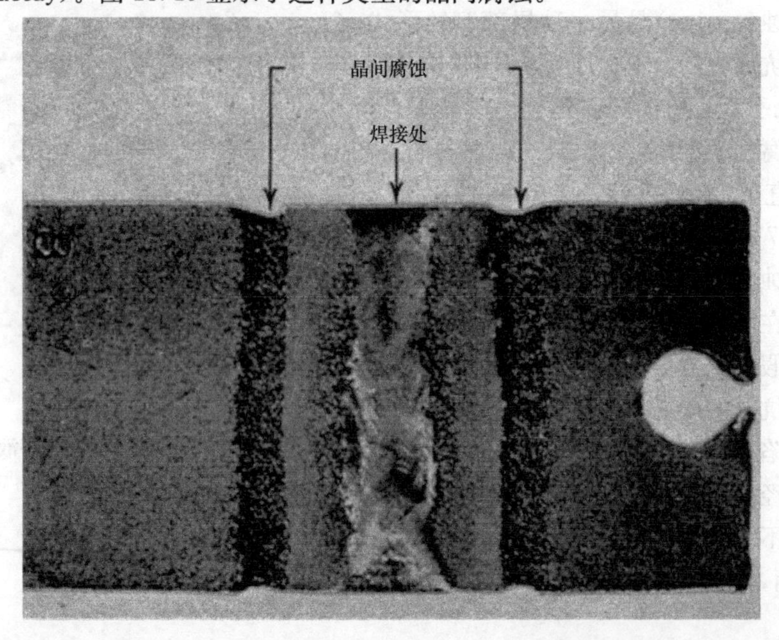

图 18.19 不锈钢焊接接头腐蚀图。沿着凹槽形成的区域随着焊缝冷却会变活跃

不锈钢可以通过以下措施防止晶间腐蚀:①对敏化材料进行高温热处理,使碳化铬粒子重新溶解;②使碳含量低于 0.03wt% C,使碳化物的形成最小化;③使不锈钢与另一种金属,如钛、铌等形成合金,它们比铬更易形成碳化物,因此铬仍能留在固溶体中。

选择性腐蚀

选择性腐蚀(selective leaching)是固溶体合金中发现的,发生在由于腐蚀过程所导致的合金中一种元素或成分会被优先损耗时。最常见的例子是黄铜的脱锌,在铜-锌黄铜合金上,锌被选择性腐蚀。合金的力学性能明显受损,因为只有一个多孔铜仍在该区域,它已经脱锌化了。此外,材料从黄色变为红色或铜的颜色。选择性腐蚀也可能出现在其他合金系统中,这些系统中的铝、铁、钴、铬等元素很容易被优先损耗。

磨蚀腐蚀

磨蚀腐蚀(erosion-corrosion)是由化学腐蚀和机械磨损或者流体运动的结果相结合引起的,事实上大多数的合金,都受不同程度的腐蚀影响。在表面形成一层防护膜的钝化尤其对合金有害,研磨料可以侵蚀这层膜,露出其金属表面。如果这层涂层不能连续不断地、迅速地重新形成以作为防护屏障,就会形成剧烈的腐蚀。相对软的金属,如铜和铅,对于这种形式的侵蚀也是敏感的,通常它是通过表面沟槽和有流体流动特征的波动轮廓辨别的。

图 18.20　蒸汽冷凝线弯头部分的冲击故障

流体的性质对腐蚀反应有着巨大的影响,通常增加流体流速会提高腐蚀的速度,此外,当泡沫和悬浮颗粒出现时,溶液更具侵蚀性。

磨蚀腐蚀通常存在于管道中,特别是在弯管、弯头和管道中直径突然变化的地方出现,这些地方的流体方向会变化或流体会突然变成湍流。螺旋桨、涡轮叶片、阀门和泵也容易受到这种形式的腐蚀。图 18.20 说明了弯管接头的冲击故障。

减少磨蚀腐蚀最好的方法之一,是改变设计来消除流体湍流和冲击的影响。其他固有耐腐蚀材料也可以用来抵抗侵蚀。此外,去除溶液中的微粒和泡沫能减少其侵蚀的力度。

应力腐蚀

应力腐蚀(stress corrosion)有时称为应力腐蚀裂痕,是拉伸应力和腐蚀环境共同作用的结果,这两者都是必要的影响因素。事实上,一些在特定的腐蚀介质中几乎是惰性的材料,在受到应力时,就会受到这种类型的腐蚀。小裂缝形成,然后沿着垂直于应力(图 18.21)的方向传播,其结果是最终可能发生故障。即使金属合金是内在柔韧的，应力腐蚀是脆性材料特有的失效行为。此外，在相对较低的应力水平下，应力远远低于抗拉强度时，也会形成裂缝。大多数合金在特定环境中易受应力腐蚀，特别是在适度的应力水平下。例如，大多数不锈钢在包含氯离子的溶液中受应力腐蚀，而铜管乐器暴露在氨中特别容易腐蚀。图 18.22 是黄铜中的晶间应力腐蚀裂痕的显微照片。

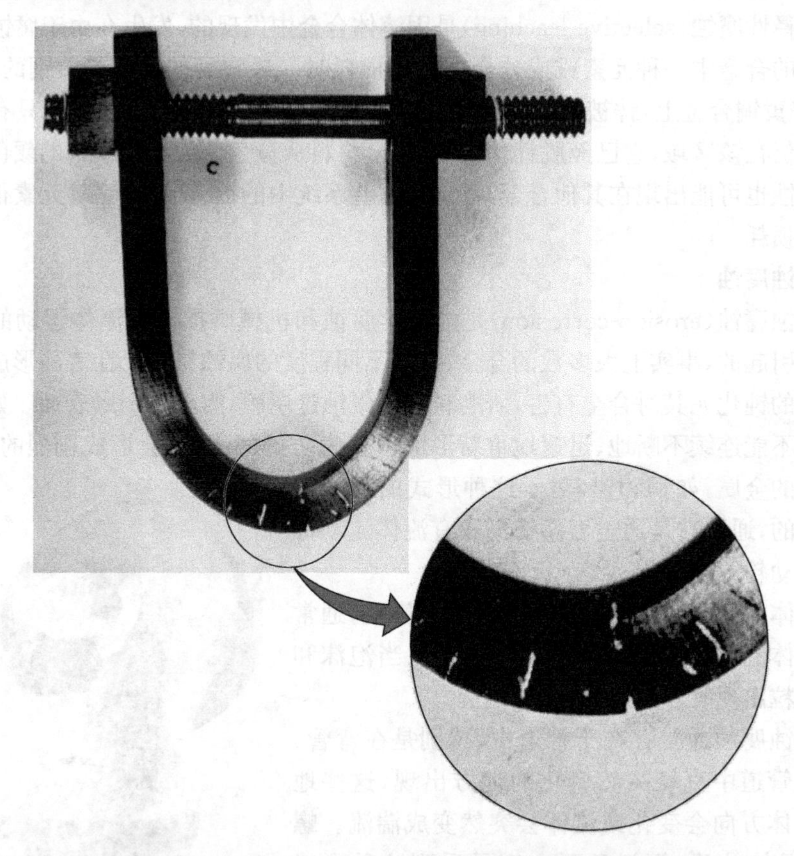

图 18.21　用螺母和螺栓组装成的，弯曲成马蹄形状的钢铁件。浸在海水中时，应力腐蚀裂纹在这些区域沿着弯曲形成，这里的拉应力是最大的

产生应力腐蚀裂痕的应力不需要施加外力；它可能是由于快速的温度变化和收缩不均匀产生的残余应力，也可能是由于两相合金的膨胀系数不同造成的应力。同时，残留在内部的气体和固体腐蚀产物会增加内应力。

减少或完全消除应力腐蚀的最好措施是降低压力。这可以通过减少外部负载或增加垂直于横截面面积的应用压力来实现。此外，可以用适当的热处理进行退火去除残余热应力。

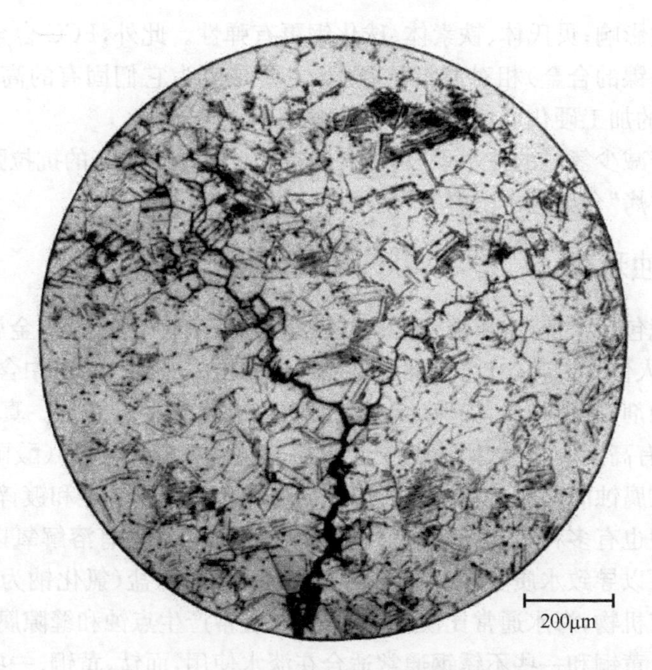

图 18.22　黄铜的晶间应力腐蚀裂痕显微照片

氢脆

各种金属合金,特别是一些钢,当氢原子(H)渗透到材料中,它们的延展性和抗拉强度显著减弱。这种现象恰当地称为氢脆(hydrogen embrittlement);有时也使用氢脆开裂和氢应力裂缝两个术语。严格地说,氢脆是一种形式的失效;为了回应施加的应力或残余拉伸应力,脆裂随着裂纹增长突然发生,然后迅速传播。氢以原子形式(H,而不是分子形式 H_2)通过晶格间隙扩散,以低至百万分之几的浓度导致开裂。此外,尽管在一些合金系统中可以观察到晶间断裂,但氢致裂纹通常在晶内。试图解释氢脆的机制有许多,大多数是基于溶解氢对位错运动的干扰。

氢脆与应力腐蚀相似,当暴露在拉应力和腐蚀性空气中,一般的韧性金属发生脆性断裂。然而,这两种腐蚀现象可以根据施加电流时的相互作用加以区分。尽管阴极保护(见 18.9 节)降低了应力腐蚀或导致了应力腐蚀的终止,然而它却可能导致氢脆的发生或放大。

要发生氢脆,必须存在一些氢的来源,以及其原子形式形成的可能性。满足这些条件的情况如下:钢在硫酸中酸洗;电镀;高温和氢气氛(包括水蒸气),如焊接和热处理等。此外,“致毒剂”(poisons)如硫(即 H_2S)和砷化合物可以加速氢脆;这些物质阻碍氢分子的形成,从而增加原子氢在金属表面的停留时间。硫化氢,可能是最激进的致毒剂,存在于石油液体、天然气、油井卤水和地热流体中。

高强度钢易受氢脆,增加强度会提高材料的磁化率。马氏体钢尤其容易受这种类型的失效影响;贝氏体、铁素体、球化钢更有弹性。此外,FCC合金(奥氏体不锈钢和铜、铝、镍的合金)相对能抵抗氢脆,主要是因为它们固有的高延展性。但是,这些合金的加工硬化会使它们更容易脆化。

通常用于减少氢脆的技术手段包括:通过热处理减少合金的抗拉强度,消除氢的来源,高温"烤"合金赶出溶解氢,使用更抗脆裂的合金。

18.8 腐蚀环境

腐蚀环境包括大气、水溶液,土壤、酸、碱、无机溶剂、熔盐、液体金属,最后但同样重要的是,人体。以吨位计算,大气腐蚀造成的损失最大。水分中含有的溶解氧是主要的腐蚀剂,其他物质,如硫化合物和氯化钠,也会促进腐蚀。真实的例子是海洋环境,具有高度腐蚀性,因为其中含有氯化钠。稀硫酸溶液(酸雨)在工业环境中也会导致腐蚀问题。常在大气中应用的金属包括铝铜合金和镀锌钢。

水环境中也有多种具有腐蚀特征的成分。淡水通常含有溶解氧以及矿物质,一些矿物质可以导致水质变硬。海水包含大约3.5%的盐(氯化钠为主),以及一些矿物质和有机物,海水通常比淡水腐蚀性强,经常产生点蚀和缝隙腐蚀现象。铸铁、钢、铝、铜、黄铜和一些不锈钢通常适合在淡水使用,而钛、黄铜、一些青铜器、白铜合金、和镍铬钼合金在海水中是高度耐腐蚀的。

土壤的组成成分非常广泛,且容易腐蚀。成分变量包括水分、氧气、盐含量、碱度和酸度,以及各种形式的细菌。铸铁和纯碳钢,无论有无表面保护涂层,都适合用于地下构筑物。

因为有很多酸、碱和有机溶剂,所以本书并没有特意去讨论这些溶液。

18.9 腐蚀防护

针对八种腐蚀形式,我们已经介绍了一些防腐蚀方法;但是,仅仅讨论了各种腐蚀类型特定的措施。现在,我们提出一些更普遍的技术,其中包括材料选择、环境变更、设计、涂层和阴极保护。

也许最常见和最容易的防腐蚀方法就是根据腐蚀环境的特点来明智地选择材料。"标准腐蚀参考"在这方面是有帮助的。在选择材料时,成本是一项重要因素。并不是经济合算的材料就有最优的耐腐蚀性;有时必须使用另外的合金或其他措施。

如果可能的话,改变环境的特征,也会显著影响腐蚀。降低流体温度和/或者速度通常会降低腐蚀速率。很多时候,在溶液中增加或减少某种物质的浓度会起积极作用,例如,金属可能会发生钝化。

抑制剂(inhibitors)是指向环境中添加较低浓度就可以减少腐蚀性的物质。特定抑制剂的选择取决于合金和腐蚀性环境。有多种机制可以解释抑制剂的有效性。一些抑制剂会与溶液中的化学活性物质(如溶解氧)反应,基本上可以消除该物质。其他抑制剂分子附着于腐蚀表面,干扰氧化或还原反应或形成一个很薄的保护层。抑制剂通常用于汽车散热器和蒸汽锅炉等封闭系统。

我们已经讨论过了设计依据的几个方面,尤其是关于电化学腐蚀、缝隙腐蚀和冲蚀腐蚀。此外,设计应该允许在关闭的情况下使用整个排水系统,且容易清洗,因为溶解氧可以增强许多溶液的腐蚀性,如果可能,设计应该包括空气排除系统。

预防腐蚀的物理屏障以表面保护层和涂料的方式应用。金属和非金属涂层材料是多种多样的。至关重要的是,涂层需要保持高度的表面附着力,这无疑需要一些表面预处理。在大多数情况下,涂层必须在腐蚀性环境中不反应,且能在裸金属暴露于腐蚀环境时避免机械损伤。金属、陶瓷和聚合物这三种材料都可作为金属涂层。

阴极保护

预防腐蚀最有效的手段之一是阴极保护(cathodic protection)。它可以用于所有前面所讨论的八种不同形式的腐蚀,在某些情况下,它可以完全阻止腐蚀。金属 M 氧化或腐蚀的一般反应如式(18.1)所示,即

$$M \longrightarrow M^{n+} + ne^-$$

阴极保护直接从外部获得电子,并转移给要保护的金属,使之成为阴极。这样,上述反应会相反进行 (即还原方向)。

阴极保护技术采用电偶:要保护的金属电连接到在特定环境中更易反应的另一个金属上。后者经历氧化反应,并且释放电子,保护前者金属免受腐蚀。通常被氧化的金属称为牺牲阳极(sacrificial anode),镁和锌是常用的牺牲阳极,因为他们位于阳极电压序列的末端。地面以下构筑物的阴极保护如图 18.23(a)所示。

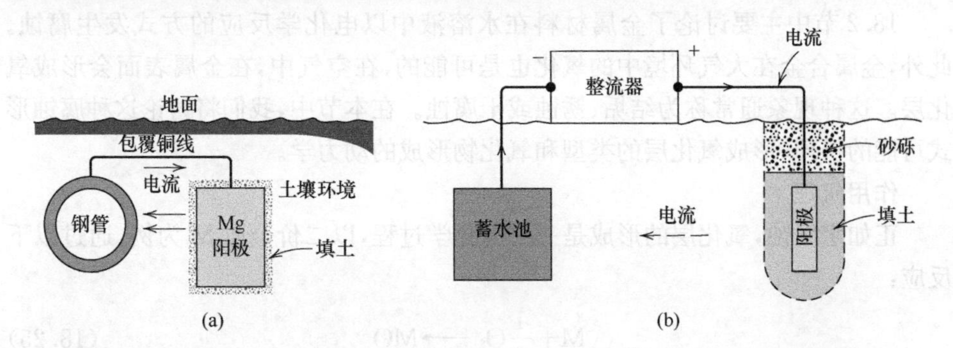

图 18.23　(a)地下管道用镁作牺牲阳极和(b)地下蓄水池使用外加电流的阴极保护

镀锌是一个简单的阴极保护工艺,通过热浸在钢的表面敷一层锌。在大气中和大多数水环境中,如果钢铁有任何表面损伤,锌作为阳极都会保护作为阴极的钢铁(图 18.24)。锌涂层的任何腐蚀都以极慢的速度进行,因为阳极-阴极表面积的

比例是相当大的。

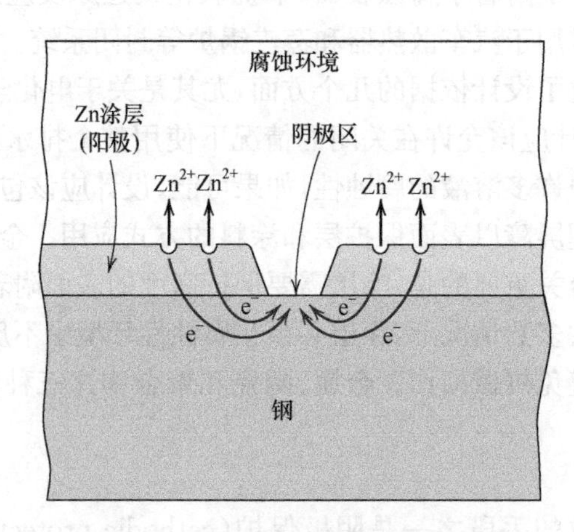

图 18.24　锌作涂层的钢铁阴极保护

阴极保护的另一种方法，如图 18.23(b)所示地下水箱外加电流的示意图，电子的来源是外部直流电源。电源的负极接线柱连接到被保护的结构。另一个终端连接惰性阳极(通常是石墨)，在这种情况下，惰性阳极被深埋在土中，高导电性回填材料使得阳极和周围土壤保持良好的电接触。阴极和阳极之间的电路穿过土壤，完成回路。阴极保护对防止热水器、地下的水槽和管道以及船用设备的腐蚀尤为有用。

18.10　氧化

18.2 节中主要讨论了金属材料在水溶液中以电化学反应的方式发生腐蚀。此外，金属合金在大气环境中的氧化也是可能的，在空气中，在金属表面会形成氧化层。这种现象通常称为结垢、锈蚀或干腐蚀。在本节中，我们将讨论这种腐蚀形式可能的机理，形成氧化层的类型和氧化物形成的动力学。

作用机理

正如水腐蚀，氧化层的形成是一个电化学过程，以二价金属 M 为例，通过以下反应：

$$M+\frac{1}{2}O_2 \longrightarrow MO \tag{18.25}$$

前面的反应包括氧化和还原半反应，前者伴随金属离子的形成

$$M \longrightarrow M^{2+}+2e^- \tag{18.26}$$

发生在金属-膜界面(metal-scale interface)处，还原半反应产生氧离子，反应如下：

$$2O_2+2e^- \longrightarrow O^{2-} \tag{18.27}$$

发生在膜-空气（scale-gas interface）界面处。这种金属-膜-空气体系的示意图如图 18.25 所示。

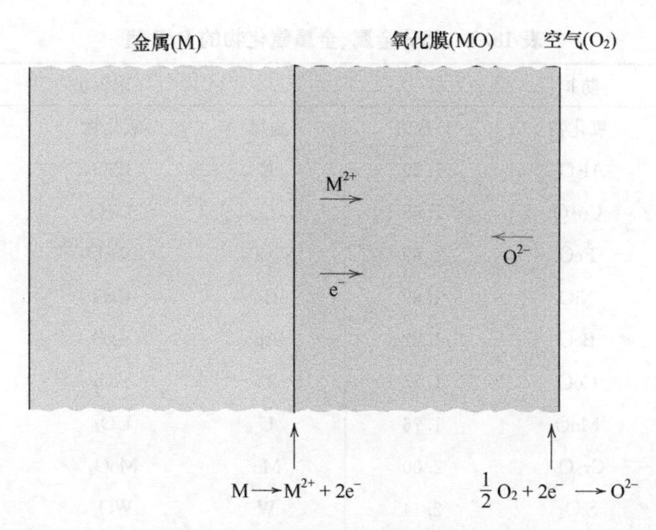

图 18.25　金属表面的气体氧化过程示意图

通过方程(18.25)，氧化层厚度增加，将电子转移到氧化膜-气体界面是有必要的，在此处发生还原反应；此外，M^{2+} 离子必须扩散到远离金属-膜界面的地方，O^{2-} 离子必须扩散到同样的界面（图 18.25）。因此，氧化膜即是离子扩散的电解质又传递电子形成电路。此外，当氧化膜作为阻碍离子扩散和/或电传导的屏障时，可以保护金属避免快速氧化；大多数金属氧化物有高电绝缘性。

氧化膜类型

氧化速率（膜厚度增加的速率）和保护金属防止进一步氧化的趋势，与金属和氧化物的相关体积有关，这个体积比称为 P-B 比（Pilling-Bedworth ratio），定义式表示如下：

$$\text{P-B 比} = \frac{A_O \rho_M}{A_M \rho_O} \tag{18.28}$$

其中，A_O 是氧化物的分子（化学式）质量；A_M 是金属的原子质量；ρ_O 和 ρ_M 分别代表金属氧化物和金属的密度。如果金属的 P-B 值小于 1，那么氧化膜不能完全覆盖金属表面，是有气孔的，不能起到保护作用；如果 P-B 值大于 1，氧化膜在形成是会产生压应力；如果 P-B 值大于 2～3，氧化物涂层可能产生裂纹而剥落，不断暴露新鲜的，无保护的金属表面。形成保护氧化膜的理想 P-B 值是 1。表 18.3 中列出了部分有保护涂层金属和没有保护涂层金属的 P-B 值。从这些数据中看出，通常形成保护涂层的金属 P-B 值在 1 和 2 之间，而没有形成保护涂层的金属 P-B 值通常在小于 1 或大于 2 左右。除了 P-B 值，还有其他因素对其耐氧化性造成影响，包括薄膜和金属的高黏合度，相近的金属和氧化物的热膨胀系数，对氧化物而言，具有相对高的熔点和良好的高温塑性。

表 18.3　部分金属、金属氧化物的 P/B 值

防护			未保护		
金属	氧化物	P-B 值	金属	氧化物	P-B 值
Al	Al_2O_3	1.29	K	K_2O	0.46
Cu	Cu_2O	1.68	Li	Li_2O	0.57
Ni	FeO	1.69	Na	Na_2O	0.58
Fe	NiO	1.69	Ca	CaO	0.65
Be	BeO	1.71	Ag	AgO	1.61
Co	CoO	1.75	Ti	TiO_2	1.78
Mn	MnO	1.76	U	UO_2	1.98
Cr	Cr_2O_3	2.00	Mo	MoO_2	2.10
Si	SiO_2	2.14	W	WO_2	2.10
			Ta	Ta_2O_5	2.44
			Nb	Nb_2O_5	2.67

一些技术可用于改善金属的抗氧化性，一种方法是使用与金属黏合性良好，且抗氧化的其他材料的保护性表面涂层。在有些情况下，添加合金元素，会产生 P-B 值，改善其他膜性质，从而会形成黏合度更高，保护性更好的氧化膜。

动力学

与金属氧化物有关的最主要关注的问题之一是反应进行的速率。因为氧化膜反应的产物通常留在表面上，反应的速率可以通过测量一定时间内，单位面积增加的重量来确定。

当形成的氧化物没有空隙，黏附在金属表面时，氧化层增长的速率由离子扩散所控制。单位面积重量 W 和时间 t 具有如下的抛物线关系：

$$W^2=K_1t+K_2 \tag{18.29}$$

其中，K_1 和 K_2 是在给定的温度下与时间无关的常数。图 18.26 为体重增加-时间曲线。铁、铜和钴的氧化都按照这个速率表达式进行。

金属氧化发生薄膜有气孔或剥落时（即 P-B 值小于 1 或大于 2），氧化速率呈线性，也就是说

$$W=K_3t \tag{18.30}$$

其中，K_3 是常数。在这些情况下，氧气常常能与没有保护层的金属表面反应，因为此时氧化物不充当反应屏障。钠、钾和钽的氧化根据这个速率表达式进行，但是 P-B 值与单位值明显不同（表 18.3）。线性增长速率的动力学如图 18.26 所示。

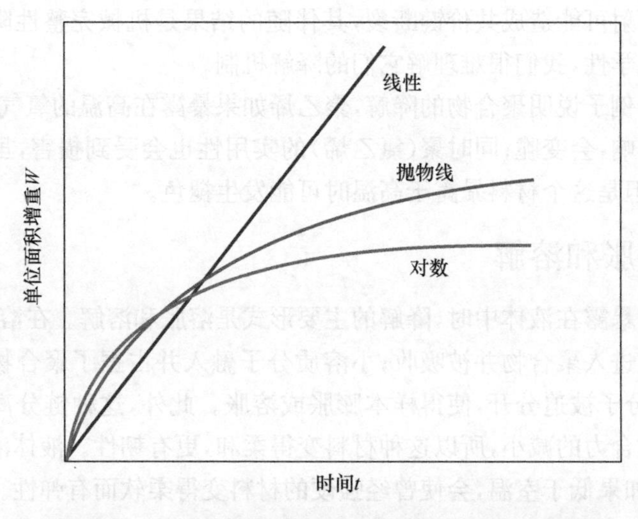

图 18.26　氧化膜增长曲线：直线、抛物线和对数速率方程

第三个反应速率适用于在相对低的温度下会形成的非常薄的氧化层(通常小于 100nm)。通过采用对数的形式表示重量和时间的关系

$$W = K_4 \log(K_5 t + K_6) \tag{18.31}$$

此外，K_4、K_5、K_6 是常数。可以从图 18.26 看出，铝、铁和铜的氧化行为在室温下就会发生氧化。

陶瓷材料的腐蚀

陶瓷材料由金属元素和非金属元素化合而成，被认为是耐腐蚀的材料。它们几乎在所有环境中，特别是在室温下极具免疫性。陶瓷材料的腐蚀一般包括简单的化学溶解，这与之前所说的金属发生的电化学过程是不同的。

因为它的耐腐蚀性，陶瓷是常用的材料。玻璃也常用来放置液体。耐火陶瓷不仅要绝热，在许多情况下，还必须阻挡熔化的金属、盐、矿渣和玻璃的高温攻击。一些新的技术方案可以将能量从一种形式转化为更有用的另一种形式，这需要较高的温度、腐蚀性气氛和高于标准大气压力。而陶瓷材料在大部分时间内比金属材料更能承受这些环境。

聚合物的降解

聚合物材料也会因环境作用而降解。由于过程的不同，不良的反应会造成材料降解，而不是材料腐蚀。大多数金属的腐蚀反应是电化学反应，聚合物的降解却是理化反应，也就是说，它同时发生物理反应和化学反应。此外，各种各样反应的不良后果可能造成聚合物降解。聚合物可以通过溶胀和溶解来降解，由于热能、化学反应以及辐射可能造成共价键断裂，其伴随的结果是机械完整性降低。因为聚合物复杂的化学性，我们很难理解它们的降解机制。

举一两个例子说明聚合物的降解，聚乙烯如果暴露在高温的氧气环境中，力学性能会受到影响，会变脆；同时聚(氯乙烯)的实用性也会受到损害，虽然不影响它的力学特性，但是这个材料暴露于高温时可能发生褪色。

18.11 溶胀和溶解

当聚合物暴露在液体中时，降解的主要形式是溶胀和溶解。在溶胀过程中，液体或溶质扩散进入聚合物并被吸收；小溶质分子融入并占据了聚合物分子间的位置。因此，大分子被迫分开，使得样本膨胀或溶胀。此外，这种链分离的增加导致次级分子间键合力的减小，所以这种材料变得柔和，更有韧性。液体溶质还可降低玻璃化温度，如果低于室温，会使曾经强硬的材料变得柔软而有弹性。

溶胀被认为是溶解过程的一部分，这种情况下，溶剂中聚合物的溶解度有限。而溶解发生在聚合物完全可溶的情况下，被认为是持续溶胀。根据经验，溶剂和聚合物之间的化学结构越相似，溶胀或溶解的可能性就越大。例如，许多橡胶烃容易吸收烃液体，如汽油，而几乎不吸收水。表 18.4 和表 18.5 列出了特定聚合物材料的有机溶剂反应。

表 18.4 特定塑料对不同环境的耐降解能力[a]

材料	非氧化性酸 (20% H_2SO_4)	氧化性酸 (10% HNO_3)	盐溶液 (NaCl)	碱液 (NaOH)	极性溶剂 (C_2H_5OH)	非极性溶剂 (C_6H_6)	水
聚四氟乙烯	S	S	S	S	S	S	S
尼龙 6.6	U	U	S	S	Q	S	S
聚碳酸酯	Q	U	S	U	S	U	S
聚酯	Q	Q	S	Q	Q	U	S
聚醚醚酮	S	S	S	S	S	S	S
低密度聚乙烯	S	Q	S	—	S	Q	S
高密度聚乙烯	S	Q	S	—	S	Q	S
聚对苯二甲酸乙二酯	S	Q	S	S	S	S	S
聚苯醚	S	Q	S	S	S	U	S
聚丙烯	S	Q	S	S	S	Q	S
聚苯乙烯	S	Q	S	S	S	U	S
聚氨酯	Q	U	S	Q	U	Q	S
环氧树脂	S	U	S	S	S	S	S
硅氧树脂	Q	U	S	S	S	Q	S

a S=满意；Q=有问题；U=不满意。

表 18.5　特定弹性材料在不同环境下的耐降解的能力[a]

材料	环境老化	氧化	臭氧裂纹	稀碱/强碱	稀酸/强酸	脱脂剂	脂肪烃、煤油等	动物油、植物油
聚异戊二烯(天然)	D	B	NR	A/C-B	A/C-B	NR	NR	D-B
聚异戊二烯(人工合成)	NR	B	NR	C-B/C-B	C-B/C-B	NR	NR	D-B
丁二烯	D	B	NR	C-B/C-B	C-B/C-B	NR	NR	D-B
丁苯	D	C	NR	C-B/C-B	C-B/C-B	NR	NR	D-B
氯丁橡胶	B	A	A	A/A	A/A	D	C	B
高密度腈	D	B	C	B/B	B/B	C-B	A	B
环氧树脂(聚硅乙烷)	A	A	A	A/A	B/C	NR	D-C	A

a A=优异;B=良好;C=一般;D=慎用;NR=不推荐。

溶胀和溶解的特点是受温度以及分子结构特性的影响。通常,增加分子量、增加交联度和结晶度,以及降低温度会减少这些退化过程。

在一般情况下,聚合物比金属更耐酸性和碱性溶液的腐蚀。例如,氢氟酸(HF)腐蚀许多金属、蚀刻和溶解玻璃,因此它被存储在塑料瓶中。各种聚合物在溶液中行为的定性比较见表 18.4 和表 18.5。相比之下,聚四氟乙烯(和其他碳氟化合物)和聚醚醚酮更耐溶胀和溶解。

18.12　键断裂

聚合物同样会发生退化,这个过程称为裂解(scission),键链分离或断裂。这导致链段部分发生分离和分子量减少。如第 15 章所说的,聚合材料的一些性能,包括机械强度和耐化学腐蚀性,取决于分子量。因此,聚合物的一些物理性质和化学性质也会受到这种退化形式的不利影响。键断裂可能是由辐射或热能以及化学反应造成的。

辐射效应

像电子束、X 射线、β 射线和 γ 射线以及紫外线(UV)这种类型的辐射拥有足够的能量穿透聚合物与构成聚合物的原子、电子发生相互作用。其中的一个是电离反应,辐射从特定的原子上移除一个轨道电子,原来的原子转变成一个带正电的电子。特定原子的共价键断裂,在那时原子或原子团重新排列,而键断裂所导致电离部分发生的断开或交联,这取决于聚合物的化学结构和辐射剂量。为防止聚合物受到辐射损害,我们可以加入 17.13 节中提到的稳定剂。对日常使用来说,紫外线照射会对聚合物造成最大的伤害。长时间的暴露,使大多数聚合物薄膜变得脆弱、失色、破裂和失效。例如,野营帐篷、仪表板、塑料玻璃的老化。辐射问题在某些应用中显得更为重要。太空飞行器上的聚合物必须能够防止因长时间暴露在宇宙辐射中所引起的退化。同样，用于核反应堆的聚合物必须抵挡高强度的核辐射。研发这种在极端环境下使用的聚合物是一个长期的挑战。

辐射的后果不一定都是有害的。辐射所引起的交联可以改善机械性能和特性退化。例如，γ 辐射被商业化地运用在交联聚乙烯上，目的是加强其在高温下的抗氧化能力和抗流失能力。事实上，这种工艺已被应用于很多产品的制造。

化学反应效应

氧气、臭氧和其他物质由于化学反应能引起或加速断链。这一反应在硫化橡胶最为常见，硫化橡胶沿着分子链骨架是双键连接的，暴露在臭氧中污染大气。它的链断反应为

$$-R-\underset{\substack{|\\H}}{C}=\underset{\substack{|\\H}}{C}-R'-+O_3 \longrightarrow -R-\underset{\substack{|\\H}}{C}=O+O=\underset{\substack{|\\H}}{C}-R'-+O\cdot \tag{18.32}$$

双键处链断，R 和 R′表示在反应中未受影响的原子团。通常，如果橡胶处于无应力状态，会在表面形成氧化膜，阻挡大部分材料发生进一步反应。但当材料受到拉伸应力，裂缝和缝隙就会形成并沿垂直应力方向生长，最终发生材料断裂。这就是为什么自行车橡胶轮胎会随着时间的推移而产生裂纹。显然这些裂纹是由大量的臭氧引起的裂纹产生的。对于在空气污染(如烟雾和臭氧)的高空区域使用的聚合物，化学降解是一个特殊的问题。表 18.5 中显示的是弹性体的抗退化能力。很多断链反应涉及的活性基团叫做自由基。我们可以加入稳定剂(见 17.13 节)来保护聚合物不被氧化。稳定剂可以与臭氧反应以消耗臭氧，也可以在自由基造成更大的损害之前，通过反应减少自由基。

热效应

热降解和分子链在高温下的断裂有关，因为聚合物在化学反应过程中有气体产生。通过材料质量的减少可证明这些反应，聚合物的热稳定性是衡量其分解回弹性的参数之一。热稳定性主要与构成聚合物的不同原子间键能的大小有关，键能越大，材料的热稳定性越高。例如，C-F 键能高于 C-H 键能，同样大于 C-Cl 键能。含有 C-F 键的碳氟化合物可在相对高温下使用，是最耐热的聚合物材料之一。但是，因为 C-Cl 键能较弱，当聚氯乙烯加热到 200℃，仅仅几分钟，它便会变色、释放出大量的 HCl 加速它的分解。稳定剂(见 17.13 节)则能够增加聚氯乙烯的热稳定性，例如，稳定剂 ZnO 可以和 HCl 反应。

有些最耐热聚合物是梯形聚合物，梯形聚合物的结构如下面的例子。

重复
单元

热稳定性非常强，用这种材料织成的布可以在明火中加热，不发生热降解。这种类型的聚合物可以用于替代石棉制造耐高温手套。

18.13　风化作用

许多聚合物材料应用于户外的环境，由此导致的风化作用包括几种不同的过程。在一些情况下，聚合物受到太阳的紫外线辐射而氧化变质。有一些聚合物，如尼龙和纤维素，极容易吸水，这样却降低了它们的强度和硬度。不同聚合物的抗风化能力是不同的。碳氟化合物在这些情况下几乎是惰性的；但一些材料，包括聚氯乙烯和聚苯乙烯，却易受风化作用的影响。

第 19 章　电　性　能

当设计组件或结构，进行材料的选择和工艺的确定过程中，材料电学性质的考虑通常是很重要的。例如，当我们设计集成电路组装方案时，各种材料的电行为是多样化的。有的地方需要高电导（如连接线），而其他地方需要高绝缘性（如保护性包装封装）。

19.1　引言

本章的主要目的是探究材料的电性能，所谓材料的电性能就是它们对外电场的响应。我们从电导现象开始：表示电导的参数、电子导电的机理，以及材料的电子能带结构如何影响它的电导能力。这些原理可扩展到金属、半导体和绝缘体。着重介绍半导体的特征和半导体元件，也会涉及绝缘材料的介电特性。最后介绍铁电和压电现象。

电导

19.2　欧姆定律

固体材料最重要的电性质之一是容易传送电流。欧姆定律（Ohm′s law）把电流 I（单位时间内的电荷通量）和电压 V 相联系：

$$V=IR \tag{19.1}$$

其中，R 是电流通过材料的电阻；V、I、R 的单位分别是伏特（J/C）、安培（C/s）和欧姆（V/A）。R 的值受样品形状的影响，对大多数材料而言，它独立于电流。电阻率（electrical resistivity，ρ）与样品几何形状无关，但通过下面的式子与电阻 R 相关：

$$\rho=\frac{RA}{l} \tag{19.2}$$

其中，l 是电压测量两端间的距离；A 是垂直于电流方向的横截面积；ρ 的单位是欧·米（Ω·m）。根据欧姆定律（19.1）和式（19.2）可得

$$\rho=\frac{VA}{Il} \tag{19.3}$$

图 19.1 是测量电阻率的实验装置原理图。

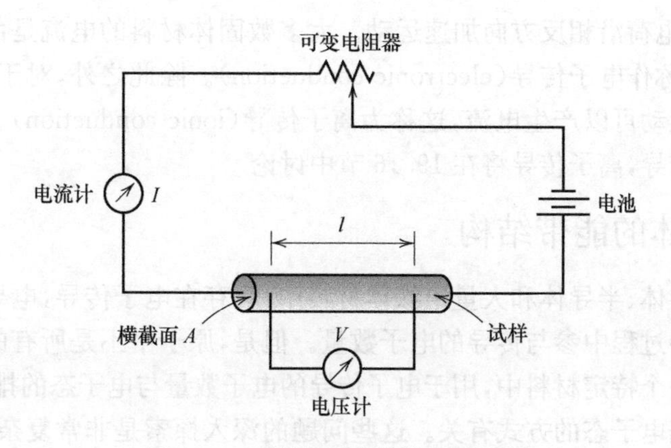

图 19.1 测量电阻率的装置原理图

19.3 电导率

有时我们用电导率(electrical conductivity,σ)来描述材料的电性能,它与电阻率成反比,即

$$\sigma=\frac{1}{\rho} \tag{19.4}$$

电导率也可表示为一种材料传导电流的能力,单位是欧·米的倒数$(\Omega\cdot m)^{-1}$。下面从电阻率和电导率两方面来讨论电性能。

除了式(19.1)外,欧姆定理也可表示成

$$J=\sigma\zeta \tag{19.5}$$

其中,J 是电流密度,即样品单位面积的电流(I/A);ζ 是电场强度或者两点之间的电压除以距离,即

$$\zeta=\frac{V}{l} \tag{19.6}$$

欧姆定律两个表达式(19.1)和(19.5)的证明作为作业练习。

固体材料呈现出令人惊讶的电导率变化范围,可超过 27 个数量级;可能没有其他物理性质会呈现这种变化幅度。事实上,根据传导电流的难易是对固体材料进行分类的一种方法,可分为三类:导体、半导体和绝缘体。金属是良导体,典型的电导率为 10^7 数量级$(\Omega\cdot m)^{-1}$,另一个极端是电导率极低的材料,范围在 10^{-10} 到 $10^{-20}(\Omega\cdot m)^{-1}$,这类材料叫电绝缘体(insulators)。具有中等电导率的材料称为半导体(semiconductors),电导率范围为 $10^{-6}\sim10^{4}(\Omega\cdot m)^{-1}$。图 1.8 的条形图中可见各种类型材料的电导率范围比较。

19.4 电子和离子传导

电流起因于带电粒子的运动,它是对外加电场作用力的响应。正电荷沿电场

方向加速,负电荷沿相反方向加速运动。大多数固体材料的电流是由于电子的流动引起的,这称作电子传导(electronic conduction)。除此之外,对于离子材料,带电离子的净运动可以产生电流,这称为离子传导(ionic conduction)。这里我们详细讨论电子传导,离子传导将在 19.16 节中讨论。

19.5 固体的能带结构

在所有导体、半导体和大量绝缘体材料中,只存在电子传导,电导率的大小强烈依赖于传导过程中参与传导的电子数量。但是,原子中不是所有的电子都会被电场加速。一个特定材料中,用于电子传导的电子数量与电子态的排列,能级高低以及电子占据电子态的方式有关。这些问题的深入探索是非常复杂的,并且涉及超出本书范围的量子力学原理,接下来的讨论将省略和简化对相关概念叙述。

与电子能态相关的概念、占据情况和单个原子的电子排布已经在 2.3 节中讨论过了。总的来说,单个原子都存在分立能级,这些能级可能被电子占据,排列成壳层和亚层。壳层指定为整数(1,2,3 等),亚层由字母表示(s,p,d 和 f)。s,p,d,f 每个亚层分别有 1,3,5,7 个简并轨道。在大多数原子中,电子优先填充最低能态——根据 Pauli 不相容原理,同一轨道中两个电子的自旋方向相反。单个原子的电子排布表示电子在允许能态的排列。

现在让我们对固体材料的一些概念做一下推理。固体可以认为是由大量原子(如 N)组成的,最初原子之间相互分离,随后在形成晶体材料过程中结合在一起键合形成有序原子排列。在间隔距离相对较大时,每个原子是相互独立的,具有独立的原子能级和电子排布。但是,随着原子之间越来越靠近,受附近原子的电子和原子核影响,电子运动加剧,变得不稳定。这种影响使得固体中每个独立的原子能态分裂成一系列紧密的电子能态,即形成电子能带(electron energy band)。分裂的程度取决于原子间的距离(图 19.2),开始于最外层电子壳层,因为它们在原子结合时首先受到扰动。在每个能带中,能态是离散的,且相邻能态之间的差异非常小。在平衡间距,距离原子核最近的电子亚层不会形成能带,如图 19.3(b)所示。此外,能带之间可能会存在间隙(图 19.3(b))。通常,带隙中的能量不会被电子占据。常见的固体中电子能带结构表示方法如图 19.3(a)所示。

每个能带中的能态数目等于 N 个原子分配在这些能态的总和,例如一个 s 能带含有 N 个能级,一个 p 能带有 $3N$ 个能级。在讨论电子占据时,每个能级可能容纳具有相反自旋方向的两个电子。此外,能带包含单个原子存在于相应能级上的电子;例如,固体中的一个 4s 能带含有 N 个 4s 能级。当然,他们是空带,或者部分填充的能带。

固体材料的电性能是由它的电子能带结构决定的,即最外层电子能带的排列和电子填充的方式。

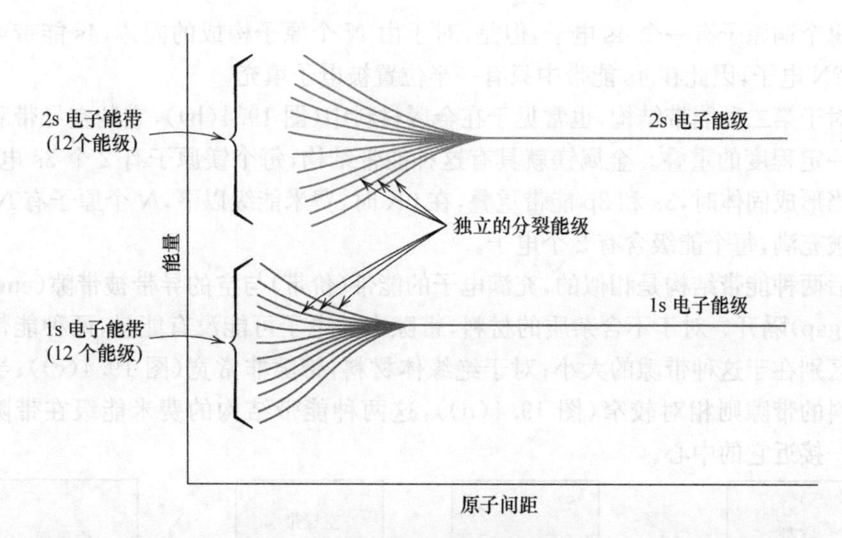

图 19.2　12 个原子($N=12$)的电子能态-原子间距示意图。在紧密靠近时，每个1s和2s原子轨道分裂为由12个能态组成的电子能带

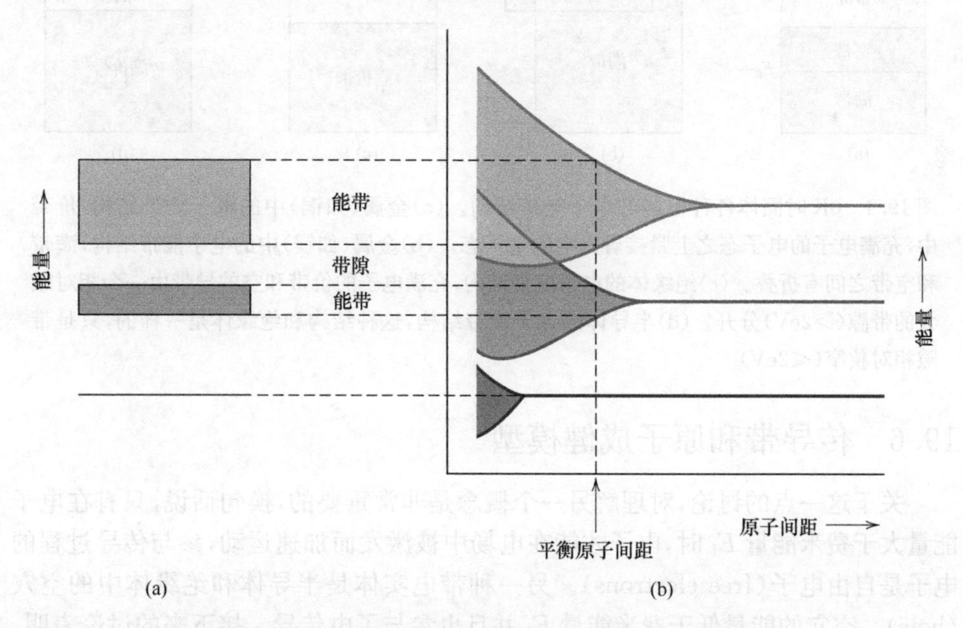

图 19.3　(a)传统的固态材料在平衡原子间距时的电子能带结构示意图。(b)大量原子的电子能态-原子间距离图，用来说明(a)中的能带结构在平衡间距时是如何形成的

在 0K 时可能存在四种不同类型的能带结构。第一种见图 19.4(a)，最外层能带中电子没有完全充满。最高的填充能级称为费米能级(Fermi energy，E_f)。这是很多金属材料典型的电子能带结构，尤其是一些含有一个 s 价电子的材料，如

铜。每个铜原子有一个 4s 电子，但是，对于由 N 个原子构成的固体，4s 能带可以容纳 2N 电子，因此在 4s 能带中只有一半位置被电子填充。

对于第二种能带结构，也常见于在金属材料中(图 19.4(b))，它的空导带和价带有一定程度的重叠。金属镁就具有这种能带结构，每个镁原子有 2 个 3s 电子。但是当形成固体时，3s 和 3p 能带重叠，在 0K 时，费米能级以下，N 个原子有 N 种能级被充满，每个能级含有 2 个电子。

后两种能带结构是相似的，充满电子的能带(价带)与空的导带被带隙(energy band gap)隔开。对于不含杂质的材料，带隙中的电子可能没有能量，两种能带结构的区别在于这种带隙的大小；对于绝缘体材料，带隙非常宽(图 19.4(c))；半导体材料的带隙则相对较窄(图 19.4(d))，这两种能带结构的费米能级在带隙之中——接近它的中心。

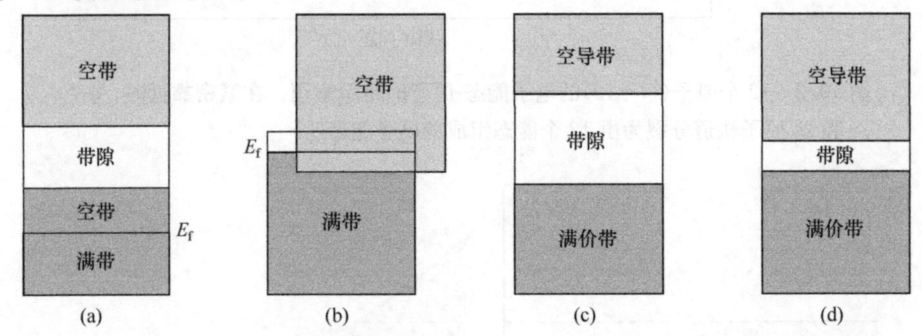

图 19.4　0K 时固体各种可能的电子能带结构。(a)金属(如铜)中的电子能带结构，价带中，充满电子的电子态之上紧接着是空的电子态。(b)金属(如镁)中的电子能带结构，满带和空带之间有折叠。(c)绝缘体的电子能带结构，充满电子的价带和空的导带由一个相对较大的带隙(＞2eV)分开。(d)半导体的电子能带结构，这种结构和绝缘体是一样的，只是带隙相对狭窄(＜2eV)

19.6　传导带和原子成健模型

关于这一点的讨论，对理解另一个概念是非常重要的，换句话说，只有在电子能量大于费米能量 E_f 时，电子才能在电场中被激发而加速运动，参与传导过程的电子是自由电子(free electrons)。另一种带电实体是半导体和绝缘体中的空穴(hole)。空穴的能量低于费米能量 E_f 并且也参与了电传导。接下来的讨论表明，导电率是自由电子和空穴数量的直接函数，除此之外，导体和非导体(绝缘体和半导体)之间的区别在于这些自由电子和空穴电荷载子的数量不同。

金属

电子必须被激发到超过费米能量 E_f 的空态才能成为自由电子。图 19.4(a)和图 19.4(b)所示的一种能带结构的金属，即使 E_f 临近最高的满态，也存在空态。

因此，只需极小能量就可激发电子进入低位空态，如图 19.5 所示，由电场提供的能量，通常足够激发大量电子跃迁入低位空态进行传导。

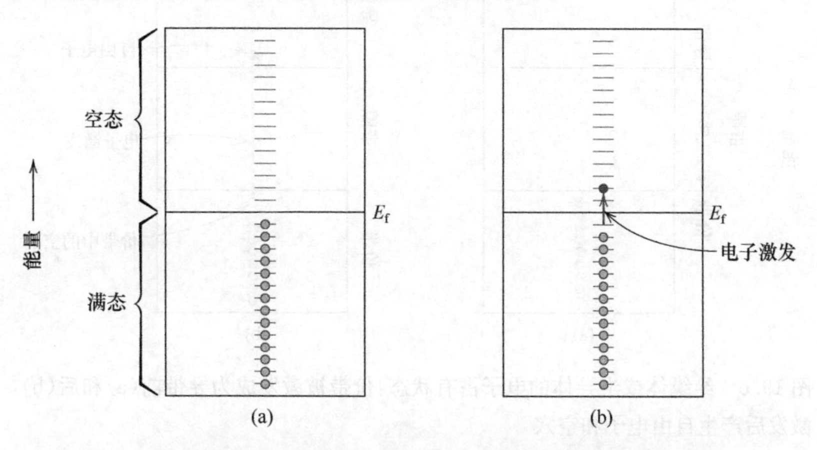

图 19.5 金属的电子占有状态：电子激发前(a)和电子激发后(b)

2.6 节已对金属的成键模型进行了描述，假设所有的空价电子能够自由运动，并形成一个均匀分布在离子实的晶格外的电子气。即使这些电子没有被局部地束缚在任何一个特定的原子上，它们也必须受到一些激发才能成为真正自由的传导电子。因此，即使只有一部分电子被激发，它仍然能够产生大量的自由电子，由此实现较高的导电率。

绝缘体和半导体

对于绝缘体和半导体，不存在临近满价带顶部的空态。因此，要成为自由电子，必须被激发并越过能量带隙，而进入导带底部的空态。只有给电子提供两态能差，近似等于带隙能 E_g 的条件下才能实现，图 19.6 演示了这个激发过程。对于许多材料，该带隙是几个电子伏特宽，最常见的激发能不是来自电场，而是来自热或者光，通常是前者。

由热激发而进入导带的电子数量取决于能带带隙的宽度和温度太小，在给定的温度下，带隙越宽，价电子被激发进入导带的几率就越低，产生更少的传导电子；换言之，带隙越宽，在给定温度下的电导率越低。因此，半导体和绝缘体的区别就在于带隙的宽度，对半导体而言，它的带隙窄，而绝缘体的相对较宽。

增加半导体或者绝缘体的温度就增加了电子激发的热能。因此更多的电子被激发到导带就会引起电导率的增强。

半导体和绝缘体的导电性也可以从原子成键模型的角度看，具体的讨论见 2.6 节。对于电绝缘材料，原子间键合是离子键合或者强共价键合，因此，价电子与原子紧密相连。换句话说，这些电子高度集中，绝不会自由分布在晶体中。半导体的成键方式是共价键(或者以共价键为主)，相对较弱，这意味着原子对价电子的

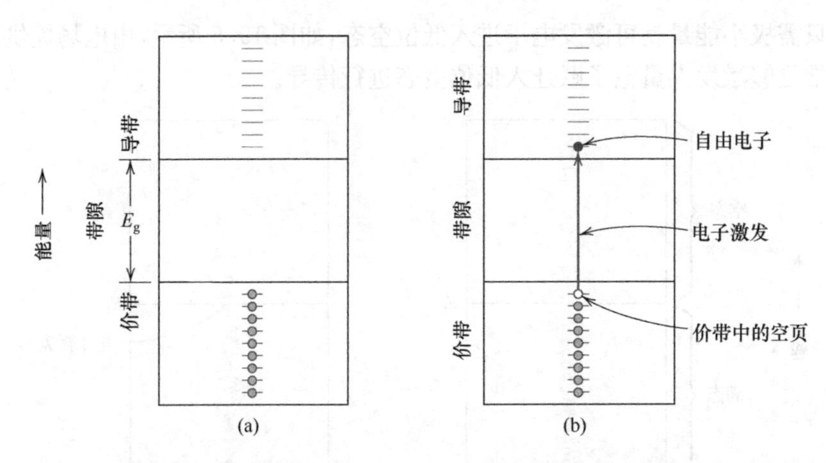

图 19.6　绝缘体或半导体的电子占有状态:价带被激发成为导带前(a)和后(b),激发后产生自由电子和空穴

束缚作用并不强。所以,相对于绝缘体来说这些电子更容易被热能激发。

19.7　电子迁移率

当施加电场时,就会产生作用到自由电子上的力,因此,这些电子将沿电场的反方向加速。根据量子力学可知,加速电子和理想晶格中的原子之间不存在相互作用。在这种情况下,所有自由电子都会加速,这导致电流随时间的增加而连续增加。然而,我们知道,电场被施加的瞬间,电流就达到了一个恒定值,这表明电场存在着某种摩擦力,它阻碍了外加电场对电子的加速。这些摩擦力来自电子的散射,它是晶格本身的缺陷,包括杂质原子、空穴、间隙原子、位错,甚至原子本身的热振动。每个散射事件都会引起电子损失动能、改变运动方向,如图 19.7 所示。但也存在与电场相反方向的净电子运动,这种电荷流就是电流。

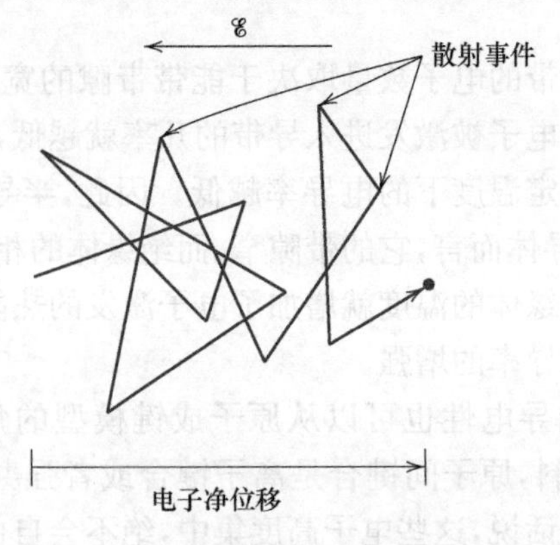

图 19.7　电子受散射事件影响后的路线示意图

散射现象表示一股对电流通过的阻力，有几个参数用于描述散射的程度，包括漂移速度和电子迁移率(mobility)。漂移速度 v_d 表示外场作用力方向上的平均电子速度，它与电场 $\mathscr{E}$ 成正比：

$$v_d=\mu_e\mathscr{E} \tag{19.7}$$

其中，比例常数 μ_e 为电子迁移率，表示散射事件的频率，单位是 $m^2/(V \cdot s)$。

大多数材料的电导率 σ 可描述如下：

$$\sigma=n|e|\mu_e \tag{19.8}$$

其中，n 是单位体积内自由(传导)电子的数目；$|e|$ 是一个电子电荷量的绝对值(1.6×10^{-19}C)。因此，电导率与自由电子数和电子迁移率都成正比。

19.8　金属的电阻率

如上所述，大部分金属具有很好的导电性，表 19.1 给出了几种常见金属的室温电导率。大量电子被激发，超过费米能量 E_f 的空态而成为自由电子，使金属具有很好的导电性，因此，在电导率表达式(19.8)中，n 有很大的值。

表 19.1　室温下的常见金属与合金电导率

金属	电导率/$(\Omega \cdot m)^{-1}$
银	6.8×10^7
铜	6.0×10^7
金	4.3×10^7
铝	3.8×10^7
黄铜(70Cu-30Zn)	1.6×10^7
铁	1.0×10^7
铂	0.94×10^7
普通碳钢	0.6×10^7
不锈钢	0.2×10^7

此时，用电阻率(电导率的倒数)讨论金属的导电性更方便，随后的讨论会明确提到这一转换的原因。

由于晶体缺陷可以作为金属传导电子的散射中心，因此缺陷数增加，电阻率提高(或电导率降低)。这些缺陷的浓度取决于温度、成分和金属冷加工的程度。事实上，实验已观察到，金属的总电阻率是热振动、杂质和塑性变形三者共同作用的结果，也就是说，三者的散射机制是独立作用的，这在数学上可表达为

$$\rho_{total}=\rho_t+\rho_i+\rho_d \tag{19.9}$$

其中，ρ_t、ρ_i、ρ_d 分别代表温度、杂质和形变对电阻率的影响，式(19.9)有时被称为马西森定则(Matthiessen′s rule)。每个变量 ρ 对总电阻率的影响如图 19.8 所示，该

图描述了在退火态及形变态下铜和铜镍合金的电阻率，它们随温度的变化相应发生改变，−100℃时显示了每种电阻率作用的叠加效果。

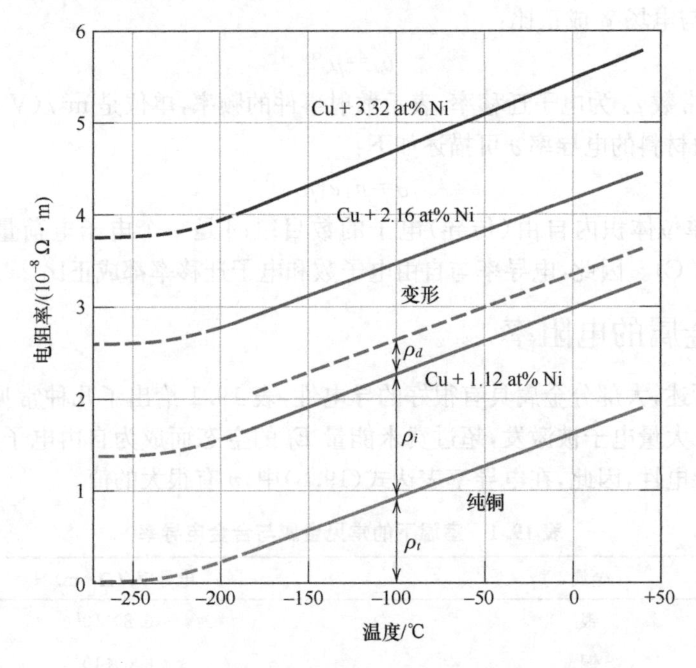

图 19.8　不同温度下，铜和三种铜镍合金的电阻率比较

温度的影响

如图 19.8 所示的纯金属和全部铜镍合金，电阻率在温度高于−200℃的情况下直线上升，因此，

$$\rho_t = \rho_0 + aT \tag{19.10}$$

这里的 ρ_0 和 a 对特定金属为常数。温度对热电阻率部分的影响是由于随着温度的增加，热振动和其他晶格缺陷（如空位）也在增加，并充当电子散射中心的结果。

杂质的影响

添加一个杂质形成固溶体，杂质电阻率 ρ_i 与杂质浓度 c_i（原子分数，at%/100）的关系如下：

$$\rho_i = Ac_i(1 - c_i) \tag{19.11}$$

其中，A 是与组成无关的常数，它是杂质与金属基质的函数。镍杂质对铜的室温电阻率的影响如图 19.9 所示，杂质浓度最大为 50wt%Ni；超过这个范围镍完全溶于铜（图 11.3(a)）。并且，镍原子在铜中是散射中心，铜中镍浓度的增加会导致电阻率的增加。

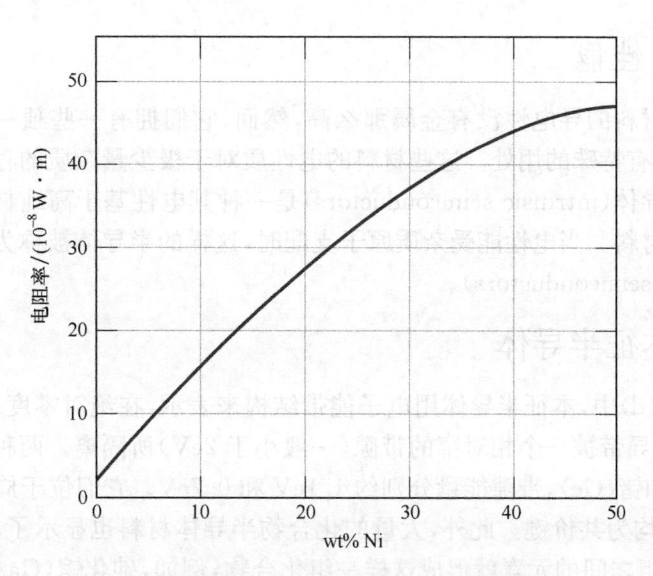

图 19.9 铜镍合金的室温电阻率与成分的关系

对于包含 α 相和 β 相的两相合金，可以用混合规律近似表达电阻率：

$$\rho_i = \rho_\alpha V_\alpha + \rho_\beta V_\beta \tag{19.12}$$

其中，V_S 和 ρ_s 代表各相的容积率和电阻率。

塑性变形的影响

塑性变形也会增加电阻率，因为塑性变形会增加电子散射位错的数量。变形对电阻率的影响如图 19.8 所示。此外，塑性变形的影响比增加温度和加入杂质的影响弱很多。

19.9 合金的电性能

铜的电性能和其他性质使它成为使用最广泛的金属导体。无氧高导(Oxygen-free high-conductivity，OFHC)铜，含极少的氧和其他杂质，被用于生产很多电气设备。铝的导电性只有铜的一半，也经常被用作电导体。银的导电性强于铜和铝，但是它的使用受到高昂成本的限制。

有时，需要略微削弱金属合金的导电性来提高它的机械强度。合金的固溶处理(见 9.9 节)和冷加工(见 9.10 节)都能提高强度，但它的导电性受到损害，因此，在这两者之间必须有所权衡。大多数时候，采用引入第三相来提高金属合金的强度，这样不会对导电性造成很大的影响，例如，铜铍合金的沉淀强化(见 17.7 节)，尽管如此，与高纯度的铜相比，它的电导率还是降低了 5 倍。

对于一些应用，例如熔炉加热元件对电阻率有很高的要求。电子散射损失的能量以热能的形式消散。这些材料不仅需要高电阻率，还需要高温下的抗氧化能力和高熔点。镍铬铁合金是一种镍铬合金，通常被用作发热元件。

半导体电性能

半导体材料的导电性没有金属那么高，然而，它们拥有一些独一无二的电性能，这使它们有特殊的用处。这些材料的电性质对于极少量杂质的存在也非常敏感。本征半导体(intrinsic semiconductors)是一种其电性基于高纯材料中的固有电子结构的材料。当电性能受杂质原子支配时，这样的半导体被称为非本征半导体(extrinsic semiconductors)。

19.10 本征半导体

图 19.4(d)中，本征半导体用电子能带结构来表示，在绝对零度下，充满电子的价带，与空导带被一个相对窄的带隙(一般小于 2eV)所隔离。两种基本的半导体是硅(Si)和锗(Ge)，带隙能量分别约 1.1eV 和 0.7eV。它们位于周期表的 IVA 族(图 2.8)，均为共价键。此外，大量的化合物半导体材料也显示了本征行为，在 IIIA 和 VA 组之间的元素就形成这样一组化合物，例如，砷化镓(GaAs)和锑化铟(InSb)，它们经常被叫做 III-V 化合物。含有 IIB 和 VIA 族中元素的化合物也呈现半导体行为，包括硫化镉(CdS)和碲化锌(ZnTe)。由于形成这些化合物的这两种元素在周期表中的相对位置分隔很远(也就是电负性差异更大，图 2.9)，所以原子成键更显离子性，带隙能量更多，即材料的绝缘性更强。表 19.2 列出了某些化合物半导体的带隙能量。

表 19.2　室温下，半导体材料的带隙能量、电子迁移率、空穴迁移率和本征导电率

材料	带隙/eV	电子迁移率/(m^2/(V·s))	空穴迁移率/(m^2/(V·s))	电导率/$(\Omega \cdot m)^{-1}$
		元素		
Ge	0.67	0.39	0.19	2.2
Si	1.11	0.145	0.050	3.4×10^{-4}
		III-V 化合物		
AlP	2.42	0.006	0.045	—
AlSb	1.58	0.02	0.042	—
GaAs	1.42	0.80	0.04	3×10^{-7}
GaP	2.26	0.011	0.0075	—
InP	1.35	0.460	0.015	2.5×10^{-6}
InSb	0.17	8.00	0.125	2×10^{4}
		II-VI 化合物		
CdS	2.40	0.040	0.005	—
CdTe	1.56	0.105	0.010	—
ZnS	3.66	0.060	—	—
ZnTe	2.4	0.053	0.010	—

空穴的概念

在本征半导体中，每个被激发到导带中的电子都会在共价带或在能带图上流失一个电子而造成价带中出现一个空的电子态，如图 19.6(b)所示。在电场的影响下，因此其他价电子不断填充非充满的价带晶格中流失电子的位置(空穴)可认为是移动的(图 19.10)。这个过程中将价带中缺失电子看做是带正电粒子，叫做空穴。空穴具有与电子大小一致，符号相反的电荷($+1.6\times10^{-19}$ C)。因此，在电场下激发的电子和空穴以相反的方向运动，而且在半导体中均因晶格缺陷，发生散射。

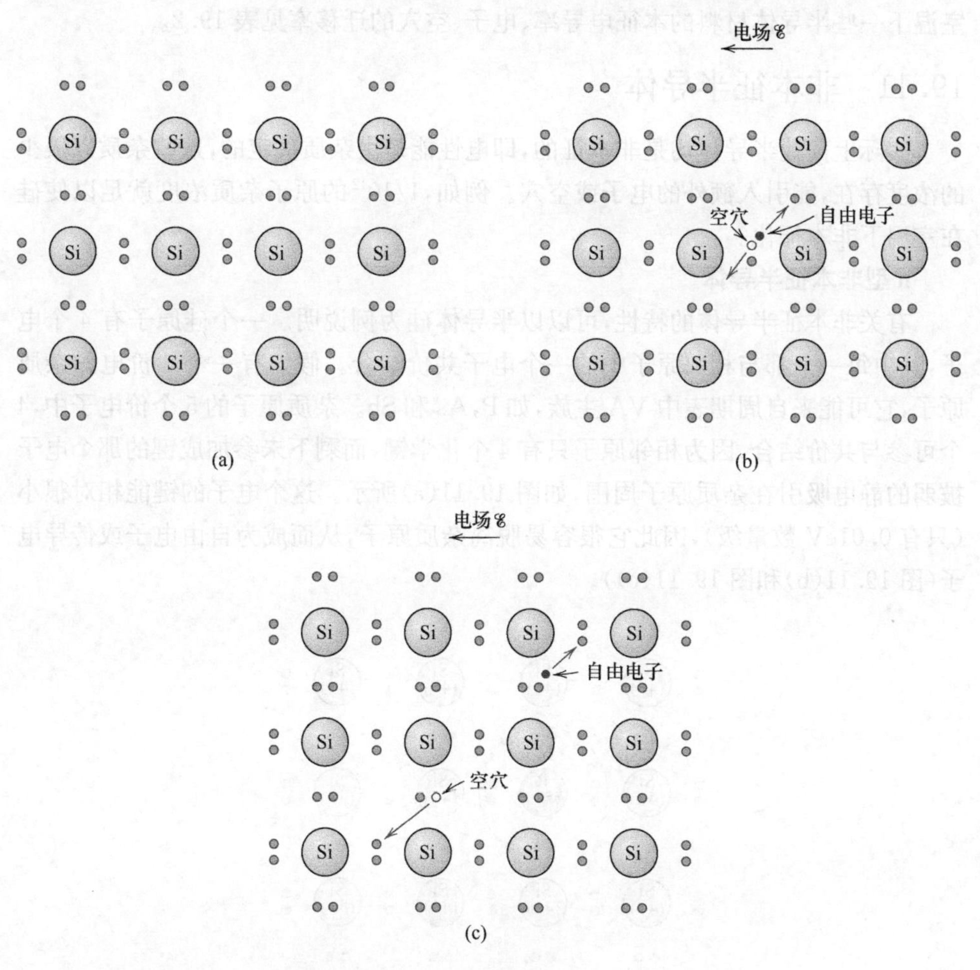

图 19.10 本征硅电导的电子成键模型：激发前(a)、激发后(b)、(c)

本征半导体的电导率

由于在本征半导体中有两种电荷载体(自由电子和空穴)，电导率表达式(19.8)中必须加以修正，加入一项说明空穴电流的贡献，即

$$\sigma = n|e|\mu_e + p|e|\mu_h \tag{19.13}$$

其中，p 是每立方米中的空穴数；μ_h 是空穴迁移率。半导体的 μ_h 总是比 μ_e 少。对于本征半导体，每个被激发的电子越过带隙，在其价带中留下一个空穴，因此，

$$n = p = n_i \tag{19.14}$$

其中，n_i 是本征载流子浓度。此外，

$$\begin{aligned} \sigma &= n|e|(\mu_e + \mu_h) = p|e|(\mu_e + \mu_h) \\ &= n_i|e|(\mu_e + \mu_h) \end{aligned} \tag{19.15}$$

室温下一些半导体材料的本征电导率、电子、空穴的迁移率见表 19.2。

19.11　非本征半导体

实际上商业半导体均是非本征的，即电性能是由杂质决定的，这些杂质以极少的浓度存在，能引入额外的电子或空穴。例如，$1/10^{12}$ 的原子杂质浓度就足以使硅在室温下非本征化。

n 型非本征半导体

有关非本征半导体的特性，可以以半导体硅为例说明。一个硅原子有 4 个电子，其中每一个都与相邻原子中的一个电子共价结合。假如有一个 5 价电的杂质原子，它可能来自周期表中 VA 主族，如 P，As 和 Sb。杂质原子的 5 个价电子中，4 个可参与共价结合，因为相邻原子只有 4 个化学键，而剩下未参加成键的那个电子被弱的静电吸引在杂质原子周围，如图 19.11(a)所示。这个电子的键能相对很小(只有 0.01eV 数量级)，因此它很容易脱离杂质原子，从而成为自由电子或传导电子(图 19.11(b)和图 19.11(c))。

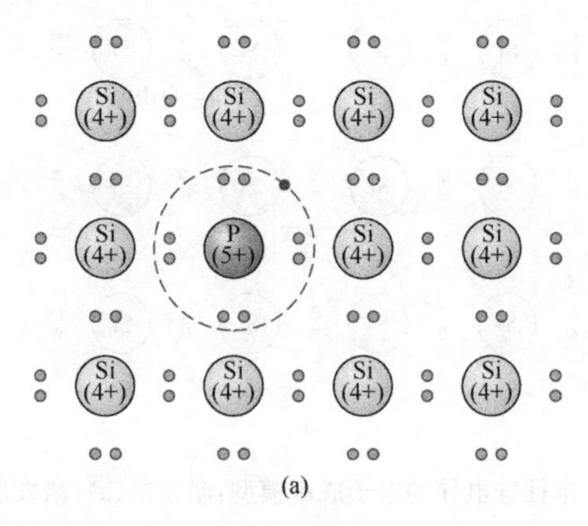

(a)

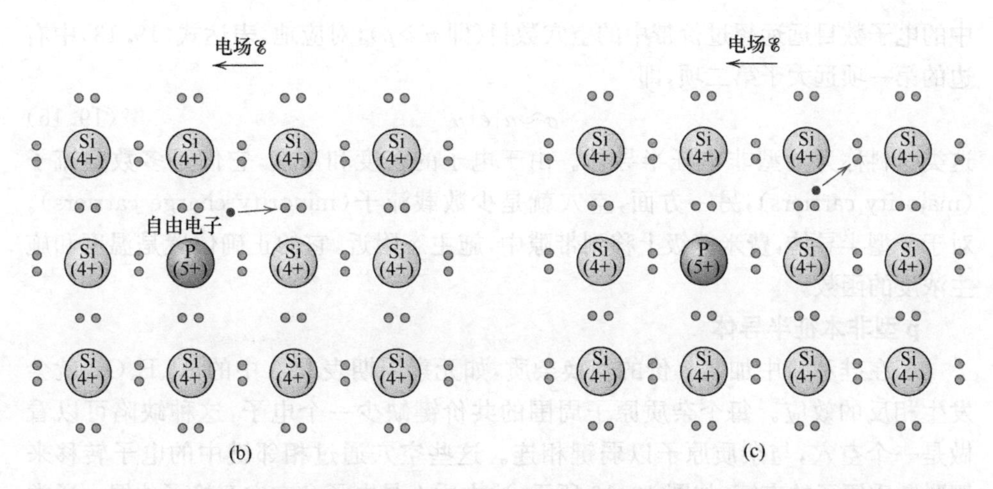

图 19.11 n 型非本征半导体成键模型：(a)有 5 价电子的杂质原子，如磷，在成键过程中替代一个硅原子，使得产生的额外成键电子受杂质原子束缚并绕其轨道运行；(b)激活后成为自由电子；(c)自由电子的移动受电场影响

这样一个电子的能态可从电子能带模型中观察。对于每一个弱键电子都存在一个能级或能态，该能态恰好位于导带底部下方的带隙中(图 19.12(a))。电子的键能与电子从杂质态激发到导带能态所需的能量一致。每个激发事件(图 19.12(b))给导带提供一个单电子，这类杂质称为施主。因为每个施主是从杂质能态激发出去的，因此在价带中没有对应的空穴产生。

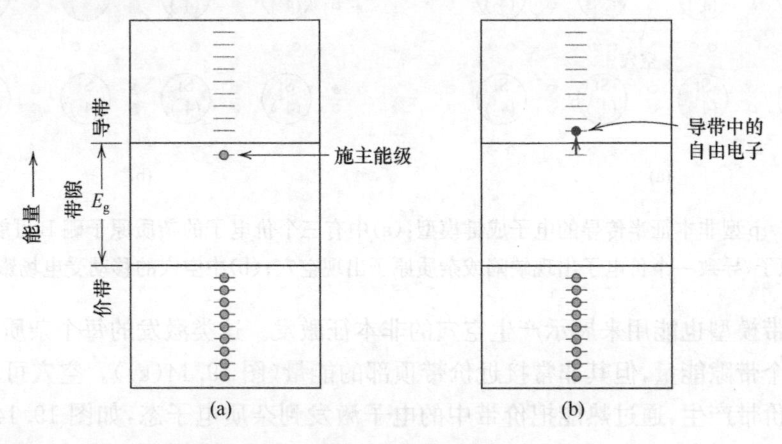

图 19.12 (a)位于导带底部和带隙间的施主杂质能级的电子能带示意图和(b)施主态激发后，于导带产生自由电子的示意图

室温所获得的热量足以从施主能态(donor states)激发大量电子。此外，一些本征价带-导带传导也在发生，如图 19.6(b)所示，不过可以忽略不计。因此，导带

中的电子数目远远超过价带中的空穴数目(即 $n \gg p$),对应地,表达式(19.13)中右边的第一项远大于第二项,即

$$\sigma \approx n|e|\mu_e \tag{19.16}$$

这类材料称为 n 型非本征半导体。由于电子的密度和浓度,它们是多数载流子(majority carriers),另一方面,空穴就是少数载流子(minority charge carriers)。对于 n 型半导体,费米能级上移到带隙中,施主态附近,它的正确位置是温度和施主浓度的函数。

p 型非本征半导体

若在硅和锗中加入 3 价的置换杂质,如元素周期表 IIIA 中的 Al、B、Ga,就会发生相反的效应。每个杂质原子周围的共价键缺少一个电子,这种缺陷可以看做是一个空穴,与杂质原子以弱键相连。这些空穴通过相邻键中的电子转移来摆脱杂质原子的束缚,如图 19.13 所示,这本质上是电子和空穴互换了位置。通常认为,运动的空穴处于激发态,并以类似于上述激发态施主电子的方式参与传导过程。

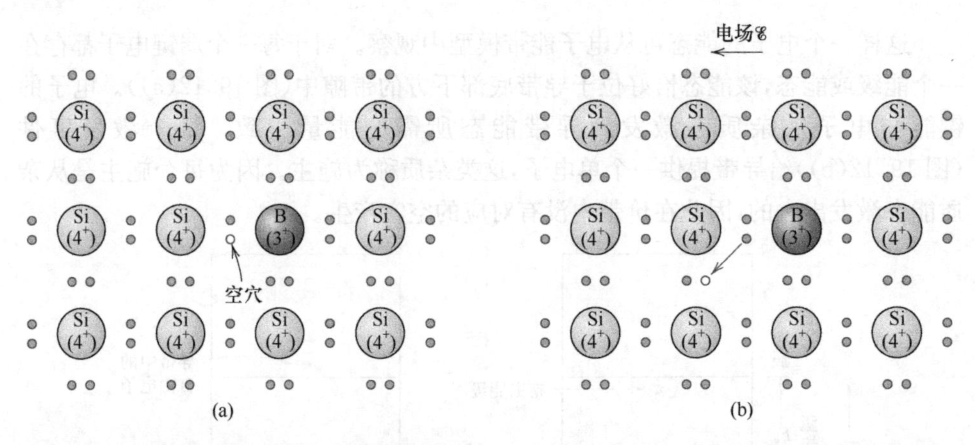

图 19.13 p 型非本征半传导的电子成键模型:(a)中有三个价电子的杂质原子硼 B 可能会替代一个硅原子,导致一个价电子出现缺陷或杂质原子出现空穴;(b)中空穴的移动受电场影响

能带模型也能用来展示产生空穴的非本征激发。这类激发的每个杂质原子将引入一个带隙能量,但其非常接近价带顶部的能量(图 19.14(a))。空穴可以被想象为由价带产生,通过热能把价带中的电子激发到杂质电子态,如图 19.14(b)所示。伴随这样的转变,只会产生价带中的空穴,而自由电子既不会在杂质能级产生也不会在导带中产生。因为它能够从价带中接受一个电子,随后留下一个空穴。这类杂质称为受主,由这类杂质产生的位于带隙的能级被称为受主态(acceptor state)。

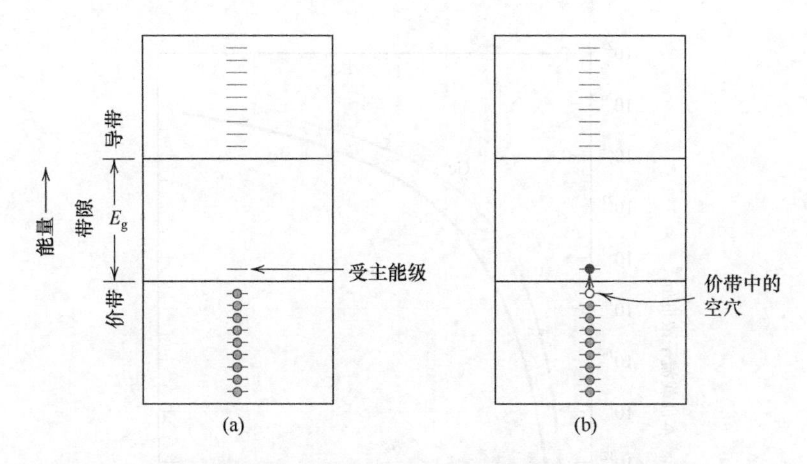

图 19.14 (a)位于带隙内和价带正上方的受主杂质能级的能带图示和(b)电子激发后进入受主能级，价带出现空穴

对于此类非本征半导体，空穴的浓度远高于电子浓度(即 $p \gg n$)，称为 p 型半导体，因为正电荷粒子是电传导的主要原因，所以空穴是多数载流子，而电子为少数载流子，浓度很低。这使表达式(19.13)中右边第二项强于第一项，或者

$$\sigma \approx p|e|\mu_h \tag{19.17}$$

对于 p 型半导体而言，费米能级在带隙内，并且接近受主能级。

非本征半导体(n-型和 p-型)从纯度极高的材料中产生，通常总杂质的含量近似 10^{-7}at%，再运用各种技术有目的地加入杂质，控制特定的施主或受主浓度，这种合金化过程在半导体材料中称为掺杂(doping)。

在非本征半导体中，大量的电荷载流子(电子或空穴，取决于杂质类型)可在室温下由热能激活产生。因此，非本征半导体具有相对高的室温电导率，大多数这种材料被设计成在常温下使用的电子器件。

19.12 载流子浓度与温度的关系

图 19.15 所示为硅和锗的本征载流子浓度 n_i 与温度的对数关系，这条曲线的一些特征值得关注。首先，电子和空穴的浓度随温度增加。因为随着温度升高，更多的热能可以把电子从价带激发到导带(图 19.6(b))。此外，在所有温度下，锗的载流子浓度大于硅。这是由于锗的带隙较小(表 19.2 中，硅、锗带隙非别为 0.67eV，1.11eV)，因此，在任何温度下，锗有更多的电子受激发穿过带隙。

但是，非本征半导体的载流子浓度-温度特性是完全不同的。例如，掺杂了 $10^{21}\,m^{-3}$磷原子的硅，电子浓度和温度的关系如图 19.16 所示。为做对比，虚曲线表示本征硅(图 19.15)。可以发现，非本征曲线有三个区域，中间温度下(大约在 150～475K)，材料是 n-型(因为 p 是施主杂质)，且电子浓度是恒定

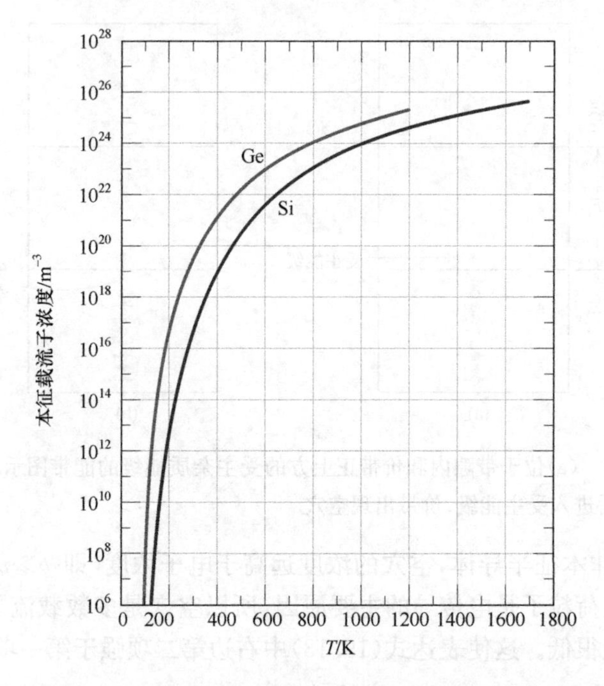

图 19.15　硅和锗的本征载流子浓度和温度的对数关系

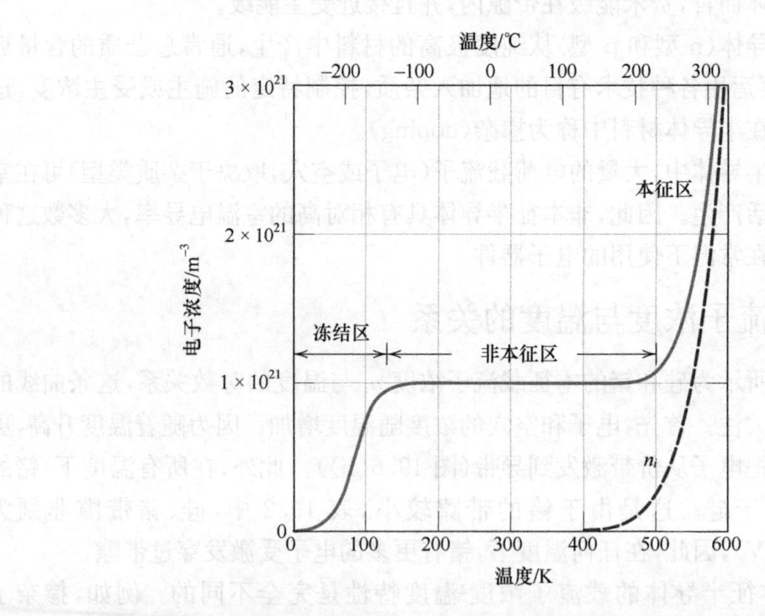

图 19.16　掺杂了 10^{21} m^{-3}施主杂质的硅(n-型)与本征硅(虚线)电子浓度和温度的关系。冷冻(Freeze-out),非本征和本征温度区如图所示

的，这被称为非本征温度范围。电子在导带中由磷施主态激发(图 19.12(b))，因为电子浓度近似等于 P 浓度($10^{21}\,m^{-3}$)，实际上所有的磷原子被电离了(即含有施主电子)。同时，与非本征施主激发相比，本征激发穿过带隙是可以忽略的。非本征区域的温度范围取决于杂质浓度。此外，大多数固态器件被设计在这个温度范围内使用。

低温下(当低于 100K 时，图 19.16)，电子浓度随温度降低急剧下降，0K 时达到 0。超过这些温度时，热能不足以把电子从 p 施主能级激发到导带中。这叫做冷冻温度范围，因为电荷载流子(如电子)被"冷冻"在掺杂原子中。

最后，在图 19.16 的高温区域，电子浓度增加到 P 浓度以上，并随温度的增加逐渐接近本征曲线。这称为本征温度范围，因为在这个高温下，半导体本征化，也就是说，随着温度升高，电子受激发穿过带隙产生的电荷载流子浓度首先等于，随后完全超越施主载流子的贡献。

19.13 影响载流子迁移率的因素

半导体材料的电导率(或电阻率)，除了取决于于电子或空穴的浓度外，也是载流子迁移率的函数(式(19.13))，即电子和空穴在晶体中迁移的难易。而且，电子和空穴迁移率的大小受到晶体缺陷的影响，这主要是金属中电子散射引起——热振动(即温度)和杂质原子。掺质含量和温度都会影响电子和空穴的迁移率，现在我们来介绍影响方式。

掺质含量的影响

图 19.17 为室温下硅的电子和空穴的迁移率与掺质(受主和施主)含量的关系。图中两坐标轴是以对数表示的。在掺杂物浓度低于 $10^{20}\,m^{-3}$ 时，两者的载流子迁移率达到最高水平且不再受掺杂物浓度的影响；此外，两者的迁移率随杂质含量增加而降低；同样值得注意的是，电子的迁移率总是大于空穴的迁移率。

温度的影响

硅的电子和空穴的迁移率与温度的关系分别如图 19.18(a)和(b)所示，两种载流子类型的杂质掺杂浓度曲线也列于图中。两个轴系都是对数坐标。从这些曲线中可以看出，当掺质浓度低于 $10^{24}\,m^{-3}$ 时，电子和空穴的迁移率随温度的升高而降低(这是由于载流子的热散射增加)。当电子和空穴掺质浓度低于 $10^{20}\,m^{-3}$ 时，载流子迁移率对温度的依赖性与施主和受主的浓度无关(由一条曲线表示)。此外，当浓度高于 $10^{20}\,m^{-3}$ 时，增加掺杂浓度，图中曲线所示的迁移率将逐步转移到较低的值。其中后两种影响的效果与图 19.17 所给出的数据一致。

前面我们讨论了温度和掺杂浓度对载流子浓度和载流子迁移率的影响。在特定浓度的施主/受主浓度和特定温度下(利用图 19.15～图 19.18)，一旦 n、p、μ_e 和 μ_h 的值确定，就能够利用式(19.15)、式(19.16)或式(19.17)计算出 σ 的值。

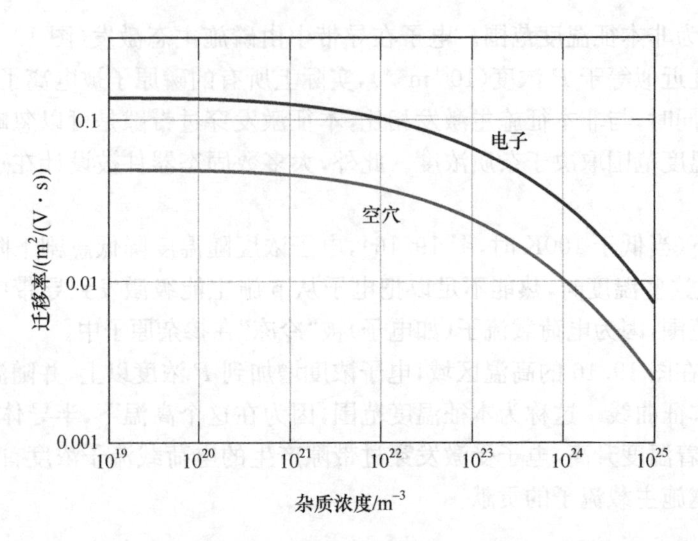

图 19.17　室温下硅的电子和空穴的迁移率(对数坐标)与掺杂含量(对数坐标)的关系

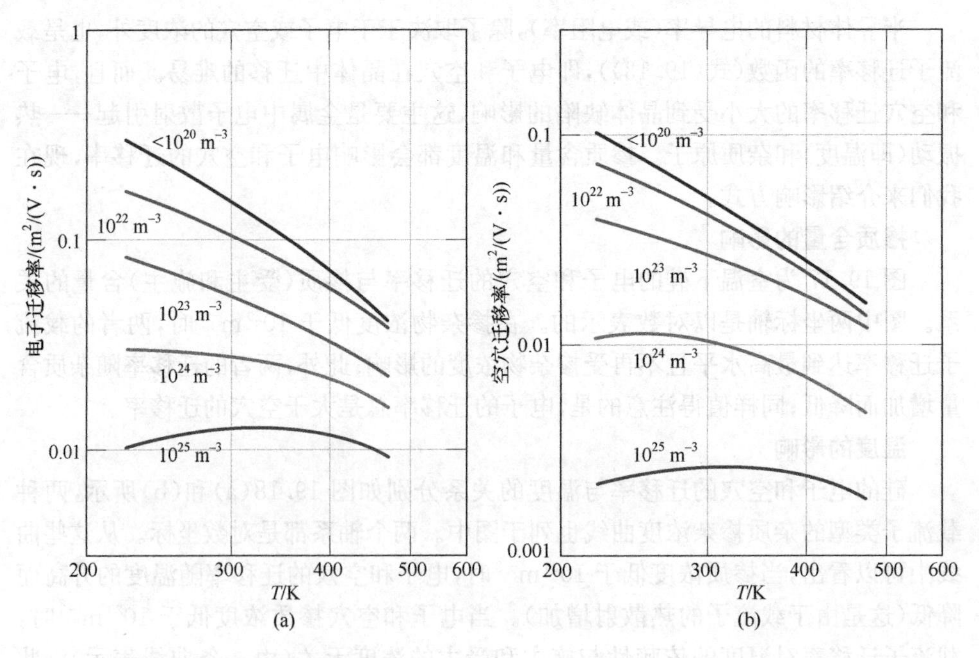

图 19.18　掺杂了不同施主和受主浓度的硅的电子迁移率(a)和空穴的迁移率(b)与温度的关系。所有坐标轴都是对数坐标

19.14　霍尔效应

对于有的材料而言,有时还需确定这些材料的主要电荷载体类型、浓度和迁移

率。但这不能通过简单的电导率测量来确定,同时还须进行霍尔效应实验。施加一个垂直于带电粒子运动方向的磁场,会产生一个同时垂直于磁场和粒子运动方向的电流,这一现象称为霍尔效应(Hall effect)。

为了解释霍尔效应,选择试样的几何形状如图 19.19 所示。一个平行六面体试样,其中一个角位于笛卡儿坐标系原点。为对应外部电场,电子和(或)空穴在 x 轴方向上移动并引起一个电流 I_x。当在 z 轴方向上施加磁场(表示为 B_z)时,电荷载流子受到的合力使它们偏离 y 轴方向——如图所示,空穴(带正电荷的)偏向试样右面,电子偏向左面。因此,在 y 轴方向上产生的电压,被称为霍尔电压 V_H。V_H 的大小取决于 I_x,B_z 以及试样厚度 d:

$$V_H = \frac{R_H I_x B_z}{d} \tag{19.18}$$

其中,R_H 表示霍尔系数(Hall coefficient),对特定材料是一个常数。金属,由电子所传导,其 R_H 是负值,由以下关系式表示:

$$R_H = \frac{1}{n|e|} \tag{19.19}$$

由式(19.18)可得 R_H,并且 e 是一个电子的电荷,是已知的。因此,可到 n。

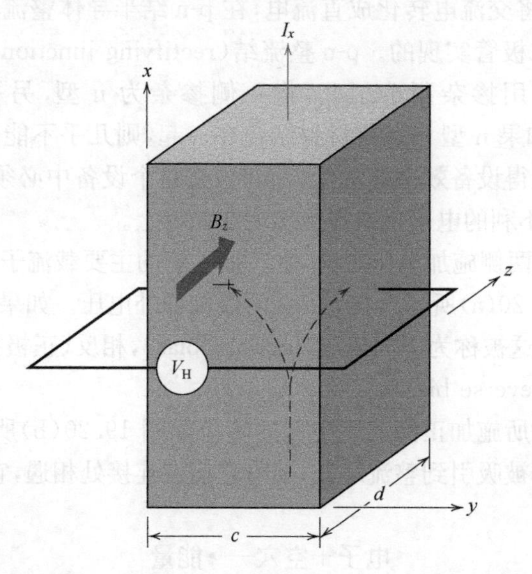

图 19.19 霍尔效应示意图。正载流子或负载流子是 I_x 电流的一部分,在磁场 B_z 作用下会发生偏移,产生霍尔电压,V_H

此外,式(19.8)中的电子迁移率 μ_e 可表示为

$$\mu_e = \frac{\sigma}{n|e|} \tag{19.20a}$$

或者利用式(19.19)可得

$$\mu_e = |R_H|\sigma \tag{19.20b}$$

因此,如果测量出电导率 σ 就可确定 μ_e 的值。

对于半导体材料,多数载流子类型的测定和载流子浓度、迁移率的计算更加复杂,这里不做讨论。

19.15　半导体器件

半导体独特的电性能使它们能用于执行特定的电子功能的器件。例如,广为熟知的二极管和晶体管,它们取代了旧式的真空电子管。半导体器件(固态电子器件)的优势包括尺寸小、能耗低和无预热时间。在大量极其微小的电路中,组成它的无数电子设备,可并入一个很小的硅片中。半导体元件的发明以及小型化电路系统的产生,是过去几年中大量新兴产业快速发展的原因。

p-n 整流结

整流器或者说二极管(diode),是一个只容许电流从单方向通过的电子器件。例如,一个整流器将交流电转化成直流电,在 p-n 结半导体整流器出现之前,这一操作是使用真空二极管实现的。p-n 整流结(rectifying junction)是由一块单独的半导体制作的,采用掺杂制造工艺,将一侧掺杂为 n 型,另一侧掺杂为 p 型(图 19.20(a))。如果 n 型与 p 型材料结合在一起,则几乎不能整流,因为这两个部分结合的表面使得设备效率非常低。同时,在整个设备中必须使用单晶半导体材料,因为对操作不利的电子现象往往出现在晶界上。

在 p-n 结试样两侧施加电压之前,空穴是 p 侧的主要载流子,电子是 n 区的主要载流子,如图 19.20(a)所示。在 p-n 结两极施加外电压。如果使用电池,正极接 p 侧,负极接 n 侧,这被称为正向偏压(forward bias),相反(正极接 n,负极接 p)则被称为负向偏压(reverse bias)。

电荷载流子对所施加正向偏置电压的响应如图 19.20(b)所示。在 p 侧的空穴和在 n 侧的电子被吸引到整流结处,随着它们在连接处相遇,它们不断地重组和湮灭,即

$$电子+空穴 \longrightarrow 能量 \tag{19.21}$$

因此,对于这种偏差,大量的电荷载流子通过半导体流动到至整流结,可由很大的电流及很小的电阻率得以证明。此时的电流-正向电压特性曲线如图 19.21 右半边所示。

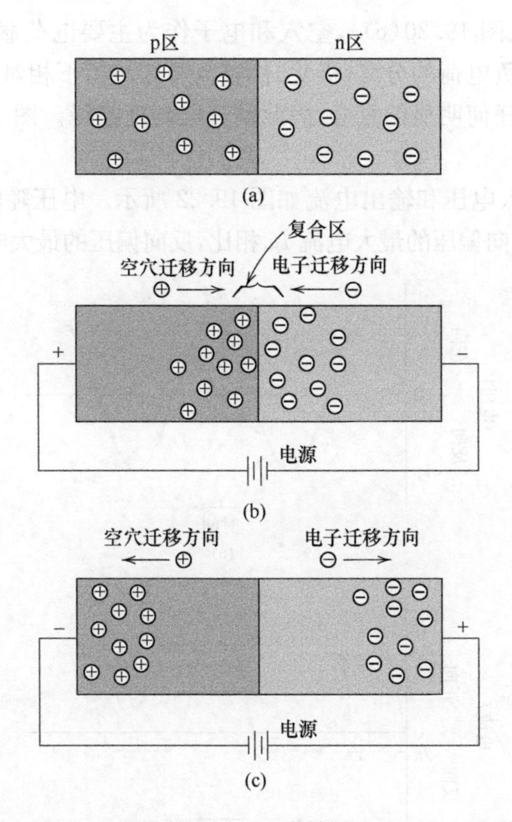

图 19.20　对于 p-n 整流结，施加(a)无外加电压，(b)正向偏压和(c)反向偏压时的电流和空穴分布示意图

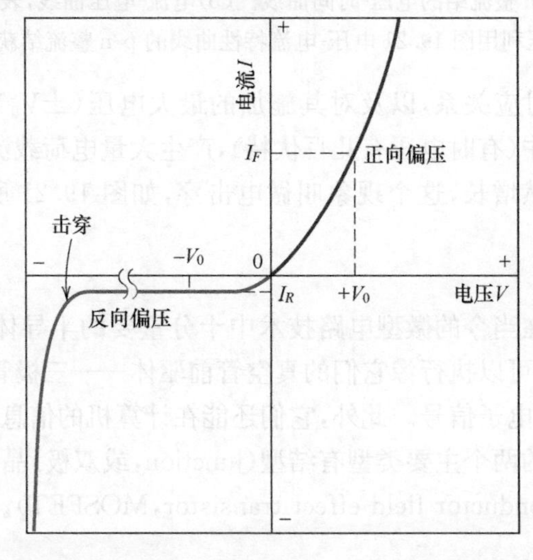

图 19.21　p-n 结施加正向和反向偏压时的电流-电压特性曲线。击穿电压已标出

对于反向偏压(图 19.20(c)),空穴和电子作为主要电荷载流子,迅速地离开整流结。正电荷和负电荷的分离(极化)使整流结区域留下相对自由的不固定电荷载流子。不会出现任何明显的复合,因此整流结高度绝缘。图 19.21 为电流-反向偏压行为。

整流过程的输入电压和输出电流如图 19.22 所示。电压随时间正弦曲线变化(图 19.22(a)),与正向偏压的最大电流 I_F 相比,反向偏压的最大电流 I_R 非常小。此

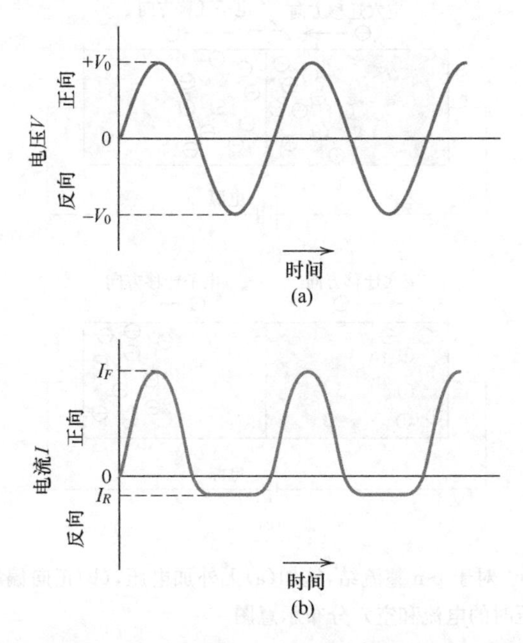

图 19.22 (a)p-n 整流结的电压-时间曲线。(b)电流-电压曲线,表明图(a)中的矫正电压,矫正电压利用图 19.21 电压-电流特性曲线的 p-n 整流结获得

外,I_F 和 I_R 之间的对应关系,以及对其施加的最大电压($\pm V_0$)如图 19.21 所示。

在高反向偏压中(有时电压有几百伏特),产生大量电荷载流子(空穴和电子)。从而引起电流的突然增长,这个现象叫做电击穿,如图 19.21 所示,并将在 19.22 节中详细讨论。

晶体管

晶体管是一种在当今的微型电路技术中十分重要的半导体元件,它有两种主要功能。第一,它们可以执行像它们的真空管前驱体——三极管那样的操作,也就是说,它们能够扩大电子信号。此外,它们还能在计算机的信息处理和存储中充当开关设备。晶体管的两个主要类型有结型(junction,或双极)晶体管和场效晶体管(metal-oxide-semiconductor field-effect transistor,MOSFET)。

1）结型晶体管

结型晶体管是由两个 p-n 结以任意 n-p-n 或者 p-n-p 结构背靠背排列组成，此处讨论的是后者。图 19.23 是 p-n-p 结型晶体管以及它所在电路的示意图。一个非常薄的 n 型基极区夹在 p 型发射极和集电极区域之间。该电路包括，发射极-基极结（结 1）是正向偏压，而反向偏置电压则在基极-集电结（结 2）。

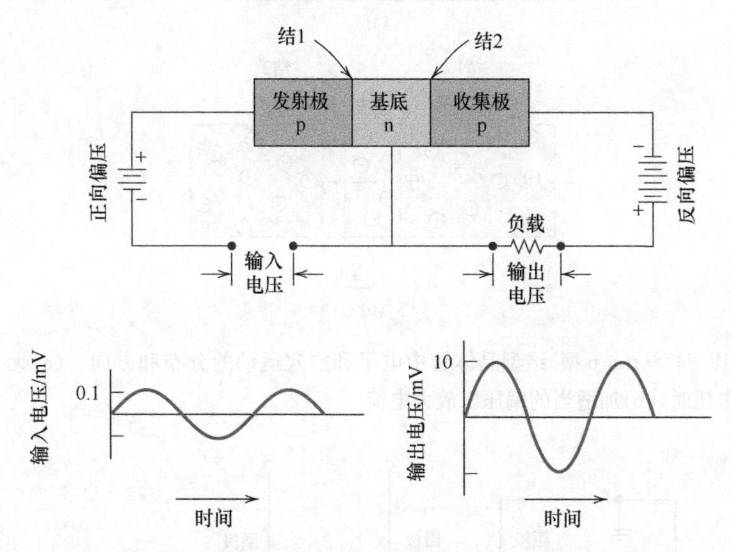

图 19.23 p-n-p 结晶体管示意图和关联电路，以及电压信号放大的输入和输出电压-时间特性

图 19.24 说明了根据电荷载流子的运动的操作机制。由于发射极是 p 型，结 1 是正向偏压，所以大量的空穴进入基极区。n 型基极的少数载流子是注入的空穴，且有些会与大多数电子结合。然而，如果基极非常窄且半导体材料准备适当，大多数空穴不与电子结合，顺利通过基极，继而通过结 2 到达 p 型集电极。这些空穴就成为了发射极-集电极电路的一部分。在发射极-基极电路中，输入电压略微增长就会使通过结 2 的电流大量增长。这种集电极电流的大量增长也体现在通过负载电阻电压的大量增加，如图 19.23 中的电路所示。因此，一个电压信号通过结型晶体管而被放大，这种效应在图 19.23 中的两条电压-时间曲线中也有所体现。

类似的推理适用于 n-p-n 晶体管的操作，只是空穴被电子替代被注入，由基极到达集电极。

2）金属氧化物半导体场效应晶体管

金属氧化物半导体场效应晶体管（MOSFET）中的一种由两个小岛似的 p 型半导体组成，而这两个 p 型半导体是在 n 型硅衬底上构成的，截面图如图 19.25 所示；两个岛间加入了一个狭窄的 p 型通道。在岛上加入适当的金属连接（源极和漏极），硅表面发生氧化而形成二氧化硅绝缘层。最后在绝缘层表面塑上一个终接器(栅极)。

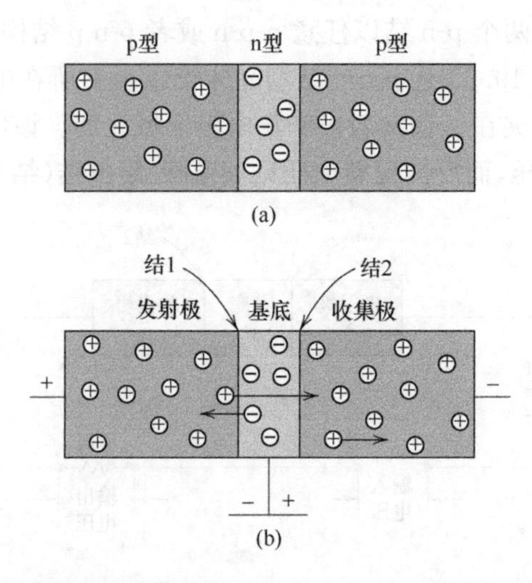

图 19.24　(p-n-p 型)结型晶体管中电子和空穴运动的分布和方向。(a)无外加电压时,(b)加适当的偏压以放大电流

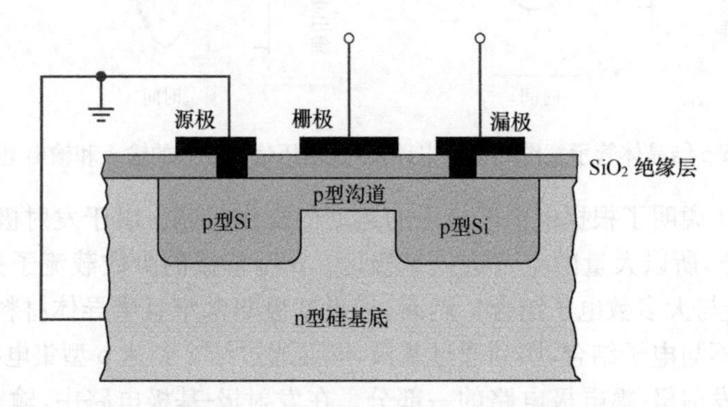

图 19.25　MOSFEET 横截面示意图

通道的电导率随着栅极上施加的电场而不同。例如,通过增强栅极的正电场以强迫电荷载流子离开通道,从而减少导电性。因此,栅极上电场的一个小改变会导致源极和漏极之间电流相对较大的变化。另外,在某些方面,MOSFET 的操作非常类似于结型晶体管。二者的主要区别是:与结型晶体管的基极电流相比,栅极电流非常小。因此,场效应管用于需要放大的信号源不能维持较大电流的情况下。

场效应管晶体管与结型晶体管的另一个重要区别是,虽然多数载流子主导着场效应晶体管的作用,(特别是耗尽 p 型场效应管晶体管中的空穴),而在结型晶体管中,少数载流子扮演着重要的角色(特别是 n 型基极区注入的空穴)。

3）计算机中的半导体

除了能增强电信号，晶体管和二极管也可以作为开关设备，用于算术和逻辑操作功能，也可用作电脑信息存储。计算机数据和运算是根据二进制代码（即数字的写入时2进制的）。在这个框架中，数字是由一系列的两种状态呈现（有时指定为0和1）。现在，拥有数字电路作为开关的晶体管和二极管也有两种状态—“开”和“关”：“关”对应于一个二进制数状态，“开”对应另一种二进制状态。因此，一个数字可以由一组能够适当切换的晶体管电路元件表示出来。

4）Flash内存（固态硬盘）

闪存是一个相对较新的、快速发展的信息存储技术，它也使用半导体装置。正如前面章节提到的，闪存的编程和清除都是电子化的。此外，这个闪存技术是非易失的，即不需要电源去保留存储信息。而且没有移动部件（与磁性硬盘和磁带一样，见20.11节），这使得闪存对一般信息存储和便携设备之间的数据传输特别具有吸引力，如数码相机、笔记本电脑、手机、数字音频播放器和游戏机。此外，闪存技术封装成存储卡、固态硬盘、USB闪存驱动器。与磁性存储器不同，闪存封装非常耐用，能够承受的温度极限相对更宽，又具有防水功能。此外，随着闪存技术的发展，存储容量将继续增加，物理芯片大小会减少，价格也会下降。

闪存的操作机制相对复杂，超出了我们讨论范围。从本质上讲，信息存储芯片由大量的信息单元组成。每个单元由一组类似于前文所说的MOSFET晶体管组成；二者的主要区别是：闪存晶体管有两个栅极，而MOSFET只有一个（图18.25）。闪存是一种特殊类型的电子可擦除、可编程的只读存储器（电可擦只读存储器，EEPROM）。数据能从整块网格中快速地删除，从而使这种类型的存储器对需要频繁更新大量数据的应用变得理想化（如前文所提到的应用）。清楚单元内容，以便它可以重写；这是通过栅极上电荷的变化实现的，这种变化非常迅速，所以起名为“flash”。

微电子电路

在过去的几年里，微电子电路的出现，彻底使电子产品领域发生了改变，微电子电路是将成千上万的电子元器件和电路纳入一个很小的空间的电路。这场革命在某种程度上，其实是航天技术的沉淀，因为航天技术需要计算机和小且功率低的电子元件。由于加工和制造技术的改进，集成电路的成本大幅降低。因此，个人电脑成为了许多国家的多数人口能负担起的物品。另外，集成电路（integrated circuits）的使用也进入了我们生活中许多方面——计算器、通信工具、手表、工业生产和控制，以及电子工业的所有阶段。

价格低廉的微电子电路大多是通过一些非常精巧的制造技术生产的。这一过程始于较大的圆柱形单晶高纯度硅的生长，薄的圆晶片就是从其中切割下来的。许多微电子电路的或集成电路，有时被称为芯片，都在一块单晶片上。芯片是矩形的，通常是 6mm 边长大小，包含成千上万个电子元件如二极管、晶体管、电阻器和电容器。放大的微处理机芯片如图 19.26 所示。这些显微照片展示了错综复杂的集成电路。此时，生产出了密度接近一亿个晶体管的微处理器芯片，并且这个数量正在以每 18 个月两倍的速度增长。

微电子电路由许多层，位于或者堆积在硅晶片精确详尽的图案上。利用光刻技术，每一层非常小的元件都被掩膜遮住，形成与微观图案一致的图案。电路元件是通过选择性的将特殊材料（通过扩散或离子注入，见 7.6 节）引入没被掩膜遮住的区域，以制造局部的 n 型、p 型、高电阻或者是导电区域。这个过程被一层一层地重复，直到全部集成电路被制造好，图 19.25 是 MOSFET 原理图。集成电路元件如图 19.26 所示。

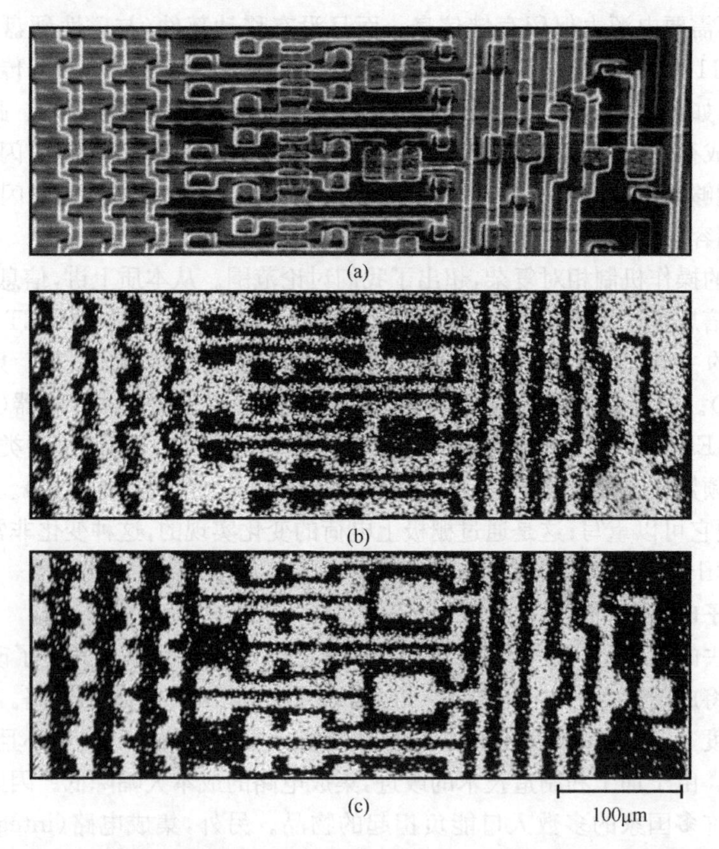

图 19.26 (a)集成电路的扫描电子显微照片。(b) 集成电路中硅的描点法地图，表明硅原子集中的区域。掺杂硅是集成电路的半导体材料。(c)铝的描点法地图。金属铝是一种电导体，因此，将电路元素连接在一起。大约 200×

陶瓷和高分子聚合物的电导

大多数高分子和陶瓷材料在室温下是绝缘的，因此，它们具有相似的电子能带结构，如图 19.4(c)所示。电子填充的价带跟空导带被一个很大的带隙隔开，通常大于 2eV。因此，在常温下，只有非常少的电子能被所接触到的热能激发而穿过带隙，这意味着它具有很小的电导率。表 19.3 列出了室温下各种材料的电导率。许多材料被广泛使用就是由于它们的绝缘能力，有高的电阻率。随着温度上升，绝缘材料电导率的增加，最终可能会大于半导体。

表 19.3 十三种非金属材料典型的室温电导率

材料	电导率/$(\Omega\cdot m)^{-1}$
石墨烯	3×10^4-2×10^5
陶瓷	
混凝土(干的)	10^{-9}
钠钙玻璃	$10^{-10}-10^{-11}$
瓷器	$10^{-11}-10^{-12}$
硼硅玻璃	$\sim10^{-13}$
氧化铝	$<10^{-13}$
石英玻璃	$<10^{-18}$
聚合物	
酚醛树脂	$10^{-9}-10^{-10}$
聚甲基丙烯酸甲酯	$<10^{-12}$
尼龙 6,6	$10^{-12}-10^{-13}$
聚苯乙烯	$<10^{-14}$
聚乙烯	$10^{-15}-10^{-17}$
聚四氟乙烯	$<10^{-17}$

19.16 离子材料的导电性

离子材料中的阴离子和阳离子都带有电荷，当施加电场时，都能够迁移或者扩散，因此，除了电子运动引起的电流之外，这些带电离子的定向移动也会产生电流。阴离子和阳离子是往相反方向迁移的。离子材料的总电阻率 σ_{total} 等于电子和离子的总贡献，公式如下：

$$\sigma_{total}=\sigma_{electronic}+\sigma_{ionic} \tag{19.22}$$

两者中任意一个的贡献可占主导地位，这取决于于材料、纯度和温度。

迁移率 μ_I 与每个离子种类都相关。公式如下：

$$\mu_1 = \frac{n_I e D_I}{kT} \tag{19.23}$$

其中，n_I 和 D_I 分别表示一个特定离子的化合价和扩散系数；e、k 和 T 为如前面章节所述的参数。因此，离子对总电阻率的贡献随温度增加而增加，如同电子元件。但是，尽管有这种电导率的贡献，大多数离子材料即使在高温下也还是保持绝缘。

19.17 聚合物的电性能

大多数聚合物材料不具有导电性。因为大量自由电子未参与传导过程。高分子材料中的电子以共价键方式紧紧绑在一起。这些材料的电传导机制还没有完全了解，但有人认为高纯聚合物材料是通过电子传导的。

导电聚合物

已经合成出来的具有导电性的聚合物材料与金属导体具有相同的标准。它们被称为导电聚合物。这些材料的电导率高达 $1.5\times10^7(\Omega\cdot m)^{-1}$。以单位为基准，这个值相当于铜的电导率的四分之一，以重量为基准，这个值是铜电导率的两倍。

在十几个左右聚合物中都发现了这个现象，其中包括聚乙炔、聚对苯、聚吡咯和聚苯胺。每一个这些聚合物的高分子链中都包含一个交替的单键或双键或芳香烃。例如，如下所示的聚乙炔的链型结构：

重复单元

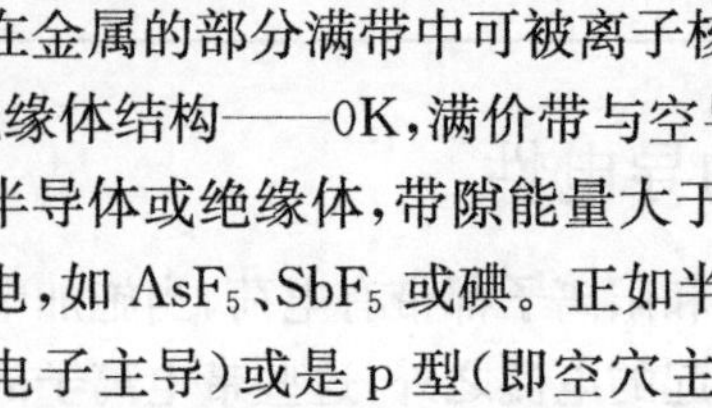

价电子与相互交替的离域的单链键或双链键有关，这意味着它们共享聚合物链中的骨架原子，类似于电子在金属的部分满带中可被离子核共享。此外，导电聚合物的能带结构是典型的电绝缘体结构——0K，满价带与空导带被禁带隙分隔开。在纯形式下，这些聚合物是半导体或绝缘体，带隙能量大于 2eV。但是，当掺杂恰当的杂质时，它们就可以导电，如 AsF_5、SbF_5 或碘。正如半导体一样，导电聚合物也可以被做成 n 型（即自由电子主导）或是 p 型（即空穴主导），这都取决于掺杂物。但是，和半导体不同的是，掺杂物原子或分子不能替换或取代任何聚合物原子。

这些导电聚合物产生大量自由电子和空穴的机制是复杂的，且尚未完全了解。用非常简单的术语来说，掺杂物原子导致了新能带的形成，本征聚合物的价带和导带部分重叠，产生部分满带，在室温下产生高浓度的自由电子和空穴。调整聚合物链的取向，无论用机械的还是磁力的，在高度各向异性材料的合成中，都会导致沿取向方向有最大电导率。

这些导电聚合物有许多潜在的应用，因为它们密度低且可塑性强。现在的可充电电池和燃料就是用聚合物电极制造的。在许多方面，这些电池优于它们的同类金属制品。其他领域的应用包括：飞机或宇宙航空部件的制造、服装的抗静电涂层、电磁筛选材料以及电子器件（如晶体管、二极管）。一些导电聚合物材料展示了电致发光现象，即用电流激发发光。电致发光聚合物目前已用于太阳能板和平板显示器等。

介电行为

介电材料（dielectric material）是电绝缘的（非金属材料），（或可）表现为电偶极子（electric dipole）结构。也就是说，带点实体的正负电荷中心在分子或原子水平分离。关于电偶极子的概念在 2.7 节中有所介绍。由于电场的偶极相互作用，介电材料可用于电容器。

19.18 电容

当电压加载到电容器时，电容器中的一个板呈现正电荷，另一块板呈现负电荷，与电场从正到负的方向一致。电容（capacitance，C）与任一板上的存储电量 Q 相关，即

$$C=\frac{Q}{V} \tag{19.24}$$

其中，V 是加载于电容器上的电压。电容的单位是库/伏（C/V），即法拉（F）。

现在考虑一个平行板电容器，板间为真空，电容可从下面关系式计算：

$$C=\varepsilon_0\frac{A}{l} \tag{19.25}$$

其中，A 为板的面积；l 为板间距；ε_0 称为真空介电常数（电容率），是一个普适常数，为 8.85×10^{-12} F/m。

如果介电材料插入到两板之间（图 19.27(b)），则

$$C=\varepsilon\frac{A}{l} \tag{19.26}$$

其中，ε 为介质的介电常数，它远大于 ε_0。相对介电常数 ε_r，通常被称为介电常数（dielectric constant），等于两者之比：

$$\varepsilon_r=\frac{\varepsilon}{\varepsilon_0} \tag{19.27}$$

这个值 ε_r 大于 1，它表示在板间插入介电材料后，电荷储存容量增加。相对介电常数是表征材料的一种性质，在设计电容器时作为主要参数加以考虑。表 19.4 中列

出了许多介电材料的 ε_r 值。

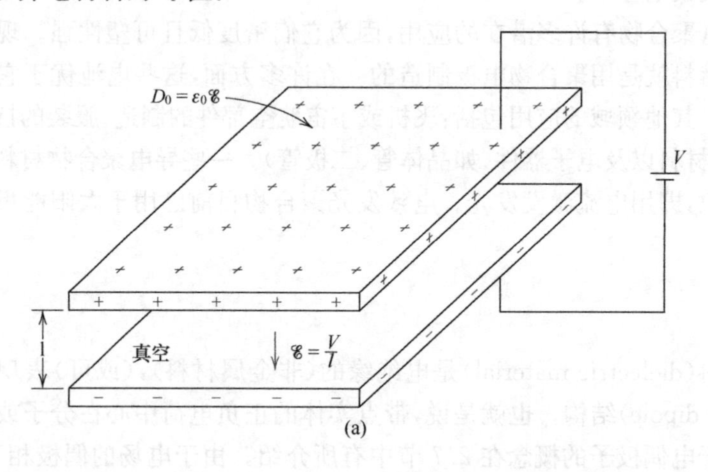

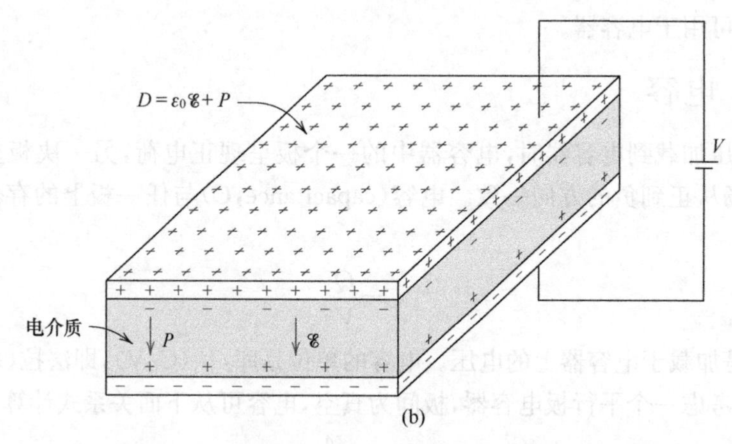

图 19.27 (a)真空和(b)有介电材料时的平行板电容器

表 19.4 一些介电材料的介电常数和介电强度

材料	介电常数		介电强度/(V/mil)[a]
	60Hz	1MHz	
陶瓷			
钛酸盐陶瓷	—	15～10000	50～300
云母	—	5.4～8.7	1000～2000
滑石(MgO-SiO2)	—	5.5～7.5	200～350
钠钙玻璃	6.9	6.9	250
瓷器	6.0	6.0	40-400
石英玻璃	4.0	3.8	250

续表

材料	介电常数		介电强度/(V/mil)[a]
	60Hz	1MHz	
聚合物			
酚醛树脂	5.3	4.8	300～400
尼龙 6,6	4.0	3.6	400
聚苯乙烯	2.6	2.6	500～700
聚乙烯	2.3	2.3	450～500
聚四氟乙烯	2.1	2.1	400～500

a 1mil=0.001in。这些介电强度值为平均值，大小取决于试样的厚度和形状，以及施加电场的速率和时间。

19.19　场矢量和极化

也许解释电容现象最好的办法就是借助场矢量。首先，每个偶极有分离的正、负电荷，如图 19.28 所示。电偶极动量 p 与每个偶极的关系如下：

$$p=qd \tag{19.28}$$

其中，q 是每个偶极的电荷大小；d 是正、负电荷分离的距离。实际上，偶极动量是一个从负电荷到正电荷方向的矢量，如图 19.28 所示。在外电场$\mathscr{E}$的作用下，还是一个矢量，电场中力(或力矩)使电偶极的取向与外加电场一致。如图 19.29 所示。这种偶极排列调整的过程称为极化(polarization)。

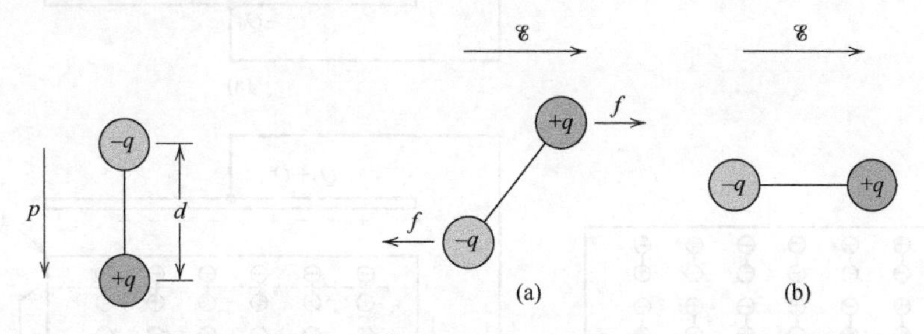

图 19.28　距离为 d 的两个电荷(电量为 q)之间产生电偶极的示意图；极化矢量 p 如图所示

图 19.29　(a)电场作用下，斥力(扭矩)对偶极子的作用。(b)电场作用下最终的偶极子排列方式

回到电容器上，表面电荷密度 D，或电容板上单位面积的电荷量(C/m^2)，与电场 $\mathscr{E}$ 成正比。在真空状态时，则

$$D_0=\varepsilon_0\mathscr{E} \tag{19.29}$$

其中，ε_0 是比例常数。此外，在存在电介质的情况下，具有类似的表达：

$$D=\varepsilon\mathscr{E} \tag{19.30}$$

有时，D 也称为介电位移(dielectric displacement)。

电容或介电常数的增加，可运用介电材料的简单极化模型加以解释。考虑图 19.30(a)中电容器的真空状态，这里正电荷$+Q_0$储存在板的顶部，而负电荷在板的底部。当介电材料被引入并施加电场时，在板内的整个固体将被极化(图 19.30(c))。由于这种极化，在接近正电荷板的介电材料表面存在负电荷的净累积$-Q'$，同样以类似的方式，在接近负电荷板的介质材料表面存在正电荷的累积$+Q'$，这样导致正负电荷板上电荷的增加。远离表面的电介质区域，极化效应并不重要。因此，如果每块板和它邻近的介质表面看做是一个实体，介电材料上的感应电荷($+Q'$或$-Q'$)可以认为会抵消一些真空状态下最初存在于板上的电荷($-Q_0$或$+Q_0$)。通过增加负极板(底部板)上的电荷数量$-Q'$和正极板上电荷数量$+Q'$，施加于板间的电压会维持真空值。通过外加电压电源使电子从正极板流向负极板，会恢复适当电压。因此，现在每块板的电荷是Q_0+Q'，增加了Q'。

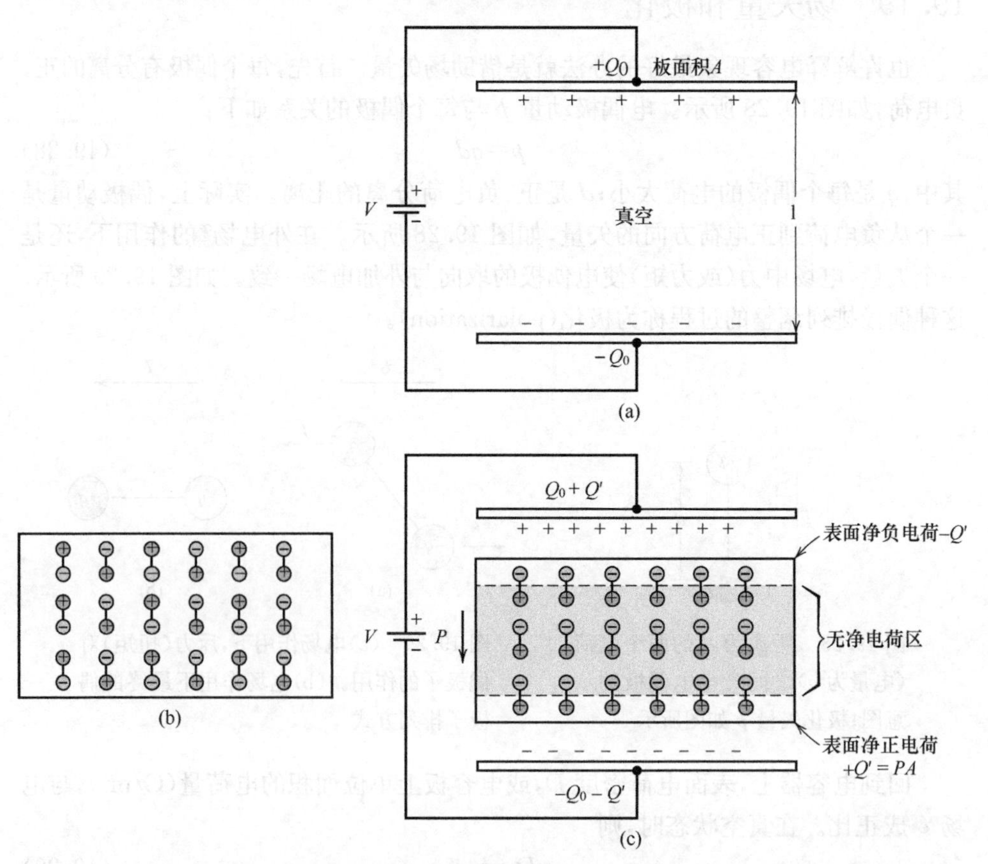

图 19.30　(a)真空中电容器极板间存在的电荷示意图，(b)非极性电介质中偶极子的排列示意图和(c)极性介电材料使电容器中的电量增加示意图

在介电材料存在下,板之间的电荷密度等于电容器两板上的表面电荷密度,可表示为

$$D=\varepsilon_0\mathscr{E}+P \tag{19.31}$$

其中,P 是极化强度,即在真空状态下,由于介电材料的存在而增加的电荷密度。由图 19.30(c)可知,$P=Q'/A$,式中 A 是每块板的面积,P 的单位同 D 一样,为 C/m^2。

极化强度 P 也可认为是单位体积介电材料的总电偶极矩,或是由于外场作用,许多原子或分子偶极之间相互调整而产生的介电材料中的极化电场。对于许多介电材料,P 与$\mathscr{E}$成正比,即

$$P=\varepsilon_0(\varepsilon_r-1)\mathscr{E} \tag{19.32}$$

在这种情况下,ε_r 与电场大小无关。

表 19.5 列出了几种介电参数及其单位。

表 19.5 不同电学常数和场矢量的基本单位和推导单位。

物理量	符号	SI 单位	
		导出单位	基本单位
电势	V	伏特	$kg\cdot m^2/s^2\cdot C$
电流	I	安培	C/s
电场强度	E	伏特/米	$kg\cdot m/s^2\cdot C$
电阻	R	欧姆	$kg\cdot m^2/s\cdot C^2$
电阻率	ρ	欧姆·米	$kg\cdot m^3/s\cdot C^2$
电导率[a]	σ	$(欧姆\cdot米)^{-1}$	$s\cdot C^2/kg\cdot m^3$
电荷	Q	库仑	C
电容	C	法拉	$s^2\cdot C^2/kg\cdot m^2$
电容率	ε	法拉/米	$s^2\cdot C^2/kg\cdot m^3$
介电常数	ε_r	无量纲	无量纲
电位移	D	法拉·伏特/米^2	C/m^2
极化强度	P	法拉·伏特/米^2	C/m^2

19.20 极化的类型

极化是原子或分子的永久或诱导偶极矩对外加电场的协调。有三种极化类型,或者说是极化来源:电子、离子和取向。介电材料通常表现出至少一种极化类型,这取决于材料和施加电场的方式。

电子极化

电子极化(electronic polarization)是所有原子不同程度地被诱导。这是由于带负电荷的电子云中心相对于电场中带正电的原子核不重合(图 19.31(a))。这

种极化类型存在于所有介电材料以及有外加电场存在时。

离子极化

离子极化(ionic polarization)只出现在离子材料中。施加电场使阳离子向一个方向,而阴离子向另一方向移动,从而引起净偶极矩。这一现象如图 19.31(b)所示。每个离子对的偶极矩大小 p_i,等于相对位移 d_i 和每个离子电荷的积,即

$$p_i = qd_i \tag{19.33}$$

取向极化

第三种类型,取向极化(orientation polarization),仅存在于拥有永久偶极矩的物质中。极化是由于永久偶极矩在外电场方向的旋转造成的,如图 19.31(c)所示。这个排列倾向会被原子的热振动抵消,因此极化随温度增加而降低。

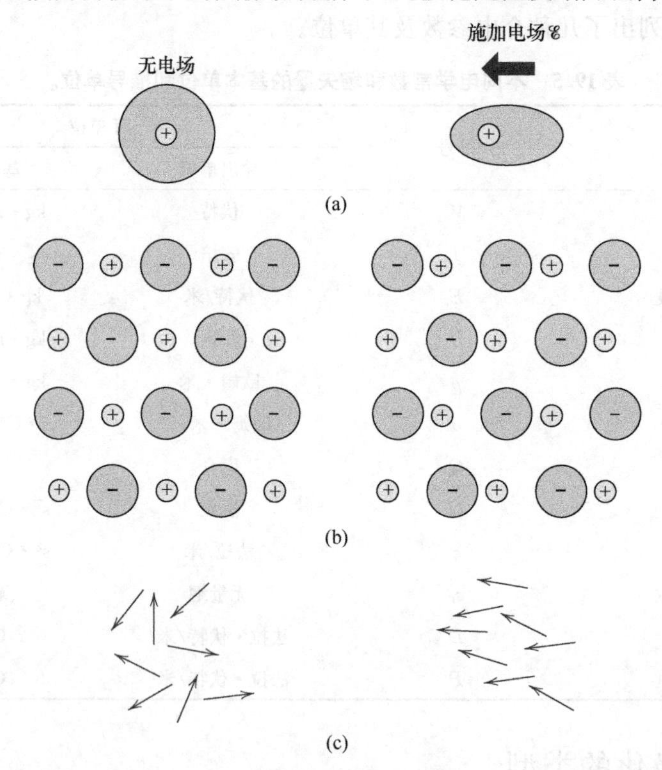

图 19.31　(a)在电场作用下原子中电子云变形导致的电荷极化。(b)带电粒子响应外加电场发生相对位移,产生离子极化。(c)永久电偶极子(箭头)对外加电场的响应,产生取向极化

物质的总极化 P 等于电子极化、离子极化和取向极化的总和(分别是 P_e、P_i 和 P_0),即

$$P = P_e + P_i + P_0 \tag{19.34}$$

一个或者多个贡献与其他贡献相比，有时对总极化来说是不存在或在数值上可忽略不计的。例如，共价键材料中没有离子极化，因为其中不存在离子。

19.21 频率对介电常数的影响

在许多实际情况下，电流是交流的。也就是说外加电压或者电场会随着时间而改变方向，如图 19.22(a)所示。考虑到介电材料有被电场极化的倾向，当每个方向逆转时，偶极会有适应电场方向的倾向，如图 19.32 所示，这个过程需要一定的时间。对于每种极化类型，存在最小重新定位时间，这取决于特定偶极子能够重新排列难易。弛豫频率(relaxation frequency)是最小重新定位时间的倒数。

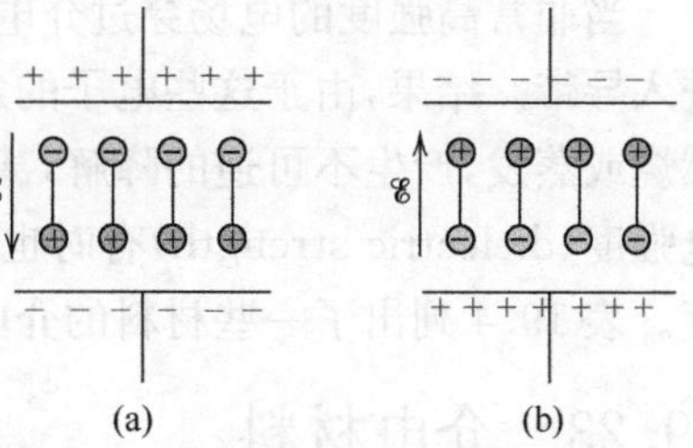

图 19.32 (a)交流电场和(b)反极性电场下，偶极子的取向

当外加电场频率大于它的弛豫频率时，偶极子不能改变取向方向，因此，它将不会对介电常数产生贡献。ε_r 对电场频率的依赖如图 19.33 所示，电介质展示了全部三种极化类型。(频率轴是用对数表示)。在图 19.33 中，当极化进程停止时，介电常数突然下降，ε_r 几乎与频率无关。表 19.4 列出了介电常数在 60Hz～1MHz 的值，它们表明了低频时的频率相关性。

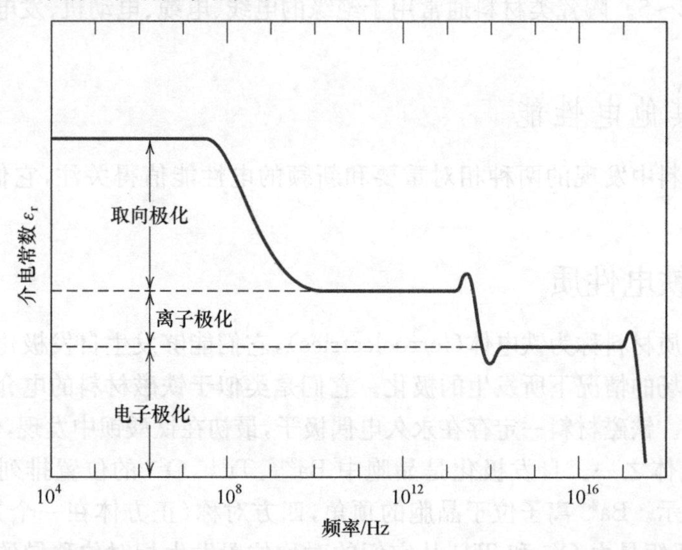

图 19.33 介电常数随交流电场频率的变化曲线。电子极化、离子极化和取向极化之和为介电常数

介电材料在交变电流中吸收电能,称为介电损耗。这些损耗对特定材料的每种偶极类型弛豫频率附近的电场频率分析是十分重要的。在使用频率时,通常期望较低的介电损耗。

19.22 介电强度

当非常高强度的电场穿过介电材料时,大量电子可能突然被激发获得能量而进入导带。结果,由于这些电子的急剧增加,电流会穿过电介质。有时,局部融化、燃烧或蒸发,产生不可逆的降解,甚至是材料失效,这种现象称为电介质击穿。介电强度(dielectric strength)有时也被称为击穿强度,表示产生击穿需要的电场强度。表 19.4 列出了一些材料的介电强度。

19.23 介电材料

大量陶瓷和聚合物被用作绝缘体,或用于电容器。许多陶瓷,包括玻璃、瓷器、滑石和云母,它们的介电常数在 6～10(表 19.4)。这些材料展示了它们高度的空间稳定性和机械强度。其典型应用包括电源线和电绝缘材料、开关座以及灯插座。二氧化钛(TiO_2)和钛酸盐陶瓷制品(如 $BaTiO_3$)具有很高的介电常数,这使得它们在某些电容器的应用中尤其有效。

大多数聚合物材料的介电常数比陶瓷材料小,因为陶瓷材料具有更大的偶极矩,ε_r 值在 2～5。陶瓷类材料通常用于绝缘的电线、电缆、电动机、发电机等,还有某些电容器。

材料的其他电性能

一些材料中发现的两种相对重要和新颖的电性能值得关注,它们是铁电和压电。

19.24 铁电性质

一类介质材料称为铁电体(ferroelectrics),它们能够发生自发极化,也就是在没有外加电场的情况下所发生的极化。它们是类似于铁磁材料的电介质,或会显示永磁行为。铁磁材料一定存在永久电偶极子,最初在钛酸钡中发现,钛酸钡是最常见的铁电体之一。自发极化是晶胞中 Ba^{2+}、Ti^{4+}、O^{2-} 的位置排列的结果,如图 19.34 所示。Ba^{2+} 离子位于晶胞的顶角,四方对称(正方体在一个方向上略微加长)。偶极矩是由 O^{2-} 和 Ti^{4+} 从它们的对称位置发生相对位移导致的,如晶胞侧视图所示。O^{2-} 位于靠近但微低于六个面中心的位置,而 Ti^{4+} 从晶胞中心位置向上移动。因此,永久离子偶极矩与每个晶胞密切相关(图 19.34(b))。但是,当钛酸钡受热超过它的铁电居里温度(120℃)时,晶胞变成立方体,并且晶胞中的所有离子呈现对称结构,材料具有钙钛矿结构(图 4.9),此时铁电行为停止。

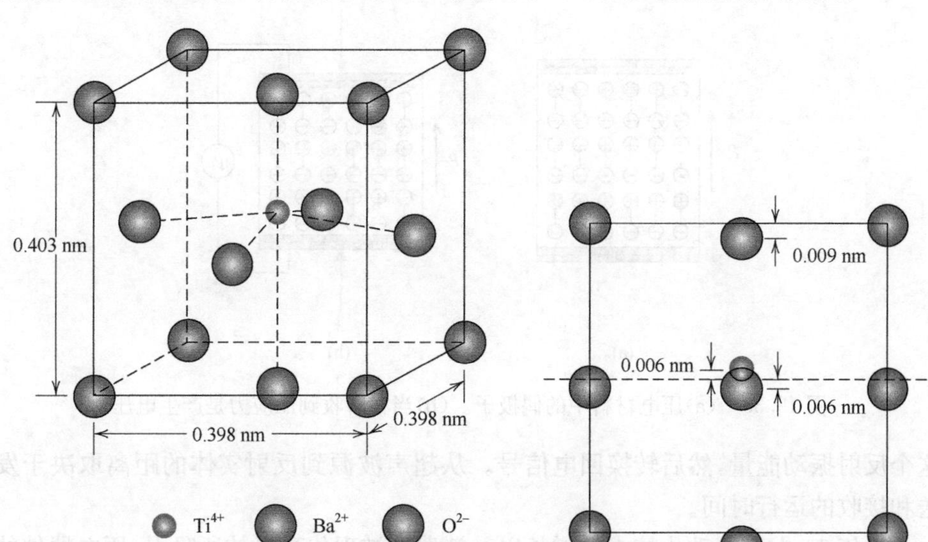

图 19.34 钛酸钡($BaTiO_3$)单胞的(a)等轴透射图,(b)面视图,表明 Ti^{4+} 和 O^{2-} 从面心的移位

这些材料的自发极化是由于相邻的永久偶极子之间的交互作用引起的,这些偶极子会向同一方向相互排成一列。例如钛酸钡,样品所有晶胞中的 O^{2-} 和 Ti^{4+} 在同一方向上发生相对位移。也有其他表现出铁电性的材料,如罗谢尔盐($NaKC_4H_4O_6 \cdot 4H_2O$)、磷酸二氢钾(KH_2PO_4)、铌酸钾($KNbO_3$)。铁电体在很低的电场频率下有着非常高的介电常数。例如,在室温下,钛酸钡的 ε_r 大约为5000。因此,由这种材料制成的电容器远小于由其他介电材料所制成的电容器。

19.25 压电效应

一些陶瓷材料(也有一些聚合物材料)会表现出一个不寻常的现象,压电效应。从字面上看,就是压力电流。由于施加外部压力而造成晶体中产生机械张力(尺寸变化),电极化(即电场或电压)在压电晶体中产生,如图 19.35 所示。作用力改变(从拉力变为到压缩)时,电场方向也改变。这类材料中也展示了逆压电效应。也就是说,机械应变是由施加的电场所引起的。

压电材料(piezoelectric materials)可被用做电力和机械能之间的传感器。压电陶瓷的早期应用是声呐脉冲测距系统,用于检测水中物体(如潜水艇),以及利用发射和接受超声波来确定水中物体的位置。压电晶体由电信号影响而摆动,产生能在水中传播的高频机械振动。当遇到目标时,信号被反射,另一个压电器件接受

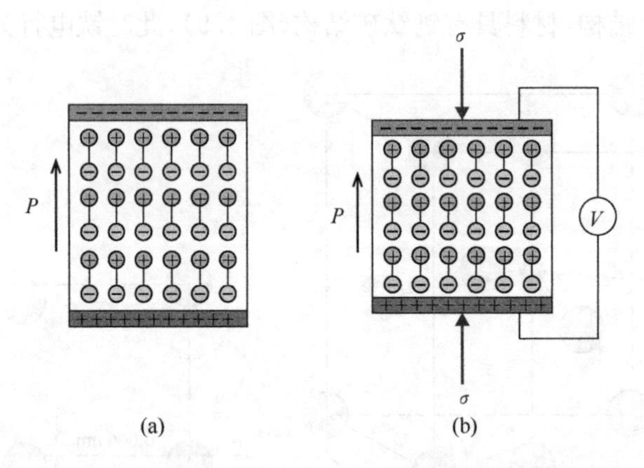

图 19.35　(a)压电材料中的偶极子。(b)当材料收到压应力是产生电压

这个反射振动能量，然后转换回电信号。从超声波源到反射实体的距离取决于发送和接收的运行时间。

近年来，由于自动化技术的增长以及消费者被现代高科技所吸引，压电器件的使用急剧增加。如今许多应用系统中都有压电器件的使用，包括汽车的车轮平衡、安全带蜂音器、踏板磨耗指示器、无钥匙门禁以及安全气囊；计算机或者电子设备中的麦克风、扬声器、键盘和笔记本变压器的微驱动器；商业的或消费者的喷墨打印、应变仪、超声波焊机以及烟雾探测器；医学的胰岛素泵、超声波疗法、超声波白内障转移设备等。

压电陶瓷材料包括钛酸钡和钛酸铅（$BaTiO_3$ 和 $PbTiO_3$）、锆酸铅（$PbZrO_3$）、锆钛酸铅 PZT，[$Pb(Zr,Ti)O_3$]以及铌酸钾（$KNbO_3$）。这个性质是具有复杂的晶体结构和低对称度材料所特有的。在强电场作用下，当加热到其居里温度以上，然后冷却到室温时，多晶样品的压电行为可被改善。

第20章 热 性 能

三种主要的材料类型中，陶瓷是最易受到热冲击影响的，脆性断裂是由陶瓷块内温度的剧烈变化(通常是冷却)引起的内应力造成的，热冲击通常是不受欢迎的事件，陶瓷材料对这一现象的敏感性是它的热性能和机械性能的函数(热膨胀系数、导热系数、弹性系数和断裂强度)，从热冲击参数和这些特性之间的关系可知，可能：①在某些情况下，为了使陶瓷更耐热冲击，做出适当的温度和机械性能的改变；②对于特定的陶瓷材料，估计不发生断裂最大可允许的温度变化。

20.1 引言

所谓材料的热性能就是材料对热作用的响应。当固体以热的形式吸收能量，它的温度就会提高，它的尺寸也会增大。如果温度梯度存在，热能就会传到试样较冷的区域，最终，试样可能会融化。热容、热膨胀和热导率是固体材料实际应用的至关重要的热性能。

20.2 热容

当固体材料被加热时呈现温度的升高。热容(heat capacity)是一种表示材料从外部环境吸收热的能力，它表示为每升高1K温度所需的能量，热容以数学的形式可表达为

$$C=\frac{\mathrm{d}Q}{\mathrm{d}T} \tag{20.1}$$

其中，$\mathrm{d}Q$ 是产生 $\mathrm{d}T$ 温度变化所需的能量。热容通常指定一摩尔物质(J/(mol·K)、cal/(mol·K))，有时使用比热容(specific heat，常用小写字母 c 表示)，它表示单位质量的热容，有不同形式的单位J/(kg·K)、cal/g·K及Btu/(b_m·℉)。

根据热传递的环境条件，有两种方法可以测定热容。一是样品体积不变时的定容热容 C_v，另一种是外部压力不变时的定压热容 C_p。C_p 的值总是大于或等于 C_v，这种差异对于室温及以下温度时的大多数固体材料是非常小的。

振动热容

在大部分固体中，热能消耗的主要方式是通过增加原子的振动能，固体材料中的原子不断以高频率低振幅振动。相邻原子的振动是通过原子键耦合的，而不是独立的。这些振动以传递点振波的方式进行协调，这种现象如图20.1所示。它们可以被认为是弹性波或者简谐的声波，具有短的波长和很高的频率，并以声速在晶

体中传播。材料的振动热能是由一系列这些弹性波所构成的，这些弹性波具有分布区和频率。只有某些能量值是被允许的(能量是量子化的)，单个量子的振动能称为声子(phonon，声子是类似于电磁辐射的量子，光子)。有时振动波本身就被称为声子。

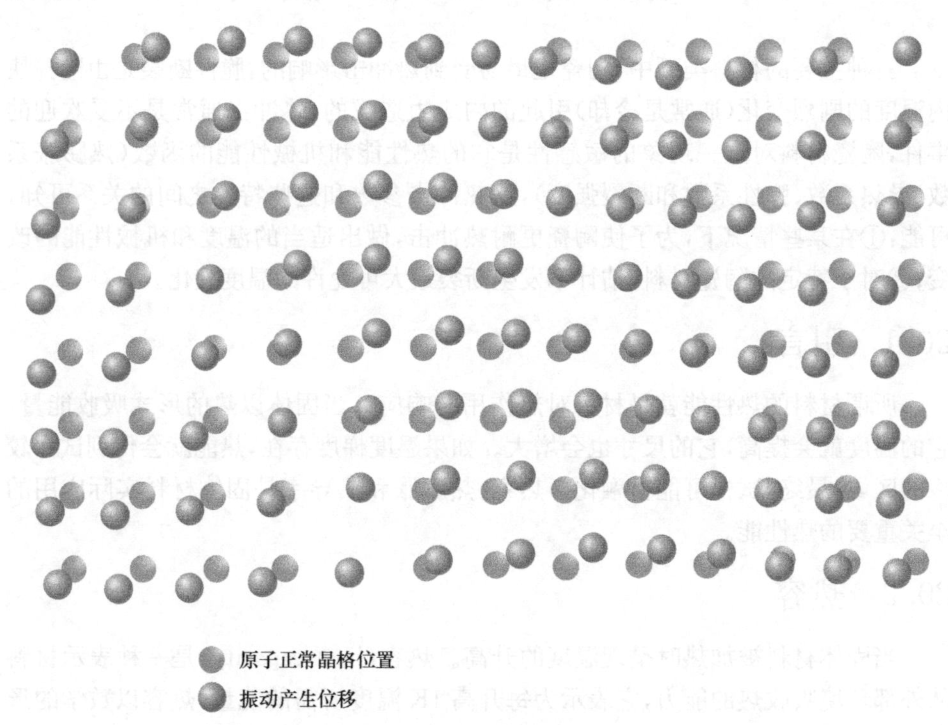

图 20.1 晶体中点阵波通过原子振动的方式产生示意图

电子在传导过程中，自由电子的热散射就是通过这些振动波产生的(见 19.7 节)，这些弹性波也在热传导过程中参与了能量传递(见 20.4 节)。

热容与温度的关系

对许多晶体结构比较简单的固体，当体积恒定时，振动对定容热容 C_v 的贡献随温度的变化规律如图 20.2 所示。在 0K 时，C_v 等于零，但随着温度的升高迅速增加。这相当于提高了点阵波的能力，从而随着温度的升高增强了它的平均能量。在低温时，C_v 和热力学温度 T 的关系为

$$C_v = AT^3 \tag{20.2}$$

其中，A 是与温度无关的常数。在德拜(Debye)温度 θ_D 以上，C_v 基本与温度无关，近似等于 $3R$(R 是气体常数)。因此，即使材料的总能量随温度升高而增加，但产生 1K 温度变化所需的能量值不变。德拜温度 θ_D 的值对于许多材料是低于室温的，C_v 的室温值约为 $25\text{J} \cdot (\text{mol} \cdot \text{K})^{-1}$。表 20.1 列出了许多材料的实验比热。

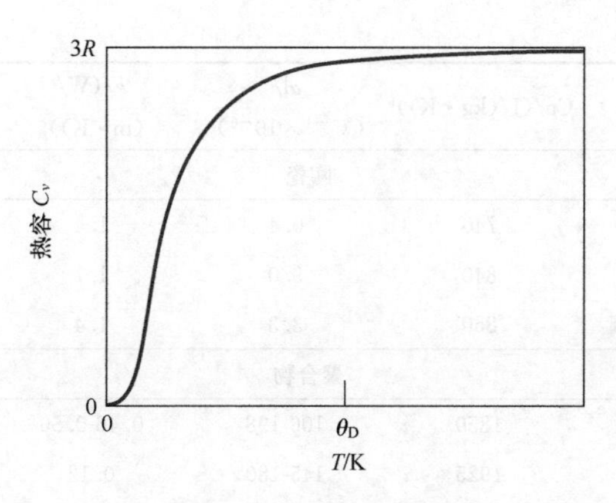

图 20.2 体积恒定时，热容随温度的变化，θ_D 为德拜温度

表 20.1 各种材料的热性能

材料	Cp/(J/(kg・K))[a]	αl/(℃$^{-1}$×10^{-6})[b]	k/(W/(m・K))[c]	L/(Ω・W/(K^2×10^{-8}))
		金属		
铝	900	23.6	247	2.20
铜	386	17.0	398	2.25
金	128	14.2	315	2.50
铁	448	11.8	80	2.71
镍	443	13.3	90	2.08
银	235	19.7	428	2.13
钨	138	4.5	178	3.20
1025 钢	486	12.0	51.9	—
316 不锈钢	502	16.0	15.9	—
黄铜(70Cu-30Zn)	375	20.0	120	—
Kovar 镍钴合金 (54Fe-29Ni-17Co)	460	5.1	17	2.80
Invar(64Fe-36Ni)	500	1.6	10	2.75
特级 Invar(63Fe-32Ni-5Co)	500	0.72	10	2.68
		陶瓷		
氧化铝(Al_2O_3)	775	7.6	39	—
氧化镁(MgO)	940	13.5[d]	37.7	—
尖晶石($MgAl_2O_4$)	790	7.6[d]	15.0[e]	—

续表

材料	Cp/(J/(kg·K))[a]	αl/(℃$^{-1}$×10^{-6})[b]	k/(W/(m·K))[c]	L/(Ω·W/(K^2×10^{-8}))
		陶瓷		
熔融石英(SiO_2)	740	0.4	1.4	—
钠钙玻璃	840	9.0	1.7	—
硼硅酸盐(Pyrex)玻璃	850	3.3	1.4	—
		聚合物		
聚乙烯(高密度)	1850	106-198	0.46-0.50	—
聚丙烯	1925	145-180	0.12	—
聚苯乙烯	1170	90-150	0.13	—
聚四氟乙烯(铁氟龙)	1050	126-216	0.25	—
酚醛树脂	1590-1760	122	0.15	—
尼龙 6,6	1670	144	0.24	—
聚异戊二烯	—	220	0.14	—

a 如转换为 cal/(g·K),乘以 2.39×10^{-4},如转换为 Btu/(Ib_m·℉),乘以 2.39×10^{-4}。

b 如转换为(℉)$^{-1}$,乘以 0.56。

c 如转换为 cal/(s·cm·K),乘以 2.39×10^{-3};如转换为 Btu/(ft·h·℉),乘以 0.578。

d 100℃所测值。

e 温度范围在 0～1000℃的平均值。

其他的热容贡献

还存在其他能量吸收机制能够增加固体总热容。但是,在大多数情况下,它们相对于振动的贡献是很小的。其中,电子的贡献是电子通过增加动能吸收能量,但是,这只可能是自由电子:那些从满态被激发到高于费米能的空态的电子(见 19.6 节)。在金属中,电子只有在接近费米能的状态才能被这样转移,而这些只是所有中的一小部分。在半导体和绝缘体材料中只有很小比例的电子能被激发,因此,这些电子的贡献是无关紧要的,除了温度在 0K 时。

此外,一些材料其他能量吸收过程发生在特定的温度,例如,铁磁材料电子自旋的不规则分布在它加热超过居里温度时发生。在热容-温度曲线这个转变的温度处有一个大的尖峰。

20.3 热膨胀

大多数固体材料是热胀冷缩的,固体材料的长度随温度变化的表达式为

$$\frac{l_f-l_0}{l_0}=\alpha_l(T_f-T_0) \tag{20.3a}$$

或

$$\frac{\Delta l}{l_0}=\alpha_l \Delta T \tag{20.3b}$$

其中,l_0 和 l_f 分别表示从 T_0 温度变化到 T_f 温度时的初始长度和最终长度;α_l 是线性热膨胀系数(linear coefficient of thermal expansion),它表示材料加热时的膨胀性质。当然,加热或冷却影响物体的尺度,使体积发生变化。体积随温度的变化可由下式计算:

$$\frac{\Delta V}{V_0}=\alpha_V \Delta T \tag{20.4}$$

其中,ΔV 和 V_0 分别是体积变化和初始体积;α_V 表示体热膨胀系数。在许多材料中,α_V 的值是各向异性的,即它取决于测定的晶体学方向。热膨胀是各向同性的材料,α_V 约等于 $3\alpha_l$。

从原子角度看,热膨胀反映出原子间平均距离的增加。这种现象最好的解释是从势能与原子间距之间的关系着手(图 2.10(b)),重现于图 20.3(a)。曲线具有势能谷的形状,其谷底对应 0K 时的平衡原子间距 r_0。相继加热到较高温(T_1,T_2,T_3 等),由此使振动能从 E_1 到 E_2 再到 E_3 等。一般来说,原子的平均振动振幅对应于每个温度的谷宽,因此平均原子间距可用平均位置表示,即随温度升高,从 r_0 到 r_1(对应 T_1),再到 r_2 等。

热膨胀实际是由该势能谷曲线不对称曲率引起的,而不是随着温度的升高原子振动振幅的增加所引起的。如果势能曲线是对称的(图 20.3(b)),原子的平均间距就不可能变化,因此,无热膨胀效应。

对于每一类材料(金属、陶瓷和聚合物),原子键能越大,势能谷就越深,谷宽度越窄。因此,与低键能的材料相比,升高同样温度,高键能材料原子间距的增加将会变小,导致一个较小的 α_l。表 20.1 列出了若干材料的线性热膨胀系数。至于和温度的关系,膨胀系数的大小随温度的增加而增加。

金属

如前所述表 20.1 中,一些寻常金属的线热膨胀系数的范围在 $5\times10^{-6}\sim25\times10^{-6}(℃)^{-1}$,这些值的大小介于陶瓷材料和聚合物材料之间。

陶瓷

在许多陶瓷材料中发现了相对较强的原子间键力,体现在具有比较低的线热膨胀系数,典型的值范围在 0.5×10^{-6} 到 $15\times10^{-6}(℃)^{-1}$。对于非结晶陶瓷以及具有立方晶体结构的陶瓷,α_l 是各向同性的,其他的是各向异性的,一些陶瓷材料,加热时,在一些晶向上收缩,其他晶向膨胀。对于无机玻璃,膨胀系数取决于结构。熔融石英(高纯 SiO_2 玻璃)具有低的膨胀系数 $0.4\times10^{-6}(℃)^{-1}$。这可以通过低的堆积密度使原子间膨胀时产生相对较小的宏观尺寸变化得以解释。

陶瓷材料要受到温度变化的影响,必须具有低的热膨胀系数和各向同性。此外,这些脆性材料由于不均匀的尺寸变化,可能会断裂,这称为热冲击(thermal

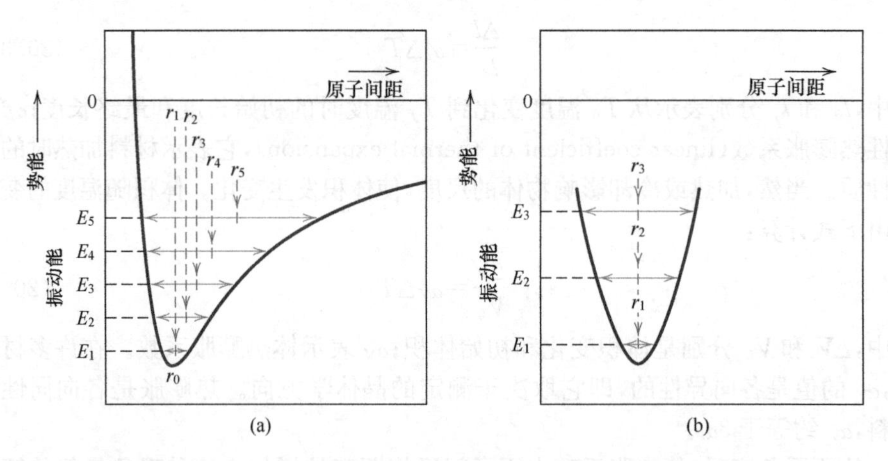

图 20.3　(a)势能-原子间距曲线，说明升高温度，原子间距增加。随温度升高，原子间距从 r_0 增加到 r_1，再到 r_2，等。(b)对于对称的势能-原子间距曲线，随温度增加，原子间距并没有增加（即 $r_1=r_2=r_3$）

shock)，会在后面的章节中讨论。

聚合物

一些聚合物材料在加热时发生非常大的热膨胀，膨胀系数约为 50×10^{-6} 到 400×10^{-6} (℃)$^{-1}$。在线性和支链型聚合物中发现最高 α_l 值，因为二级分子间键非常弱，交联度最低。随着交联的增加，膨胀系数减小，最低膨胀系数被发现在热固性网状聚合物高分子中，如酚醛树脂，几乎全部以共价键结合。

20.4　热传导

热传导是一种热从物质的高温区向低温区传递的现象，表征材料传导热能力的性质称为热导率(热传导系数，thermal conductivity)，它以下式来定义：

$$q=-k\frac{\mathrm{d}T}{\mathrm{d}x} \tag{20.5}$$

其中，q 为热通量，即单位时间单位面积的热流量(面积取垂直于热流方向)；k 是热导率；$\mathrm{d}T/\mathrm{d}x$ 是通过传导介质的温度梯度。

q 和 k 的单位分别是 $\mathrm{W\cdot m^{-2}}$ 和 $\mathrm{W\cdot(m\cdot K)^{-1}}$。式(20.5)只对稳态热流是有效的，也就是热通量不随时间的改变而改变情况，上式中的负号表示热流的方向是从高温向低温流动，或沿着温度梯度流动。

式(20.5)类似于原子扩散的菲克第一定律，表达式中，k 类似于扩散系数 D，温度梯度对应于浓度梯度 $\mathrm{d}C/\mathrm{d}x$。

热传导机制

热在固体中的传递是通过点阵振动波(声子)和自由电子得以实现的，热导率

伴随两个机制的任意一个，总传导率是两种机制的贡献之和，即

$$k=k_l+k_e \tag{20.6}$$

其中，k_l 和 k_e 分别表示点阵振动传导率和电子热传导率。通常是，其中的一个占主导地位，伴随着声子或点阵波的热能沿它们运动的方向传递。k_l 的贡献来自声子在物体内温度梯度中的运动，即声子从高温区到低温区的净运动。

自由电子或传导电子参与电子的热传导。样品高温区中的自由电子增加了动能，然后它们迁移到较冷的区域，这一过程中自由电子的动能因与声子或晶体中缺陷碰撞而传递到原子(振动能)。k_e 对总热导率的相对贡献随自由电子浓度的增加而增加，因此可获得更多电子参与热传导过程。

金属

在高纯金属中，热传递的电子机制远大于声子机制的贡献，因为电子不像声子那样容易被散射，而且有更高的运动速度。此外，金属是极好的热导体，因为金属中存在大量参与热传导的自由电子。几个常用金属的热导率列于表 20.1，金属的热导率值通常的范围是 20～400W·(m·K)$^{-1}$。

由于自由电子主导着金属中电和热传导，因此，两种传导率的关系应遵循维德曼-弗兰兹定理：

$$L=\frac{k}{\sigma T} \tag{20.7}$$

其中，σ 是电导率；T 是热力学温度；L 是常数。L 的理论值是 2.44×10^{-8} Ω·W·K^2，它与温度无关，并且当热能完全由自由电子传递时，所有金属都具有相同的值。表 20.1 列出了 L 的实际值，与理论值符合得相当好。

具有杂质的合金化金属导致热导率的减小(见 19.8 节)，与导电率降低的原因一样，即杂质原子，尤其在固溶体中，它们扮演者散射中心的角色，降低了电子运动的效率。铜-锌合金成分与导热系数的关系曲线(图 20.4)展示了这种影响。

陶瓷

非金属陶瓷由于缺乏大量的自由电子而成为绝缘体。因此，声子主要承担陶瓷中的热传导：k_e 远小于 k_l。而且，声子不像自由电子在热能传递中那样有效，其原因是声子更容易被点阵缺陷所散射。若干个陶瓷材料的热导率值列于表 20.1 中，室温热导率值的范围约为 2～50W·(m·K)$^{-1}$。由于原子结构为高度无序无规时，声子散射更强烈，因此，玻璃和其他非晶陶瓷比晶体陶瓷具有较低的热导率。

随着温度的升高，点阵中的散射变得更为显著，因此，大部分陶瓷材料的热导率随温度的升高通常是减小的，至少再相对低的温度是这样的。而对于较高的温度，热导率又开始增加，这是由于热辐射传递的作用，即大量红外辐射热可以通过陶瓷材料传递，这种效应随温度升高而增加(图 20.5)。

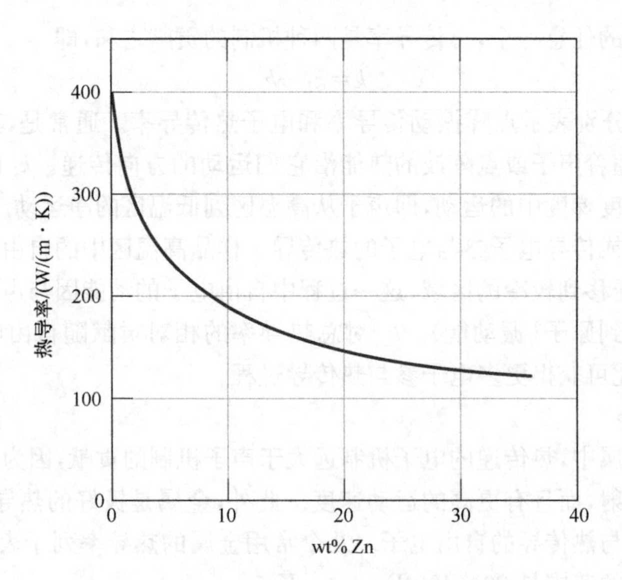

图 20.4　铜-锌合金的热导率-组成曲线

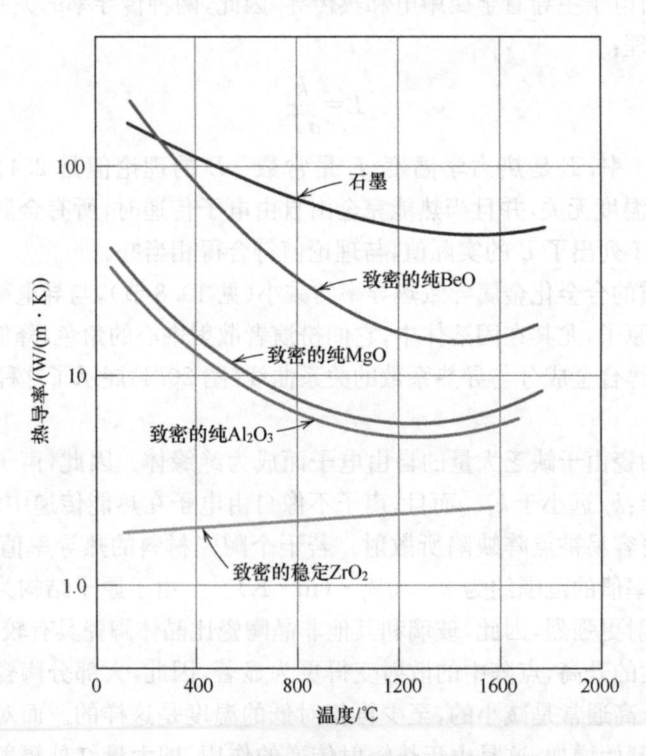

图 20.5　几种陶瓷材料热导率与温度的关系

多孔性陶瓷材料对热导率可能具有强烈的影响，在大多数环境下，增加孔体积会导致热导率降低，事实上，许多被用作热绝缘体的陶瓷材料都是多孔的，热传递在孔中通常是缓慢且低效的，内部孔通常含有空气，会具有一个很低的热导率，大约为 0.02(m·K)$^{-1}$。此外，孔中的气体对流也是很低效的。

聚合物

大部分聚合物的热导率在 0.3W·(m·K)$^{-1}$数量级，如表 20.1 所列。对于这些材料，能量传递是通过链分子的振动、迁移或旋转来完成的。热传导的大小取决于聚合物的结晶度。具有高结晶度和有序结构的聚合物将比同样的非晶材料具有更大的热导率，其原因是，结晶态的高分子链的振动可更有效的被协调。

由于聚合物材料具有低的热导率，它们常常被用作热绝缘体。正如陶瓷材料一样，它们的绝缘性可以通过引入小孔提高，通常由引入泡沫(见 15.18 节)。泡沫聚苯乙烯通常被用于酒杯和保温箱。

20.5 热应力

热应力(thermal stress)是因温度变化在体相中引起的应力。由于热应力会导致材料开裂和不希望的塑性变形，因此，了解热应力的起因和特征对材料合理的使用是非常重要的。

受限的热膨胀和热收缩引起的应力

首先考虑一根均质和各向同性的杆，它被均匀地加热或冷却，即在杆中不存在温度梯度。对于自由膨胀或收缩，杆是无应力的。但是，如果杆的轴向运动被刚性端支撑而受到约束，热应力就会产生。从 T_0 温度变化到 T_f 温度产生的热应力

$$\sigma=E\alpha_l(T_0-T_f)=E\alpha_l\Delta T \tag{20.8}$$

其中，E 是弹性模量；α_l 是线热膨胀系数。在加热中($T_f<T_0$)应力是压变力($\sigma<0$)，因为杆的膨胀受到约束。如果杆在冷却过程中($T_f<T_0$)，将产生拉应力。在式(20.8)中应力在温度变化过程中均要求是弹性的压缩和伸长到最初的长度。

温度梯度引起的应力

当一个固体被加热或冷却时，内部温度的不均匀分布取决于它的尺寸和形状、材料的热导率和温度变化的速度。热应力可以来自物体内的温度梯度。温度梯度的产生通常是快速的加热和冷却，在这种情况下，物体外部温度变化较内部更快，由此引起尺寸变化的差异就会约束相邻区域的自有膨胀或收缩。例如，在加热时，样品外部更热，因此它比内部膨胀更大，表面就产生压应力，并与内部拉应力所平衡。反之，快速冷却时，表面产生拉应力。

脆性材料的热冲击

对于延性金属和高分子，热诱发的应力可以被塑性变形所弱化。然而，大部分陶瓷无延展性，因而热应力将会增加它们脆性断裂的可能性。脆性物体的快速冷

却比快速加热更易遭受这种热冲击，因为冷却时物体表面是拉应力，此时裂纹的形成和表面裂纹的扩展更容易(见 14.6 节)。

材料抗拒这种失效的能力称为热冲击抗力。对于经历快速冷却的陶瓷体，热冲击抗力不仅取决于温度变化的大小，而且取决于材料的热学和力学性能。具有高断裂强度 σ_f 和高热导性，以及低的弹性模量和低的热膨胀系数的陶瓷应具有最佳的热冲击抗力。许多材料的热冲击抗力可近似表达为

$$\mathrm{TSR} \approx \frac{\sigma_f k}{E \alpha_l} \tag{20.9}$$

热冲击可通过改变外部条件来防止，即减小冷却或加热速率来减小温度梯度而实现。式(20.9)中的热学和力学特性也会增强材料的热冲击抗力。在这些参数中，热膨胀系数可能最容易改变和控制。例如，常见的钠钙玻璃，α_l 约为 9×10^{-6} $(℃)^{-1}$，特别易受热冲击影响，前文可以验证这一点。减少 CaO 和 Na_2O 的量同时增加足够量的 B_2O_3 形成的硼硅酸盐玻璃可降低膨胀系数到 $3\times10^{-6}(℃)^{-1}$，这种材料完全适合厨房灶的供热制冷。一些相对大的孔和易延展第二相的引入也可以改善材料的热冲击性能，同时阻碍热诱导裂纹的扩散。

去除陶瓷材料的热应力，提高它们的机械强度和光学特性是很有必要的，这可以通过退火处理消除，关于玻璃的讨论在 13.10 节中。

第21章 磁 性 能

理解用于解释材料的永磁行为的机制,有助于我们改变或者调整材料的磁性能。例如,我们可以通过调整成分来增强陶瓷材料的磁性能。

21.1 简介

磁性,即材料之间具有吸引或者排斥力,已经被大家所知将近千年。但是,磁现象的原理和机制却十分复杂和微妙,直到近代才有科学家对它进行探究和了解。许多现代技术设备都依赖于磁学和磁性材料,如电力发电机、变压器、电动机、广播、电视、电话、电脑以及声音和视频再生系统的组成部分。

铁、部分钢,以及天然的磁石和矿石是众所周知的具有磁性的材料。我们对于所有物质都或多或少具有一定的磁场这个事实并不是很了解。这一章我们简单描述磁性的起源,介绍磁性矢量和磁性参量以及抗磁性、顺磁性、铁磁性、亚铁磁性等不同的磁学性质及超导特性。

21.2 基本概念

磁偶极子

运动的带电粒子产生磁力,这些磁力是除静电力外可能存在的力量。长期以来,人们用场来描绘磁力,并用想象的磁力线来表示场磁场的大小和方向,用磁力线表示一个电流环和一个磁棒产生的磁场分布,如图 21.1 所示。

在磁性材料中发现的磁偶极子类似于前述的电偶极子(见 18.19 节)。磁偶极子可以认为是由南北极构成的小磁棒,由此取代电偶极子中的正负电荷,并且磁偶极矩可用箭头表示,如图 21.2 所示。磁偶极子被磁场所影响,其方式类似于电偶极子被电场所影响(图 19.29)。在磁场中,场力产生扭矩使偶极子沿着磁场偏转。一个熟悉的例子是,磁罗盘针与地球磁场对齐。

磁场矢量

在讨论固体材料中磁矩的起源之前,我们先用几个磁场矢量来描述磁行为。我们根据几个场矢量来描述磁行为。外加磁场,有时称为磁场强度(magnetic field strength),用 H 表示。如果磁场是由 N 匝螺旋线圈通电流所产生的,则

$$H=\frac{Nl}{l} \tag{21.1}$$

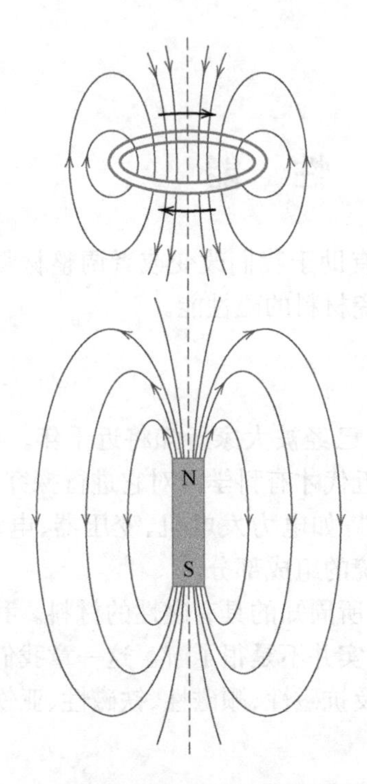

图 21.1　环路电流和条形磁棒附近的磁力线

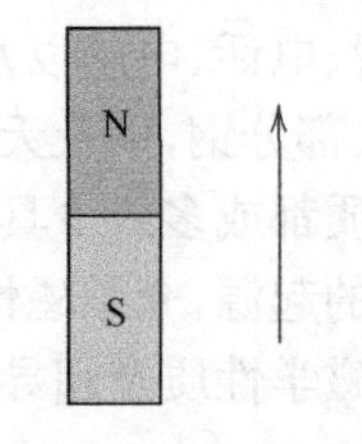

图 21.2　用箭头表示磁矩

这种排列的示意图如图 21.3(a)所示，由一个电流环和一个磁棒产生的磁场，如图 21.1 所示为一个 H 磁场。H 的单位是安·匝/米，或安/米(A/m)。

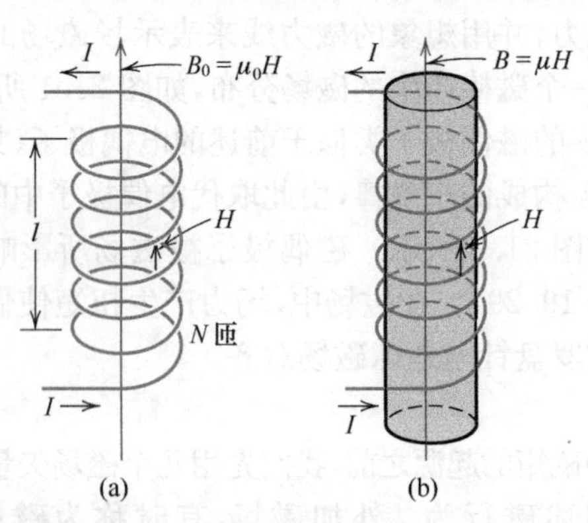

图 21.3　(a)根据式(21.1)，圆柱线圈产生的磁场 H 取决于电流强度 I，线圈匝数 N 和线圈长度 l，磁通量密度 B_0 在真空时等于 μ_0H，μ_0 为真空磁导率，$4\pi\times10^{-7}$ H/m。(b)固体材料中的磁通量密度 B 等于 μH，μ 为固体材料的磁导率

磁感应强度(magnetic induction)即磁通量密度(magnetic flux density),用 B 表示,它代表了物质在外场的作用下,在其内部产生的内场强度的大小。B 的单位是特斯拉(T)。B 和 H 均是场矢量,不仅有大小,而且有方向。磁通量密度和磁场强度关系为

$$B=\mu H \tag{21.2}$$

其中,参数 μ 称为磁导率(permeability),它表征一种处于磁场中特殊介质的性质,μ 的单位是 Wb/(A·m) 或者 H/m。

在真空中

$$B_0=\mu_0 H \tag{21.3}$$

其中,参数 μ_0 称为真空磁导率,是一个普适常数,其值为 $4\pi\times10^{-7}(1.257\times10^{-6})$ H/m。参数表示真空中的磁通量密度,如图 21.3(a)所示。

下面的几个参数用来描述固体的磁性。其中一个是材料中的磁导率与真空磁导率之比。或者

$$\mu_r=\mu/\mu_0 \tag{21.4}$$

其中,参数 μ_r 称为相对磁导率。磁导率或者相对磁导率用于衡量材料磁化程度,或者用于衡量外磁场诱导生成磁化强度场的难易程度。

另一个场量 M,称为固体的磁化强度(magnetization),定义式为

$$B=\mu_0 M+\mu_0 H \tag{21.5}$$

在外磁场的作用下,材料内部的磁矩倾向于与磁场平行,(或者)由于磁场的作用得到加强。其中,式(21.5)中的 $\mu_0 M$ 用于衡量这部分贡献。

M 正比于磁场 H 的大小,如下:

$$M=\chi_m H \tag{21.6}$$

χ_m 称为磁化率(magnetic susceptibility),量纲为 1。磁化率和相对磁导率的关系如下:

$$\chi_m=\mu_r-1 \tag{21.7}$$

对上述的每一个磁性参量都有对应的电解质对应量。其中 B 和 H 分别类似于电位移 D 和电场 ζ,电导率 μ 类似于介电常数 ε(式(21.2)和式(19.30))。此外,磁化强度 M 和极化强度 P 相关(式(21.5)和式(19.31))。

由于存在两个通用的系统,磁单位容易造成混淆。到目前为制,广泛使用的是国际标准单位 SI(合理化为 MKS(米-千克-秒))。其他的都来自高斯-电磁系统 cgs-emu(厘米-克-秒-电磁单位)。两个单位以及两者间的换算公式在表 21.1 中给出。

表 21.1　磁单位和国际标准单位与高斯-电磁单位转换

磁性参量	符号	国际标准单位		高斯-电磁单位	单位转换
		推导单位	标准单位		
磁感应(磁流密度)	B	Tesla(Wb/m²)[a]	kg/(s·C)	Gauss	1 Wb/m² = 10^4 Gauss
磁场强度	H	Amp·turn/m	C/(m·s)	Oersted	1 amp·urn/m = $4\pi\times10^{-3}$ oersted
磁化强度	M(SI) I(cgs-emu)	Amp·turn/m	C/(m·s)	Maxwell/cm²	1 amp·turn/m = 10^{-3}maxwell/cm²
真空磁导率	μ_0	Henry/m[b]	kg·m/C²	无单位(emu)	$4\pi\times10^{-7}$ henry/m of a vacuum = 1 emu
相对磁导率	μ_r(SI) μ'(cgs-emu)	无单位	无单位	无单位	$\mu_r = \mu'$
磁化率	χ_m(SI) χ'_m(cgs-emu)	无单位	无单位	无单位	$\chi_m = 4\pi\chi'_m$

a 韦伯的单位是伏特-秒。

b 亨利的单位是韦伯每安培。

磁矩起源

材料的宏观磁性能与单个电子引起的磁矩相关。其中的一些概念十分复杂并且涉及量子力学，已经超出本文的范围。因此，本文进行了一定的简化和省略。每个原子中电子的磁矩有两种来源。其中一个是由于电子绕核的轨道运动，由于电子带电移动，因而电子可以被视为小环形电流，生成一个非常小的磁场以及绕转轴的磁矩，如图 21.4(a)所示。

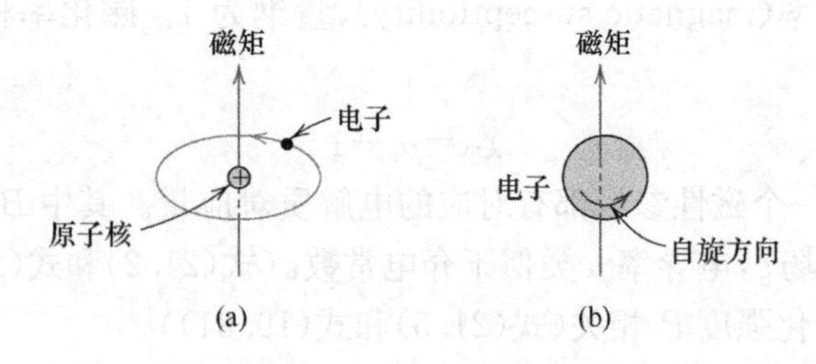

图 21.4　说明磁矩与(a)轨道电子(b)自旋电子的关系

每个电子也可以认为是绕轴自旋；其他磁矩来自于直接沿轴旋转的电子自旋，如图 21.4(b)所示。自旋磁矩可能只在一个向上的方向或者一个相反的方向。所以每个原子中电子被认为是有着永久轨道和自旋磁矩的小磁体。

最基本的磁矩是玻尔磁子(Bohr magneton，μ_B)，其值为 9.27×10^{-24} A·m²。对于原子中的每个电子，自旋磁矩为$\pm\mu_B$(正号为自旋向上，负号为自旋向下)。而且轨道自旋磁矩贡献相当于 $m_l\mu_B$，m_l 是2.3节中提到的电子的磁量子数。

在每个原子中，一些电子对的轨道磁矩相互抵消；这也适合自旋磁矩。例如，一个电子向上的自旋磁矩可以抵消其向下的自旋磁矩。一个原子的净磁矩仅仅是每个组成电子磁矩的总和，包括轨道和自旋的贡献，并且考虑到自旋瞬时抵消。对于一个完全充满电子壳层或次壳层的原子，当考虑到所有电子时，轨道和自旋磁矩完全抵消。因此，由完全充满电子壳层原子构成的材料不具有被永久磁化的能力。这个范围包括惰性气体（He、Ne、Ar等）和一些离子材料。磁性类型包括反铁磁性、顺磁性和铁磁性；另外，反铁磁性和铁磁性被认为是铁磁性的子类。所有材料至少表现出这些类型中的一种，并且这个行为依赖于电子和原子磁极在外加磁场的响应。

21.3　反铁磁性和顺磁性

反磁性(diamagnetism)仅在外场下表现出弱磁性，这是因为在外场下，电子的轨道运动发生改变。诱导磁矩很小且和外场方向相反。因此，相对磁导率小于1且磁化率为负值。也就是说，反磁性的磁感应强度小于真空磁感应强度。反铁磁体的体积磁化率在 10^{-5} 量级。当反磁性物质被置于强电磁场内，它会被吸引到弱磁场区域。

图21.5(a)表示的是一个无外加磁场下反铁磁性原子磁极的状态；其中，箭头表示原子偶极矩，而对于先前所叙述的，箭头仅表示电子磁矩。反磁性的B-H曲线如图21.6所示。表21.2给出了一些反磁性材料的磁化率。反磁性存在于所有的物质当中，但因为它很弱，只有在那些没有其他类型磁性的材料中才能被发现。磁性的这种形式没有实际意义。

对于某些固体材料，每一个原子由于原子自旋磁矩和轨道磁矩的不完全抵消拥有永久磁矩。在不加外磁场的情况下，这些磁矩混乱分布，使得这样的块状材料没有宏观净磁矩。这些原子的偶极子可以自由旋转。如图21.5(b)所示，在外加磁场下，顺磁性(paramagnetism)物质通过旋转发生取向排列。这些偶极子之间独立运动，相邻偶极子间不存在相互作用。由于偶极子与外场平行，因此磁场有所提高，相对磁导率 μ_r 大于1，为非常小的正数。顺磁性物质的相对磁导率在 10^{-5}～10^{-2} 范围内（表21.2）。顺磁性物质的 B-H 曲线如图21.6所示。

反磁性和顺磁性都被认为是非磁性的，这是因为他们仅仅在外加磁场下显示出磁性。他们的磁通密度是一样的，和真空情况下相似。

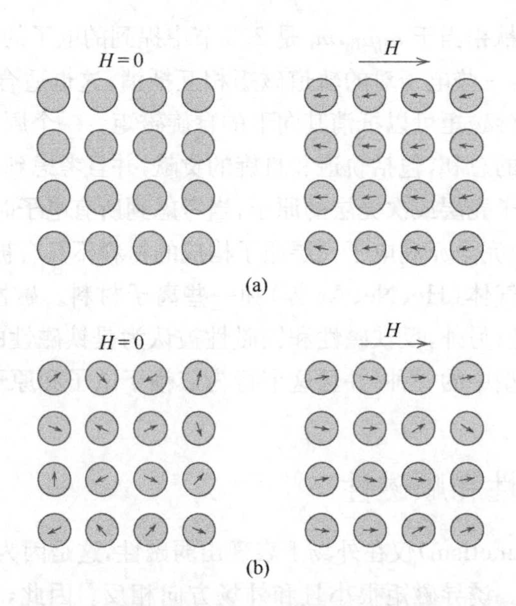

图 21.5　(a)反磁性材料在有磁场和无磁场时原子偶极子图。在没有磁场时，磁偶极子不存在。在磁场作用下，磁偶极子与外磁场的方向相反。(b)顺磁性材料在有磁场和无磁场时原子偶极子图

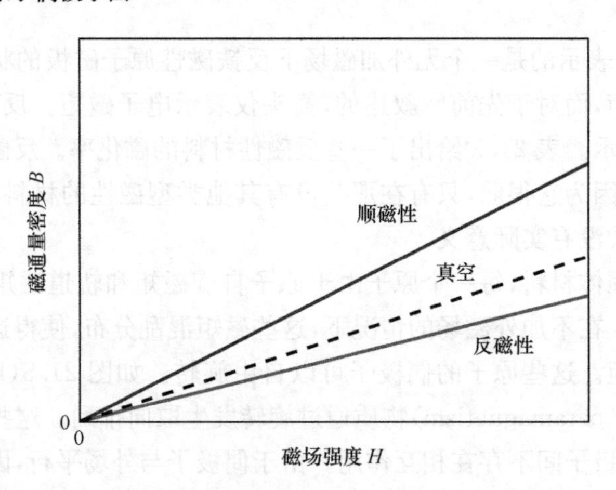

图 21.6　反磁性和顺磁性物质的磁通密度与外磁场强度关系曲线

表 21.2　反磁性和顺磁性材料在室温下的磁化率

反磁性		顺磁性	
材料	磁化率(体积)SI 单位	材料	磁化率(体积)SI 单位
Al_2O_3	-1.81×10^{-5}	Al	2.07×10^{-5}
Cu	-0.96×10^{-5}	Cr	3.13×10^{-5}

续表

反磁性		顺磁性	
材料	磁化率(体积)SI单位	材料	磁化率(体积)SI单位
Au	-3.44×10^{-5}	$CrCl_3$	1.51×10^{-5}
Hg	-2.85×10^{-5}	$MnSO_4$	3.70×10^{-5}
Si	-0.41×10^{-5}	Mo	1.19×10^{-5}
Ag	-2.38×10^{-5}	Na	8.48×10^{-5}
NaCl	-1.41×10^{-5}	Ti	1.81×10^{-5}
Zn	-1.56×10^{-5}	Zr	1.09×10^{-5}

21.4　铁磁性

某些金属材料在不加外磁场的情况下就拥有永久磁矩，表现为大且永久的磁性。这是铁磁（ferromagnetism）的特征，展现该特征的为过渡金属 Fe（如 BCC α-Fe）、Co、Ni 和一些稀土元素如 Gd。铁磁性物质的磁化率可以高达 10^6。因此，$H \ll M$，根据等式(21.5)我们推出：

$$B=\mu_0 M \tag{21.8}$$

铁磁材料的永久磁矩来自于消除电子自旋的原子磁矩。在铁磁材料中，轨道磁矩也存在，但是相对于自旋磁矩，它的值很小。此外，在铁磁材料中，即使不存在外磁场，耦合作用也使得相邻原子的自旋磁矩相互平行，如图 21.7 所示。这些耦合力的来源还没有完全弄清，但是他们被认为是来自于金属的电子结构。在某一相对大的尺寸范围内，原子磁矩的方向一致，此范围称为磁畴(domain，见 21.7 节)。

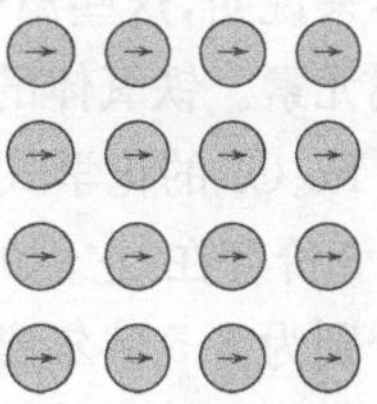

$H=0$

图 21.7　即使在无外磁场作用下，铁磁性材料磁偶极子取向一致

铁磁材料的最大可能磁化或饱和磁化强度（saturation magnetization，M_s）表示的是当所有的固体片磁偶极子与外场方向一致时的磁性。还有一个与之相对应的饱和磁通密度 B_s。饱和磁化强度等于每个原子的净磁矩与原子数的乘积。Fe、Co、Ni 单位原子的净磁矩分别为 2.22、1.72、0.6 个玻尔磁子。

21.5　反铁磁和铁磁

反铁磁性

临近原子或离子间的磁矩耦合作用与铁磁不同。在该情况下，耦合导致了反平行排列；临近原子或离子的自旋磁矩实际上是呈相反方向的，被称为反铁磁（antiferromagnetism)。MnO 就表现出这种行为。MnO 是一种离子型陶瓷材料，同时含有 Mn^{2+} 和 O^{2-}。O^{2-} 无净磁矩是因为自旋磁矩和轨道磁矩相互抵消了。但是，Mn^{2+} 的净磁矩主要来源于自旋磁矩。这样的 Mn^{2+} 在晶体结构中排列导致了临近原子的磁矩是反平行的。图 21.8 表示的就是这样的排列。反平行的磁矩相互抵消，结果就是，作为一个整体的固体材料呈现出零磁矩。

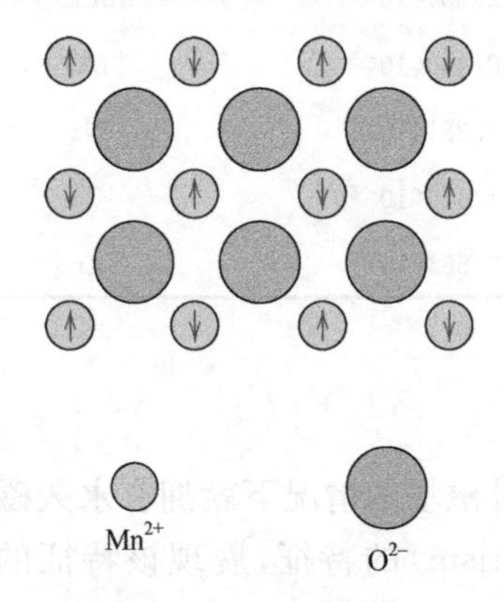

图 21.8　反铁磁性锰氧化物自旋磁矩反向排列的示意图

铁磁性

一些陶瓷表现为永磁性，被称为铁磁(ferrimagnetism)。铁磁和亚铁磁的宏观磁性能是相似的；它们的区别在于净磁矩的来源。亚铁磁性的原理主要由立方铁氧体来说明，这些离子材料可用化学式 MFe_2O_4 来表示，其中 M 离子代表了任一金属元素。铁氧体的原型是 Fe_3O_4，它是一种磁性矿物也被称为磁石。

Fe_3O_4 的化学式也可以写成 $Fe^{2+}O^{2-}(Fe^{3+})_2(O^{2-})_3$，其中 Fe 离子同时以＋2 和＋3 价存在，它们的比例为 1∶2。净磁矩存在于每一个 Fe^{2+}，Fe^{3+} 中，它们的磁矩分别为 4、5 玻尔磁子。此外，O^{2-} 是磁中性的，Fe 离子之间的反平行自旋耦合相互作用与反铁磁的特征相似。然而，它的净磁矩来自于自旋磁矩的不完全抵消。

立方铁氧体具有反尖晶石晶体结构，它是立方对称的，类似于尖晶石结构(见 4.9 节和 4.17 节)，反尖晶石晶体结构被认为是由于 O^{2-} 密排面堆叠产生的。再者，铁离子可以占据两种类型的间隙，如图 4.26 所示。第一种类型的间隙，配位数为 4(四面体)，另一种间隙，配位数为 6(八面体)。在这个反尖晶石结构中，一半的铁离子占据四面体间隙，另一半占据八面体间隙位置。二价铁离子都位于八面体位置。这个关键的因素就在于铁离子磁矩的排列，如图 21.9 和表 21.3 所示。所有在八面体位置的 Fe^{3+} 的磁矩相互平行排列；但是它们与四面体位置平行排列的 Fe^{3+} 磁矩呈反平行排列。这样的结果来自于相邻铁离子间的反平行耦合。因此，所有 Fe^{3+} 的磁矩都相互抵消，对整个固体材料的磁矩没有贡献。所有 Fe^{2+} 都平行排列，它的总磁矩即固体的净磁矩(表 21.3)。因此，铁磁体的饱和磁化强度可以

通过每一个 Fe^{2+} 的自旋磁矩和 Fe^{2+} 的数量计算得到。这和 Fe_3O_4 中所有 Fe^{2+} 平行排列是一致的。

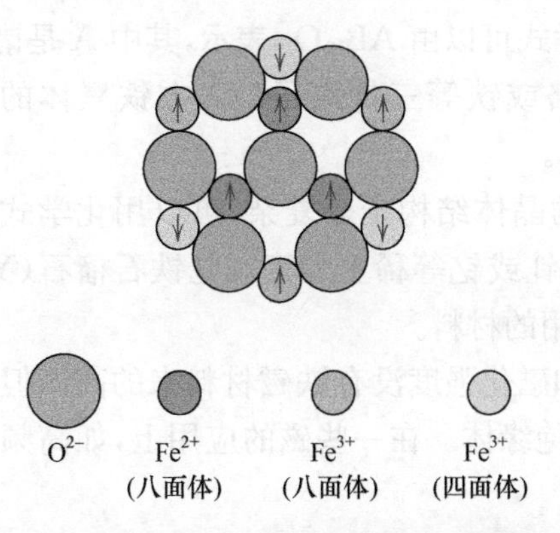

图 21.9 在 Fe_3O_4 中 Fe^{2+} 和 Fe^{3+} 的自旋磁矩排列图

表 21.3 在 Fe_3O_4 单胞中 Fe^{2+} 和 Fe^{3+} 的自旋磁矩分布

阳离子	八面体晶格点	四面体晶格点	净磁矩
Fe^{3+}	↑↑↑↑	↓↓↓↓	完全抵消
	↑↑↑↑	↓↓↓↓	
Fe^{2+}	↑↑↑↑	—	↑↑↑↑
	↑↑↑↑		↑↑↑↑

其他组成的铁氧体可以通过掺杂金属离子代替晶格中部分铁离子产生。铁氧体的化学式为 $Fe^{2+}O^{2-}(Fe^{3+})_2(O^{2-})_3$，除了 Fe^{2+}，M^{2+} 还可以代替诸如 Ni^{2+}、Mn^{2+}、Co^{2+}、Cu^{2+} 二价离子，他们都具有净磁矩且不等于 4；部分在表 21.4 中列出。通过调节组成，铁氧体化合物可能产生一定范围的磁性能。如标准 Ni 铁氧体 $NiFe_2O_4$。包含两种二价金属离子的铁氧体也有可能产生如 $(Mn,Mg)Fe_2O_4$，这种铁氧体的 $Mn^{2+}:Mg^{2+}$ 的比例可以调节，他们被称为混合铁氧体。

每一个箭头表示阳离子磁矩的方向

表 21.4 六种阳离子的净磁矩

阳离子	净磁矩(玻尔磁子)
Fe^{3+}	5
Fe^{2+}	4
Mn^{2+}	5
Co^{2+}	3
Ni^{2+}	2
Cu^{2+}	1

陶瓷材料不只有立方铁氧体是铁磁的，还有六方铁氧体和石榴石型铁氧体。六方铁氧体的晶体结构类似于反尖晶石晶体结构，只是六方对称性而不是立方对称性。这些材料的化学式可以由 $AB_{12}O_{19}$ 表示，其中 A 是诸如钡、铅或锶等二价离子。B 是诸如铝、镓、铬或铁等三价离子。六方铁氧体的两个最常见的例子是 $PbFe_{12}O_{19}$ 和 $BaFe_{12}O_{19}$。

石榴石型铁氧体的晶体结构十分复杂，可以用化学式 $M_3Fe_5O_{12}$ 表示。在这里，M 表示诸如钐、铕、钆或钇等稀土元素。钇铁石榴石（$Y_3Fe_5O_{12}$），有时表示为 YIG，是该类型中最常用的材料。

亚铁磁材料的饱和磁化强度没有铁磁材料来的高。但是，铁氧体通常是陶瓷材料，是一个良好的电绝缘体。在一些磁的应用上，如高频变压器，低电导率是我们所希望的。

21.6　温度对磁性能的影响

温度也会影响材料的磁特性。回想一下，提高固体的温度会增加原子热振动的大小。原子磁矩可以自由旋转，因此，温度升高，原子热运动增加，所有可能方向一致的磁矩倾向于随机取向。

对于铁磁性、非铁磁性、和亚铁磁性材料，不管外场是否存在，原子的热运动会抵消原子之间的耦合力，造成部分偶极子失调。结果是铁磁性和亚铁磁性的饱和磁化强度减小。饱和磁化强度在 0K 的时候最大，在 0K 时热振动最小。随着温度的增加，饱和磁化强度逐渐减小然后突然降到 0，这个突变温度称为居里温度(Curie temperature，T_c)。Fe 和 Fe_3O_4 的磁化强度-温度曲线如图 21.10 所示。在居

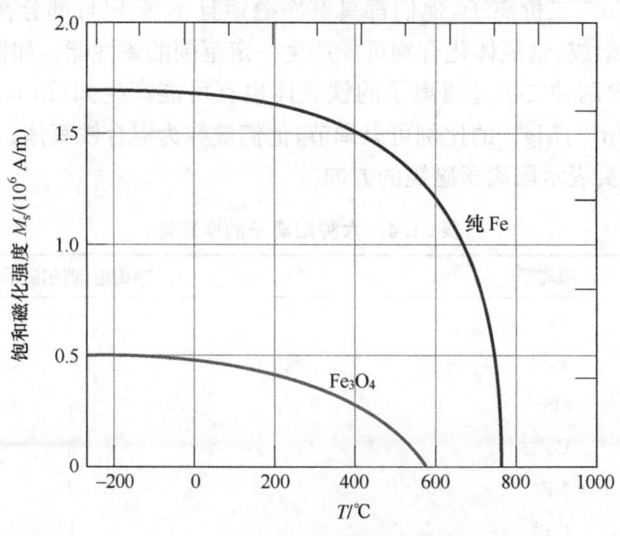

图 21.10　纯铁和 Fe_3O_4 的饱和磁化强度与温度的关系

里温度 T_c 下，彼此间的旋转耦合力完全被破坏，在居里温度以上，铁磁性和亚铁磁性材料都是顺磁。居里温度大小随材料的不同而不同。例如，铁、钴、镍和 Fe_3O_4 的居里温度分别是 768℃、1120℃、335℃和 585℃。

反铁磁性也受温度的影响，这种现象在尼尔温度的时候会消失。温度到达这个点，反铁磁性的材料变成顺磁性。

21.7 磁畴和磁滞

很多铁磁性和亚铁磁性的材料在低于 T_c 时由磁偶极矩同向的小体积区域组成，如图 21.11 所示。这个区域被称作磁畴，每个区域被磁化到饱和磁化强度。邻近的磁畴由磁化方向逐渐改变的畴界或畴壁分隔(图 21.12)。通常，磁畴有微小的体积，一般多晶样品，每个颗粒都有多个磁畴。因此，在材料的宏观部分，有大量的磁畴，有不同的磁化取向。M 的值为整个固体所有磁畴磁化的矢量之和，每个磁畴的影响按照它的体积分数计算。一个未被磁化的样品，所有磁畴的磁化强度的矢量和大约为 0。

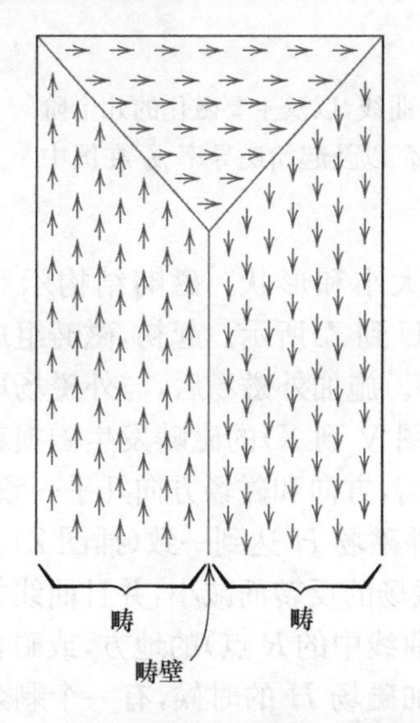

图 21.11 铁磁材料或者亚铁磁材料的磁畴结构图，箭头表示的原子磁矩方向。在一个磁畴内部，磁矩方向对齐，不同磁畴间，磁矩方向从一个方向变到另一个方向

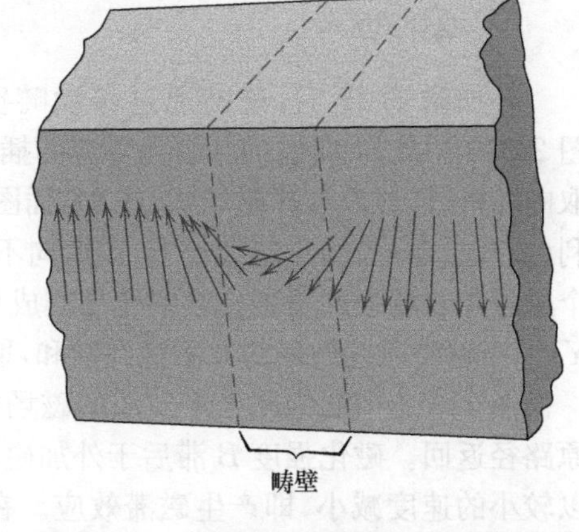

图 21.12 在磁畴壁内磁矩方向逐渐改变

铁磁性和亚铁磁性材料的磁通密度 B 和磁场强度 H 是不成比例的。如果材料起初未被磁化，那么 B 随 H 函数变化，如图 21.13 所示。曲线起始于原点，随着 H 的增加，B 先缓慢增加，然后快速增加，最后趋于平行并且不受 H 的影响。B 的最大值是饱和磁通密度 B_s，相应的最大磁化强度是饱和磁化强度。因为磁导率 μ

是式(21.2)中 B 相对 H 曲线的斜率,从图 21.13 可以看出磁导率依赖于 H。B-H 的斜率在 $H=0$ 时对应的磁性能叫做初始磁导率,如图 21.13 所示。

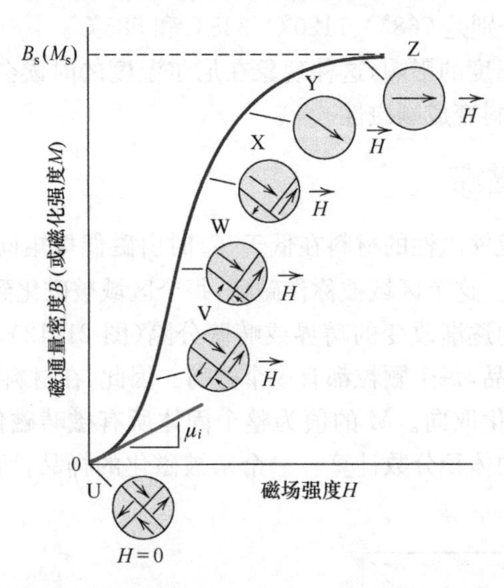

图 21.13　铁磁亚铁磁材料原始未磁化 B-H 曲线,以及主要磁化的几个阶段的磁畴变化,饱和磁通密度 B_s、磁化强度 M_s 以及起始磁导率 μ_0 在图中也如图所示

外加磁场 H 后,磁畴通过移动畴壁改变大小和形状。磁畴结构示意图如图 21.13 中B-H 曲线的几个点对应的插图(由 U 到 Z)所示。起初,磁畴组成磁矩取向随机,造成没有净磁场 B(或 M,插图 U 处)。施加外磁场后,与外磁场取向有利(或几乎匹配)的磁畴会长大,而取向不利(插图 V 到 X)的磁畴发生磁损耗。这个过程随着场强的增强持续到样品变成单一磁畴,方向和磁场方向几乎一致(插图 Y)。当磁畴通过循环的方法达到饱和,取向与外磁场 H 达到一致(插图 Z)。

图 21.14 中的饱和点 S 对应的磁场 H 随磁场的反转而减小,并且曲线并不沿原路径返回。磁化强度 B 滞后于外加磁场 H(曲线中的 R 点)的地方,或磁化强度以较小的速度减小,即产生磁滞效应。在 0 外加磁场 H 的时候,有一个剩余磁化强度 B 叫做剩磁(remanence),或者剩余磁通密度 B_r,表示在没有外加磁场的时候材料保留的磁场强度。

磁滞行为和永磁化可以用畴壁运动解释。磁场方向在饱和点(图 21.14 中的 S 点)发生逆转,磁域结构变化的过程正好相反。首先,随磁场旋转有个单畴循环。然后新的磁域生成和破坏先前的磁畴生长使磁畴有了磁矩。解释的关键是阻碍畴壁运动,畴壁运动造成相应的反向的磁场的增加,这对滞后作用有一定的影响(即 B 滞后于 H)。当外加磁场为 0 时,仍有一定体积分数的磁畴取向朝向先前的方向,这解释了剩磁 B_r 的存在。

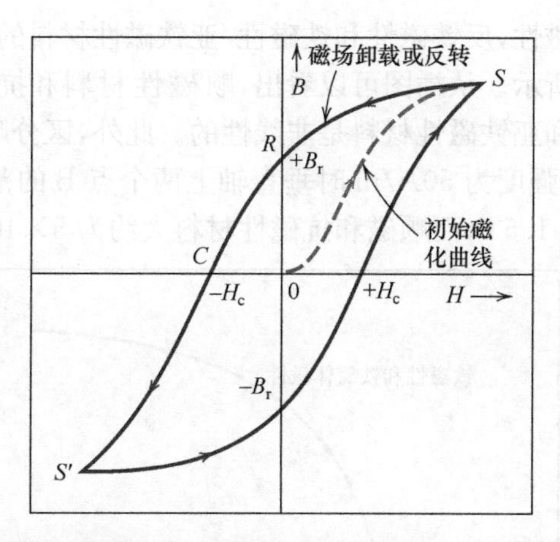

图 21.14 铁磁材料磁通密度和磁场强度低于正向和反向饱和度 S 和 S' 点。磁滞回线是实线;虚线表示初始磁化。图中还有剩磁 B_r 和矫顽力 H_c

使样品的磁感应强度 B 减小到 0(图 21.14 中的 C 点)时 H 的值记为 H_c,其方向必定与原来磁场方向相反,H_c 被称为磁矫顽力(coercivity),或者叫做抗磁力。继续施加反向磁场,如图所示,在反向磁场方向上最终达到饱和,对应于 S' 点。第二次磁场旋转到达初始饱和点(S 点)得到完整的对称的磁滞回线,得到了负剩余磁化强度($-B_r$)和正的矫顽力($+H_c$)。

图 21.14 的 B-H 曲线代表磁滞回线。在反转磁场之前增加 H 来使磁化强度达到饱和是没有必要的。在图 21.15 所示,NP 线圈是没有达到饱和的磁滞回线。此外,在曲线的任意点反向外加磁场会生成另外的磁滞回线。如图 21.15 饱和曲线所示,H 场反转到 0。铁磁性和亚铁磁性退磁的一种方法是磁场交替方向反复循环并减小场强。

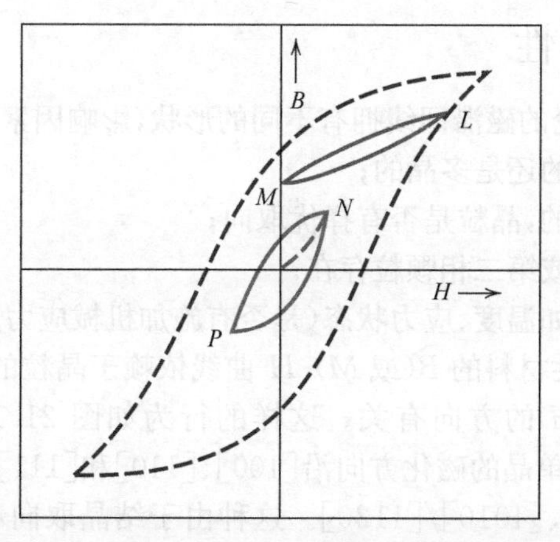

图 21.15 NP 磁滞回线的饱和磁化强度低于铁磁材料的磁滞回线,且在其内部。当磁场强度发生逆转,除了饱和磁化强度以外,其他的如 ML 曲线所示

那么,对比顺铁磁性,反铁磁性和铁磁性/亚铁磁性材料的 B-H 行为是有意义的,比较如图 21.16 所示。从插图可以看出,顺磁性材料和抗磁性材料 B-H 是线性的,而一般铁磁性和亚铁磁性材料是非线性的。此外,区分顺磁性和抗磁性材料的原理是比较在磁场强度为 50A/m 时垂直轴上两个点 B 的范围,铁磁体/亚铁磁体的磁通密度大约为 1.5T,而顺磁和抗磁性材料大约为 5×10^{-5}T。

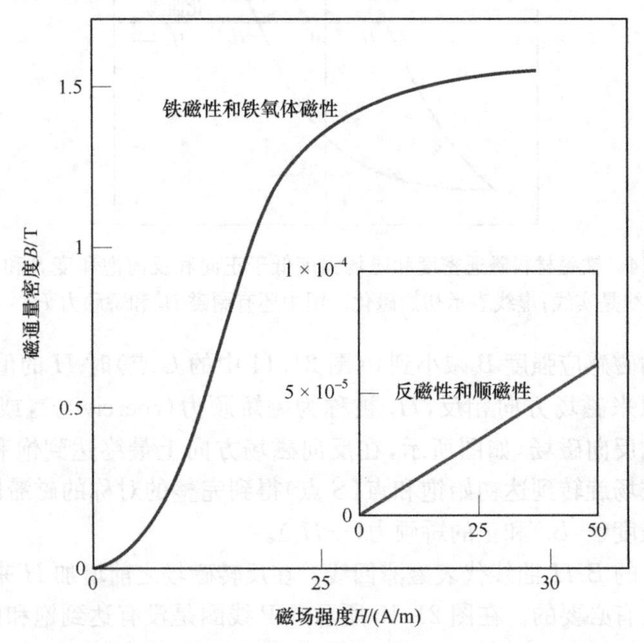

图 21.16　铁磁性/铁氧磁体和反磁性/顺磁性材料(插图曲线)的 B-H 比较。反磁性/顺磁性材料只会产生非常小的磁场 B,这就是他们被认为是非磁性材料的原因

21.8　磁各向异性

在 21.7 节中讨论的磁滞回线拥有不同的形状,影响因素有以下四方面:

(1) 试样是单晶的还是多晶的;

(2) 如果是多晶的,晶粒是否有择优取向;

(3) 是否有气孔或第二相颗粒存在;

(4) 其他的因素如温度、应力状态(是否有施加机械应力)。

例如,单晶铁磁性材料的 B(或 M)-H 曲线依赖于晶粒的结晶取向,而结晶取向又与施加的磁场 H 的方向有关。这样的行为如图 21.17 和图 21.18 所示。Ni(FCC)和Fe(BCC)单晶的磁化方向沿[100]、[110]和[111]晶向,Co(HCP)单晶的磁化方向为[0001]、[$10\bar{1}0$]/[$11\bar{2}0$]。这种由于结晶取向不同导致磁行为不同的现象叫磁各向异性(或磁晶各向异性)。

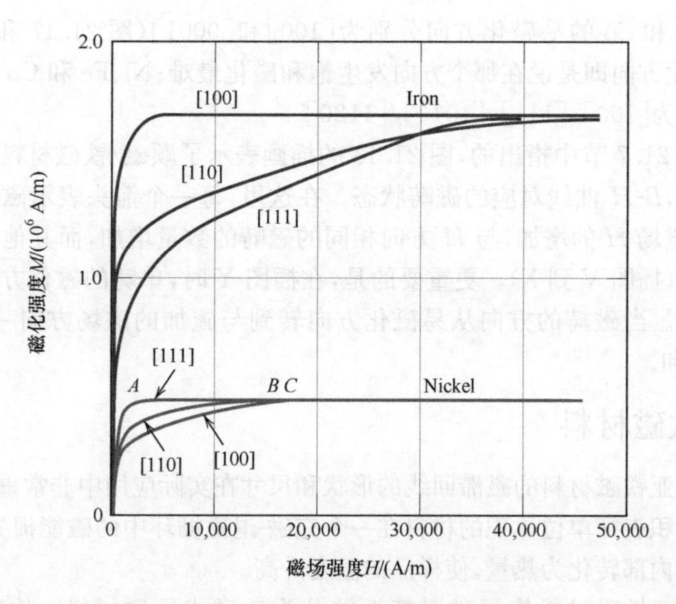

图 21.17　Fe 和 Ni 单晶的磁化曲线。对这两种金属，当磁场加在[100]、[110]和[111]晶向时的磁化曲线不同

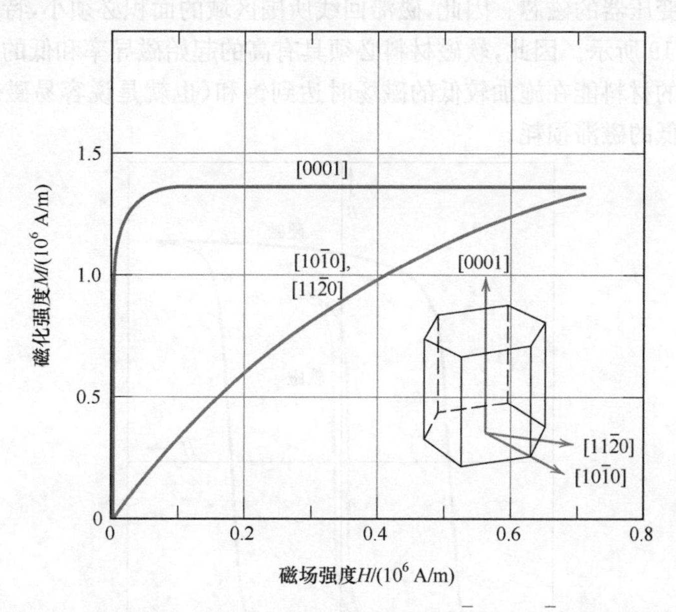

图 21.18　Co 单晶的磁化曲线。当磁场加在[0001]和[10$\bar{1}$0]/[11$\bar{2}$0]晶向时磁化曲线不同

对于这些材料来说，总有一个方向的磁化是最容易的，也就是说，在该方向达到饱和需要施加的磁场强度最低，这个方向称为易磁化方向。例如，Ni(图 21.17)的易磁化方向为[111]，在 A 点达到饱和；在[110]和[100]方向分别在 B 和 C 点达

到饱和。Fe 和 Co 的易磁化方向分别为[100]和[0001](图 21.17 和图 21.18)。相反,难磁化方向即是说在那个方向发生饱和磁化最难;Ni、Fe 和 Co 单晶的难磁化方向分别为[100]、[111]、[$10\bar{1}0$]/[$11\bar{2}0$]。

正如在 21.7 节中指出的,图 21.13 的插画表示了顺磁/铁磁材料在磁化过程的不同阶段,B-H 曲线对应的磁畴状态。在这里,每一个箭头表示磁畴的易磁化方向;随着磁场 H 的增加,与 H 方向相同的磁畴的数量增加,而其他方向的磁畴的数量减少(插图 V 到 X)。更重要的是,在插图 Y 时,单畴的磁化方向仍对应于易磁化方向。当磁畴的方向从易磁化方向转到与施加的磁场方向一致时(插图 Z),达到饱和。

21.9　软磁材料

铁磁和亚铁磁材料的磁滞回线的形状和尺寸在实际应用中非常重要。磁滞回线内部的面积表征单位体积的材料在一个充磁-退磁循环中的磁能损失;这个能量损失在样品内部转化为热量,使样品的温度升高。

铁磁和亚铁磁材料依据磁滞特性被分为软磁或硬磁材料。软磁材料(soft magnetic material)被用来制作可变磁场的器件,要求能量损耗低。一个熟悉的例子就是构成变压器的磁芯。因此,磁滞回线所围区域的面积必须小,特点是又薄又窄,如图 21.19 所示。因此,软磁材料必须具有高的起始磁导率和低的矫顽力。拥有这些特性的材料能在施加较低的磁场时达到饱和(也就是说容易磁化和退磁),而且具有较低的磁滞损耗。

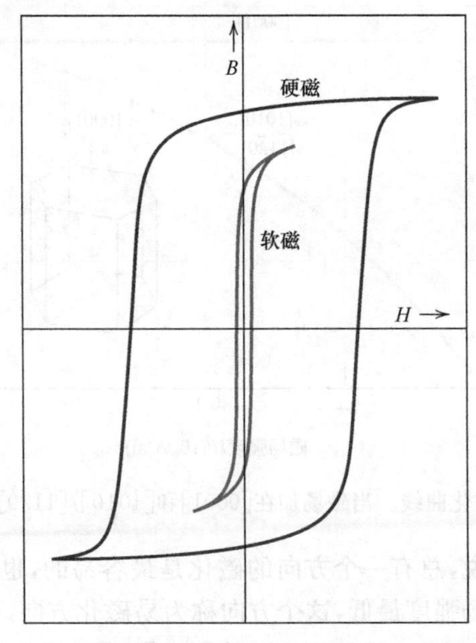

图 21.19　软磁材料和硬磁材料的磁化曲线

饱和磁化强度只与材料的组成有关。例如，在立方铁氧体中，用二价离子如 Ni^{2+} 置换 $FeO-Fe_2O_3$ 系统中的 Fe^{2+} 会改变饱和磁化强度。但是，磁化率和矫顽力(H_c)也会影响磁滞回线的形状，对结构变化而非组成变化非常敏感。例如，当磁场的大小或方向改变时，低的矫顽力意味着磁畴容易移动。结构缺陷如非磁性颗粒或者孔洞会限制磁畴壁的移动，从而增加矫顽力。因此，软磁材料最好没有诸如此类的结构缺陷。

软磁另一个考虑到的性能是电阻率。除前面所描述的磁滞损耗之外，由于大小和方向随着时间改变，磁场诱导磁性材料产生的电流导致能量损耗，称之为涡流。电阻率的增加会减少软磁材料的这种损耗。铁磁性材料可以形成固溶合金增加电阻率，如铁硅合金、铁镍合金。铁磁性陶瓷通常应用于软磁材料，因为从本质上讲它们是电绝缘体。然而，它们的应用也或多或少有些限制，它们之中大多数的敏感性相对较小。一些软磁材料的性质如表 21.5 所示。

表 21.5 各种软磁材料的性能

材料	组成/wt%	原始相对磁导率	饱和磁通密度/T(Gs)	磁滞损失/(J/m^3)(erg/cm^3)	电阻/(Ω·m)
商业铁锭	99.95 Fe	150	2.14(21400)	270(2,700)	1.0×10^{-7}
硅铁(定向)	97 Fe,3 Si	1400	2.01(20100)	40(400)	4.7×10^{-7}
45 坡莫合金	55 Fe,45 Ni	2500	1.60(16000)	120(1200)	4.0×10^{-7}
超透磁合金	79 Ni,15 Fe,5 Mo,0.5 Mn	7500	0.80(8000)	—	4.5×10^{-7}
立方结构铁氧体 A	48 $MnFe_2O_4$,52 $ZnFe_2O_4$	1400	0.33(3300)	~40(~400)	2000
立方结构铁氧体 B	36 $NiFe_2O_4$,64 $ZnFe_2O_4$	650	0.36(3600)	~35(~350)	10^7

通过置于磁场中进行适当热处理，软磁材料的磁滞特性在一些应用中得到强化。使用这种技术，可以产生矩形的磁滞回线，这是一些磁性放大器和脉冲变压器想要的。另外，软磁材料可以用在发电机、马达和开关电路中。

21.10 硬磁材料

硬磁材料应用于永磁体，必须拥有高的电阻防止退磁。就磁滞特性而言，硬磁材料(hard magnetic material)有高的剩余磁化强度、矫顽力、饱和磁通量密度以及低的起始磁导率、高的磁滞损耗。软磁和硬磁材料的磁滞特性的比较列在表 21.19。关于这类材料应用方面的两个最重要的特征是矫顽力和最大磁能积 $(BH)_{max}$，这个最大磁能积 $(BH)_{max}$ 对应于 B-H 矩形的最大区域，由磁滞曲线第二象限构成的，如图 21.20 所示；它的单位是 kJ/m^3 (MGO_e)。最大磁能积的数值代表着使永磁体退磁所要求的能量——那就是说，$(BH)_{max}$ 越大，永磁材料的磁性能也就越高。

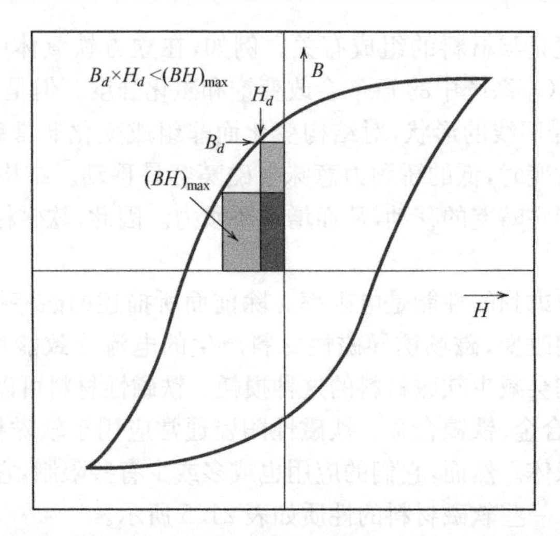

图 21.20 磁滞现象的磁化曲线示意图。在第二象限中，绘出了两个 B-H 能量乘积的矩形；矩形的面积标记为$(BH)_{max}$为可能的最大磁能积，它比 B_d-H_d 的面积更大

传统硬磁材料

硬磁材料属于传统和高能源两大类。传统类型材料的最大磁能积约为 2～80kJ/m³(即 0.25 到 10 MGOe)。包括铁磁材料——钨钢，铜镍铁合金，钕镍钴合金以及六方铁氧体(BaO-$6Fe_2O_3$)。表 21.6 展示了几种硬磁材料的性能。

硬磁性钢通常是与钨或者铬或者两者同时合金化。在适宜的热处理温度下，这两个元素容易与钢中的碳结合，形成钨和铬的碳化物沉淀粒子，可以有效地阻碍磁畴壁运动。对于其他金属合金，一个适当的热处理，可以在无磁性基质相中形成非常小的单畴以及强磁性铁钴粒子。

表 21.6 硬磁材料的性能

材料	组成/wt%	剩磁 B_r /T(Gs)	矫顽力 H_c/(amp-turn/m) (Oe)	最大磁能积 $(BH)_{max}$ kJ/m³(MGOe)	居里温度 T_c	电阻 ρ /(Ω·m)
钨钢	92.8Fe,6 W,0.5 Cr,0.7 C	0.95(9500)	5900(74)	2.6 (0.33)	760(1400)	3.0×10^{-7}
铜镍铁合金	20 Fe,20 Ni,60 Cu	0.54(5400)	44000 (550)	12 (1.5)	410(770)	1.8×10^{-7}
烧结钕镍钴	34 Fe,7 Al,15 Ni,35 Co,4 Cu,5 Ti	0.76(7600)	125000 (1550)	36(4.5)	860(1580)	—
烧结铁氧体 3	BaO-$6Fe_2O_3$	0.32(3200)	240000 (3000)	20(2.5)	450(840)	$\sim10^4$
钴稀土 1	$SmCo_5$	0.92(9200)	720000(9000)	170(21)	725(1340)	5.0×10^{-7}
烧结钕铁硼	$Nd_2Fe_{14}B$	1.1(11600)	848000(10600)	255(32)	310(590)	1.6×10^{-6}

高能硬磁材料

永磁材料当其能源产量超过 8 kJ/m^3(10MGOe)时,就被认为是高能硬磁材料。这些是最近开发研究的包含着各种各样组成的金属间化合物。其中 $SmCo_5$ 和 $Nd_2Fe_{14}B$ 已有商业应用,他们的性能也在表 21.6 中。

1) Sm-Co 磁铁

钐-钴磁铁,$SmCo_5$,是一组由钴或者铁和少量稀土元素组成的合金。这类合金具有高能、硬磁性能,但是 $SmCo_5$ 是唯一一个具有商业意义的材料。这些 $SmCo_5$ 材料的产能(在 120 和 240KJ/m^3(15 和 30MGOe)之间)远远高于传统硬磁材料(表 21.6)。此外,他们有相对较大的矫顽力。粉末冶金技术可用来制备 $SmCo_5$磁铁。取适量的合金研磨成粉后,用外磁场进行磁化,再压成所需的形状进行高温烧结,随后进行热处理提升磁性能。

2) $Nd_2Fe_{14}B$ 磁铁

钐是稀有金属和贵金属材料,此外,钴的价格易变且来源不可靠。因此,钕-铁-硼合金,$Nd_2Fe_{14}B$,已成大量和广泛性应用磁性材料的首选。这些材料的矫顽力和产能可以和钐钴合金相媲美(表 21.6)。

这些材料的磁化-退磁行为是磁畴壁移动的结果,最终由其微结构所控制,如尺寸、形状、晶体或者晶粒的取向,以及析出的第二相的性质和分布。材料的微结构取决于材料的制备。两种不同的制备方法用于制备 $Nd_2Fe_{14}B$ 磁铁:粉末冶金(烧结)和快速凝固(熔融纺丝)。粉末冶金法类似于 $SmCo_5$ 材料的制备方法。快速凝固法,熔融形成的合金快速淬火,生成无定形态,或非常的细粒度和薄的固体丝带。丝带材料制成粉末后,压成所需的形状进行热处理。快速凝固在两个制备方法中应用更广泛。然而,粉末冶金是一个连续且可以批量生产的方法,尽管有其固有的缺点。

这些高能硬磁材料被广泛应用于各个技术领域的不同设备之中。发动机是其中的一个应用。永磁的磁场远优于电磁铁,不仅有稳定磁场而且不需要增大电力,此外在操作中不产生热。使用永磁材料的发动机远比使用电磁的小,广泛地应用分数马力单位。发动机还被应用于无线电砖和螺丝刀中;在汽车中(摇窗装置、刮水器、净洗器、风扇马达);在音频和视频录音机中;钟表;音频系统的扬声器中;轻便的耳机、助听器以及计算机的外设中。

21.11 磁储存

磁性材料在信息储存领域十分重要。事实上,磁记录在电子信息储存方面已经成为通用的技术。这个已经通过硬盘存储的优势所证明,例如,电脑(台式或者笔记本)以及高清摄像的硬盘驱动、信贷/借记卡(磁条)等。在计算机中,半导体元件作为初级记忆,磁性硬盘作为二次记忆,因为能够储存大量的信息且成本更低。

此外，录音和电视行业严重依赖于磁条的储存能力以及音频和视频序列的重放。此外，录音带还用于大型计算机系统数据的备份和归档。

事实上，计算机的字节、声音和视觉图像都是以电信号的形式被磁性地记录于很小一段磁记录介质——磁带或者磁盘。通过一个包含读和写磁头的记录系统，实现了从磁条或者磁盘中记录(如写)重放(如读)之间的转换。对于硬盘驱动器，通过一个在相当高的转速下自生的空气作为传递媒介连接被支撑在上方的磁头与十分接近的磁介质。相比较之下，在进行读取和写的过程中磁头进行物理连接，带速度高达 10m/s。

像前面所说的，有两个主要的磁介质——硬盘驱动和磁带，我们将在下面简要讨论这两个磁介质。

硬盘驱动

硬盘磁存储驱动由直径大约在 65～95mm 的刚性圆环组成。在读取和和写的过程中，硬盘在十分高的转速转动，通常在 5400～7200r/min。作为高密度存储材料，硬盘驱动常用于数据的快速读取和记录。

对于当前的硬盘驱动技术，磁位点向上或向下垂直于磁盘表面所在的平面，这种模式叫做垂直磁记录模式，如图 21.21 所示。

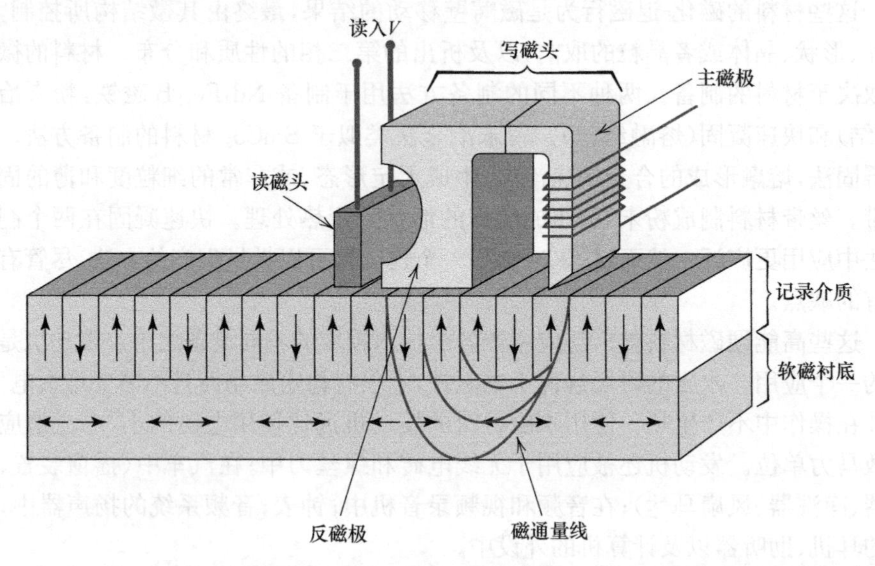

图 21.21　硬盘驱动的原理图。使用垂直磁记录介质以及感应记录磁头和磁阻读取磁头

数据(字节)通过感应记录磁头储存到存储介质。对于磁头的设计，如图 21.21 所示，在线圈中通时变电流，在主磁极—铁磁性或者亚铁磁性磁芯的顶端产生一个时变的用于记录的磁通量。磁通量渗过磁存储层进入磁软衬层，然后通过一个返回杆重新进入磁头组件(图 21.21)。在主磁极顶端下方的磁存储层集中

了非常强的磁场。在这个位置,由于磁化作用,数据被记录到磁存储层很小的一个部分。在磁场撤离时(如磁盘不停地转动),磁化作用—信号(数据)存储继续。数字数据的存储(记录为 0 和 1)以分钟磁化模式的形式进行;0 和 1 对应于相邻区域是否出现磁反转。

数据通过一个磁阻读取磁头实现从磁存储介质中的重放(图 21.21)。当进行数据读取时,这个磁头检测到由记录时产生的磁场,造成电阻的改变所产生的信号通过处理恢复为原始数据。

由直径在 10nm 左右且孤立分散的具有磁各向异性的密排六方钴铬合金晶粒组成的厚度在 15~20nm 的薄膜所形成的存储层。其他合金元素(特别是 Pt 和 Ta)的添加可以增强磁各向异性以及形成氧化物晶界用于分散钴铬合金晶粒。图 21.22 是硬盘存储层的透射电子显微镜。每个晶粒是易磁化方向在 c 轴的单畴(如[0001]晶向)垂直(将近垂直)于硬盘表面。这个[0001]方向是钴的易磁化方向(图 21.18)。因此当被磁化后,每个晶粒的磁化方向具有理想的垂直方向。数据的稳定储存要求每一个字节大约包含 100 个晶粒。此外,这里有一个下限尺寸,当晶粒的尺寸低于这个下限时,材料的磁化方向可能会因为热运动发生偏转,造成储存数据的丢失。

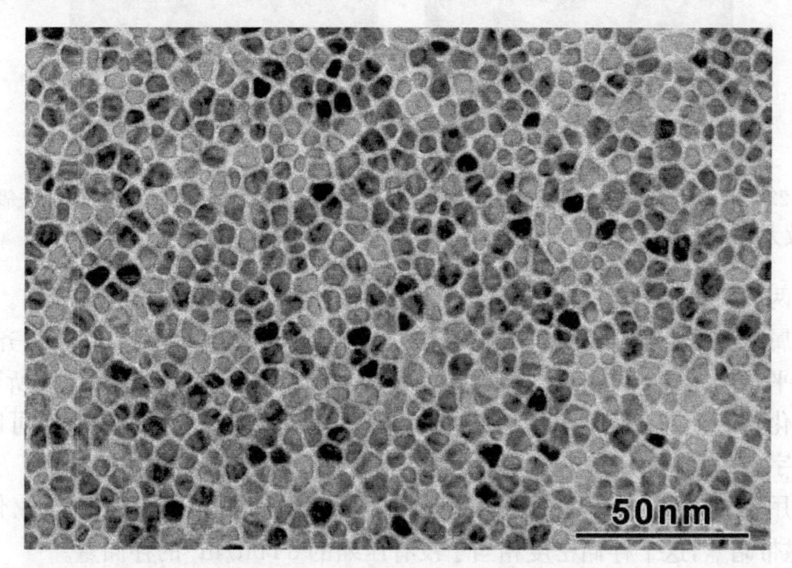

图 21.22 硬盘驱动器中垂直磁记录介质的透射电子显微镜图。这个细小的介质包含钴铬合金(较暗的部分),它们被氧化物晶界所隔离

当前垂直磁储存硬盘的存储量超过 100Gbit/in^2 (10^{11} bit/in^2),其最终的目标是存储量达到 1T bit/in^2 (10^{12} bit/in^2)。

磁带

磁带存储的发展先于硬盘存储驱动。现在,磁带存储的价格远低于硬盘存储

(HDD),然而,磁带的区域存储密度较低(大约 100 倍)。磁带(标准宽度 12.7mm)绕在轮上并且密封在暗盒中进行保护和处理。在操作的过程中,材料的驱动器通过精确同步电机,将磁带从一个轮上传递到另一个轮子,同时通过读写磁头找到读取或者记录的点。典型的磁带速度是 4.8m/s,其他的一些可以高达 10m/s。用于磁带进行磁记录的磁头部分与用于 HDD 的是一样的,前面已经介绍过。

对于最新的磁带储存技术,磁储存介质是那些尺寸在几十纳米左右的磁性材料:针状的铁磁金属颗粒和六角或者扁平的亚铁磁钡铁氧体颗粒。这两种介质材料的显微图片如图 21.23 所示。磁带根据应用选择一种或者另一种磁介质材料。这些磁性颗粒十分均匀地分散在具有高分子量的黏结剂中形成大约 50nm 厚度的磁性层。这层下面是一层厚度大约在 100~300nm 的无磁性的支撑衬底,用于与磁带接触。聚萘二甲酸乙二醇酯(PEN)和对苯二甲酸乙二醇酯乙烯(PET)用于磁带。

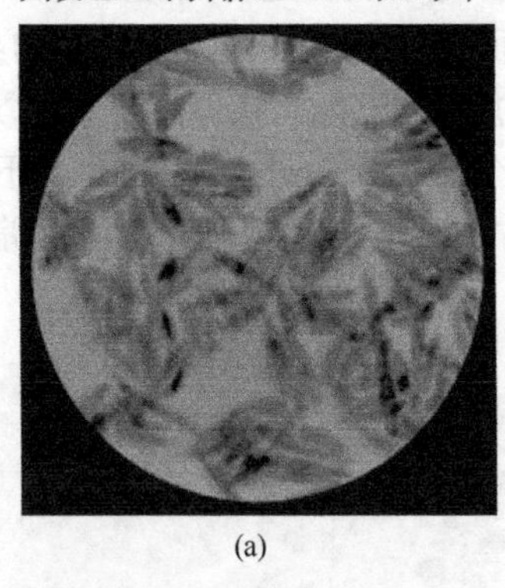

(a)

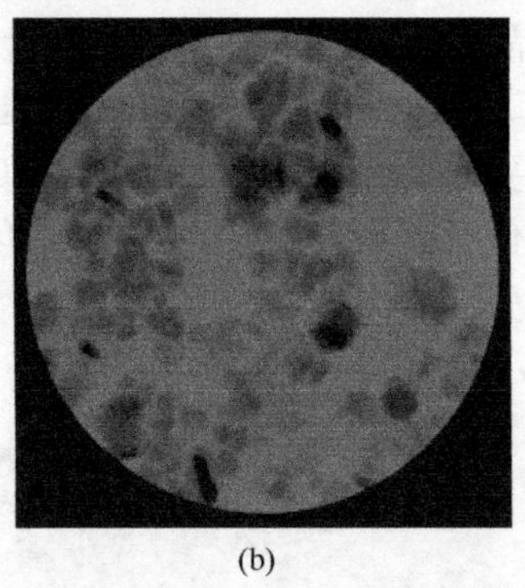

(b)

图 21.23 磁带中磁介质材料的扫描电镜图(a)针状铁磁金属颗粒(b)扁平状的钡铁氧体颗粒。放大倍数未知

这两种粒子都是具有磁各向异性,即有一个容易或者优于磁化的方向。例如,对于金属颗粒,这个方向平行于长轴。在操作期间,这些金属颗粒互相对齐,且这个方向平行于记录磁头所经过的磁带的运动方向。由于每个晶粒是单畴所以只被磁头磁化为一个或者与他相反的方向,存在两种磁状态。这两种磁状态可以用于储存数字式信息,如 1 或 0。

使用钡铁氧体介质,磁头的存储密度已达到 6.7Gbit/in^2,对于工业化标准 LTO 磁带暗盒,这个存储密度相当于没有压缩的 8Tbit/in^2 的存储量。

21.12 超导

超导(superconductivity)实际上是电学现象,我们将它放在这一节讨论主要是因为磁性能也对超导状态有影响,此外,超导材料主要用于高磁能领域。

当高纯金属温度降到接近 0K 时,电阻逐渐降低到一个很小但是有限的数值,这是特殊的金属特性。然而,一些材料的电阻在很低的温度时,突然暴跌,电阻从一个有限的价值降到几乎为零。当温度继续降低时,电阻值维持不变。拥有这种行为被称为超导体材料。转化到超导态的温度称之为临界温度 T_C。超导与纳米超导材料间的电阻-温度曲线对比如图 21.24 所示。超导材料之间的临界温度各不相同,但是对于金属和金属合金都位于 1～20K。最近,已经证明一些复杂的氧化物陶瓷的临界温度超过了 100K。

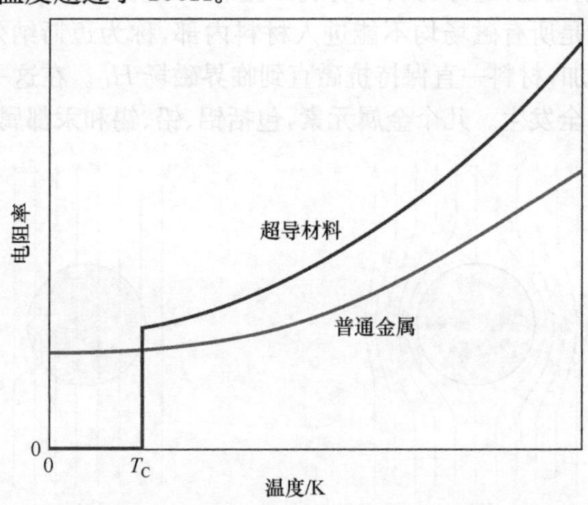

图 21.24 在温度接近 0K 时,正常和超导材料间电阻与温度之间的关系

当温度低于临界温度 T_C,提供一个足够大的磁场时,超导状态将会消失,称之为临界磁场 H_C。临界磁场取决于温度,温度升高临界磁场降低。对于电流也有相同的效果,当低于某一个电流时出现超导现象,这个电流称为临界电流密度 J_C。图 21.25 显示了正常态和超导态之间的温度-磁场-电流密度之间的空间分界线。这个边界的条件取决于材料。对于温度、磁场、电流密度在原点和界线之间的态为超导态,界外的导电正常。

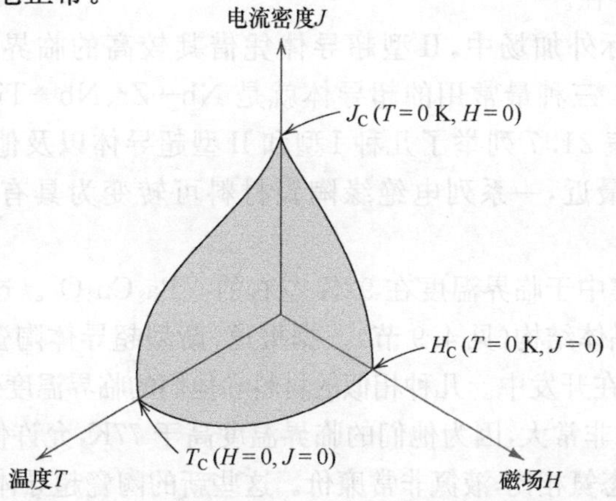

图 21.25 超导态和正常导体间临界温度、临界磁场以及临界电流密度的空间分界图

超导现象已经可以通过理论进行圆满的解释。从本质上讲,超导态是导电电子对间相互作用的结果。这些成对的电子在运动过程中相互协调,以至于热运动和杂质原子间的散射作用减弱。而电阻与电子散射率成正比,因此超导态电阻为零。

在磁响应的基础上,超导材料可分为Ⅰ型和Ⅱ型。Ⅰ型材料在超导状态下是完全抗磁的,那就是所有磁场均不能进入材料内部,称为迈斯纳效应,如图 21.26 所示。随着 H 增加,材料一直保持抗磁直到临界磁场 H_C。在这一点上,传导是正常的,磁通渗透完全发生。几个金属元素,包括铝、铅、锡和汞都属于Ⅰ型。

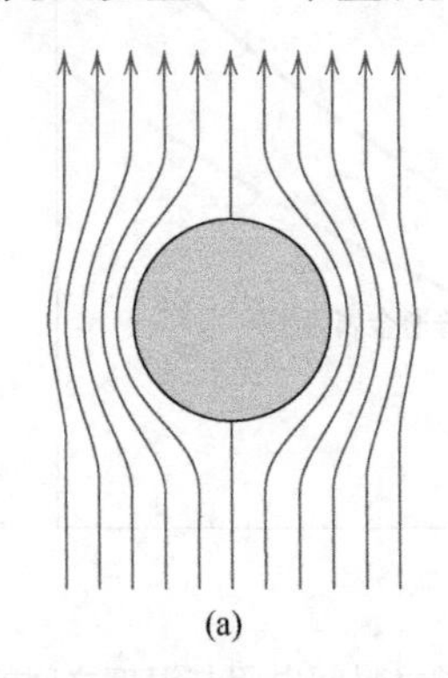

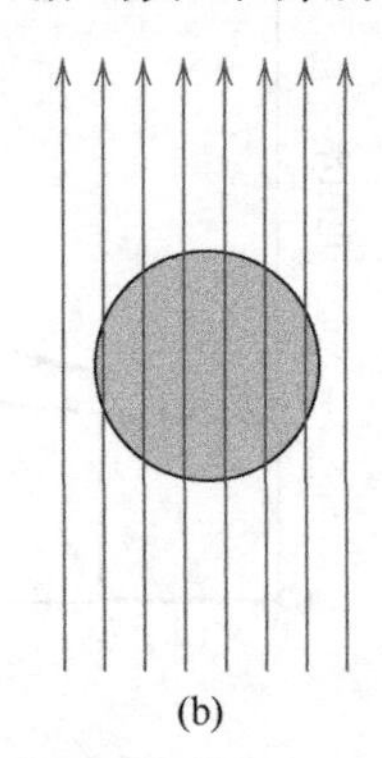

图 21.26 迈斯纳效应的图示。(a)在超导状态下,一个物质主体(圈)不包括内部的磁场(箭头)。(b)一旦材料本身变为正常导体,磁场将穿过该材料

Ⅱ型超导体在低频应用中完全抗磁性,完全抵消场强。然而,从超导状态过渡到正常状态是逐渐发生的,且发生在低临界和上临界场之间,分别标定为 H_{C1} 和 H_{C2}。磁通线在 H_{C1} 开始渗透到材料中,且渗透随着外加磁场的增加而增加,达到 H_{C2},场渗透完成。在 H_{C1} 和 H_{C2} 之间的场中,物质处于一种所谓的混合状态—正常和超导区同时存在。

在大多数实际外加场中,Ⅱ型超导体凭借其较高的临界温度和临界磁场优于Ⅰ型超导体。三种最常用的超导体就是 Nb—Zr、Nb—Ti 合金以及 Nb_3Sn 金属间化合物。表 21.7 列举了几种Ⅰ型和Ⅱ型超导体以及他们的临界温度和临界磁通密度。最近,一系列电绝缘陶瓷材料可转变为具有超高临界温度超导体。

最近的研究集中于临界温度在 92K 左右的 $YBa_2Cu_3O_7$。这种材料具有一种复杂的钙钛矿型晶体结构(见 4.9 节)。据报道,新型超导体陶瓷材料具有较高临界温度,且目前正在开发中。几种相似的材料和他们的临界温度列举在表 21.7。这些材料的技术潜力非常大,因为他们的临界温度高于 77K,允许使用液氮作为冷却剂,与液态氢和液态氦相比,液氮非常廉价。这些新的陶瓷超导体也存在不足,主要一点就是易碎。此特性限制了这些材料的能力,如用于制造电线等有意义的产品。

表 21.7 部分材料的临界温度和磁通量

材料	临界温度 T_C/K	临界磁通密度 B_C(特斯拉)[a]
	元素	
W	0.02	0.0001
Ti	0.40	0.0056
Al	1.18	0.0105
Sn	3.72	0.0305
Hg(α)	4.15	0.0411
Pd	7.19	0.0803
	粉末合金	
Nb-Ti 合金	10.2	12
Nb-Zr 合金	10.8	11
$PbMo_6S_8$	14.0	45
V_3Ga	16.5	22
Nb_3Sn	18.3	22
Nb_3Al	18.9	32
Nb_3Ge	23.0	30
陶瓷粉末		
$YBa_2Cu_3O_7$	92	—
$Bi_2Sr_2Ca_2Cu_3O_{10}$	110	—
$Tl_2Ba_2Ca_2Cu_3O_{10}$	125	—
$HgBa_2Ca_2Cu_2O_8$	153	—

a 临界磁通量密度($\mu_0 H_C$)测量温度为 0K。对于合金化合物,通量为 $\mu_0 H_{C2}$(特斯拉),测量温度在 0K。

超导现象具有许多重要的现实意义。在科学试验和研究设备中使用超导磁体能以较低功耗产生高能量场。另外,他们也用于医疗领域核磁共振(MRI)作为一种诊疗手段。人体组织和器官的异常可以用生成的横截面图像来检测,也可用核磁共振谱(MRS)对身体组织进行化学分析。超导材料也存在许多其他的潜在应用,其中一些领域正在被开发利用,包括:①通过超导电力传输,将会降低损耗并且实现低电压运行设备;②用于高能粒子加速的磁铁;③用于电脑的高速转换和信息传输;④用于磁悬浮列车的磁场排斥产生悬浮。阻碍超导材料广泛应用的最主要难题是获得和保持极低温度。希望以后能够研究出新一代具有可实用高临界温度超导材料,克服这个难题。

第22章 光 性 能

当材料暴露于电磁辐射时，预测并改变材料的响应是至关重要的。这需要我们熟悉材料的光学性质，了解光学行为的机制。例如，在22.14节中通信系统中的光纤材料，我们注意到，在光纤外表面引入逐渐变化的折射率(即渐变折射率)可以提升光纤的性能。这可以通过加入特定的杂质，并控制浓度来实现。

22.1 简介

光学特性是指材料暴露于电磁辐射，特别是可见光下的响应。本章首先讨论有关电磁辐射性质的一些基本原则和概念及其固体材料间的相互作用。然后探讨金属和非金属材料在吸收，反射和透射特性方面的光学行为。最后一部分概述发光、光电导、辐射受激发射(激光)产生的光放大等现象在实际中的使用，尤其在光纤通信方面的应用。

基本概念

22.2 电磁辐射

从传统意义上讲，电磁辐射被认为是波状的，电场和磁场的分量以及传播方向都是相互垂直的(图22.1)。光、热(或辐射能)，雷达、无线电波和X射线都属于电磁辐射的形式。各种形式的特征主要取决于波长的特定范围，同时也由产生的技术所决定。辐射范围广泛的电磁波谱 γ 射线(排放出放射性物质)的波长为 10^{-12} m(10^{-3} nm)，X射线、紫外线、可见光、红外线，波长逐渐增加，无线电波的波长只达到 10^{5} m。对数标尺图谱如图22.2所示。

可见光存在于非常小的光谱范围内，波长介于0.4μm(4×10^{-7} m)和0.7μm之间。我们所感知的颜色是由波长决定的：例如，辐射波长约0.4μm时出现紫色，而绿色和红色大约在0.5μm和0.65μm出现。几个颜色的光谱范围在图22.2中标明。白光是所有颜色的简单混合。随后的讨论主要集中于可见光辐射，即人眼可以感知的这一部分辐射。

真空中，所有电磁辐射均以同一速度运动，称之为光速，3×10^{8} m/s。速度 c 与真空介电常数 ε_0 和真空磁导率 μ_0 有关

$$c=\frac{1}{\sqrt{\varepsilon_0\mu_0}} \tag{22.1}$$

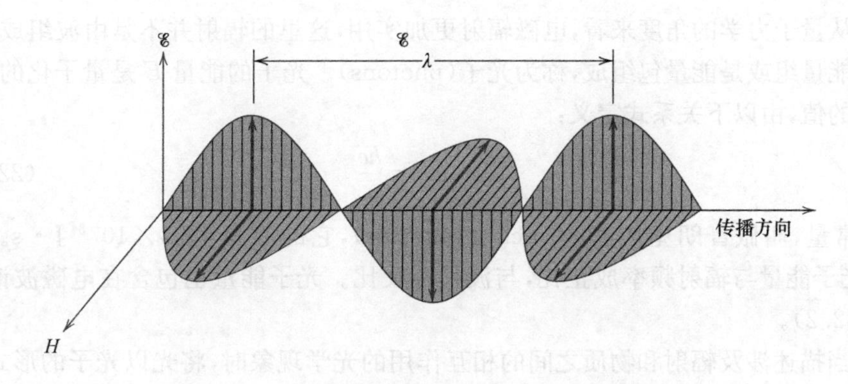

图 22.1 电磁波的电场ℰ和磁场 H 的分量和波长 λ

因此，电磁常数 c 和电学和磁学常数是有关的。

此外，电磁辐射的频率 ν 和波长 λ 与速度关系为

$$c=\lambda\nu \tag{22.2}$$

频率用赫兹(Hz)表示，且 1 Hz＝1 圈/秒。各种形式的电磁辐射频率范围也包含在光谱图中(图 22.2)。

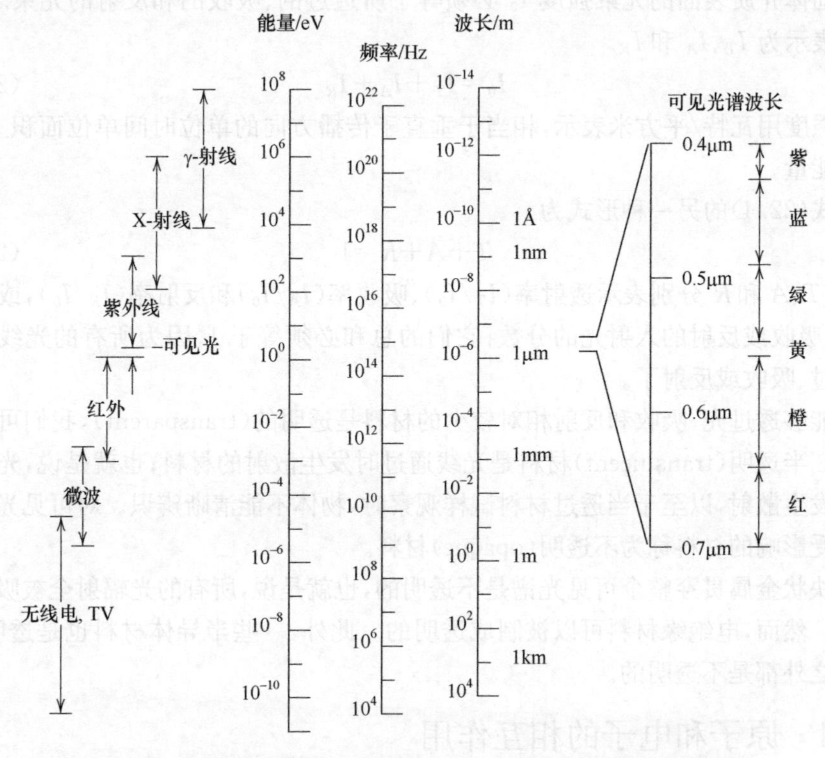

图 22.2 电磁辐射的光谱，包括各种可见的颜色光谱的波长范围

从量子力学的角度来看，电磁辐射更加实用，这里的辐射并不是由波组成，而是由能量组或是能量包组成，称为光子(photons)。光子的能量 E 是量子化的，有特定的值，由以下关系式定义：

$$E = h\nu = \frac{hc}{\lambda} \tag{22.3}$$

h 是常量，叫做普朗克常量(Planck's constant)，它的值为 6.63×10^{-34} J·s。因此，光子能量与辐射频率成正比，与波长成反比。光子能量也包含在电磁波谱中(图 22.2)。

当描述涉及辐射和物质之间的相互作用的光学现象时，将光以光子的形式处理往往能够使解释更方便。其他场合中，以波处理比较好，在本章讨论中，两种方法都会用到，视情况而定。

22.3　光与固体的相互作用

当光从一种介质进入另一种介质时(例如，从空气进入一个固体物质)，有些光辐射可以通过介质传输，有的会被吸收，有的会在两种介质之间的界面上被反射。到达固体介质表面的光束强度 I_0 必须等于所透过的、吸收的和反射的光束之和，分别表示为 I_T、I_A 和 I_R

$$I_0 = I_T + I_A + I_R \tag{22.4}$$

辐射强度用瓦特/平方米表示，相当于垂直于传播方向的单位时间单位面积上，透过的能量。

式(22.4)的另一种形式为

$$T + A + R = 1 \tag{22.5}$$

其中，T、A 和 R 分别表示透射率(I_T/I_0)、吸收率(I_A/I_0)和反射率(I_R/I_0)，或材料透过、吸收或反射的入射光的分数；它们的总和必须等于 1，因为所有的光线都用来透过、吸收或反射了。

能够透过光、吸收和反射相对较少的材料是透明的(transparent)，我们可以看穿它。半透明(translucent)材料是光线通过时发生散射的材料；也就是说，光线在内部发生散射，以至于当透过材料试样观察时，物体不能清晰辨识。对可见光的传输不受影响的材料称为不透明(opaque)材料。

块状金属贯穿整个可见光谱是不透明的，也就是说，所有的光辐射全被吸收或反射。然而，电绝缘材料可以被制成透明的。此外，一些半导体材料也是透明的，除此之外都是不透明的。

22.4　原子和电子的相互作用

固体中的光学现象包括电磁辐射与原子、离子和/或电子之间的相互作用。其中最重要的两个相互作用是电子极化和电子能级跃迁。

电子极化

一种电磁波的分量是一个简单的快速波动电场(图 22.1)。频率在可见光范围内,该电场与围绕其路径中的每一个原子的电子云相互作用,以诱导电子极化或电子云相对于原子核移动的方式进行,每种改变都是在电场分量的方向上进行的,如图 19.32(a)所示。这种计划有两种后果:①一部分辐射能量可能被吸收;②光波在穿过介质时,速度降低。第二个后果表现为折射,这种现象将在 22.5 节讨论。

电子跃迁

电磁辐射的吸收和发射可涉及电子从一个能态到另一个的跃迁。为了讨论,考虑一个孤立原子,该电子能量图如图 22.3 所示。电子通过吸收光子的能量从占有态 E_2 激发到一个能级更高的空态 E_4。电子能量的改变 ΔE 决定了辐射频率

$$\Delta E=h\nu \tag{22.6}$$

h 是普朗克常量。在这一点上,需要了解几个重要的概念:首先,由于原子的能量状态是不连续的,只有特定的 ΔE_s 存在于能级之间;并且,只有频率对应于 ΔE_s 的光子能够被电子跃迁所吸收。此外,一个光子所有的能量在每个激发事件中被吸收。

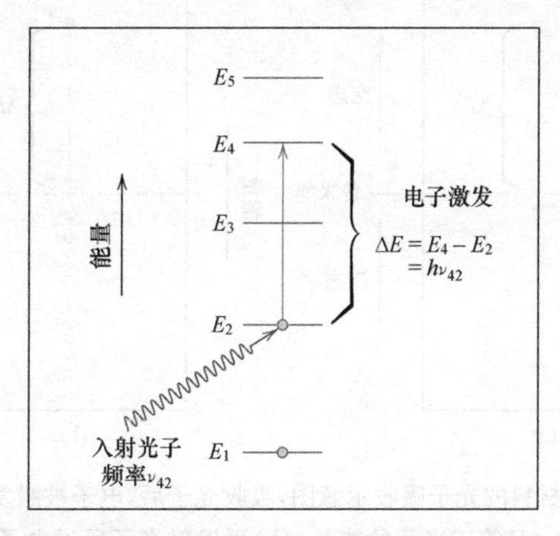

图 22.3 对于孤立的原子,电子吸收光子从一个能态激发到另一个能态的示意图。光子的能量($h\nu_{42}$)必须与两者之间的能量差(E_4-E_2)相等

第二个重要的概念是被激发的电子不能永久地保留在一个激发态(excited state)上,短时间后,会衰变消退到它的基态(ground state)或非激发态,并发射出电磁辐射波。也可能有一些衰退路径,这会在后面章节讨论。不管在何种情况下,在吸收和发射电子跃迁过程中会保持能量守恒。

正如之后的讨论表明,固体材料的光学特性与电磁辐射的吸收和发射有关系,可以通过材料的电子能带结构(可能的能带结构在 19.5 节中讨论过)和电子跃迁

有关的原则进行解释，如前两段所述。

金属的光学性质

回顾金属的电子能带结构，如图 19.4(a)和(b)所示。这两种情况下，高能带仅部分地被电子填充。由于可见光范围内的辐射频率激发电子进入费米能级之上未被占据的能态内，金属是不透明的，如图 22.4(a)所示；按照方程(22.6)，结果，入射辐射被吸收。总吸收是在非常薄的，通常是厚度小于 0.1μm 的表层中进行的；因此，金属膜只有薄于 0.1μm 才能够透射可见光。

金属连续可用的空电子态，使得所有频率的可见光都能被吸收，这就可以产生如图 22.4(a)所示的电子跃迁。事实上，对于所有低频率的电磁辐射(从无线电波、红外线和可见光，到紫外线)来说，金属是不透明的。金属在高频率射线辐射下(如 X-或 γ-射线)是透明的。

大部分被吸收的辐射以具有相同波长的可见光的形式从表面重新发射，这表现为反射光；电子跃迁伴随的再辐射过程如图 22.4(b)所示。大多数金属的反射率在 0.90～0.95；在电子衰变过程中，一小部分能量作为热量被耗散。

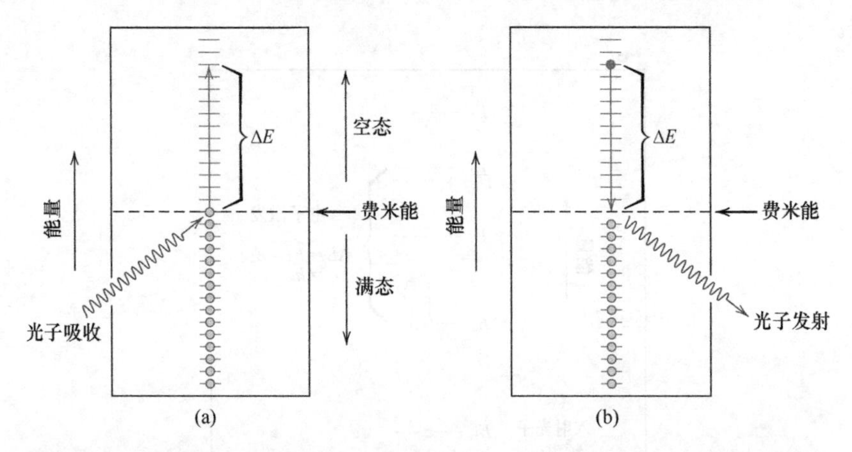

图 22.4 (a)金属材料的光子吸收示意图，吸收光子后，电子被激发到能量更高的空轨道。能量的变化 ΔE 等于光子的能量，(b)再发射光子通过电子从高能态向低能态的直接跃迁，放出光

因为金属是不透明、高度反射的，所以感知到的颜色是通过辐射的波长分布决定的，这些辐射能够反射而不被吸收。一种亮银色外观的金属暴露在白光中，这表明该金属在整个可见光谱范围内具有高反射率。换句话说，对于该反射光束，这些重新发射的光子，在频率和数量上与入射波束大致相同。铝和银就是两种能够呈现反射行为的金属。铜和金会分别呈现橘红色和黄色，可能是因为其中一些能量与可见光子有关。这些可见光子的特点是具有很短波长并且不能作为可见光重新发射。

非金属的光学性质

根据电子能带结构,非金属材料对可见光可能是透明的。因此,除了反射和吸收之外,也需要讨论折射和透过现象。

22.5　折射

光穿过透明材料内部时,速度会降低。其导致的结果是,光在界面处发生弯曲;这种现象称为折射(refraction)。材料的折射率(index of refraction,n)被定义为光在真空中的传播速度 c 与在介质中的传播速度 v 的比率:

$$n=\frac{c}{v} \tag{22.7}$$

n 的大小(或弯曲的程度)取决于光的波长。这种效应体现在白色光束通过玻璃棱镜时发生常见的色散或分离,形成各种不同的颜色。每个颜色在进入和透过玻璃时,都会发生不同程度的偏离,这就导致了颜色的分离。折射率不仅会影响光程,同时,它还会影响一部分入射光在表面的反射。

正如方程(22.1)定义了 c 的大小,下式给出了介质中光速的表达式:

$$v=\frac{1}{\sqrt{\varepsilon\mu}} \tag{22.8}$$

ε 和 μ 分别是特定物质的介电常数和磁导率。从方程(22.7),我们得出:

$$n=\frac{c}{v}=\frac{\sqrt{\varepsilon\mu}}{\sqrt{\varepsilon_0\mu_0}}=\sqrt{\varepsilon_r\mu_r} \tag{22.9}$$

ε_r 和 μ_r 是介电常数和相对磁导率。因为大多数物质都有轻微磁性 $\mu_r \cong 1$

$$n\cong\sqrt{\varepsilon_r} \tag{22.10}$$

因此,对于透明材料,折射率与介电常数之间存在一定关系。如已经提到的,折射现象与相对高频率可见光的电子极化(见 22.4 节)有关;因此,电子元件的介电常数可以由公式(22.10)中折射率的测量来决定。

因为介质中电磁辐射的减弱是由电子极化引起的,原子或者离子的大小影响这个效应的大小。通常情况下,原子或离子越大,电子极化就越大,速度就越慢,折射率也会更大。一种典型的钠钙玻璃的折射率约 1.5。将大型钡和铅离子(如 BaO 和 PbO)加入玻璃中能有效地增加材料的折射率 n。例如,含有 90%(重量)的 PbO 高铅玻璃有接近 2.1 的折射率。

对于具有立方晶体结构的透明陶瓷和玻璃来说,折射率与晶向无关(特别当它是各向同性时)。然而,非立方晶体拥有各向异性的折射率 n,也就是沿着密度最高的离子的方向,折射率最大。表 22.1 给出了一些玻璃、透明陶瓷和聚合物的折射率。n 为各向异性的晶态陶瓷的折射率取平均值。

表 22.1 一些透明的材料的折射率

材料	平均折射率
陶瓷	
石英玻璃	1.458
硼硅酸盐(Pyrex)玻璃	1.47
钠钙玻璃	1.51
石英(SiO_2)	1.55
高散射光学玻璃	1.65
尖晶石($MgAl_2O_4$)	1.72
方镁石(MgO)	1.74
金刚砂(Al_2O_3)	1.76
聚合物	
聚四氟乙烯	1.35
聚甲基丙烯酸甲酯	1.49
聚丙烯	1.49
聚乙烯	1.51
聚苯乙烯	1.60

22.6 反射

当光线从一个介质辐射到另一个不同折射率的介质时,即使两种介质都是透明的,在这两种介质的界面处也会发生光的散射。入射光的反射率 R 代表界面处被反射的入射光的大小,或者

$$R=\frac{I_R}{I_0} \tag{22.11}$$

入射光的强度和反射光的强度分别用 I_0 和 I_R 表示。如果光束沿法线(或垂直的)照射到界面处,那么,

$$R=\left(\frac{n_2-n_1}{n_2+n_1}\right)^2 \tag{22.12}$$

其中,n_1 和 n_2 分别表示光束在两种不同介质的折射率。如果入射光不沿法线照射界面,R 则取决于入射角,当光从真空或者空气中传向固体时,

$$R=\left(\frac{n_s-1}{n_s+1}\right)^2 \tag{22.13}$$

因为光在空气中的折射率接近于 1。因此,固体的折射率越高,反射率越大。典型的硅酸盐玻璃的反射率约为 0.05。就像光在固体中的折射率取决于入射光的波

长，反射率也随波长变化而变化。在透镜和其他光学仪器的表面涂抹一层介电材料，如氟化镁（MgF_2）等，能够将反射损失降到最小。

22.7 吸收

非金属材料可能是不透明的或者对可见光透明；如果透明，它们通常是有色的。原则上，光辐射通过两种基本的机制被吸收进入这种材料，也会影响非金属材料的传输特性。其中之一就是电子极化（见 22.4 节）。当光的频率接近组成原子的频率时，电子极化的吸收是重要的。另一种机制涉及价带-导带的电子跃迁，取决于电子的能带结构；半导体和绝缘体的能带结构在 19.5 节已经讨论过。

如图 22.5(a)所示，从充满的价带附近提升或激发一个电子可能会发生一个光子的吸收，跨过带隙，进入空导带；导带中出现一个自由电子，价带中出现一个空穴。再次，通过等式(22.6)可以看出，激发的能量 ΔE 与被吸收的光子频率有关。只要光子能量比带隙能量 E_g 大，这些伴随着光子吸收的激发就可以发生。也就是，如果

$$h\nu > E_g \tag{22.14}$$

或用波长

$$\frac{hc}{\lambda} > E_g \tag{22.15}$$

可见光的最小波长 λ(min) 大约是 $0.4\mu m$，因为 $c=3\times10^8 m/s$ 且 $h=4.13\times10^{-15} eV\cdot s$，吸收可见光的带隙能量的最小值 E_g(max) 是

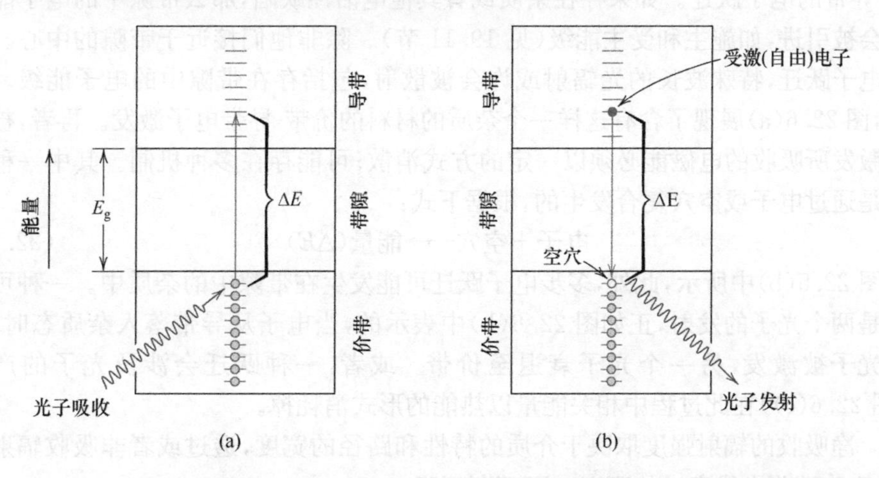

图 22.5 (a)非金属材料的光子吸收机制是一个电子通过带隙被激发，在价带中留下一个空穴的过程。吸收光子的能量是 ΔE，它必须大于带隙能量 E_g。图(b)光子的发射是通过带隙的电子跃迁实现的

$$E_g(\max)=\frac{hc}{\lambda(\max)}$$
$$=\frac{(4.13\times10^{-15}\,\text{eV}\cdot\text{s})(3\times10^8\,\text{m/s})}{4\times10^{-7}\,\text{m}}$$
$$=3.1\text{eV} \tag{22.16a}$$

换句话说,没有可见光被带隙能量大于 3.1eV 的非金属物质吸收,这些物质具有高纯度,看起来是透明的和无颜色的。

可见光波长的最大值 $\lambda(\max)$ 大约是 0.7μm,吸收可见光的带隙能量 $E_g(\min)$ 的最小值为

$$E_g(\min)=\frac{hc}{\lambda(\max)}$$
$$=\frac{(4.13\times10^{-15}\,\text{eV}\cdot\text{s})(3\times10^8\,\text{m/s})}{7\times10^{-7}\,\text{m}}$$
$$=1.8\text{eV} \tag{22.16b}$$

这个结果表明,对于带隙能量少于 1.8eV 的半导体材料来说,所有可见光可以被价带-导带电子跃迁所吸收,因此这些材料是不透明的,只有一部分可见光光谱被带隙能量在 1.8~3.1eV 的物质吸收。因此,这些材料看起来有颜色。

每种非金属材料在一定波长会变成不透明的,这取决于它的 E_g 的大小。例如金刚石的带隙能量是 5.6eV,对于波长大约小于 0.2μm 的辐射是不透明的。

在具有宽带隙的绝缘体固体中也能够发生光辐射的相互作用,包括其他的价带-导带的电子跃迁。如果存在杂质或者其他电活性缺陷,那么带隙中的电子能级就会被引进,如施主和受主能级(见 19.11 节)。除非他们接近于带隙的中心。由于电子跃迁,特殊波长的光辐射或许会被散射,包括存在带隙中的电子能级。例如,图 22.6(a)展现了含有这样一个杂质的材料的价带-导带电子激发。再者,被电子激发所吸收的电磁能必须以一定的方式消散;可能存在多种机制。其中一种消散是通过电子或空穴复合发生的,根据下式:

$$\text{电子}+\text{空穴}\longrightarrow\text{能量}(\Delta E) \tag{22.17}$$

如图 22.5(b)中所示,此外,多步电子跃迁可能发生在带隙中的杂质中。一种可能性是两个光子的发射,正如图 22.6(b)中表示的,当电子从导带落入杂质态时,一个光子被激发,另一个光子衰退至价带。或者,一种跃迁会涉及光子的产生(图 22.6(c))在此过程中相关能量以热能的形式消耗掉。

净吸收的辐射强度取决于介质的特性和路径的宽度,透过或者非吸收辐射的强度 I'_T 随着光线穿过的距离 x 而不断下降。

$$I'_T=I'_0\text{e}^{-\beta x} \tag{22.18}$$

I'_0 是非反射入射辐射的强度,β 是吸收系数,即特定材料的特性(单位为 mm^{-1}),β 随着入射辐射的波长变化而变化,距离参量 x 是根据入射表面进入材料来测量

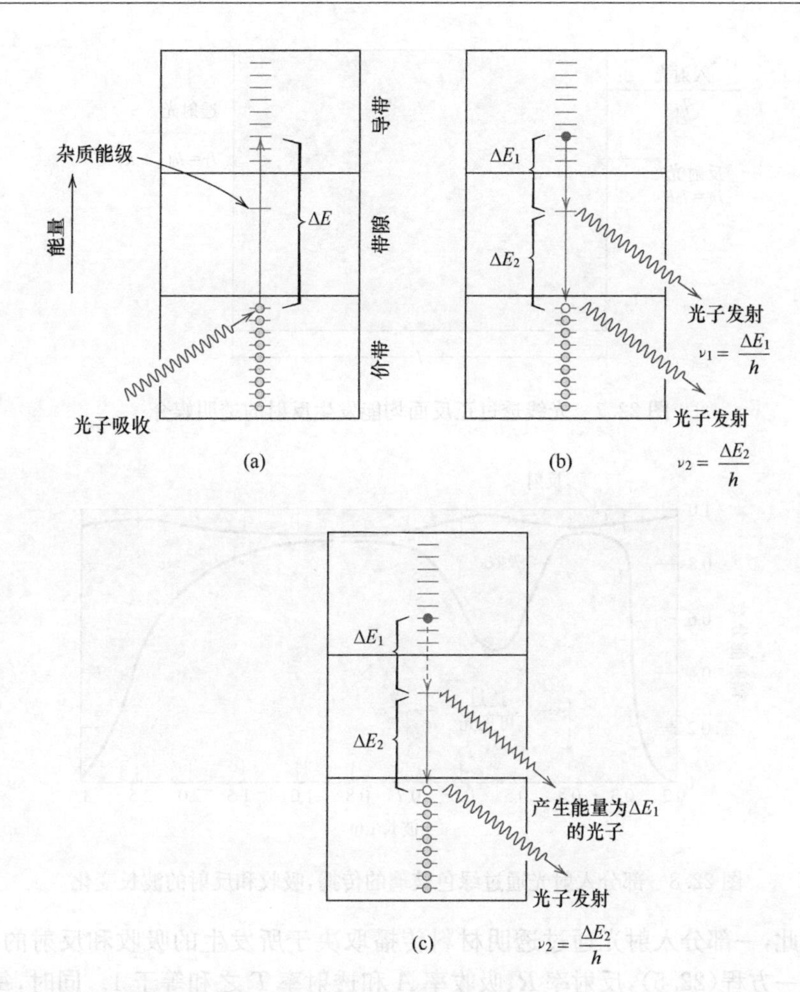

图 22.6　(a)光子吸收经由处于带隙之中有一定杂质的价带与导带之间的电子跃迁。(b)包含电子衰退首先进入杂质态最终到达基态的两个光子的发射。(c)光子和激发态电子首先进入杂质态最后返回基态电子的产生

的，β 值大的材料吸收性高。

22.8　透过

如图 22.7 所示，吸收、反射和透过现象也适用于光线透过透明固体，在该厚度 L 和吸收系数为 β 的试样的前表面上的光束强度 I_0，在背面所发射的强度是 I_T

$$I_T = I_0 \ (1-R)^2 \mathrm{e}^{-\beta l} \tag{22.19}$$

其中，R 是反射率。对于这个表达式，假设相同的介质存在于正面和背面。方程(22.19)的推导作为作业问题解决。

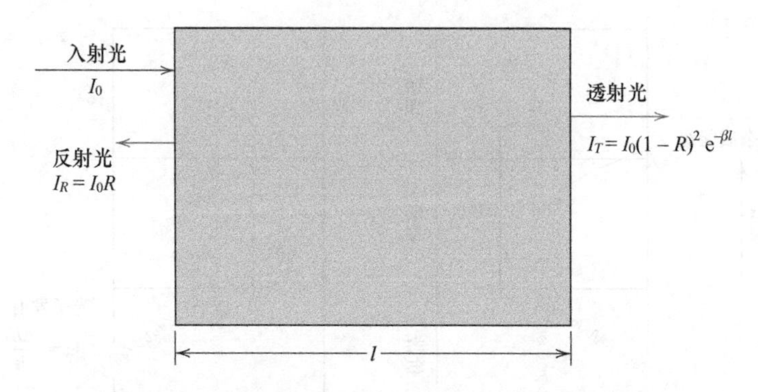

图 22.7 光线透过正反面均能发生反射的透明媒介

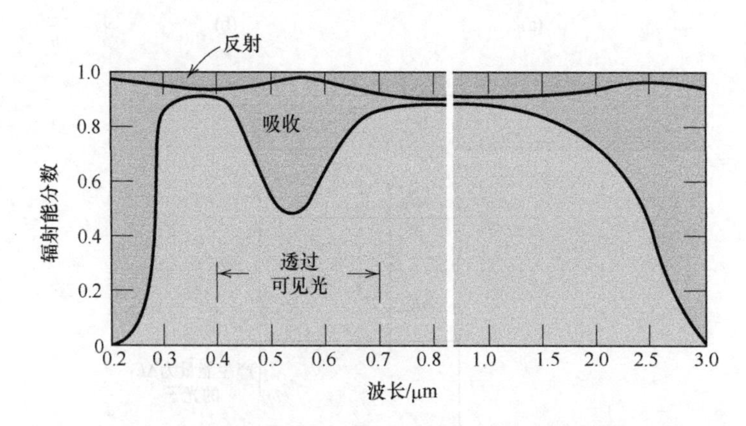

图 22.8 部分入射光通过绿色玻璃的传播,吸收和反射的波长变化

因此,一部分入射光通过透明材料传播取决于所发生的吸收和反射的损失。根据统一方程(22.5),反射率 R、吸收率 A 和透射率 T 之和等于 1。同时,每个变量 R、A 和 T 取决于光的波长。这通过在绿色玻璃光谱的可见区域得到演示,如图 22.8 所示。例如,波长 0.4μm 的光,透过、吸收和反射分数大约分别为 0.90、0.90 和 0.05。然而,波长为 0.55μm 时,各自的分数变为 0.50、0.48 和 0.02。

22.9 颜色

透明材料呈现颜色是特定波长范围的光被选择性吸收的结果,被识别的颜色是透过波长的组合,如果对于所有的可见光波长吸收是均匀的,那么材料看起来就是无色的。例如,高纯度的无机玻璃和高纯度单晶钻石和蓝宝石。

通常,任何选择性吸收都是通过电子激发。其中一种情况,涉及具有可见光光子能的范围内(1.8～3.1eV)的带隙的半导体材料。因此,能量大于 E_g 的可见光部分由价导-导带电子跃迁选择性吸收。这部分吸收的辐射被重新发射的激发电子释放回原来的低能量状态。再发射与吸收为相同频率是没有必要的。因此,颜色取决于透过和再发射光束的频率分布。

例如，硫化镉(CdS)具有约 2.4eV 的带隙；因此，它吸收的光子能量约大于 2.4eV，对应可见光谱的蓝色和紫色部分；其中形成一些能量因具有其他波长的光被再辐射。未被吸收的可见光由能量介于 1.8 和 2.4eV 的光子组成。硫化镉呈现橙黄色的颜色，由透过光束组成。

如前面所讨论的，绝缘体陶瓷中，特定的杂质也可以在禁带带隙中形成电子能级。由于涉及杂质原子或离子的电子衰变过程，能量小于带隙的光子也能被发射，如图 22.6(b)和(c)所示。材料的颜色是透过光束中波长分布的函数。

例如，高纯度和单晶氧化铝或蓝宝石是无色的。红宝石，呈现明亮的红色，其实是添加 0.5%～2%氧化铬(Cr_2O_3)的蓝宝石。在 Al_2O_3 晶体结构中，Cr^{3+} 替换了 Al^{3+} 并引入了蓝宝石的宽带隙内的杂质能级。光辐射通过价带—导带电子跃迁吸收，其中一些随后以特定的波长再发射，这是电子跃迁到或从这些杂质能级跃迁的结果。透过率是蓝宝石和红宝石波长的函数，如图 22.9 所示。对于蓝宝石，在可见光谱内透射率随波长变化相对恒定，这解释了这种材料的无色性。然而，红宝石的强吸收峰(或极小值)出现在酮蓝紫色区域内(在约 0.4μm 处)，另一个为黄绿色光区(在约 0.6μm 处)。不被吸收或透射的光与再发射的光混合赋予红宝石其深厚的红色。

无机玻璃在熔融状态下，通过将跃迁或稀土离子融合而有颜色的。有色离子对的典型代表包括 Cu^{2+}，蓝绿色；Co^{2+}，蓝紫色；Cr^{3+}，绿色；Mn^{2+}，黄色；和 Mn^{3+}，紫色。这些有色玻璃也被用作陶瓷洁具釉料和装饰涂料。

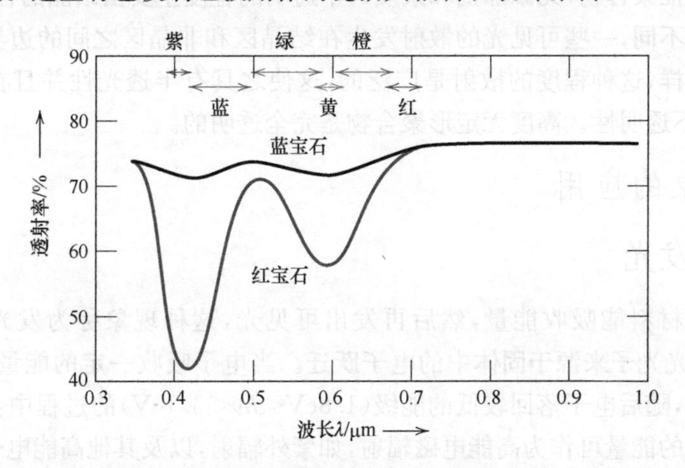

图 22.9 透过光辐射与蓝宝石(单晶铝氧化物)和红宝石(氧化铝含一些氧化铬)波长的关系。蓝宝石无色，而红宝石由于特定波长范围内的选择性吸收有一个红色的色调

22.10　不透明和半透明的绝缘体

固有地透明介电材料的半透明和不透明程度在很大程度上取决于它们内部的反射率和透射率特性。许多本质上透明的电介质材料可以因为内部的反射和折射做成半透明或不透明的。由于大量的散射事件，透射光的光束方向偏转并出现散射。当散射是如此的广泛，以至于几乎没有入射光束被透过背面，这时也会导致不透明。

内部散射可能来源于几个不同的散射源。具有各向异性折射率的多晶样品通常出现半透明。反射和折射都发生在晶界，这导致了入射光束的转移。这是由于相邻晶粒不具有相同的晶体取向，从而折射率 n 存在细微的差别导致的。

光的散射也发生在两相材料中，其中一相是细分散在另一相中。再次，光束色散发生在两相的折射率有差异的跨越相界处；差别越大，散射越有强。玻璃陶瓷(见 14.11 节)，可能由晶相和残余玻璃相组成，如果微晶的大小小于可见光的波长并且当两相的折射率几乎相同时(可以通过调整组成实现)，则会出现高度透明。

由于制造或加工，许多陶瓷片包含一些残余孔隙，它们以细小分散的孔的形式存在。这些孔隙也可以有效的散射光辐射。

图 22.10 为单晶的、完全致密的多晶和多孔的(～5%的孔隙率)的氧化铝标本的光传输特性差异。单晶是完全透明的，多晶和多孔材料分别是半透明和不透明的。

对于本征聚合物(无添加剂和杂质)，半透明的程度主要由结晶的程度所决定。由于折射率不同，一些可见光的散射发生在结晶区和非晶区之间的边界。对于高度结晶的试样，这种程度的散射是广泛的，这使之具有半透光性并且在某些情况下，甚至是不透明性。高度无定形聚合物是完全透明的。

光学现象的应用

22.11　发光

有一些材料能吸收能量，然后再发出可见光，这种现象称为发光(luminescence)。发光光子来源于固体中的电子跃迁。当电子吸收一定的能量后，被激发到较高能级，随后电子落回较低的能级($1.8\text{eV}<h\nu<3.1\text{eV}$)的过程中会产生可见光。被吸收的能量可作为高能电磁辐射，如紫外辐射，以及其他高能电子、热、机械能、化学能等来源。此外，发光可根据吸收和再发射事件之间的延迟时间大小进行分类。如果延迟时间远少于 1 秒，则称这种现象为荧光(fluorescence)；如果超过 1 秒，则称为磷光(phosphorescence)。一些硫化物、氧化物、钨酸盐和一些有机材料在内的许多材料都能发出荧光或磷光。通常，纯材料没有这些现象，必须在受控浓

图 22.10　三氧化铝试样的透光性。从左至右：单晶材料(蓝宝石)，是透明的；多晶硅和完全致密(非多孔)材料，是半透明；多晶材料，它包含大约5%的孔隙率，是不透明的

度下添加引起反应的杂质。

发光的商业价值很高。例如，荧光灯由里面涂上特别准备的钨酸盐或硅酸盐的玻璃外壳组成；高压汞灯发出的紫外线会导致涂层发出荧光和发射白光；新上市的节能灯(CLF)正在取代普遍使用的白炽灯，这些节能灯泡的灯管是弯曲或折叠的，以便与原来白炽灯泡所占据的空间相适应，同时方便将它们安装到固定装置上。相同光照下，节能灯的耗电量只有白炽灯的1/5～1/3，且灯泡寿命更长，但节能灯价格昂贵，并且因为含有汞，它的处理方式更为复杂。

22.12　光电导性

根据式(19.13)可知，半导体材料的导电性依赖于导带上自由电子的数目和价带上空穴的数目。正如19.6节所描述的，电子受晶格振动产生热能激发，形成其中的自由电子和/或空穴。光能的吸收会导致光致电子发生跃迁，其结果是产生额外的电荷载流子；随后增加的导电性被称为光电导性(photoconductivity)。因此，当一部分光导材料发亮时，其电导性也就增加了。

摄影曝光表会使用到这种现象。测量光生电流时，它的大小可用入射光辐射强度的直接函数或是光子撞击光导材料的速率来表达。可见光的辐射必定会引起电子在光导材料的跃迁；硫化镉常用于测光表中。

使用半导体，在太阳能电池中可以将太阳光直接转换成电能。这些器件的操作在某种意义上是反向的发光二极管。使用p-n结光生电子和空穴远离结点，并在反方向上成为外电流的一部分。

22.13　激光

在此之前所有讨论过的辐射电子跃迁都是自发的，也就是说，电子从高能级向低能级移动没有受到外部的激发。这些跃迁事件彼此独立且随机发生，产生的辐射也不相干，即光波之间的相位是不同的。但是，通过电子跃迁产生的相干光需要激光的外部刺激，激光(laser，light amplification by stimulated emission of radiation)是一个首字母缩写词，意思是“通过受激辐射光扩大”。

虽然有各种不同种类的激光，通常我们用固态红宝石激光器来解释其工作原理。红宝石是在氧化铝(蓝宝石)的单晶中加入 0.05%的 Cr^{3+}。如前面 22.9 节所解释的，这些离子赋予了其红色特性，更重要的是，它们提供的电位是激光工作必不可少的要素。红宝石激光以棒的形式呈现，其端部是扁平的、平行的且经过高度抛光。两端镀银使其一端完全反射，另一端部分透射。

红宝石可用氙灯(图 22.11)激发发光。一次曝光之前，几乎所有的 Cr^{3+} 都处在基态，即电子填充最低能级(图 22.12)。然而，氙灯中波长为 0.56μm 的光子把 Cr^{3+} 中的电子激发到高能级，这些电子经过衰变，通过两个不同的路径回到基态。有些直接返回，发出不属于激光束的光子辐射；其他电子衰变成亚稳中间状态(图 22.12 中的 EM 路径)，此时电子在自发发射前可驻留最多 3ms (图 22.12 中的路径 MG)。3ms 对电子来说是一个较长的时间，意味着大量的亚稳中间状态可能被占满。这种情形如图 22.13(b)所示。

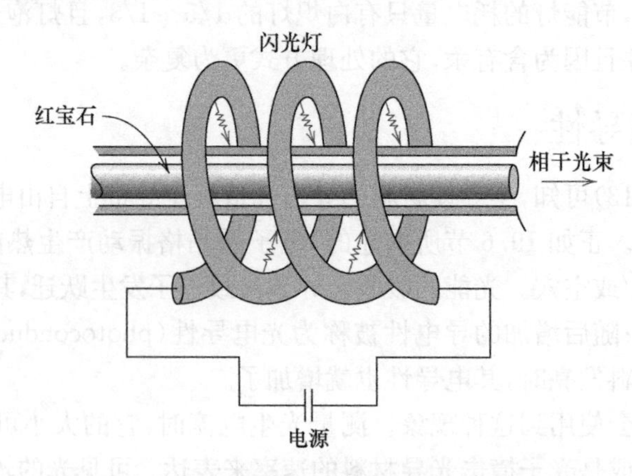

图 22.11　在氙灯照射下红宝石激光器的示意图

少数电子的初始自发光子发射是一个刺激，引发亚稳中间状态的剩余电子(图 22.13(c))的雪崩辐射。与红宝石棒长轴平行的光子，有些通过镀银端传输，有些易受镀银端影响发生反射，轴向没有发射的光子丢失。光束反复往返于石棒之间，更多的辐射被激发，强度越来越高。最终，一束短时的高强度的、凝聚的、高

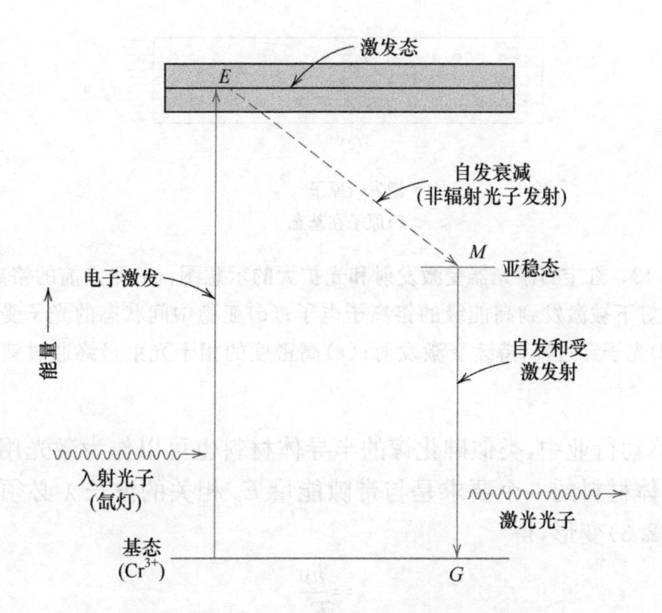

图 22.12 红宝石激光器的能级示意图

度平行的激光束通过部分镀银端传播(图 22.13(e))。这种单色红色光束波长为 0.6943μm。

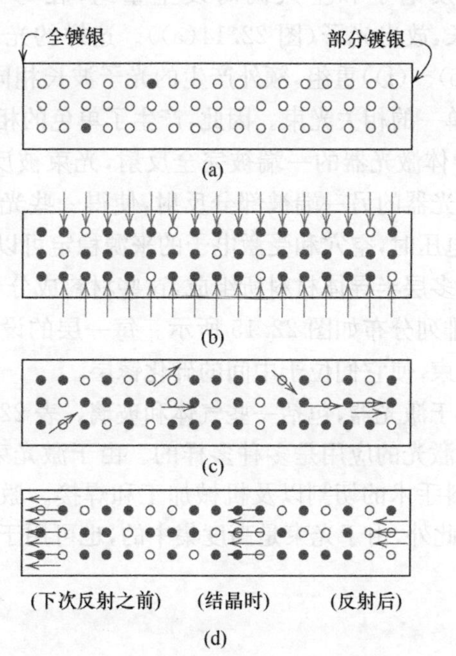

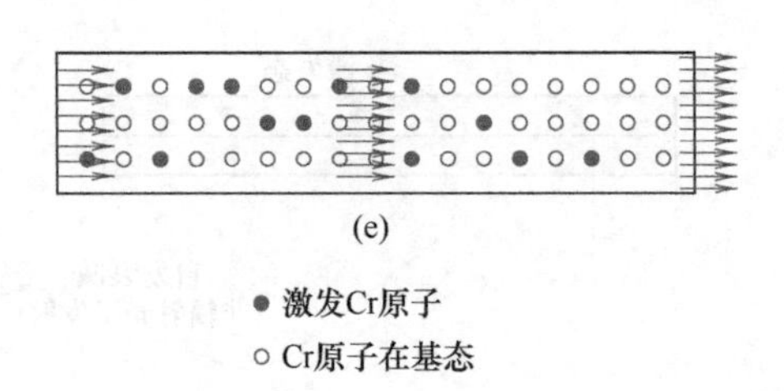
(e)

● 激发Cr原子
○ Cr原子在基态

图 22.13　红宝石激光器受激发射和光扩大的示意图：(a)激发前的铬离子；(b)氙灯下被激发到高能级的铬离子电子；(c)亚稳中间状态的光子受激发射；(d)光子穿过杆，持续受激发射；(e)高密度的相干光束最终通过镀银端发射

在现代移动行业中，类似砷化镓的半导体材料也可以作为激光用于光盘播放器，这些半导体材料的一个要求是与带隙能量 E_g 相关的波长 λ 必须与可见光一致，即从式(22.3)变形，得

$$\lambda=\frac{h\nu}{E_g} \tag{22.20}$$

可知，λ 的值必须在 0.4～0.7μm。施加的电压激发价带上的电子，穿过带隙，进入导带，相应地在价带上产生空穴。该过程如图 22.14(a)的能带、空穴和激发电子所示。之后，一些激发电子和空穴同时发生重组，在每个重组事件中，根据式(22.20)给出的波长，放出光子(图 22.14(a))。这样的光子激发其他受激电子一空穴对(图 22.14(b)～(f))重组，额外产生的光子波长相同，与原始光子的相位也相同，所以形成了单一的相关光束。因此，产生了单色的相干光束。如同红宝石激光(图 22.13)，半导体激光器的一端被完全反射，光束被反射回材料，刺激其发生额外的重组。而激光器的另一端被部分反射，使得一些光束逃脱。用这种类型的激光，施加恒定的电压时，空穴和受激电子的来源稳定可以产生连续的光束。

半导体激光器由多层半导体材料所组成，这些材料成分不同，夹在散热器和金属导体之间；典型的排列分布如图 22.15 所示。每一层的设计都是为了限制受激电子和空穴以及激光束，使它们位于中间的砷化镓层。

多种材料均可用于激光器，包括一些气体和玻璃。表 22.2 列出了几种常用的激光材料及其特性。激光的应用是多种多样的。由于激光束可以聚焦，产生局部热量，因此被用作外科手术的切割以及机械加工和焊接。激光器也被用来作为光通信系统中的光源。此外，由于光束是高度集中的，也可用于制造非常精确的激光器距离测量。

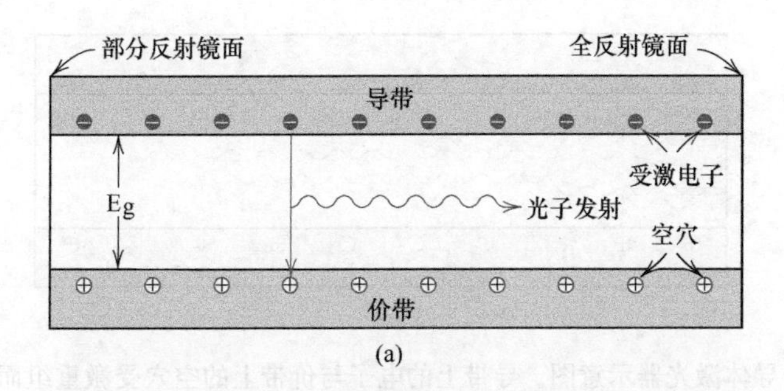

(a)

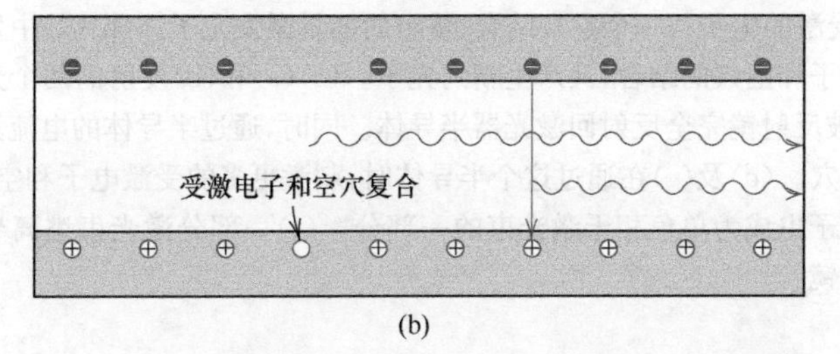

(b)

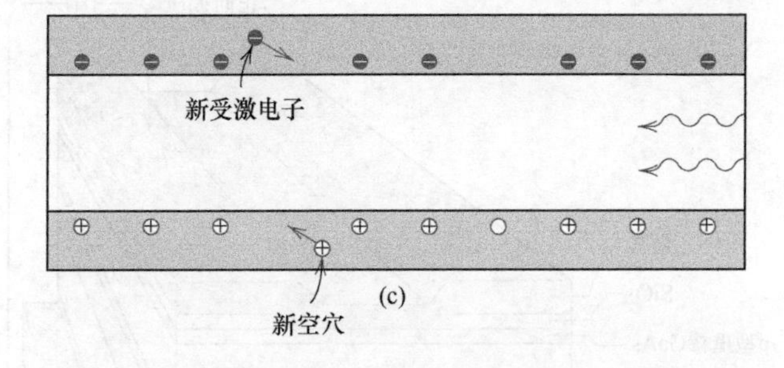

(c)

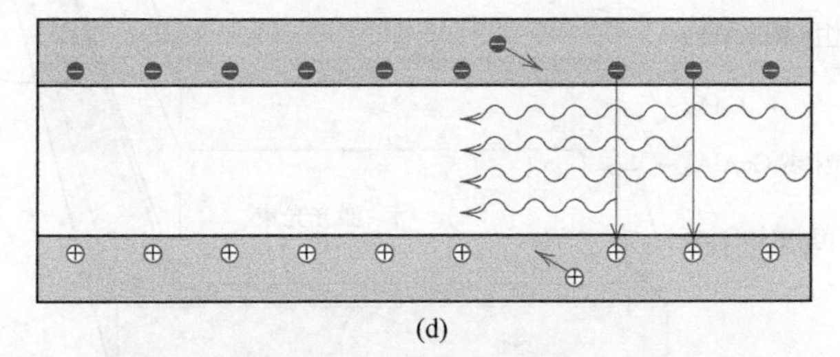

(d)

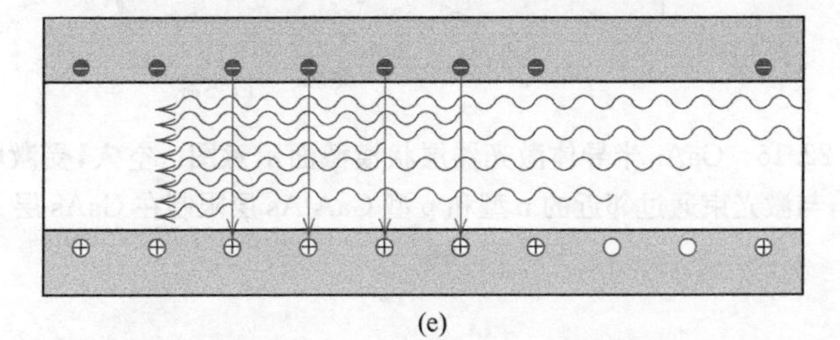

(e)

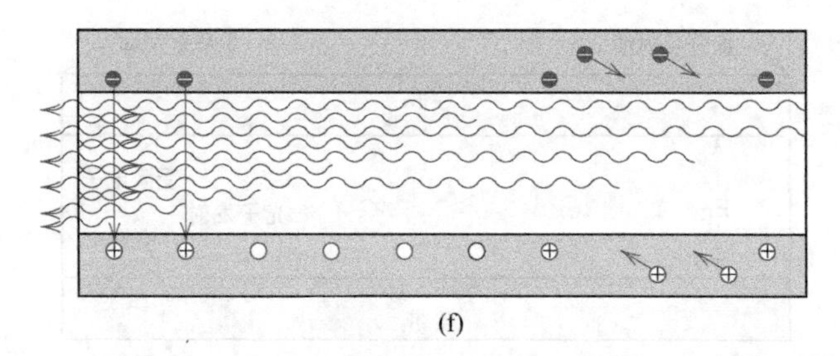

图 22.14　半导体激光器示意图。导带上的电子与价带上的空穴受激重组而产生激光光束。(a)一个受激的电子与一个空穴结合；重组的能量激发光子。(b)(a)中发射的光子刺激了另一个电子和空穴的结合，又产生新的光子。(c)(a)和(b)发射的两个光子具有相同的波长，同时被反射镜完全反射回激光器半导体。同时，通过半导体的电流又产生了新的受激电子与空穴。(d)及(e)在通过这个半导体时，刺激更多的受激电子和空穴复合，使得额外产生的光子也成为单色相干激光束的一部分。(f)一部分激光束逃离半导体材料一端的部分反射镜

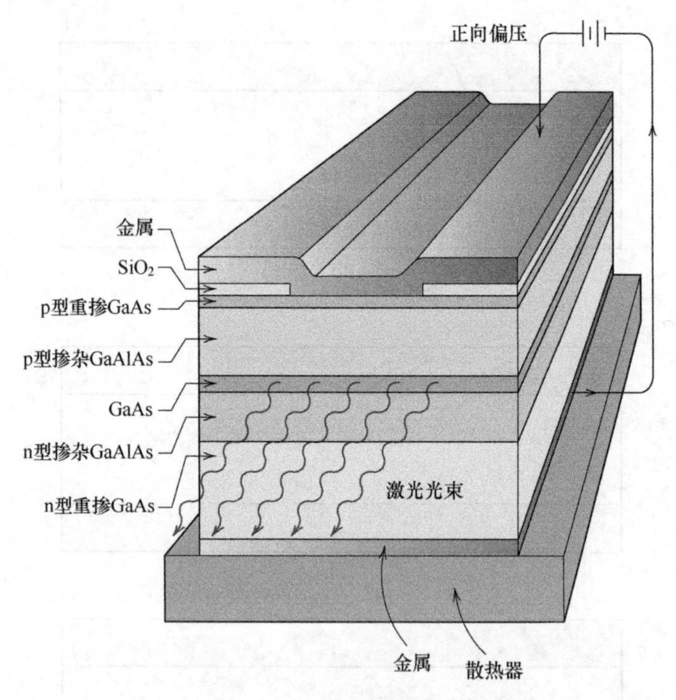

图 22.15　GaAs 半导体激光器层状横截面示意图。空穴，受激电子，与激光束通过邻近的 n 型和 p 型 GaAlAs 层限制在 GaAs 层

表 22.2 几种类型的激光器的性质及应用

激光	波长/μm	平均功率范围	应用
二氧化碳热处理	10.6	毫瓦至几十千瓦	焊接、切割、画线、标记
Nd:YAG 激光器	1.06 0.532	毫瓦到几百瓦 毫瓦到瓦	焊接、穿孔、切割
钕玻璃	1.05	瓦[a]	脉冲焊接、空穴刺穿
二极管 光通信	可见光和红外线	毫瓦到千瓦	条码读取、CD 和 DVD 的光通信
氩离子	0.5415 0.488	毫瓦至几十瓦外科 毫瓦到瓦全息	外测距离测量
纤维	红外线	瓦	电力电信、光谱学、定向能武器
准分子	紫外光	瓦到几百瓦[b]	眼科手术、微机械加工、光刻

a 虽然玻璃激光器的平均功率较低,但由于他们几乎总是在脉冲模式下运行,他们的峰值功率可达到千兆瓦的水平。

b 准分子也是脉冲激光器,并拥有几十兆瓦的峰值功率。

22.14 光纤通信

随着光纤技术的发展,通信领域最近经历了一场革命。几乎所有通信设备都通过这种光纤介质传播,而不是铜线。通过金属丝导体传播的信号主要靠电子(即由电子传播);而使用光学透明的纤维,传输信号的是光子,意味着使用电磁辐射或光辐射的光子。光纤系统的使用提高了传输速度、信息密度,缩短了传输距离,降低了信息错误率。并且光纤不受电磁干扰。光纤的带宽(即数据传输速率)是惊人的,1s 内一根光纤可以在 7000km 的距离中传输 15.5MB 数据;以这个速度,从纽约传送整个 iTunes 的目录到伦敦只需要 30s。单个光纤每秒就能传送 2.5 亿个电话通话。而换成铜线的话,这将需要 30000kg 铜线来完成与 0.1kg 光纤等量的信息传送。

目前的讨论都是针对光纤的特性,然而,先来简要讨论信息传送系统的构成和运作也很值得的。图 22.16 是这些部件的示意图。电子形式的信息(如电话通话)首先需要转化为二进制数字,即 0 和 1;这将在编码器中完成。然后,将电信号在电-光转换器中转换成电信号(图 22.16)。如前章所言,这个转换器通常是半导体激光器,它发射单色的相干光束。其波长通常位于 0.78 和 1.6μm 之间,位于电磁频谱的红外区域。此波长内的吸收损失较低。从该激光转换器的输出是以光脉冲的形式;二进制 1 表示高功率脉冲(图 22.17(a)),而 0 对应低功率脉冲(或缺少一个)(图 22.17(b))。随后,这些光子脉冲信号被注入并穿过光纤电缆(有时称为波导管)到达接收端。对于较长的信号传输则需要中继器;它们是放大和再生信号的装置。最后，在接收端的光信号被重新转换为电信号，然后解码（非数字化）。

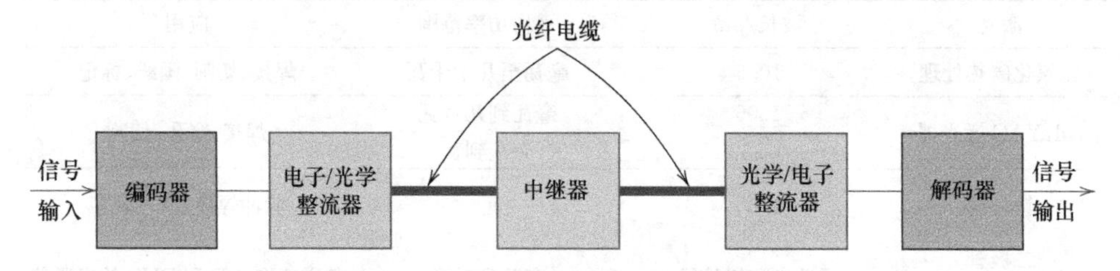

图 22.16　光纤通信系统组件原理图

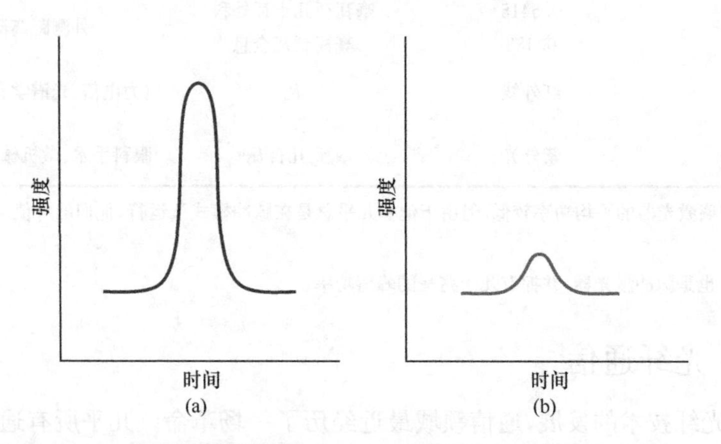

图 22.17　光通信数字编码方案。(a)的光子的高功率脉冲对应于二进制格式中的 1。(b)低功率脉冲光子表示 0

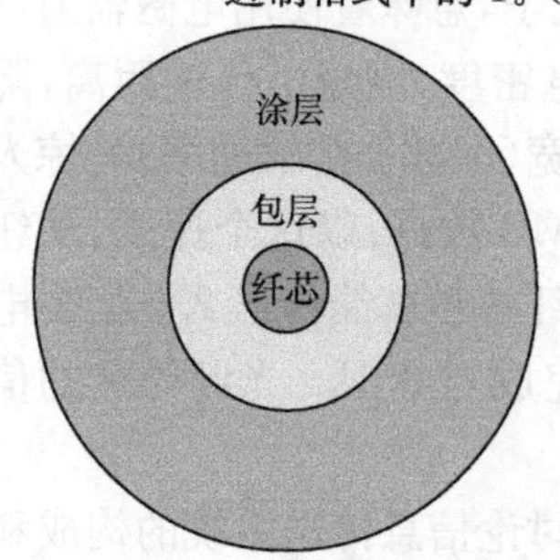

图 22.18　光纤的横截面示意图

该通信系统的主体是光纤。它必须在长距离中引导这些光脉冲，并且不发生明显信号功率损耗（即衰减）和脉冲失真。光纤组件由芯部，然后是包层(cladding)和涂层组成。如图 22.18 中的横截面轮廓所示。信号在芯部传播，而周围的包层将光线限制在芯部传播。外涂层保护芯部和包层免受磨损和外部压力的损坏。

高纯石英玻璃被用作纤维材料，纤维直径正常范围介于约 5～100μm。纤维相对无瑕疵，强度非常高。在生产过程中需要对长纤维进行测试，以确保它们满足最低强度标准。

纤维芯对光的限制可通过内部反射而改善，即任何与纤维轴以倾斜角度传播的光线会被反射回到芯部。内部反射是通过改变芯部以及包层玻璃材料的折射率来实现。在这方面，有两种设计类型。其中一种类型（称为突变式光纤设计），包层的折射率比芯部的折射率略低。折射率截面图和内部反射的方式如图 22.19(b)和图 22.19(d)所示。对于这个设计，输出脉冲比输入脉冲更广（图 22.19(c)和

图 22.19(e)),这一现象的产生并不令人满意,因为它限制了传输速率。脉冲展宽的结果,是因为不同的光线虽然在大约相同的瞬间注入,但在不同时间到达输出端。他们经历不同轨迹,因此,路径长度不同。

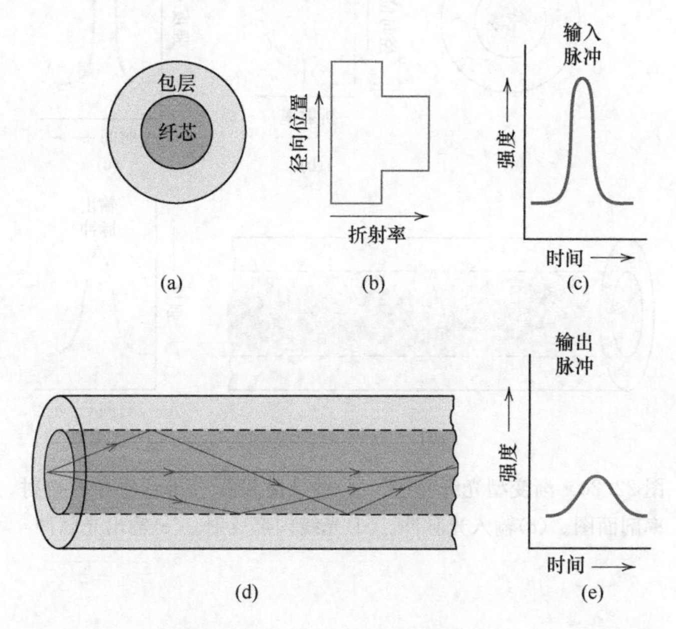

图 22.19 突变型光纤设计。(a)纤维横截面。(b)纤维径向折射率剖面图。(c)输入光脉冲。(d)光线内部反射。(e)输出光脉冲

使用渐变式光纤设计,脉冲展宽在很大程度上是可避免的。这种情况下,氧化硼(B_2O_3)或二氧化锗(GeO_2)等杂质被添加到二氧化硅玻璃中,使折射率呈抛物线穿过横截面变化(图 22.20(b))。因此,光速在芯部随径向位置而变化,在周围比在中心要大。所以,光线通过芯部的外围传播,经历更长的路径,但在低折射率材料中传输更快,与未偏离光线穿过芯部的中心部分相比,在大约相同的时间到达终端。

特别纯和高质量的纤维通常采用先进和复杂的制造加工技术,在此不再赘述。吸收、散射和削弱光束的杂质和缺陷必须消除。铜、铁和钒的存在是特别有害的;它们的浓度需要减少到的十亿分之几。同样,水和羟基污染物的含量也极低。纤维的横截面尺寸和芯部圆度的均匀性是关键。1km 长范围内,这些参数的允许偏差在 1μm 左右。此外,玻璃和表面内气泡这一缺陷已基本消除。光在该种玻璃材料中的衰减微小到不易察觉。例如,通过 16km 厚度的光纤玻璃的功率损耗相当于通过一个 25mm 厚度普通窗户玻璃的损耗!

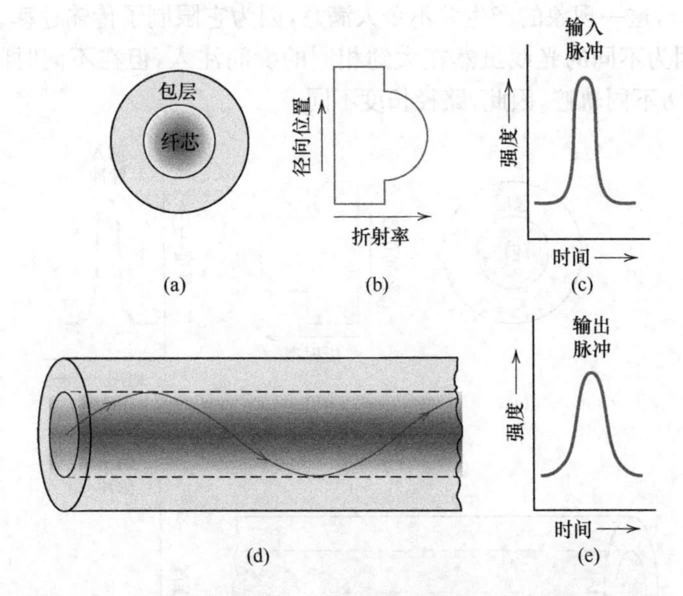

图 22.20　渐变型光纤设计。(a)纤维横截面。(b)纤维径向折射率剖面图。(c)输入光脉冲。(d)光线内部反射。(e)输出光脉冲

第 23 章　材料科学与工程中的经济、环境与社会问题

对于一个工程师来说，了解经济问题是必不可少的，因为他必须为其公司或者机构获得产品的利润。在材料和产品成本方面，材料工程的决策直接关系经济利润。

工程师必须具有环境和社会意识，因为随着时间的推移，世界对自然资源的需求量越来越大，与此同时，环境污染越来越严重，材料工程决策对原材料与能量等的消耗程度、水污染与大气污染的程度以及消费者回收和处理废弃产品的能力都具有重要的影响。从某种程度上说，全球的工程领域对以上问题的处理将决定当代以及后代的生活质量。

23.1　引言

在前面的章节，我们学习了材料科学与材料工程中用于材质选定工艺的标准。很多标准与材料的属性或者组合性能有关，如机械性能、电学性能、热稳定性和腐蚀性等，某些材料的性能与原材料密切相关。在材质选定过程中会充分考虑材料的可加工性或者易加工性。事实上，本书以某种方式，从整体上阐释了上述材料性能与加工方面的问题。

工程实践过程中，在开发市场产品时必须考虑其他指标，如产品本质上的经济性，这在某种程度上不涉及科学原理和工程实践，但是非常重要，将影响产品在商业市场中的竞争力。其他，如污染、处理、回收、毒性和能量等，涉及环境和社会性指标，同样需要考虑。本章作为本书的最后一章，将简短综述工程实践中的经济、环境和社会性因素。

经济性考量

工程实践中，工程师利用科学原理，设计能够可靠运行的组件或系统。除了科学性，另一个决定性因素是经济性。简单说，一个公司或者一个机构必须实现其生产和所售产品的经济利润。工程师可以设计完美组件，然而，作为成品，它的销售价格必须吸引消费者并返还公司一个合适的利润。

此外，在当今世界全球市场经济的大环境下，经济性并不单单与产品的最终成本有关。许多国家对化学产品有特别的规定，如二氧化碳的排放量及生活终端处理等。公司必须综合考虑这些因素。例如，在某些情况下，去除产品中的管制有毒化学品，可开发更经济的制造过程。

本章仅就适用于材料工程师的重要经济性考量进行简短综述。

材料工程师通过控制以下三个方面因素控制产品成本：①组件设计；②材料；③生产技术。以上因素是相互关联的，因为组件的设计会影响材料的选择，而组件设计和所用材料又影响生产技术的选择。下面就每一影响因素的经济学考量进行简短讨论。

23.2　组件设计

组件的一小部分成本受设计的影响，如组件的详细规格、大小、形状和外观，这将影响组件在服务期内的性能。例如，如果组件中存在机械性能，就需要进行应力分析。通常利用电脑提供详细的图示说明，利用应力分析软件进行分析。

单一组件通常是一个包含大量组件（如电视、汽车 DVD 播放机/录音机等）的复杂设备或系统的一部分。因此，单一组件设计必须考虑其对系统整体运行的贡献。

甚至在加工之前，此类预先设计就可决定一个产品的近似成本。因此，创造性的设计和合适材料的选择将对后续过程产生重大的影响。

组件设计是一个高度迭代的过程，涉及大量的协调与权衡。工程师应该记住，一个最佳的组件设计可能因为系统的约束而不适用。

23.3　材料

从经济学的角度来说，考虑了价格和实用性的同时，我们应该选择具有适当的组合性能的材料。一旦选定一组满足产品设计要求的材料，将在考虑每一组分成本的基础上，进行各种候选材料之间的价格比对。材料价格将以单位质量价格的形式呈现。材料的体积由其维度和形状决定，然后通过密度换算成质量。另外，在计算价格时，需要考虑加工过程中不可避免的材料损失。

23.4　生产技术

如前所述，生产工艺的选择受所选材料和部分设计的影响。整个生产过程通常包含一次操作和二次操作。“一次操作”将原材料加工成型（铸造、塑料成型、粉末压实成型、模具成型等），而“二次操作”是一次操作之后的完善工作（如热处理、焊接、打磨、钻孔、上漆、装饰）。以上过程的主要成本考量包括资本设备、工具、劳工、维修、机器停机时间以及浪费。在这个成本分析中，生产速度是一个重要考量。如果这一特定部分是系统的一个组件，则需要考虑其组装成本。最后，就是终端产品的检测、包装和运输成本。

作为一个侧面，其他与设计、材料和加工过程不直接相关的因素，如工人的额外福利、监管和管理费用、研发费用、财产和租赁费用、保险、盈利和税收等，也将映射到产品的销售价格中。

环境和社会考量

现代科学技术及其相关产品的生产制造影响社会的方方面面，有积极的，也有消极的，其影响辐射到在全球范围内的经济和环境，因为：①一项新技术所需的资源往往来自许多不同的国家；②科技发展所带来的经济繁荣程度具有全球性；③环境影响可能跨越国界。

在技术—经济—环境关系图中，材料发挥着至关重要的作用。一种在部分终端产品中使用的材料，通过“整体材料循环”或“单一材料循环”中的某些阶段被丢弃，如图 23.1 所示，描绘了这种材料的“自始至终”的生命循环过程。从图 23.1 的最左侧开始，人们通过采矿、钻井、采伐等方式从地球上提取原材料。这些原料经提纯、精制和转换，成为散装产品，如金属、水泥、石油、橡胶、和纤维。再经进一步的合成与加工，成为“工程材料”，如金属合金、陶瓷粉末、玻璃、塑料、复合材料、半导体和弹性体。接下来，这些工程材料经进一步成型、处理和组装，形成产品、器件和器具面向消费者。以上过程包括图 23.1 中的“产品设计、制造、组装”阶段。消费者购买这些产品并使用它们（“应用”阶段），直到因磨损或过时而被丢弃。此时，产品成分要么被回收/再生（再次进入材料循环），要么被以废物丢弃，废弃物通常以固体形式被焚烧或填埋在市政垃圾填埋场，从而回归地球，完成材料循环。

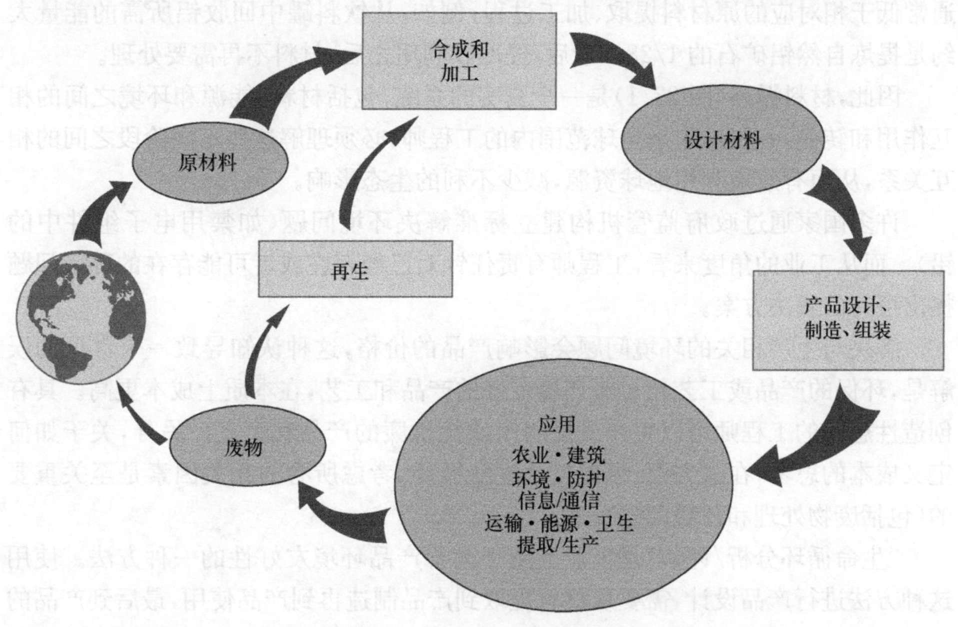

图 23.1　材料循环示意图

据估计，在世界范围内，每年地球上大约有 150 亿吨的原材料被提取，其中部分具有可再生性，部分是不可再生的。随着时间的推移，有一点变得越来越明显，即相对其组分材料而言，地球实际上是一个封闭的系统，其资源是有限的。此外，随着社会的成熟和人口的增加，资源日益稀少，相对材料循环，人们必须更多地关注资源的有效利用。

此外，在每一循环阶段，能量都是必不可少的。在美国，据估计，大约一半的能量被用于生产和装备材料。能量是一种资源，在某种程度上，能源的供给有限，在生产、应用和处理材料的过程中，必须采取措施保护并更有效地利用能源。

最后，材料循环的所有阶段，都与自然环境间存在相互作用并对其产生影响。地球大气层、水和土地的状况，在很大程度上取决于我们如何小心翼翼地遍历材料循环。在原材料的提取过程中，一定的生态破坏和景观损毁是毋庸置疑的。生产和加工阶段可能产生的污染物被排入大气和水中；而且，一些有毒化学品必然被处理或丢弃。终端产品、设备或器具在服务期内，应尽量减少对环境的影响；此外，在服务终止时，应提供相应的措施来回收其组分材料，或者至少对其进行无害处理(即应具有生物可降解性)。

由于种种原因，我们应对已用产品进行回收利用，而不是以废物的形式进行处理。首先，使用回收材料便不需要从地球上提取原材料，从而节约自然资源并消除原料提取过程中任何可能的生态影响。其次，精制和加工回收材料所需要的能量通常低于相对应的原材料提取、加工过程；例如，从饮料罐中回收铝所需的能量大约是提炼自然铝矿石的 1/28。最后，经回收利用之后，材料不再需要处理。

因此，材料循环(图 23.1)是一个真实的系统，包括材料、能源和环境之间的相互作用和转换。而且，未来全球范围内的工程师，必须理解这些不同阶段之间的相互关系，从而有效地利用地球资源，减少不利的生态影响。

许多国家通过政府监管机构建立标准解决环境问题(如禁用电子组件中的铅)。而从工业的角度来看，工程师有责任针对已经存在或者可能存在的环境问题提出可行的解决方案。

解决与生产相关的环境问题会影响产品的价格，这种认知导致一个常见的误解是，环保的产品或工艺相对非环境友好的产品和工艺，在本质上成本更高。具有创造性思维的工程师可以生产或发明出质优价廉的产品和工艺。另外，关于如何定义成本的思考，在这方面，纵观整个生命循环，考虑所有的相关因素是至关重要的(包括废物处理和环境问题)。

“生命循环分析/评估”是工业上用于改善产品环境友好性的一种方法。使用这种方法进行产品设计，需要从材料提取到产品制造再到产品使用，最后到产品的回收利用和处理，整个产品生命周期过程中进行环境评估，有时这种方法也被称为“绿色设计”。这种方法的一个重要部分是量化生命周期中每个阶段的各种输入

(即原材料和能量)和输出(即废物),如图 23.2 所示。此外,评估从全球环境和当地环境两个方面评价产品对生态、人类健康和资源储备的影响。

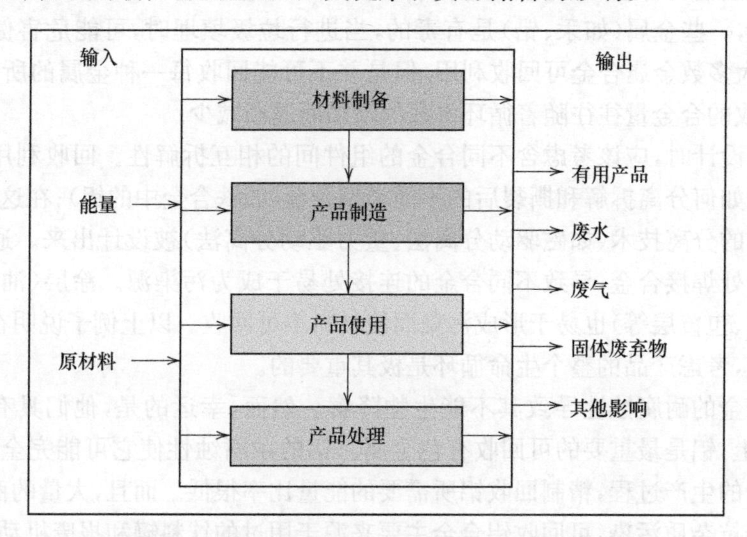

图 23.2　产品的生命循环评估中输入/输出目录示意图

当前,环境/经济/社会间的流行语之一是“可持续性”。在此背景下,可持续性是指在当前和遥远的未来,在保护环境的同时,具有维持可接受的生活方式的能力。这意味着,随着时间的推移和人口的增加,必须以特定的速度使用地球资源,以使这些资源能够自然地补充,同时将污染物的排放维持在可接受的范围内。对工程师而言,可持续性的定义则转化为发展可持续性产品的责任。国际标准 ISO 14001 的建立使组织机构有章可循,从而在盈利和减缓环境影响之间取得微妙的平衡。

23.5　材料科学与工程中的材料回收利用问题

在材料循环中,材料科学与工程发挥重要作用的阶段是回收利用和处理。在设计与合成新材料时,再循环能力和可处理性是重要议题。此外,在材料的选择过程中,所用的材料的最终状态应该是一个重要的标准。我们通过简要讨论几个可循环性/可处理问题结束本章。

从环境的角度来看,理想材料应该具有完全可回收利用性或完全可生物降解的。“可回收利用性”,意味着一种材料在一个组件中完成其生命周期后,能够经再加工再次进入材料循环,并被应用在其他组件中,且这个过程可以被无限次重复。“可完全生物降解性”,即通过与环境(天然化学物质、微生物、氧气、热、光照等)的相互作用,材料腐败恢复到初始状态。工程材料表现出不同程度的再循环能力和生物降解能力。

金属

大多数金属合金(如含铁或铜的合金),在某种程度上,经过腐蚀也可生物降解。然而,一些金属(如汞、铅)是有毒的,当进行垃圾填埋时,可能危害健康。另外,尽管大多数金属合金可回收利用,但是并不可能回收每一种金属的所有合金。而且,回收的合金量往往随着循环次数的增加而逐渐减少。

产品设计时,应该考虑含不同合金的组件间的相互拆解性。回收利用过程中还需考虑如何分离拆解和撕裂后的不同类型合金(如铁合金中的铝);在这一点上,一些巧妙的分离技术(如磁驱动分离法、重力驱动分离法)被设计出来。通常在螺栓或铆钉处焊接合金,导致不同合金的连接处易于成为污染源。涂层(油漆、阳极氧化膜层、包覆层等)也易于形成污染而使材料不可回收。以上例子说明在设计的初始阶段,考虑产品的整个生命循环是极其重要的。

铝合金的耐腐蚀性导致其不能生物降解。然而,幸运的是,他们具有可回收性;事实上,铝是最重要的可回收有色金属。铝的耐腐蚀性使它可能完全被回收。相对原始的生产过程,精制回收铝所需要的能量比率很低。而且,大量的商用铝合金能够抵抗杂质污染,可回收铝合金主要来源于用过的饮料罐和报废机动车。

玻璃

玻璃以容器的形式被一般大众使用,是常用的最重要的陶瓷材料。玻璃的惰性导致其不会分解腐败,因此,玻璃不具备生物可降解性。城市垃圾填埋场中大部分是废玻璃,垃圾焚化炉中的主要残渣也是玻璃。

此外,回收玻璃缺乏重大的经济驱动力。玻璃的基本原材料(砂、纯碱和石灰岩)廉价易得。而且,回收的玻璃(或者叫“碎玻璃”)必须按颜色(如透明色、琥珀色、绿色)、按类型(玻璃板或玻璃容器),以及组成(石灰玻璃、铅玻璃和硼硅酸盐玻璃[又称派热克斯玻璃])分类,这些分类过程序耗时而昂贵。因此,废玻璃市场价值很低,限制了其再循环能力。使用回收玻璃的优点有更加快速的生产速率,以及缩减污染物排放量。

塑料和橡胶

合成聚合物材料(包括橡胶)的化学和生物惰性一方面使其广受欢迎,另一方面对其废弃物的处理造成麻烦。大部分聚合物材料的非生物降解性导致其在垃圾填埋场中难以被降解。废弃聚合物材料主要来源于包装、报废机动车、汽车轮胎和家庭耐用型消费品。生物可降解型聚合物材料已被成功合成,但相对而言,其生产成本较高(见重要盒装材料及其相关内容)。但一些具有可燃性,且燃烧过程中不产生明显的毒性物质或污染排放物的聚合物材料,可通过焚烧处理。

热塑性聚合物,特别是聚乙烯对苯二甲酸酯、聚乙烯和聚丙烯易于热处理而最适合于回收并循环利用。回收时按照类型和颜色进行分类是必要的。在一些国家,数字编号的使用方便了包装材料的类型分类:例如,编号“1”代表聚(乙烯对苯二甲酸酯)(PET 或 PETE)。表 23.1 列出了回收编号和相关材料,及其原材料和回收材料。用于修饰塑料初始性能的填充物(见 17.13 节)使塑料回收复杂化。每一次回收过程中,塑料的品质和形貌都会降低,从而使回收塑料相对原始材料的价值降低。回收塑料的典型应用包括鞋底、工具把手和工业产品如踏板等。

表 23.1　部分商用聚合物材料的回收编号、原材料和回收产物

回收编号	聚合物名称	原材料	回收产物
1	聚乙烯对苯二甲酸酯(PET or PETE)	塑料饮料瓶;漱口水罐子花生酱和沙拉酱瓶	洗手液瓶、皮带、冬装的纤维填充物、冲浪板、油漆刷、网球绒毛、软饮料瓶、胶卷、蛋托、滑雪板、地毯、船艇
2	高密度聚乙烯(HDPE)	牛奶、水和果汁容器;食品包装袋;玩具;液体洗涤剂瓶	软饮料瓶子基地帽、花盆、排水管道、标志、体育场座椅、垃圾桶、垃圾箱、交通路障锥、高尔夫球袋衬垫、洗涤剂瓶、玩具
3	聚氯乙烯或者乙烯树脂(v)	干净的食物包装袋、洗发水瓶	地毯、管道、软管、挡泥板
4	低密度聚乙烯(LDPE)	面包袋、冷藏食品袋、食品袋	垃圾桶衬垫、购物袋、多功能包
5	聚丙烯(PP)	番茄酱瓶;酸奶容器;黄油盒、医疗瓶、地毯纤维	人孔梯、油漆桶、冰铲、快餐盘、剪草机车轮、汽车、电池零件
6	聚苯乙烯(PS)	光盘盒、咖啡杯、刀具、勺子和叉子;自助餐厅托盘、杂货店肉类托盘;快餐三明治容器	牌照支撑圈、高尔夫球场和化粪池排水系统、桌面饰品、挂快劳类、食品托盘、花盆、垃圾桶

热固性树脂具有交联或网状结构,不宜于再塑或再成型,对其进行回收利用更加困难。一些热固性材料被碾碎后加入到未加工的模型材料中,因此,常作为填充材料被回收。

橡胶材料的处理和回收较难。硫化时,橡胶变成热固性材料,使其化学回收困难。橡胶中可能含有的多种填充物也对其回收处理造成困难。在美国,废橡胶主要来源于废弃的汽车轮胎,废旧轮胎是高度难降解物质。废轮胎曾用作工业燃料(如水泥厂),但产生大量污染物排放。回收的橡胶轮胎,经分割和重塑后具有不同用处,如用作汽车保险杠、挡泥板、门垫和传送机滚轴;当然,旧轮胎也可以翻新。

此外，橡胶轮胎被割成小块后用黏合剂拼成不同的形状，具有许多休闲应用，如餐垫和橡胶玩具。

热塑性橡胶（见15.19节）是传统橡胶材料最理想的可回收替代品。热塑性橡胶的内部结构没有化学交联，因此很容易重塑。而且，因为生产过程中不需要硫化，生产热塑性橡胶的能源需求低于热固性橡胶。

复合材料

复合材料本质上的多相性导致其难以回收。两个或多个相/材料在很小的尺度内混合，构成复合材料，相间分离导致复合材料的回收过程复杂化。然而，一些回收聚合基质复合材料的技术已经开发出来并取得一定的成功。该类技术与热固基质和热塑基质聚合物复合材料的分离稍有不同。

回收热固和热塑基质聚合物复合材料时，首先将材料分解或研磨使其形成小颗粒。有时，这些小颗粒在被制成消费后产品前，与聚合物（或者其他填充料）混合用作填充材料。其他过程，如分离纤维和/或基质材料时，可以利用一定方法，使基质材料挥发，或者使其恢复成单体。分解或研磨缩短了回收纤维的长度，缩短的程度与回收过程及纤维类型有关。